国家“十二五”规划重点图书
中国地质调查局
青藏高原1:25万区域地质调查成果系列

中华人民共和国

区域地质调查报告

比例尺 1:250 000

布喀达坂峰幅

(J46C004001)

项目名称：1:25万布喀达坂峰幅区域地质调查

项目编号：200113000059

项目负责：王秉璋

图幅负责：王 瑾 叶占福

报告编写：王秉璋 王 瑾 叶占福 宋泰忠
薛 宁 李 原 索有贤 马永寿

编写单位：青海省地质调查院区调二分队

单位负责：杨站君(院长)
张雪亭(副院长)

中国地质大学出版社
ZHONGGUO DIZHI DAXUE CHUBANSHE

内容提要

1:25万布喀达坂峰幅区调项目是中国地质调查局下达的实施项目"青藏高原北部空白区基础地质调查研究"的一个工作内容,该工作内容是南北向库郎米其提—乌兰乌拉湖地质走廊、东西向麻扎—于田县—布喀达坂峰通道的重要组成部分。

报告共分为7个章节。第一章简要介绍了测区自然地理概况、项目开展及完成的情况,对前人的工作程度作了简要评述。第二章系统介绍了测区地层序列,涉及地层单位主要有结晶基底岩系古元古代金水口岩群白沙河岩组,活动沉积类型的早古生代滩间山群、纳赤台群,昆中断裂带的主要组成吐木勒克构造蛇绿混杂岩,具磨拉石特点的早中泥盆世布拉克巴什组,广泛分布于东昆南活动陆缘带内石炭纪—二叠纪地层,其中有活动型与稳定型两种沉积类型,活动型沉积有石炭纪—二叠纪的浩特洛哇组和二叠纪的布青山群马尔争组(中、下段),前者具岛弧建造特征,后者则具有板块汇聚背景下伸展型盆地的特点,稳定类型沉积为树维门科组和马尔争组(上段),三叠纪地层分别是晚三叠世陆相火山岩建造——鄂拉山组,沿昆中断裂展布的晚三叠世陆相火山-碎屑(含煤)建造——八宝山组,以及中三叠世巴颜喀拉山群;新生代地层主要有河湖相沉积的雅西措组、山麓相堆积的沱沱河组、曲果组、中新世陆相火山地层——查保马组等。第三章系统介绍了测区侵入岩序列及火山活动特点,以区域构造演化为主线,介绍了不同构造旋回、不同构造阶段的岩浆活动特点,并总结了其地球动力学特点。第四章介绍了区内不同类型变质岩分布、变质作用等特征,详细讨论了昆中断裂带的高压变质岩。第五章以板块构造理论为基础重点对加里东期(古昆中洋)及海西—印支期(昆南洋)两期造山旋回(两个威尔逊旋回)作了系统研究,并着重对陆内叠覆造山及造山后伸展事件作了深入分析,提出晚三叠世—早侏罗世东昆仑造山带"深部岩石圈拆沉-中浅部走滑拉分"的造山后伸展-崩塌模型;以青藏高原隆升事件为背景对测区新构造运动作了一定程度的分析。第六章系统介绍了测区矿产资源概况,初步总结了成矿规律,在生态地质、灾害地质、旅游地质等方面也作了一定的讨论。第七章对本次调查工作中所取得的成果及存在的问题作了简要总结。

图书在版编目(CIP)数据

中华人民共和国区域地质调查报告・布喀达坂峰幅(J46C004001):比例尺1:250 000/王秉璋等著.—武汉:中国地质大学出版社,2013.11

ISBN 978-7-5625-2969-9

Ⅰ.①中…
Ⅱ.①王…
Ⅲ.①区域地质-地质调查-调查报告-中国②区域地质-地质调查-调查报告-西藏
Ⅳ.①P562

中国版本图书馆CIP数据核字(2012)第236348号

中华人民共和国区域地质调查报告
布喀达坂峰幅(J46C004001)　比例尺1:250 000　　王秉璋　王瑾　叶占福　等著

责任编辑:王　荣　刘桂涛　　责任校对:张咏梅

出版发行:中国地质大学出版社(武汉市洪山区鲁磨路388号)　　邮政编码:430074
电　话:(027)67883511　　传　真:67883580　　E-mail:cbb@cug.edu.cn
经　销:全国新华书店　　http://www.cugp.cug.edu.cn

开本:880毫米×1 230毫米 1/16　　字数:709千字　印张:21.375　图版:7　插页:2　附图:1
版次:2013年11月第1版　　印次:2013年11月第1次印刷
印刷:武汉中远印务有限公司　　印数:1—1 500册

ISBN 978-7-5625-2969-9　　定价:480.00元

前　言

青藏高原包括西藏自治区、青海省及新疆维吾尔自治区南部、甘肃省南部、四川省西部和云南省西北部，面积达260万km^2，是我国藏民族聚居地区，平均海拔4500m以上，被誉为“地球第三极”。青藏高原是全球最年轻、最高的高原，记录着地球演化最新历史，是研究岩石圈形成演化过程和动力学的理想区域，是“打开地球动力学大门的金钥匙”。

青藏高原蕴藏着丰富的矿产资源，是我国重要的战略资源后备基地。青藏高原是地球表面的一道天然屏障，影响着中国乃至全球的气候变化。青藏高原也是我国主要大江大河和一些重要国际河流的发源地，孕育着中华民族的繁生和发展。开展青藏高原地质调查与研究，对于推动地球科学研究、保障我国资源战略储备、促进边疆经济发展、维护民族团结、巩固国防建设具有非常重要的现实意义和深远的历史意义。

1999年国家启动了“新一轮国土资源大调查”专项，按照温家宝总理“新一轮国土资源大调查要围绕填补和更新一批基础地质图件”的指示精神。中国地质调查局组织开展了青藏高原空白区1∶25万区域地质调查攻坚战，历时6年多，投入3亿多，调集25个来自全国省(自治区)地质调查院、研究所、大专院校等单位组成的精干区域地质调查队伍，每年近千名地质工作者，奋战在世界屋脊，徒步遍及雪域高原，实测完成了全部空白区158万km^2共112个图幅的区域地质调查工作，实现了我国陆域中比例尺区域地质调查的全面覆盖，在中国地质工作历史上树立了新的丰碑。

青海1∶25万J46C004001(布喀达坂峰幅)区域地质调查项目，由青海省地质调查院承担，工作区位于东昆仑西段。目的是通过对调查区进行全面的区域地质调查，对区内盆地建造、岩浆作用、变质变形及盆山耦合关系研究，反演区域地质演化历史，建立构造模型，解剖东昆中岩浆岩带，解体复式岩基，总结出该区不同构造阶段侵入岩的形成、演化规律及构造动力学背景，对东南昆仑复式结合带地质构造组成进行详细研究，分析东昆仑与巴颜喀拉(板块)相互关系；加强区内铜、金、银、铅、锌成矿地质背景调查，为矿产普查、科学研究、环境地质、地学教学和推动国际地学前沿学科的发展提供基础地质资料，为国土资源规划、保护、管理及合理利用提供基础资料和依据，也为社会提供公益性、综合性地质信息。

J46C004001(布喀达坂峰幅)幅地质调查工作时间为2001—2003年，累计完成地质填图面积为14 819km^2，实测剖面141.6km，地质路线2677.6km，采集各类样品2303件，全面完成了设计工作量。主要成果有：①确定了东昆中断裂带与东昆南断裂带的西延，东昆中断裂带内发现了蛇绿混杂岩，其中糜棱岩化辉长辉绿岩变质成因角闪石中取得了444.5±1.5Ma的Ar－Ar法测年值，证实了晚奥陶世洋陆俯冲作用的存在，通过对东昆南断裂带(构造岩中绢云母Ar－Ar法测年值为234.5±0.4Ma、237.3±0.25Ma)及昆中断裂带的变形特点及构造热年代学研究确定了东昆仑造山带自晚三叠世—早侏罗世平行造山带走滑及侧向挤出构造系统的存在。②发现含有*Favosites* sp.、*Hemiaulacophyllum* sp.及*Neothecia* sp.等珊瑚化石的早中泥盆世海陆交互相地层。在昆中断裂南部解体出一套含有丰富的䗴、腕足类化石并含有大量中基性火山岩的活动型地层，具有典型的岛弧火山-沉积建造的特点，从而确定了晚石炭世—中二叠世古岛弧带的存在，在古岛弧带之南发现了一套含有大量枕状拉斑玄武岩的深水相复理石地层，形成于与俯冲消减作用有关的伸展型盆地，在玄武岩中获得267±53Ma的Sm-Nd等时线年龄及267.2±3.4Ma的全岩Ar-Ar法年龄值，在同一地区确定了大套以灰岩为主的中二叠世稳定台地型沉积，䗴类可建3个组合带 *Neoschwagerina*—*Polydiexodina*；*Monodiexodina*—*Misellina*；*Darvasites*—*Schwagerina*，其中下部以 *Monodiexodin* 属为主的栖霞期冷温动物群在区内属首次发现，与其共生的还有冷温水习性的腕足类 *Globiella umariensis*（Reed），*Juresania rituensis* Sun，珊瑚 *Amplexocarinia* cf. *muralis* 等，而上部则为茅口期特提斯型暖水动物群，这一发现在特提斯地质研究中具有重要意义。③解体东昆仑岩浆弧，取得了大量的高精度同位素测年及岩石地球化学测试数据，划分了加里东造山旋回构造岩浆岩带、海西—印支期造山旋回构造岩浆岩带，并进一步划分为5个构造岩浆岩亚带，建立起了调查区火成岩岩石组合空间分布格架与演化序列，确定东昆仑加里东造山带的造山后伸展崩塌作用北部始于早中泥盆世，而南部始于晚泥盆世；确定东昆仑海西—印支造山带在晚二叠世发生碰撞造山，晚三叠世—早侏罗世存在幔源岩浆底与岩浆混合作用，并以此明确了东昆仑造山带晚三叠世—早侏罗世造山后伸展崩塌、岩石圈去根作用的存在。

2004年3月，中国地质调查局组织专家对项目进行最终成果验收，评审认为，成果报告资料齐全，工作量达到（或超过）设计规定，技术手段、方法、测试样品质量符合有关规范、规定。报告章节齐备，论述有据，在地层、古生物、岩石和构造等方面取得了较突出的进展和重要成果，反映了测区地质构造特征和现有研究程度，经评审委员会认真评议，一致建议项目报告通过评审，布喀达坂峰幅成果报告被评为优秀级。

参加报告编写的技术人员主要有王秉璋、王瑾、叶占福、宋泰忠、薛宁、李原、索有贤、马永寿，最后由王秉璋统编定稿。

先后参加野外工作的还有李庆德、古剑青、李社宏、李建放、张军、魏艳青、陈小刚、朱建群、杨志伟、叶忠林、王显强、王林辉、孙立斌。在整个项目实施和报告编写过程中，得益于许多单位和领导的大力协助、支持，尤其要感谢的是：中国地质调查局、西安地质矿产研究所、西宁工作总站、格尔木工作站、中国地质大学、武汉岩矿测试中心、中国地质科学院地质研究所，并得到了翟刚毅、李荣社、潘桂棠、王根宝、罗照华等多方指导和帮助，地质报告排版工作由李栓成完成，地质图和报告插图计算机清绘由黄青华等同志完成，在此表示诚挚的谢意。

为了充分发挥青藏高原1∶25万区域地质调查成果的作用，全面向社会提供使用，中国地质调查局组织开展了青藏高原1∶25万地质图的公开出版工作，由中国地质调查局成都地质调查中心与项目完成单位共同组织实施。出版编辑工作得到了国家测绘局孔金辉、翟义青及陈克强、王保良等一批专家的指导和帮助，在此表示诚挚的谢意。

鉴于本次区调成果出版工作时间紧、参加单位较多、项目组织协调任务重以及工作经验和水平所限，成果出版中可能存在不足与疏漏之处，敬请读者批评指正。

"青藏高原1∶25万区调成果总结"项目组

2010年9月

目　　录

第一章 绪 言

第一节 目 标 任 务

根据中国地质调查局《关于下发2001年部分地质调查项目任务书的通知》(中地调西北办发[2001]001号文),决定将位于东昆仑西段的"1∶250 000布喀达坂峰幅(J46C004001)区域地质调查"项目任务下达给青海省地质调查院完成,任务书编号50101163018,项目编号200113000059,项目工作年限为2001年1月—2003年12月,填图面积为14 819km²,其中2001年完成7000km²,2003年12月最终成果验收。

根据项目任务书的要求,结合2001年度野外踏勘结果,制定的项目总体目标任务是:充分收集和研究区内已有的基础调查资料和成果,按照《1∶25万区域地质调查技术要求(暂行)》和《青藏高原空白区1∶25万区域地质调查技术要求(暂行)》及其他相关的规范、指南,运用造山带填图的新方法、新理论、新技术,以区域构造调查与研究为先导,合理划分测区的构造单元,对测区不同地质单元、不同构造-地层单位采用不同的填图方法进行全面的区域地质调查。最终通过对区内盆地建造、岩浆作用、变质变形及盆山耦合关系研究,反演区域地质演化历史,建立构造模型。工作中应加强以下方面。

(1) 解剖东昆中岩浆岩带,解体复式岩基,总结出该区不同构造阶段侵入岩的形成、演化规律及构造动力学背景。

(2) 对东南昆仑复式结合带地质构造组成进行详细研究,分析东昆仑与巴颜喀拉(板块)相互关系。

(3) 加强区内铜、金、银、铅、锌成矿地质背景调查,为资源评价提供基础资料。

最终成果要求:提供印刷地质图件及报告、说明书及专题报告;按中国地质调查局编制的《地质图空间数据库工作指南》提交以ARC/INFO、MAPGIS图层格式的数据光盘及图幅与图层描述数据、报告文字数据各一套。

第二节 自然经济地理概况

布喀达坂峰幅(J46C004001)位于青海、新疆两省区交界的东昆仑山脉西段,行政区划隶属新疆维吾尔自治区巴音郭楞蒙古族自治州若羌县,青海省海西蒙古族、藏族自治州茫崖行政委员会,格尔木市及玉树藏族自治州治多县。地理坐标:东经90°—91°30′,北纬36°—37°。测区总面积14 819km²。

测区位于东昆仑山脉西段,阿尔格山、布喀达坂峰、塔鹤托坂日天然地貌屏障构造成了青海、新疆两省区的分界线。区内外交通极为困难,自国道109线2976km处至图幅西南角巍雪山一带(约400km),及格尔木市至图幅东北角那陵格勒河(约500km)一带有两处便道可进入工作区(图1-1),沿线沼泽发育、沙丘连绵、沟壑纵横,生产、生活物资补给困难。区内罕有人类活动,且北西向极高山脉发育,构成密集的山川相间的地貌格局,通行条件差,部分地区只能以牦牛、马匹作为主要交通工具。

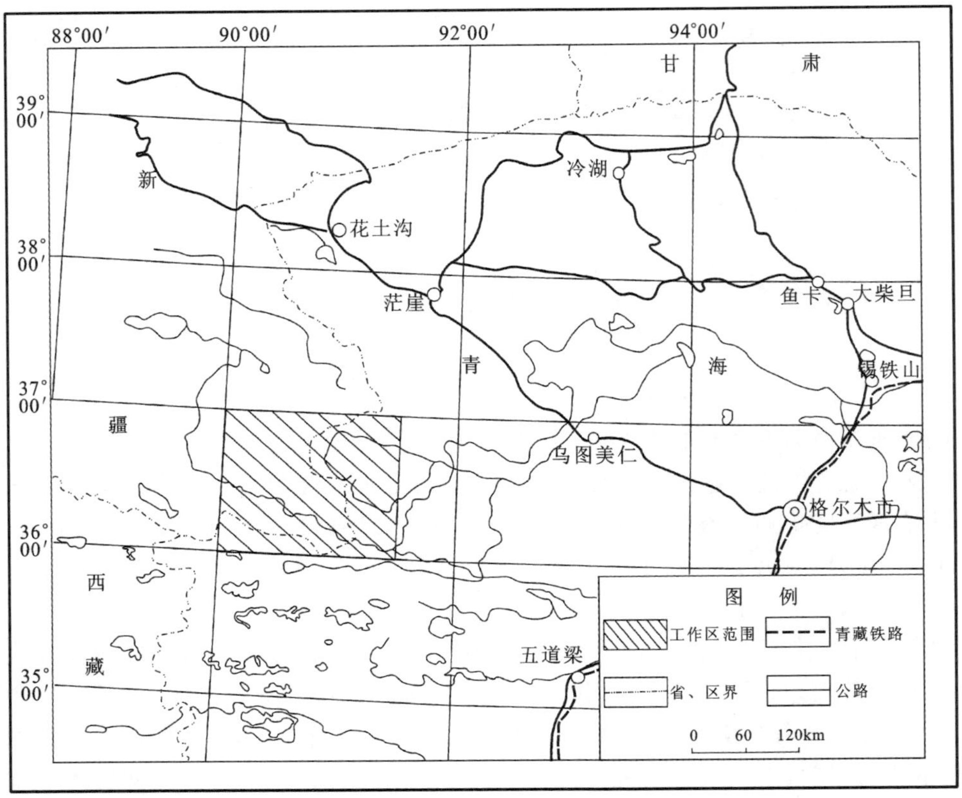

图 1-1　交通位置图

测区北起祁漫塔格山脉南缘，南抵可可西里盆地，横跨整个东昆仑山脉，其中北部祁漫塔格山脉延伸至测区东北角，向南分别有北西西向延伸的求勉雷克塔格—塔鹤托坂日山脉、喀尔瓦山脉、阿尔格山—博卡雷克塔格山脉、巍雪山等，山势陡峻，切割强烈，整体属于中、大起伏的高山、极高山区，其中最高峰为布喀达坂峰(海拔 6860m)。测区内最低点为那陵格勒河谷地带(海拔 3800m)，除那陵格勒河谷地带平均海拔约在 4000m 左右外，其余广大地区平均海拔均在 5000m 以上，远高于人类生存的极限值。

测区河流均属于内陆河流，主要靠季节性降雨及冰川消融补给。以布喀达坂峰—塔鹤托坂日南北向分水岭为界，东部主要有那陵格勒河、克其克孜苏河，均流入柴达木盆地；西部主要有苏鲁·彼得勒克·得亚、库鲁·彼得勒克·得亚等河流，最终也流入柴达木盆地。

与昆仑山南部的可可西里地区不同，测区内湖泊不发育，仅有克其克库木库勒湖(面积约 $11km^2$)、伯拉克拉克里湖(面积约 $18km^2$)。

测区为中纬度高海拔山区，属典型高原大陆性气候。据中国科学院可可西里地区科考资料，昆仑山以南地区，年平均气温为－10.1～－4.1℃，年降水量 494.9～170.30mm；据昆仑山北部综合老茫涯站及那陵格勒水文站资料，年平均气温为－3.4～－1.2℃，年降雨量 14～85.78mm。

测区现代冰川及冻土发育，6—8 月份为暖季，冰川消融、洪水泛滥，多年冻土区转化为人类难以逾越的沼泽。

区内植被不发育，但因人类罕至，已成为野生动物的栖息地，其中昆仑山主脊以南为可可西里国家级野生动物自然保护区，是藏羚羊的繁盛地，苏鲁·彼得勒克·得亚河两岸的棕熊的数量和密度堪称世界之最，求勉雷克塔格北坡仍然保存着数百只一群的野牦牛和藏野驴种群，而黄羊、岩羊、灰狼等则遍及全区。

第三节 地质调查研究历史及程度

调查区的研究程度及地质调查历史情况(表 1-1 及图 1-2)简述如下。

表 1-1 地质调查历史简表

单 位	成 果 名 称	调查时间	调 查 范 围	出版单位 出版时间
青海石油普查大队、地质部石油地质局综合研究队	J-46(柴达木幅 1:100 万综合编图)	1954—1965 年	东经:90°—96° 北纬:36°—40°	地质部地质研究所发行 (内部资料,1965)
新疆地质矿产局区调队	阿其克库勒地区 1:100 万区域地质调查	1980—1982 年	东经:88°—91°30′ 北纬:36°—37°30′	
青海省地质矿产局第一区调队	J-46-[26](伯喀里克幅)、J-46-[27](那陵格勒幅)、J-46-[28](乌土美仁幅)1:20 万区域地质调查(联测)	1978—1983 年	东经:91°—94° 北纬:36°40′—37°20′	
青海省地球化学勘查队	J-46-[32](塔鹤托坂日幅)、I-46-[2](可可西里湖幅)1:20 万地球化学扫面	1988 年	东经:91°—92° 北纬:35°20′—36°40′	
可可西里综合科学考察队	青海可可西里及邻区地质概论	1989—1990 年	东经:89°—94° 北纬:34°—36°20′	地质出版社 (1994)
青海省区调综合地质大队	J-46-[32](塔鹤托坂日幅)、I-46-[2](可可西里湖幅)1:20 万区域地质调查(联测)	1989—1992 年	东经:91°—92° 北纬:36°00′—36°40′	
青海省地球化学勘查队	J-46-[26](伯喀里克幅)1:20 万地球化学扫面	1997 年	东经:91°—92° 北纬:36°40′—37°20′	

20 世纪 50 至 60 年代,中国科学院、青海地质科学研究所、青藏高原地质调查大队等单位对东昆仑地区进行多次专题研究,但均未涉及本测区,对测区的地质认识均建立在已有资料及区域对比基础之上。

青海石油普查大队、地质部石油地质局综合研究队西北区队于 1965 年完成了 J-46(柴达木幅)1:100 万综合编图,综合编图主要利用 1954—1961 年青海省 1:20 万区调、1:5万—1:20 万区域地质普查及勘探、科研的成果资料,提交了 1:100 万地质图、矿产图及说明书。测区位于该图幅西南角,但此前区内未进行过任何形式的地质调查工作,故该成果仅依据邻区资料,除了在测区西北及东北角概略编图外,其余均作为空白区处理。

新疆地质矿产局区调队三分队赵子允等人于 1982 年完成了阿其克库勒地区 1:100 万区域地质调查,该图幅未完全按标准分幅调查,其东南部以自治区行政区界为界。这次调查分别在该区哈夏·克里克及阿尔格山等地针对二叠纪地层测制剖面,自下而上建立了碧云山组、喀尔瓦组,对新疆岩石地层清理中,沿用两组并重新定义后作为正式岩石地层单位,层型剖面即为上述地区所测制的剖面。

1978—1983 年,青海省地质矿产局第一区调队开展了 J-46-[26](伯喀里克幅)、J-46-[27](那陵格勒幅)、J-46-[28](乌图美仁幅)1:20 万区域地质调查(联测),其中仅有一幅 1:10 万分幅的地区位于测区内,路线间距 2~3km。以年代地层单位为基础,初步建立了该地区的地层序列。涉及区内的地层单

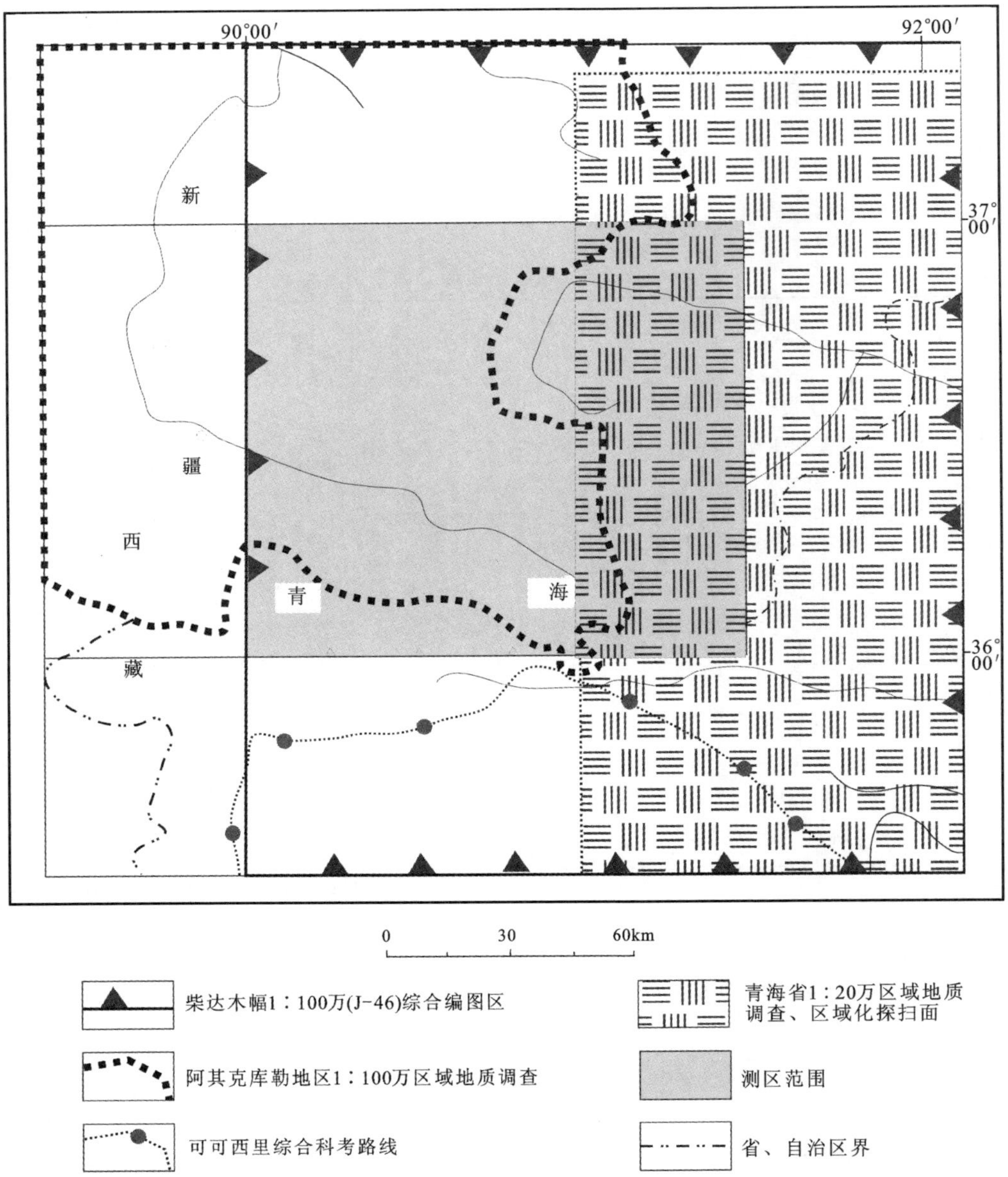

图 1-2　调查区的研究程度图

位有元古宇金水口群，缺乏时代依据，地层划分过粗，且对前寒武纪中深变质岩系采用传统地层学工作方法；奥陶系铁石达斯群有零星化石资料，但均不在测区内；三叠系也无时代依据。侵入岩以期次划分为主，主要划分出海西、印支、燕山三期侵入岩，时代依据缺乏，岩石化学资料稀少。构造调查主要采用地质力学理论，对区内构造形迹做了一定程度的调查。矿产调查发现了铁矿点一处，铜矿点一处，铁矿化点一处以及锆石及白钨矿重砂异常两处，总结了这一地区成矿规律。

1989—1992 年，青海省地质矿产局第一区调队，开展了 J-46-[32](塔鹤托坂日幅)、I-46-[2](可可西里湖幅)1∶20 万区域地质调查(联测)(王云山等，1987)，该项目获得原地质矿产部地质勘查成果三等奖，路线间距 5～10km，系统地建立了地层系统，除下元古界外地层划分一般划分到统。涉及区内的地层单位有元古宇金水口群、苦海群、奥陶系纳赤台群、二叠系布青山群、侏罗系、第三系(古近系＋新近系)、第四系等，时代依据较为充分，地层单位划分较为合理；侵入岩取得了一批同位素测年、岩石地球化学等方面的资料，并按期次进行了划分；火山岩在时空分布、岩性、岩相及岩石地球化学等方面取得了一些资料；变质岩在变质建造、原岩建造、变质作用等方面作了深入的调查，并以昆中断裂为界初步作了基底对比；构造资料丰富，应用板块构造理论对区内构造格架及演化进行了深入的研究，并对构造单元作了三级划分。

1989—1990 年，中国科学院和青海省政府共同组队，进行了可可西里地区综合科学考察。这次调查属科考性质，无点线密度的要求，在东昆仑山南部的可可西里地区的区域地层、构造、岩石（尤其是蛇绿岩方面）的研究上取得了长足的进展；不足之处是地质体控制程度低，仅有一条考察路线涉及到区内。

第四节 地形图质量评述

一、1∶10 万地形图（野外手图）

野外以 1∶10 万地形图作为本次调查的基本工作手图。所使用的 1∶10 万地形图是中国人民解放军总参谋部测绘局依据 1969—1971 年航摄，于 1973 年调绘；采用 1971 年版图式，分别于 1975 年和 1976 年出版。地形图绘制采用了 1954 年北京坐标系，1956 年黄海高程系，莫诺马哈山峰、莫诺马哈山峰东、平台山三幅等高距为 40m，其余图幅等高距均为 20m。所使用的地形图地形、地物表达比较确切，可以满足 1∶25 万地质区域调查填图要求。

二、1∶25 万地形图

1∶25 万地形图资料有两种，一个是 1∶25 万多色地形图，由中国人民解放军总参谋部测绘局依据 1975—1976 年出版的 1∶10 万地形图，于 1988 年编绘，1989 年出版，等高距为 100m，地形现势满足 1∶25 万地质制图要求；另一个是国家基础地理信息中心 1998 年 1∶25 万地形图数据库。两者套合程度一般，水系、湖泊岸线、冰川边界线的吻合程度较低。本次调查要求使用 1∶25 万地形图数据库作为1∶25 万地质图的底图。

第五节 工 作 概 况

一、工作概况

布喀达坂峰幅区调项目是中国地质调查局下达的“青藏高原北部空白区基础地质调查研究”实施项目的一个工作内容，项目实施单位是西安地质矿产研究所，工作内容承担单位是青海省地质调查院。根据实施项目总体设计书要求，该工作内容是南北向库郎米其提—乌兰乌拉湖地质走廊、东西向麻扎—于田县—布喀达坂峰通道的重要组成部分。为按期优质完成该项工作内容的各项指标、任务，满足实施项目总体设计书的要求和构想，青海省地质调查院组织了一只专业技术水平扎实，长期在东昆仑造山带区调填图，并积累了丰富工作经验的区调分队，他们热爱昆仑、熟悉昆仑，具备了完成此项工作的能力。

项目于 2001 年 3 月正式启动，分队人员立即开展资料收集工作，主要包括地形资料、航卫影像资料、区域物化探资料及各类地质、矿产资料，对这些资料进行详细研究并作出相应评估，以此作为野外踏勘及设计开展的依据。

2001 年 4—10 月，开展了第一阶段的野外作业，在全区踏勘的同时，围绕喀尔瓦、那陵格勒两预设地质走廊进行重点解剖，初步建立了区内地层、岩石序列及构造格架。2001 年 12 月由西安地质矿产研究所组织专家对项目设计书进行评审，认为设计书任务明确、指导思想先进，工作部署、预算编制合理，技术路线得当，技术精度要求可行，可操作性强；经专家组认真讨论、逐项评分，设计书评定为良好级，建议将任务书中关于加强“开展三叠纪精细沉积柱研究，探讨特提斯构造域在本区的发展演化”的要求修订为“解剖调查区东昆中岩浆带，总结不同构造岩浆旋回形成演化及其动力学背景”。

2002年4—10月，开展第二阶段野外调查，依据审定设计书的要求，全面、系统地展开了填图与专题研究工作，项目进展顺利，如期完成了各项工作任务。2002年8月，青海省地质调查院组织质量检查组对项目中期取得的野外资料进行检查，认为分队人员以高度的责任感克服了高寒缺氧等恶劣自然环境，获得丰富的第一手资料，满足1∶25万区调技术要求及项目设计书要求，野外中期检查予以通过，综合评定为优秀级。

2003年4—6月，开展第三阶段野外调查，对全区遗留地质问题进行复查、补课及野外资料的综合整理、研究工作。2003年8月初由西安地质矿产研究所组织专家对项目进行野外检查验收，认为项目人员通过两年多高山雪域条件下的艰苦努力，克服各种艰难险阻，完成了任务书、总体设计书和合同书规定的各项野外调查任务，野外工作方法正确，技术路线选择得当，工作部署合理，野外调查填绘的地质体内容丰富，实际材料信息量大，原始资料质量可靠；在基础地质、地质找矿方面取得了新进展，全面提高了本区的地质研究程度，质量评定为优秀级。

二、任务完成情况

本次调查完成工作量列于表1-2，工作量均达到或超过设计书要求，少数同位素地质测年样作了调整，如用Ar-Ar法取代部分U-Pb法。在广泛应用3S技术的前提下，分队仍坚持野外实地调查为主的原则，各类地质体、构造的调查路线及剖面的控制程度较高，均超过了《1∶250 000区域地质调查技术要求(暂行)》标准；样品工作量在满足设计书的前提下对重大地质问题进行集中研究，与中国地质大学、南京地质古生物研究所合作进行部分测试(锆石离子探针、微体化石)。这些措施给全区地质调查精度的保证及地质研究程度的提高提供了坚实的基础。

三、样品分析测试

(1) 薄片由青海省地质调查院岩矿室鉴定。

(2) 定向薄片由中国地质大学(北京)王根厚教授鉴定。

(3) 粒度分析由成都理工大学承担。

(4) 硅酸盐、化学减项分析、试金样等由青海省地质中心实验室测试。

(5) 定量光谱、稀土分析由武汉岩矿测试中心承担。

(6) 电子探针由中国地质科学院矿产资源研究所测试。

(7) 白云母晶胞参数、电子自旋共振、^{14}C同位素测年由中国地质调查局海洋地质实验检测中心测试。

(8) 热释光测年由地质矿产部环境地质开放研究实验室测试。

(9) 锆石U-Pb法同位素测年及同位素地球化学样由中国地质调查局宜昌地质矿产研究所测试。

(10) Sm-Nd法同位素测年分别由天津地质矿产研究所、宜昌地质矿产研究所测试。

(11) K-Ar法同位素测年由中国地震局地质研究所K-Ar年龄实验室测试。

(12) Ar-Ar法同位素测年主要由中国地质大学(北京)地学实验中心测试完成，中国地质科学院地质研究所承担部分测试。

(13) 裂变径迹由中国地震局地质研究所新构造年代学实验室测试。

(14) 离子探针由中国地质科学院地质矿产研究所测试。

(15) 化石由中国科学院南京地质古生物研究所鉴定，其中䗴类化石由张遴信研究员鉴定，珊瑚、海绵化石由邓占球研究员鉴定，腕足类化石由孙东立研究员鉴定，腹足类化石由潘华璋研究员鉴定，双壳类化石由文世宣研究员鉴定，古生代微体化石及孢粉由尹磊明、欧阳舒研究员鉴定，遗迹化石由周志诚研究员鉴定。

(16) 新生代孢粉由地质矿产部水文地质、工程地质研究所第四纪实验室测试。

表 1-2 完成实物工作量一览表

项目		设计总量	2001 年完成工作量	2002 年完成工作量	2003 年完成工作量	累计完成工作量	单位
填图总面积		14 819	7000	6000	1819	14 819	km^2
实测地质剖面		110	65.6	68.581	7.36	141.6	km
利用 1∶20 万剖面						24.98	km
实测地质路线长度		2700	1300	1023.15	354.45	2677.6	km
利用 1∶20 万地质路线长度						403.51	km
薄片(Bb)		1300	718	329	34	1081	块
光片(G)		5	1			4	块
定向薄片(Db)		30	13	12		25	块
微量元素分析(DY)		260	181	96	4	281	件
化石(H)		200	132	22		154	块
微古(含孢粉)		70	44	27		67	件
硅酸盐(Gs)		180	134	75	4	214	件
稀土分析(XT)		160	130	59	4	193	件
微金分析(SJ)		30	15	33		45	件
化学简项分析(Hx)		60	38	35		73	件
示踪样(Sz)	Sr-Nd	40	18	2		2	块
	Pb-Pb		15	2		17	块
同位素测年样	K-Ar				2	2	件
	Sm-Nd	20	7		7	14	件
	Ar-Ar	5	3	4	11	18	块
	U-Pb	40		6		6	件
	离子探针				4	4	件
	^{14}C	10	4			4	件
其他类型测年样	热释光(TL)	30	23			23	件
	裂变径迹(Lb)	12	6			6	件
	电子自旋共振(ESR)	20	16	25	1	42	件
电子探针(DT)		10		4		4	件
粒度分析(Lf)		30	20			20	件
电镜扫描		5					件
X 射线衍射分析		20		4		4	件

四、人员分工

王瑾高级工程师承担岩浆岩部分的调研与相关图件、报告的编制,叶占福高级工程师承担变质岩、元古宇、下古生界及泥盆系的调研与相关图件、报告的编制，宋泰忠工程师承担上古生界调研及相关报告的编写，李原工程师承担第四系、新构造运动、遥感地质的调研及相关报告、图件的编制，薛宁工程师承担中生界、古近系—新近系调研及相关报告的编写，索有贤工程师承担矿产及其他国土资源现状调研及相关报告、图件的编制，李庆德工程师承担部分图件的编制，古剑青助理工程师承担各类图件的清绘，王秉璋高级工程师承担构造地质学的调研、报告的编写并负责各类图件、报告全文的统编定稿。另外，马永寿工程师在 2001—2002 年度承担构造地质的调研及部分报告的编写，李社宏助理工程师参加了 2001—2002 年度的调查工作，李建放工程师、张军工程师参加了 2001 年度的调查工作。

野外作业中，驾驶员魏艳青、陈小刚、朱建群、杨志伟、叶忠林、王显强，医生王林辉，炊事员孙立斌等不辞辛劳协助项目组完成各项野外调查工作。

中国地质大学(北京)罗照华教授参与并指导了部分野外调查工作。

第二章　地　　层

根据《青海省岩石地层》(孙崇仁等,1997)的地层区划,结合《新疆维吾尔自治区岩石地层》(蔡土赐等,1999)划分及测区构造格架和地层的时空展布特点,测区以昆南断裂(布喀达坂断裂)为界,以北归属柴达木地层区,以南划归巴颜喀拉地层区。其中柴达木地层区内以昆中断裂(克其克孜苏断裂)为界,以北划分为柴南缘地层分区,以南划分为东昆仑南坡地层分区。巴颜喀拉地层区仅由一个分区——巴颜喀拉地层分区组成。

各分区地层自成体系,其中柴南缘分区出露地层由老到新有前寒武系、奥陶系—志留系、三叠系;东昆仑南坡分区主要有奥陶系—志留系、泥盆系、石炭系—二叠系,另外在吐木勒克地区,南以哈夏克·勒克·得亚断裂为界,北以昆中断裂为界,将其中狭小区域内一套残留强变形混杂地质体划分为一个特殊岩层单位——吐木勒克构造蛇绿混杂岩;巴颜喀拉分区主要为三叠系。古近系—新近系及第四系零散分布全区。区内各地层单元,除泥盆系与东昆仑西段地层进行了对比之外,其他均与柴南缘、东昆仑或巴颜喀拉地区已知西延地层进行了对比划分。测区(构造)岩石地层划分见表2-1。

第一节　前寒武纪地层

一、地质概况

测区内前寒武纪地层仅为新太古代—古元古代金水口岩群白沙河岩组(Ar_3Pt_1b),其基本情况如下:青海省区测队于1971年将诺木洪南山一带的中高级变质岩系创名为"金水口组",1978年王云山、庄庆兴等将金水口组改称为"金水口群",其内划分上下两个岩组,归属长城系;1982年庄庆兴、孙广智等在格尔木市白沙河出山口附近创建了"白沙河组",1986年庄庆兴等在《青海省东昆仑前寒武系》一文中将白沙河组归置于金水口群中;1997年,《青海省岩石地层》(孙崇仁等,1997)将王云山等改称的金水口群修订为金水口岩群,下岩组相应修订为白沙河岩组。白沙河岩组现在的定义是指分布于东昆仑山(北坡),位于小庙组之下的一套由各种变粒岩、片麻岩、混合岩、混合片麻岩、混合花岗岩、白云石大理岩、大理岩、橄榄大理岩及角闪岩组成的中、高级变质岩系。顶部以大套石英质岩石或片岩的始现及大套片麻岩的消失与长城系小庙组分界,底界不明。时代为古元古代,有可能下延至新太古代。

测区内该套地层构成了柴南缘地层分区的变质结晶基底,主体分布于那陵格勒河北部及河南侧莫斯图沟一带,余者自卡而却卡向西至喀尔洞一带多呈海西—印支期岩浆岩中的顶盖漂浮体或包体零星出露。另外在昆中断裂南侧吐木勒克西南和额尔衮赛埃图中游一带(属东昆仑南坡地层分区)出露两条块。地层边界多与岩体呈侵入或断层关系接触,局部与早古生代地层呈断层接触。区内白沙河岩组控制假厚度大于1107.5m。

二、构造岩石地层综述

(一)剖面描述

青海省茫崖行政委员会阿克楚克赛北新太古代—古元古代金水口岩群白沙河岩组(Ar_3Pt_1b)变质

表 2-1　测区地层序列简表

地质时代			代号	柴达木地层区		巴颜喀拉地层区
代	纪	世		柴达木南缘地层分区	东昆仑南坡地层分区	巴颜喀拉地层分区
新生代	第四纪	全新世	Qh	冲积、冲洪积、风积、湖积、沼泽、冰碛、冰水堆积（Qh^{al}、Qh^{alp}、Qh^{eol}、Qh^{l}、Qh^{fl}、Qh^{gl}、Qh^{gfl}）		
		晚更新世	Qp_3	冰水堆积、湖积、冲洪积（Qp_3^{gfl}、Qp_3^{l}、Qp_3^{alp}）		
		中更新世	Qp_2	冰碛、冰水堆积（Qp_2^{gl}、Qp_2^{gfl}）		
		早更新世	Qp_1		湖积 Qp_1^{l}	
	新—古近纪	上新世	N—E	狮子沟组 $N\hat{s}\hat{z}$	曲果组 Nq	查保马组 ENc
		渐—中新世			雅西措组 ENy	
		古—始新世			沱沱河组 Et	
中生代	三叠纪	晚三叠世	T_3	鄂拉山组 T_3e	八宝山组 T_3b	巴颜喀拉山群 TB 砂岩组 TB_1
		中三叠世	T_2			
		早三叠世	T_1			
晚古生代地层	二叠纪	晚二叠世	P_3			
		中二叠世	P_2		布青山群 PB：马尔争组 Pm（上段 Pm^3、中段 Pm^2、下段 Pm^1）；树维门科组 Pş（上段 $Pş^2$、下段 $Pş^1$）	
		早二叠世	P_1		浩特洛哇组 CPht（上段 $CPht^2$、下段 $CPht^1$）	
	石炭纪	晚石炭世	C_2			
		早石炭世	C_1			
	泥盆纪	晚泥盆世	D_3			
		早—中泥盆世	D_{1-2}		布拉克巴什组 Dbl（上段 Dbl^2、下段 Dbl^1）	
早古生代	志留纪—奥陶纪		S—O_3	滩间山群 OST：碳酸盐岩岩组 OST^b；基性火山岩岩组 OST^a	纳赤台群 OSN：哈拉巴依沟组 OSh（砂岩段 OSh^b、千枚岩段 OSh^a）；吐木勒克构造蛇绿混杂岩 OStm	
古元古代—新太古代			Pt_1—Ar_3	金水口岩群：白沙河岩组 Ar_3Pt_1b		

地层实测地质剖面（Ⅱ$3P_5$）如图 2-1 所示。剖面起点坐标：东经 91°12′50″，北纬 37°00′36.4″；终点坐标：东经 91°11′14.5″，北纬 36°58′11.4″，岩性层由北至南罗列，不代表层序。北侧与晋宁期阿克却哈变质侵入体呈韧性断层接触，南侧与滩间山群碳酸盐岩呈断层接触，顶底不明。

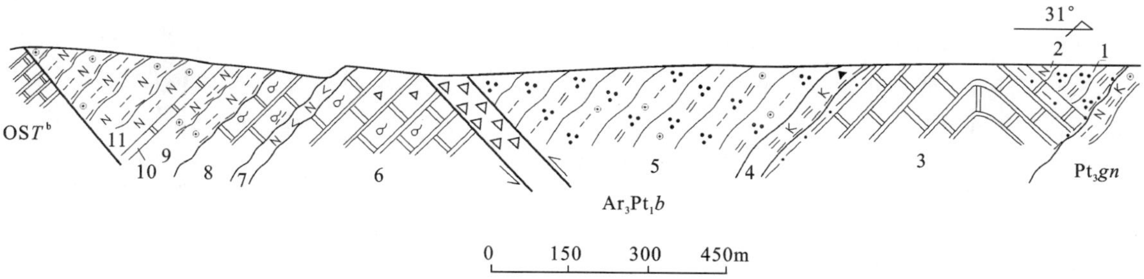

图 2-1 阿克楚克赛北金水口岩群白沙河岩组（Ar_3Pt_1b）变质地层实测地质剖面图（$3P_5$）

阿克却哈二长片麻岩体（Pt_3gn） 灰色石榴二云二长片麻岩

———————平行接触（古侵入接触）———————

白沙河岩组（Ar_3Pt_1b）

1.浅灰色白云母石英片岩

2.灰色中细粒二云二长片麻岩

—·—·—·— 韧性剪切带 —·—·—·—

3.灰白色初糜棱透闪石方解石大理岩夹片状含透闪石镁橄榄石方解石质大理岩

—·—·—·— 韧性剪切带 —·—·—·—

4.灰红色含电气石白云钾长片麻岩

5.灰色石榴二云母石英片岩

═══════ 断层 ═══════

6.灰白色碎裂岩化方解石大理岩

7.深灰绿色片状斜长角闪岩

8.灰白色块层状方解石大理岩夹灰色条带状方解石大理岩

9.灰色条带状含石榴黑云斜长片麻岩

10.灰色条纹状片状方解石质大理岩

11.灰色细粒含石榴黑云斜长片麻岩，局部夹角闪片岩透镜体

═══════ 断层 ═══════

滩间山群碳酸盐岩岩组（OST^b） 青灰色厚-块层状方解石质大理岩夹灰白色条带状大理岩

（二）岩石组合特征

该套地层主要岩石组合以含石榴子石、夕线石或堇青石黑云斜长片麻岩为主，部分含石榴黑云二长片麻岩、黑云钾长片麻岩及少量二云二长片麻岩、白云钾长片麻岩，夹云母石英片岩和云母片岩、大理岩及斜长角闪（片）岩等。

吐木勒克和额尔衮赛埃图中游多以糜棱岩或构造片麻岩夹大理岩及少量角闪片岩为主。岩石普遍遭受了四期以上较强烈的、多层次的变质变形作用叠加，原始沉积构造、原岩特征多无保留；层序关系、原生叠覆关系不复存在，其内发育复杂多样的构造变形行迹。此为一套达角闪岩相变质程度的有层无序的构造-岩石地层。原岩性质具有活动陆缘海相泥质、泥砂质碎屑岩夹碳酸盐岩及基性火山岩的建造特征（原岩恢复见第四章变质岩部分）。

（三）微量元素特征

白沙河岩组岩石微量元素特征见表 2-2。经与泰勒值（1964）相比较，泥质、泥砂质变质岩中 Sr、Ta、Ti、Sc、Cr、Co、Ni、Nb、V、U、Cu 普遍小于泰勒值，而多数不相容元素 Rb、Ba、Th、Zr、Hf、Y、Pb 则普遍大于其值；变质基性岩中 Rb、Ba、Nb、Zr、Hf、Y、Cu、U 普遍小于泰勒值，而 Ti、Sc、Cr、Co、Pb、Zn、V 则普遍大于其值。测区 8 件泥砂质变质岩样品的部分微量元素比值(表 2-3)与泰勒和 McLeanan (1985)变质沉积岩微量元素比值相比较,其中 V/Ni、La/Sc、Th/Sc、Th/U 均大于太古宙变质沉积岩的比值,而 Cr/V、Ni/Co 和 La/Th 则远小于太古宙变质岩的比值,基本上各元素比值与后太古宙变质沉积岩的比值相近。由此可见,测区白沙河岩组变质地层应当为太古宙以后的沉积变质地层。7 件角闪质岩样品经 MORB 标准化后作图(图 2-2),其化学型式特征与板内拉斑玄武岩的型式相似,除 Y、Yb、Sc、Cr 外,所有元素皆显富集。其中少数样品似乎具有火山弧玄武岩与碱性板内玄武岩之间的过渡类型特征。

表 2-2　白沙河岩组微量元素特征表($w_B/10^{-6}$)

样号	岩性	Sr	Rb	Ba	Th	Ta	Nb	Zr	Hf	Ti	Y	Sc	Cr	Co	Ni	Cu	Pb	Zn	V
Dy1105-2	黑云斜长片麻岩	123	162	899	18.5	<0.5	18.4	146	5.0	5220	25.5	20.1	118.8	23.3	78.5	45.6	45.8	107	144.5
Dy2321-1	黑云斜长片麻岩	78	141	423	25.6	0.7	16.0	297	9.5	2613	47.6	5.5	12.3	6.2	10.0	5.8	27.0	37	29.5
Dy3408-1	黑云斜长片麻岩	145	156.9	997	24.8	0.8	15.2	261	5.6	5282	33.8	17.2	92.7	15.5	26.9	29.2	22.9	83	109.9
Dy6406-1	黑云斜长片麻岩	111	97.7	608	15.4	1.0	12.4	329	8.9	4599	37.8	15.6	70.5	11.9	19.5	21.2	9.5	49	84
$3P_5$Dy13-1	二云二长片麻岩	110	215.2	1016	28.4	0.8	14.3	213	6.4	2396	49	7.1	17.0	5.4	7.7	6.2	35.2	61	32.6
$3P_5$Dy15-1	白云钾长片麻岩	32	438.6	92	14.2	1.7	19.8	67	<5.0	584	22.3	2.3	5.6	1.5	3.1	14.6	38.6	244	8.8
Dy6104-2	红柱石黑云母片岩	341	225.1	1501	27.6	2.9	24.8	350	7.1	8447	45.6	30.3	205.3	27.3	90	14.0	33.0	115	224.5
$3P_5$Dy16-2	石榴二云石英片岩	70	122.9	398	14.9	0.8	12.8	199	<5.0	3676	35.0	14.2	77.8	11.9	21.2	13.6	11.6	66	114.6
Dy3413	角闪斜长片麻岩	423	107.9	127	0.9	1.7	9.5	156	<5.0	9173	31.9	45.0	186.7	29.7	86.6	87.2	23.0	90	237.2
Dy3408-2	斜长角闪岩	147	57.4	136	1.0	0.9	9.3	94	<5.0	7166	27.1	44.3	115.1	37.9	68.3	15.7	8.6	115	300.7
Dy2411	黑云母斜长角闪岩	185	161	244	1.2	2.7	50.2	194	7.2	16573	25.3	24.3	31.6	62.0	52.9	47.6	56.3	168	478.1
Dy6409-2	片状斜长角闪岩	132	23.4	125	1.6	0.9	8.4	115	<5.0	8900	26.8	42.3	104.1	41.5	67.2	49.2	16.9	122	368.9
Dy1109-3	斜长角闪片岩	222	75	242	2.2	1.7	25.4	191	6.4	11 962	30.0	32.0	101.6	45.2	69.4	36.7	27.6	114	266
Dy2206-1	片状斜长角闪岩	182	213	174	1.7	<0.5	12.4	99	4.0	9562	22.8	34.2	233.6	47.9	115.5	15.7	50.8	244	300.5
Dy1216-1	斜长角闪质糜棱岩	207	70	109	2.4	<0.5	12.1	91	3.8	7065	25.5	34.0	238.8	43.0	88.2	22.5	31.4	97	260.9

表 2-3　泥砂质变质岩微量元素比值表

元素比	Cr/V	Ni/Co	V/Ni	La/Th	La/Sc	Th/Sc	Th/U
太古宙	5.3±1.0	11.6±1.6	0.51±0.28	3.5±0.3	1.3±0.2	0.43±0.07	3.8±0.3
后太古宙	0.9±0.1	2.6±0.1	2.1±0.2	2.8±0.2	2.7±0.3	1.0±0.1	4.8±0.3
测区	0.42～0.91	1.61～3.4	1.84～5.4	1.51～2.4	1.6～8.7	0.91～6.2	8.9～14.6
平均值	0.71	2.1	3.5	1.8	4.0	2.52	10.2

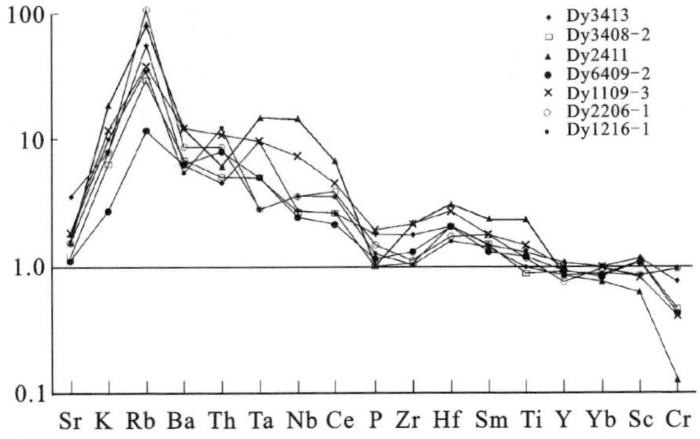

图 2-2　白沙河岩组镁铁质岩 MORB 标准化地球化学型式图

三、区域对比及时代讨论

1:20 万《伯喀里克幅》及《塔鹤托坂日幅》将昆中断裂以北的该套地层皆归入金水口岩群白沙河岩组，而《塔鹤托坂日幅》将断裂以南块体归入苦海群。大多数对区域上东昆仑造山带前寒武纪地层的研究者近几年来将沿昆中断裂南侧分布的前寒武纪地层也多以柴南缘结晶基底对待；《青海省岩石地层》(孙崇仁等，1997)也已将“苦海群”取消。实际上测区该套地层完全可与柴南缘金水口岩群白沙河岩组(Ar_3Pt_1b)相对比，而出露于断裂南侧的块体的岩性、岩石组合、岩石变质变形特征等均与北侧地层完全类同，故本书将其视为同基底地层后期裂解(可能与加里东构造期昆中断裂活动时陆缘裂解有关)、南移而成的构造块体。

1:20 万区调(青海省地质矿产局区调综合地质大队，1992)在本区东部额尔衮赛埃图斜长角闪岩中获得 1927±34Ma 的 Sm-Nd 等时线年龄值(表2-4，图 2-3，样品由原地矿部天津地质矿产研究所分析)，该等时线由 9 个全岩样品拟合而成，其 $\varepsilon Nd(t)=+1.980\ 38$，反映这些样品物源皆具有弱亏损地幔的特征。但$^{147}Sm/^{144}Nd$ 比值在 0.1231～0.1745 之间，具有一定的变化，很可能反映了 9 个样品来源于部分熔融程度不同的地幔源区。经计算，9 个样品的模式年龄 TDM 在 2250～2687.1Ma 之间，平均值为 2442Ma，大于等时线年龄 3.23～7.6Ga。由此判断，2442Ma 的平均年龄或峰年龄很可能代表了壳幔分离的年龄(相当于中条运动早期造陆阶段年龄)，而 1927±34Ma 的等时线年龄则为该基性岩喷发成岩的实际成岩年龄值。另外，本测区北邻幅(库郎米其提)在 2002 年于喀雅克登白沙河岩组斜长角闪片岩中获得 2234±160Ma 的 Sm-Nd 等时线年龄值。结合两个年龄值，可确定本区白沙河岩组成岩年龄应为古元古代。

表 2-4 白沙河岩组斜长角闪岩 Sm-Nd 等时线数值表

序号	Sm(×10⁻⁶)	Nd(×10⁻⁶)	$^{147}Sm/^{144}Nd$	$^{143}Nd/^{144}Nd$	2σ	Sm/Nd	TDM(Ma)
A	10.806	53.073	0.1231	0.511 806	±0.000 005	0.20	2250
B	4.810	17.361	0.1675	0.512 375	±0.000 005	0.28	2543.7
C	9.031	34.009	0.1605	0.512 274	±0.000 02	0.27	2497.2
D	9.663	42.175	0.1382	0.511 997	±0.000 015	0.23	2317.2
E	3.074	12.379	0.1501	0.512 158	±0.000 01	0.25	2366.4
F	7.592	32.175	0.1426	0.512 055	±0.000 005	0.24	2336.8
G	3.147	11.916	0.1597	0.512 276	±0.000 005	0.26	2454.9
I	3.415	11.832	0.1745	0.512 455	±0.000 005	0.29	2687.1
J	13.242	48.525	0.1650	0.512 339	±0.000 005	0.27	2524.9

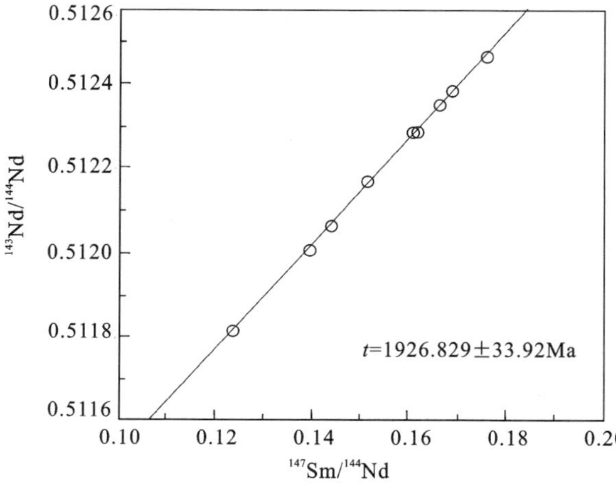

图 2-3 Sm-Nd 等时线图

第二节 早古生代地层

一、柴南缘地层分区

滩间山群(OST)系青海省地层编写小组(1980)于大柴旦镇滩间山创名(孙崇仁等,1997),原始定义指分布于赛什腾山万洞沟及滩间山一带的一套浅变质碎屑岩,上部见中性火山岩,间夹变砂屑生物碎屑灰岩。《青海省岩石地层》(孙崇仁等,1997)将朱夏等所创"铁石达斯群"(1964)归入滩间山群。现指分布于柴达木盆地北缘、西南缘一套由浅变质碎屑岩、变中—基性火山岩夹生物碎屑灰岩、白云质大理岩组成的地层序列,时代为中晚奥陶世—志留纪。1∶20万《伯喀里克幅》将测区该套地层亦划属铁石达斯群(1981)。本书采用《青海省岩石地层》(孙崇仁等,1997)的划分方案,并以岩石组合以及岩石构造变形变质较强的事实特征为依据,下划分两个组级非正式构造地层单位:下部基性火山岩岩组(OST^a),上部碳酸盐岩岩组(OST^b)。

(一) 基性火山岩岩组(OST^a)

基性火山岩岩组小面积出露于那陵格勒河南部卡而却卡,北侧与碳酸盐岩岩组呈断层接触,另三围处于印支期花岗岩的包围之中。主要岩性为一套变质或蚀变块状基性火山岩夹变质碳酸盐岩的组合。由于后期构造作用叠加,各岩性层间多以各种构造界面关系接触,原始接触关系仅有局部保留。区内出露面积仅 $1.8km^2$。

1. 剖面描述

青海省茫崖行政委员会卡而却卡滩间山群基性火山岩岩组实测地质剖面(Ⅱ$3P_3$)如图 2-4 所示。起点坐标:东经 91°01′33.2″,北纬 36°46′26″;终点坐标:东经 91°02′2.4″,北纬 36°46′42.7″。东南端被钾长花岗岩侵入,西北端与碳酸盐岩岩组呈断层接触,顶底不全。

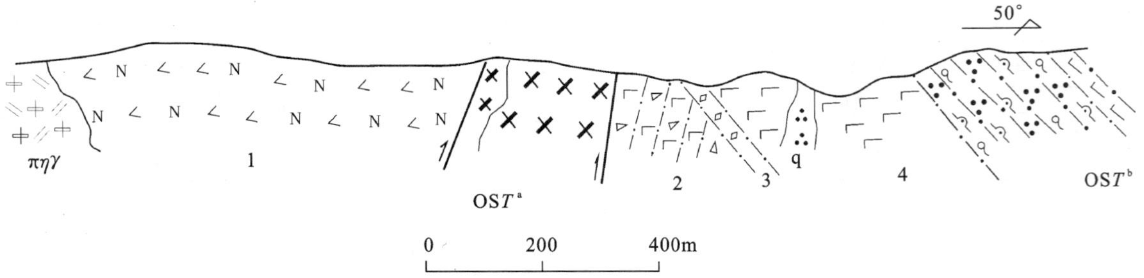

图 2-4 卡而却卡滩间山群基性火山岩岩组(OST^a)实测剖面图

碳酸盐岩岩组(OST^b)灰色条带状石英堇青石质糜棱岩(上部为钙质糜棱岩)

—·—·—·— 韧性剪切带 —·—·—·—

基性火山岩岩组(OST^a)

4. 深灰绿色碎裂状强阳起石化玄武岩

—·—·—·— 韧性剪切带 —·—·—·—

3. 灰色条纹条带状透辉石方解石质糜棱岩

—·—·—·— 韧性剪切带 —·—·—·—

2. 灰绿色碎裂岩化强阳起石化玄武岩

════════ 断层 ════════

（暗绿色细粒至粗粒阳起石化辉绿岩）

═══════ 断层 ═══════

1. 深灰绿色片状斜长角闪岩（底部被二叠纪似斑状二长花岗岩侵入）

2. 主要岩石组合及岩性特征

岩石以块状强蚀变玄武岩、斜长角闪岩为主，部分为阳起石化辉绿岩（属浅成岩），局部夹钙质糜棱岩及泥砂质糜棱岩。露头上钙质糜棱岩类多以规模不等的透镜体产出。主要岩性特征如下（余者见第四章变质岩部分）。

（1）变质基性火山岩即片状斜长角闪岩，粒状、柱状变晶结构，定向构造。主要矿物：普通角闪石（77%），呈半自形柱状或自形粒状晶，长轴平行定向；斜长石（18%），呈细小自形粒状晶；石英（2%），自形等轴粒状晶；金属矿物含量为2%。部分斜长石保留有板状或柱状的熔岩结晶晶形，经岩石化学原岩恢复分析，其原岩为拉斑玄武岩（见第四章变质岩部分）。

（2）强蚀变玄武岩具有纤状，柱状变晶结构，或变余斑状结构，基质具粒状纤状变晶结构，块状构造。主要矿物：阳起石（73%～83%），柱状纤维状，集合体放射状或束禾状，为原岩中基性矿物退变而成；钠长石（0～8%），为斜长石的退变物。主要岩石为强阳起石化玄武岩和纤闪石化玄武岩。

（二）碳酸盐岩岩组（OST^b）

碳酸盐岩岩组出露于那陵格勒河南、北两侧。北侧呈北西向条块状较集中出露，与下伏金水口岩群呈断层接触；南侧则呈零星残块分布于卡而却卡海西—印支期花岗岩中和亚门涛鲁埃北东侧两地，局部可见与下部基性火山岩组呈断层接触。主要为一套变质碳酸盐岩，夹少量变质沉积碎屑岩及变质基性火山岩。岩石普遍受四期以上变质及变形作用叠加改造，尤以动力变质作用及热接触变质作用叠加较为剧烈，原岩面貌多无保留，仅有少部分岩石中残留有变余原岩特征。区内出露总面积约40km²。

1. 剖面描述

青海省茫崖行委会卡而却卡滩间山群碳酸盐岩岩组实测地质剖面（Ⅱ3P_1）如图2-5所示。起点坐标：东经91°02′33″，北纬36°45′23″；终点坐标：东经91°03′23″，北纬36°46′17″。控制厚度大于1329.79m。

图2-5 卡而却卡滩间山群碳酸盐岩岩组（OST^b）实测地质剖面图

肉红色中细粒花岗岩（$T_3\pi\eta\gamma$）

—··—··—··— 侵入 —··—··—··—

碳酸盐岩岩组（OST^b）

13. 深灰色—紫红色钙铁榴石矽卡岩 7.40m
12. 青灰色条纹状透辉斜长硅灰石角岩 94.0m
11. 灰白色含红柱石石英角岩 83.55m
10. 条带状含石榴硅灰石透辉石角岩 98.98m
9. 青灰色强角岩化复成分砾岩（其内为角岩化闪长玢岩） >62.45m

═══════ 断层 ═══════

8. 黑色斜长角闪角岩	>188.85m
—·—·—·— 韧性剪切带 —·—·—·—	
7. 灰色钙质糜棱岩(内发育大理岩弱变形刚性透镜体)	129.95m
—·—·—·— 韧性剪切带 —·—·—·—	
6. 青灰色绿帘长英质角岩	7.72m
5. 深灰色大理岩质糜棱岩(内发育刚性透镜体)	3.86m
4. 白色方解石质碎斑岩	31.08m
—·—·—·— 韧性剪切带 —·—·—·—	
3. 由下部灰色中细粒方解石大理岩夹大理岩质糜棱岩向上渐变为大理岩质糜棱岩	311.61m
2. 灰白色偶夹灰色中粒方解石大理岩	268.11m
1. 灰白色大理岩质糜棱岩	>42.23m
—·—·—·— 韧性剪切带 —·—·—·—	
0. 纤闪石化辉长岩	
(外部被石英二长闪长岩侵入)	

2. 岩石组合及主要岩性描述

从剖面可见,该岩组主要岩石为一套变质碳酸盐岩,夹变质沉积碎屑岩及少量基性火山岩。综合分析路线上所见岩石,其特征如下。

(1) 变质碳酸盐岩:按成因类型可分为区域变质大理岩类,韧脆性动力变质形成碎斑状大理岩或方解石碎斑岩、韧性动力变质作用形成大理岩质糜棱岩类,以及接触变质透辉石角岩、硅灰石角岩等钙硅角岩类及钙铁榴石(钙质)矽卡岩类三大类。

(2) 变质沉积碎屑岩:主要见有区域浅变质黝帘白云母石英岩、热接触变质含红柱石石英角岩、角岩化石英砂岩、(石榴透辉)长英角岩及强角岩化复成分砾岩等。

(3) 变质基性火山岩:主要见有斜长角闪角岩。

现将主要岩石描述如下(其余见第四章变质岩部分)。

大理岩:灰白色、灰色,他形中粒—中细粒变晶结构,块状构造。主要矿物:方解石(100%),颗粒边界呈不规则的他形粒状,粒径 0.154~2.89mm;部分岩石含微量柱状或自形粒状透闪石及少量不透明矿物质点。

碎裂状方解石大理岩及方解石质碎斑岩:碎斑结构,块状构造。碎斑 30%~60%(其中方解石单晶 30%~59%,糜棱质大理岩块 0~1%。方解石边界呈锯齿状,不具方向性或拉长呈透镜状),基质 40%~70%(铁染方解石粉末 0~25%,碎粒方解石 15%~70%,含少量石英及绢云母)。

黝帘白云母石英岩:鳞片粒状变质结构,块状构造。粒状石英 87%,白云母 7%,斜黝帘石 6%,磁铁矿少量。

角岩化石英砂岩:变余中细粒砂状结构、鳞片粒状变晶结构,块状构造。主要成分:石英 63%,堇青石 20%,黑云母 10%,斜长石 3%,绿泥石 3%,磁铁矿 1%,锆石微量。其中石英及长石类多呈大小相近的次棱角状—次圆状砂状外形,部分石英及其余都为变质矿物。

强角岩化复成分砾岩:砾状交代假象结构,基底式-孔隙式胶结类型。变余原岩成分:①砾石由中酸性火成岩、砂岩及石英岩组成,多呈次圆状,少量次棱角状及棱角状;②杂基为单晶及多晶石英,保留有棱角状、次棱角状及次圆状外形;③胶结物已被硅灰石、透辉石、钙铝榴石及方解石、石英等重结晶矿物取代。

(三) 原岩结构特征、岩石化学地球化学特征及环境分析

上述基性火山岩岩组原岩主要为玄武岩类,而夹层状钙质糜棱岩类则主要为富镁质碳酸盐岩,由此及野外露头特征看出,其结构特征上显示了主体为幔源分异物基性岩组分中混杂了海相镁质碳酸盐岩

和砂泥质岩类。两件玄武岩样品的岩石化学特征(表 2-5)显示岩石高铁、镁、钙而低碱,均属亚碱性拉斑玄武岩系列;稀土特征显示其总量较低,$\sum REE=43.76\times10^{-6}\sim66.38\times10^{-6}$,稀土配分曲线为右缓倾斜型,略具正铕异常;微量元素显示 Sr、K、Rb、Ba 富集而 Ti、Y、Yb、Sc、Cr 亏损,在 Th-Hf-Ta 图解中落入 P-MORB 和岛弧拉斑玄武岩区;在 Nb-Zr-Y 图解中,则显示出板内拉斑玄武岩的特点。结合其岩石地球化学特征及构造判别结果,反映滩间山群火山岩源于较富集地幔的部分熔融,形成于伸展的构造背景之下。

表 2-5 滩间山群岩石化学特征表($w_B/10^{-2}$)

序号	样号	SiO_2	TiO_2	Al_2O_3	FeO	Fe_2O_3	MnO	CaO	MgO	Na_2O	K_2O	P_2O_5	LOS	H_2O^+	Σ
1	Gs3107-1	49.04	1.7	14.62	9.42	2.6	0.18	10.47	6.61	2.85	0.62	0.2	1.44	0.76	100.5
2	$3P_3Gs6-1$	49.22	1.69	14.8	9.25	4.61	0.18	9.08	6.6	2.24	0.41	0.089	1.39	0.24	99.8
3	$3P_1Gs10-1$	49.15	1.58	14.94	10.52	2.28	0.19	9.86	6.64	1.34	0.86	0.13	1.84	0.36	99.69
4	$3P_1Gs12-1$	78.23	0.31	5.36	2.1	1.1	0.059	7.0	1.37	0.33	2.54	0.013	0.93	0.58	99.92

注:1、2.玄武岩;3.斜长角闪角岩;4.角岩化复成分砾岩。

碳酸盐岩岩组原岩为一套石灰岩、含泥质灰岩为主,夹长英质砂岩(包括石英岩)、砾岩(砾岩岩石化学特征见表 2-5)及基性火山岩(玄武岩)的岩石组合,结构上显示了碳酸盐岩为主体,夹成熟度较高的陆源沉积碎屑岩及少量基性火山岩的海相类复理石建造。其具有一定活动性性质。

综上所述,测区滩间山群两岩组其构造环境可能为陆缘扩张期间裂谷(或裂陷槽)环境,其中火山岩岩组为扩张早期的产物,而碳酸盐岩岩组则为扩张晚期的产物。

(四) 区域对比及时代讨论

根据该套地层岩石组合特征,可与区域上柴达木西南缘滩间山群"中部为基性火山岩,上部为碳酸盐岩"对比。从其与前寒武纪变质基底相邻产出,且岩石具多期次构造热事件改造变质以及使其发生热变质作用的花岗岩多为海西期侵入岩的特征等各方面分析,该地层应为早古生代产物,故本文将其成岩时代归置于晚奥陶世—志留纪。

二、东昆仑南坡地层分区

(一) 吐木勒克构造蛇绿混杂岩(OS*tm*)

吐木勒克构造蛇绿混杂岩是加里东期昆中构造混杂带西延部分的残留体,也为测区新建的一个构造-岩石地层单位。呈北西-南东向构造线出露于测区西北部库勒布彦·萨依南东、吐木勒克断裂南西、白沙河岩组变质地层以北地带,四围与围岩多呈断层关系相接,局部被第四系覆盖。

经过本次调查查明,该混杂岩主要由形成于不同构造期、不同相(环境)的 4 种岩石组成,即蚀变玄武岩、强蚀变辉绿岩、变质碳酸盐岩及少量硅质岩等,尤以玄武岩和碳酸盐岩分布最多,其间尚有少量强变形中低变质火山碎屑岩或沉积碎屑岩分布。剖面上除部分碳酸盐岩和玄武岩在局部地段尚能解体出具规模块体之外,其余地段多种岩石体尚不能截然区分,而在玄武岩之中的大小不等的构造透镜体与之混杂,各岩性层(或岩块)间皆为断层或韧性剪切构造界面关系接触。单岩层或岩块内发育韧性变形、密集劈理、断层及褶皱等变形构造形迹,整体上以发育北西向同构造线韧性剪切带为特征。原始面理仅在局部保留,产状变化较大。岩石普遍具绿片岩相变质,局部并有变余高压变质岩石残存。因岩石多为混杂而成,其组合较为复杂,与区域上各岩石地层单位皆无法对比,故以一特殊构造岩石地层单位处理,称其为构造蛇绿混杂岩。

1. 剖面描述

新疆维吾尔自治区若羌县吐木勒克早古生代构造蛇绿混杂岩(OS*tm*)实测剖面(Ⅱ1P_1)如图 2-6 所示。起点坐标:东经 90°24′33″,北纬 36°43′43″;终点坐标:东经 90°25′54″,北纬 36°46′25″。本剖面自南向北测制,基本控制了构造混杂岩的主要岩石。南端和北端分别与白沙河岩组(Ar_3Pt_1b)和印支期花岗岩($T_3\gamma\delta$)呈断层关系接触,顶底不明。岩性层由北至南罗列,不代表层序。总厚度大于 3059.77m。

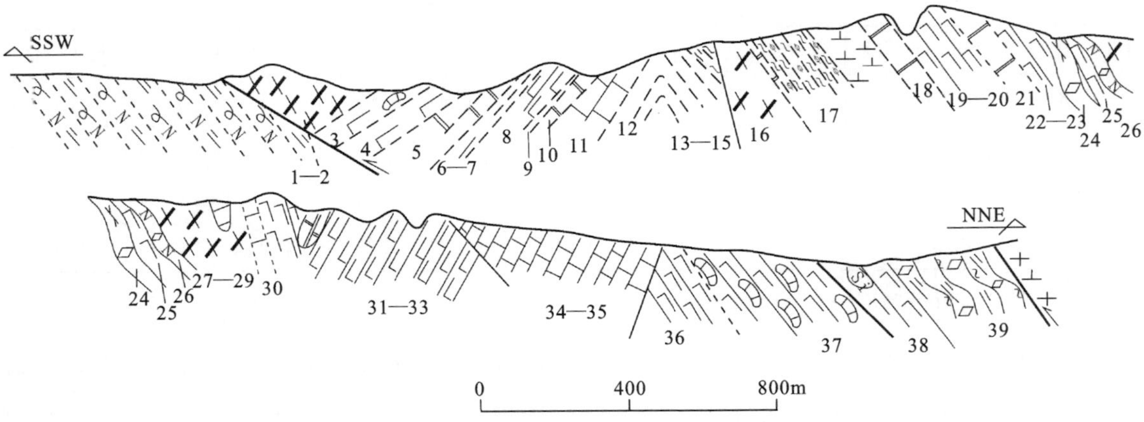

图 2-6 吐木勒克构造蛇绿混杂岩(OS*tm*)实测地质剖面图(Ⅱ1P_1)

吐木勒克构造蛇绿混杂岩(OS*tm*)

39. 灰绿色绢云方解绿泥石片岩(糜棱片岩)
38. 灰绿色块状绿泥石化帘石化玄武岩夹深灰色不纯硅质岩
37. 灰绿色枕状绿泥石化帘石化玄武岩
36. 灰绿色块层状帘石化绿泥石化玄武岩

═══════ 断层 ═══════

35. 灰色中薄层状白云石化微晶灰岩
34. 灰色中厚层状强硅化碎粒灰岩

═══════ 断层破碎带 ═══════

33. 灰绿色块层状蚀变玄武岩,局部夹微晶大理岩透镜体
32. 深灰色及灰色中薄层状片状微晶大理岩
31. 灰绿色玄武岩夹方解钠长片岩夹条带状硅化大理岩
30. 灰色中薄层状粉晶灰岩夹灰色薄层状长石砂岩
29. 灰绿色蚀变片理化辉绿岩,局部夹片状灰岩透镜体
28. 灰色块层状结晶灰岩
27. 灰绿色强绿泥石化辉绿岩
26. 灰色薄层状方解石钠长片岩、灰绿色千糜岩夹片状大理岩透镜体
25. 灰绿色块层状玄武岩
24. 灰色中薄层状方解钠长石片岩夹灰色薄层状、透镜状蓝闪钠长方解石片岩
23. 灰绿色块层状拉斑玄武岩
22. 灰色块层状变余杏仁状绿泥石化玻质玄武岩
21. 灰白色糜棱大理岩(横向上呈蜿蜒的透镜状产出)
20. 灰色块层状变余杏仁状绿泥石化玻质玄武岩
19. 灰绿色块层状蚀变玻质玄武岩
18. 灰色块层状条纹条带状片状大理岩

(灰色蚀变细粒闪长岩岩脉)

17. 深灰色含辉石绿帘绿泥石质糜棱片岩

16. 灰色条纹条带状大理岩质初糜棱岩

—·—·—·— 韧性剪切带 —·—·—·—

15. 灰绿色糜棱岩化辉绿岩

—·—·—·— 韧性剪切带 —·—·—·—

14. 灰绿色含绿泥石绢云母千糜岩，夹褐色薄层泥晶灰岩

13. 灰白色条纹条带状大理岩质初糜棱岩

12. 灰色方解绿泥石质千糜岩夹深灰色中层状钠长方解绿泥石片岩

11. 灰白色薄层状条带状硅化白云石化微晶灰岩，夹灰白色钠长方解绿泥石片岩

10. 灰紫色薄层状含绢云母片状大理岩，夹紫红色薄层状白云石化粉晶灰岩

9. 灰色绿泥石化绢云母化初糜棱玄武岩

8. 灰绿色片理化全蚀变玄武岩

7. 灰绿色变质玄武质糜棱岩，夹绿灰色蚀变枕状玄武岩透镜体

6. 灰绿色变质玄武质糜棱岩

5. 灰白色条纹条带状大理岩质糜棱岩，夹灰紫色绢云方解绿泥石糜棱片岩，局部夹强蚀变玄武岩透镜体

4. 灰绿色块层状绿泥石化绿帘石化玄武岩

3. 浅灰绿色强蚀变枕状玄武岩

—·—·—·— 韧性剪切带 —·—·—·—

2. 灰色碳酸岩化绿泥石化黝帘石化辉绿岩

1. 深灰色黝帘石化绿泥石化辉绿岩

═══════ 断层破碎带 ═══════

白沙河岩组(Ar_3Pt_1b)灰色眼球状白云斜长糜棱片麻岩

2. 混杂岩岩石组合特征

从上述剖面描述可见，该混杂岩岩石主要以灰绿色块层状(部分枕状)强蚀变玄武岩及玄武质糜棱岩为主，条纹条带状、片状大理岩或者大理岩质糜棱岩及辉绿岩次之，夹部分方解石或钠长石片岩(含少量低温高压矿物)、千糜岩、变质灰岩及少量硅质岩、长石砂岩。

野外宏观上变质碳酸盐岩、千糜岩、片岩类多以横向上不连续的、大小不等的构造透镜体、串珠状或薄夹层状出露；局部碳酸岩夹玄武岩产出。明显具有不同相、不同环境产物挤压混杂并具有同期韧性再造与印支期(变质辉绿岩中测得 232Ma 的 Ar-Ar 法变质年龄值)叠加变形的产状特征。

3. 岩性特征简述

上述岩石组合中主要岩石类型可归类为玄武岩、辉绿岩、变质中基性火山(碎屑)岩、(变质)碳酸盐岩、(变)泥砂质岩及硅质岩类，简述如下。

(1) 玄武岩：宏观上以灰绿—深灰绿色为主，多呈块状，少部分具枕状构造。微观上具斑状结构，基质具填间或间粒结构，或变余玻璃质及隐晶质结构，块状或定向构造。主要岩性有绿泥石化绿帘石化或斜黝帘石化或钠黝帘石化等蚀变玄武岩、绿泥石化玻质玄武岩、球颗玄武岩、蚀变更长玄武岩等。此外尚见有部分玄武安山岩。部分玄武岩具糜棱岩化构造变形。

(2) 辉绿岩：灰绿—深灰绿色，嵌晶含长结构或次辉绿结构，块状构造。主要岩石有(绿泥石化)黝帘石化辉绿岩、黝帘石化绿泥石化辉绿岩、绿泥石化钠长石化辉绿岩，少数具糜棱岩化变形。露头上与玄武岩或其他围岩多呈构造界面关系接触。

(3) 变质中基—基性火山(碎屑)岩类：弱构造带以各类绿片岩为主，强构造带叠加变质变形形成了部分糜棱片岩或糜棱岩、千糜岩等。岩石具变晶结构，片状构造或定向构造，部分具变余糜棱结构。主要岩石见有(钠长或绢云)方解绿泥石(糜棱)片岩、方解钠长片岩、含蓝闪(钠长或绿泥石)方解石片岩、条带状钠长(或绿帘)方解石片岩、绿帘绿泥石质糜棱片岩，少量方解绿泥石质千糜岩或绿泥石方解石质糜棱岩等。岩石一般具中低温低压绿片岩相变质，部分具变余低温高压蓝片岩相变质特征。

(4)(变质)碳酸盐岩:大部分岩石多变质而成为大理岩类,其中以微晶大理岩为主,叠加变质变形形成了大量条纹状、条带状大理岩质糜棱岩或片状大理岩。弱构造带残留了部分灰岩类,简述如下。

(白云石化)粉晶灰岩:灰色或紫红色,细晶—粉晶结构,块状构造。主要组分为他形半自形粒状晶方解石(81%~90%),他形晶石英(5%~10%),部分岩石有菱形状白云石(13%)、绢云母(1%)、不透明矿物少量。

白云石化微晶灰岩:灰—灰白色,微晶结构,块状构造。主要组分为方解石(20%~82%)、白云石(10%~55%),部分岩石因硅化有石英(25%),或裂隙充填物(碳酸盐岩)(8%)。

(5)泥砂质岩石:出露少量。路线中见有岩屑长石砂岩类和灰绿色含绿泥石绢云母千枚岩,后者特征如下:鳞片变晶结构,千枚状构造,主要组分为鳞片状绢云母(78%)和绿泥石(18%),不透明矿物(4%),石英少量。原岩很可能为含砂质泥岩。

(6)硅质岩:其一为灰色不纯硅质岩,具显微隐晶状结构,条纹状构造。主要组分为显微他形粒状石英(91%)、粘土矿物(6%)、绿泥石和帘石、不透明矿物(各1%)、方解石少量,金属矿物微量。其二为灰色(碎裂岩化)玉髓质硅质岩,具隐晶结构、碎裂结构,块状构造。主要组分为纤维状玉髓质(91%),裂隙中充填有粘土矿物(6%)、绢云母(1%)、石英(2%)、氧化铁微量。

4. 岩石化学特征及构造环境分析

经岩石化学地球化学分析,玄武岩可分为两类:其一与板内拉斑玄武岩相似,占大多数,该类岩石TiO_2含量平均为2.43×10^{-2},K_2O平均为0.67×10^{-2};稀土总量较高,$\sum REE=73.57\times10^{-6}\sim194.73\times10^{-6}$,均具右倾的轻稀土富集型配分曲线,无铕异常;微量元素除Y、Yb、Sc、Cr略有亏损外,其他所有元素相对N-MORB均有不同程度的富集,具有典型板内玄武岩的特征,构造环境与洋岛玄武岩特征相似。其二与大洋拉斑玄武岩特征相似,占少部分,该类岩石TiO_2含量平均为1.81×10^{-2},K_2O平均为0.23×10^{-2};稀土总量较低,$\sum REE=21.92\times10^{-6}\sim41.03\times10^{-6}$,稀土配分模式为平坦型,具有轻微的轻稀土亏损,有弱的铕异常;微量元素Sr、K、Rb、Ba、Th等活性元素轻微富集,而Nb到Cr等高场强元素(HFS)略有亏损。这种微量元素的分布特征不仅与岛弧拉斑玄武岩相似,同时又类似于MORB,具过渡型洋中脊玄武岩的特点,应形成于弧后扩张(或弧间)的构造环境中。变质碳酸盐岩中无任何化石产出,可能为洋岛之上的生物化学建隆碳酸盐海山;硅质岩为深灰色不纯硅质岩,不含放射虫,可能与深海(远洋)火山喷发作用有关。大多数片岩类则具有基性火山岩或火山碎屑岩的特征。总体分析,该混杂岩是早期陆缘裂解扩张时期洋壳分异的辉绿岩、玄武岩与晚期洋岛或洋脊喷溢或喷发沉积基性岩、火山碎屑岩以及洋盆碳酸盐岩、硅质岩等不同相、不同期的产物于加里东中晚期聚敛俯冲过程中构造混杂的产物。区域上该带多发育加里东期蛇绿岩,本带组分较单一,尚难肯定,但有高压变质带信息保留,从一个方面也证明了混杂带经过碰撞俯冲的构造过程。

5. 区域对比及时代讨论

前已表述,该套混杂岩不论岩石组合,还是变质程度以及岩相组合特征与区域上任何岩石地层单位无法对比,为测区新建的一个构造岩石地层单位。本次调查于吐木勒克玄武岩中用单颗粒锆石U-Pb法获得466±1.8Ma的同位素年龄值(成果资料见火山岩章节),故本书认为该套混杂岩的主体成岩年龄为早古生代,同时在与混杂岩紧密共生的糜棱岩化辉长辉绿岩中获得了一Ar-Ar法年龄为444.5±1.5Ma的同位素年龄值,则反映了晚奥陶世的构造热事件年龄。

(二)纳赤台群哈拉巴依沟组(OS*h*)

纳赤台群哈拉巴依沟组是李光岑、林宝玉(1982)在原青海省地质局石油普查大队(1962)于《祁连山、阿尔金山、昆仑山的地层概况》一文中所创“纳赤台系”,以及青海省第一区调队(1981)将出露于格尔木纳赤台东北至三道湾山一带的变砂岩夹千枚岩及石灰岩称“纳赤台群”的基础上，将其分解创名而得。《青海省岩石地层》沿用此命名，现在定义指分布于昆仑山东段布尔汗布达山一带，整合(?)于石灰厂组之上的一套以千枚岩、变砂岩、板岩为主夹云母片岩及薄层灰岩，底部为砾岩，区域上夹有火山熔岩、火山碎屑岩的地层序列。

1:20 万《塔鹤托坂日幅》(青海省地质矿产局区调综合地质大队，1992)将区内额尔衮赛埃图中上游地区该套地层亦划归纳赤台群，并另建上部“变砂岩夹千枚岩组”和下部“千枚岩夹变砂岩”组两个非正式岩组。本次调查在归属哈拉巴依沟组基础上，又据岩石组合划分了下部千枚岩段(OSh^{a})和上部砂岩段(OSh^{b})两个非正式岩段。两岩段之间为整合关系接触。

区内该地层呈北西西向断续分布于测区西部库鲁·彼得勒克·得亚河北岸，中部哈夏·克里克·得亚河北岸及东部额尔衮赛埃图河中上游 3 个地区。南以库鲁·彼得勒克断裂为界，北以哈夏·克勒克·得亚断裂或以昆中断裂为界，东西两端出图。在额尔衮赛埃图见该地层与下伏金水口岩群呈断层接触，局部被古近纪—新近纪地层不整合；其余大部地段被第四系覆盖或被海西—印支期岩浆侵入或断层接触。主体为一套低级区域变质的碎屑岩及泥质岩，具海相类复理石建造特征。总厚度大于 7253.43m。其中千枚岩段仅局限于额尔衮赛埃图上游出露，顶部与砂岩段呈整合接触，未见底，控制厚度大于 3089.34m；其余均划归砂岩段，其最大控制厚度大于 4164.09m。

由于后期不均一动力变质作用叠加，地层在低级区域变质基础上局部形成了一些构造岩；晚期又受大面积岩浆侵入影响，岩石普遍发生了热接触变质，生成大量不同类型及不同级别的接触变质岩石。

1. 剖面描述

(1) 青海省茫崖行政委员会塔鹤托坂日南坡纳赤台群哈拉巴依沟组千枚岩段(OSh^{a})实测地质剖面(Ⅱ6P_3)，如图 2-7 所示。

起点坐标：东经 91°22′31″，北纬 36°23′34″；终点坐标：东经 91°20′57″，北纬 36°22′11″。北侧与上覆砂岩段整合相接，南端被第四系覆盖，未见底。总厚度大于 3089.34m。

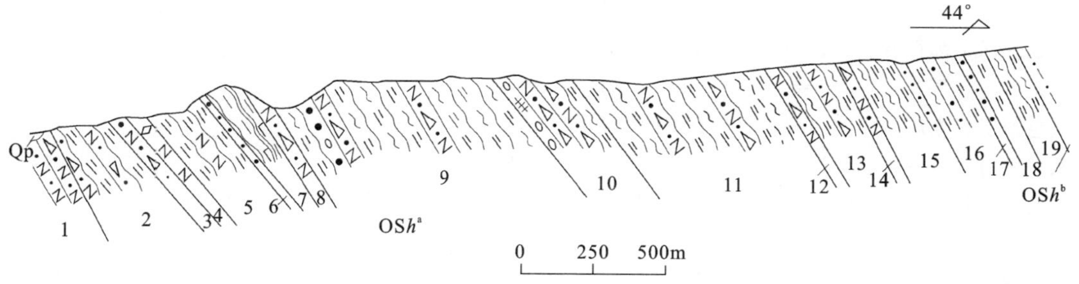

图 2-7 塔鹤托坂日南坡哈拉巴依沟组千枚岩段(OSh^{a})地层实测剖面图

上覆地层：砂岩段(OSh^{b}) 灰色砂岩质糜棱岩夹灰色含绿泥石绢云母千枚岩

——————— 整合 ———————

千枚岩段(OSh^{a})

19. 浅灰色含绿泥石绢云母千枚岩夹变质中薄层状中细粒岩屑长石砂岩	102.04m
18. 浅灰色绢云母千枚岩夹灰色中薄层状变质中细粒岩屑长石砂岩	64.56m
17. 灰色中薄层状变质细中粒长石岩屑杂砂岩	22.93m
16. 深灰色斑点状绿泥石绢云母千枚岩夹灰色薄层状中细粒长石岩屑砂岩	163.79m
15. 深灰色绿泥石绢云母千枚岩，局部夹薄层细粒长石岩屑砂岩	204.3m
14. 深灰绿色中厚层状中细粒岩屑长石砂岩	26.9m
13. 浅灰色含绿泥石绢云母千枚岩，夹少量灰色中薄层状中细粒岩屑长石砂岩	181.67m
12. 深灰色中厚层状变质中细粒岩屑长石砂岩	35.3m
11. 浅灰色绿泥石绢云母千枚岩夹少量灰色中薄层状中细粒长石岩屑砂岩	599.01m

10. 灰色中薄层状中细粒长石岩屑砂岩，夹灰色薄层状变质复成分细砾岩及灰色绿泥石绢云母千枚岩（三者构成下粗上细的韵律性层序） 215.01m

9. 浅灰色绿泥石绢云母千枚岩夹少量灰色中薄层状岩屑长石砂岩，局部见变质含砾粗砂岩 752.23m

8. 灰色中厚层状变细粒岩屑长石砂岩，夹灰色中薄层状含砾粗砂岩及少量浅灰色泥钙质板岩 68.64m

7. 浅灰色泥钙质板岩夹少量灰色薄层状细粒长石岩屑砂岩 110.85m

6. 灰色中厚层状变中细粒长石岩屑砂岩 19.86m

5. 浅灰色绢云母千枚岩夹灰色含方解石绢云母钠长石千枚岩 200.3m

4. 浅灰色绢云母千枚岩与灰褐色方解石钠长石千枚岩互层 69.45m

3. 灰色厚层状变不等粒长石岩屑砂岩，偶夹千枚岩及灰褐色岩屑砂岩透镜体 54.78m

2. 浅灰色绢云母千枚岩，夹灰色薄层状细粒长石岩屑砂岩 162.82m

1. 灰色中厚层状变质中细粒岩屑长石砂岩 >34.9m

（未见底，第四系覆盖）

（2）新疆维吾尔自治区若羌县吐木勒克南纳赤台群哈拉巴依沟组砂岩段实测地质剖面（Ⅱ$5P_6$），如图2-8所示。

起点坐标：东经90°32′29.5″，北纬36°38′20.3″；终点坐标：东经90°30′18″，北纬36°35′52″。剖面控制了哈夏·克里克·得亚河北岸砂岩段出露最宽部位。北端被闪长岩侵入，南端被古近系—新近系角度不整合覆盖，顶底不全，控制厚度大于4164.09m。

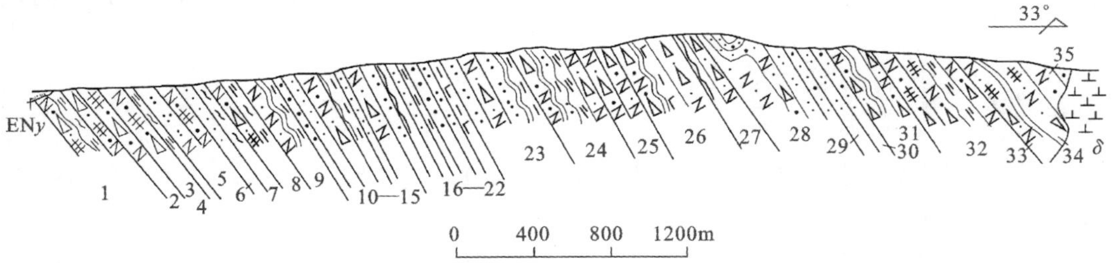

图2-8 吐木勒克南哈拉巴依沟组砂岩段（OSh^b）地层实测剖面图

（顶部被闪长岩侵入）

35. 灰色片状中细粒岩屑长石砂岩夹灰黑色粉砂质板岩 >162.82m

═══ 断层 ═══

34. 灰色薄层状变质含粉砂细粒岩屑长石杂砂岩夹灰黑色泥质粉砂质板岩 180.24m

33. 灰色中薄层状变质中细粒岩屑长石杂砂岩夹绢云母千枚岩 74.25m

32. 灰色块层状变质中细粒岩屑长石杂砂岩，夹薄层状细粒岩屑长石杂砂岩、绢云母千枚岩及中层状片状不等粒岩屑砂岩 299.75m

31. 浅灰绿色中厚层状片状中细粒长石岩屑砂岩夹灰绿色泥质板岩 185.29m

30. 灰色中厚层状变质中细粒岩屑长石杂砂岩夹细粒岩屑长石杂砂岩及灰绿色绢云母千枚岩 38.57m

29. 灰色中厚层状板状泥质胶结长石石英粉砂岩夹中厚层状中细粒岩屑长石杂砂岩及粉砂质板岩 63.41m

28. 灰色中厚层状片状中细粒长石岩屑砂岩，夹片状中粗粒长石岩屑杂砂岩、中薄层细粒岩屑长石砂岩及板状长石石英粉砂岩 242.29m

27. 灰色中厚层状变质钙质胶结中细粒长石岩屑砂岩夹灰色薄层状粉砂质泥质板岩 115.0m

26. 灰色中厚层状变质中细粒长石岩屑砂岩夹灰色泥钙质板岩 319.38m

25. 灰色中厚层状片状中细粒岩屑长石砂岩夹厚层状变质泥质胶结不等粒长石岩屑砂岩及中层状细砂岩、泥钙质板岩 164.48m

24. 灰色中厚层状细粒岩屑长石砂岩夹厚层状粉砂质泥质板岩夹绢云母千枚岩、厚层状中细粒岩屑长石砂岩及泥钙质板岩 289.08m

23. 灰绿色粉砂岩夹灰绿色片状含粉砂中细粒岩屑长石杂砂岩及泥钙质板岩 312.24m

22. 灰绿色泥钙质板岩夹灰绿色粉砂岩 24.49m

21. 灰绿色粉砂岩夹灰绿色片状含粉砂中细粒岩屑长石杂砂岩及泥钙质板岩 32.65m

20. 灰绿色中薄层状变质中细粒长石岩屑杂砂岩夹青灰色粉砂质泥质板岩 34.53m
19. 青灰色中薄层状粉砂质泥质板岩夹灰绿色薄片状泥质板岩 52.27m
18. 灰绿色中薄层状变质中细粒长石岩屑杂砂岩夹青灰色粉砂质泥质板岩 38.25m
17. 青灰色中薄层状粉砂质泥质板岩夹灰绿色薄片状泥质板岩 65.66m
16. 灰绿色中薄层片状中细粒长石岩屑砂岩,夹青灰色泥质粉砂岩及泥质板岩 158.86m
15. 灰绿色中厚层状片状变细粒长石岩屑砂岩,夹灰色泥质板岩 94.76m
14. 灰绿色变含粉砂细粒长石杂砂岩夹灰色粉砂质板岩 21.91m
13. 灰色角岩化斑点状含粉砂泥质板岩(底部石英闪长岩脉侵入) 56.0m
12. 浅灰色中厚层状变泥质胶结不等粒岩屑长石砂岩,夹灰绿色中薄层状变钙质胶结含粉砂细粒长石砂岩及灰绿色粉砂质泥质板岩 104.18m
11. 灰绿色中厚层状变钙质胶结含粉砂细粒长石砂岩夹灰绿色泥质板岩 84.89m
10. 灰绿色厚层状变钙质胶结含粉砂中细粒长石岩屑杂砂岩 5.2m
9. 灰绿色中厚层状变含粉砂细粒长石砂岩夹灰绿色泥质板岩 161.45m
8. 灰绿色厚层状变中细粒长石岩屑杂砂岩,夹中层状含粉砂细粒长石砂岩及绿泥绢云母千枚岩 166.02m
7. 灰绿色砂岩质绿泥绢云母千糜岩夹含粉砂绢云母绿泥石千枚岩 62.5m
6. 灰绿色变含粉砂中细粒岩屑长石杂砂岩 20.23m
5. 灰绿色中厚层状中细粒岩屑长石杂砂岩夹中厚层状片状泥质胶结含细砂长石石英粉砂岩及斑点状绿泥绢云母千枚岩 156.25m
4. 灰绿色绿泥绢云母千枚岩夹灰绿色中厚层状变中细粒岩屑长石杂砂岩 29.72m
3. 灰绿色厚层状变含粉砂中细粒长石岩屑杂砂岩夹灰绿色绿泥绢云母千枚岩 142.21m
2. 灰绿色厚层状变含粉砂中细粒长石岩屑杂砂岩夹片状细粒岩屑长石杂砂岩,局部夹粉砂岩 23.67m
1. 灰绿色厚层状变含粉砂中细粒长石岩屑杂砂岩,夹细粒岩屑长石杂砂岩及绿泥绢云母千枚岩 >181.54m

(未见底,底部被古近系—新近系覆盖)

2. 岩石组合、岩性及其变化特征

1) 岩石组合

砂岩段:主要以轻变质岩屑长石(杂)砂岩、长石岩屑(杂)砂岩为主,部分长石石英砂岩、石英砂岩及长石砂岩,夹变质泥质、粉砂质板岩、千枚岩,局部夹玄武岩、碱性橄榄玄武岩等中基性火山岩,偶夹不稳定硅质岩、复成分砾岩及灰岩小透镜体。近岩体出露大量长英质角岩、堇青石角岩,以及黑云母更长片麻岩、片岩及石英岩等不同级别热接触变质岩;不同地段分布一些糜棱岩及千糜岩等构造岩。

千枚岩段:岩石以浅灰色、灰色、深灰色绿泥石绢云母千枚岩、绢云母千枚岩为主,夹变质中细粒—细粒岩屑长石砂岩或长石岩屑(杂)砂岩、不等粒长石岩屑砂岩以及少量含砾粗砂岩、细砾岩、泥质板岩、方解钠长石千枚岩,偶夹硅质岩、灰绿色石英安山岩。上部砂岩具糜棱岩化变质变形。普遍具低绿片岩相区域变质,部分具角岩化变质。

2) 岩性描述

哈拉巴依沟组千枚岩段和砂岩段主要岩石特征分别如表 2-6、表 2-7 所示。火山岩分布稀少,其特征分析见第三章。砂岩段主要碎屑岩在 Q-F-R 砂岩三角图解中(以Ⅱ5P_6 剖面为例)投点如图 2-9 所示,其中中细粒砂岩类投入了岩屑长石砂岩和长石岩屑砂岩区域内,岩石基本上呈现了弱富长石及岩屑,而较贫石英的低成熟度特征。砂岩段底部砂岩类呈无规律分布,而上部砂岩却具有由底较富石英→顶贫石英弱富长石的演化趋势,可能反映了早期沉积水体环境较深且较为动荡,而晚期趋于平缓水体变浅,但都具有离物源区较近的特征。粉砂岩呈现了由底至顶由贫石英向富石英方向演化的趋势。千枚岩段砂岩在 Q-F-R 三角图解中(图 2-10)大部分落入了长石岩屑砂岩区,石英、长石、岩屑三者的含量基本相一致,有微弱的趋势显示岩石由底部至顶部具有较富石英、长石向贫石英弱富长石的方向演化。

表 2-6　哈拉巴依沟组千枚岩段岩石特征表

岩石名称		结构构造	主要矿物及含量	其他特征
变泥质岩类	浅灰—灰绿色含绿泥石绢云母千枚岩	鳞片变晶结构，千枚状构造，部分岩石具斑状变晶结构	绢云母74%～84%、绿泥石14%～16%、铁质1%～2%，不同岩石有石英0～8%或方解石0～1%	少量岩石含2%的菱铁矿变斑晶
	浅灰色绢云母千枚岩		鳞片状绢云母93%～99%、铁质少0～1%，不同岩石含绿泥石0～4%、石英0～2%、方解石0～1%、菱铁矿及不透明矿物1%	变斑晶为方解石(1%)
变砂岩类	灰—灰褐色方解石(或绢云母)钠长石千枚岩	微粒状鳞片粒状变晶结构，千枚状构造	石英26%～30%，钠长石32%～34%，方解石10%～30%，绢云母8%～30%，金属矿物少量，黑电气石微量	
	灰色变长石岩屑砂岩	变余中细粒砂状结构，变余不等粒砂状结构，定向构造	碎屑68%～80%(其中石英35%～40%、长石24%～28%、岩屑32%～40%，常含少量的白云母1%、黑电气石、金属矿物等副矿物)；胶结物6%～9%(石英2%～8%，方解石1%～4%)；杂基14%～23%(其中绢云母11%～18%，绿泥石3%～5%)。杂基与胶结物一般多重结晶	碎屑磨圆较好，多呈次圆状—次棱角状，长轴定向排列，分选性差。岩屑成分较杂，以安山岩、中酸性火成岩、酸性熔岩、含砂屑灰岩为主，部分含千枚岩、玄武岩、石英岩、硅质岩等
	灰色变岩屑长石砂岩	变余中细粒—细粒砂状结构，定向构造	碎屑73%(其中石英42%～60%、长石35%～37%、岩屑12%～23%，常含少至1%的白云母、黑电气石、锆石等)；胶结物8%～13%(石英8%、方解石0～5%、氧化铁微量)；杂基14%～15%(绢云母10%～13%、绿泥石4%、黑云母0～2%)	
砾岩	灰色砂质细砾状复成分砾岩	砾状结构，块状构造，定向构造	砾石42%：由安山岩、石英岩、中酸性熔岩、闪长岩、大理岩、花岗岩等岩块组成；胶结物58%：由重结晶绢云母38%、白云母10%、方解石4%、石英6%组成	砾石磨圆较好，呈椭圆状外形

表 2-7　哈拉巴依沟组砂岩段岩石特征表

岩石名称			结构构造	主要矿物及含量	其他特征
变泥质岩类	板岩类	深灰色(绿泥石)绢云母斑点板岩	显微鳞片变晶结构、粒状鳞片变晶结构，斑点构造、板状构造	绢云母44%～68%，绿泥石30%～40%，黑云母2%～10%，残留砂屑4%～5%，变晶矿物(石英、长石)1%～18%	岩石中的斑点由长石、黑云母或绢云母和黑云母组成。岩石具绿片岩相变质
		灰—灰绿色(含)粉砂泥质板岩	变余含粉砂泥质结构，鳞片变晶结构，板状构造	粘土矿物37%～48%，绢云母23%～29%，粉砂屑15%～26%(以石英为主，部分含长石)，方解石2%～3%；常含少量不透明矿物	此类岩石占大多数。部分岩石因角岩化变质有20%的黑云母，部分含3%的绿泥石
	千枚岩类	浅灰绿色—灰色(粉砂质或石英)绢云千枚岩	鳞片变晶结构，显微粒状鳞片变晶结构，千枚状构造	绢云母48%～94%，石英0～30%，不同岩石含绿泥石6%、粉砂38%、方解石5%～8%、岩屑2%，钛铁矿、锆石少至微，或黑云母雏晶5%或铁质1%	
		灰绿色含粉砂绢云母绿泥石千枚岩、绿泥石绢云母千枚岩	含粉砂鳞片变晶结构，千枚状构造，部分岩石具变余碎斑结构	绿泥石40%～50%，绢云母32%～55%，粉砂屑4%～20%(石英、长石)；常含不透明矿物少量，部分岩石含方解石3%或菱铁矿碎斑1%	

续表 2-7

岩石名称			结构构造	主要矿物及含量	其他特征
碎屑岩类	细碎屑岩	灰—灰绿色板状（或片状）泥质胶结（含粉砂）长石石英粉砂岩	变余（含细砂）粉砂状结构，板状构造或片状构造	粉砂屑 53%～59%：其中石英 79%～88%、长石 12%～20%、岩屑 0～1%（白云母）；胶结物 41%～47%：主要由绢云母 15%～40%、钙质 1%～7%组成，部分岩石有绿泥石及黑云母雏晶矿物	此类岩石占多数。砂屑棱角状—次棱角状，分选性好，具定向性排列
		灰绿色片状泥质胶结细砂质岩屑长石粉砂岩	变余细砂质粉砂状结构，片状构造	碎屑 70%：由石英 27%、长石 43%、岩屑 28%（中酸性火山岩）及其他 2%（方解石、白云母、绿泥石）组成；胶结物 30%：其中绿泥石 14%，绢云母 9%、方解石 7%	此类岩石少量。砂屑棱角状—次棱角状，分选性好，具定向性排列
	中碎屑岩	灰—灰绿色变质中细粒石英砂岩	变余中细粒砂状结构，定向构造、孔隙式胶结，部分具角岩结构	碎屑 83%～85%：其中石英 79%～92%、长石 7%～12%、岩屑 1%～9%、磁铁矿、锆石少或微；杂基 14%～17%（为绢云母或黑云母）；胶结物：硅质少至 1%、铁质少量	碎屑次圆状—次棱角状，分选中等。岩屑成分有粘土岩、流纹岩、凝灰岩、绢云母千枚岩等
		灰绿色变（钙质胶结）含粉砂细粒长石（杂）砂岩	变余含粉砂细粒砂状结构，孔隙式胶结或基底式胶结	碎屑 56%～71%：由石英 50%～58%、长石 31%～47%、岩屑 3%～10%及少至 1%的白云母、电气石、锆石等组成；杂基 9%～26%：绢云母 7%～14%、绿泥石 2%～12%；胶结物：石英 0～3%、方解石少至 35%	碎屑磨圆差，一般棱角状—次棱角状，少数次圆状。分选性差。岩屑成分为绢云母千枚岩、中基性火山岩、硅质岩等
		灰—浅灰绿—灰绿色变（含粉砂）岩屑长石（杂）砂岩	变余中细粒砂状结构，部分变余含粉砂中细粒—细粒砂状结构，少量不等粒砂状结构，接触-孔隙式胶结类型，定向构造，部分具片状构造	碎屑 54%～78%：其中石英 40%～70%（最低 28%）、长石 13%～38%、岩屑 9%～23%，常含白云母、黑电气石、金属矿物（少至 2%）或黑云母、锆石等；杂基一般由绢云母（13%～34%）组成，不同岩石有黑云母 1%～7%或绿泥石 2%～8%；胶结物：石英 3%～10%、方解石少至 7%。碎屑一般次圆状—次棱角状，部分岩石为棱角状—次棱角状	碎屑一般长轴具较好或良好的定向性。中细砂岩一般分选较差，细砂岩分选较好。岩屑成分以安山岩、中酸性火山岩、绢云母千枚岩为主，不同岩石有硅质岩、变质岩、中基性火山岩等
		灰—浅灰绿—灰绿色变质（含粉砂）长石岩屑（杂）砂岩	以变余中细粒砂状结构为主，部分含粉砂中细粒结构，少量中粗粒或不等粒砂状结构，基底式和孔隙式胶结，部分具定向或片状构造	碎屑 56%～79%：其中石英 48%～68%、长石 10%～22%、岩屑 15%～36%，常含白云母、黑电气石、锆石等少至 1%；杂基以绢云母为主（6%～26%），部分岩石为绿泥石（3%～14%），部分含黑云母 2%～8%；胶结物以石英（2%～10%）为主，部分为方解石（1%～24%）	碎屑具较好磨圆，以次圆状、次棱角状为主。岩屑成分较杂，以中酸性火山岩、绢云母千枚岩、安山岩、花岗岩为主，不同岩石有长英变质岩、中基性火山岩、硅质岩、板岩等
	粗碎屑岩	灰色角岩化复成分砾岩	砾状结构，块状构造	砾石 80%：由复成分岩屑组成，有变质粉砂岩、石英、石英岩、黑云母角岩、花岗岩、中酸性火山岩、砂岩、凝灰岩、玢岩等。填隙物 14%，为碎屑；胶结物 6%，为黑云母	岩石呈夹层状出露。砾石 2～10mm 大小，次滚圆状、滚圆状，分选较差，不定向
硅质岩		紫红色石英质硅质岩、灰黑色含生物碎屑硅质岩	碎裂微粒状结构，块状构造，或含生物碎屑隐晶状结构，层状构造	微粒石英 87%或隐晶状硅质 84%，粘土矿物 4%～6%，前者裂隙充填物 9%，含黄铁矿、碳酸盐少量；后者生物碎屑（放射虫）6%，含黄铁钾矾、磁铁矿少量	局部偶见出露

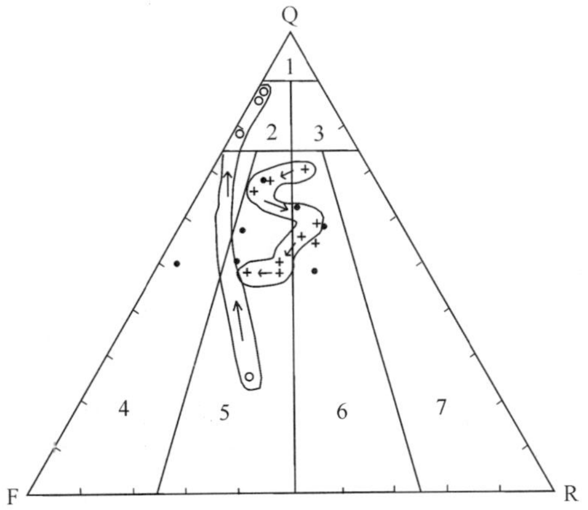

图 2-9　哈拉巴依沟组砂岩段砂岩 Q-F-R 图解

1.石英砂岩;2.长石石英砂岩;3.岩屑石英砂岩;4.长石砂岩;

5.岩屑长石砂岩;6.长石岩屑砂岩;7.岩屑砂岩

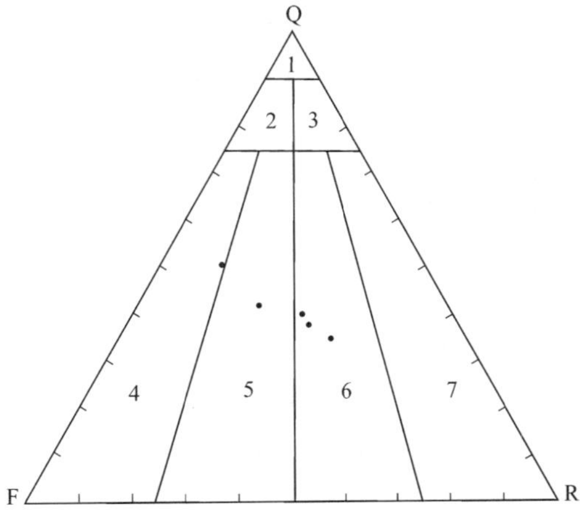

图 2-10　哈拉巴依沟组千枚岩岩段砂岩 Q-F-R 图解

(据Ⅱ$6P_3$ 剖面样品)

1.石英砂岩;2.长石石英砂岩;3.岩屑石英砂岩;4.长石砂岩;

5.岩屑长石砂岩;6.长石岩屑砂岩;7.岩屑砂岩

3) 岩相变化特征

上部砂岩段横向上于哈夏·克里克·得亚中下游至以西一带,以浅灰—灰—灰绿色岩屑砂岩、岩屑长石砂岩及长石岩屑(杂)砂岩为主,夹变质泥质及粉砂质板岩、千枚岩;哈夏·克里克下游往东至上游一带,则以青灰色—灰绿色岩屑长石或长石岩屑杂砂岩为主,夹长石石英粉砂岩、石英砂岩、粉砂质板岩、泥质板岩、(绿泥)绢云母千枚岩,局部夹较多或不稳定偶夹深灰绿色全蚀变玄武岩、灰紫色碱性橄榄玄武岩,偶夹中基性火山岩、紫红色(含生物屑)硅质岩、角岩化复成分砾岩及薄层或透镜状灰岩;额尔衮赛埃图中上游则以灰色、深灰色岩屑长石杂砂岩、岩屑杂砂岩夹绢云母千枚岩、泥质粉砂岩为主,偶夹细砾岩。由此可得出,主体碎屑岩在东西横向上皆具有以岩屑、长石砂屑为主的低成熟度碎屑构成特点,只是中段部位以石英砂屑为主的具有较高成熟度特征的中—细碎屑岩出现较多,且火山岩、砾岩等不稳定或活动性夹层亦多出现于中段,两侧少。纵向上变化相对不甚明显,仅在中段偏南部位以泥质岩及硅质岩夹层产出频率较多为特征,但因纵横交错断层发育,故无规律可循。

千枚岩段在额尔衮赛埃图中上游单层厚度较小,向东、西两个方向逐渐加厚,所夹硅质岩有由西向东逐渐增多的趋势。

3. 沉积构造、层序特征及沉积相

该套地层上、下部岩层中,变质粉砂岩、千枚岩及板岩中皆发育变余水平层理;细砂岩具平行层理;含砾粗砂岩具正粒序层理。其中,上部砂岩段内粉砂岩中见包卷层理或翻卷层理(图 2-11),中细粒砂岩中发育斜层理,并见楔状交错层理(图 2-12),另外见重荷模、槽模及泥砾构造。

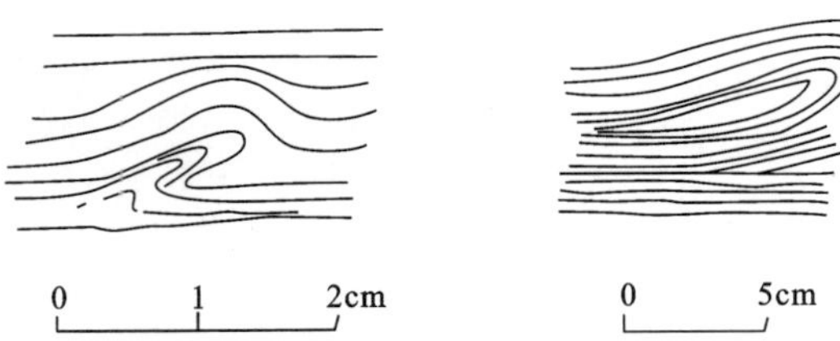

图 2-11　砂岩段粉砂岩中的包卷层理素描

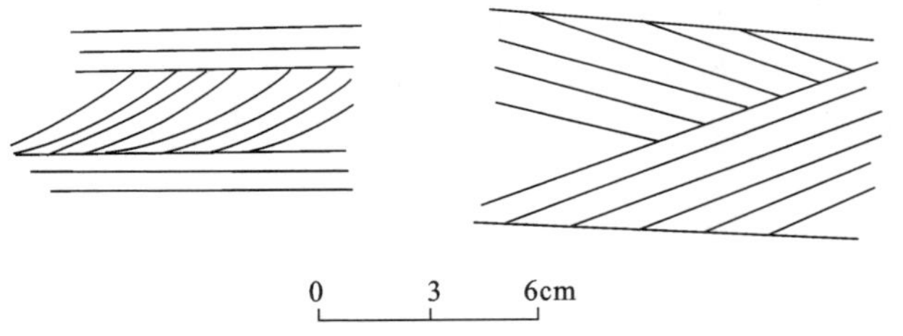

图 2-12　哈拉巴依沟组砂岩段砂岩中的斜层理及楔状交错层理素描

上部砂岩段中,砂岩单层以中厚层状为主;粉砂岩及泥质岩以中薄—薄层为主。其上层位发育由中粗粒(或不等粒)砂岩→中细粒砂岩→(粉砂质)板岩(或粉砂岩)和中细粒砂岩→粉砂质板岩(或绢云母千枚岩)组成的下粗上细的非对称自旋回性层序,局部由中细粒砂岩→板岩组成的韵律性层序,发育鲍

马层序 abe、abc 或 abd 和 bd 段，局部见 be 段；中部发育中细粒砂岩→含粉砂细砂岩→粉砂质泥质板岩(图 2-13)和中细粒砂岩→粉砂岩→板岩和粉砂质板岩→泥质板岩和中细粒砂岩→粉砂质泥质板岩的自旋回或韵律性层序，与 bcd、bce 或 de、bd 段相对应；下层位则发育中细粒砂岩→粉砂岩(或含粉砂细砂岩)→绿泥绢云母千枚岩(或板岩)为主的非对称自旋回性沉积层序，局部发育中细粒砂岩→千枚岩(或板岩)组成的韵律性层序，与鲍马层序 bce、be 段相对应。下部千枚岩段中，下层位千枚岩与砂岩互层构成下粗上细的韵律性层序(图 2-14)；中部由含砾粗砂岩→中细粒砂岩→千枚岩构成下粗上细的自旋回性层序(图 2-15)；上部由砂岩与千枚岩互层构成韵律性层序。在每个层序中粗砂岩或砂岩厚度向上逐渐减薄，而细砂岩或千枚岩厚度向上增大，与鲍马序列 bd、be 及 abe 段相似。

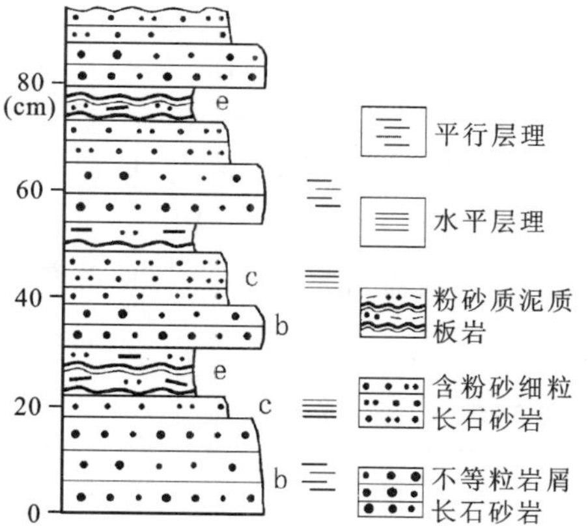

图 2-13　哈拉巴依沟组砂岩段中旋回性沉积层序
(据Ⅱ$5P_6$ 剖面)

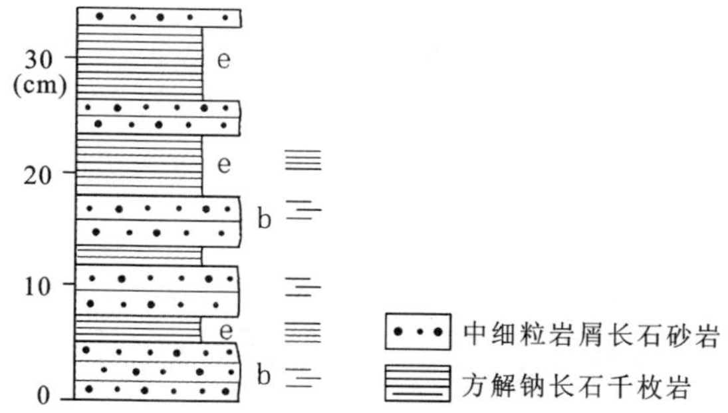

图 2-14　千枚岩段中韵律性沉积层序
(据Ⅱ$6P_3$ 剖面)

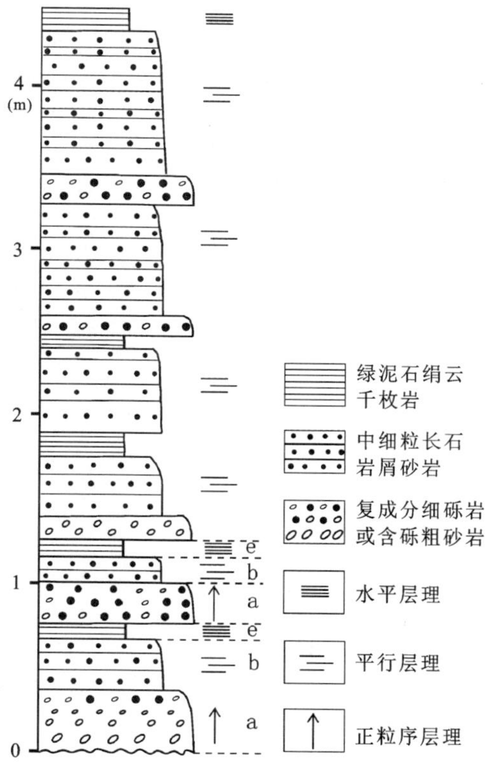

图 2-15　哈拉巴依沟组千枚岩段中旋回性基本层序图
(据Ⅱ$6P_3$ 剖面)

由上述特征分析，该岩组岩石组合总体面貌具有复理石建造特征，其沉积相应为大陆斜坡次深海—深海相。

4. 岩石地球化学特征及构造背景分析

1）火山岩岩石化学特征

火山岩岩石化学特征显示该岩组岩石高铁镁钙、低钛碱，K_2O 较高（$1.08\times10^{-2}\sim2.39\times10^{-2}$，$Na_2O>K_2O$），属碱性拉斑玄武岩系列。稀土含量中等，具向右陡倾的稀土配分曲线，无铕异常，具幔源火山岩的特征。微量元素含量在以 MORB 为标准的微量元素比值蛛网图中显示出岛弧拉斑玄武岩—初始裂谷环境下玄武岩的特点。构造环境判别多属板内碱性玄武岩。综合判别可能属弧后盆地发展演化到一定阶段的产物。

2）砂板岩类地球化学特征

（1）稀土特征：4 件砂岩样品的稀土元素含量特征如表 2-8 所示，其稀土总量较高，ΣREE 在 $102.4\times10^{-6}\sim161.5\times10^{-6}$ 之间，REE 具有中等强度的分异模式[$(La/Yb)_N$ 值为 5.73～9.51]，$(Tb/Lu)_N$ 为 1.34～1.45，反映重稀土具微倾斜的分布模式。δEu=0.65～0.86，具中等的铕负异常。球粒陨石标准化配分型式图（图 2-16）显示，其特征与太古宙以后的沉积岩的稀土配分型式相当，与 Bhatia(1985)不同构造背景下的杂砂岩的稀土配分型式相比，则与活动大陆边缘杂砂岩的稀土曲线相似，说明该套碎屑岩的大地构造背景为活动大陆边缘。

表 2-8 哈拉巴依沟组砂岩稀土元素含量特征表（$w_B/10^{-6}$）

样号	岩性	La	Ce	Pr	Nd	Sm	Eu	Gd	Tb	Dy	Ho
$1P_226-1$	长石岩屑杂砂岩	33.77	69.56	7.95	28.33	5.19	1.05	4.51	0.72	4.13	0.81
1123-1	长石岩屑砂岩	18.0	41.95	5.25	18.15	3.94	1.13	3.97	0.66	3.62	0.70
1211-1	长石岩屑杂砂岩	28.89	64.07	7.56	25.96	4.93	1.15	4.53	0.73	3.94	0.81
1309-1	长石岩屑杂砂岩	23.49	52.34	6.42	23.37	4.51	1.03	4.13	0.66	3.64	0.70

样号	岩性	Er	Tm	Yb	Lu	ΣREE	LREE/HREE	La/Yb	$(La/Yb)_N$	δEu	$(Tb/Lu)_N$
$1P_226-1$	长石岩屑杂砂岩	2.37	0.38	2.39	0.35	161.5	9.31	14.13	9.5	0.65	1.4
1123-1	长石岩屑砂岩	2.21	0.34	2.12	0.32	102.4	6.32	8.49	5.73	0.86	1.4
1211-1	长石岩屑杂砂岩	2.35	0.37	2.36	0.37	148.0	8.59	12.24	8.25	0.73	1.34
1309-1	长石岩屑杂砂岩	2.07	0.32	2.11	0.31	125.1	7.96	11.13	7.51	0.72	1.45

注：样品为武汉综合岩矿测试中心测试。

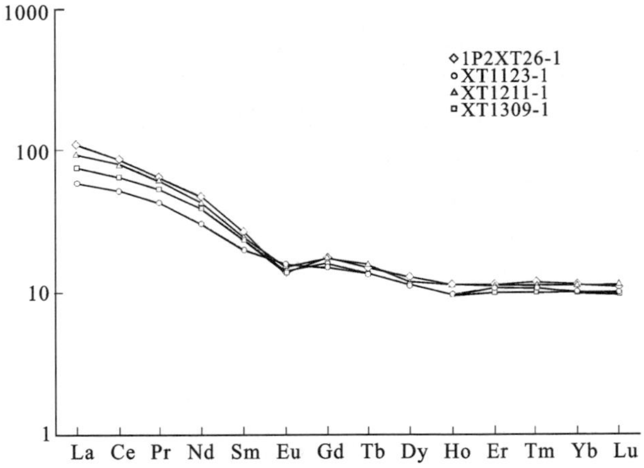

图 2-16 哈拉巴依沟组砂岩球粒陨石标准化稀土配分图

(2) 微量元素特征:砂板岩及千枚岩的微量元素特征如表 2-9 所示,经与泰勒(1972)地壳元素的丰度值相比较,一件硅质岩除 Pb、Ba 高于其值外,Y、Yb、U 稍低或接近于其值,其他均远低于其值。其中 U/Th 比值为 1,表明为热水成因的,经在 Bostrom(1973)不同类型沉积物 U-Th 关系图(略)上研究,投点落入 Langban 热水沉积物区与古老石化的热水沉积物区相重叠的区域内,反映成岩时有与火山活动有关的热水加入;板岩中 Cr、Cu、Pb、La、Ba、Th、U、Hf、Zr、Zn 高于泰勒值,其中 Pb 高出近 3 倍,其他均低于其值;千枚岩中 Cr、Ni、V、Pb、La、Rb、Ba、Th、Hf、Zn 的平均值高于其值,Sc、Yb、Y、Ta 值接近一致或稍低于其值;砂岩中 Cr、Pb、Ba、Th、Hf、Zr 的平均值高于泰勒值,La 接近一致,其他均低于其值。利用微量元素在相关图解中研究,在 La-Th-Sc 图解(图 2-17)中,14 个样品点皆投入大陆岛弧区域内;在 Th-Co-Zr 图解(图 2-18)中,大多数样点亦投入大陆岛弧区域内,少数几个点落空;在 La-Th 图解(图 2-19)中,多数样品落入大陆岛弧区域内或与大陆边缘区域重叠的区间内,部分样点投在大陆环境区域右上区域外。总体分析,碎屑岩投点较为集中,其特点反映出物源来自于被切割的大陆岛弧。

表 2-9 纳赤台群哈拉巴依沟组砂岩、板岩及千枚岩微量元素含量表($w_B/10^{-6}$)

元素 \ 样号	$1P_2 26-1$	$5P_6 3-1$	$5P_6 4-1$	$5P_6 6-1$	$5P_6 9-1$	$5P_6 11-1$	$5P_6 25-1$	$6P_3 1-1$	$6P_3 2-1$	$6P_3 6-1$	5112-1	1123-1	1211-1	1309-1	5119-1
岩性	砂岩	砂岩	砂岩	砂岩	砂岩	砂岩	板岩	千枚岩	千枚岩	砂岩	千枚岩	砂岩	砂岩	砂岩	硅质岩
Cr	132	113.8	130.3	137.6	125.9	141.1	146.8	137	159.7	138.9	115.4	291.5	104.7	108.6	27.8
Ni	47.6	36.5	24.4	39.5	38.8	42.3	66.6	66.6	100.6	41.5	65.6	129.6	46.3	48.2	8.9
Co	13.8	8.4	11.4	12.5	13.9	11	14.9	17.3	28.8	12.7	21.1	25.2	13.7	14.5	4.2
V	101.1	102.7	94.3	107.8	94.7	89.6	104.2	151.4	165.9	98.3	120.2	140.4	88.2	88.8	46.5
Ti	3744	4092	3582	3958	3434	3315	4517	4674	5350	3653	4781	5494	3421	3432	377
Cu	36.9	19.2	39.5	26.9	25.3	23.3	65.5	47.2	73.8	21.7	32	50.5	20	21.4	23
Pb	22.7	8.1	10	4.1	11.7	14.6	32.7	22.6	31.9	14.7	31	35.4	12.8	24.9	17.1
Sc	11.2	14.7	13.9	14.8	13.4	12.9	15.6	22.5	24.1	13.8	14.1	17.9	11.9	11.6	3.7
La	32.4	28.4	25	37.2	33.6	30.9	39	40.8	53.2	32.1	29.9	19.5	25.3	26.5	14.1
Y	19.1	22.5	21	25	22.4	20.1	24.6	30.1	33.7	17	21.3	16.8	17.2	17.4	28.3
Yb	2.4	2.3	2.2	2.5	2.2	2.0	2.5	2.9	3.2	1.9	2.3	2.0	2.0	2.1	2.2
Rb	102.5	95.1	93.5	85.3	77.3	68.9	71.1	150.4	160.7	73.8	78	31	102	106	6
Sr	160	125	174	152	162	109	142	133	124	314	199	212	203	157	113
Ba	523	652	719	614	594	454	667	686	620	621	569	716	591	521	792
Th	11.4	14.1	13.6	15.2	14.4	13.4	13.4	15.3	20.5	13.3	10.5	7.7	13.4	12.9	1.9
U	/	2.8	2.3	2.4	2.6	2.1	4.4	2.2	4.0	1.5	2.1	1.6	2.1	1.7	1.9
Ta	0.7	1.1	1.0	0.8	0.8	0.6	0.8	1.8	2.4	1.3	1.0	1.7	<0.5	1.0	/
Nb	14.2	13.0	12.5	12.1	10.4	11.1	14.7	18.6	21.0	10.5	16.5	15.6	11.7	12.3	4.8
Hf	6.8	<5.0	5.1	6.3	6.1	<5.0	5.1	<5.0	<5.0	5.6	4.1	3.6	5.5	4.6	0.5
Zr	228	195	208	246	243	183	192	148	174	222	112	99	188	153	20
Zn	63	67	55	62	57	62	94	102	106	58	112	75	60	67	12

注:样品为武汉综合岩矿测试中心测试。

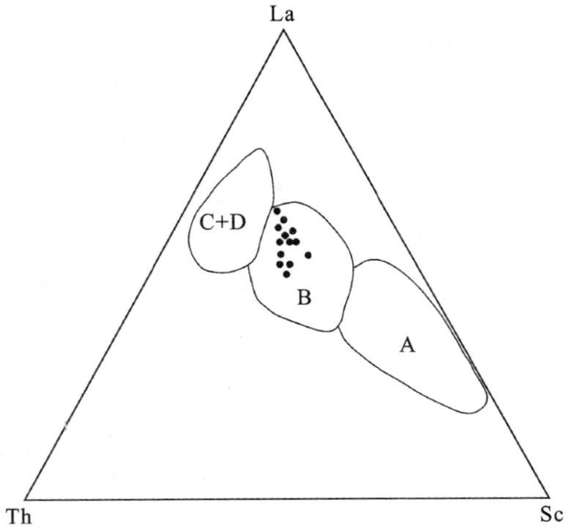

图 2-17　杂砂岩 La-Th-Sc 图解

（据 Bhatia，1986）

A. 大洋岛弧；B. 大陆岛弧；C. 活动大陆边缘；D. 被动大陆边缘

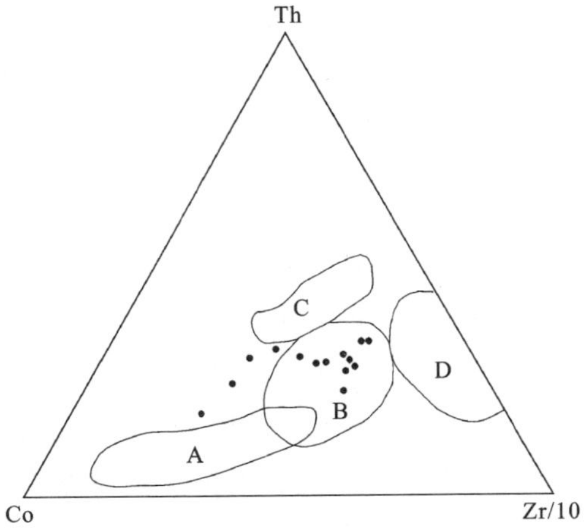

图 2-18　杂砂岩 Th-Co-Zr 图解

（据 Bhatia，1986）

A. 大洋岛弧；B. 大陆岛弧；C. 活动大陆边缘；D. 被动大陆边缘

3）砂岩粒度分析

对千枚岩段 4 件砂岩样品进行了粒度分析，据其参数，平均粒径 3.625ϕ～3.413ϕ，以细砂为主；标准偏差 1.129 31ϕ～1.3394ϕ，分选中等；偏态 0.7299～0.8777，为极正偏，属海洋沉积；峰态 2.719 68～3.499 63，为很窄至极窄。累计概率曲线图（图 2-20）由跳跃和悬浮两个次总体组成，缺失滚动次总体。跳跃次总体含量 88%～90%，斜率较高，为 60°左右；悬浮次总体含量低，为 0.5%～2%，斜率 0～2°，反映分选差。S 截点 4.4ϕ～5.1ϕ，两个次总体之间多为渐变关系，混合度为 0.5ϕ 左右，个别为突变关系。概率图与海下扇环境浊流沉积的特征十分相似。

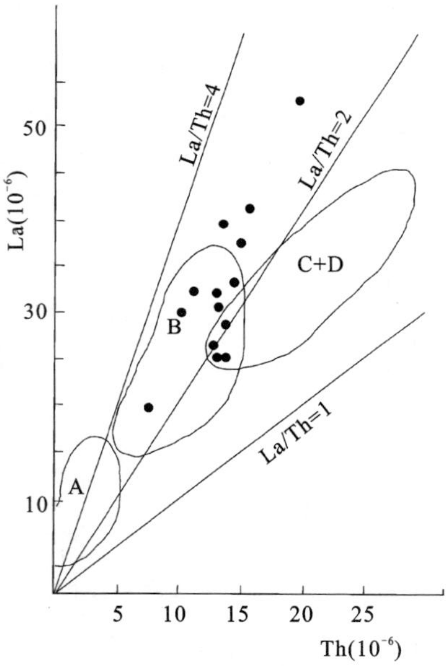

图 2-19　杂砂岩 La-Th 构造环境判别图解

（据 Bhatia，1986）

A. 大洋岛弧；B. 大陆岛弧；C. 活动大陆边缘；D. 被动大陆边缘

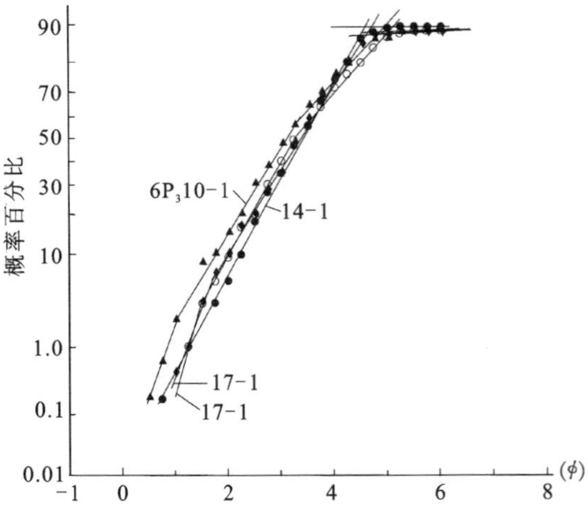

图 2-20　哈拉巴依沟组千枚岩段粒度分布累计概率曲线图

另外从宏观上来看，哈拉巴依沟组砂板岩中所夹砾岩、中基性火山岩等产状特征反映为典型构造活动带之产物，所夹灰岩、硅质岩亦顺走向为透镜状或夹层状不稳定产出，表明沉积物是较为动荡环境下的沉积。从碎屑岩中岩屑及砾石成分多以中性—中酸性火山岩、含砂屑灰岩为主，部分为玄武岩、中酸性火成岩、石英岩、大理岩等来分析，碎屑成分与岛弧组分十分相似，部分与大陆组分相似，故物源区稍具有双向性，但以岛弧为主。综合上述各特征，反映了该套沉积物系陆缘扩张阶段弧后盆地或弧前盆地沉积环境的产物。

5. 区域对比及时代讨论

将测区哈拉巴依沟组与其正层型剖面（《青海省岩石地层》：格尔木市雪水河-昆仑河剖面）对比，具有明显的差异性，其正层型剖面底部为变凝灰砾岩及砂岩，下部为碳质、硅质板岩夹灰岩和大理岩，中部为变凝灰质砂岩、千枚岩互层，上部为杂色千枚岩、凝灰质砾岩、砂岩夹角砾灰岩、砂质灰岩。然而在区域上正层型剖面向西至雪峰山一带，该地层下部以灰色绢云母千枚岩或绿泥石绢云母千枚岩为主，夹长石岩屑砂岩，局部有玄武岩夹层；上部为灰色长石岩屑杂砂岩夹绿泥绢云母千枚岩（张以茀等，1994），由此，测区该地层可与之完全相对比。

目前该地层成岩年龄尚难以具体确定。本次调查于侵入该岩组并对其岩石造成角岩化的楚拉克阿干单元二长花岗岩中获得 406.2±2.6Ma 的 Ar-Ar 法同位素成岩年龄，由此推断，哈拉巴依沟组时代早于泥盆纪，应为早古生代产物。另外，1∶20 万《塔鹤托坂日幅》于测区千枚岩、板岩中获一 Rb-Sr 同位素表面年龄为 450Ma，属奥陶纪。同时于本测区东图外约 3km 处该地层中获微古植物分子 *Leiosphaeridia* sp. 和 *Quadratimorpha* sp.，属早古生代。由以上证据结合区域地层时代，本书将该套地层时代归置于晚奥陶世—志留纪。

第三节 晚古生代地层

一、泥盆纪地层

布拉克巴什组（D*bl*）原由新疆区测大队（1977）创建于新疆且末县布拉克巴什地区，称布拉克巴什群，原始定义指一套浅海相碎屑岩、千枚岩、硅质岩和中酸性火山岩夹玄武岩、苦橄玢岩的复杂沉积组合。《新疆古生界》（下册）（1991）中将群改为组。《新疆维吾尔自治区岩石地层》（1999）中仍采用布拉克巴什组的划法，指该组为一套正常碎屑岩、灰岩与火山岩、火山碎屑岩不均匀互层，上部火山岩较多，灰岩中含珊瑚；下部为灰色钙质砂岩、生物灰岩、粉砂岩、细砂岩、硅质岩及少量玄武岩、安山玢岩，含层孔虫、珊瑚化石。与上覆托库孜达坂群不整合接触，部分地区与早二叠世喀尔瓦组不整合接触。区域上该组呈东西向延伸，火山岩少或无。新疆 1∶100 万区调（新疆维吾尔自治区地质局第一区调队，1982）将测区该套地层归属至其新建的早二叠世喀尔瓦组中，与下伏碧云山组呈断层接触。经本次调查，该套地层与喀尔瓦组正层型剖面相差太大，而与布拉克巴什组可作对比，故本书将其归置于布拉克巴什组，并据岩石组合及层序特征将该套地层划分为上段（Dbl^2）和下段（Dbl^1）两个岩性段，二者间为断层接触关系。

测区内该地层主体出露于库鲁·彼得勒克·得亚河南岸、喀尔瓦山南北坡，呈北西西条块状断续，向东延伸至伯拉克拉克里湖北西一带。南侧被布青山群树维门科组碳酸盐岩推覆块体呈断层叠覆；北侧大部被第四系覆盖，局部呈断层逆冲于马尔争组碎屑岩之上。西端延入“阿尔格山”幅，东端呈断层于树维门科组碳酸盐岩中尖灭。

布拉克巴什组上岩段主要为一套海陆交互相陆源碎屑岩，下岩段则由一套海相复理石夹海底喷发中酸性火山岩组成。岩石具低绿片岩相变质。总面积约 320km²，控制最大厚度约 7870.49m。

（一）剖面描述

1. 新疆维吾尔自治区若羌县喀尔瓦北泥盆系布拉克巴什组下段（Dbl^1）地层实测剖面（Ⅱ4P_5）

起点坐标：东经 90°03′51.6″，北纬 36°35′49″；终点坐标：东经 90°03′15″，北纬 36°38′56″。剖面控制了布拉克巴什组下段在测区出露最宽部位及主要岩石组合，东南端与上段碎屑岩呈断层接触，西北端被第四系覆盖,故顶底不全。由于后期强烈构造活动,特别是逆断层作用致使地层层序的不连续。通过室内仔细分析恢复褶皱,研究岩性及岩石组合等手段,基本建立起了不甚完整的地层层序,由底至顶共划分了 37 层,并从第 15 层处将其划分为上、下两部分,总厚度大于 3986.92m(图 2-21)。

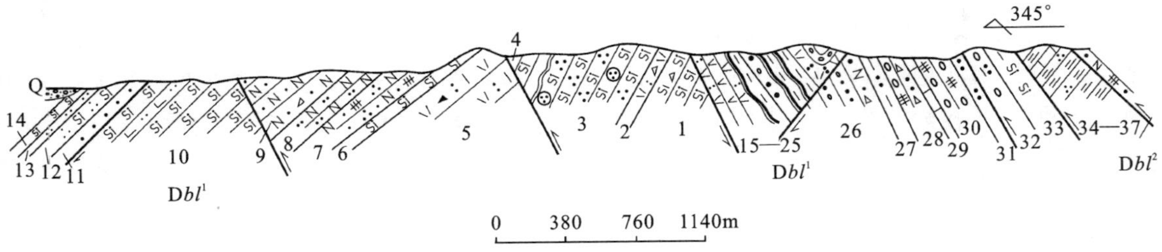

图 2-21 喀尔瓦北早—中泥盆世布拉克巴什组下段(Dbl^1)地层实测剖面图

布拉克巴什组上段:灰绿色片状含粉砂细砂质岩屑长石砂岩

断层

布拉克巴什组下段上部

37. 灰白色块层状石英绢云母岩夹 3m 宽的微晶棘皮灰岩 >40.71m
36. 褐色中薄层状初糜棱白云石化玻屑凝灰岩夹灰色中薄层状生物灰岩 31.45m

    珊瑚化石:*Favosites* sp.

    Hemiaulacophyllum sp.

    腕足类化石:*Crurithyris* sp.
35. 灰白色块层状石英绢云母岩 53.73m
34. 灰绿色块层状碳酸岩化绿泥石化玻武岩 >70.51m

断层

33. 灰白色块层状碎裂隐晶状含粘土石英质硅质岩夹含生物灰岩 >165.97m

    珊瑚化石:*Neothecia* sp.
32. 灰褐色厚层状碎裂硅质砂质砾岩 >182.51m

断层

31. 灰绿色中薄层状变泥质胶结细砂质岩屑长石粉砂岩 >98.05m
30. 灰绿色中—厚层状含砂质复成分砾岩,局部夹变砂质生物碎屑微晶灰岩 166.15m
29. 灰绿色中—厚层状含粘土粉砂质微晶灰岩夹灰色薄层状泥晶灰岩 9.1m
28. 灰绿色中厚层状复成分砾岩夹灰绿色中薄层状含粉砂细砂状长石岩屑杂砂岩 66.2m
27. 灰黑色中薄层状含粉砂粘土岩,夹灰色薄层状钙质胶结中细粒岩屑砂岩 35.86m
26. 由一个层序组成:a. 灰色中厚层状钙质胶结砂质复成分砾岩;b. 中层状含砾中粗粒岩屑长石砂岩;c. 中薄层状细粒岩屑长石砂岩。具下粗上细的旋回性层序特征 >80.32m

断层

25. 由一个下粗上细的旋回性层序组成:a. 灰色复成分砾岩或中薄层状含砾粗砂岩;b. 深灰色中薄层变泥质胶结长石粉砂岩或细砂岩;c. 深灰色千枚状含粉砂泥质板岩(局部见少量灰岩,古水流方向 155°) 68.15m
24. 灰色中厚层状中细砾复成分砾岩、灰色中厚层状含砾变中粗粒岩屑砂岩互层 98.89m
23. 灰绿色中厚层状晶屑岩屑凝灰岩夹中厚层状含晶屑复成分岩屑凝灰岩 66.77m
22. 深灰色泥质板岩 41.56m
21. 深灰色泥质板岩夹深灰色中—薄层中细粒岩屑长石砂岩 28.22m
20. 灰绿色厚层状含砾粗砂状岩屑长石砂岩 31.83m
19. 深灰色泥质板岩 38.43m
18. 深灰色泥质板岩夹深灰色中薄层中细粒岩屑长石砂岩 >52.53m

断层

17. 灰绿色强蚀变玄武安山质岩屑凝灰岩 >28.07m
16. 灰色块层状强蚀变安山岩 18.19m

15. 浅灰绿色块层状强蚀变安山质岩屑角砾凝灰岩　　>63.66m

═══ 断层 ═══

布拉克巴什组下段下部

14. 烟灰色碎裂岩化玉髓石英质硅质岩(顶部被第四系覆盖)　　>33.58m
13. 紫红色中薄层状变泥质胶结细粉砂状石英砂岩夹细粉砂状长石石英砂岩　　35.94m
12. 灰色块层状含放射虫玉髓粘土石英质硅质岩　　93.33m
11. 灰绿色中厚层状中细粒岩屑长石砂岩夹灰绿色中薄层钙质粉砂岩　　71.75m
10. 灰—烟灰色条纹条带状硅质岩,中上部夹 3m 左右的灰绿色中薄层钙质粉砂岩　　>378.97m

═══ 断层 ═══

9. 灰色中厚层状中细粒岩屑长石砂岩　　>376.66m
8. 灰紫色中—薄层含细砂长石石英粉砂岩与灰绿色中薄层含细砂长石粉砂岩互层,夹紫红色薄层状泥质胶结长石粉砂岩(斜层理测得古水流 150°)　　163.13m
7. 灰色中—厚层状粉砂质细粒长石石英杂砂岩,夹灰绿色泥质胶结长石石英粉砂岩和泥质板岩　　194.99m
6. 灰—烟灰色硅质岩,局部夹 3.5m 宽的泥质板岩　　133.64m
5. 灰绿色块层状含晶屑岩屑凝灰岩　　>275.44m

═══ 断层 ═══

4. 灰色中—薄层状泥质板岩　　>5.43m
3. 烟灰色碎裂岩化含玉髓石英质硅质岩,中上部夹 3～4m 厚的中薄层泥质板岩　　619.6m
2. 灰绿色块层状蚀变中性岩屑晶屑凝灰岩　　15.42m
1. 烟灰色块层状碎裂硅质岩　　>52.19m

(未见底,呈断层与第 15 层接触)

2. 新疆维吾尔自治区若羌县喀尔瓦泥盆系布拉克巴什组上段(Dbl^2)地层实测地质剖面(Ⅱ$4P_7$)

起点坐标:东经 90°04′47″,北纬 36°32′58″;终点坐标:东经 90°05′44″,北纬 36°35′47″。剖面南端起自二叠系树维门科组灰岩,北端终于本组下段砂岩。两端皆为断层接触,顶底不全。总厚度大于 3883.57m。根据岩性、岩石组合及其沉积构造等将其分为下部(第 1—20 层)和上部(第 21—32 层),如图 2-22 所示。

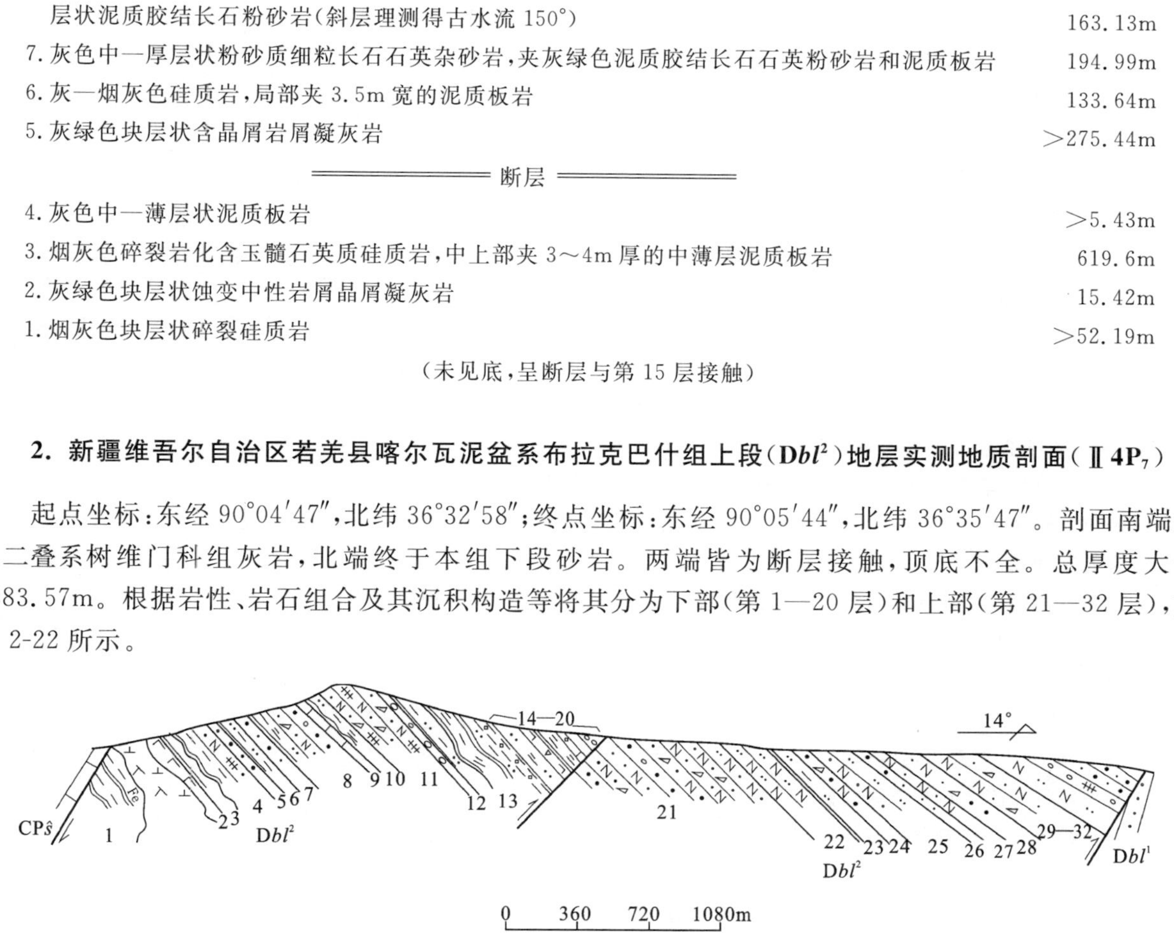

图 2-22　喀尔瓦早—中泥盆世布拉克巴什组上段(Dbl^2)地层实测剖面图

布拉克巴什组下段:灰绿色变钙质胶结中细粒岩屑长石砂岩

═══ 断层 ═══

布拉克巴什组上段上部

32. 灰紫色厚层状变中粗粒长石岩屑砂岩夹灰紫色厚层状中细粒岩屑长石砂岩　　>216.58m
31. 灰色厚—巨厚层状变含砂屑中细砾复成分砾岩,夹少量 5～10cm 厚的灰紫色薄层状细粒岩屑长石砂岩　　21.73m
30. 灰紫色厚层状细砂质长石砂岩夹中薄层板状泥质胶结长石粉砂岩及厚层状含砾中细粒岩屑长石砂岩(细砂岩层面发育不对称波痕、雹痕、雨痕)　　128.32m
29. 灰紫色厚—巨厚层状变细中粒岩屑长石砂岩夹厚层状细砂质粉砂状长石砂岩　　177.73m
28. 灰紫色厚层状变不等粒长石岩屑砂岩夹厚层状变钙质胶结中粗粒长石岩屑砂岩,局部夹粉砂岩　　125.89m

27. 灰紫色厚层状变粉砂质细砂状长石砂岩　56.03m
26. 灰紫色厚层状细粒岩屑长石砂岩夹变含粗砂细粒岩屑长石砂岩、变粗粒硅质岩屑砂岩，局部夹中粗粒及中细粒砂岩　37.04m
25. 灰紫色变钙质胶结含中粒细粒长石砂岩夹粉砂岩，局部夹中细粒岩屑长石砂岩　209.3m
24. 灰紫色厚层状变粗中粒岩屑长石砂岩夹中厚层状中细粒岩屑长石砂岩，局部夹含砾粗砂岩　71.94m
23. 灰紫色中薄层粉砂质粘土质板岩夹中层状变钙质胶结中细粒长石岩屑砂岩（局部砂岩见含有 2%的细砾）　123.83m
22. 灰紫色中薄层变泥质胶结细砂质长石粉砂岩夹灰绿色绿泥石粘土板岩　188.16m
21. 由一个下粗上细的旋回性层序构成：a. 灰紫色厚层状含砾粗粒岩屑长石砂岩；b. 粗粒岩屑长石砂岩；c. 细中粒岩屑长石砂岩（为主要岩性，见泥裂、不对称波痕构造）；d. 细粒岩屑长石砂岩　>496.97m

═══════ 断层 ═══════

布拉克巴什组上段下部

20. 灰紫色糜棱岩化（片状）硅质砾岩渐变为砾岩质糜棱岩　>173.57m
19. 灰绿色含绿泥绢云母质千糜岩　59.82m
18. 灰色碎裂方解石质超糜棱岩　9.95m
17. 灰色千枚状含粉砂绢云母板岩　94.02m
16. 灰色千枚状含粉砂绢云母板岩夹灰绿色碎裂岩化细碧岩　86.7m
15. 灰色千枚状含粉砂绢云母板岩　220.46m
14. 灰色方解石质超糜棱岩（呈 10m×70m 大小的透镜状）　9.68m
13. 灰色薄层状粉砂质泥质板岩夹粉砂质绢云母泥质板岩（发育细砂质透镜状层理）　472.34m
12. 灰紫色厚层状中细砾硅质砾岩夹厚层状硅质细中砾砾岩　16.85m
11. 灰色板状含粉砂细粒长石岩屑杂砂岩（具粗砂质透镜状层理）　330.82m
10. 灰色薄层状粉砂质绢云母泥质板岩（含灰岩结核、砂质结核）　48.23m
9. 灰色薄层状绢云母泥质板岩夹含生物微晶灰岩透镜体（10cm×30cm～30cm×100cm 大小，含蜂巢珊瑚、双壳类、棘皮类等化石碎片）　6.06m
8. 浅灰绿色粉砂质泥质板岩与绢云母泥质板岩互层，夹灰色中薄层含粉砂细粒岩屑长石砂岩，局部夹中层状含砾中粗粒岩屑砂岩　155.74m
7. 灰色厚—巨厚层状中细粒—中粗粒岩屑长石砂岩夹中薄层细砾硅质砾岩（具逆粒序层理，底部见泥砾构成的冲刷面）　37.2m
6. 同 4 层（不夹玄武岩透镜体）　42.48m
5. 灰色厚层状不等粒长石岩屑砂岩，夹浅灰绿色薄片状绢云母泥质板岩　18.11m
4. 浅灰绿色薄片状粉砂质泥质板岩与绢云母泥质板岩互层，夹灰色中薄层状含粉砂细粒长石杂砂岩，局部见厚约 2m 的灰绿色蚀变粗粒玄武岩透镜体　148.87m
3. 由一个下细上粗的旋回性层序组成：a. 灰色绢云母泥质板岩；b. 灰色厚层状中细粒长石岩屑杂砂岩；c. 灰色块层状含砂质中细砾硅质砾岩（底面局部见中粗粒岩屑砂岩）　47.56m
2. 灰色块层状粗粒更长玄武岩（底部浅灰绿色钠长石化石英闪长玢岩侵入）　13.59m
1. 灰紫色薄层状含铁质泥质板岩（未见底）　>38.02m

═══════ 断层 ═══════

树维门科组浅灰绿色碎裂岩化微晶灰岩

（二）岩石组合、岩性及其变化特征

1. 岩石组合

下岩段（Dbl^1）：下部以灰色—烟灰色（含放射虫）玉髓（粘土）石英质硅质岩为主，灰色岩屑长石质中碎屑岩和灰绿、灰色、少量紫红色长石石英质或长石质细碎屑岩次之，夹火山碎屑岩，少量泥质板岩；上部以灰绿色、灰色(砂质)复成分砾岩、岩屑长石质中碎屑岩为主，夹薄层或透镜状含砂屑微晶(生物碎屑)灰岩、深灰色变泥质岩、中基—基性火山岩，局部夹较厚硅质岩。

上岩段(Dbl^2)：下部主要由灰色(少量灰紫、灰绿色)泥质岩—长石岩屑质中碎屑岩为主，硅质粗碎屑岩次之的陆源碎屑岩组成，间夹内源沉积灰岩透镜体和玄武岩及其变种透镜体；上部主要由灰紫色或紫红色中碎屑岩为主，夹细碎屑岩的陆源碎屑岩组成，间夹粗碎屑岩，底部出现泥质岩。岩石普遍具低级绿片岩相变质。

2. 岩性特征

1) 下岩段岩性特征

由表 2-10 可见，碎屑岩以陆源碎屑为主，以粗碎屑岩为例，磨圆好，分选较好，反映了搬运距离较长、离物源区较远的特征。中—细碎屑一般磨圆较差，但分选尚好，则与搬运方式(悬移总体)有关。总的来看，其岩石的成分成熟度由下部较好至上部一般的演化，结构成熟度也由下部中等较低至上偏底的变化。其中，中碎屑岩在 Q-F-R 三角图(图 2-23)中样点基本分布于岩屑长石砂岩—岩屑砂岩的区域内，具有贫石英、较富长石及富岩屑的组成特征，而且从投点来看，岩石从下部至上部具有富长石→贫长石富岩屑的演化趋势，反映了成分成熟度由早期→晚期具有中等偏低向较低的演化。细碎屑岩样点基本分布于长石砂岩—长石石英砂岩区域内，具有富石英较贫长石、极贫岩屑的较高成熟度特征，而且岩石从下部至上部具有富石英→富长石的演化特征，也即其成分成熟度由下部(早期)具有好或较好→上部(晚期)中等的演化趋势。综合上述特征，反映该岩段下部地层应为相对较低能环境中沉积，而上部为较高能环境，具有较快速沉降与堆积的特征。另外，该岩段下部大量的硅质岩多与火山碎屑岩共生，且在部分沉凝灰岩中发现少量放射虫屑，因此其成因与火山热水作用有极为密切的关系。

表 2-10　布拉克巴什组下岩段岩石特征表

岩性	岩石名称	结构构造	主要组分及含量	其他特征
粗碎屑岩(主见于上部岩层)	以钙质胶结含砂质复成分(中)细砾岩为主，少量硅质砂质细砾岩	具砾状结构，接触式或孔隙式-接触式胶结类型	由砾石(55%～58%，隐晶状硅质岩为主，次为变砂岩，酸性火山岩、石英岩、灰岩等)和填隙物(42%～45%，其中砂屑 18%～36%：为硅质岩、安山岩、砂岩千枚岩等，粘土质杂基 0～8%，钙质胶结物 16%～23%)组成	砾石磨圆较好，多为次圆—浑圆状，部分次棱角状，排列不具方向性
中碎屑岩	有长石岩屑杂砂岩、岩屑砂岩、岩屑长石砂岩及长石石英杂砂岩等	中粗—中细—细粒砂状结构，孔隙式胶结为主，块状构造	碎屑 63%～90%(平均 79%)：由石英(9%～30%，最高 66%)、长石(3%～41%)、岩屑(23%～44%，最低 2%，以绢云母千枚岩、灰岩、板岩、中基—中酸性火山岩为主)及少量不透明矿物、电气石、白云母、锆石等组成；胶结物 6%～37%(多为钙质，部分为微量铁质或硅质)；杂基 2%～18%	碎屑磨圆较差，多为棱角状—次棱角状；分选性上部层位较好，而下部一般。显示结构成熟度及成分成熟度较低
细碎屑岩	上部以(岩屑)长石粉砂岩为主，下部以长石石英粉砂岩、长石粉砂岩为主，少量石英细粉砂岩	(变余含细砂)粉砂状结构，孔隙式胶结为主，接触式次之，部分基底式胶结	碎屑 58%～82%：由石英(50%～79%)、长石(14%～48%，不含石英砂岩)、岩屑(0～15%，平均 2.5%)、不透明矿物(微至 4%)、少量白云母、绿泥石、电气石、锆石等组成；胶结物 8%～42%，多为粘土矿物及其变种，少量铁质	碎屑磨圆差，多为棱角状—次棱角状；分选较好，一般为粗粉砂，部分为细粉砂。结构成熟度中等
泥质岩	以(含粉砂)泥质板岩为主，见含粉砂泥岩	变余泥质结构，板状构造或定向构造	主要由粘土矿物(58%～90%)及其重结晶绢云母(2%～26%)、绿泥石(1%±)、粉砂屑(2%～15%)、不透明矿物(2%)等组成	粉砂屑以石英、长石为主，棱角—次棱角状

续表 2-10

岩性	岩石名称	结构构造	主要组分及含量	其他特征
石灰岩	(主产于上层位)微晶生物碎屑灰岩、含粘土砂质微晶灰岩两种为主	生物碎屑结构、含粉砂微晶结构	主要由微晶方解石(60%～100%,其中生物碎屑1%～74%、胶结物0～27%)、外来碎屑(少至34%,棱角—次棱角状石英为主,含长石、白云母等)组成,部分含粘土矿物10%	生物屑以有孔虫、棘皮类、珊瑚等浅水生物为主。岩石具有较高能环境沉积特征
硅质岩	石英质硅质岩为主,玉髓质硅质岩次之(多分布于下部层位)	隐晶状结构,块状构造,碎裂结构	主要组分为石英(43%～87%)或玉髓质(10%～92%),常含2%～30%的粘土矿物及小于4%的玉髓化放射虫,氧化铁或铁质小于2%。裂隙充填物5%～11%	岩石致密坚硬,灰—烟灰色为主,属层状燧石类硅质岩
沉火山碎屑岩	变质沉凝灰岩(主要见于上部层位)	变余沉凝灰结构,块状构造,少量变余层状构造	主要成分为碎屑(83%～90%)和胶结物(10%～17%),其中碎屑由玻屑(3%～83%)、晶屑(3%～46%)、陆源碎屑(5%～32%)为主,常含少量磁铁矿,另含量不等见有云母、绿帘石、岩屑等组分;胶结物以粘土矿物为主	个别岩石见放射虫碎屑;陆源碎屑以石英、长石为主,多呈次棱角—次圆状外形
火山碎屑岩	见有蚀变玻屑凝灰岩、晶屑岩屑凝灰岩、强蚀变安山质岩屑(角砾)凝灰岩及岩屑晶屑凝灰岩等的中基性成分的类火山碎屑岩为主要岩石(岩性特征见火山岩章节,下同)			火山岩多呈夹层状、不规则状出露,横向上连续性差
中基性熔岩	见有安山岩、玄武安山岩、玄武岩、橄榄玄武岩及强蚀变中酸性熔岩等			

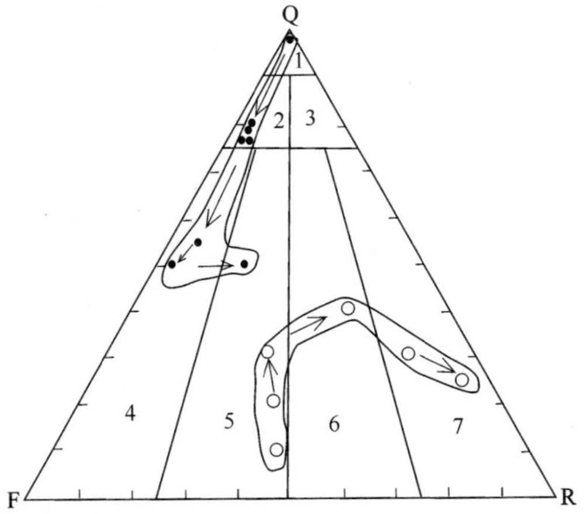

图 2-23　布拉克巴什组下岩段砂岩 Q-F-R 图解

(据Ⅱ4P_5剖面样品)

1.石英砂岩;2.长石石英砂岩;3.岩屑石英砂岩;4.长石砂岩;5.岩屑长石砂岩;6.长石岩屑砂岩;7.岩屑砂岩

2) 上岩段岩性特征

上岩段下部、上部岩性特征分别如表 2-11、表 2-12 所示。该岩段除表中所描述各岩石外,地层中尚有少部分碎屑质、硅质及钙质糜棱岩和千糜岩在局部出露,一定程度上揭示了后期构造作用叠加改造的特征。

表 2-11　布拉克巴什组上岩段下部岩石特征表

岩性	岩石名称	结构构造	主要组分及含量	其他特征
粗碎屑岩	主要为灰绿—灰紫色细砾—中细砾—中粗砾硅质砾岩、中细砾或细中砾(含)玉髓质石英质硅质砾岩,少量中细砾复成分砾岩	(变余)砾状结构,块状构造,接触式-空隙式胶结类型,露头上常见与基底式胶结共存	砾石 70%～90%;填隙物:杂基 1%～10%(多为重结晶绢云母);胶结物:分铁质(1%～6%)和硅质(少量)两类;机械混入物 5%～19%(多为细、中、粗不等的岩屑、石英,含绢云母、长石)。砾石成分为玉髓—石英质或粘土石英质或隐晶状硅质岩为主,含板岩、砂岩、千枚岩等。长轴多定向排列	砾石磨圆以次圆状为主,次棱角状次之,部分以浑圆状为主。砾岩横向上呈不连续的透镜状或夹层出现
中碎屑岩	主要为灰色含粉砂细粒—中细粒岩屑长石砂岩、含粉砂细粒长石(岩屑)杂砂岩、中细粒长石岩屑杂砂岩、灰—浅灰绿色含砾中粗粒岩屑砂岩,少量不等粒长石岩屑砂岩	含粉砂细砂或中细粒或中粗粒或不等粒砂状结构,块状构造,接触式,或接触式-孔隙式胶结,少量为基底式胶结类型。部分具定向构造	碎屑:72%～92%(由石英 6%～48%、岩屑 15%～84%、长石 10%～58%组成,常见少量白云母、电气石、锆石副矿物);杂基:3%～31%(主要由粘土矿物及其重结晶绢云母及绿泥石组成);胶结物:少至 14%(以钙质或方解石为主)。岩屑成分较杂,以板岩、硅质岩为主,常见安山岩、中基—中酸性熔岩、火成岩,少量砂泥岩	碎屑磨圆差,以棱角状、次棱角状为主,少部分次圆状,分选性一般较好,粒度 0.03～1.33mm
细碎屑岩	少且分布零散。灰绿色变质岩屑长石粉砂岩、千枚状粉砂岩、紫红色变质钙质长石石英粉砂岩等	变余粉砂状结构,变余层状构造、千枚状构造,孔隙式或基底式胶结	碎屑:60%～85%(主要由石英 42%～77%、长石 6%～18%组成),常见岩屑 3%～18%、云母 1%～4%,副矿物有磁铁矿(少至 1%)、电气石、锆石(微)等。填隙物:15%～40%(其中绢云母 4%～26%、绿泥石 1%～10%、铁质少至 1%,方解石 0～10%、硅质少量)	碎屑呈次圆状—次棱角状,分选较好。岩屑成分以粘土岩、流纹岩、千枚岩为主
泥质岩	以灰色—浅灰绿色(粉砂质)绢云母泥质板岩、灰紫或紫红色(含铁)泥质板岩为主,少量含粉砂绢云母板岩、含绿泥粉砂粘土岩等	变余(粉砂质)泥质结构或含粉砂泥质结构,板状构造、层状构造,偶见千枚状构造	主要由粘土矿物(45%～85%)及其重结晶成绢云母(8%～45%)、粉砂质(3%～40%)、碳质(少至 1%)组成,部分岩石中含绿泥石(1%～10%)、铁质质点(微至 6%),露头岩石中常见褐铁矿或黄铁矿晶体。粉砂屑以石英、长石为主,常见白云母、黑电气石	粉砂屑磨圆较差,多为棱角状—次棱角状
石灰岩	主要见有灰色含生物碎屑微晶灰岩及方解石超糜棱岩(前者呈 10cm×30cm～30cm×100cm 大小的顺层透镜体产出;后者呈 10m×70m～15m×150m 的大透镜体)	含生物碎屑结构,块状构造;超糜棱结构,定向构造	灰岩主要成分为 90%的方解石,含 5%的生物碎屑(有蜂巢珊瑚、双壳类、棘皮类等),外来碎屑 2%(主要为棱角状、次棱角状的石英、长石、岩屑);糜棱岩中多为粉—细粒级的碎粒化方解石,不含生物及外来碎屑	
火山岩	以蚀变(粗粒)玄武岩为主,另见部分中酸性角砾凝灰岩、安山岩及少量细碧岩。露头火山岩多呈夹层状、不规则状出露,横向上连续性差(岩性特征见火山岩章节)			

表 2-12　布拉克巴什组上岩段上部岩石特征表

岩性	岩石名称	结构构造	主要组分及含量	其他特征
粗碎屑岩	灰色含砂屑中细砾复成分砾岩(横向上呈不连续的透镜状或夹层出现)	中细砾砾状结构,块状构造,基底式胶结类型	砾石 80%:为岩屑(成分有石英质碎裂岩、粘土质及隐晶状硅质岩);填隙物 20%:由杂基 8%(绢云母)、胶结物 2%(石英)和砂屑 10%(硅质岩、中酸性火成岩、熔岩,含石英、长石)组成。砾石无定向排列。砾径一般 10mm×15mm,最大 40mm×80mm	砾石磨圆较好,有次圆状、浑圆状及次棱角状
中碎屑岩	灰紫色或紫红色(含粉砂或粗砂)细中—中—细粒岩屑长石砂岩为主,变细粒长石砂岩、变中粗粒长石岩屑砂岩次之,含砾中细粒或粗粒岩屑砂岩及少量不等粒砂岩	含粉砂细砂或中细粒或中粗粒或不等粒砂状结构,块状构造,接触式、孔隙式或接触式-孔隙式胶结	碎屑:81%～91%(由石英 10%～43%、岩屑 20%～57%、长石 20%～47%组成,常见少量白云母、电气石、不透明矿物);杂基:2%～6%(为重结晶绢云母);胶结物:3%～18%(其中钙质 1%～16%;硅质 1%～7%;铁质微至 1%)。岩屑成分较杂,以板岩、千枚岩、硅质岩、安山岩为主,次为中酸性熔岩、火成岩,少量砂泥岩	中细砂碎屑磨圆多呈棱角状—次棱角状;中粗砂呈次棱角—次圆状;分选性一般较差。碎屑长轴多定向排列
细碎屑岩	灰紫色—灰色细砂质粉砂状长石砂岩为主,少量板状泥质胶结长石粉砂岩	变余(细砂质)粉砂状结构,板状构造,孔隙式胶结	碎屑:71%～83%(由石英 24%～33%、长石 39%～55%组成,常见不透明矿物、电气石、白云母等 1%～2%);填隙物:粘土矿物及绢云母 9%～20%、方解石 8%、硅质 2%,少量铁质	碎屑多呈棱角状—次棱角状,分选较好,一般杂乱分布
泥质岩	少量。为灰绿色绿泥石粘土质板岩和粉砂质粘土质板岩	变余(粉砂质)泥质结构,板状构造	主要由粘土矿物 45%～73%、绢云母 5%～8%、绿泥石 2%～20%、方解石 2%～15%组成。粉砂质岩中含粉砂 30%,少量铁质	粉砂屑磨圆多为棱角状—次棱角状

从表 2-11、表 2-12 中描述可看出,该岩段上下部地层碎屑岩具有一定的相同处和不同处,总结如下:

(1) 不同之处。

碎屑成熟度有差异:下部岩石中杂基含量大于 15%的杂砂岩较多;上部中则以杂基小于 10%的净砂岩为主。下部副矿物较多,有电气石、白云母、金属矿物,另有绿帘石、石榴石、锆石等,含量可达 1%;上部则以电气石、不透明矿物为主,且含量极少。上部砂岩中长石碎屑多粘土化或碳酸岩化;而下部则较为干净;下部砾岩层较多,而上部较少;下部泥质岩较多,而上部仅在底层下部见到。总的反映二者碎屑搬运的距离和筛选程度有近远和差好之分,而水体的深度也相对有浅深之分。下部水流体流动相对较强,而上部处于相对较稳定的环境。

(2) 相同之处。

① 主要碎屑成分相同,以岩屑、长石为主,石英次之,且岩屑成分皆较杂;杂基成分皆为泥质。明显具有较复杂背景陆源碎屑的特征,且离物源区较近,母岩风化、剥蚀及搬运较快。在 Q-F-R 三角图(图 2-24)解中,其下部砂岩多分布于岩屑长石砂岩—岩屑砂岩区域内,上部砂岩多集中于岩屑长石砂岩和长石岩屑砂岩区域内,二

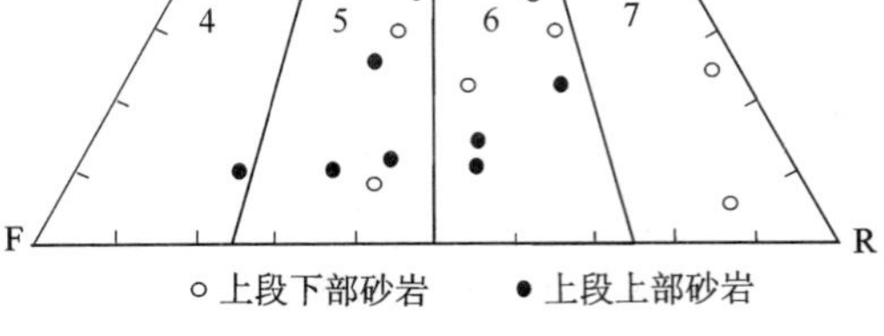

图 2-24　布拉克巴什组上段砂岩 Q-F-R 图解
(据Ⅱ4P_7 剖面)
1. 石英砂岩;2. 长石石英砂岩;3. 岩屑石英砂岩;4. 长石砂岩;5. 岩屑长石砂岩;6. 长石岩屑砂岩;7. 岩屑砂岩

者的细—粉砂岩多集中于长石砂岩区域。基本上样品投点较为散乱，呈无规律分布，显示了岩石较富长石及岩屑而贫石英的碎屑组分特征，故而其成分成熟度较低。

② 结构成熟度中等：a. 粒度分选中等，粒径范围一般较宽；b. 磨圆度一般，碎屑皆以棱角状—次棱角状为主（砾岩以浑圆—次圆状为主，但成分较单一，故大部分很可能为水体中的“基底滞留砾岩”，而非陆源岩石）；c. 胶结方式以颗粒支撑的孔隙式、接触式为主；d. 碎屑岩中的碎屑长轴多定向排列。总的反映了一定强度的水动力条件下的较快速搬运和较快速的沉积方式。

3. 岩相变化特征

该地层下岩段以一套灰色—灰绿色的岩石组合为主，而上岩段则以一套灰、灰绿、灰紫或紫红色的杂色岩石组合为特征，其沉积环境（主要为水体深度及气候环境）具有明显的不同之处。下岩段主要分布于喀尔瓦山北坡近山麓地带，面积较小，横向上其主体碎屑岩相对延伸较稳定，而硅质岩于西段出露甚多，向东或因强烈剥蚀作用而出露甚少；灰岩以较大透镜体或夹层状出露，也是西多东少；火山岩东西两段皆有出露，且具多旋回喷发特征，但西段火山碎屑岩相对较多，东段较少。一定程度上显示了水体深度西深而东浅。纵向上，该岩段地层具有下部为细碎屑岩，往上部则演化为粗碎屑岩沉积，内部岩层则发育从下至上、由粗变细的韵律性或旋回性沉积层序。

上岩段出露较广，自喀尔瓦山南、北坡向东断续延伸至伯拉克拉克里湖北西一带，横向上以其下部的杂色碎屑岩出露最多，并且具西段粗碎屑岩夹层出露较多，而东段以中细碎屑岩为主的特征。纵向上，由南到北，下部产浅水沉积生物碎屑灰岩夹层及不稳定中酸—中基性火山岩夹层或透镜体，而上部甚少；下部以普遍发育下细上粗的韵律性和旋回性沉积层序为特征，上部以普遍发育下粗上细的韵律性及旋回性沉积层序为特征。

（三）沉积构造、层序特征及沉积相

1. 下岩段

下部：粉砂岩中发育水平纹层理、板状交错层理及槽状交错层理（图 2-25）；板岩中发育水平纹层理，主要由硅质岩→泥质板岩或硅质岩→粉砂岩的韵律性沉积层序构成。

上部：粗砂岩中见正粒序层理，细砂岩发育平行层理、沙纹层理、波状层理、斜层理，粉砂岩发育水平纹层理，灰岩夹层中见平行层理，总的发育由下至上由粗到细的旋回性沉积层序，基本上由两个类型基本层序构成：其一，由砾岩→含砾粗砂岩→细粒砂岩组成（图 2-26）；其二，由粗砂岩→中细粒砂岩或粉砂岩→泥质板岩组成（图 2-27）。

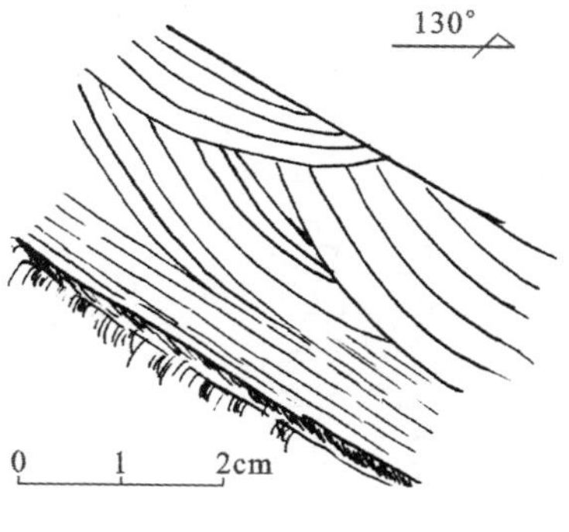

图 2-25　粉砂岩中的槽状交错层理

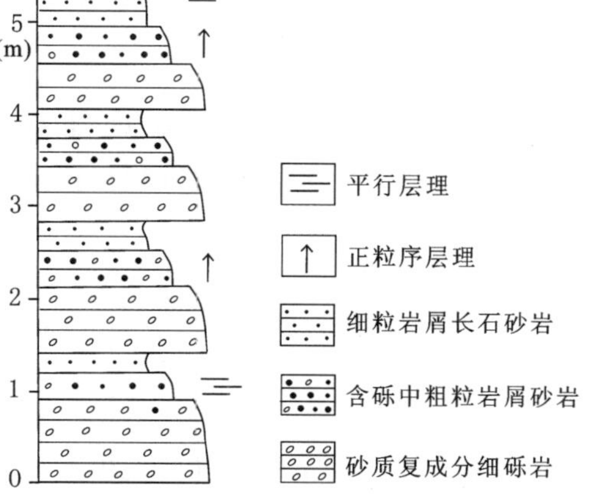

图2-26　布拉克巴什组下岩段上部旋回性基本层序图

（据Ⅱ4P_5 剖面）

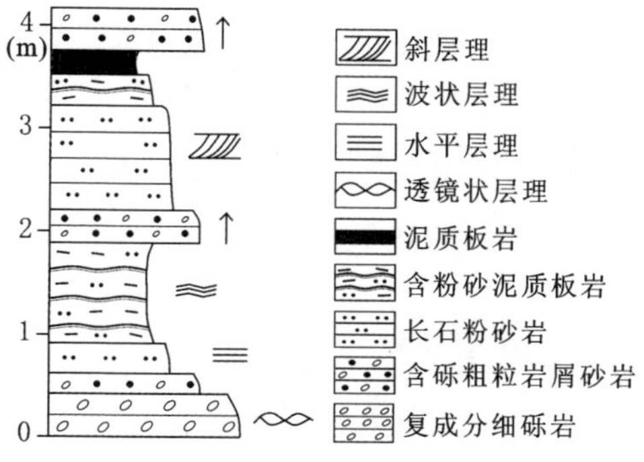

图2-27　布拉克巴什组下岩段上部基本层序图

（据Ⅱ4P_5 剖面）

由上述特征分析该岩段总体具有由下细向上部变粗的复理石及海底喷发特征，由上部浅海相固着及底栖生物为标志至下部出露较多含放射虫硅质岩层为标志，由上至下似乎具有滨海—浅海陆棚相环境特征。

2. 上岩段

下部：①层面构造主要为波长较短的对称状及不对称状波痕，并见冲刷面构造，局部见泥裂构造。②层理构造：泥质岩发育有水平层理、水平波状层理；砂岩发育平行层理及板状交错层理、槽状交错层理。并见砂质透镜状层理（潮汐层理），局部见逆粒序层理。③沉积层理以泥质岩—中粗碎屑岩的薄层或中薄—厚层状为主，部分呈巨厚层状或块层状，普遍发育下细上粗的韵律性及旋回性层序层理或沉积层序（图 2-28）。

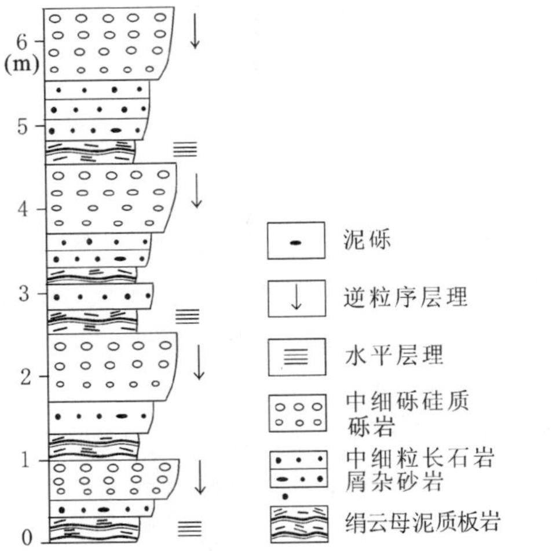

图 2-28　布拉克巴什组上段下部旋回性沉积层序

（据Ⅱ4P₇ 剖面）

上部：①层面构造见泥裂、雹痕及雨痕，波长较短的浪成或水流成因，不对称或对称状波痕发育。②层理构造：泥—细碎屑岩发育水平层理、水平波状层理；中碎屑岩发育平行层理、板状交错层理及槽状交错层理。另外，岩石中泥砾构造发育，且具下粗上细的特征。测得古流向 120°。③沉积层理以中薄—厚层状为主，巨厚层次之，两种以上岩性者普遍组成下粗上细的韵律性及旋回性沉积层序（图 2-29、图 2-30）。

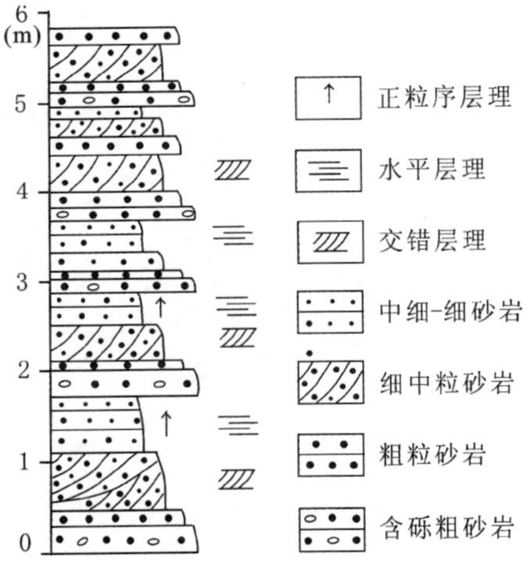

图 2-29　布拉克巴什组上段上部旋回性基本层序

（据Ⅱ4P₇ 剖面）

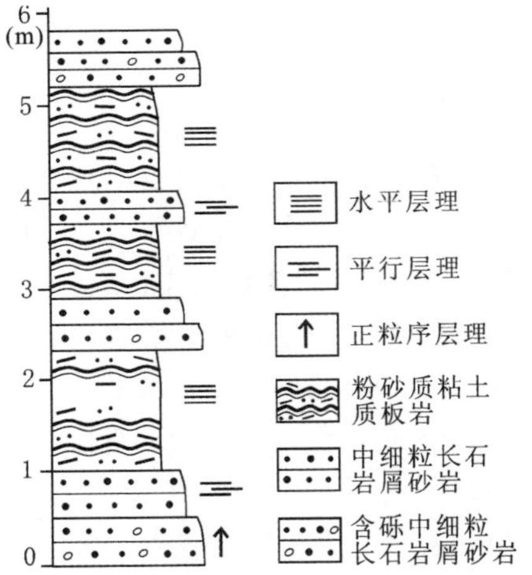

图 2-30　布拉克巴什组上段上部旋回性沉积层序

（据Ⅱ4P₇ 剖面）

从以上特征得出结论：该岩段地层皆为海陆过渡沉积环境的产物，中下部具有古海洋三角洲前缘亚相的特征，上部具有潮坪相的特征。三角洲和潮坪构成一个不甚完整的岸进海退的进积型连续沉积层序，总体上具有海盆地收缩阶段而沉积的磨拉石建造特征。

（四）岩石地球化学特征及构造环境分析

1. 火山岩化学特征

火山岩以夹层状中基性岩为主，主要岩石类型有玄武岩、玄武安山岩、安山岩以及安山质岩屑角砾凝灰岩等，在地层中从下到上具有从基性向酸性演化的特征。其岩石 SiO_2 含量变化于 40.2×10^{-2}～75.01×10^{-2} 之间；Na_2O 普遍大于 K_2O，K_2O 含量偏低，介于 0.22×10^{-2}～3.55×10^{-2} 之间。TiO_2 含量较低，集中于0.86×10⁻²～1.43×10⁻²，与岛弧火山岩的特征相似。在硅碱图（图解见火山岩章节，下同）中多数落点于亚碱性系列区，在AFM图解中位于钙碱性系列区内。

稀土含量中等，$\sum$REE=75.62×10^{-6}～177×10^{-6}，LREE/REE=0.8～0.91，轻稀土强烈富集。δEu=1.2～0.57，稀土配分模式均为向右陡倾的富集型，均有程度不同的铀异常，显示出壳幔源火山岩的特点。其微量元素比值蛛网图呈现单隆起模式，显示强不相容元素Rb、Sr、K、Ba、Th强烈富集，弱不相容元素Ti、Y、Yb、Cr亏损，反映出活动大陆边缘的特征。同时Th、Ce、Hf具正异常，Ta、P、Ti具负异常，高场强元素（Ta-Cr）丰度的急剧降低等特征都表明了典型的岛弧特征。

综合岩石地球化学特征和构造判别图解的结果，早—中泥盆世火山岩形成于活动大陆边缘环境，具不成熟陆缘火山弧的特征。

2. 碎屑岩岩石地球化学特征

1）岩石化学特征

布拉克巴什组一件岩屑长石砂岩样品的岩石化学含量如表2-13所示，经与前人所总结的各类砂岩的平均化学成分相比较，该砂岩的SiO_2含量较低，其他成分则与杂砂岩的成分基本相当。又与各火成岩的平均化学成分相比较，显示除Al_2O_3偏低外，其他成分则与Condie（1976）的现代岛弧型或钙碱性安山岩的成分相近。利用其氧化物在TiO_2-$\sum Fe_2O_3$+MgO图解（图2-31）上投点，投点进入大陆边缘弧区。由此，反映其物源来自于大陆岛弧背景。

表2-13　布拉克巴什组岩屑长石砂岩岩石化学特征表（$w_B/10^{-2}$）

样号	SiO_2	TiO_2	Al_2O_3	FeO	Fe_2O_3	MnO	CaO	MgO	Na_2O	K_2O	P_2O_5	H_2O	Los	$\sum$
$4P_5Gs36$-1	58.18	0.69	13.84	4.78	1.06	0.079	5.27	4.43	2.84	1.34	0.087	3.2	7.78	100.38

2）微量元素特征

碎屑岩微量元素含量特征如表2-14所示，经与泰勒的地壳元素丰度值（1972）相比较，其中砂岩中Cr、Pb、Th、Hf的平均值高于泰勒值，板岩中Cr、Ni、Rb、Pb、Th、Hf、Zn的平均值高于泰勒值，其中Pb高出近一半，其他元素含量在砂板岩中均低于泰勒值。利用微量元素在La-Th-Sc图解（图2-32）中投点，其大部分样点投入大陆岛弧区域内；在Th-Sc-Zr图（图2-33）中，大多数样点亦落入大陆岛弧区域内，少部分落在活动大陆边缘与大陆岛弧的分界区，在La-Th图解（图2-34）中，绝大部分样点落入大陆岛弧区域内。各投点较为集中，反映了哈拉巴依沟组砂岩、板岩其物质来源具有大陆岛弧的构造背景。

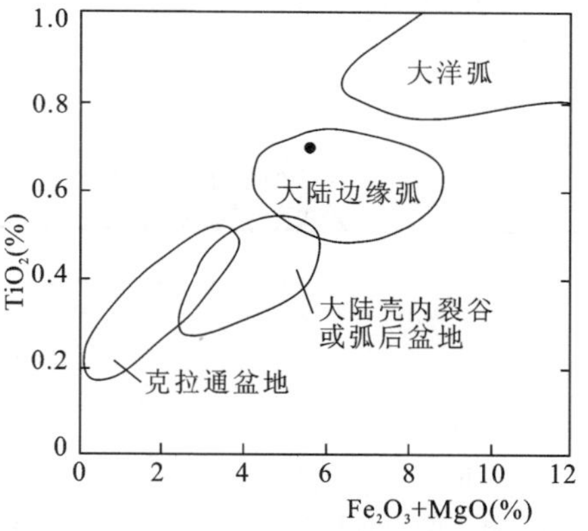

图2-31　不同构造环境杂砂岩成分判别
（据Condie，1989）

表2-14　布拉克巴什组砂岩板岩微量元素含量特征表（$w_B/10^{-6}$）

元素 \ 样号	$4P_7$1-1	$4P_7$4-1	$4P_7$5-1	$4P_7$6-1	$4P_7$8-1	$4P_7$9-2	$4P_7$12-1	$4P_7$14-1	$4P_7$16-1	$4P_7$22-1	$4P_7$23-1	$4P_7$23-2	$4P_7$28-1	$4P_7$33-1	$4P_5$36-1
岩性	板岩	砂岩	砂岩	砂岩	砂岩	砂岩	砂岩	板岩	板岩	砂岩	板岩	粉砂岩	砂岩	砂岩	砂岩
Cr	229	100	92	190	175	66.0	120	133	126	113	8.0	125.0	168.0	71.0	67
Ni	264.9	51.8	47.1	52.1	85.0	24.4	63.3	69.2	53.9	41.4	39.5	33.8	38.7	48.1	27.4
Co	47.3	16.0	19.9	15.3	22.7	10.4	20.6	21.5	18.1	9.9	13.1	11.1	11.2	11.6	17
V	138.9	107.6	91.0	92.6	131.7	90.1	128.3	133.9	116.6	66.3	69.0	64.5	71.9	53.9	107.9
Ti	4607	4396	3409	2585	4176	2421	5702	5753	5080	2471	540	5720	5243	2036	3745

续表 2-14

元素 样号	$4P_7$1-1	$4P_7$4-1	$4P_7$5-1	$4P_7$6-1	$4P_7$8-1	$4P_7$9-2	$4P_7$12-1	$4P_7$14-1	$4P_7$16-1	$4P_7$22-1	$4P_7$23-1	$4P_7$23-2	$4P_7$28-1	$4P_7$33-1	$4P_5$36-1
岩性	板岩	砂岩	砂岩	砂岩	砂岩	砂岩	砂岩	板岩	板岩	砂岩	板岩	粉砂岩	砂岩	砂岩	砂岩
Cu	42.5	38.8	26.6	28	35.8	18.6	30.2	30.0	30.7	8.4	24.6	12.9	23.1	5.1	20
Pb	33.7	25.4	50.4	23.2	31.7	33.8	26.7	25.4	24.0	22.2	23.6	22.0	35.6	12.5	27.9
Sc	22.7	11.4	9.0	9.0	14.4	8.0	13.3	14.4	13.2	7.0	7.4	6.5	8.8	6.4	14.3
La	18.0	24.9	36.2	19.6	23.0	31.6	31.8	30.2	28.2	20.5	24.3	21.3	27.3	20.6	26.1
Y	17.4	17.2	15.3	13.6	17.5	10.6	20.0	18.3	21.1	11.5	14.2	12.3	14.2	13.7	14.1
Yb	2.7	2.6	2.1	1.8	2.3	1.6	2.6	2.6	2.5	1.6	1.9	1.6	2.0	1.7	2.1
Rb	130.7	66.5	72.5	49.1	66.0	58.1	106.9	127.0	101.1	56.1	88.7	106.1	124.2	67.3	59.3
Sr	27	92	92	238	102	167	125	122.0	82.0	95	71	44	81	85.0	80
Ba	231	246	330	237	433	945	346	410	535	263	209	197	223	688	239
Th	5.6	11.0	10.0	10.2	8.7	20.4	11.1	14.7	12.1	10.2	10.0	8.4	10.2	7.3	10.1
U	/	/	/	/	/	/	/	3.0	2.9	/	/	/	/	/	/
Ta	/	/	/	/	/	/	/	3.0	2.7	/	/	/	/	/	/
Nb	12.8	15.7	13.7	11.2	14.9	11.4	22.4	21.8	20.8	12.6	13.1	12.5	13.1	12.6	12.5
Hf	3.1	4.9	3.3	4.7	4.3	4.9	5.3	4.7	5.2	3.2	3.4	3.3	5.4	2.6	3.6
Zr	89	125	108	114	133	141	152	141	188	106	102	95.0	173	86.0	118

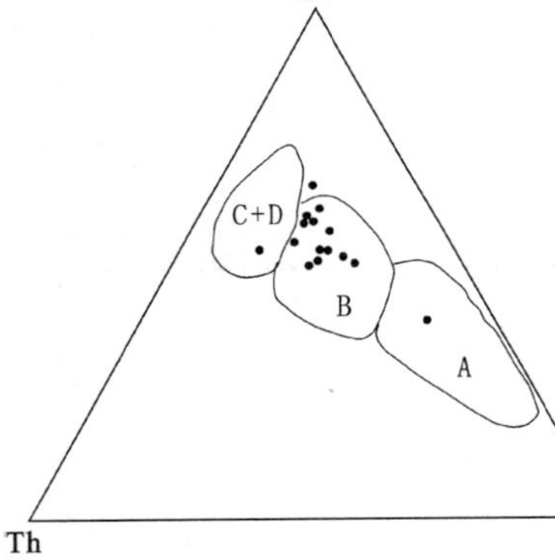

图 2-32　杂砂岩 La-Th-Sc 构造环境判别图

(据 Bhatia 等,1986)

A. 大洋岛弧;B. 大陆岛弧;C. 活动大陆边缘;D. 被动大陆边缘

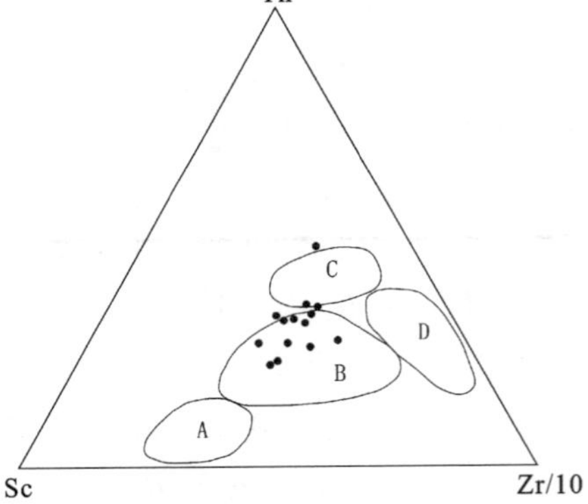

图 2-33　杂砂岩 Th-Sc-Zr 图解

(据 Bhatia 等,1986)

A. 大洋岛弧;B. 大陆岛弧;C. 活动大陆边缘;D. 被动大陆边缘

3. 碎屑岩粒度分析

布拉克巴什组上、下岩段有 12 件砂岩样品作了粒度分析,据参数显示,砂屑平均粒径多在 2.005ϕ～3.7613ϕ 之间,个别为 4.5397ϕ～4.5753ϕ,以细砂为主,少量为粗粉砂;标准差 0.8532ϕ～1.3525ϕ,分选中等,个别分选差,大于 1.4ϕ;偏态 0.306 97ϕ～2.716 07ϕ,为极正偏,个别为正偏;峰态 2.2909～13.0633,为很窄—极窄。各特征均显示沉积物是经过一定搬运筛选之后的海相产物。

下岩段粒度分布累计概率曲线图(图 2-35)由跳跃和悬浮两个次总体组成二线段为主,个别存在滚动次总体。跳跃次总体含量 72%～98%,斜率 57°～65°,反映分选中等至较好;悬浮次总体含量 0.2%～6%,斜率低,大部分为 1°,个别为 30°,平均分选差。S 截点在 3.3ϕ～5ϕ,两个次总体之间多为渐变关系,混合度为－1ϕ～0.5ϕ。从下层位砂岩至上层位砂岩粒度有由细变粗的变化,分选较一致或由好变差

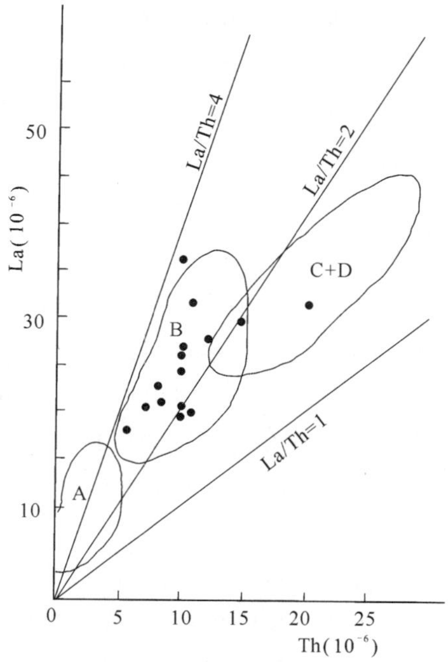

图 2-34　杂砂岩 La-Th 构造环境判别图解
（据 Bhatia 等，1986）
A大洋岛弧；B. 大陆岛弧；C. 活动大陆边缘；D. 被动大陆边缘

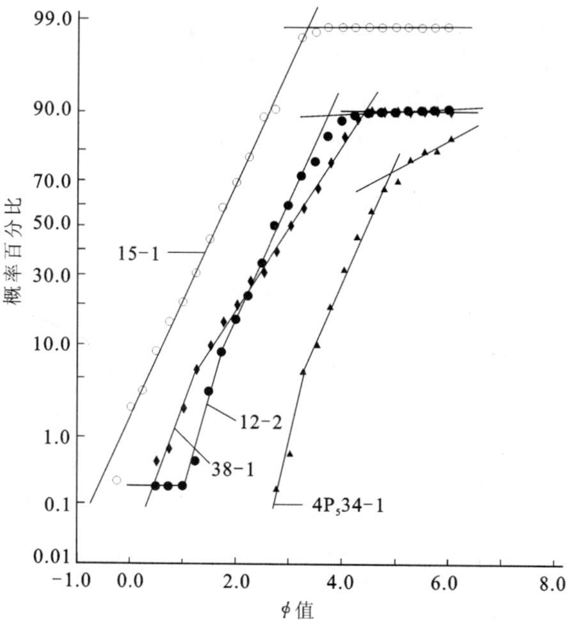

图 2-35　布拉克巴什组下段砂岩
粒度分布累计概率曲线图

的变化，总的反映由下至上水介质扰动由弱变强。概率图表现为浅海陆棚的沉积环境。上岩段上部和下部砂岩概率图(图 2-36、图 2-37)仍由跳跃和悬浮两个次总体组成，上部有个别含量极低的牵引次总体。以跳跃次总体占主导，含量较高为 67%～98%，斜率 54°～69°，上部个别砂岩为 48°；悬浮次总体含量低，为 0.5%～1%或0.5%～5%，斜率小于 2°或为 1°～6°，反映分选差。S 截点较粗，为 2.6ϕ～4.8ϕ，反映水动力条件较强，两个次总体之间下部砂岩以渐变关系为主，混合度为 0.8ϕ～1ϕ，而上部砂岩有渐变也有突变关系，渐变混合度为 0.3ϕ～0.5ϕ。经判别，上部砂岩概率图具有障壁海岸潮坪(潮渠)沉积环境的特征；下部砂岩具有三角洲或海岸带沉积环境的特征。根据萨胡的判别公式计算，下部砂岩 $Y_3=-24.1878$～-11.4547，$Y<-7.4190$；$Y_4=13.3287$～41.1183，$Y>9.8433$，故应当为三角洲沉积环境。

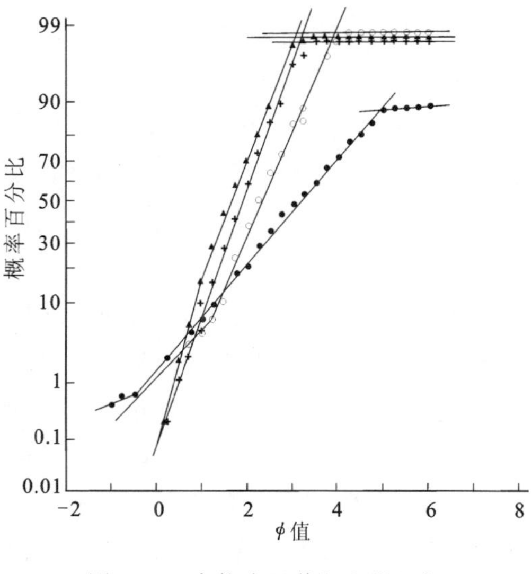

图 2-36　布拉克巴什组上段上部
砂岩粒度分布概率曲线图

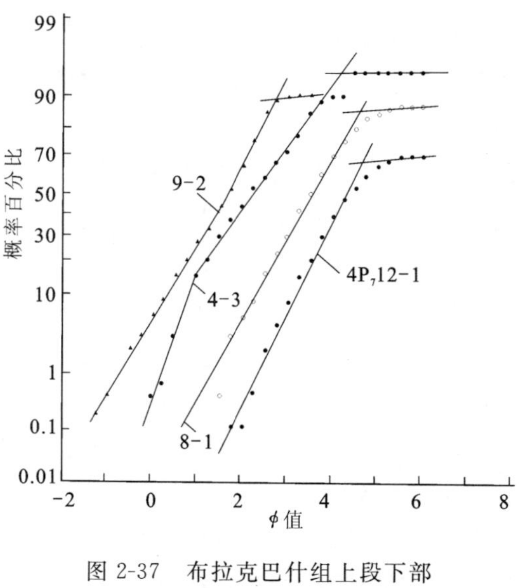

图 2-37　布拉克巴什组上段下部
砂岩累计概率曲线图

上述各特征，反映区内布拉克巴什组具有下细上粗的普遍性沉积层序，具有较多的砾岩夹层和具岛弧性质的火山岩夹层等活动性沉积特征，以及其下部为浅海陆棚沉积，而上部演化为海陆过渡型沉积的层序环境特征，反映了该套沉积物是海退期盆地收缩阶段的产物，也即具有磨拉石建造的性质。结合构造演化分析，该套沉积物大的古沉积构造环境为早古生代末期洋-陆俯冲碰撞阶段陆缘海盆地。时间上由早到晚，具有浅海陆棚→海陆交互环境的海退型环境变化；从地层分布及厚度变化上，由西往东厚度减小，显示了由东往西的海退方向。

（五）区域对比及沉积时代

东昆仑造山带大部分地区缺失早—中泥盆世海相及海陆交互相地层，区域上该带（特别是中东段部位）多以早古生代及晚古生代中晚期以后的地层为主要充填单位，泥盆纪地层仅以晚泥盆世陆相磨拉石建造——牦牛山组为主要地层。而海相早—中泥盆世地层仅在东昆仑最西段黑顶山—雁头山北坡、公格尔山及喀拉米兰一带出露，即布拉克巴什组。其中塔里木盆地南缘公格尔山地区为一套杂色碎屑岩，底部夹有少量碳酸岩盐；喀拉米兰一带下部为灰色、灰黑色硅质粉砂岩、硅质岩、安山玢岩夹灰岩；向西至布拉克巴什地区主要为千枚岩、页岩、粉砂岩、砂岩及灰岩，产大量珊瑚化石。

本区出露这套地层由所含主要珊瑚（由中国科学院南京地质古生物研究所邓占球鉴定）*Favosites* sp.（蜂巢珊瑚）、*Hemiaulacophyllum* sp.（半沟壁珊瑚）、*Neothecia* sp.（新鞘珊瑚）可确定时代为早—中泥盆世，而岩石组合、层序特征等亦可与喀拉米兰及布拉克巴什地区作对比，且与这些地区的布拉克巴什组处于同一构造带中，由此，可确定本区该套地层系东昆仑西段布拉克巴什组向东延伸的一部分。同时进一步说明东昆仑造山带早—中泥盆世海陆交互相地层分布的区域为西起公格尔山以西，东至布喀达坂峰以北伯拉克拉克里湖一带，呈东西向断续带状分布。总的代表了塔里木地块南缘于加里东末期俯冲造山阶段一套陆缘盆地复理石及海陆交互相磨拉石建造。

二、石炭纪—二叠纪地层

测区石炭纪—二叠纪地层极为发育，但以二叠纪地层为主。主要分布于昆中、昆南断裂间的阿尔格山—布喀达坂峰，喀尔瓦—克其克孜苏南一带，总体呈北西-南东向展布并向两侧延伸进入邻幅，地层区划属东昆仑南坡地层小区。出露地层有浩特洛哇组、树维门科组及马尔争组，其中以马尔争组最为发育。

前人在本区部分地段曾进行过1∶20万及1∶100万区调，涉及面窄，研究程度亦较低。经过项目组对本区石炭纪—二叠纪地层的深入调查研究，并与东昆仑东段该套地层相对比，发现具有以下不同之处：具有产出岩石类型较多、出露厚度巨大，并含大量冷水动物群及疑源类孢粉化石等。且该套地层最主要的特点是具有活动、稳定两种沉积类型，并形成于各种环境，其中浩特洛哇组为较典型岛弧（或陆缘弧）环境下的建造体；树维门科组及马尔争组上段均为东昆仑南缘活动陆缘带内的稳定沉积建造；马尔争组中下段为弧间盆地沉积。

测区位于青海和新疆两省区交界地带，两省区对东昆仑造山带二叠系分别建立了不同的地层划分方案：西部阿尔格山—喀尔瓦一带，新疆地质局区调大队三分队赵子允等(1982)在区内哈夏·克里克河一带测制剖面，并自下而上划分为下部碧云山组及上部喀尔瓦组。《新疆维吾尔自治区岩石地层》(1999)清理沿用两组并重新定义为：碧云山组为海相碎屑岩夹灰岩。其下部为灰色含砾粗粒钙质长石岩屑砂岩、含砾钙质长石石英岩屑砂岩，含砾钙质石英砂岩夹灰岩、钙质泥岩；上部为灰色钙质长石岩屑砂岩，钙质石英砂岩与黑灰色生物灰岩、灰岩不均匀互层夹碳质泥岩。以含有 *Misellina* 䗴类动物群为特征。喀尔瓦组为海相灰岩夹碎屑岩。其下部为灰紫色钙质细砂岩，钙质粉砂岩，钙质砾岩夹灰、灰黑色含生物碎屑灰岩及碳质页岩；上部为玫瑰色灰岩、灰黑色生物碎屑灰岩、灰岩夹灰绿色长石岩屑砂岩、钙质砂岩、钙质岩屑石英砂岩。以含 *Polydiexodina* 为主的䗴类动物群为特征。东部自布喀达坂峰—阿尼玛卿山的广大地区，青海省使用布青山群，《青海省岩石地层》清理的定义是：树维门科组指分布于东昆仑—阿尼玛卿山，位于浩特洛哇组之上的地层体。主要由碳酸盐岩组成，偶夹碎屑岩，富含䗴、腕足类、牙形石等化石。生物以含 *Pseudoschwagerina*，*Misellina*，*Parafusulina australis* 等䗴类动物群为特征，地质时代为早二叠世—中二叠世早期。马尔争组指分布于布青山地区，位于树维门科组之上的地层体。其下部为灰—灰绿色变火山岩、岩屑砂岩夹硅质岩及灰岩；上部为灰—深灰色、玫瑰色灰岩偶夹砂砾岩，含腕足类、䗴及珊瑚等化石，但以䗴占主导地位，常见 *Neoschwagerina* sp.，*Polydiexodina* sp. 等，时代为中二叠世晚期。

通过本次调查并经岩石组合、生物特征等方面对比后认为，碧云山组相当于树维门科组，而喀尔瓦组相当于马尔争组。该套地层虽位于新疆境内，但据生物群特征、岩石组合及大地构造属性分析，与东昆仑东段布青山、阿尼玛卿山一带的布青山群各种特征更为接近，因东昆仑南坡该套二叠系地层在青海省境内分布最为广泛，且研究程度较高，为便于区域对比，本次调查不使用在本地区建立的碧云山组及喀尔瓦组，而使用《青海省岩石地层》划分的布青山群这一地层名称，由下至上划分出两个组，即树维门科组与马尔争组。另外从布青山群中解体出一部分岩石面貌、沉积环境明显不同的地质体，经区域对比归入浩特洛哇组。

（一）浩特洛哇组（CP*ht*）

该套地层分布在测区不同的两个地区，呈岩块近北西西-南东东向断续产出，出露范围均较小。其中哈夏·克里克·得亚南的地层于1982年新疆地质局区调大队三分队曾进行过1∶100万区调，将其归入二叠系喀尔瓦组；在克其克孜苏南该套地层出露较为齐全，青海省区调综合地质大队（1992）经过1∶20万区调归入布青山群。经过本次1∶25万调查发现，该套地层岩石组合、沉积环境等明显有别于测区的其他地层，无法归入现有的地层单位，经区域对比归入浩特洛哇组，并划分出两个岩段：下段为砂砾岩夹灰岩、火山岩段；上段为火山岩、灰岩段。

1. 剖面描述

该套地层分布零星，为较全面收集其资料，共测制了三条剖面，其中两条剖面（Ⅱ5P_4、Ⅱ9P_1）为本幅实测，另一条剖面（32P_{16}）为前人所测，项目组调查时进行了修测，现按由老至新顺序叙述如下。

（1）哈夏·克里克·得亚南晚古生界石炭系—二叠系浩特洛哇组实测剖面（Ⅱ5P_4）。

该剖面全面控制了测区所出露的该套地层的下段下部分，岩层总体南倾，构造简单，层序清楚，沉积构造亦较发育，与周围地层界线明显，控制厚度大于2373.86m。上下分别与树维门科组及马尔争组呈断层接触，未见顶底（图2-38）。剖面起点坐标：东经90°36′53″，北纬36°28′53″；终点坐标：东经90°38′12″，北纬36°30′15″。

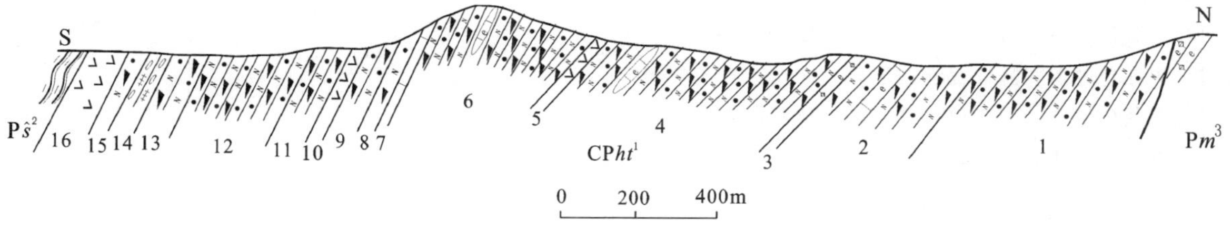

图2-38 伯拉克拉克里湖浩特洛哇组实测剖面图（Ⅱ5P_4）

树维门科组（Pš²）深灰色粘土质板岩

═══════ 断层 ═══════

浩特洛哇组下段（CP*ht*¹）	厚度：＞2373.86m
16. 灰绿色硅化绢云母化玄武安山岩	＞184.72m
15. 灰色中层状钙质胶结中细粒长石岩屑砂岩	24.80m
14. 灰色中层状钙质胶结细中砾复成分砾岩	24.80m
13. 灰色中厚层状钙质胶结中细粒岩屑长石砂岩夹灰色钙质胶结含细砂砾质长石粗砂岩	72.97m

12. 灰色薄层状钙质胶结含中砂细砾长石岩屑砂岩　260.50m
11. 灰色中—薄层状变钙质胶结中细粒长石岩屑砂岩　98.55m
10. 灰绿色绿泥石化绢云母化石英更长安山岩　26.19m
9. 灰色中—薄层状变钙质胶结中细粒长石岩屑砂岩　78.03m
8. 灰色中层状钙质胶结不等粒长石岩屑砂岩　32.50m
7. 深灰色块层状白云石化生物碎屑微晶灰岩
海绵化石：*Colospongia* sp.　19.82m
6. 灰色薄层岩屑长石细砂岩，夹层厚约1.5～3m的砾屑灰岩　408.00m
腕足类化石：*Martinia* sp.
Liosotella cf. *cylindrica*(Ustriski)
Neochonetes carboniferas Keyserling
5. 灰绿色绿泥石化粘土化更长安山岩　26.19m
4. 灰色薄层状岩屑长石细砂岩夹生物灰岩　543.56m
海绵化石(灰岩中)：*Colospongia*
3. 浅灰色含生物碎屑泥晶灰岩　16.33m
2. 灰褐色中层状钙质胶结细中粒岩屑长石砂岩夹深灰色含生物碎屑灰岩　246.82m
1. 灰褐色薄层状岩屑长石细砂岩　260.50m

═══════ 断层 ═══════

马尔争组(Pm^3)浅灰白色含生物碎屑泥晶灰岩

(2) 克其克孜苏南支沟石炭系—二叠系浩特洛哇组修测剖面($32P_{16}$)。

剖面位于额尔衮赛埃图上游，克其克孜苏南，主要控制了该组下段上部分。出露较好，露头连续，层序清楚，且产化石。控制厚度大于1083.50m，未见顶底(图2-39)。

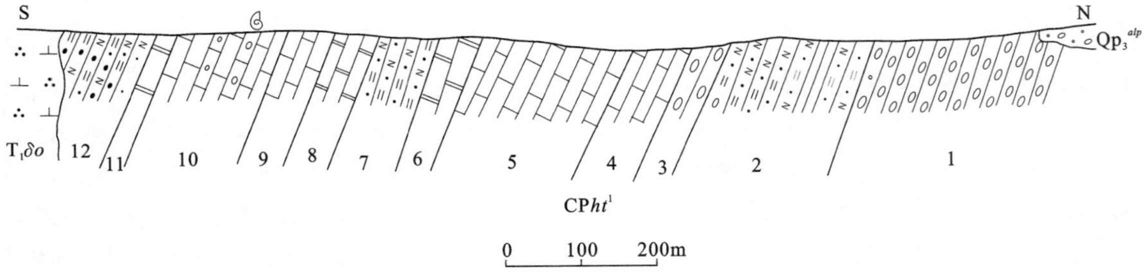

图2-39　克其克孜苏南支沟浩特洛哇组修测剖面图($32P_{16}$-1)

浩特洛哇组下段($CPht^1$)　　(花岗闪长岩侵入未见顶)　　厚度：>1083.50m

12. 灰绿色变质含砾不等粒长石岩屑砂岩　>112.0m
11. 灰白色厚层状压碎晶粒白云岩　18.7m
10. 深灰色厚层状夹中厚层状亮晶砂屑砾屑灰岩　133.2m
䗴类化石：*Parafusulina* sp.
Pseudofusulina sp.
Schwagerina sp.
Armenina sp.
珊瑚化石：*Amplexus* sp.
9. 灰色含粉砂内碎屑泥晶灰岩　47.4m
8. 黄白色厚层状粉晶灰岩　42.9m
7. 灰绿色—中厚层状变质不等粒长石岩屑砂岩　77.7m
6. 黄白色厚—中厚层状粉晶灰岩　60.7m
5. 灰色厚—巨层状粉晶灰岩　168.9m
4. 黄白色巨厚层状粉晶白云岩　52.4m

3. 紫红色变质砂砾岩　　29.3m

2. 灰绿色厚层状变质含砾不等粒长石岩屑砂岩夹灰绿色千枚状砂质板岩　　165.1m

1. 灰绿色巨厚层状变质砂质砾岩　　>175.2m

（第四系覆盖，未见底）

(3) 克其克孜苏下游石炭系—二叠系浩特洛哇组实测剖面（Ⅱ9P_1）。

剖面测制了该套地层的上岩段，主要岩性为火山岩及灰岩，外貌上与其他地层极易区分。整条剖面露头较好，构造简单，产状总体南倾，灰岩中产䗴化石，未见顶底（图2-40）。剖面起点坐标：东经91°18′17″，北纬36°17′02″；终点坐标：东经91°18′31″，北纬36°18′29″。

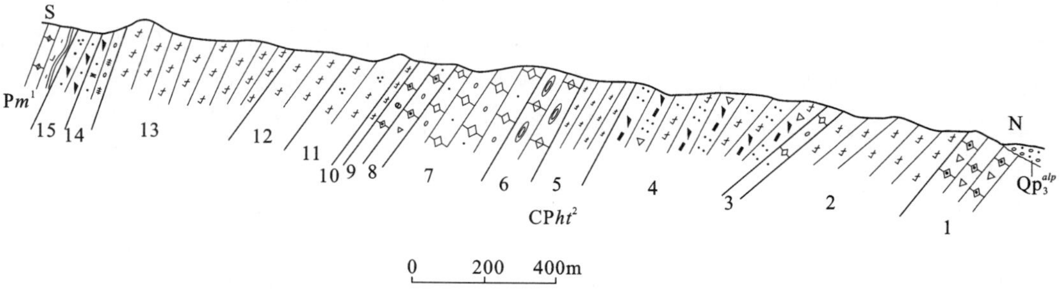

图2-40　克其克孜苏南浩特洛哇组实测剖面图（Ⅱ9P_1）

马尔争组（Pm^1）灰黑色薄层状泥钙质板岩与灰黑色薄层状泥晶灰岩互层

═══════ 断层 ═══════

浩特洛哇组上段（$CPht^2$）　　**厚度：>1964.22m**

15. 灰绿色厚层状细粒长石石英杂砂岩夹灰白色厚层状中粗粒岩屑砂岩　　>20.59m

14. 紫红色厚—巨厚层状砂质复成分砾岩夹紫红色厚层状变含中粒岩屑长石杂砂岩　　25.64m

13. 灰绿色块层状绿泥石化英安岩　　341.53m

12. 深灰色块层状绢云母化绿泥石化英安岩　　127.69m

11. 灰色块层状绿泥石化绢云母化石英英安岩　　126.38m

10. 灰绿色厚层状片状碳酸岩化绿泥石化英安岩夹紫红色厚层状石英英安岩　　4.72m

9. 灰白色块层状含生物碎屑微晶灰岩　　14.75m

8. 深灰色块层状碎裂微晶内碎屑灰岩　　28.50m

䗴类化石：*Eoparafusulina* sp.

E. cf. *pseudosimplex* Chen

Pseudofusulina cf. *nana* Semina

7. 深灰色块层状亮晶含砂屑内碎屑灰岩　　204.02m

6. 灰白色块层状䗴细晶灰岩　　117.36m

5. 灰绿色厚层状眼球状英安质糜棱岩　　140.70m

4. 灰绿色块层状英安质晶屑岩屑含角砾凝灰岩夹紫红色块层状英安质凝灰熔岩　　494.05m

3. 深灰色块层状亮晶中细粒内碎屑灰岩　　13.12m

2. 灰绿色强绿泥石化绢云母化英安岩　　204.02m

1. 灰白色块层状碎裂微晶灰岩　　>101.15m

（第四系覆盖，未见底）

2. 岩石组合及横向变化特征

浩特洛哇组下段以碎屑岩为主，夹少量安山岩及生物碎屑灰岩的沉积体。依据该段地层中岩石组合及所产层位不同等特征，可分为上下两个部分。下部岩性为灰色薄层状岩屑长石砂岩、含细粒长石岩屑砂岩夹含生物碎屑泥晶、微晶灰岩及安山岩。主要在哈夏·克里克·得亚南呈一断块近北西-南东向展布。碎屑岩产出稳定，灰岩横向上连续性极差，多呈透镜状形态，少呈夹层产出。安山岩共出露有三层，除顶部一层厚度较大且向两侧延伸稳定外，其余两层厚度较小，呈薄夹层产出，延展性较差。上部岩性以灰绿色变质含砾不等粒长石岩屑砂岩，变质不等粒长石岩屑砂岩，变质砂质砾岩夹粉晶、泥晶灰岩、亮晶砂屑砾屑灰岩及白云岩。出露范围局限，仅在克其克孜苏南支沟呈一三角形态产出，顶部与早三叠世花岗闪长岩侵入接触。碎屑岩普遍轻微变质。上部与下部明显不同之处是灰岩含量较高，而未见火山岩出露。

浩特洛哇组上段为一套火山岩、碳酸盐岩为主，夹少量碎屑岩的沉积体。岩性以英安岩、内碎屑灰岩、籎细晶灰岩及微晶灰岩为主，次为英安质晶屑岩屑含角砾凝灰岩、英安质凝灰熔岩，并夹少量长石石英杂砂岩及复成分砾岩。该段地层产出特征是火山岩与灰岩基本互呈夹层出露，其中火山岩产出总体较为稳定，但向两侧延伸厚度略有减薄之趋势，凝灰岩与凝灰熔岩仅为一层，但厚度较大。而灰岩横向连续性较差，地貌上呈孤立山堡，多呈薄夹层或不连续的透镜状产出，向东延伸厚度逐渐增大出露较稳定。碎屑岩仅在顶部产出，但横向延伸极为稳定。灰岩与火山岩呈整合接触关系，见素描(图 2-41)。

图 2-41　浩特洛哇组上段灰岩与安山岩整合接触素描图
(据照片)

3. 岩性特征

1) 上段

绿泥石化英安岩：灰绿色，斑状结构，块状构造。岩石由斑晶(23%～42%)、基质(58%～75%)和裂隙充填物(2%)组成。斑晶成分较单一，为更长石及石英等暗色矿物，大小为 0.31～2.03mm。其中更长石(25%)呈板状自形晶，具粘土化、绢云母化及绿泥石化；石英(16%)晶体发育熔蚀港湾边和波状消光变形结构。基质由显微隐晶状长英质(35%)和次生绿泥石(23%)鳞片组成，其间含金属矿物和磷灰石等副矿物。裂隙充填物成分为碳酸盐岩、脉石英及绢云母集合体。

绿泥石化绢云母化石英英安岩：灰色，斑状结构，块状构造。岩石由斑晶(44%)和基质(56%)组成。斑晶成分为不易测牌号的绢云母化伴绿泥石化、碳酸盐化偏酸性更长石(36%)；被绿泥石、绢云母、碳酸盐集合体交代的普通角闪石假象(8%)；少量具熔蚀边的石英。大小为 0.22～2.89mm。基质成分为微粒状、粒径为 0.01～0.06mm 的粘土化斜长石(42%)、石英(6%)、白云石(2%)、次生绿泥石(5%)、角闪石(1%)及微量副矿物。

英安质晶屑岩屑含角砾凝灰岩：灰绿色，晶屑岩屑含角砾凝灰结构，块状构造。岩石由火山碎屑(67%)和火山尘胶结物(33%)组成。火山碎屑为岩屑(45%)和晶屑(22%)。岩屑为成分单一的中性火山岩，呈次圆状或次棱角状，大小一般为 0.185～8.10mm，大于 2.00mm 的角砾级碎屑约占 20%；晶屑为帘石化、绢云母化斜长石，形态呈不规则状，大小为 0.062～1.17mm。分布在火山碎屑间的胶结物已被绿泥石(8%)、绿帘石(4%)、微粒状石英集合体(15%)取代，其间含小于 0.06mm 的长石类矿物(6%)。

英安质凝灰熔岩：紫红色，凝灰熔岩结构，假流动构造。岩石由熔岩物质(76%)和火山碎屑(24%)

组成。熔岩物质为斑晶(15%)和基质(61%)。斑晶由板状自形晶斜长石和具绿泥石化暗色矿物(5%)组成,大小为0.123～1.56mm;基质以隐晶状长英质(59%)为主,并含质点状氧化铁和微粒状金属矿物(2%)。火山碎屑为晶屑、浆屑及岩屑。晶屑(20%)为斜长石,呈不规则状或棱角状,大小为0.168～1.95mm;浆屑(2%)形态呈条带状或纺锤状,长径0.493～1.794mm,其内含斜长石斑晶;岩屑(2%)成分为中酸性熔岩,被熔蚀成浑圆状或次圆状,大小为0.462～1.01mm。斑晶、浆屑及晶屑定向排列,构成假流动构造。

亮晶含砂屑内碎屑灰岩:含砂屑内碎屑结构,块状构造。岩石由碎屑(70%)和胶结物(30%)组成。碎屑有内碎屑(58%)、生物碎屑(2%)及外来沉积碎屑(10%)。内碎屑由泥晶灰岩组成,形态呈次棱角状,粒径0.185～0.78mm;生物碎屑为棘皮类及有孔虫类,大小为0.092～0.86mm;外来沉积碎屑成分为石英、长石及岩屑,呈次棱角状,粒径为0.077～0.39mm,分布均匀。胶结物成分为亮晶方解石和泥晶方解石。

䗴细晶灰岩:浅灰色,生物细晶结构,块状构造。岩石由细晶方解石(60%)和生物组成。方解石呈半自形粒状晶,粒径多为0.06～0.185mm,分布在生物间。生物为䗴(40%),壳长3.12～12mm,由泥晶方解石组成,但部分被重结晶方解石取代,或含一些结晶方解石。

2）下段

长石岩屑砂岩:砂状结构,块状构造。岩石由砂屑、胶结物及杂基组成。砂屑(75%)成分为石英、长石、岩屑、白云母、绿泥石化黑云母、电气石等,磨圆度差,一般呈棱角状,少数呈次棱角状和次圆状,粒径0.06～0.31mm,分选性较好,碎屑排列略显定向性。胶结物(20%)为结晶方解石和铁质。铁质呈不规则微粒状沿碎屑间分布。粘土质杂基(5%)部分重结晶为绢云母及绿泥石。

岩屑长石砂岩:中细粒砂状结构,块状构造。碎屑(88%)成分为石英、长石、岩屑、菱铁矿、白云母、绿泥石及黑云母等。碎屑大部分磨圆度差,呈棱角状—次棱角状,少部分呈次圆状,分选性较好。粒径一般为0.09～0.493mm。排列杂乱。胶结物(10%)为钙质及铁质。接触式胶结为主,局部呈孔隙式胶结。杂基(2%)成分为粘土矿物。

复成分砾岩:细中砾砾状结构,块状构造。砾石(70%)成分为花斑岩、硅化灰岩及石英岩。磨圆度好,呈浑圆—次浑圆状,最小砾径4.68mm,最大达20mm。填隙物(16%)成分为石英、长石、岩屑、绿泥石及黑云母等,磨圆度差,一般呈棱角状、次棱角状,粒径最大达0.86mm,多为0.185～0.493mm。胶结物(14%)成分为钙质,基底-孔隙式胶结。

石英更长安山岩:基质具交织结构,块状构造。岩石由斑晶(20%)和基质(80%)组成。斑晶由斜长石和普通角闪石组成,斑晶大小0.31mm×0.4mm～2.65mm×3.20mm。基质由斜长石微晶、绿泥石、石英、普通角闪石、金属矿物、磷灰石等组成。斜长石微晶一般呈半平行状排列,微晶长0.03～0.077mm。普通角闪石呈细小粒状晶,被绿泥石交代。基质中的绿泥石和石英可能是玻璃质基质变化的结果。

生物碎屑微晶灰岩:生物碎屑(30%)以腕足类、棘皮类为主,含有孔虫,大小为0.16～0.39mm。腕足类碎屑由片状、纤维状方解石组成。棘皮类由单晶方解石组成。方解石(50%)粒径在0.008mm左右,白云石(20%)呈菱形状的自形晶或半自形晶,可见环带构造,粒径0.03～0.123mm。岩石中含少量石英及斜长石砂屑。

含生物碎屑泥晶灰岩:含生物碎屑泥晶结构,块状构造。生物碎屑(20%)为由单晶方解石组成的棘皮类、有孔虫及由纤状方解石组成的腕足类、苔藓虫等。其碎屑大小0.139～2.34mm。泥晶方解石(75%)粒径0.003mm左右。裂隙充填物(5%)为结晶方解石。

4. 微量元素特征

对浩特洛哇组5个砂岩及板岩岩石样品进行微量元素分析(表2-15),将分析数据投入Bhatia的Th-Co-Zr和Th-Sc-Zr两个判别图解中(图2-42),其中大多数点落入大陆岛弧,少数落入活动大陆边缘区,说明其组分主要来源于大陆岛弧。

表 2-15　浩特洛哇组微量元素特征

序号	样号	岩性	元素含量(单位:$w_B/10^{-6}$、$w_{Au}/10^{-9}$)																					
			Ba	Co	Cu	Ni	V	Zn	Li	Ti	Sr	Cr	Rb	Pb	Nb	Hf	Zr	Sc	Th	Yb	Sm	Y	La	Au
1	Ⅱ5P_4Dy1-1	板岩	249	14.1	33.4	44.8	105.6	83	47.5	3384	158	82	171.6	35.1	14.4	4.2	117	11.4	12.8	2.6	6.4	23.5	30.8	0.4
2	Ⅱ5P_4Dy3-1	砂岩	104	8.1	11.8	27.0	50.2	41	33.8	2001	111	63	47.8	25.3	9.8	3.5	106	5.3	5.8	1.6	3.8	13.6	17.5	0.5
3	Ⅱ5P_4Dy5-1	砂岩	99	7.4	10.1	25.3	44.3	37	29.0	1792	123	56	47.6	23.2	9.0	3.5	94	4.1	6.8	1.6	3.0	13.1	18.5	0.6
4	Ⅱ5P_4Dy6-1	砂岩	135	9.6	12.9	27.4	47.1	40	29.3	2028	188	50	61.2	22.9	11.2	4.1	118	4.8	8.5	2.0	3.4	17.7	19.3	0.5
5	Ⅱ9P_1Dy1-1	砂岩	186	6.3	13.4	18.8	33.8	21	—	703	57	25.0	20.9	8.3	3.9	<5.0	53	2.6	4.0	1.0	—	11.0	16.9	1.5

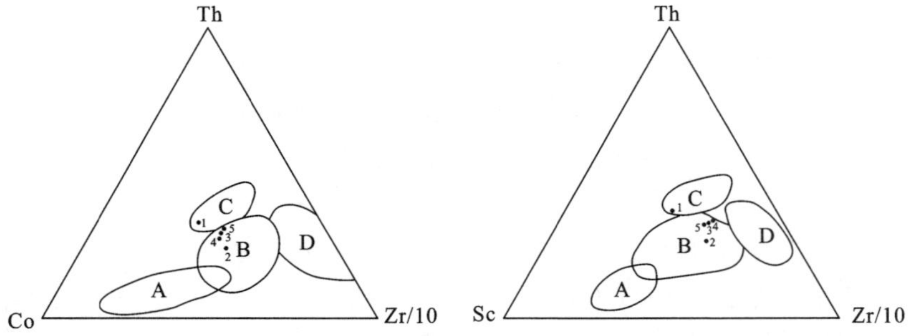

图 2-42　浩特洛哇组微量元素 Th-Co-Zr 及 Th-Sc-Zr 图解

(据 Bhatia et al,1985)

A. 大洋岛弧;B. 大陆岛弧;C. 活动大陆边缘;D. 被动大陆边缘

5. 生物化石特征

下段地层中采得腕足类、海绵、苔藓虫及冷水型珊瑚等,但未见䗴化石。腕足类动物均为有铰纲类,主要生活在滨海到 200m 的浅海区,产于砂岩中的灰岩透镜体(厚度 1.5～3m)之中,个体多不完整,以碎片为主,大小 1cm 左右者居多,含量 3%～5%,说明当时沉积环境较动荡,或经搬运再沉积而成;珊瑚:含量极少,中部灰岩夹层中采得,大多呈短柱状,以单体珊瑚为主,内部构造一般显示向两侧辐射对称的特点,直径 1cm 左右,多与层面斜交,该珊瑚为较典型冷水性脊板包珊瑚,与温暖水生物混生;海绵:普通海绵纲,短柱状,直径小于 1cm,量少。

上段生物种类单调,主要含䗴及少量棘皮类、有孔虫类。化石多赋存于内碎屑灰岩及细晶灰岩中,其中内碎屑灰岩中生物含量较少,约 2%,且多呈碎片状,个体完整者较少,以串孔很发育的拟纺锤䗴为主,个体大小 4mm 左右;细晶灰岩中生物主要是䗴,其含量约 40%,壳长 3～12mm,多数个体完整,顺层产出。

6. 层序特征及沉积环境分析(图 2-43)

下段下部依由底至顶出露的岩性分析,主要由两种基本层序组成了该套地层,最底部主要由厚度巨大、岩性单一的细粒岩屑长石砂岩组成,层序特征不明显,略上由细砂岩—灰岩构成韵律性层序。细砂岩:细层厚 1～3cm,单层厚度大于 50cm,发育水平层理,厚度向上减薄;灰岩:呈薄夹层或透镜体不定期产出,且产腕足类、海绵等化石。中间夹一层横向不稳定产出的安山岩。略向上除夹两层安山岩外,由一套碎屑岩组成,从下至上由细粒砂岩—中细粒砂岩—不等粒砂岩—含砾粗砂岩—复成分砾岩构成下细上粗非对称自旋回性层序。中细粒砂岩:细层厚 1～5cm,单层厚度大于 30cm,含有棱角状泥砾,发育水平层理及小型不对称波痕构造,向上岩石粒度逐渐变粗,且厚度逐渐增大;不等粒砂岩:细层厚 1.2cm 以上,单层厚度 1m 以上,向上厚度增大,略具交错层理,细、中、粗三种粒级的碎屑含量基本相等,三种粒级碎屑均匀分布,未构成粒序层,碎屑长轴排列略显定向性;含砾粗砂岩:砾石磨圆度好,多呈浑圆—

次圆状，少数呈次棱角状，砾径为 2～6mm，最大达 15mm，成分为花岗质岩石、石英及长石、硅质岩等，沉积构造不发育；复成分砾岩：砾石成分为花斑岩、硅化灰岩及石英岩等，砾石磨圆度好，呈浑圆—次圆状，砾径 2～6cm，小者 3～5mm，最大达 20cm，含量达 70%，不具定向排列，基底-孔隙式胶结。下段上部从下至上由砂质砾岩—含砾不等粒长石岩屑砂岩—砂质板岩构成下粗上细旋回性层序，略上由砂砾岩—灰岩—不等粒长石岩屑砂岩—灰岩构成韵律性层序。砂质砾岩：单层厚在 1m 以上，砾石磨圆度好，多呈浑圆状—次圆状，说明砾石搬运距离较远，砾石不具定向排列；含砾不等粒长石岩屑砂岩：单层厚 0.3～1m，所含砾石成分以呈棱角状硅质岩为主，次为灰岩，具平行层理及楔状交错层理，偶见粒序层理；砂质板岩：细层厚 1cm 左右，发育水平层理；灰岩：单层厚达 1m，发育水平及水平纹层理，其中灰岩中的砾屑、化石多被变形拉长，且呈定向排列。

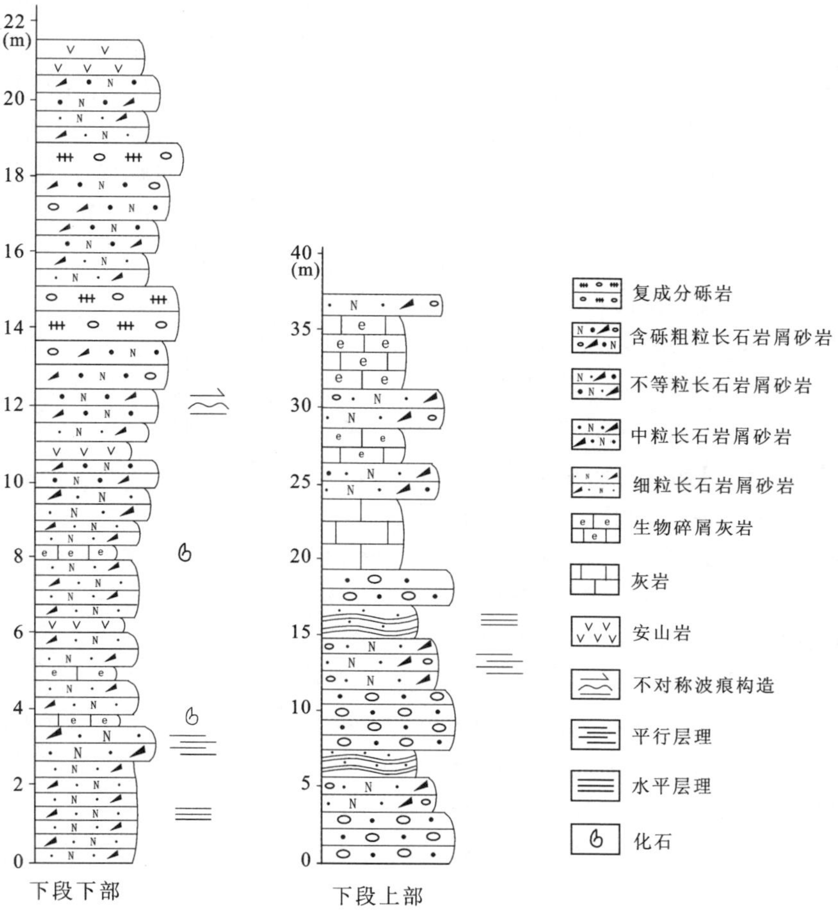

图 2-43 浩特洛哇组下段基本层序图

下段总体为一套以碎屑岩为主夹火山岩及少量碳酸盐岩的沉积体。该盆地总体沉积了一套由盆地边缘携带而来成熟度较低的长石岩屑砂岩、岩屑长石砂岩及复成分砾岩等，其间碳酸盐岩呈夹层或透镜体不稳定产出。火山岩不定期喷发，形成安山岩夹层，遭受多次沉积间断，据剖面中观察，共有 3 次喷发，其中最顶部一次规模较大，总体具岛弧沉积特点。依层序中从下至上由细粒砂岩—中细粒砂岩—不等粒砂岩—含砾粗砂岩—复成分砾岩构成粒度由细变粗逆粒序层序特征分析，总体反映海退进积特征。其中下部紫红色砂岩中发育泥砾，层面构造有雹痕、泥裂、不对称波痕，层内构造为交错层理，说明该地层曾暴露于地表，具海陆交互相特点。

上段为一套以火山岩、碳酸盐岩为主的地层。依剖面中所出露的岩性看，纵向上灰岩与火山岩互呈夹层产出，从下至上由微晶灰岩—英安岩、内碎屑灰岩—含角砾凝灰岩及凝灰熔岩、含砂屑内碎屑灰岩—英安岩构成韵律性层序特征，最顶部沉积了一套砂岩及砾岩。且岩石粒度具下细上粗的特点。英安岩：呈块层状，岩石普遍黄铁矿化，偶见外来硅质岩碎屑，出露厚度较大；内碎屑灰岩：单层厚度多大于

10cm，发育斜层理及水平层理，内碎屑向上有逐渐变粗之趋势，并含少量外来碎屑石英、长石及岩屑等，含以䗴为主的生物化石。

根据上段主要岩性为火山岩夹灰岩，而最顶部为一层碎屑岩的沉积层序分析，说明在火山弧形成后期，发育一套碎屑岩，形成砂砾质进积型沉积，反映岛弧不断生长与隆升。

上述特点反映浩特洛哇组地层具岛弧环境下的火山—沉积特征。

7. 区域对比及时代讨论

1）区域地层对比

浩特洛哇组是指分布于东昆仑山，位于哈拉郭勒组与洪水川组之间的地层体。中下部为变碎屑岩、板岩、千枚岩、角闪片岩及火山岩夹灰岩或大理岩；上部为灰岩或大理岩夹火山岩及碎屑岩。区域上沿东昆仑山零星展布，从西向东主要分布于红石山、东大干沟、俄博梁、埃肯雅玛托、阿不特哈打、东木北山、年扎曲等地，各地岩石组合、出露厚度及研究程度均有一定差异，其中以埃肯雅玛托与阿不特哈打研究程度较高，为一套生物碎屑灰岩、石英砂岩、板岩及粉砂岩、英安岩、安山岩的岩石组合，各类岩石均遭不同程度的变质。经过对本区该套地层岩石组合、沉积特征及生物化石的研究，并同区域上与其相似的地层进行对比后本书认为，区内浩特洛哇组与其选层型都兰县埃肯雅玛托剖面可相对比（图 2-44）。

2）时代讨论

下段生物种类较多，但数量有限。下部层位剖面中采得腕足类化石：*Martinia* sp.，*Neochonetes carboniferas* Keyserling，*Liosotella* cf. *cylindrica*（Ustriski）等，时代为 C—P，可能为 P_1；海绵化石：*Colospongia* sp.，时代为 P_1。在路线中采得典型冷水脊板包珊瑚化石：*Amplexocarinia* cf. *muralis*，时代为 P_1；苔藓虫化石：*Stenodiscus* sp.，时代为 C—P，可能是 P_1。上部层位剖面中获得䗴化石：*Parafusulina* sp.，*Schwagerina* sp.，*Pseudofusulina* sp.，*Armenina* sp. 等；珊瑚化石：*Amplexus* sp.。依化石分析其时代应为石炭纪—早二叠世。

上段该套地层中采得䗴、海绵及苔藓虫等生物化石，䗴：*Eoparafusulina* sp.，*E.* cf. *pseudosimplex* Chen，*Pseudofusulina* cf. *nana* Semina，*Parafusulina* sp.，*Pseudofusulina* sp. 等；苔藓虫：*Leioclema* aff. *cruciatum* Yang et Lu；海绵：*Corynella* sp.，*Guadalupia* sp.，*Actinocoelia* sp. 等，总体时代为早二叠世。

该套地层依化石面貌看以早二叠世为主，虽未出现典型晚石炭世分子，但个别化石跨时较长，具石炭纪化石特征，加之本区断裂构造较发育，所以未见底，故不排除下延至晚石炭世晚期的可能性。

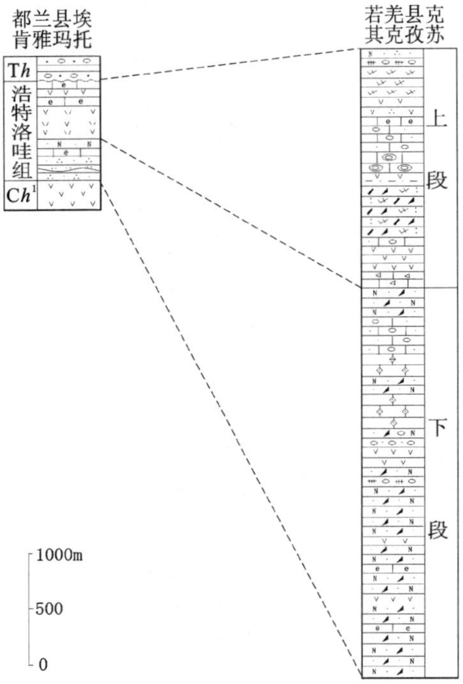

图 2-44　浩特洛哇组柱状对比图

（二）树维门科组（P$\hat{s}$）

该地层位于新疆境内，1982 年新疆维吾尔自治区地质局区调大队三分队在阿尔格山一带开展 1∶100 万区调工作时曾测制剖面，将早二叠世地层自下而上划分为碧云山组及喀尔瓦组，其中下二叠统下部为碧云山组。本区所测剖面与碧云山组同属一地层，二者距离近，可进行对比。该地层集中分布于喀尔瓦以东及哈夏·克里克·得亚等地，在区内呈宽窄不一断块状近北西-南东向断续展布，向西延伸进入邻幅厚度逐渐增大。与周围浩特洛哇组及马尔争组地层均呈断层接触，纵向上连续性较差，上下层位关系不太明显，本书依岩石组合、生物特征将其划分为上下两个岩段：下段碳酸盐岩段和上段碳酸盐岩夹碎屑岩段。

依化石时代看，该地层与新疆碧云山组层位相当，但二者岩石组合相差较大。与青海布青山群下部树维门科组从岩性、生物群等方面对比分析，二者非常接近，因此，将该套地层归入树维门科组较为适宜。

1. 剖面描述

为全面控制测区所出露的该套地层，分别在不同地段测制了三条剖面，其中下岩段出露较少，仅由一条剖面（Ⅱ$5P_5$）控制，上岩段分布范围较大，共由两条剖面（Ⅱ$5P_3$、Ⅱ$4P_3$）控制。

（1）哈夏·克里克·得亚二叠系树维门科组实测剖面（Ⅱ$5P_5$）。

剖面完全控制了测区所出露该套地层的下岩段，剖面露头良好，岩性较单一，构造简单，层序清楚，并产较丰富的生物化石。控制厚度大于1868.49m，顶与第四纪呈断层接触，底与本组上岩段呈断层接触，未见顶底（图2-45）。剖面起点坐标：东经90°34′48″，北纬36°28′27″；终点坐标：东经90°34′21″，北纬36°27′17″。

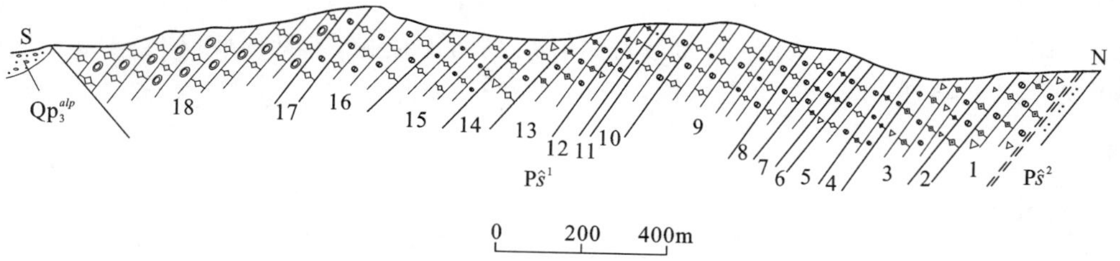

图2-45　哈夏·克里克·得亚二叠纪树维门科组实测剖面图（Ⅱ$5P_5$）

树维门科组下段（$P\hat{s}^1$）　**（顶与第四系砂砾石层呈断层接触）**　**厚度：>1868.49m**

18. 浅灰色中厚层状亮晶核形石灰岩　>493.26m
　　珊瑚化石：*Gorskyella* cf.

17. 浅灰白色块层状亮晶生物碎屑灰岩　37.14m

16. 灰白色巨厚层状亮晶生物碎屑灰岩　147.07m

15. 浅灰白色薄—中层状亮晶生物碎屑灰岩夹灰色中薄层状粉细晶生物碎屑灰岩　134.47m
　　腹足类化石：*Actaeonella* cf. *obtuse* Zekell

14. 灰白色中厚层状碎裂岩化亮晶生物碎屑灰岩　70.69m

13. 浅灰白色中厚层状微晶生物碎屑灰岩　119.6m
　　腹足类化石：*Actaeonella* cf. *obtuse* Zekell

12. 浅灰白色厚层状碎裂生物碎屑微晶灰岩　40.88m

11. 浅灰白色块层状亮晶中粗砾内碎屑灰岩　12.45m
　　腹足类化石：*Euomphalus* sp.

10. 浅灰白色块层状亮晶生物碎屑灰岩　66.90m

9. 浅灰色块层状亮晶䗴生物砾屑灰岩夹灰色中薄层状亮晶生物碎屑灰岩　232.02m
　　腹足类化石：*Actaeonella obtuse* Zekell
　　腕足类化石：*Schizophoria* sp.

8. 浅灰白色中厚层状亮晶生物碎屑灰岩　64.8m
　　珊瑚化石：*Wannerophyllum*

7. 浅灰白色中厚层状微晶有孔虫生物碎屑灰岩　59.36m

6. 肉红色巨厚层状碎裂微晶生物碎屑灰岩　25.44m

5. 浅灰红色中厚层状亮晶䗴生物灰岩　60.30m
　　䗴化石：*Parafusulina subextensa* Chen
　　　　P. yunnanica Sheng

4. 浅灰白色中厚层状强白云石化生物碎屑微晶灰岩　>22.70m

═══════ 断层 ═══════

3. 浅肉红色中厚层状碎裂岩化微晶生物碎屑灰岩　>125.35m
　　䗴化石：*Misellina* sp.

Pseudofusulina sp.

2. 浅灰色中厚层状碎裂微晶生物碎屑灰岩夹深灰色碎裂岩化微晶灰岩　35.35m

蜓化石：*Darvasites ordinata* Chen

Pseudofusulina sp.

1. 浅灰白色中厚层碎裂微晶生物灰岩　>120.62m

蜓化石：*Darvasites sinensis* Chen

—·—·—·— 韧性剪切带 —·—·—·—

树维门科组上段：灰紫色片状泥质胶结长石细砂质粉砂岩

（2）哈夏·克里克· 得亚南二叠系树维门科组实测剖面（Ⅱ5P_3）。

该剖面测了树维门科组上段中下两部分，依剖面看，下部（第1—4层）岩性为微晶灰岩夹板岩；中部（第5—13层）岩性为灰岩夹砂岩及粉砂岩。岩层总体南倾，构造较简单，层序清楚，分段界线标志明显，控制厚度大于2024.96m，其上与本组下部灰岩段呈韧性剪切带（带宽约300m，带内伴有辉长岩、斜长岩、闪长岩等侵入体）接触，底与浩特洛哇组呈断层接触，未见顶底（图2-46）。剖面起点坐标：东经90°34′12″，北纬36°28′45″；终点坐标：东经90°33′43″，北纬36°30′37″。

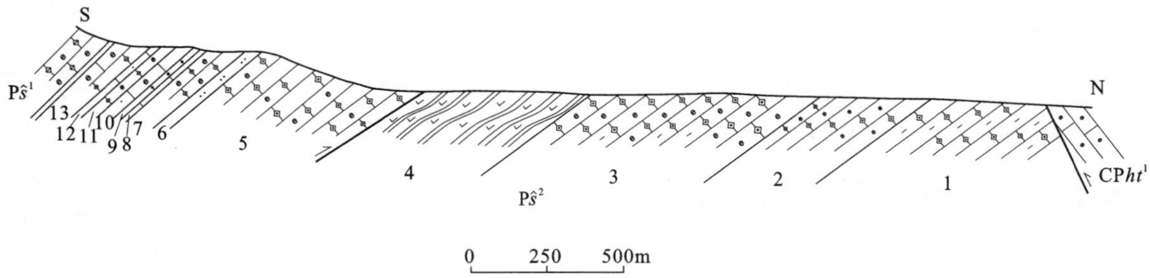

图2-46　哈夏·克里克· 得亚南二叠纪树维门科组实测剖面图（Ⅱ5P_3）

树维门科组下段：浅灰红色白云石化泥晶生物灰岩

—·—·—·— 韧性剪切带 —·—·—·—

树维门科组上段（$P\hat{s}^2$）　**厚度：>2024.96m**

13. 灰色含生物碎屑灰岩、微晶灰岩夹深灰色厚层状初糜棱含生物碎屑泥晶灰岩及浅灰色中层状泥晶生物碎屑灰岩、微晶灰岩　126.66m

蜓化石：*Monodiexodina wanneri*（Schubert）

12. 灰黑色薄层状含细砂屑亮晶含生物碎屑细内碎屑灰岩夹灰色中、薄层状片状泥质胶结长石粉砂岩　36.55m

11. 深灰色中厚层状泥晶生物碎屑砂质凝块石灰岩夹灰色中层状含生物碎屑内碎屑灰岩　54.87m

蜓化石：*Monodiexodina wanneri*（Schubert）

10. 灰色中厚层状含生物碎屑内碎屑灰岩夹灰黄色中薄层状变中细粒岩屑石英砂岩　64.02m

蜓化石：*Monodiexodina wanneri*（Schubert）

珊瑚化石：*Pseudohuangia* sp.

9. 灰色泥晶生物灰岩　15.03m

8. 灰色中厚层状含细砂含生物碎屑细粉晶灰岩夹浅灰色中薄层状片状钙质胶结细粒长石岩屑砂岩　13.15m

7. 灰色含中薄层状生物碎屑微晶岩夹深灰色泥晶生物灰岩及浅灰色中层状钙质胶结含细砂粉砂岩　142.27m

腕足类化石（灰岩中）：*Orthotetes* sp.

Schizophoria sp.

Martinia sp.

6. 浅灰色中层状钙质胶结含细砂长石粉砂岩夹灰色薄层状变中细粒岩屑石英砂岩　22.88m

5. 灰色中层状生物碎屑微晶灰岩夹浅灰色中层状微晶灰岩　426.11m

腕足类化石：*Orthotichia xizangensis* Sun

Juresania rituensis Sun

腹足类化石：*Euomphalus* cf. *nora* Grabau

Straparulus sp.

═══════ 断层 ═══════

4. 青灰色薄片状绿泥钙质板岩 325.43m

3. 青灰色板状含泥质生物碎屑微晶灰岩 434.58m

腹足类化石:*Retispira cincta* Gordon et Yochelson

Zygopleura rugifer (Phillips)

Pseudozygopleura sp.

2. 灰色中薄层状微晶灰岩 151.47m

腹足类化石:*Retispira nolani* Gordon et Yochelson

Euphemites sp.

腕足类碎片,种属不定

1. 灰色中薄层状含泥质生物碎屑微晶灰岩 211.94m

═══════ 断层 ═══════

浩特洛哇组:浅灰色中厚层状亮晶含团块生物碎屑灰岩

(3) 喀尔瓦东二叠系树维门科组实测剖面(Ⅱ$4P_3$-1)。

该剖面控制了树维门科组上段上部分,岩层产状总体南倾,构造简单,层序清楚,分界标志层明显,控制厚度大于2621.06m。顶、底分别与马尔争组及布拉克巴什组呈断层接触,未见顶底(图2-47)。剖面起点坐标:东经90°13′35″,北纬36°29′10″;终点坐标:东经90°14′06″,北纬36°32′10″。

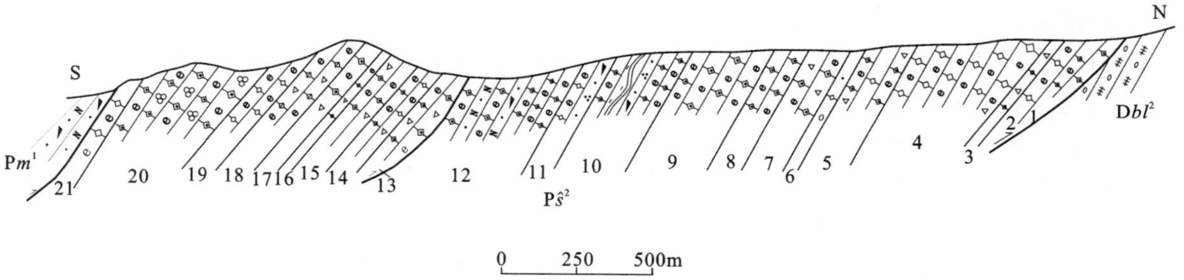

图2-47 喀尔瓦东树维门科组上段实测剖面图(Ⅱ$4P_3$-1)

马尔争组(Pm^1)灰色中厚层状中细粒长石岩屑砂岩

═══════ 断层 ═══════

树维门科组上段($P\hat{s}^2$) **厚度:>2621.06m**

21. 灰色块层状亮晶生物碎屑灰岩夹浅灰色中厚层状碎裂岩化亮晶生物碎屑灰岩 >58.71m

海绵化石:*Radiotrabeculopora*

20. 灰色块层状微晶含生物碎屑藻球粒灰岩 353.71m

海绵化石:*Cystothalania* sp.

19. 灰白色块层状亮晶生物碎屑灰岩 102.07m

苔藓虫化石:*Rhombopora* sp.

Fistulipora sp.

Stenodiscus sp.

腹足类化石:*Bellagona* sp.

18. 浅灰紫色块层状碎裂岩化泥晶生物灰岩 124.10m

17. 灰白色块层状碎裂碎斑状生物屑微晶灰岩 38.35m

苔藓虫化石:*Pamirella* sp.

16. 灰色块层状碎裂泥晶生物屑灰岩 19.18m

苔藓虫化石:*Rhabdomeson divaricatum* Xia

海绵化石：*Radiokrabeculopor* sp.

15. 灰白色块层状碎裂碎斑状生物屑微晶灰岩 77.85m

14. 浅灰色中厚层状碎裂亮晶生物屑灰岩夹灰黑色中层状微晶生物屑灰岩 78.56m

珊瑚化石：*Multithecopora* sp.

13. 灰白色块层状碎裂碎斑状生物屑微晶灰岩 >111.84m

═══════ 断层 ═══════

12. 深灰色厚层状微晶生物屑灰岩夹灰色中厚层状变中细粒岩屑长石砂岩及灰色中薄层状钙质胶结中细粒长石砂岩，灰岩中产腕足类、䗴、双壳类、腹足类 >340.92m

腕足类化石：*Sterochia* sp.

Orthotetes rachata Fischer de Walotheim

䗴化石：*Schwagerina* sp.

双壳类化石：*Aviculopecten* ? sp.

腹足类化石：*Microptychis* cf. *wrighti* Longistaff

11. 灰色中厚层状变钙质胶结中细粒岩屑石英砂岩夹灰色薄层状亮晶生物屑灰岩 92.65m

10. 灰黑色块层状生物屑微晶灰岩夹灰色中厚层状岩屑石英砂岩及深灰色泥钙质板岩 212.91m

䗴化石(灰岩中)：*Pseudofusulina* cf. *wangmoensis* Sheng

9. 灰黑色块层状生物屑微晶灰岩 230.73m

腕足类化石：*Plicatifera* sp.

8. 浅灰色块层状生物屑微晶灰岩 76.76m

7. 灰白色块层状角砾状微晶生物屑灰岩 89.54m

6. 灰色块层状亮晶砂砾屑灰岩 7.31m

5. 灰白色块层状角砾状微晶生物屑灰岩夹灰白色块层状亮晶灰岩 143.67m

4. 浅灰白色块层状亮晶生物屑灰岩 339.05m

3. 浅灰色块层状角砾状微晶灰岩 14.99m

2. 浅灰色块层状亮晶生物屑灰岩 52.46m

1. 灰色厚层状微晶灰岩夹灰色薄层状微晶生物屑灰岩及紫红色块层状角砾状灰岩 >55.70m

═══════ 断层 ═══════

布拉克巴什组(Dbl^2)暗绿色复成分砾岩

2. 岩石组合及横向变化特征

(1) 下段碳酸盐岩段：岩性以浅灰白色亮晶、微晶生物碎屑灰岩及亮晶核形石灰岩为主，夹亮晶、微晶生物灰岩及少量内碎屑灰岩。该套地层所有岩石普遍较碎裂，局部具碎裂岩化及白云石化。本区该地层不甚发育，仅在伯拉克拉克里湖北呈一断面南倾三角形状的弧形推覆体产出，未向两侧延伸。与下伏本组上岩段呈韧性剪切带接触，其上与第四纪砂砾石层亦呈断层接触。外貌上整个灰岩呈浅灰白色，且显得特别陡峻，并依影像特征看与周围及测区其他灰岩明显不同，极易同其他地层区分。

(2) 上段碳酸盐岩夹碎屑岩段：下部岩性单一，仅为微晶灰岩和绿泥钙质板岩(原岩为页岩或泥岩)呈互层状产出，呈一透镜状断块近北西-南东向展布，分布面积较小；中部岩性以生物碎屑微晶灰岩为主，次有含生物碎屑内碎屑灰岩、泥晶生物碎屑砂质凝块石灰岩、䗴类生物灰岩夹长石粉砂岩、岩屑石英砂岩等。呈宽窄不一的条带状近北西-南东向展布，与周围地层均呈断层接触，出露面积较小，厚度不大，其中产数层含单通道䗴的灰岩(生物富集层厚10～30cm)横向变化较大，仅局限于该地区，向两侧未延伸；上部岩石组合为亮晶、微晶生物碎屑灰岩，生物屑微晶灰岩，含生物碎屑藻球粒灰岩，泥晶生物灰岩夹少量岩屑长石砂岩，岩屑石英砂岩及长石砂岩等。该套地层集中在喀尔瓦一带呈北西-南东向展布，厚度具东厚西薄之特点，向西呈窄带状进入邻幅，岩性变得单一，生物化石稀少。部分地段第四系覆盖较大,纵向连续性较差。

3. 岩性特征

1) 下段

亮晶核形石灰岩:藻类包壳结构,块状构造。岩石由核形石(72%)、胶结物(28%)及少量裂隙充填物组成。核形石呈圆状、椭圆状及不规则状,大小为 2.18~17mm,具宽窄不一、疏密不等、不规则的弯曲状或呈波状的同心圈,核心由微晶方解石胶结的团粒灰岩碎屑或苔藓虫碎屑组成。可能产于潮间—潮下带。充填在颗粒间的胶结物以亮晶方解石(20%)为主,晶体围绕核形石呈辐射状生长,呈纤状皮壳;其次为微晶方解石(8%)。

亮晶生物碎屑灰岩:浅灰白色,生物碎屑结构,块状构造。岩石由生物碎屑(70%~73%)及胶结物(27%~30%)两部分组成。生物碎屑为有孔虫(大小为 0.55~1.83mm,多具泥晶化)、藻类、棘皮类(由单晶方解石组成,具单晶结构,多呈碎片状,大小 0.52~3.28mm)及双壳类(完整者大小 1.01~3.90mm;呈碎片者大小 0.70~1.17mm)。胶结物为亮晶方解石,具两个世代:一世代方解石呈纤柱状或马牙状皮壳,其长径一般为 0.06~0.154mm;二世代方解石呈粒状,其粒径 0.03~0.10mm。

亮晶䗴生物灰岩:生物结构,块状构造。岩石由䗴(58%)、少量内碎屑(2%)、胶结物(40%)及少量裂隙充填物组成。因重结晶作用,䗴类生物的䗴壳构造及显微结构消失,只有部分保留外形及最外层的壳圈,其壳长径 2.56~3.67mm,少数达 10mm。内碎屑由微晶灰岩组成,呈次圆或次棱角状,粒径为 0.29mm。䗴生物被亮晶方解石交代,具两个世代:一世代方解石呈马牙状,其长径 0.154~0.55mm;二世代方解石粒状胶结,粒径 0.06~0.154mm。基底式胶结。

亮晶䗴生物砾屑灰岩:生物砾屑结构,块状构造。岩石由粒屑(60%)和亮晶胶结物(40%)组成。粒屑为生物(䗴)及内碎屑。䗴(27%)大小为 2.98~6.47mm,壳圈 4~6 个。内碎屑(33%)由生物碎屑(为有孔虫及介壳类)泥晶灰岩组成,磨圆度好,粒径一般在 2.18mm 以上,大者达 8.58mm,以砾石级为主。亮晶胶结物具两个世代:一世代方解石呈马牙状,其长径 0.39~1.17mm;二世代方解石呈粒状,粒径 0.16~0.39mm。

碎裂岩化微晶生物碎屑灰岩:浅肉红色,碎裂生物碎屑结构,块状构造。岩石由生物碎屑(50%)、胶结物(40%)及裂隙充填物(10%)组成。生物碎屑为有孔虫类、棘皮类等,大小多为 0.23~1.95mm,个体完整者可看出壁具隐粒结构,虫室内充填亮晶方解石;棘皮类由单晶方解石组成,表面分布的细孔呈放射状。胶结物以微晶方解石为主,次为亮晶方解石,生物碎屑间互不接触,形成基底式胶结类型。岩石受脆性动力变质作用的影响,发育网状裂隙。

碎裂微晶生物灰岩:碎裂结构,块状构造。岩石中的生物、生物碎屑(45%)为有孔虫类、䗴类及棘皮类。其中有孔虫类及䗴类个体多数完整,大小一般为 0.37~3.12mm,且壁具隐粒结构,虫室亮晶方解石充填。棘皮类呈碎片,由单晶方解石组成,粒径为 1.17mm 左右。胶结物为微晶方解石,其粒径为 0.008mm 左右。后期脆性动力变质作用的参与,岩石中发育网状裂隙,其内充填着粒状方解石集合体,使岩石显碎裂结构特征。

2) 上段

生物碎屑微晶灰岩:生物碎屑微晶结构,块状构造。岩石由泥晶方解石、生物碎屑、碳质等组成,泥晶方解石(68%)呈灰褐色,粒径 0.01mm 左右。分布其间的碳质(1%)多呈线痕状平行相间分布。生物碎屑(31%)为有孔虫、棘皮类、䗴及具波纤结构不易确定种类的生物碎片,生物碎屑的长径为 0.25~2.34mm。

含生物碎屑内碎屑灰岩:颗粒支撑结构,定向构造。内碎屑(45%)由泥晶方解石组成,磨圆度好,呈压扁透镜状,长短轴值多为 0.092mm×0.046mm~0.25mm×0.11mm,定向排列。生物碎屑(6%)量少,为有孔虫类等边缘具泥晶化的生物。外碎屑(10%)磨圆度差,呈棱角—次棱角状,粒径 0.06~

0.25mm。成分以石英、斜长石为主,含白云母、锆石、黑电气石等,定向排列。白云母1%。胶结物(38%)为亮晶方解石。

凝块石灰岩:颗粒支持结构,生物碎屑(30%)以原生动物门的碎片为主,为有孔虫、䗴(?),含藻类(?)。大小为0.55～1.95mm。凝块石(40%)色暗,富有机质,形态各异,大小为0.47～2.50mm,但多在1.56mm以下,砂状者为主。胶结物(30%)为亮晶方解石(10%)及泥晶方解石(20%)。

泥晶生物灰岩:浅灰紫色,生物碎屑结构,泥晶胶结,岩石由生物碎屑(69%)、泥晶胶结物(25%)及裂隙充填物(6%)等组成。生物碎屑大类不易辨认,但由两种结构和两种粒级的方解石组成,彼此间不平直镶嵌接触。胶结物成分以微晶方解石为主,还有亮晶方解石、球粒及有孔虫生物碎屑等。

泥晶䗴类生物灰岩:生物结构,块状构造。䗴生物(65%)形态完整者呈长纺锤形或粗纺锤形,大小为8～23mm。胶结物(35%)多为泥晶方解石(28%),少数为亮晶方解石(7%)。

含泥质微晶灰岩:变余含泥质微晶结构,板状构造。方解石(71%～78%)粒径多为0.0041～0.008mm,粘土矿物(4%～20%)大部分重晶为绿泥石(4%),并具定向排列。粉砂(1%～4%)多呈棱角—次棱角状,粒径0.014～0.06mm,成分为石英、长石、绿泥石。碳质含量为1%。

亮晶生物碎屑灰岩:生物碎屑结构,块状构造,岩石由生物碎屑(80%)和亮晶胶结物(20%)组成。生物碎屑为有孔虫类、苔藓虫类、双壳类及棘皮类等组成,其中有孔虫大小为0.154～1.79mm,苔藓虫碎片为1.17～2.03mm,双壳类碎屑的壳长1.83～3.12mm,均由不同类型的方解石交代或充填,亮晶胶结物具三个世代,一为马牙状方解石,二、三均为粒状胶结。

微晶生物屑灰岩:生物碎屑结构,块状构造,岩石由生物碎屑(56%～60%)和胶结物(40%～44%)组成。生物碎屑为单壳类碎片,有孔虫类、棘皮类、苔藓虫类等,其碎屑小者0.254mm,大者达9.75mm,但生物碎片长径多为0.7～3.12mm,碎片杂乱排列无方向性,胶结物由粒径为0.0078mm的微晶方解石组成。

生物屑微晶灰岩:生物屑微晶结构,块层状构造,岩石由生物碎屑(35%)、微晶方解石胶结物(65%)等组成。生物碎屑为䗴、有孔虫及单壳类等生物,䗴大小为0.468mm×1.09mm～1.48mm×3.51mm。有孔虫类大多较完整,少数呈碎片状,大小0.246～1.17mm。胶结物粒径为0.004～0.008mm,属微晶级。

微晶含生物碎屑藻球粒灰岩:含生物碎屑球粒结构,块状构造,岩石由球粒(50%)、生物碎屑(8%)、微晶方解石胶结物(36%)及裂隙充填物(6%)等组成,藻球粒由泥晶方解石组成,一般呈卵圆形,大小为0.03～0.063mm,少数达0.185mm。生物碎屑有苔藓虫及双壳类碎片,苔藓虫周围具同心状生长的藻类包壳,具核形石特征。双壳类由方解石组成。胶结物为粒径0.007～0.024mm的微晶方解石。

长石粉砂岩:变余含细砂粉砂状结构,定向构造。碎屑(69%)成分为石英、长石、岩屑、白云母、黑电气石、菱铁矿等。磨圆度差,多呈棱角—次棱角状,少数呈次圆状。粒径多为0.036～0.096mm,小于0.06mm的粉砂级碎屑占大部分。分选性较好。碎屑排列显示定向性。胶结物(31%)成分为粘土矿物、钙质、铁质。由于成岩变质重结晶作用,部分粘土矿物重结晶为绢云母及绿泥石,且沿碎屑间定向排列。钙质多结晶成粒径为0.03～0.06mm的他形方解石。铁质多富集成不规则的细小质点——团粒。

长石砂岩:变余砂状结构,基底-孔隙式胶结。岩石由碎屑(75%)、胶结物(24%)及杂基(1%)组成,碎屑成分为单晶方解石、长石、岩屑、电气石、白云母及锆石等,磨圆度差,一般呈棱角状及次棱角状,分选性较好,粒径0.062～0.462mm,排列具定向性。胶结物为已重结晶的粒径0.077～0.185mm的方解石和铁质,杂基为已重结晶的绢云母。

泥钙质板岩:变余含泥质微晶结构,板状构造。方解石(69%)粒径为0.004～0.009mm,方解石集合体定向排列。绿泥石(10%)、绢云母(2%)呈鳞片状,在方解石矿物间断续定向排列。碳质(1%)多呈质点状均匀分布。粉砂(4%)呈次棱角状均匀分布,粒度0.013～0.06mm。

岩屑长石砂岩:中细粒砂状结构,孔隙式胶结,岩石由碎屑(85%)、杂基(7%)及胶结物(8%)三部分组成，碎屑成分为石英、长石、岩屑、方解石、白云母及锆石等，磨圆度较好，多呈棱角状、次棱角状，少数呈次圆状，分选性较好，粒径0.077～0.47mm，碎屑杂乱分布，排列不显方向性。胶结物成分为铁质、钙质。杂基以结晶绿泥石为主，含绢云母。

岩屑石英砂岩：砂状结构，孔隙式胶结，岩石由碎屑(83%)、杂基(3%)和胶结物(14%)三部分组成。碎屑成分以单晶方解石为主，其次为岩屑、长石、含电气石及不透明矿物等，磨圆度较差，多呈次棱角状，少数呈棱角状或次圆状，分选性较好，粒径一般为0.08～0.39mm，碎屑长轴排列略显定向性。杂基成分为已重结晶的绢云母。胶结物成分为已重结晶的粒径0.46～0.185mm的他形方解石。

4. 微量元素特征

据该套地层中所采的5个定量光谱样品分析(表2-16)，底部灰岩(2个)中Sr/Ba<1，具陆相沉积特征，说明当时海水较浅，而上部砂板岩(3个)中Sr/Ba>1，表明为海相沉积。从剖面下部向上除少数Sr、Zr元素含量具逐渐增加之趋势外，其余各元素含量均变小，Sr和Ba的比值在逐渐增大，说明海水逐渐变深，具海侵退积结构特征。另底部灰岩中Sr比Co高出10倍以上，而上部砂板岩中Sr比Co高出20倍以上，说明上部水体较浅，海水在由北向南推进，上述特征与基本层序及沉积环境特征相符。

表2-16 树维门科组微量元素特征

序号	样号	岩性	元素含量($w_B/10^{-6}$)											
			Ba	Co	Cu	La	Mn	Ni	Sr	V	Zn	Li	Ti	Cr
1	Ⅱ5P_3Dy17-1	长石粉砂岩	142	13.3	30.1	18.5	439	55.8	368	82.2	51	48.2	2483	136
2	Ⅱ5P_3Dy17-2	岩屑石英砂岩	46	5.4	5.3	13.9	441	11.8	286	17.9	13	9.3	657	59
3	Ⅱ5P_3Dy20-1	泥钙质板岩	201	13.6	30.4	25.5	455	47.1	216	104.3	71	58.3	3170	74
	平均值		129.7	10.8	21.9	19.3	445	38.2	290	68.1	45	38.6	2103.3	89.7
	变化系数(%)		0.60	0.43	0.66	0.30	0.02	0.61	0.26	0.66	0.65	0.67	0.62	0.46
4	Ⅱ5P_3Dy21-1	微晶灰岩	200	14.8	29.0	26.1	491	46.5	167	111.1	75	60.9	3150	76
5	Ⅱ5P_3Dy23-1	微晶灰岩	203	16.5	24.0	24.5	425	47.0	180	107.8	156	50.1	2849	85
	平 均 值		201.5	15.65	26.5	25.3	458	46.8	173.5	109.5	115.5	55.5	2999.5	80.5
	变化系数(%)		0.01	0.08	0.13	0.04	0.10	0.01	0.05	0.02	0.50	0.14	0.07	0.08
维氏值(1962)			650	18	47	29	1000	58	340	90	8/3	32	4500	83
序号	样号	岩性	元素含量($w_B/10^{-6}$、$w_{Au}/10^{-9}$)											
			Rb	Pb	Nb	Ta	Hf	Zr	Sc	Th	Yb	Sm	Y	Au
1	Ⅱ5P_3Dy17-1	长石粉砂岩	51.8	21.0	10.5	—	4.6	141	9.0	6.7	2.0	3.1	15.0	0.5
2	Ⅱ5P_3Dy17-2	岩屑石英砂岩	7.6	20.1	<1.0	<0.5	2.2	75	2.0	3.6	1.2	1.6	9.1	0.4
3	Ⅱ5P_3Dy20-1	泥钙质板岩	138.8	38.3	13.7	1.5	4.3	107	13.1	11.4	2.2	4.0	18.3	0.4
	平均值		66.1	26.5	8.4	0.67	3.7	107.7	8.03	7.2	1.8	2.9	14.1	0.43
	变化系数(%)		1.01	0.39	0.79	1.45	0.35	0.31	0.70	0.54	0.29	0.42	0.33	0.13
4	Ⅱ5P_3Dy21-1	微晶灰岩	150.3	35.1	16.1	—	4.1	99	12.0	11.7	2.2	3.5	18.5	0.5
5	Ⅱ5P_3Dy23-1	微晶灰岩	139.1	32.3	11.9	2.1	3.8	98	11.6	8.6	2.1	3.0	17.1	0.6
	平 均 值		144.7	33.7	14	1.05	3.95	98.5	11.8	10.15	2.15	3.25	17.8	0.55
	变化系数(%)		0.05	0.06	0.21	1.41	0.05	0.01	0.02	0.22	0.03	0.11	0.06	0.13
维氏值(1962)			150	16	20	2.5	1	170	10	13	0.33	8	29	43

5. 生物特征

该套地层生物门类较多，化石极为丰富，其中以䗴为主，次有珊瑚、腕足类、腹足类、有孔虫、棘皮类及藻类等。

1）下段

生物群以䗴为主，次有珊瑚、腹足类、有孔虫、棘皮类及藻类等，少量腕足类。依剖面看，䗴化石主要集中在底部层位（第1—6层），其间有棘皮类、有孔虫等，而腹足类从第10层开始出现，珊瑚从第9层出现，第7层以上灰岩中不含䗴化石，说明在该地层沉积后期环境已发生变化，海水由北向南进一步加深而不适宜䗴类生存。

䗴：个体完整且较大，内部构造较复杂，据外形看基本未经搬运，为原地死亡后埋藏。䗴据其横切面形态观察有三种：圆球形、纺锤形、长纺锤形，壳宽2～4mm，壳长5～20mm。含量普遍在20个/m^2以上，富集时高达300～700个/m^2。大多数䗴长轴与层面平行，少数斜交，各䗴间多互不接触。

珊瑚：多为单体，少为群体，直径0.5～1cm，长者在3cm以上，多与层面斜交，个体较完整，说明未经长距离搬运。化石重结晶后不易采集。

腹足类：种属单调，仅有全脐螺、钝小捻螺，多数较完整，大小均匀，一般为0.5cm×1cm～2cm×5cm，含量为3～10个/m^2，生长方向与层面斜交或垂直，移动底栖为主。

有孔虫、棘皮类多为碎屑，在整个地层中从底至顶均有不同程度的分布，但以底部数量最多，从下至上具逐渐减少之趋势。

2）上段中下部

该套地层中产以典型冷水性沃纳氏单通道䗴为主的多门类生物化石。产有䗴、腕足类、珊瑚、有孔虫、棘皮类及腹足类等。但各生物数量、种属均有限。因此无法建立带或组合带。

䗴：集中产于上部层位（第10—13层）中，种属单调，与少量珊瑚、腕足类共生。与下段䗴相比个体特大，且内部构造更复杂，为更高一级䗴，外形多较完整，据外部形态有三种：圆形、椭圆形、长纺锤形，横切面直径2～8mm，长1～3cm，多为2cm左右，平均含量100～300个/m^2，局部富集处可达500个/m^2。依外形看为原地死亡未经搬运。总体䗴向上有逐渐减少之趋势，说明海水在逐渐加深。

腕足类：个体完整且较大，大小为1～5cm，多平行层面产出，含量15～20个/m^2。呈富集层时厚度为10～30cm，个体略小，约为0.5～1cm，含量80%以上。少量有孔虫、腹足类伴生。多生存于中下部层位中，水位较䗴略深。

珊瑚：以单体为主，量少，多分布于中下部层位中，个体较大，横切面大小1～3cm，其长度在5cm以上，多与层面斜交。

腹足类：贯穿于整个地层中，但下部层位中最丰富，具有数层富集层，厚度在30cm以内，个体大小变化较大，在1～5cm之间，含量可达75%，与岩层平行或斜交产出，杂乱分布，螺壳保存较完整，说明为原地死亡，与其他生物共生。

棘皮类：以海百合茎最为发育，但在最底层以腹足类为主的微晶灰岩中数量较少，主要与中上部层位中的䗴、腕足类等生物共生，以浮游类型为主。

3）上段上部

该套地层中生物化石较丰富，种属较齐全，但数量均有限。以暖水性䗴、珊瑚、腕足类、海绵、苔藓虫、腹足类等底栖动物为主。

䗴：仅采到希瓦格䗴及假纺锤䗴，产于中下部碎屑岩与碳酸盐岩交互层之灰岩中，壳呈纺锤形，大小较均匀，一般为6mm左右，含量100～400个/m^2，杂乱分布，与大量腹足类共生。

珊瑚：极不发育，以单体珊瑚为主，个体多不完整，呈短柱状，横切面大小0.5～1.2cm，与层面斜交，伴有生物碎屑有孔虫、棘皮类、苔藓虫类等。

腕足类：多以富集层的形式产出，厚度不等，约为5～50cm，个体较完整，大小1～4cm，杂乱分布，与腹足类及䗴等混生，腕足类以有铰纲为主。

苔藓虫：由于岩石极破碎，苔藓虫多呈碎片，杂乱分布，直径达5～8mm，壁具平行偏片状结构，虫室呈圆形，其内充填物为富有机质泥晶方解石。

海绵：为造礁生物之一。个体较大，化石多保存海绵体的外形，单体呈柱形，直径1cm，属普通海绵纲，由于跨时较长，一般认为地层意义不大。

以发育冷水性单通道䗴为代表的该套地层生物特点是门类较多，但种属有限。暂可划分为 *Darvasites*—*Schwagerina* 及 *Monodiexodina*—*Misellina* 两个带，依该地层由下至上所产生物分析，生物种类在逐渐变多，说明海水在不断适当加深，而海水盐度亦趋向正常，总体显示生物分异度较高，其沉积环境亦较长期稳定。

6. 层序特征及沉积环境

该套地层纵横向连续性较差，上下层位关系不太明确，只能依每套地层中所产生物化石时代的由老至新顺序，将该套地层由下至上排列。树维门科组主要为一套碳酸盐岩台地、台地前斜坡、滨海、浅水陆棚、陆棚斜坡环境沉积。

下段为环境比较单一的海侵体系域沉积，其基本层序由下至上主要由生物碎屑灰岩—䗴生物灰岩、砾屑灰岩—生物碎屑灰岩及核形石灰岩—生物碎屑灰岩构成粗细相间韵律性沉积。依该剖面生物分布特征分析，可分为上(第7—19层)、下(第1—6层)两部分。下部产较丰富的䗴类化石，说明当时海水浑浊度低，透光性强，海底处于氧化环境的较开阔的浅海内缘。依䗴壳外形看，从低能—高能环境下的产物均有。由下至上䗴突然消失，生物有珊瑚、腹足类及有孔虫、藻类等，说明上部层位不适宜䗴生存繁育，由此可见海水逐渐加深。依岩性看此特征更为明显，该段岩性以亮晶生物碎屑灰岩大量产出，可与现代潮间和潮下的介壳滩堆积相比拟。特殊岩性有砾屑灰岩、核形石灰岩，砾屑灰岩中砾屑磨圆度好，多呈次圆状，说明环境较动荡。最上部产出一层厚度巨大的核形石灰岩，据其形态分析为潮下带高能环境的产物，该处海水最浅。由于风暴浪作用，整个地层中生物碎屑大量发育，层面上常有间断和化石滞留集中现象。依生物、岩性分析，该地层为海进退积环境下的产物。总体以浅海陆棚相为主，向上具滨海相特征。下段中含有中二叠世分子，说明上下段为连续的沉积体。

上段下部由微晶灰岩和绿泥钙质板岩(原岩为泥岩或页岩)组成的厚度较大的韵律性沉积，明显为饥饿段的沉积产物。板岩：单层厚10cm以上，发育水平层理及顺层透入性劈理，厚度具向上逐渐增大的特点；灰岩：细层厚1～10mm，单层厚多大于30cm，具水平层理，仅产腹足类化石，个体较完整，大小为0.5cm×1cm～1.2cm×3cm，见少量腕足类碎片。由下向上厚度减薄，逐渐过渡成以板岩为主的地层，粒度向上略变粗。灰岩多呈透镜状产于板岩中。说明当时海水较深，相对海平面上升速度较高，且持续期较长。

上段中部最底层由下至上由砂岩—粉砂岩—内碎屑灰岩—生物碎屑微晶灰岩构成向上变细的自旋回性沉积，典型冷水分子沃纳氏单通道䗴产于该层序地层中，为海退进积环境下的产物。砂岩：细中粒结构，细层厚1～3cm，层系厚5～3cm，层系组厚20～30cm，交错、平行层理均有，厚度向上变薄逐渐呈夹层产出。粉砂岩：单层厚10cm以上，具水平、水平纹层理，向上粒度逐渐变细，而厚度减薄至消失。内碎屑灰岩：单层厚5cm以上，出露厚度2～5m。内外碎屑均定向排列，向上厚度逐渐增大，生物扰动强烈，原始沉积构造已被破坏。生物碎屑微晶灰岩：单层厚3cm以上，每层出露厚度大于50cm。含有䗴、棘皮类等生物，其中䗴以典型冷水沃纳氏单通道䗴为主，多呈长纺锤形，大小为3mm×5mm～5mm×12mm，含量50～200个/m^2，多平行层面产出，个体较完整，生物扰动强烈。该层序中䗴生物灰岩呈不稳定夹层产出，其中䗴呈纺锤形，大小8～23mm，含量60%。夹一层凝块石灰岩，凝块石色暗，形态各异，大小0.47～2.5mm，多在1.56mm以下，砂状者为主，含量40%。略上由粉砂岩—内碎屑灰岩构成韵律性沉积，各岩性特征同前；最上层由生物碎屑灰岩—含生物碎屑泥晶灰岩—含生物碎屑微晶灰岩构成粒度下粗上细的自旋回性沉积。生物碎屑灰岩：厚度向上增大，生物碎屑以有孔虫为主，次为棘皮类，略具水平层理、鸟眼构造；泥晶灰岩：单层厚度均在1m以上，向上减薄，由于糜棱作用碎斑定向排列。

根据上述上段中下部岩性及层序特征分析，依下部岩性（微晶灰岩与板岩）、沉积构造（水平层理）及所含浮游型腹足类化石等看，随着海水进一步加深，沉积了该套岩性单一、生物种类单调的地层。横向延伸范围不远，说明该套地层沉积时盆地局限不开阔，是水动力条件最弱或静水环境的产物。随后在该套地层之上沉积了一套以碳酸盐岩为主夹少量碎屑岩的地层。依岩性看由下至上为生物碎屑微晶灰岩、粉晶灰岩、凝块石灰岩、内碎屑灰岩、生物碎屑泥晶-微晶灰岩，其间长石粉砂岩、石英砂岩呈夹层不定期产出。内碎屑灰岩中内碎屑磨圆好，可能是动荡造成。凝块石形态各异，大小不等，表面较粗糙，外形近团块状者居多，说明沉积时水体强烈动荡，且发育大而完整的单通道䗴，该生物适应岸边水动力强烈冲击。亦含有孔虫，厚层块状，微晶、泥晶胶结，代表陆棚浅水，正常盐度和清水环境的产物。其中碎屑岩为海进退积过程中由于自旋回或海退自岸边带来的。总之，依岩性、沉积构造、层序、生物特征分析，该套地层沉积在较平静的水体中，丰富的生物化石说明当时沉积时水体较清澈，光线充足，盐度正常，但水体为冷温水混合型。总体具浅海陆棚相沉积特征，与冈瓦纳大陆北部边缘海有一定联系。

上段上部由三种基本层序反复重现组成，各自特征明显，均能反映不同阶段的沉积特征。底层从下至上分别由角砾状微晶生物屑灰岩—生物屑微晶灰岩构成韵律性沉积。角砾状微晶生物屑灰岩：角砾成分为生物碎屑灰岩，角砾多呈次棱角状，球度较高，砾径大小在5～15cm者居多，大者在1m以上，含量大于80%，杂乱分布，胶结物以细砂屑微晶方解石为主呈棱角状，大小1～5mm，接触式胶结。角砾向上逐渐变小具正粒序特点，厚度减薄。生物屑微晶灰岩：细层厚1～5cm，层厚大于1m，略具水平层理，鸟眼构造，厚度向上减薄，与角砾状灰岩整合接触，其上夹一层砂砾屑灰岩。中部层位产碎屑岩的该套地层与上下部层位特征明显不同，由下至上由砂岩—亮晶生物屑灰岩—生物屑微晶灰岩构成下粗上细的非对称自旋回性层序。砂岩：有岩屑长石砂岩、岩屑石英砂岩、长石砂岩，均具中细粒结构，细层厚1～3cm，单层厚0.3～1m，具平行层理，底层面不平直，厚度由下至上具薄—厚—薄之特点。亮晶生物灰岩：单层厚大于30cm，向上厚度增大，生物碎屑种类较多，有䗴、棘皮类、苔藓虫、有孔虫等，发育水平层理、楔状交错层理。顶层碎屑岩消失，又过渡为由亮晶生物灰岩—生物屑微晶灰岩构成韵律性层序，其间泥晶生物屑灰岩呈夹层产出，厚度向上增大。其岩性特征基本同前描述，但生物碎屑种属含量比下部略有增加，说明上部水位相对较浅，适宜生物繁殖生存。砂岩—亮晶生物屑灰岩—生物屑微晶灰岩构成下粗上细的非对称自旋回性层序，为海侵体系域浅水陆棚相沉积；亮晶生物屑灰岩—生物屑微晶灰岩构成的韵律层，总体为一套浅水陆棚相沉积。

上段上部总体为一套碳酸盐岩沉积，岩石类型较单一，底层主要由角砾状微晶生物屑灰岩及生物屑微晶灰岩两种岩性组成，另有少量亮晶生物屑、砂砾屑灰岩产出。角砾形状及大小各异，角砾形状以球度较高的次棱角状为主，而砂屑为由泥晶方解石组成的内碎屑多呈浑圆—次圆状，说明上斜坡的海水能量较弱，砾块未经长距离搬运。由于塌积岩形成于氧化面以上，处在波基面上下，因此，胶结物中含微量氧化铁。层理及沉积构造有薄层岩层中的大型滑塌构造，大型前积层理（楔状）；内碎屑注入岩墙和充填于裂隙中。陆源碎屑很少，只有极少量细砂充填洞隙，并与碳酸盐岩混合沉积。角砾中除造礁生物外，尚含一些䗴及有孔虫等。该阶段应属浅水生物碎屑灰岩受波浪作用而破碎、垮塌，经短距离搬运，堆积于礁前的安静、较深水盆地中，具碳酸盐台地前斜坡相塌积岩沉积特征。随着海水由北向南进一步推进，之上又沉积了一套碳酸盐岩夹碎屑岩的地层。碳酸盐岩中普遍含生物有䗴、腕足类、棘皮类、腹足类、苔藓虫及有孔虫等，说明当时海水盐度正常、光照充足、水位较浅温暖，适宜生物生存，陆源碎屑岩为成分、结构成熟度较差的长石岩屑、岩屑石英砂岩，中薄—中厚层状，发育平行层理，沉积速率适中（度），显示浅海陆棚相沉积。最上层沉积了一套未夹碎屑岩的碳酸盐岩，说明环境又发生了改变，生物更繁盛，更适宜生物生长，水位相对较浅，又变为碳酸盐台地沉积，总体显示为向上变浅的进积型浅海陆棚相沉积(图 2-48)。

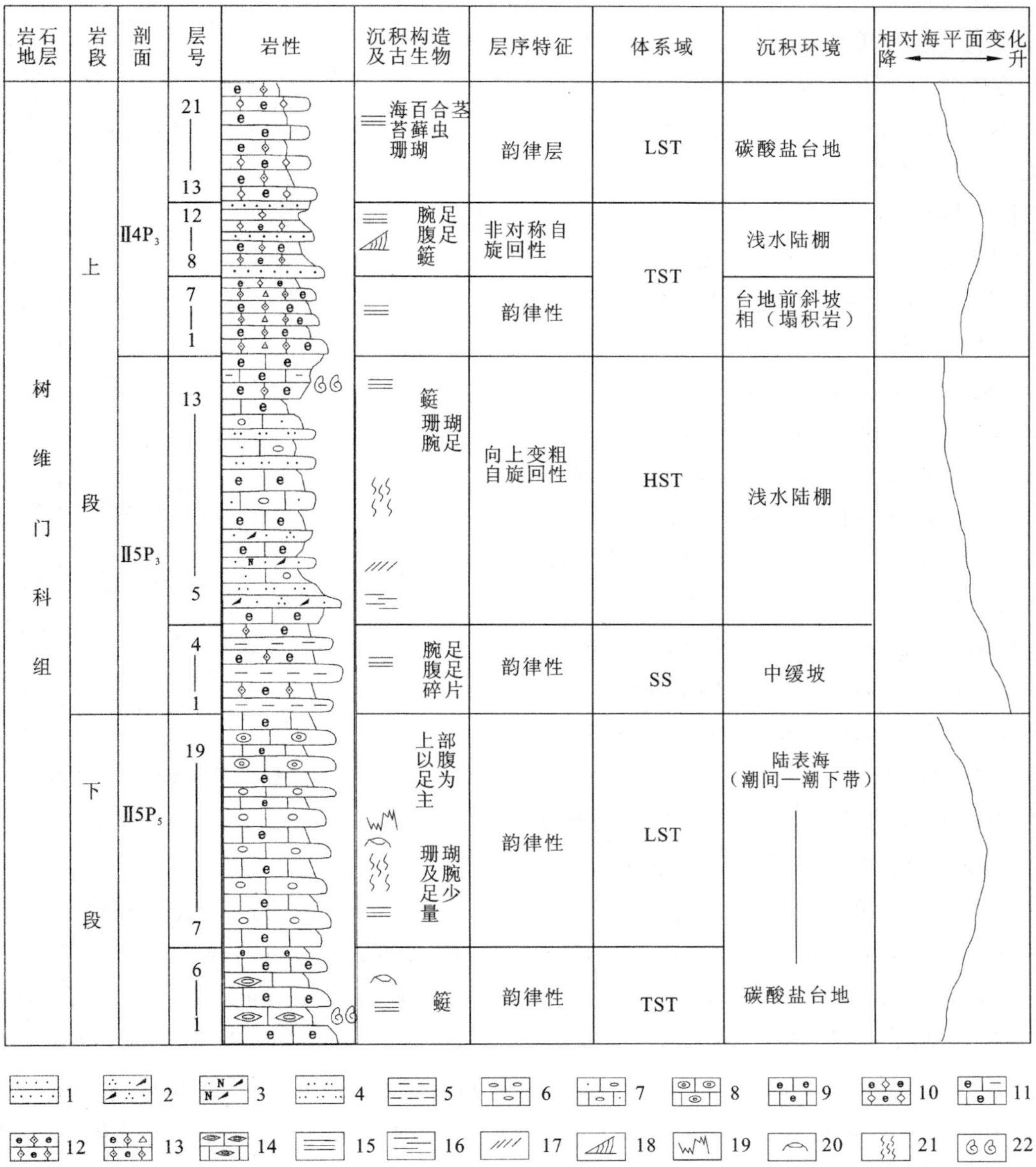

图 2-48 树维门科组层序特征及沉积环境

1. 砂岩；2. 岩屑石英砂岩；3. 长石岩屑砂岩；4. 粉砂岩；5. 泥岩；6. 砾屑灰岩；7. 内碎屑灰岩；8. 核形石灰岩；9. 生物碎屑灰岩；10. 亮晶生物屑灰岩；11. 含生物碎屑泥晶灰岩；12. 含生物碎屑微晶灰岩；13. 角砾状含生物碎屑微晶灰岩；14. 䗴灰岩；15. 水平层理；16. 平行层理；17. 交错层理；18. 楔状交错层理；19. 缝合线构造；20. 鸟眼构造；21. 生物扰动；22. 生物富集层；LST. 低水位体系域；TST. 海侵体系域；SS. 饥饿段；HST. 高水位体系域

7. 区域对比及时代归属讨论

1）区域对比

该组地层从西向东零星分布在高地东、羚羊水和树维门科—马尔争等地。各地岩石组合及厚度、所含化石种属均有一定差异。其中以树维门科—马尔争地区的研究较为详细，岩石为玫瑰色夹深灰色生物碎屑灰岩，未见碎屑岩夹层，含䗴、珊瑚等化石，沉积厚度为 448m。

下段以产 *Darvasites* 属为主的早二叠世地层在东昆仑地区尚属首次发现，区域上可与西藏昌都里查群顶部、贵州包磨山组、广西隆林阶、宁铁山的臭灰岩组大致可进行对比。

上段可与新疆碧云山组大致可以进行对比，虽同属于栖霞阶，但二者在岩性、生物等方面存在一定差异。以发育冷水性单通道䗴类为主的该套地层区域上可与空喀山口加温达坂组及西藏吞龙共巴组进行对比。本区树维门科组可与正层型树维门科—马尔争剖面相对比(图 2-49)。

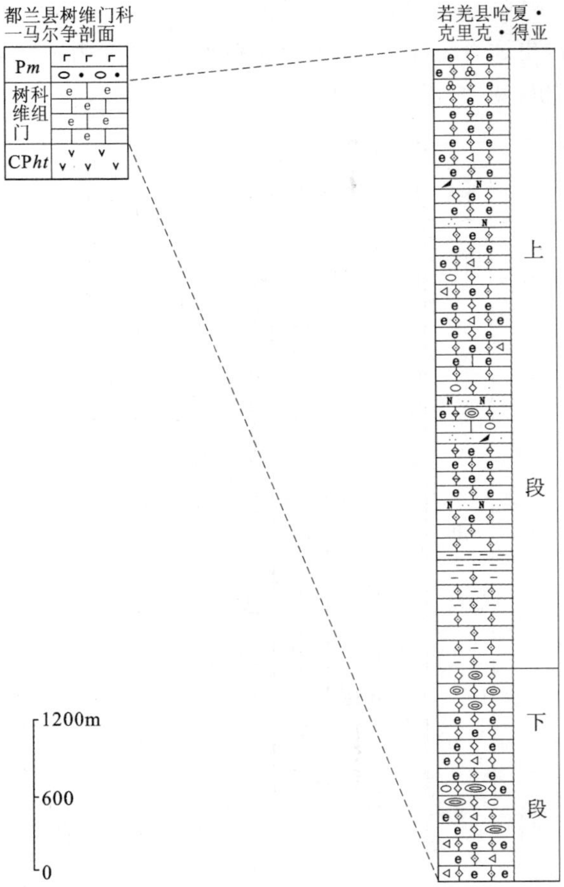

图 2-49　树维门科组柱状对比图

2）时代讨论

下段以䗴为主，次有珊瑚、腹足类、有孔虫、棘皮类及藻类等。䗴集中产在底部层位。剖面及路线中采得䗴化石：*Darvasites sinensis* Chen，*Darvasites ordinata* Chen，*Pseudofusulina* sp.，*Misellina* sp.，*Parafusulina subextensa* Chen，*Parafusulina yunnanica* Sheng，*Misellina claudiae* Deprat，*Parafusulina splendens* Dunbar et Skinner，*Schwagerina* cf. *japonica* Gumbeli 等；时代为 P_1—P_2；珊瑚：*Wannerophyllum*，*Lonsdaleoides*，cf. *Gorskyella* 等，时代为 P_1；腕足类：*Schijophoria* sp.，时代为 D—P；腹足类：*Actaeonella* cf. *obtuse* Zekell，*Euomphalus* sp.，*Bellerophon* sp. 等。其中䗴化石 *Darvasites* 属为下二叠统隆林阶的标准分子，其时代为早二叠世。其间有少量中二叠世的䗴分子混入，略具穿时现象。总体时代为早二叠世早期—中二叠世早期。

上段产有较丰富的䗴、腕足类、珊瑚及腹足类、海百合茎等化石。在剖面中采得䗴：*Monodiexodina wanneri*(Schubert)，*Schwagerina* sp.，*Pseudofusulina* cf. *wangmoensis* Sheng，? *Parafusulina* sp.，*Misellina sphaerica* Chang，*M. claudiae* Deprat 等；珊瑚：*Pseudohuangi* sp.，*Multithecopora* sp.；腕足类：*Plicatifera*，*Sterochia* sp.，*Orthotetes radiata* Fischer de Walotheim，*Orthotetes* sp.，*Schizophoria* sp.，*Martinopsis* sp.，*Orthotichia xizangensis* Sun，*Juresania rituensis* Sun，*Stereochia* sp.，*Gloliella* cf. *flexuosa* (*Watuhouse*)，*Leptodus nobilis* (*Waagen*)等；苔藓虫：*Rhombopora* sp.，*Fistulipora* sp.，*Stenodiscus* sp.，*Pamirella* sp.，*Rhabdomeson divaricatum* Xia，*Dyscritellina* sp.；腹足类：*Microptychis* cf. *contricta* (Martin)，*Euomphalus* cf. *noragrabau*，*Straparulus* sp.，*Retispira cincta* Gordon et Yochelson，*Retispira nolani* Gordon et Yochelson，*Microptychis* cf. *wrighti* Longistaff，*Palaeozygopleura* cf. *scalarioidea* (Phillips)，*Euphemites* sp.，*Bellazona* sp.，*Bellerophon* sp.，*Euomphalus* sp.，*Naticopsis* sp. 等；海绵：*Cystothalania* sp.，*Radiotrabeculopora* sp. 等，其中䗴化石 *Misellina* 属、*Monodiexodina* 属为二叠纪栖霞阶的标准分子，其时代为中二叠世早期。

综上所述，树维门科组的沉积时限为早二叠世早期—中二叠世早期。

（三）马尔争组(P*m*)

青海省区调综合地质大队(1992)在进行 1∶20 万区域地质调查时，主要对克其克孜苏南的地层进行了调查后，将其归入布青山群非正式岩组砂板岩组中，但未明确归入马尔争组。经本次 1∶25 万调查对其岩石组合、沉积环境及生物特征研究后，本书认为归入马尔争组较适宜。

马尔争组为本测区分布面积最广的地层，集中出露于昆南断裂以北东昆仑南坡地层区中。主要分布于阿尔格山，其次为喀尔瓦以东及克其克孜苏南一带的广大地区，横向上多呈不连续、形状不规则的条带状近北西-南东向展布。根据岩石组合及生物特征，可分为上中下三个岩性段：上段灰岩段及中段碎屑岩段、下段碎屑岩夹火山岩段，下段又分为上中下三个部分。

1. 剖面描述

(1) 喀尔瓦东二叠系马尔争组实测剖面(Ⅱ4P_3-2)。

剖面控制了马尔争组下段下部分地层，岩层总体南倾，构造简单，层序清楚，分界标志层明显，控制厚度大于1732.26m。顶底均与其他岩组呈断层接触，未见顶底(图2-50)。剖面起点坐标：东经90°13′35″，北纬36°29′10″；终点坐标：东经90°14′06″，北纬36°32′10″。

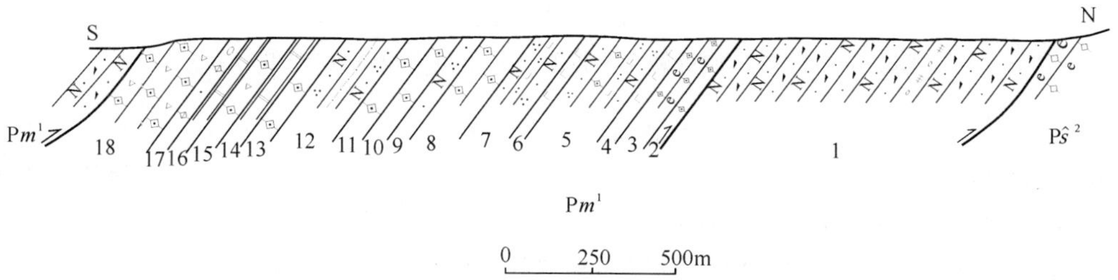

图2-50　喀尔瓦东马尔争组下段实测剖面图(Ⅱ4P_3-2)

马尔争组下段中部深灰色中薄层状岩屑长石砂岩

═════════ 断层 ═════════

马尔争组下段下部(**P*m*¹**)	厚度：>**1732.26m**
18. 灰黑色块层状糜棱岩化碎裂微晶灰岩	132.21m
17. 灰色中薄层状变含内碎屑泥晶灰岩夹深灰色薄层状泥晶䗴生物灰岩及灰色中薄层状亮晶内碎屑灰岩	19.89 m
䗴：*Monodiexodina* cf. *kattaensis* Schwager	
16. 灰色中薄层状含钠长石方解石质大理岩	36.11m
15. 深灰色中薄层状碎裂岩化微晶灰岩	29.48m
䗴：*Schwagerina guembeli* Dunbar et Skinner	
14. 灰色中薄层状含钠长石方解石质大理岩	35.59m
13 深灰色块层状微晶灰岩	45.90m
12. 灰色中薄层状变硅质胶结长石石英细砂岩夹灰色中薄层眼球状方解石质糜棱岩	160.64m
11. 深灰色中薄层状微晶灰岩	68.04m
10. 灰色块层状微晶灰岩夹灰色块层状初糜棱微晶灰岩	60.04m
9. 灰色中薄层状变硅质胶结长石石英细砂岩夹灰色中薄层眼球状方解石质糜棱岩	46.75m
8. 灰色块层状微晶灰岩夹灰色块层状初糜棱微晶灰岩	88.56m
7. 灰色中薄层状长石石英细砂岩夹深灰色薄层状钙质粉砂岩及灰色中厚层状微晶灰岩，夹一层厚约2m的灰色薄层状英安质玻屑晶屑凝灰岩	92.96m
6. 灰绿色块层状轻微绿泥石化帘石化更长玄武岩	14.84m
5. 灰色中薄层状长石石英细砂岩夹深灰色薄层状钙质粉砂岩及灰色中厚层状微晶灰岩	157.07m
4. 灰绿色块状更长玄武岩	22.26m
3. 灰黑色块层状含生物碎屑微晶灰岩	59.59m
2. 灰色块层状初糜棱岩化微晶灰岩	>14.95m
═════════ 断层 ═════════	
1. 灰色中厚层状糜棱岩化中细粒长石岩屑砂岩夹灰色中薄层状变具定向构造硅质胶结中粗粒岩屑砂岩及浅灰色中层状具定向构造硅质胶结复成分细砾岩	>646.64m

═════════ 断层 ═════════

树维门科组灰色块层状亮晶生物碎屑灰岩

(2) 苏鲁·彼得勒克·得亚二叠系马尔争组实测剖面(Ⅱ4P_2)。

该剖面主要控制了马尔争组下段中部碳酸盐浊流沉积,但岩石普遍经变质后成片岩、糜棱岩等,经分析原岩为粒屑灰岩、含砂屑灰岩及泥岩等,岩层总体南倾,构造较简单,上下部界限明显,控制厚度大于2465.50m,未见顶底(图2-51)。剖面起点坐标:东经90°10′10″,北纬36°30′25″;终点坐标:东经90°10′23″,北纬36°28′12″。

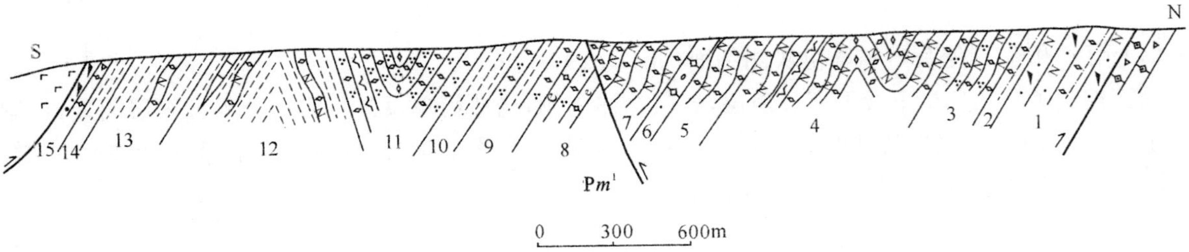

图2-51　苏鲁·彼得勒克·得亚马尔争组下段剖面图(Ⅱ4P_2)

════════ 断层 ════════

马尔争组下段中部(Pm^1)	厚度:>2465.50m
15.深灰色块层状碎裂亮晶细粒内碎屑灰岩夹灰色片状泥质胶结不等粒岩屑砂岩	67.93m
14.深灰色薄片状千糜岩夹灰色薄层状钠长方解石片岩及灰色内碎屑灰岩透镜体	60.65m
13.深灰色千糜岩夹灰色薄层状含钠长方解石片岩	233.81m
12.深灰色千糜岩夹灰色薄层状钠长方解石片岩及灰色内碎屑灰岩透镜体	182.00m
11.灰色片状含石英方解石岩夹灰色方解石质糜棱岩(呈透镜状),并夹一层灰色角斑岩	223.41m
10.灰黑色透镜状绿泥石英绢云母质千糜岩夹灰色石英质糜棱岩	91.50m
9.灰色薄层状白云石化片状含石英方解石岩夹灰色薄层状绿泥绢云母质千糜岩	238.29m
8.灰色轻微白云石化亮晶生物碎屑灰岩夹灰色方解石质糜棱岩	51.84m
════ 断层 ════	
7.灰色中薄层状钠长方解石片岩	290.08m
6.深灰色块层状亮晶砾屑内碎屑灰岩	14.15m
5.灰色中薄层状含钠长方解石片岩	141.27m
4.浅灰色中薄层状钠长方解石片岩夹浅灰绿色粘土化角斑岩及灰色变质亮晶内碎屑灰岩,其间有浅色绢云母化闪长玢岩侵入	391.50m
3.灰色石英钠长方解石片岩夹深灰色透镜状方解石	187.34m
2.灰色块层状方解石质糜棱岩	43.78m
1.浅灰色片状钙质胶结细粒岩屑长石砂岩夹深灰色薄层状方解石质糜棱岩	247.59m

════════ 断层 ════════

马尔争组下段下部:灰色块层状碎裂岩化微晶灰岩

(3) 克其克孜苏南支沟二叠系马尔争组修测剖面(32P_{16}-2)。

主要测制了马尔争组下段上部分。露头较好、层序清晰、未见断层,上下部具背向斜构造,未见顶底,控制厚度大于4066.60m(图2-52)。该剖面为前人所测,经实地调查后认为精度较高,无需重测,项目组只是在沉积构造、生物化石及能反映沉积环境的样品等方面作了适当补充。

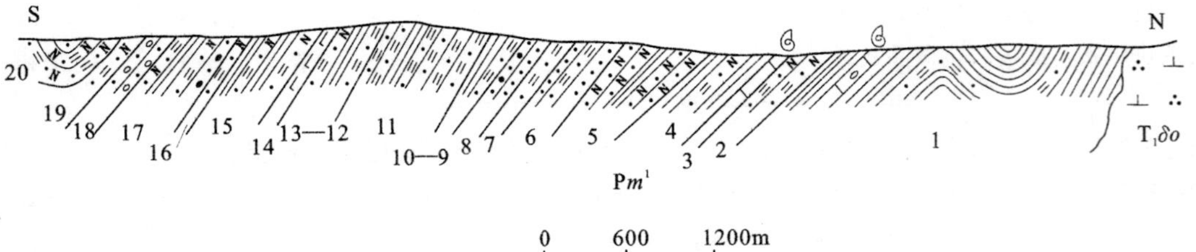

图2-52　克其克孜苏南支沟马尔争组修测剖面图(32P_{16}-2)

马尔争组下段上部(Pm^1)　　（向斜核，未见顶）　　**厚度：>4066.60m**

20. 浅绿灰色变质细粒长石岩屑砂岩夹少量灰色板岩　261.2m
19. 灰色变质中细粒长石岩屑砂岩夹含砾砂岩　88.3m
18. 灰色厚层状变质砂砾岩夹含砾粗砂岩　99.8m
17. 灰色变质细粒长石岩屑砂岩夹灰色板岩　243.8m
16. 灰色厚层状变质砂砾岩　46.3m
15. 灰色变质中细粒长石岩屑砂岩夹千枚状板岩　422.0m
14. 灰绿色变质蚀变球粒玻基玄武岩　23.5m
13. 灰色变质中细粒长石岩屑砂岩夹灰色千枚状板岩　100.9m
12. 灰色变质中粗粒岩屑砂岩　203.5m
11. 灰色变质不等粒岩屑砂岩夹少量深灰色板岩　477.4m
10. 深灰色板岩　36.1m
9. 灰色变质不等粒岩屑砂岩夹少量深灰色薄层状板岩　134.3m
8. 灰一深灰色千枚状泥质石英粉砂岩夹灰色变质细粒岩屑砂岩　117.5m
7. 灰色变质不等粒岩屑砂岩　121.8m
6. 灰色变质钙质岩屑长石粉砂岩夹灰色千枚状板岩及灰色变质不等粒岩屑砂岩　316.6m
5. 灰色变质钙质中细粒长石砂岩夹深灰色千枚状板岩　411.3m
4. 深灰色板岩夹灰色变质钙质不等粒长石岩屑砂岩　270.2m
3. 灰一深灰色厚层状片理化亮晶砾屑灰岩、粉晶灰岩　69.8m

海绵化石：Heliospongidae Finks，1960

Gracilitubulusdeng

2. 灰色变质中细粒长石岩屑砂岩夹深灰色千枚状泥质板岩　216.6m
1. 灰色千枚状含粉砂泥质板岩夹少量灰色变质中细粒岩屑砂岩及片理化亮晶砾屑灰岩　>405.7m

䗴化石：*Verbeekina heimi* Thompson

Neomisellina sp.

Paraverbeekina sp.

Armenina cf. *crassispira* Chen

（石英闪长岩侵入未见底）

(4) 阿尔格山二叠系马尔争组实测剖面(Ⅱ$7P_2$)。

剖面主要控制了中段部分地层，该套以底部粒度较粗向上逐渐变细的碎屑岩为主的地层，前人工作时未涉及到，通过本次调查后认为岩石类型较单一，沉积构造较发育，指相特征较明显，为一套较典型次深海一深海复理石相浊流沉积。剖面露头尚好、构造较简单、层序清楚，未见顶底，控制厚度大于7928.58m（图2-53）。起点坐标：东经90°26′14″，北纬36°18′43″；终点坐标：东经90°23′06″，北纬36°12′51″。

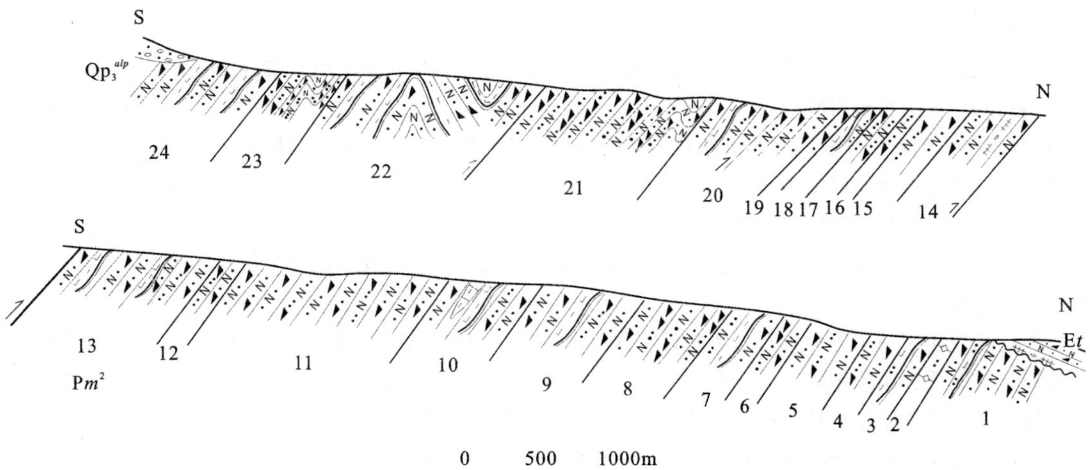

图2-53　阿尔格山马尔争组中段实测剖面图(Ⅱ$7P_2$)

马尔争组中段(Pm^2) **厚度：>7928.58m**

24. 灰色中薄层状岩屑长石粉砂岩夹灰色薄层状泥钙质板岩及灰色中厚层状细粒岩屑长石砂岩(冲洪积物砂砾石层覆盖)，粉砂岩、板岩及砂岩三者之比为 5:3:2 >483.4m
23. 灰色中厚层状中细粒岩屑砂岩夹灰色薄层状泥钙质板岩及灰色中薄层状岩屑长石粉砂岩 132.76m
22. 灰色中薄层状中细粒岩屑长石砂岩与灰色薄层状泥钙质板岩互层，局部夹灰色薄层状岩屑长石粉砂岩 >414.71m

════════ 断层 ════════

21. 灰色中厚层状不等粒岩屑长石砂岩夹灰色中薄层状岩屑长石粉砂岩 669.80m
20. 灰色中厚层状中细粒岩屑长石砂岩夹灰色中薄层状岩屑长石粉砂岩及灰黑色薄层状泥钙质板岩 679.53m

疑源类化石(板岩中)：*Lophosphaeridium* sp.
Leiosphaeridia sp.
Micrhystridium sp.

19. 灰色厚层状含中砂粗粒岩屑砂岩 16.06m
18. 灰色中薄层状岩屑长石粉砂岩夹灰色薄层状泥钙质板岩及灰色中层状中细粒岩屑长石砂岩，局部夹少量灰色含中砂粗粒岩屑砂岩 119.65m

疑源类化石(泥钙质板岩中)：*Dictyotidium* sp.
Leiosphaeridia sp.
Micrhystridium sp.
Baltisphaeridium sp.
Cymatiosphaera? sp.

17. 灰色中厚层状中细粒岩屑长石砂岩夹灰色中薄层状岩屑长石粉砂岩及灰黑色薄层状泥钙质板岩 131.67m
16. 灰色中薄层状岩屑长石粉砂岩夹灰色薄层状泥钙质板岩及灰色中层状中细粒岩屑长石砂岩 57.19m
15. 灰色中厚层状泥质胶结中细粒岩屑长石砂岩夹灰色中薄层状岩屑长石粉砂岩及灰色薄层状泥钙质板岩 281.36m
14. 灰色厚层状中细粒岩屑长石砂岩夹灰色中薄层状岩屑长石粉砂岩及少量灰色中薄层状砂质复成分细砾岩 >366.72m

════════ 断层 ════════

13. 灰色厚层状泥质胶结含中砂细粒岩屑长石砂岩夹灰色中薄层状岩屑长石粉砂岩及灰色薄层状泥钙质板岩 >589.49m
12. 灰色厚层状变中细粒岩屑长石砂岩夹灰色中薄层状岩屑长石粉砂岩及灰色薄层状泥钙质板岩 100.04m
11. 灰色中厚层状泥质胶结含中粒细粒岩屑长石砂岩夹深灰色中薄层状泥质胶结细砂质长石粉砂岩(有闪长玢岩脉侵入) 913.37m
10. 灰色厚层状中细粒岩屑长石砂岩夹灰色中薄层状岩屑长石粉砂岩及灰黑色薄层状泥钙质板岩，局部夹数层厚度为 30～100cm 的灰色粗粒岩屑长石砂岩及厚度为 1～5cm 的灰色薄层状泥质灰岩(呈夹层及透镜状顺层产出) 434.88m
9. 灰色中厚层状中细粒岩屑长石砂岩夹灰色中薄层状岩屑长石粉砂岩及灰色中厚层状粗粒岩屑长石砂岩 562.58m
8. 灰色厚层状泥质胶结不等粒长石岩屑砂岩夹灰色中厚层状细粒岩屑长石砂岩 468.94m
7. 灰色厚层状泥质胶结中细粒岩屑长石砂岩夹灰色中薄层状泥质胶结长石粉砂岩 295.20m
6. 灰色厚层状泥质胶结中细粒岩屑长石砂岩夹灰色中薄层状泥质胶结长石粉砂岩 176.70m
5. 灰色厚层状泥质胶结中细粒岩屑长石砂岩夹灰色中薄层状泥质胶结长石粉砂岩 315.33m
4. 灰色厚层状不等粒长石岩屑砂岩夹灰色中厚层状钙质胶结细粒岩屑长石砂岩及灰色薄层状钙质胶结岩屑长石粉砂岩 160.20m

3. 灰色中厚层状钙质胶结中细粒岩屑长石砂岩夹灰色薄层状钙质粉砂质板岩，局部夹少量灰色中层状粗粒岩屑长石砂岩　188.86m

2. 灰色中厚层状砂质细粉晶灰岩夹灰色薄层状泥钙质板岩及灰色薄层状岩屑长石粉砂岩　74.92m

1. 灰色中厚层状钙质胶结中细粒岩屑长石砂岩夹灰色薄层状钙质粉砂质板岩，局部夹少量灰色中层状粗粒岩屑长石砂岩　>295.20m

（未见底）

（5）哈夏·克里克·得亚南二叠系马尔争组实测剖面（Ⅱ4P_8）。

该剖面控制了马尔争组上段，最大特点是露头好，层序清楚，且产较丰富的生物化石，地层产状总体稳定南倾、构造简单，控制厚度大于2446.06m，未见顶底（图2-54）。剖面起点坐标：东经90°23′43.6″，北纬36°31′22.4″；终点坐标：东经90°24′33.7″，北纬36°33′11″。

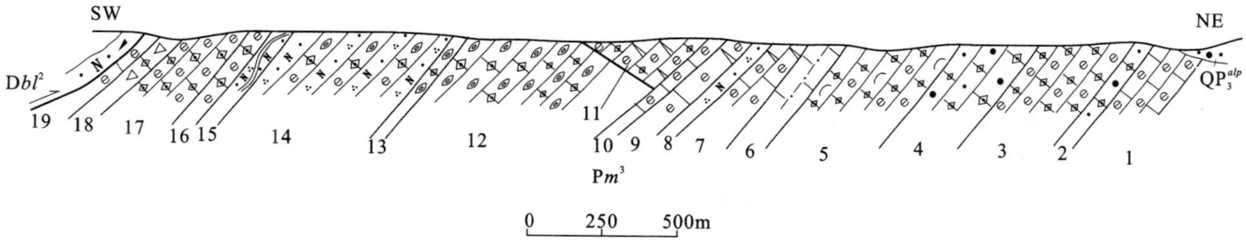

图2-54　哈夏·克里克·得亚马尔争组上段实测剖面图（Ⅱ4P_8）

布拉克巴什组上岩段（Dbl^2）紫红色中厚层状长石岩屑砂岩

═══ 断层 ═══

马尔争组上段（Pm^3）　　厚度：>2446.06m

19. 深灰色中厚层状亮晶生物碎屑灰岩　>15.45m
　有孔虫化石：*Globivalvulina* sp.
　　Neodiscus sp.
　　Pachyphloia sp.

18. 灰白色碎裂状强白云石化微晶灰岩　51.92m

17. 深灰色中厚层状微晶生物碎屑灰岩　175.70m
　苔藓虫化石：*Fistuliramus bifidus* Yang et Xia，1975
　　Dybowskiella hupehensis Yang，1956

16. 深灰色中薄层状微晶双壳类生物碎屑灰岩　33.41m
　腕足类化石：*Haydenella kiangsiensis* (Kayser)
　　Squamularia cf. *elegantula*（Waagen）
　　Squamularia indica（Waagen）
　　Uncinunellina sp.

15. 灰色中薄层状变钙质胶结细粒长石石英砂岩夹深灰色薄层状粉砂质板岩　83.08m

14. 灰色中薄层状细粒长石石英砂岩夹灰色薄层状微晶含䗴生物碎屑灰岩，含有二叠纪箭石碎片　391.12m

13. 深灰色中薄层状微晶含䗴生物碎屑灰岩　30.87m
　䗴化石：*Polydiexodina praecursor* Lloyd

12. 深灰色中薄层状微晶䗴灰岩　>227.78m
　䗴化石：*Polydiexodina* sp.
　　Polydiexodina praecursor Lloyd

═══ 断层 ═══

11. 深灰色中厚层状微晶支架类生物碎屑灰岩　>221.54m
　苔藓虫化石：aff. *Streblascopora dubia* Yang et Xia

10. 灰色中厚层状生物碎屑灰岩　29.87m
　珊瑚化石：*Wentzelella* sp.

9. 灰色中厚层状微晶支架类生物碎屑灰岩　62.00m

8. 灰色中薄层状含细砂长石石英粉砂岩夹少量灰色薄层状泥钙质板岩	11.44m
7. 深灰色中厚层状微晶支架类生物碎屑灰岩	101.71m
6. 灰色薄层状生物碎屑灰岩质糜棱岩夹灰色片理化含生物碎屑灰岩	69.29m
5. 深灰色薄层状含介壳生物碎屑微晶灰岩	316.92m
腕足类化石：*Comuquia mushirebuca* Sun	
海绵化石：*Intratubospongia* sp.	
4. 深灰色中厚层状泥晶含内碎屑生物碎屑灰岩	218.54m
海绵化石：*Intratubospongia* sp.	
苔藓虫化石：*Streblotrypa grandis* Yang et Lu, 1963	
Streblascopora sp.	
3. 灰色中薄层状含生物碎屑微晶灰岩	282.68m
腕足类化石：*Spiriferellina tricosa* Cooper	
Punctospirifer sp.	
Semibrachythyrina cf. *anshunensis* Liao	
2. 灰色中厚层状亮晶内碎屑生物碎屑灰岩	41.26m
1. 深灰色中厚层状含生物碎屑灰岩	>82.08m

（晚更新世冲洪积物覆盖）

2. 岩石组合及横向变化特征

1）下段

马尔争组下段下部为一套碎屑岩、碳酸盐岩夹玄武岩的沉积体。岩性以长石岩屑砂岩、长石石英细砂岩及微晶灰岩为主，夹大理岩、岩屑砂岩、细砾岩及少量玄武岩。灰岩略具糜棱岩化，在地貌上呈突兀状，与周围地层均呈整合接触，据灰岩中所产化石时代分析为栖霞期。灰岩多为掉块（图 2-55），横向上延伸不甚稳定，向西呈规模较大透镜体大量出露，多呈串珠状，进入邻幅，向东则呈小透镜体（2m×5m～10m×50m）断续出露，而碎屑岩相对变多，说明东西部在岩相上存在差异性。底部有两次小规模基性火山喷发，两层玄武岩呈厚度约 15～23m 的夹层产出，且两层间隔距离小，说明海底火山喷发较连续，向两侧延伸尖灭。

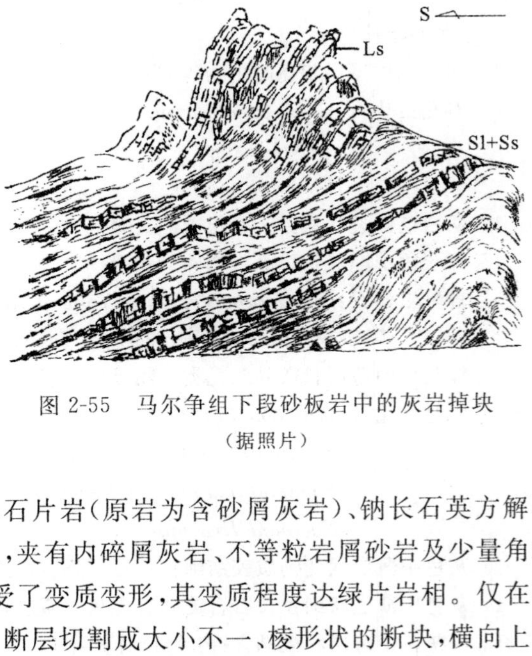

图 2-55 马尔争组下段砂板岩中的灰岩掉块
（据照片）

下段中部岩性较复杂，经综合分析，岩性以钠长方解石片岩（原岩为含砂屑灰岩）、钠长石英方解石岩（粒屑灰岩）、长石岩屑砂岩、千糜岩（原岩为泥岩）为主，夹有内碎屑灰岩、不等粒岩屑砂岩及少量角斑岩。内碎屑灰岩横向上呈断续透镜体，该套地层普遍经受了变质变形，其变质程度达绿片岩相。仅在喀尔瓦南近北西-南东向产出，被北西-南东向、北东-南西向断层切割成大小不一、棱形状的断块，横向上厚度具东薄西厚之特点，向东延伸尖灭，向西厚度逐渐增大并进入邻幅，其主体在西邻幅。

下段上部为碎屑岩夹火山岩。岩石组合为一套灰色变质中细粒长石岩屑砂岩、不等粒岩屑砂岩夹灰色千枚状板岩、片理化亮晶砾屑灰岩、泥晶灰岩及少量变质砂砾岩、灰绿色变质蚀变球颗玄武岩组成。横向变化主要表现在所夹灰岩、玄武岩沿走向极不稳定，多呈透镜状或似层状产出，玄武岩则具由东向西变厚之特点，由东向西灰岩夹层有逐渐增多，而单层厚度具有逐渐变薄之趋势。在苏鲁·彼得勒克·得亚河北岸呈规模巨大玄武岩岩片产出。

下段总体为一套碎屑岩、碳酸盐岩夹火山岩的地层，测区内总体分布特点是纵横向上连续性较差，横向上近北西-南东向展布，在伯拉克拉克里湖一带被大面积第四纪覆盖，图幅最东侧额尔衮赛埃图南被雅西措组不整合。

2）中段

中段由一套砂板岩系复理石组成，岩石种类较单一，以灰色中细粒岩屑长石砂岩、不等粒岩屑长石砂岩、岩屑长石粉砂岩为主，夹长石粉砂岩、泥钙质板岩、细砾岩及少量粉晶灰岩等。其间灰岩呈透镜状或薄层状产出。集中出露于阿尔格山至博卡雷克塔格山一带，近北西-南东向展布，横向延伸较稳定，具东窄西宽之特点，其中阿尔格山出露厚度最大，向东延伸至布喀达坂峰南侧，被第四纪覆盖或被古近纪—新近纪不整合，呈大小不一，形态不规则块体。在博卡雷克塔格山一带呈一近东西向长条状延至图外，向西进入邻幅厚度具增大之趋势。

3）上段

为一套含介壳生物碎屑灰岩、含生物碎屑微晶灰岩、泥晶含内碎屑生物碎屑灰岩、微晶支架类生物碎屑灰岩、微晶䗴灰岩及长石石英砂岩为主，夹少量粉砂岩、泥钙质板岩及含䗴生物碎屑灰岩的沉积体。出露于喀尔瓦以东及苏鲁·彼得勒克·得亚两侧，其中喀尔瓦出露最好，厚度大，岩石种类丰富，最能反映该段地层的各种特征。顶底多被第四纪覆盖或与其他地层呈断层接触。

3. 岩性特征

1）下段

长石石英细砂岩：变余细粒砂状结构，块状构造。岩石由碎屑（60%）和胶结物（32%）、裂隙充填物（8%）组成。碎屑成分为石英（94%）、长石（5%）、岩屑（1%）及少量绿泥石、白云母、菱铁矿等，碎屑磨圆度较好，多呈次棱角状及次圆状，分选性好，粒径多为 0.077～0.25mm，排列不显定向性。裂隙充填物（8%）以方解石为主，含石英。胶结物为钙质（9%）和硅质（22%），基底式胶结。

长石岩屑砂岩：变余中细粒砂状结构，定向构造。岩石由碎屑（79%）、胶结物（16%）、杂基（5%）和少量裂隙充填物组成。碎屑成分为石英（20%）、长石（35%）、岩屑（45%）及微量锆石。碎屑多呈棱角状、次棱角状，少呈次圆状，粒径一般为 0.10～0.46mm，分选性较好，胶结物成分为方解石（8%）及石英（8%），杂基矿物重结晶成绿泥石及绢云母集合体，孔隙式胶结。

岩屑砂岩：变余中粗粒砂状结构，定向构造。岩石由碎屑（72%）、杂基（8%）、胶结物（17%）及裂隙充填物（3%）组成。碎屑成分为石英（35%）、长石（10%）及岩屑（55%）等，磨圆度较好，多呈次棱角状及次圆状，粒径多为 0.39～1.56mm，且大于 0.50mm 的粗砂级碎屑占多数。杂基为已重结晶的绢云母，裂隙充填物成分以方解石为主，含钠长石及石英，胶结物为已重结晶的石英（15%）及方解石（7%），基底-孔隙式胶结。

复成分细砾岩：变余砾状结构，定向构造，岩石由砾石（70%）、填隙物（15%）及胶结物（15%）等组成，砾石成分为各种石英岩及安山岩、千糜岩等，磨圆度较好，多呈次棱角状及次圆状，砾径 2.11～8.58mm，砾石长轴排列方向一致，显示良好的定向性。填隙物由砂屑（10%）及杂基（5%）组成，胶结物为已重结晶的石英（11%）及方解石（4%）。

微晶灰岩：变余微晶结构，定向构造。岩石主要由方解石（67%～91%）及裂隙充填物（8%～22%）组成，石英、碳质及生物碎屑少量。以粒径 0.008～0.03mm 的方解石为主，岩石具重结晶现象。由于受应力作用的影响，岩石中碳质多聚集，呈平行定向构造方向延伸。

方解石质大理岩：微细粒粒状变晶结构，定向构造。矿物成分以方解石（84%～87%）为主，次有石英（4%～6%）、钠长石（4%～6%）、砂屑（2%）、菱铁矿（1%）、碳质（1%）及裂隙充填物（2%）等。方解石多呈边界不平直的他形粒状晶，具波状消光变形结构，晶体长径 0.06～0.25mm，且大于 0.10mm 的细粒级碎屑占多数，彼此依长轴方向平行定向排列，显示良好的定向性。钠长石呈细小的自形晶或半自形晶等轴状晶，粒径 0.018～0.077mm。石英呈他形晶，一般和绢云母、碳质富集在一起呈条带状断续定向排列。

玄武岩：灰绿色，间粒结构，块状构造，基质由更长石（80%）、辉石（15%）、绿泥石（4%）及榍石（1%）组成，更长石微晶呈柱状，长径 0.39～0.87mm，具帘石化及绿泥石化。

钠长方解石片岩：深灰色，含鳞片粒状变晶结构，褶皱片状构造。岩石由钠长石（20%）、方解石

(65%)、石英(6%)、白云母(2%)、绿泥石(5%)及质点状不透明矿物(2%)等组成。钠长石呈不规则状他形粒状晶,粒径 0.03～0.154mm;石英呈他形晶,具不太明显的波状消光变形结构;方解石多呈不规则的他形粒状晶,少数呈半自形晶,粒径 0.024～0.10mm,矿物排列具定向性。变质程度相当于绿片岩相。

片状含石英方解石岩:他形粒状变晶结构,定向构造。矿物成分为方解石(76%)、石英(15%)、钠长石(5%)、绢云母(4%)及少量绿泥石、碳质等。方解石一般呈不规则他形粒状晶,其粒径为 0.046～0.185mm,颗粒间彼此不平直镶嵌接触,但矿物排列仍显定向性;石英多数呈不规则他形粒状晶,粒径 0.03～0.01mm,属构造重结晶产物,少数粒晶相对较大,其长径多为 0.185～0.25mm,形态呈边界光滑的透镜状—浑圆状。钠长石的结晶形态、粒级范围与构造重结晶的石英一致,且分布较均匀,多和石英聚在一起。绢云母、绿泥石在粒状矿物间断续定向分布。

碎裂亮晶细粒内碎屑灰岩:颗粒支撑结构,块状构造。岩石由内碎屑(52%)、亮晶胶结物(40%)及裂隙充填物(8%)等组成。内碎屑由细砂质泥晶灰岩组成,呈扁平圆状或椭圆状,长径多为 0.09～0.22mm,一般都依长轴方向平行定向排列。胶结物成分为方解石,其粒径为 0.012mm 左右,边界不平直。岩石中似网状裂纹较发育,其内充填脉状分布、结晶大小不等的方解石及少量石英的集合体。可见似有孔虫类的生物碎屑。

粘土化(钠长)角斑岩:斑状结构,显定向构造。斑晶(2%)成分以斜长石为主,含角闪石假象,前者呈板状自形晶,具碳酸盐化及粘土矿物化,可见钠长双晶及肖钠双晶。角闪石假象由碳酸盐及绿泥石集合体取代,具较窄的暗化边,大小 0.34～1.09mm。基质(98%)具微晶结构,由钠长石(87%)、绿泥石(10%)、方解石(1%)及微量金属矿物组成。钠长石具粘土化,结晶形态多呈柱状,部分呈微粒状,排列具定向性,晶体长径多为 0.10～0.28mm。绿泥石及方解石分布在钠长石构成之间隙中。

2) 中段

长石粉砂岩:粉砂状结构,块状构造。岩石由碎屑(60%～76%)及胶结物(24%～40%)组成。碎屑成分以石英(45%～68%)、长石(31%～45%)、岩屑(10%)为主,其他少量,胶结物为粘土矿物、方解石及硅质。基底-孔隙式胶结。

岩屑长石砂岩:砂状结构,块状构造。岩石由碎屑(80%～86%)、杂基(8%～13%)及胶结物(1%～12%)组成。碎屑为石英(25%～34%)、长石(36%～43%)、岩屑(28%～31%)及云母(1%～2%)等。碎屑磨圆度差,一般呈棱角状、次棱角状,偶见次圆状,分选性较差,粒径为 0.031～1.092mm,碎屑排列略具定向性。杂基以粘土矿物为主,含少量砂屑。胶结物成分为钙质、硅质。接触-孔隙式胶结。

不等粒长石岩屑砂岩:不等粒砂状结构,块状构造。岩石由碎屑(88%～90%)、杂基(8%～12%)和胶结物(2%)组成。碎屑成分为各种岩屑(40%)、石英(30%～38%)、长石(22%～29%)及少量其他成分。碎屑多呈次棱角状,少数呈次圆状或棱角状,分选性差,其粒径为 0.072～1.64mm,且细、中、粗三种粒级间的含量相近形成不等粒结构。杂基为已重结晶的粘土矿物及绢云母。胶结物成分为方解石及硅质。接触-孔隙式胶结。

砂质复成分细砾岩:砾状结构,块状构造。岩石由砾石(62%)、填隙物(39%)及胶结物(1%)组成。砾石成分为硅质岩、花岗质岩石、石英岩、灰岩及熔岩等,砾石呈次圆状,砾径 2.03～3.90mm,砾石略具压扁拉长,排列具定向性。填隙物由砂屑和杂基组成。砂屑成分为岩屑、石英及长石,杂基为粘土矿物。基底式胶结。

含中砂粗粒岩屑砂岩:含中砂粗粒砂状结构,块状构造。岩石由碎屑(90%)、杂基(8%)及胶结物(2%)组成。碎屑成分为石英(30%)、岩屑(58%)、长石(12%)及少量白云母等,碎屑磨圆度较好,一般呈次圆状或次棱角状,分选性较好,粒径 0.25～1.83mm,粗粒级碎屑占大部分,排列略具定向性。杂基成分为粘土矿物类,胶结物为硅质,接触式胶结。

3) 上段

微晶生物碎屑灰岩:深灰色,生物碎屑结构,块状构造。岩石由生物碎屑(77%)和胶结物(23%)组成。生物碎屑有海绵、海百合茎、双壳类等。其中海绵体壁多孔,具晶粒结构;苔藓虫壁具平行片状结构，虫室呈椭圆状或卵圆形，其内充填亮晶方解石；海百合茎茎板具单晶结构，茎圆，由单晶方解石组成；双壳碎片壳具菱柱结构或平行片状结构。生物碎片大小为 0.31～5.46mm。胶结物有微晶、亮晶方解石，并含微量铁质。

微晶双壳生物碎屑灰岩：深灰色，生物碎屑结构，块状构造。岩石由生物碎屑（65%）和胶结物（35%）组成。生物碎屑以双壳类为主，其次为棘皮类和苔藓虫碎片。双壳碎片具平行结构、次生多晶结构及玻纤结构，孔隙内充填着亮晶方解石，大小 0.048～7.18mm；棘皮类碎片大小为 0.216～2.42mm，由单晶方解石组成；苔藓虫碎片具平行结构，虫室内微晶方解石充填。胶结物为微晶方解石。

微晶含䗴生物碎屑灰岩：深灰色，生物碎屑结构，块状构造。岩石由生物、生物碎屑（52%）、胶结物（48%）及裂隙充填物组成。生物为䗴（3%）和有孔虫，䗴大小 2.81～4.45mm，壁具隐粒结构，房室内充填着微晶方解石；有孔虫大小 0.123～0.77mm。生物碎屑为具单晶结构的棘皮类及具玻纤结构、平行片状结构的双壳类和苔藓虫类，大小 0.062～2.42mm。胶结物为微晶方解石。

微晶支架类生物碎屑灰岩：深灰色，生物碎屑结构，块状构造。岩石由生物碎屑（70%）、胶结物（30%）组成。生物碎屑有棘皮类（47%）、苔藓虫类（20%）、腕足类（3%）及少量孔虫。其中棘皮类碎屑为具网格单晶碎片的海胆碎片，及断面呈圆形的海百合茎，中孔内充填微晶方解石，大小 0.22～3.43mm；苔藓虫碎片其壁具层状结构，虫室呈圆形、椭圆形及多边形，其内充填微晶方解石，大小 0.22～1.716mm；腕足类碎片具平行片状结构或菱柱结构，壳长 0.355～2.16mm，壳宽 0.185～0.78mm。

生物碎屑微晶灰岩：生物碎屑微晶结构，块状构造。岩石由生物碎屑（26%）和方解石（74%）组成。生物碎屑为双壳类，具晶粒结构和片状结构，其壳长一般为 0.936～7.02mm；苔藓虫碎片壁具平行片状结构，虫室呈卵圆形，其内亮晶方解石充填，大小 0.22～3.51mm。方解石粒度为 0.0078～0.012mm。

泥晶含内碎屑生物碎屑灰岩：深灰色，含内碎屑、生物碎屑结构，块状结构。岩石由生物碎屑（40%）、内碎屑（14%）和胶结物（46%）组成。生物碎屑为具平行片状结构的腕足类碎片和具平行片状结构的苔藓虫及有孔虫等，大小 0.31～3.90mm；内碎屑由生物碎屑微晶灰岩岩块组成，呈次圆状、次棱角状及棱角状，大小 0.468～2.65mm。

细粒长石石英砂岩：变余细粒砂状结构，块状构造。岩石由碎屑（78%）、胶结物（20%）和杂基（2%）组成。碎屑成分为石英（78%）、长石（15%）、岩屑（6%）及其他少量菱铁矿、白云母、绿泥石等，磨圆度较差，一般呈次棱角状、棱角状，分选性好，碎屑粒径为 0.062～0.22mm，排列具定向性。胶结物为已结晶的方解石。杂基为绢云母、粘土矿物和碳质，在碎屑间断续定向分布。

4. 元素特征

对马尔争组中下段砂岩、板岩及灰岩 10 个岩石样品进行微量元素分析（表 2-17），将分析数据投入 Bhatia 的 Th-Co-Zr 和 Th-Sc-Zr 两个判别图解中（图 2-56），其中大多数点落入大陆岛弧，少数落入活动大陆边缘区，说明其组分主要来源于大陆岛弧。

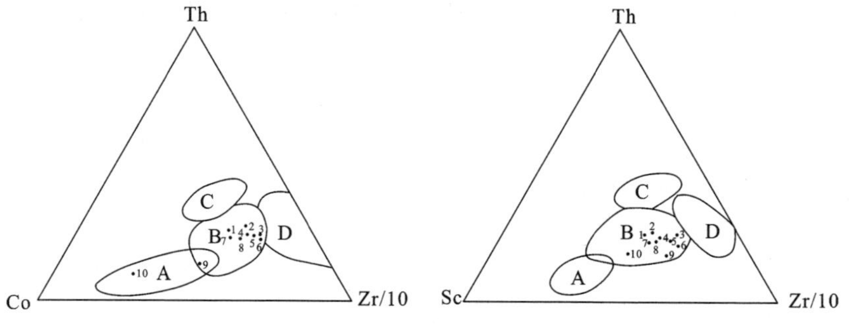

图 2-56　马尔争组微量元素 Th-Co-Zr 和 Th-Sc-Zr 图解

（据 Bhatia et al，1985）

A. 大洋岛弧；B. 大陆岛弧；C. 活动大陆边缘；D. 被动大陆边缘

表 2-17　马尔争组微量元素特征

序号	样　号	岩　　性	元素含量(单位:$w_B/10^{-6}$)										
			Ba	Co	Cu	Ni	V	Zn	La	U	Ti	Sr	Cr
1	Ⅱ7P_2Dy5-1	岩屑长石砂岩	295	9.4	21.3	26.0	78.6	70	27.4	1.8	3466	164	64.0
2	Ⅱ7P_2 Dy9-1	岩屑长石砂岩	376	7.7	17.0	21.4	68.4	56	28.5	1.4	3134	177	51.2
3	Ⅱ7P_2Dy20-1	岩屑长石砂岩	281	9.4	19.4	24.2	90.6	63	33.0	2.2	4015	198	87.9
4	Ⅱ7P_2Dy26-1	岩屑长石砂岩	274	7.7	15.8	20.6	66.8	53	29.4	1.5	2919	174	53.4
5	Ⅱ8P_1Dy1-1	岩屑长石砂岩	230	9.2	29.1	23.4	87.9	65	27.6	1.9	4054	139	74.7
6	Ⅱ8P_1Dy4-1	岩屑长石砂岩	346	9.9	19.8	25.0	100.4	66	32.4	2.1	4590	123	87.1
7	Ⅱ8P_1Dy9-1	岩屑长石砂岩	309	11.4	18.8	29.5	89.5	87	26.8	1.7	3858	101	71.3
8	Ⅱ8P_1Dy13-1	长石岩屑砂岩	363	9.2	18.0	24.8	85.1	40	25.6	1.5	3487	166	61.6
9	Ⅱ4P_2Dy7-4	片岩	102	6.7	7.2	12.5	22.4	22	11.7	—	679	507	18
10	Ⅱ4P_2Dy9-2	内碎屑灰岩	89	9.0	8.0	18.9	20.2	20	11.0	—	449	825	11

序号	样号	岩　　性	元素含量(单位:$w_B/10^{-6}$、$w_{Au}/10^{-9}$)										
			Rb	Pb	Nb	Ta	Hf	Zr	Sc	Th	Yb	Y	Au
1	Ⅱ7P_2Dy5-1	岩屑长石砂岩	65.9	13.6	10.4	<0.5	<5.0	175	10.8	10.1	2.3	21.1	0.8
2	Ⅱ7P_2 Dy9-1	岩屑长石砂岩	71.1	4.7	10.2	<0.5	5.0	186	9.7	10.0	2.2	21.5	0.7
3	Ⅱ7P_2Dy20-1	岩屑长石砂岩	51.6	15.5	11.1	1.0	7.7	308	10.3	13.9	2.6	23.3	1.8
4	Ⅱ7P_2Dy26-1	岩屑长石砂岩	48.9	5.1	9.4	0.5	<5.0	186	8.7	9.0	1.9	17.5	0.6
5	Ⅱ8P_1Dy1-1	岩屑长石砂岩	35.6	14.0	9.2	1.1	7.6	254	9.9	10.8	2.6	22.3	1.0
6	Ⅱ8P_1Dy4-1	岩屑长石砂岩	56.8	5.1	11.3	<0.5	8.8	320	10.9	12.3	3.0	26.6	2.4
7	Ⅱ8P_1Dy9-1	岩屑长石砂岩	61.9	2.3	10.1	0.7	6.6	206	11.8	9.8	2.7	25.3	2.1
8	Ⅱ8P_1Dy13-1	长石岩屑砂岩	61.4	20.2	9.7	0.7	<5.0	193	10.0	9.1	2.5	23.1	0.6
9	Ⅱ4P_2Dy7-4	片岩	9.7	22.8	6.6	—	1.8	66	2.9	2.1	0.9	7.2	1.1
10	Ⅱ4P_2Dy9-2	内碎屑灰岩	8.9	27.6	5.7	—	1.9	33	2.8	1.5	0.8	9.9	0.5

5. 粒度分析

在马尔争组中下段典型三条剖面上共采了 11 个样品，分别作成三条粒度分布累计概率曲线图，其中图 2-57(a)、图 2-57(b)代表下段，图 2-57(c)代表中段。据曲线特征分析，粒度分布区间很宽，分布范围在$-1.0\phi \sim 5\phi$间，滚动总体未出现，以跳跃和悬移总体为主，其中跳跃为一个比悬移更粗的总体，分选稍好，其下段含量在 90%以上，而中段含量在 80%以上。下段跳跃总体的斜率多在 60°～75°间，中段较下段斜率较低，在 45°～60°间。悬移总体发育较好，含量较大而且分选较差，下段含量小于 10%，中段含量小于 20%。S 截点分布较宽，在$3\phi \sim 5\phi$间。据其上述分析特征显示，马尔争组中下段地层为较典型浊流沉积，据曲线图显示，中段的浊流特征更为明显。

6. 生物特征

1）下段

(1) 下段下部：化石均产于外来块灰岩透镜体及夹层中，所产化石量少且种类单调，仅有䗴及棘皮类。䗴(卡塔单通道䗴)：呈黑灰色，形似竹叶状，长雪茄形，个体完整，由方解石组成，长短轴在 1.6mm×0.5mm～12mm×1.4mm，最大达 2cm。杂乱排列。呈层厚为 0.5～2m 的生物富集层，含量达 70%。

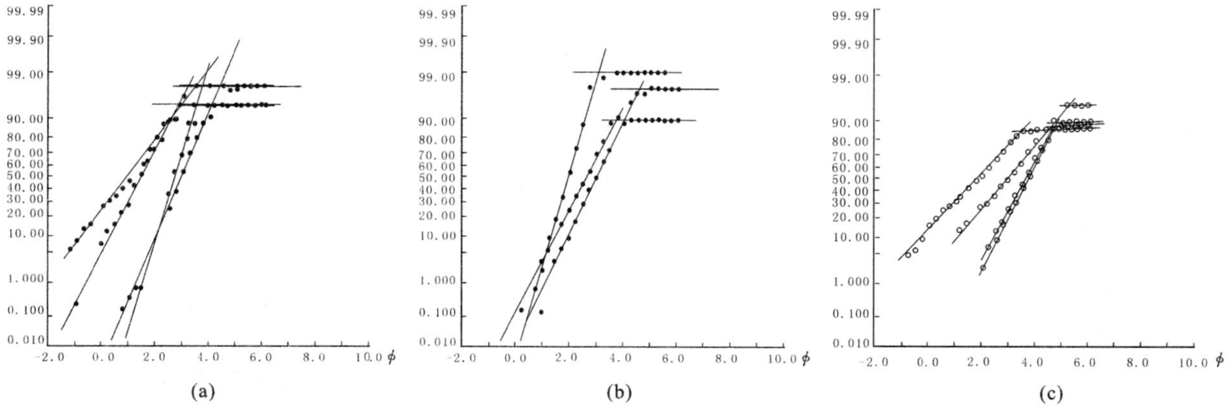

图 2-57　马尔争组中下段粒度分布累计概率曲线图

中部平，两极宽圆，包卷紧，慢慢均匀地放宽，壳 5～8 圈。旋壁细，二层，由致密层及细蜂巢层组成。隔壁褶皱具有特殊形式，仅占据隔壁下半部，上半部隔壁几乎平直，高度一致，半圆形，它的高度不高于相应房室的 1/2。通道单一，旋脊不发育或缺失，无拟旋脊。轴积块状沿轴向分布，隔壁底部有小孔。

(2) 下段中部：该套地层虽以粒屑灰岩为主，但未见任何完整的生物化石，仅在呈夹层产出的生物碎屑灰岩中见有棘皮、海绵、藻类等碎片，可能由于水位较深，不适于生物繁殖生长。

(3) 下段上部：为一套浊流沉积，但在最底层砾屑灰岩砾石中除海百合茎(含量约 5%)较发育外，还可见少量䗴、海绵及苔藓虫等化石，化石均被变形拉长成椭圆状、长条状。

䗴：含量极少，有两类，一类为拟旋脊发育不完善，列孔少，近球形的费伯克䗴；另一类为壳体较大，拟旋脊发育完善且高而窄，列孔多，呈纺锤形的新米斯䗴。

海绵：个体大小为 0.3cm×0.8cm～0.5cm×1.2cm，局部呈密集状产出时含量 35 个/100m^2。

苔藓虫：个体大小为 1cm 以下，含量 10～20 个/m^2，与层面垂直或斜交。

2) 中段

砂板岩中所夹的灰岩夹层或透镜体中未见任何生物化石，但经对项目组所选的 13 个泥钙质板岩样品分析处理后发现了较为丰富的孢粉化石，除孢粉化石外，还从一些样品中发现了少量海相疑源类化石，此是迄今已知我国二叠纪地层中的首次发现。所采微古化石样品中的孢粉组合以裸子植物花粉占优势，其中双囊粉为主，并出现了时代偏新的麻黄粉及四肋粉，时代可定为二叠纪，更确切为中、晚二叠世。上部组合中见有 *Lueckisporites*，从国内现有孢粉资料来看，一般在晚二叠世才有记载，如塔里木盆地库车的晚二叠世组合以及在国外见于原苏联北部地区、巴基斯坦盐岭地区的晚二叠世组合。*Hamiapolleites* 是二叠纪的重要分子，在我国及原苏联二叠系地层中广泛分布。组合中未出现典型的华夏区分子，也难与准噶尔盆地二叠纪组合对比，与塔里木盆地及欧美区二叠纪组合勉强可对比。

除微体化石外，还在砂岩中采到具深水相特征的遗迹化石。

3) 上段

生物化石极为丰富，不仅种属齐全，而且个体极为完整。说明生物丰度、分异度均较高。

䗴：为二叠纪发展到高峰时的高等䗴，以复通道䗴为主，个体特大，呈长条状，宽 2～3mm，其长 2～10cm，平行层面密集产出，5～30 个/10cm^2。

腕足类：有铰纲类，个体较大，且完整，一般为 4cm 左右，与层面平行或斜交生长，含量 2～5 个/m^2。所产美丽焦叶贝印模形似焦叶，大小 3cm×7cm 左右者较多，但完整者较少。二叠纪时以长身贝类大量繁盛为特点，出现长身贝类一些特化类型(欧姆贝类)及(焦叶贝类)，而这两类腕足在本区极为发育。有铰纲类主要生活在从滨海到 200m 的浅海区中。

珊瑚：横切面大小 0.5～2cm，含量 70%以上，个体完整，与层面垂直或斜交，群体为主。

海绵：横切面大小 0.5～3cm，个体较完整，与层面垂直或斜交，含量 30～100 个/m^2。营底栖固着生活。

苔藓虫：个体多呈圆筒形或囊性，长 1cm 以下，形态极完整，极繁盛，含量可达 40%～60%。主要生活在正常盐度的温暖浅海中。

有孔虫：为钙质壳底栖有孔虫，个体较小，大小 1～2mm，较完整，含量约 5～10 个/m^2。

海百合茎在整个地层中均有不同程度的分布。

马尔争组上段中以新希瓦格䗴及复通道䗴为代表的该套动物群，属特提斯海域温暖广布的浅海型生物，为暖水性的。

7. 层序特征及沉积环境

1）下段

下段下部：岩性以碎屑岩、碳酸盐岩为主夹少量火山岩。从下至上发育不连续鲍马序列 a、b 段，c、d 段，缺 e 段。a 段由含砾粗砂岩组成，单层厚度 10～30cm，发育下粗上细正粒序层，该段在底部大量发育，并与细砾岩伴生，可能具近源浊积岩特征；b 段最发育，由中细粒长石岩屑砂岩组成，厚度 5～20cm，发育平行层理；c 段由细粒长石石英砂岩构成，厚度 0.5～1m，具水平纹层理，厚度向上逐渐减薄；d 段由微晶灰岩组成，层厚 5～30cm，向上增厚，发育水平层理。

下段最底层为一套以发育不连续鲍马序列 a、b 段，以快速沉积作用形成的粗粒沉积物为主，为一套粗复理石。中上层发育 c、d 段，相对粒度较细，具远源沉积特征。由于快速扩张作用形成震积岩、碳酸盐碎屑流沉积，其中最上层所夹规模较大的灰岩块体时代多为早中二叠世（栖霞期），其余灰岩中未见到任何化石，说明该套地层形成时水位较深不适于生物繁殖生长。

下段中部：依岩性分析，为一套较深浅海复理石相碳酸盐岩浊流沉积，是一套变形复理石。下层为粗粒沉积物，由于快速沉积作用形成厚度巨大的粒屑灰岩及砂岩沉积，砂/泥比率较高，鲍马层序以 a、b 段为特征，其他段极不发育，为粗复理石；上层以细粒沉积物为主，由于沉积速率较慢，常形成薄层灰岩与泥岩的韵律状互层，砂/泥比率较低，形成的层序以 d 段为主，次为 a 段，偶见 b、c 段，为细复理石。a 段由粒屑灰岩组成，层厚 0.1～1m，粒屑由内、外碎屑构成，外碎屑有长石、石英，内碎屑为泥晶灰岩，具下粗上细的正粒序层序，底层面有重荷模构造；b 段由细粒岩屑长石砂岩组成，细层厚 1～3cm，具平行层理；c 段由细粒屑灰岩构成，单层厚 2～10cm，发育水平波状层理，该层极不发育；d 段由千糜岩（原岩为板岩或泥岩）组成，细层厚小于 1mm，单层厚 5～20cm，水平层理发育，夹粒屑灰岩透镜体。该套地层虽以碳酸盐岩为主，但生物化石稀少，说明当时沉积时海水较深不适宜生物繁殖生长。

该套地层总体发育 a 段，向上 a 段厚度减薄，相对 d 段厚度增大，由下至上粒度由粗变细，显示海水不断向岸推进的海进退积结构特征。

下段上部：由下至上发育不完整鲍马序列 b、d 段（砂板岩构成韵律性层序见图 2-58），a、d 段，a、b 段。a 段由含砾粗砂岩、不等粒砂岩组成，单层厚 20～50cm，发育粒序层理；b 段由中细粒长石岩屑砂岩组成，单层厚 0.5～5cm，发育平行层理，重荷模构造（图 2-59），沟模、槽模极发育；c 段由粉砂岩组成，单层厚 2～5cm，发育水平波状层理；d 段由板岩组成，单层厚 0.2～1mm，水平层理极发育，缺失 e 段。

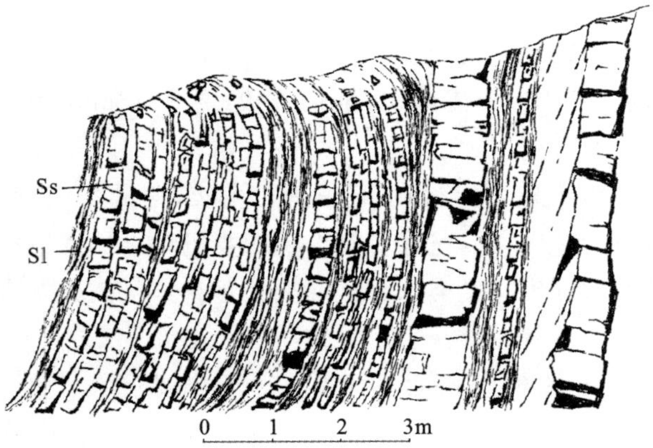

图 2-58　马尔争组下段砂板岩构成的韵律性层序特征

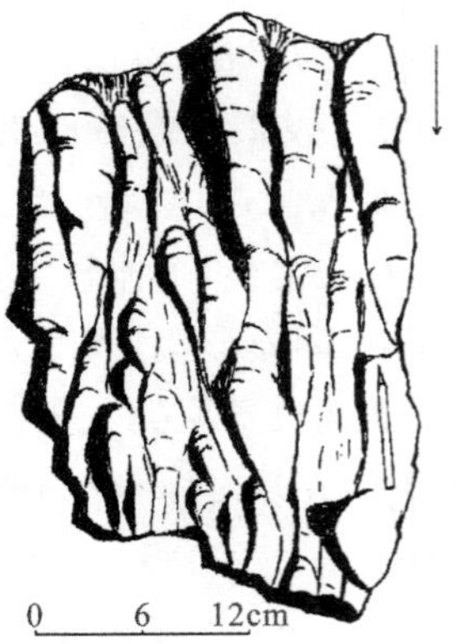

图 2-59　马尔争组下段砂岩中的槽模构造

该部自下而上总的变化趋势是泥质、钙质沉积减少，砂岩等陆屑沉积明显增多。含有极少量的䗴等浮游生物及个别不完整的珊瑚、海绵、苔藓虫等，代表了强烈动荡的次深海相浊流沉积，并伴有海底基性火山岩喷发，从碎屑岩的改造来看由北向南向深海或大陆斜坡地带过渡。

综上所述，马尔争组下段具由浅海陆棚—较深浅海—次深海的沉积演化环境。

2）中段

经调查由北向南（由下至上）从 a、b 段开始逐渐过渡为 c、d 段，少量 e 段，说明物源区在北部。中下部岩石粒度较粗，为一套粗浊积岩，发育不连续鲍马序列 Tab、Tabcd、Tbcd、Tbce、Tbe 等。上部为细浊积岩，发育 Tbcde、Tdc、Tde、Tcde 等，缺乏 a 段。a 段主要由粗粒岩屑长石砂岩、不等粒长石岩屑砂岩组成，单层厚度 30～150cm，发育块状层理及粒序层理，并具重荷模构造，测得古水流向 315°→135°；b 段主要由中细粒岩屑长石砂岩组成，细层厚 1cm 左右，层厚多为 20～100cm，有时可达 2m，平行层理、重荷模、槽模构造发育，局部含泥砾，呈不规则状，大小 1～10cm，团块状集中分布，含量约 1 %，并含黄铁矿晶体，大小 0.5～1mm，含量约 1%，古水流方向 290°→110°；c 段由岩屑长石粉砂岩组成，细层厚约 1mm，层厚 5～10cm，水平波状层理及包卷层理，偶见黄铁矿晶体；d 段由粉砂质板岩组成，细层厚 0.5mm 左右，层厚小于 10cm，水平层理；e 段由泥钙质板岩组成，层厚多小于 5cm，细水平层理。

从 a 段开始接近浊流物源区，a 段除了粒序层理及少量块状层理外没有任何其他沉积作用形成的沉积构造，这说明悬浮的颗粒下沉得很快，而且数量很大；b 段沉积时，流速减低，悬浮颗粒流速也降低，颗粒被牵引，形成大量的平行层理，所以，a、b 段都属于高流态。c 段是低流态的沙纹的床砂形体，d、e 段是不能形成床砂体的悬浮沉积，反映浊流衰退的尾部细粒沉积。中段的沉积构造有平行层理、水平纹层理、粒序层理、块状层理、包卷层理、重荷模、槽模等，指相特征较明显。该套以碎屑岩为主厚度巨大的地层，其间基本无其他岩性，仅有少量灰岩透镜体或薄夹层，说明当时沉积环境较稳定，物源供应充足且较单一，碎屑物质的圆度和分选度均差。依沉积构造、层序特征看，当时沉积环境较稳定，接受了一套厚度较大的浊流沉积。并在砂岩中采到 *Taenidiu*，*Palaeodictyon* sp.，*Protopaleodictyon* sp. 等深水相遗迹化石，由此认为该套地层为次深海—深海相沉积。

3）上段

依岩石组合看为碳酸盐岩台地沉积，下部基本层序由内碎屑生物碎屑灰岩—生物碎屑微晶灰岩、生物碎屑灰岩—微晶支架类生物碎屑灰岩构成韵律性沉积；中上部为长石石英砂岩—粉砂质板岩—微晶含䗴生物碎屑灰岩构成下粗上细的旋回性层序，向上又过渡为生物碎屑灰岩—微晶灰岩的韵律性沉积。灰岩中发育交错层理（图 2-60）。从下至上总体具韵律—旋回—韵律性层序特征，具海进退积结构特征。该套地层岩性总体以微晶灰岩为主，并含有丰富的个体完整的生物化石，说明当时为海水盐度正常，阳光充足，温暖且较为稳定的浅海环境。

马尔争组层序特征及沉积环境如图 2-61 所示。

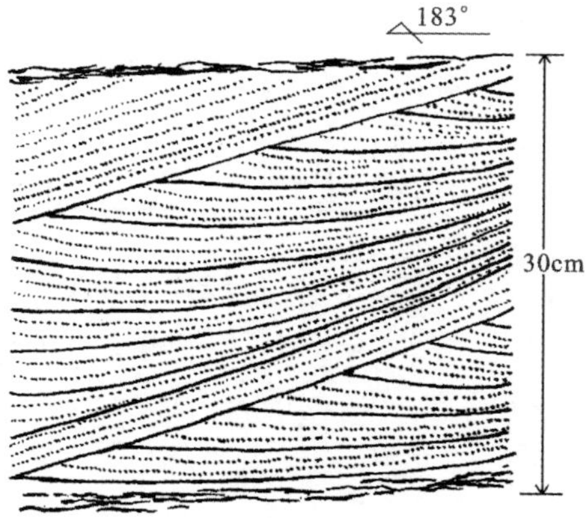

图 2-60 马尔争组上段灰岩中的交错层理

8. 浊积相划分及特征

1）浊积相的划分

本区发育一套次深海—深海相浊积岩，为布青山群马尔争组中下段的重要组成部分。

本书主要参考 Pikering 等（1986）的划分方案，结合本区 5 条浊积岩剖面的主要特征，对其浊积岩相进行划分。具体地说，按照岩石类型或组合的不同从中识别出 5 大相：A. 砾岩及砾质砂岩相；B. 砂岩相；C. 砂岩—泥岩相；D. 粉砂岩—泥岩相；E. 粉砂质泥岩相；F. 混杂相。

2）各浊积相的划分及成因解释

（1）相 A——砾岩及砾质砂岩相：主要由粗粒碎屑岩组成，岩层中砾石含量在 3%以上，岩性包括砾岩、砾质砂岩及含砾砂岩等。该相在Ⅱ7P_2 及Ⅱ8P_1 剖面中均有分布，其中Ⅱ8P_1 剖面中出现频率较高。

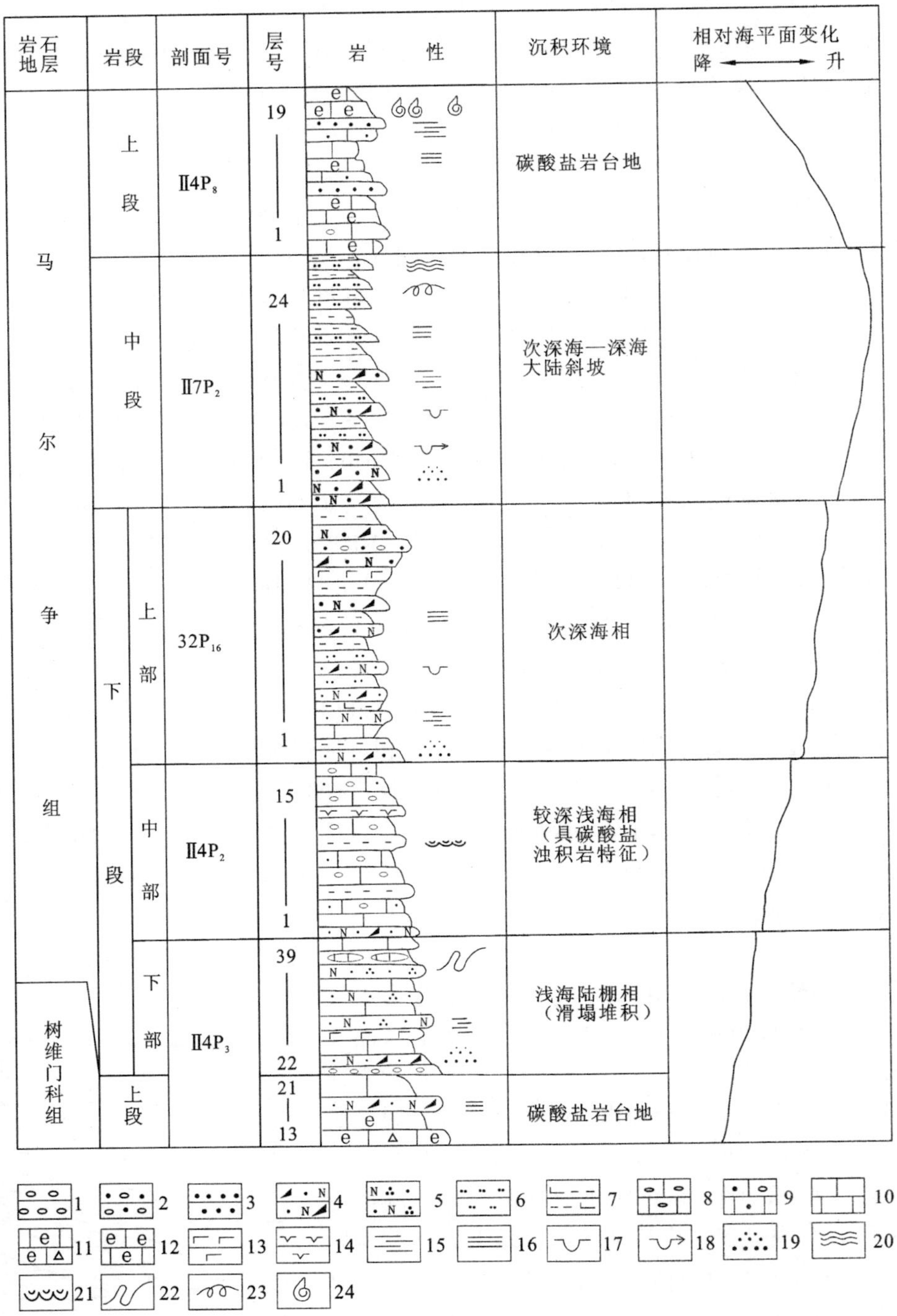

图 2-61　马尔争组层序特征及沉积环境

1. 砾岩；2. 含砾砂岩；3. 砂岩；4. 岩屑长石砂岩；5. 长石石英砂岩；6. 粉砂岩；7. 泥岩；8. 砾屑灰岩；9. 内碎屑灰岩；10. 灰岩；11. 角砾状生物灰岩；12. 含生物灰岩；13. 玄武岩；14. 角斑岩；15. 平行层理；16. 水平层理；17. 重荷模；18. 槽模；19. 正粒序层；20. 水平波状层理；21. 生物扰动构造；22. 变形层理；23. 包卷层理；24. 化石

根据岩层厚度、内部所具有的沉积构造特点及所含砾石的性质，该相又可进一步细分为 3 个亚相。

亚相 A1——块状砾岩、砾质砂岩及含砾砂岩等，内部具层理构造，岩石单层厚度一般多在 0.3～1.5m 以上，最厚达 4m。这类浊积岩是非粘滞性碎屑流和高密度流两种重力流搬运过程中沉积颗粒因其间的摩擦凝固而同时快速堆积所成。

亚相 A2——正粒序砾岩、含砾砂岩，为厚层—极厚层状砾岩及含砾砂岩等，内部具正粒序层理。岩石单层厚度一般多在 0.5～2m 以上，最厚可逾 3m。砾石含量较高，为 60%～72%，成分复杂，主要有砂岩、花岗质岩石、中酸性火山岩及硅质岩等。颗粒分选较差，磨圆为次圆状—次棱角状。砂级颗粒的含量 28%～40%，泥质含量低于 5%。颗粒支撑或由砂质基质支撑。岩层内具粒序变化，自下而上往往由细砾岩变成含砾砂岩，再过渡为粗砂岩、中砂岩。砾石具定向排列构造。这种正粒序砾岩或砾质砂岩形成于高密度浊流中悬浮沉积物的快速沉积。

亚相 A3——逆粒序砾岩、砂质砾岩及含砾砂岩，为厚层—巨厚层砾岩或含砾砂岩等，内部具逆粒序层理。岩石单层厚度一般为 0.3～1.2m。砾石含量 30%～62%，成分复杂，主要有暗红色硅质岩和灰白色石英岩、花岗质岩石、灰岩及少量中酸性熔岩。磨圆度较好，多呈次圆状，少呈次棱角状。颗粒支撑或由砂质基质支撑。岩层内具粒序变化，自下而上常由含砾中、粗砂岩—砂质细砾岩—中、细砾岩组成。砾石沿长轴方向呈叠瓦状定向排列。这种逆粒序砾岩或砾质砂岩是由高密度浊流下部牵引毯中沉积物因摩擦凝滞而快速堆积所成。

(2) 相 B——砂岩相：主要由粗—中粒砂岩组成，有时也可由中—细砂岩组成，偶夹少量粉砂岩或泥岩。砂岩内砾级碎屑颗粒含量在 5%以下，砂级占 80%，泥级小于 15%。此相在 2 条剖面中均有分布，但出现频率较小，且多集中在剖面的下部及中部层位。根据岩层厚度及其内部所具有的沉积构造特点，该相又可进一步细分为两个亚相。

亚相 B1——中—厚层状砂岩，由中层—厚层状粗、中粒砂岩或中、细粒砂岩组成。内部不具层理构造，岩层内也无粒序变化，属块状堆积。岩石单层厚度一般在 30～50cm 以上，最厚可逾 1m。该亚相多呈板状、楔状单层夹在别的浊积岩中，其间偶夹薄层粉砂岩及泥岩。砂岩中砾石含量小于 5%，多为细砾级，成分较复杂，磨圆为次棱角—棱角状。砂级颗粒含量在 80%以上，镜下观察，其成分以岩屑、长石为主，二者占碎屑颗粒的 60%～70%，石英颗粒较多，为 20%～40%。碎屑颗粒分选较差，磨圆为次棱角状—棱角状。颗粒支撑或基质支撑，钙质或硅质胶结。总的来看，该岩相的成分及结构成熟度均较差，反映其搬运距离较短，距沉积物母岩区较近。

按照 Pikering 等(1986)的解释，这种中—厚层状无序块状砂岩的形成有多种机制。它既可由高密度浊流所搬运的非粘滞性悬浮物质在凝固作用下快速沉积而成；也可能是由沉积物内原始构造被后期的液化或流体化作用破坏所成；此外，颗粒流在陡坡处也可发生快速沉积而形成这种无序块状砂岩。

该亚相在Ⅱ$7P_2$、$32P_{16}$及Ⅱ$8P_1$ 三条剖面中均有少量分布，且主要分布于中下部层位。剖面上常与 A1、A2 及 C 等亚相共生。

亚相 B2——中层正粒序砂岩，为中层粗砂岩及中—细砂岩等，内部具粒序层理，且多为正粒序。岩石单层厚度变化为 10～30cm。该亚相在剖面上多呈板状、楔状的单层，侧向延伸较远。其顶部有时过渡为薄层粉砂岩及泥钙质板岩(泥岩)，但砂岩泥岩比远大于 10∶1。镜下观察，砂岩中砾级颗粒含量小于 5%，成分复杂，主要为各种岩屑，有时也可有部分泥砾，颗粒分选较差，磨圆为棱角状—次棱角状。砂级颗粒含量大于 80%，成分与 B1 亚相基本相同，分析较差，磨圆中等。泥质含量小于 15%。颗粒支撑或基质支撑，泥质及铁质胶结为主。它形成于高密度浊流中悬浮沉积物的快速堆积。

(3) 相 C——砂岩与泥岩复合相：主要由各种粒级的砂岩层与粉砂岩及泥岩层组成粗、细相间的不等厚度的韵律层，具有较为典型的鲍马序列，其内砂岩与粉砂岩及泥岩层厚度之比约为 1∶1～4∶1。单个鲍马序列厚度变化多为 10～30cm，底部发育冲刷构造，冲刷痕十分丰富，多呈一端陡一端缓的微波状，具有很好的指向意义。

鲍马序列下部为砂岩层，其底部常具明显的正粒序变化，自下而上可由中、粗粒砂岩逐渐过渡为细砂岩及粉砂岩(相当于鲍马序列 Ta 段)，粒序层厚约 5～10cm，局部可达 25cm；往上有时可出现平行层理段(即 Tb 段)，厚度约 2～8cm。上部为粉砂岩及泥岩，其厚度稍薄，一般为 3～10cm。其中，粉砂岩单层厚度为 1～3cm，有时可达 5～8cm，其内平行纹层理及包卷层理等构造较发育(Tc 段)；向上有时过渡为泥质粉砂岩或粉砂质板岩，发育水平层理(Td 段)，该段较为发育。泥钙质板岩(泥岩)单层厚一般为 1～4cm，其内可见平行层理(相当于 Te 段)，该段经常缺失。从野外岩层的出露情况来看，本相类所有岩层均较规则，顶底平直，呈板状或楔状，水平延伸亦较好。镜下观察，砂岩(岩屑长石、长石岩屑砂岩)成分以长石、岩屑为主，岩屑含量 30%～58%，岩屑以板岩、硅质岩及千枚岩等为主，长石含量

30%～48%；石英颗粒较多，含量 25%～38%。颗粒分选中等偏差，磨圆为次棱角状—棱角状。粘土含量小于 12%。硅质或方解石胶结为主，少量为铁质及钙质。砂岩的成分及结构成熟度较差，反映其搬运距离较短，距物源区较近。它是由高密度浊流与低密度浊流间过渡类型的流体中所搬运的悬浮物质快速沉积而成。

此相在 2 条剖面中均较发育，剖面上常与 D 相及 E 相等共生。

(4) 相 D——粉砂岩与泥岩复合相：为薄层—极薄层粉砂岩及泥岩，有时出现细砂岩，它们在垂向上交互组成粗、细相间的韵律层，具有较为典型的鲍马序列，其组合类型主要为 Tcde 或 Tde 等底缺序列。其内粉砂岩及砂岩与泥岩层厚度之比约为 1∶1～4∶1。根据岩层内沉积构造发育程度的不同，该相可以划分为两个亚相。

亚相 D1——具粒序的层状粉砂岩，为极薄层粉砂岩夹薄层细砂岩及泥岩，组成鲍马序列 Tbcde 或 Tcde、Tbce 组合。整个序列具有十分清晰的粒序层理，自下而上由粗粉砂岩(有时可为细砂岩)—粉砂岩—粉砂质泥岩(粉砂质板岩)—泥岩(泥钙质板岩)组成下粗上细的粒序层，其间均为过渡接触。细砂岩细层厚小于 1mm，单层厚小于 10cm，发育平行层理(Tb 段)；粉砂岩单层厚度小于 10cm，发育水平波状纹层理(Tc 段)；粉砂质板岩层厚 10～20cm，其内水平层理极发育(Td 段)；泥钙质板岩层厚一般小于 5cm，水平层理(Te 段)。它是由低密度浊流搬运的悬浮物质快速沉积而成。该亚相在剖面中均较为发育，剖面上常与 C 相及 E 相等共生。

亚相 D2——极薄层粉砂岩与泥岩互层，为极薄层—纹层状粉砂岩与泥岩互层，以粉砂岩为主，组成鲍马序列 Tde 组合。粉砂岩层厚小于 3cm，内部具水平纹层理；泥岩较粉砂岩厚度稍薄，一般在 1cm 之内。整个序列具有较为发育的水平层理。泥岩与粉砂岩间截然接触，界线明显，二者接触处层面较为平整。总的来看，岩层较为规整，水平延伸性较好。它也是由低密度浊流中所搬运的悬浮物质沉积而成，但其沉积速度较慢。

(5) 相 E——泥岩、粉砂岩复合相：为极薄层—薄层泥岩与粉砂岩互层。以泥岩为主，具有鲍马序列 Tde 组合。粉砂岩与泥岩层厚之比约为 1∶1～1∶4。根据岩层内沉积构造发育程度的不同，该相可以划分为两个亚相。

亚相 E1——具粒序的层状泥岩、粉砂岩，为极薄层粉砂岩、粉砂质泥岩及泥岩组成，组成鲍马序列 Tde 组合。整个序列自下而上具有较为清晰的粒序变化，由粉砂岩—粉砂质泥岩—泥岩组成，其间均为过渡接触，而其底部常发育冲刷构造。下部粉砂岩单层厚小于 1cm，内部具有较为明显的正粒序变化，有时可出现水平纹层理，底部发育微波状冲刷面，向上逐渐过渡为粉砂质泥岩及泥岩，上部泥岩厚度较大，一般为 0.5～1cm，其间不显粒序层理，为鲍马序列 Te 段。它是由高密度或低密度浊流中搬运中悬浮的物质快速沉积而成。

亚相 E2——极薄层泥岩夹粉砂岩为极薄层泥岩与粉砂岩组成，以泥岩为主，泥岩与粉砂岩的比为 1∶1，其中，粉砂岩厚度小于 1cm，多为纹层状及不规则的带状、透镜体状，内部有时显正粒序变化，底部发育冲刷构造，冲刷面呈微波状，泥岩较粉砂岩厚度略大，一般为 0.5～1cm，其顶底面较平直，水平延伸性较好。粉砂岩与泥岩间呈截然接触关系。有时两者具有较为不同的颜色，从而显示出十分发育水平层理，构成红绿相间的韵律层。它是由低密度浊流中所搬运的悬浮物质缓慢沉积而成。

(6) 相 F——混杂堆积相：主要由各种外来滑塌岩块或岩层所组成。

亚相 F1——滑塌岩块：在Ⅱ4P_3 剖面上部出现的大量灰岩岩块，其岩性组成还是产状，与周围岩层均有较大的差别，出露面积大小不等，一般在 3m×5m～10m×30m 间，有时更大。岩块内部较为破碎，多被碎裂岩化或糜棱岩化，岩性主要为微晶灰岩、内碎屑泥晶灰岩及泥晶簇生物灰岩等，岩块在横向上多呈透镜体状顺层产出，与周围岩层界限明显，为截然接触。它是由原先形成的碳酸盐岩台地破碎后由水下滑坡形成，整个岩块可能经由碎屑流的搬运。

亚相 F2——滑塌变形岩层：在Ⅱ4P_2 剖面的局部层位发现一些变形灰岩及泥岩层，内部具有十分发育的同沉积变形，主要为不对称揉皱及小型同沉积断裂。

3) 浊积岩中典型的浊积相组合

在上述浊积相分析的基础上，通过对本区5条剖面中各浊积相在垂向序列上组合的分析，可识别出两种相组合，它们分别属浊积扇的中扇和下扇两种亚环境。

(1) 中扇水道相组合：该组合以较粗的厚层复合砂岩为主要特征，往往构成向上变细变薄的层序，系支流沟道的摆动及逐渐废弃所形成。其砂体分布较局限，常呈狭长的带状。其内浊积相主要为A、B、C相及少量D、E相，它们自下而上构成约50m的序列。序列下部为块状砂岩、砾岩，向上过渡为具粒序变化的砂岩及泥岩，粉砂岩与泥岩复合体。顶部有时为泥岩及粉砂质泥岩。在局部层位，中扇水道沉积组合中还发育有滑塌堆积(F相)，碳酸盐浊流沉积，它们的存在表明当时的沉积环境是具一定坡度的斜坡。

本区5条剖面中均有这一相组合的出现，主要发育在Ⅱ$4P_3$、Ⅱ$4P_2$及$32P_{16}$三条剖面中的下部层位，中上部层位偶尔可见。前三条剖面中发育以粗粒沉积物为主，主要为相B，缺少相A，$32P_{16}$剖面中由下至上随着细粒成分增多，有相C和相D出现。另外，单个序列的厚度也较下部较小，它们显然为中扇靠近下部水道沉积产物。

(2) 中扇朵叶体浊积相组合：中扇朵叶体是中扇环境的重要组成部分，靠近中扇下部，其末端相当于浊流搬运的砂质沉积物所到达的最远端，始端则常为支流沟道的沟尾。其浊积相组成以D相和C相为主体，有时也可出现B相和A相。上述各浊积相在垂向上常构成多个向上变厚变粗的序列，每个序列一般厚5～25m。岩性则以粉细砂岩为主，也有少量粗粒砂岩及泥岩。单个岩层水平延伸较上一组合更连续，大多呈板状或席状，侧向延伸可达1～2km，在露头范围内追索无明显的厚度变化。从沉积特征来看，中扇朵叶体具明显的鲍马序列。

(3) 下扇组合：下扇组合主要由亚相D1、亚相E1、亚相E2及少量C相组成，多显示缺底的鲍马序列，如Tbde、Tcde、Tde、Te等组合。较之上一相组合，其岩层更加平整和规则，厚度变化很小，有时可见层的顶部呈波状。这一相组合类型在本区两条剖面中出露较好。发育有一系列自下而上变厚、变粗的层序，它们大多由D相E相及C相组成。单个序列下部由平坦、规则、呈薄板状的泥岩和粉砂岩(D相、E相)等组成，向上可过渡为主要由砂岩、粉砂岩及泥岩所组成的序列。从其成因来看，这一序列可能是由于砂岩朵叶体的进积作用而形成。

9. 区域对比及时代讨论

1) 区域地层对比

马尔争组是指分布于布青山地区，位于树维门科组之上的地层体。下部为灰色—灰绿色变火山岩、岩屑砂岩夹硅质岩及灰岩；上部为灰色—深灰色、玫瑰色灰岩偶夹砂砾岩，含腕足类、䗴及珊瑚等化石。在青海境内区域上分布于姜路岭以西地区，由于构造较复杂，剖面控制差，研究程度较低，故在区域上不易延伸(孙崇仁等，1997)。

本测区位于东昆仑西端的新疆境内，经过项目组对测区所出露的二叠纪地层，在岩石组合、生物特征及沉积环境等方面的调查后认为归入马尔争组较为适宜，且与正层型都兰县树维门科—马尔争剖面相对比(图2-62)，中下段相当于正层型剖面的下部层位，上段相当于上部层位。该套地层中所采䗴类可命名为*Neoschwagerina*—*Polydiexodina*组合，可与华南*Neoschwagerina*带、巴音河群草地沟组*Neoschwagerina*—*Polydiexodina*组合对比。并可与茅口组中下部对比。

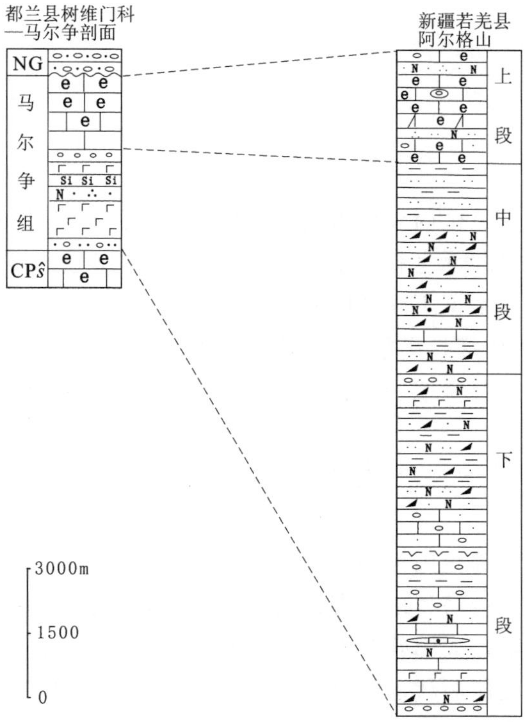

图2-62　马尔争组柱状对比图

2）时代讨论

下段碎屑岩夹火山岩中生物化石较为单调，均产于灰岩块中，主要有䗴：*Neoschwagerina douvillei* Ozawa，*Verbeekina heimi* Thompson，*Neomisellina* sp.，*Paraverbeekina* sp.，*Schwagerina guembeli* Dunbar et Skinner，*Verbeekina grabaui* Thompson et Foster，*Armenina* cf. *crassispira* Chen 等；海绵：Heliosponidae Finks，*Gracilitubulusdeng* 等。本次调查在苏鲁·彼得勒克·得亚北部玄武岩中获得了267±53Ma的Sm-Nd等时线及Ar-Ar法267.2±3.4Ma的年龄值，进一步证实了下段形成时代为早中二叠世。

中段板岩中采集到裸子植物花粉约15属20种：*Alisporites* sp.，*Vitreisporites pallidus*（Nilsson），*Vitreisporites* sp.，*Klausipollenites* sp.，*Pityosporites* sp.，*Platysaccus* sp.，*Cedripites* sp.，*Cedripites* ？sp.，*Piceaepollenites* ？sp.，*Falcisporites* sp.，*Falcisporites* ？sp.，*Lueckisporites* ？sp.，*Taeniaesporites* ？sp.，*Protohaploxypinus* ？sp.，*Striatoabieites* sp.，*Hamiapolleites* sp.，*Vittatina* ？sp.，*Cycadopites* sp.，*Ephedripites*？sp. 等；蕨类植物孢子较少，共计有6属7种：*Leiotriletes* sp.，*Punctaisporites*？sp.，*Verrucosisporites* ？sp.，*Converrucosisporites* sp.，*Kraeuselisporites* ？sp.，*Convolutispora* ？sp. 等；疑源类15属16种：*Dictyotidium* sp.，*Lophosphaeridium* sp.，*Ceratophyton* sp.，？*Peteinosphaeridium* sp.，*Navifusa* sp.，*Cymatiogalea* sp.，？*Priscogalla* sp.，*Dictyotidium* sp.，*Solisphaeridium* sp.，*Pterospermella* sp.，*Leiosphaeridia* sp.，？*Cymatiosphaera* sp.，*Baltisphaeridium* sp.，*Micrhystridium* sp.，*Tetraporina* sp. 等；裸子植物木材管胞碎片，具纹孔维管束植物碎片；及藻类（?）的黑色穴面膜片：*Brocholminalia nigrita*。上述化石面貌指示地层时代为中晚二叠世。

上段灰岩段中采到典型茅口阶䗴分子：*Polydiexodina praecursor* Lloyd，*Polydiexodina* sp.，*Sumatrina annae* Volz，*Neoschwagerina craticulifera* Schwager，*Parafusulina yunnanica* Sheng 等；珊瑚：*Wentzelella* sp.；腕足类：*Comuquia mushirebuca* Sun，*Spiriferellina tricosa* Cooper，*Punctospirifer* sp.，*Semibrachythyrina* cf. *anshunensis* Liao，*Haydenella kiangsiensis*（Kayser），*Squamularia* cf. *elegantula*（Waagen），*Squamularia indica*（Waagen），*Uncinunellina* sp.，*Linoproductus cora*（Orbigny）等；海绵：*Intratubospongia* sp.；苔藓虫：*Dybowskilla hupehensis* Yang。

区域上常见的 *Neoschwagerina*—*Polydiexodina* 组合，时限为中二叠世中晚期，相当于我国南方的茅口期，为此马尔争组的沉积时限为中二叠世中晚期。

第四节　中生代地层

测区内仅出露三叠纪地层，主要分布于图幅西南角巍雪山一带，在塔鹤托坂日至吐木勒克一带及测区东北部也有零星出露，分属不同地层分区，岩石组合及沉积特征也不相同。

根据不同分区地层出露情况、岩性、岩相和生物的差异，并参照前人资料和不同地区的地质构造特点，用鄂拉山组（T_3e）代表柴南缘地层区内晚三叠世地层；用八宝山组（T_3b）代表东昆仑南坡地层区内晚三叠世地层；用巴颜喀拉山群（TB）代表巴颜喀拉地层分区三叠世地层。

一、柴达木南缘地层分区

鄂拉山组（T_3e）

青海省地层表编写小组（1976）创名“鄂拉山群”（1980年发表）。原指“分布于昆仑区、西秦岭分区之陆相火山碎屑岩为主的上三叠统。因青海省兴海县鄂拉山一带该地层甚发育，而取名称鄂拉山群”。西北区断代地层会议（1976）介绍“鄂拉山群”时，指出该群“分布于昆仑区，西秦岭分区之陆相火山碎屑岩为主的上三叠统”。但同时又称八宝山群也适用于西秦岭地区之上三叠统。鄂拉山群、八宝山群原义均为地方性年代地层单位，代表上三叠统陆相沉积，但又互相套用，造成一定程度的混乱。《青海省岩石地层》(1997)将"鄂拉山群"降群为组，指分布于柴达木盆地东、南缘，不整合于隆务河群及其以前地层之上的一套火山碎屑岩为主夹火山熔岩及不稳定沉积碎屑岩的地层。下部以中基性火山岩为主夹碎屑岩，上部以中一中酸性火山岩为主夹碎屑岩。顶界不明。

区内鄂拉山组仅零星分布于测区东北部喀雅克登塔格及卡而却卡一带，在克其克库木库勒也有少量出露，总体呈近北西向断续展布，为一套陆相基-酸性火山岩，以不含沉积夹层为特征。岩性为玄武质含角砾晶屑凝灰熔岩、英安质角砾熔岩、英安质玻屑晶屑凝灰熔岩、含角砾流纹质晶屑岩屑熔结凝灰岩，含角砾(集块)流纹质岩屑晶屑凝灰岩。地层产状总体南倾，倾角为40°～50°，角度不整合于前三叠纪地层(或早泥盆世侵入体、中三叠世侵入体)之上。地貌上以"残山"形式产出于地势较低的谷地中，或以"帽状"覆于高山之巅。可控制厚度为455.81m。

(一) 剖面描述

青海省茫崖行政委员会卡而却卡北上三叠统鄂拉山组(T_3e)实测剖面(Ⅱ3P_6)如图2-63所示。

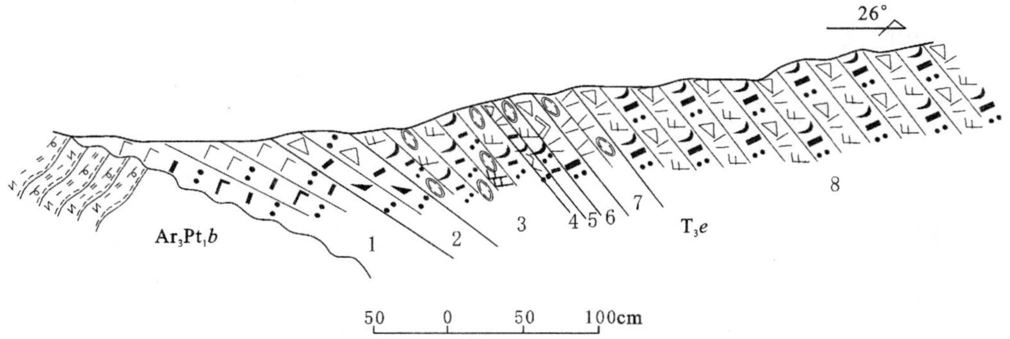

图2-63　青海省茫崖行政委员会卡而却卡上三叠统鄂拉山组(T_3e)实测剖面图

剖面位于那陵郭勒河南卡而却卡，岩石出露较好，岩性主要为凝灰熔岩、凝灰岩，与下伏古元古代金水口岩群白沙河岩组呈不整合接触，未见顶。剖面起点坐标：东经91°07′03″，北纬36°49′16″；终点坐标：东经91°07′15″，北纬36°49′32″。

(未见顶)

8.深灰色块层状含角砾流纹英安质玻屑晶屑熔结凝灰岩	厚度：>199.86m
7.深灰色块层状气孔状英安质玻屑晶屑凝灰熔岩	25.1m
6.深灰色块层状含角砾集块流纹质晶屑凝灰岩	15.06m
5.深灰色块层状气孔状英安质玻屑晶屑凝灰熔岩	10.08m
4.浅灰红色块层状含角砾流纹质晶屑玻屑熔结凝灰岩	3.87m
3.深灰色块层状气孔状英安质玻屑晶屑凝灰熔岩	73.56m
2.紫红色块层状含角砾晶屑岩屑凝灰岩	35.95m
1.深灰色块层状玄武质晶屑凝灰熔岩	92.33m

～～～～～～～～～～ 角度不整合 ～～～～～～～～～～

下伏地层：古元古代金水口岩群灰色眼球状二云母更长糜棱片麻岩

(二) 岩石组合及岩相变化特征

从剖面及路线可以看出，该套地层总体为一套玄武岩—英安岩—流纹岩的岩石组合，以英安质、流纹质岩石为主，不夹正常沉积岩。局部出现熔结凝灰岩，石泡构造、柱状节理较为发育，局部岩层具红顶灰底现象，均反映其陆相喷发特征。

纵向上由下而上总体构成四个喷发韵律，反映出火山活动由爆发、溢流并举→火山强烈爆发的活动特点。而且从下至上粒度(含角砾→含集块)由细变粗，反映火山活动由弱到强的变化趋势。从早到晚由基性到酸性演化，构成一个较为完整的火山喷发旋回。

横向上在喀雅克登塔格一带则以爆发、喷溢相英安质角砾熔岩和英安质凝灰熔岩为主，其中见大量时代较老的块体或角砾。在卡而却卡一带则以爆发相、溢流相玄武质含角砾晶屑凝灰熔岩、气孔状英安质玻屑晶屑凝灰熔岩及含角砾流纹质晶屑玻屑熔结凝灰岩、含角砾集块流纹质晶屑凝灰岩为主；在克其克库木库勒则以爆发相流纹英安质岩屑晶屑凝灰岩及喷溢相英安质凝灰熔岩为主（岩石学特征见火山岩部分）。

（三）时代讨论

测区内鄂拉山组火山岩，由下至上具有由基性—酸性的演化序列，代表了一个较完整的火山喷发旋回。据岩石学、岩石化学特征分析，属同一构造期火山喷发旋回的产物。在卡而却卡见该套地层呈角度不整合覆于中三叠世卡而却卡单元肉红色中细粒二长花岗岩之上（测得 Ar-Ar 法年龄为 240.6±1.6Ma）；在喀雅克登塔格又见早侏罗世坎皮北肉红色中细粒正长花岗岩单元侵入该地层中。从岩石组合及时空分布特征上，该套地层均可与东昆仑东段的鄂拉山组对比，结合前人在该套火山岩中获得的 K-Ar 法成岩年龄 222Ma、180Ma、199Ma、217Ma，将该套地层单位归置为鄂拉山组，形成时代归属为晚三叠世。但也不排除该套地层可能延时到早侏罗世。

二、东昆仑南坡地层分区

八宝山组（T_3b）

青海省地质局石油普查大队（1962）创名八宝山统，指分布于北昆仑山一带侏罗系，岩性为“灰绿色砂岩夹页岩、煤层与火山岩，厚 1000～1300m”，与下伏二叠系孔木拉克层为不整合（?）接触。1964 年青海省石油普查大队在《柴达木地质志》中改称八宝山系；青海省地层表编写小组（1976）改称八宝山群，并将其自下而上划为火山岩组和碎屑岩组，时代归属晚三叠世；西北区段代地层会议（1976）将八宝山群的涵义重新厘定为“代表昆仑区海、陆交互相及陆相碎屑岩之上三叠统，西秦岭区之相应地层，亦用此名”。（孙崇仁等，1997）。《青海省岩石地层》（1997）降群为组，现指“分布于东昆仑南坡地区，不整合于希里可特组及其以前地层之上、羊曲组之下，一套碎屑岩夹火山岩的地层序列。产植物化石”。

测区八宝山组不发育，主要呈近东西向断续展布于昆中断裂带附近，大多挟持于昆中断裂带内。属山间断陷盆地沉积，为一套陆相碎屑岩夹火山岩的沉积地层。地貌上形成狭长盆地，该盆地形态已发生变化，由东向西沉积岩性存在较大差异。主要岩性为上部灰绿色、黄褐色、紫红色厚层状中细粒含砾不等粒长石岩屑砂岩，夹砾岩、粉砂岩、泥岩及薄煤线；下部为灰色、灰绿色复成分砾岩、灰绿色凝灰质砾岩、含角砾沉凝灰岩、沉凝灰岩夹浅灰色英安质晶屑凝灰岩、灰绿色蚀变英安质晶屑玻屑凝灰岩、深灰色蚀变酸性岩屑晶屑凝灰岩、蚀变玄武安山岩、中基性含角砾晶屑凝灰岩。与下伏白沙河岩组（或侵入体）呈断层接触或与纳赤台群（或晚泥盆世侵入体）不整合接触。其上与古—新近纪地层不整合接触或被第四纪松散层覆盖。控制厚度 1322.8m。

（一）剖面描述

（1）青海省茫崖行政委员会塔鹤托坂日上三叠统八宝山组（T_3b）实测剖面（Ⅱ6P_1）（图 2-64）。

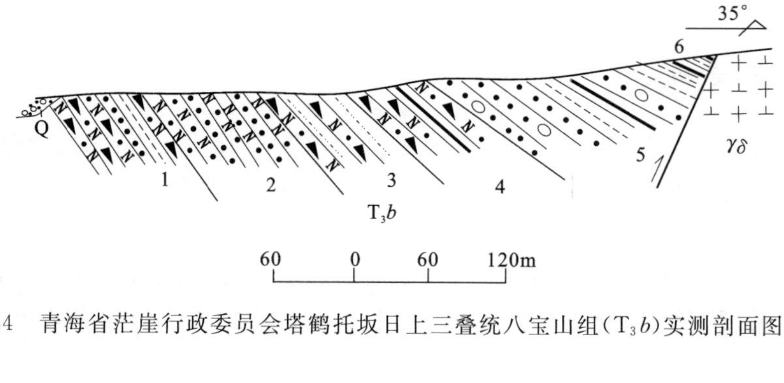

图 2-64　青海省茫崖行政委员会塔鹤托坂日上三叠统八宝山组（T_3b）实测剖面图（Ⅱ6P_1）

图幅内八宝山组由于受后期断层破坏，地层支离破碎，出露不全，对剖面的选择有一定的困难，故所测此剖面仅控制了部分细碎屑岩，顶底不全。剖面位于塔鹤托坂日以北，为北倾的单斜层，露头良好，控制厚度 298.56m。剖面起点坐标：东经 91°07′27″，北纬 36°31′33″；终点坐标：东经 91°07′13″，北纬 36°31′14″。

（未见顶）

6. 杂色中薄层状泥岩夹中薄层煤线　厚度：＞17.16m

5. 灰色中厚层状含砾粗砂岩夹褐黄色粉砂岩及灰红色泥岩和灰黑色煤线　38.16m

4. 灰黄绿色中薄层状钙质胶结中—细粒岩屑长石砂岩夹灰黑色薄层泥煤　42.62m

3. 紫红色中厚层状岩屑长石砂岩夹灰紫色中薄层泥质粉砂岩　56.63m

2. 紫红色长石砂岩夹灰绿色长石砂岩及粉砂岩　90.3m

1. 灰绿色中粗粒长石岩屑砂岩夹灰褐色泥岩及灰紫色中状粉砂岩　＞53.69m

（未见底）

（2）新疆维吾尔自治区若羌县吐木勒克上三叠统八宝山组（T_3b）地层实测剖面（Ⅱ2P_1）（图 2-65）。

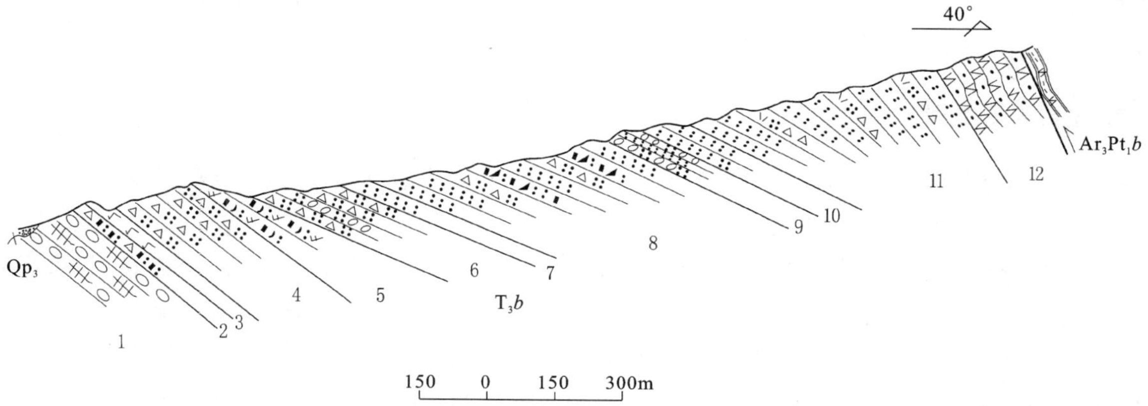

图 2-65　新疆若羌县吐木勒克上三叠统八宝山组（T_3b）地层实测剖面图

此剖面位于吐木勒克，为一套碎屑岩夹火山岩的地层序列，由北东向南西方向测制，基本垂直岩层走向。露头较好，构造简单，控制了其最大厚度，顶底均出露不全。剖面起点坐标：东经 90°35′29″，北纬 36°40′57.5″；终点坐标：东经 90°34′30.5″，北纬 36°40′04″。控制厚度 1322.8m。

（未见顶）

12. 灰褐色中厚层状强劈理化中细粒长石砂岩　厚度：＞146.78m

11. 灰褐色厚层状沉凝灰岩夹灰褐色厚层状变质流纹质沉凝灰角砾岩，偶夹煤线，沉凝灰岩中具平行层理，含植物茎干　392.7m

10. 灰褐色中厚层状变质沉凝灰岩　70.59m

9. 灰绿色厚—巨厚层状酸性凝灰质砾岩夹灰绿色薄层状沉凝灰岩，砾岩中砾石具叠瓦构造，叠瓦产状 90°∠54°　31.92m

8. 灰褐色中厚层状沉凝灰岩夹灰褐色含角砾沉凝灰岩及深灰色薄层状蚀变酸性岩屑晶屑凝灰岩，偶夹煤线，沉凝灰岩中发育平行层理　277.54m

7. 灰绿色中厚层状凝灰岩夹灰绿色中薄层状凝灰质砾岩　28.08m

6. 灰绿色中厚层状蚀变酸性含角砾沉凝灰岩夹灰绿色块层状凝灰质砾岩，沉凝灰岩中见平行层理及对称玻痕　88.59m

5. 灰绿色块层状蚀变英安质晶屑玻屑凝灰岩　46.68m

4. 灰绿色块层状凝灰质巨砾岩夹灰绿色中厚层状含角砾沉凝灰岩　148.96m

3. 灰绿色块层状蚀变玄武安山岩　29.99m

2. 灰绿色块层状中基性含角砾晶屑凝灰岩　21.34m

1. 灰色巨厚层状复成分巨砾岩　＞39.63m

（未见底）

（二）岩石地层特征

1. 岩石组合及横向变化

根据剖面及地质路线调查反映并结合前人资料，区内八宝山组主要岩性以长石砂岩、长石岩屑砂岩、岩屑长石砂岩、复成分砾岩、凝灰质砾岩、沉凝灰岩为主，夹粉砂岩、泥岩、凝灰岩、蚀变玄武安山岩及极不稳定煤线。

依据出露位置不同，其岩石组合有所不同，从额尔衮赛埃图中游至塔鹤托坂日北一带主要出露一套以长石砂岩、长石岩屑砂岩为主，夹粉砂岩、泥岩、页岩及薄层煤线。在页岩中产植物化石，控制厚度298.56m，向东延至邻幅。在吐木勒克一带出露一套以灰色复成分砾岩、灰绿色凝灰质砾岩、灰褐色沉凝灰岩、长石砂岩为主，夹沉凝灰角砾岩、浅灰色英安质晶屑玻屑凝灰岩、蚀变玄武安山岩、含角砾晶屑凝灰岩、酸性岩屑晶屑凝灰岩及极不稳定煤线。火山岩从下向上构成4个喷发韵律，火山活动类型显示了由爆发—溢流—喷发沉积、爆发—喷发沉积的活动特点，岩石组分从下而上具有由基性—中性—酸性的演化。沉凝灰岩中产植物碎片，控制厚度1322.8m。

2. 主要岩石类型

砾岩：砾状结构，基底式胶结。砾石成分主要有砂岩、花岗岩、片麻岩等，磨圆较好呈次圆状，分选较差，砾径一般为2～10cm，较大者为20cm，填隙物为砂质。

凝灰质砾岩：凝灰质砾状结构，块状构造。砾石由岩屑(60%)(玻屑凝灰岩、变粒岩)和火山碎屑(25%)(石英、钾长石、更长石、玻屑凝灰岩、花岗岩、变粉砂岩)及磁铁矿、锆石组成。砾石大小不等，呈次滚圆状、滚圆状，分选差。火山碎屑中石英呈棱角状、具熔蚀现象、裂纹发育，钾长石呈阶梯状和不规则状、被碳酸盐和高岭土交代，更长石呈阶梯状和不规则状、聚片双晶发育、被绢云母交代，胶结物(15%)由钙质和铁质组成。

岩屑长石砂岩：中细粒砂状结构，岩石由碎屑(72%)和胶结物(28%)组成。碎屑磨圆度差，一般呈棱角状或次棱角状，分选性较好，碎屑粒径为0.123～0.647mm，碎屑成分为石英(36%)、长石(36%)、岩屑(28%)(酸性熔岩类、安山岩、千枚岩、长英质变质岩)等。碎屑杂乱分布，排列不具方向性。胶结物为方解石。基底-孔隙式胶结。

片理化中细粒长石砂岩：变余中细粒砂状结构，岩石由碎屑(84%)和胶结物(16%)组成。碎屑成分为石英(52%)、长石(42%)、岩屑(6%)(玻屑凝灰岩、粘土岩、流纹岩、变粉砂岩)、白云母、磁铁矿、电气石锆石组成。碎屑大小相近，呈次棱角状、次圆状，分选性中等，具重结晶现象、颗粒支撑、孔隙式胶结、大致定向分布，碎屑粒径为0.06～0.25mm，胶结物为绢云母(13%)和方解石(3%)及少量硅质和铁质。

沉凝灰岩：具沉凝灰结构，块状构造。凝灰质(88%)由晶屑(83%)(石英、钾长石、更长石、黑云母)、岩屑(5%)(粘土岩、流纹岩、凝灰岩、安山岩、玄武岩、沉凝灰岩、花岗闪长岩等)、磁铁矿、锆石组成。晶屑中石英呈棱角状，具熔蚀现象，裂纹发育；钾长石呈阶梯状外形、条纹构造发育，被高岭土交代；更长石呈阶梯状外形，被高岭土交代；黑云母呈不规则状外形、具揉曲现象，胶结物(12%)由钙质和铁质组成。

蚀变酸性含角砾沉凝灰岩：含角砾沉凝灰结构，块状构造。凝灰质(84%)由晶屑(40%)(石英、钾长石、更长石、黑云母)、岩屑(38%)(凝灰岩、流纹岩、石英岩)和角砾(6%)(熔结凝灰岩、玻屑凝灰岩、石英岩)、磁铁矿、锆石组成。晶屑中石英呈棱角状，具熔蚀现象，裂纹发育；钾长石呈阶梯状和不规则状外形，被高岭土交代；更长石呈阶梯状和不规则状外形，被绢云母和碳酸盐交代；黑云母呈不规则状外形，具揉曲现象，被绿泥石和碳酸盐交代。岩屑大小相近、呈次圆状不均匀零星分布于晶屑之间，角砾大小相近、呈次圆状零星分布，胶结物(16%)由钙质和铁质组成。

（三）环境分析及时代讨论

该套地层自下而上总体显示粒度由粗变细的变化趋势，在塔鹤托坂日一带下部以灰绿色砾岩、砂岩为主，向上为灰黄色、灰绿色、紫红色长石砂岩，岩屑长石砂岩夹含砾砂岩、粉砂岩、泥岩及页岩和薄层煤线。砂岩中发育板状交错层理，页岩中含大量植物孢粉，显示山麓河湖相沉积特征。矿物组分以成熟度偏低的岩屑、长石居主，占岩石总量的50%以上，砾石级内大部分由岩屑组成，成分复杂，砂级颗粒的岩屑主要有酸性熔岩类、安山岩、千枚岩、长英质变质岩，碎屑分选一般，磨圆较好，说明岩石具有中等结构成熟度，仍显示快速搬运，迅速沉积之特征。泥岩、页岩夹薄煤层，且页岩中含大量植物化石，显然属温湿环境下的湖沼沉积。在吐木勒克一带下部以砾岩、含角砾沉凝灰岩为主，夹中基性-中酸性火山熔岩，向上为沉凝灰岩、长石砂岩及不稳定煤线。沉凝灰岩中发育平行层理及对称波痕，且沉凝灰岩中见大量植物碎片，砾岩中砾石磨圆较好，具叠瓦构造，产状90°∠54°，显示温湿环境下的河湖相沉积，期间伴随有火山多次喷发。

在塔鹤托坂日北碎屑岩中产植物：*Glossophyllum shensiense* Sze，*Cladophlebis* sp.，*Neocalamites* sp.，*Storgaardia*；孢粉：其中（32BH372点）蕨类植物孢子占27.77%，*Duplexisporites* spp.（5.14%），*Dictyophyllidites* spp.（5.30%），*Verrucosisporites* spp.（4.78%）；*Leiotriletes* sp.（3.32%），*Foveotriletes* sp.（3.22%），*Aratrisporites* spp.（6.04%），*Punctatisporites* sp.（1.56%），*Lycopodiacidites* sp.（1.14%），*Apiculatisporis* sp.（1.45%），*Asseretospora* sp.（1.24%），*Baculatisporites* sp.（1.97%），*Annulispora*（1.87%），零星个别见到：*Concavisporites* sp.，*Todisporites* sp.，*Anapiculatisporites* sp.，*Levisporites* sp.，*Cyatidites* sp.，*Stereisporites* sp.，*Crybelosporites* sp.，*Calamospora* sp.，*Densosporites* sp.，*Converrucosisporites* sp.，*Deltoidospora* sp.，*Lophotriletes* sp.，*Sphagnumsporites* sp.，*Cyclogranisporites* sp.，*Gleicheniidites* sp.，*Granulatisporites* sp.，*Retusotriletes* sp.，*Osmundacidites* sp.，*Polycingulatisporites* sp.，*Kyrtomisporis*？sp.，*Lundbladispora* sp.，*Cibotiumspora* sp.，*Impardicispora* sp.，*Corolliporites*？sp.，*Lophozonotriletes* sp.，*Triquitrites* sp.；裸子植物花粉占72.2%，有*Pinites* sp.（9.40%），*Alisporites* spp.（5.61%），*Psophosphaera* sp.（9.98%），*Inaperturopollenites* spp.（4.89%），其次为：*Abietineaepollenites* sp.（7.70%），*Pinuspollenites* sp.（3.12%），*Colpectopollis* sp.（3.53%），*Protoconiferus* sp.（2.49%），*Podocarpidites* sp.（2.91%），*Protopinus* sp.（2.28%），*Phyllocladites* sp.（2.18%），零星见有：*Chasmatosporites* sp.，*Cyadopites* sp.，*Caytonipollenites* sp.，*Piceites* sp.，*Platysaccus* sp.，*Hunanpollenites* sp.，*Classpollis* sp.，*Sulcatisporites* sp.，*Vitreisporites* sp.，*Taeniaesporites* sp.及 Pinaceae 科等。（32BH354-1点）孢粉组合则以蕨类植物孢子为主，占总组合的71.19%，包括：*Cyathidites* sp.（30.79%），*C. minor* Couper（9.26%），*C. australis* Couper（18.87%），零星见有：*Concavisporites* sp.，*Deltoidospora* sp.，*Dictyophyllidites* sp.，*Undulatisporites* sp.，*Converrucosisporites* sp.，*Neoraistrickia* sp.，*Bacuiatisporites* sp.，*Cibotumspora* sp.，*Kyrtomisporis* sp.；裸子植物花粉占28.8%，包括：*Pinites* sp.（18.44%），*Classopollis* sp.（6.6%），*C. gvroflexus* Kocehkoba，*C. minor* Pocock et Jansonius，零星见有：*Callialasporites* sp.，*Cerebropollenites* sp.，*Quadraeculina* sp.，*Ricciisporites* sp.，*Granasporites* sp.等。本次区调路线在吐木勒克沉凝灰岩中获孢粉其组合为：木本植物花粉占84.4%，包括：*Pinus*（48.2%），*Picea*（29.4%），*Betula*（8.7%），*Corylus*（2.2%），*Ulmus*（0.9%），*Nitraria*（0.4%）；草本植物花粉占15.2%，包括：*Artemisia*（0.4%），Chenopodiaceae（3.0%），Gramineae（6.9%），Cyperaceae（3.9%），*Potamogeton*（0.4%），Leguminosae（0.4%）；蕨类植物孢子为 Polypodiaceae（0.4%）。

植物化石均为晚三叠世地层中的常见分子，其中 *Glossophyllum shensiense* Sze 为我国北方上三叠统延长群的重要分子；而32BH372点孢粉由青海省第二区调队冀六祥鉴定认为该孢粉组合特征属陆相沉积类型。组合中主要孢子属晚三叠世孢粉组合面貌，但组合中 *Classopollis* sp.是侏罗纪主要分子，在晚三叠世晚期孢粉组合中有少量出现。该孢粉组合所属地质时代为晚三叠世—早侏罗世。而32BH354-1点孢粉由青海省第二区调队冀六祥鉴定认为该孢粉组合特征 *Cyathidites*、*Classopollis* 具有十分广泛的分布，它们含量高，一般认为是侏罗纪的特征。但组合中还含有个别晚三叠世晚期(瑞替期)孑遗分子 *Kyrtomisporis* 属，该分子见于湘西南、桂东北早侏罗世孢粉组合中。*Ricciisporites* 属则分布在格陵兰、瑞典、德国、波兰的瑞替期至里阿斯期。以上组合中 *Cyathidites* 属占绝对优势，晚三叠世晚期分子个别出现，尚缺乏晚三叠世主要分子，因此鉴定者认为该孢粉组合所属时代归早侏罗世较适宜。

综上所述孢粉组合中 *Cyathidites*、*Classopollis* 高含量特征，反映的是侏罗世孢粉组合面貌。但组合中还含有个别晚三叠世晚期(瑞替期)孑遗分子 *Kyrtomisporis* 属，而植物化石为我国北方上三叠统延长群的重要分子。区域上，上三叠统的沉积特征与区内该套地层基本相同，可以对比。故将该套地层时代归属晚三叠世。但也不排除该地层可能为一穿时的地层单位，时代归晚三叠世—早侏罗世(?)。

依据该地层岩石组合特征、沉积构造、孢粉组合特征，反映区内东昆仑南坡分区在晚三叠世时期自西向东形成以山前断陷盆地为特征的陆相盆地，接受陆相碎屑岩及火山岩沉积夹煤线，以发育河流、湖泊沉积为特征，在温暖湿润环境下形成的一套河流-湖泊相碎屑岩沉积序列。

三、巴颜喀拉地层区

巴颜喀拉山群

北京地质学院(1961)在玛多—竹节寺一带创建巴颜喀拉山群，原指全由泥砂质碎屑岩组成的地层，时代属石炭纪。1970年青海省区域地质测量队经《1∶100万玉树幅(Ⅰ-47)区域地质调查报告书》及《1∶100万温泉幅(Ⅰ-46)区域地质调查报告书》修订，提出分布于西起可可西里，东至巴颜喀拉山主体，几乎全由三叠系组成的类复理石碎屑岩称为巴颜喀拉山群，作为本区三叠系的地方名称，以上、中、下巴颜喀拉山群分别表示上、中、下统。青海省地质矿产勘查开发局在《青海省区域地质志》(1991)中，将上、中、下巴颜喀拉山群分别改为上、中、下亚群。《青海省岩石地层》(孙崇仁等，1997)中采用修订后的巴颜喀拉山群，指分布于可可西里—巴颜喀拉山地区的一套厚度巨大的，几乎全由砂岩、板岩组成的地层，难见顶、底，偶见不整合于布青山群之上、年宝组之下。化石稀少，属种单调，主要有双壳类、腕足类和头足类等。前人未在本群内建立正式的组级岩石地层单位，命名者在创名时未指定层型，《青海省岩石地层》依据砂岩、板岩的组合特点和相对位置，建立了下部砂岩板岩组、中部砂岩组、上部板岩组和顶部砂岩夹板岩组等四个非正式组。

测区巴颜喀拉山群主要分布于西南角巍雪山一带，主体分布于图外可可西里地区。巴颜喀拉山群是一套沉积厚度大，岩性简单，以砂岩为主的浅变质的碎屑岩、泥质岩。岩石浅变质，具次稳定型沉积特点。地层总体构造线方向呈北西西向，地层遭受了强烈褶皱和冲断作用。其上被第四纪松散层覆盖，局部见燕山期花岗岩侵入，在可可西里地区被古—新近纪地层不整合覆盖。顶底均出露不全，控制厚度3341.88m。根据岩性组合特征本书用巴颜喀拉山群砂岩组代表本区三叠纪地层。

(一) 剖面描述

青海省治多县巍雪山中三叠统巴颜喀拉山群砂岩组(TB_1)地层实测剖面(Ⅱ7P_4)(图2-66)。

所测剖面位于巍雪山南，为一套浅变质的碎屑岩、泥质岩，岩石出露较好，岩层较为稳定，顶部测至向斜结束，未见顶底。剖面起点坐标：东经90°03′19″，北纬36°07′16″；终点坐标：东经90°01′12″，北纬36°05′36″。

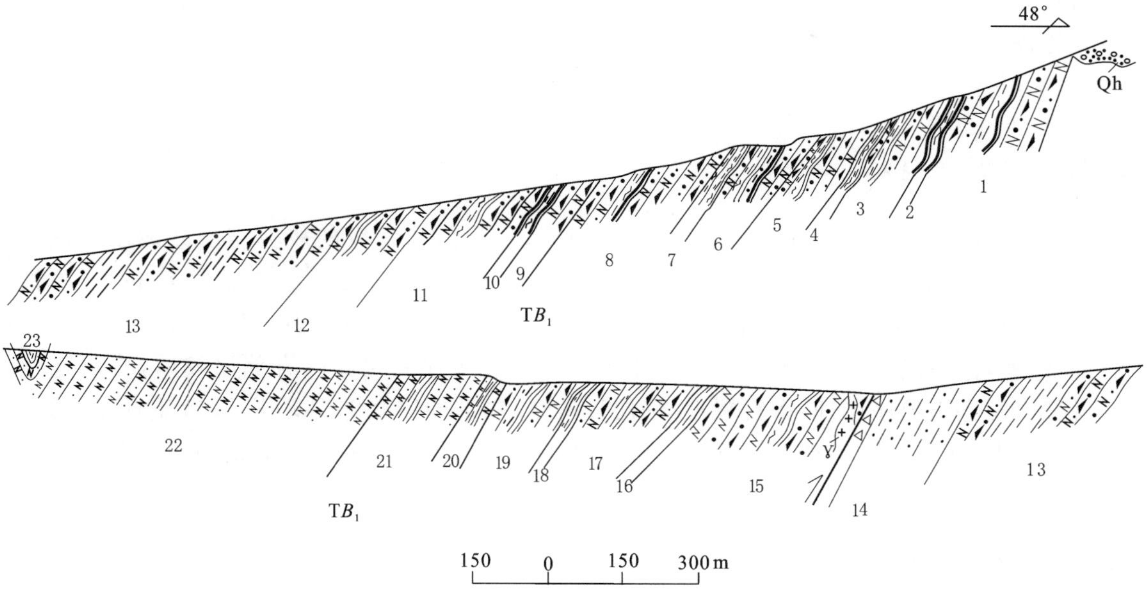

图 2-66　青海省治多县巍雪山中三叠统巴颜喀拉山群砂岩组(TB_1)地层实测剖面图

（向斜核未见顶）

23.灰褐色中薄层状泥质胶结含粉砂细粒长石砂岩夹浅灰色变泥质板岩　厚度：＞44.46m

22.灰绿色中薄层状泥质胶结含粉砂细粒长石砂岩夹灰绿色变泥质板岩，砂岩中可见平行层理，底层面见板岩形成的泥砾构造　606.84m

21.灰紫色泥质胶结含粉砂细粒长石砂岩夹浅灰色泥质板岩，砂岩中偶见平行层理　151.47m

20.灰紫色中—薄层状泥质胶结含粉砂细粒长石砂岩与灰紫及浅灰色泥质板岩互层　33.26m

19.灰紫色变中细粒岩屑长石砂岩夹灰紫色及浅灰色绢云母泥质板岩　141.37m

18.浅灰色绢云母泥质板岩夹灰绿色中薄层状细粒岩屑长石砂岩　8.32m

17.黄褐色、灰紫色变中细粒岩屑长石砂岩夹灰紫色绢云母泥质板岩　189.19m

16.灰紫色(局部灰褐色)泥质板岩夹灰紫色中薄层状细粒泥质胶结含粉砂细粒长石砂岩　24.99m

15.黄褐色、灰紫色变中细粒岩屑长石砂岩夹灰紫色绢云母泥质板岩，板岩中见水平层理　＞237.27m

════ 断层 ════

14.黄褐色碎屑质糜棱岩偶夹浅灰绿色糜棱岩化岩屑长石砂岩　＞157.21m

13.灰褐色夹灰绿色中薄层状变泥质胶结含粉砂含中砂细粒岩屑长石杂砂岩夹黄褐色千糜岩　735.06m

12.浅灰绿色(或浅灰色)中薄层状含粉砂中细粒变泥质胶结岩屑长石杂砂岩夹灰绿色板岩，偶夹粉砂岩　116.03m

11.灰绿色中—薄层状变含粉砂细粒泥质胶结岩屑长石杂砂岩夹灰绿色绿泥绢云母泥质板岩　169.34m

10.灰绿色绿泥绢云母泥质板岩夹细粒岩屑长石砂岩　13.52m

9.灰绿色中—厚层状细粒岩屑长石砂岩夹灰绿色板岩，砂岩中见粒序层理　54.1m

8.灰绿色中—厚层状中细粒泥质胶结岩屑长石杂砂岩夹灰绿色绿泥绢云母泥质板岩，偶夹厚层状中粗粒岩屑长石砂岩　196.98m

7.灰绿色绿泥绢云母泥质板岩夹灰绿色中—薄层状细粒岩屑长石砂岩　21.98m

6.灰绿色中—厚层状中细粒泥质胶结岩屑长石杂砂岩夹灰绿色薄层状粉砂质泥质板岩、灰绿色绿泥绢云母泥质板岩。粉砂质泥质板岩中偶见微细纹层理，砂岩中见平行层理　108.05m

5.灰绿色中厚层状中细粒泥质胶结岩屑长石杂砂岩夹灰绿色绿泥绢云母泥质板岩　97.41m

4.灰绿色绿泥绢云母泥质板岩夹灰绿色中细粒泥质胶结岩屑长石杂砂岩　6.27m

3.灰绿色中—厚层状中细粒泥质胶结岩屑长石杂砂岩夹灰绿色薄层状含粉砂细砂质绢云母泥质板岩、灰绿色绿泥绢云母泥质板岩，含粉砂细砂质绢云母泥质板岩中偶见水平层理　78.00m

2. 灰绿色绿泥绢云母泥质板岩夹灰绿色中细粒泥质胶结岩屑长石杂砂岩 12.79m

1. 灰绿色中—厚层状中细粒泥质胶结岩屑长石杂砂岩夹灰绿色薄层状绿泥绢云母泥质板岩 >137.97m

（未见底）

（二）岩石地层特征

测区巴颜喀拉山群是一套沉积厚度大，岩性简单，沉积韵律发育的较典型的砂泥质复理石碎屑岩建造，旋回性沉积韵律岩性组合较稳定，以砂岩—板岩沉积韵律为主，砂板岩比为4∶1。岩性主要为岩屑长石（杂）砂岩、泥质板岩、含粉砂细砂质泥质板岩及少量细粒长石砂岩。自下而上具粒度由粗→细，即由砂岩→板岩、砂岩→含砂质板岩→板岩的韵律性变化。砂岩单层较厚，横向连续性较好，层位稳定，发育正粒序层理、平行层理，底层面清楚，局部砂岩底部含泥砾，发育重荷模，粉砂质板岩多具水平层理，偶见细纹层理。发育鲍马序列，但不完整，具有近源浊积岩的特点。其主要岩石类型特征如下。

1. 岩屑长石（杂）砂岩类

岩屑长石（杂）砂岩类分别具中细粒砂状结构、变余中细粒砂状结构、含粉砂细粒砂状结构，接触-孔隙式胶结。岩石由碎屑和杂基及胶结物组成。碎屑成分为石英、长石、岩屑（中基性熔岩、安山岩、绢云母千枚岩、酸性熔岩、泥质板岩等）、白云母、锆石及金属矿物等。碎屑磨圆度较差，多呈棱角状、次棱角状，少数呈次圆状；分选性较好，碎屑粒径为0.06～0.78mm，但一般在0.5mm以下。杂基由粘土矿物、绢云母、绿泥石组成，胶结物主要为硅质、少量铁质及钙质。碎屑排列略具定向性。

2. 中细粒长石岩屑砂岩

中细粒长石岩屑砂岩具中细粒砂状结构，接触式胶结。岩石由碎屑（91%）、杂基（7%）、胶结物（2%）组成。碎屑磨圆度差，多呈棱角状、次棱角状、少数呈次圆状；分选性较好，碎屑粒径为0.06～0.78mm，但一般在0.493mm以下。碎屑成分为石英（45%）、长石（22%）、岩屑（33%）（酸性熔岩、硅质岩、中酸性火山岩、安山岩、流纹岩、绢云母千枚岩等）、白云母、金属矿物等。杂基由绢云母、绿泥石组成，胶结物为石英。碎屑排列略具定向性。

3. 泥质胶结含粉砂细粒长石砂岩

泥质胶结含粉砂细粒长石砂岩含粉砂细粒砂状结构，接触-孔隙式胶结。岩石由碎屑（85%）、杂基（13%）、胶结物（2%）组成。碎屑磨圆度差，多呈棱角状、次棱角状，分选性较好，碎屑粒径为0.03～0.34mm，但一般在0.25mm以下，且多为0.06～0.246mm。碎屑成分为石英（25%）、长石（57%）、岩屑（16%）（安山岩、酸性熔岩、板岩、绢云母千枚岩、灰岩等）、白云母、黑云母、电气石、金属矿物等。杂基由绢云母、绿泥石组成，胶结物为石英。碎屑排列略具定向性。

4. 泥质板岩类

泥质板岩类包括绿泥绢云母泥质板岩、含粉砂细砂质绢云母泥质板岩、粉砂质泥质板岩、绢云母泥质板岩，具变余粉砂泥质结构及变余泥质结构，板状构造，岩石主要由粘土矿物（44%～61%）、绢云母（20%～30%）、绿泥石（5%～15%），个别样含砂屑，砂屑磨圆度较差，多呈棱角状、次棱角状，其粒径为0.018～0.22mm，但0.06mm以上的占多数，砂屑成分为石英、长石、白云母、黑云母、绿泥石、岩屑（中酸性熔岩、安山岩）。粉砂屑成分为石英、长石、金属矿物，磨圆好，多呈次圆状。

（三）环境分析及时代讨论

该套地层为一套巨厚细碎屑岩夹泥质岩的沉积，具典型的类复理石沉积特征。总体该套地层砂岩中杂基含量较高（16%～22%），岩屑成分复杂，有火山岩类碎屑，表明有火山物质的加入。此外还见有碎屑白云母、黑云母等，反映近源花岗岩物质来源。碎屑磨圆度较差，多呈棱角状、次棱角状，少数呈次圆状，结构成熟度及成分成熟度都不高，反映其物源区较近，搬运距离较短，为快速堆积形成。从矿物成分分布三角图（图2-67）上看，投点大部分落入火山弧物源区，反映其物质来自北面的昆仑岩浆弧。

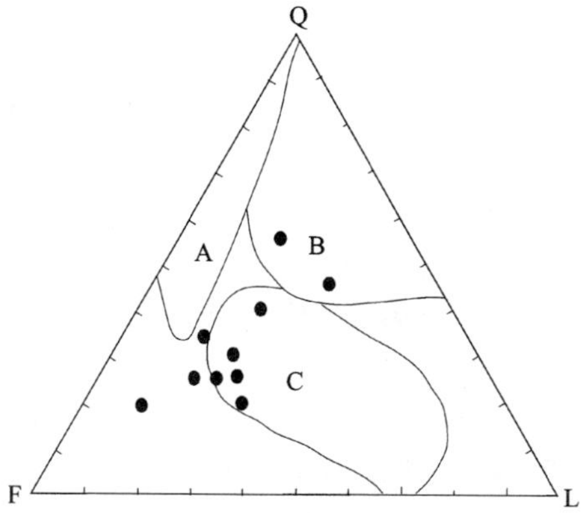

图2-67　砂岩碎屑矿物成分分布三角图

A.克拉通物源区；B.再旋回造山带物源区；C.岩浆弧物源区

该套地层沉积构造不发育，砂岩中普遍含原生黄铁矿晶体，偶见平行层理，发育粒序层理，局部砂岩底部含细砾，底层面清楚，发育重荷模；砂质泥质板岩及板岩中见水平层理及细纹层理可能属低密度浊流沉积作用的产物，发育鲍马序列 bce 及 be，局部见 abe 段，完整的序列较少见（图2-68），底部为递变层理，即由含砾粗砂岩向上变为细砂岩、粉砂质板岩、板岩，说明在沉积过程中在海盆较深处存在有大量泥砂的高密度流，沿斜坡快速堆积。在南邻幅该套地层中，产遗迹化石：*Phycosiphon incertum*，*Planolites montanus*，*Gordir* sp.，*Chondrites* sp.，其组合为深水环境下的遗迹组合，属 *Nereites* 遗迹相，该遗迹相化石产于半深海、大陆斜坡环境下的近源浊积岩上。从以上特征反映了沉积过程是处于水动力较强的浊流沉积环境，即巴颜喀拉山群应为一套半深海大陆斜坡的浊流沉积物。

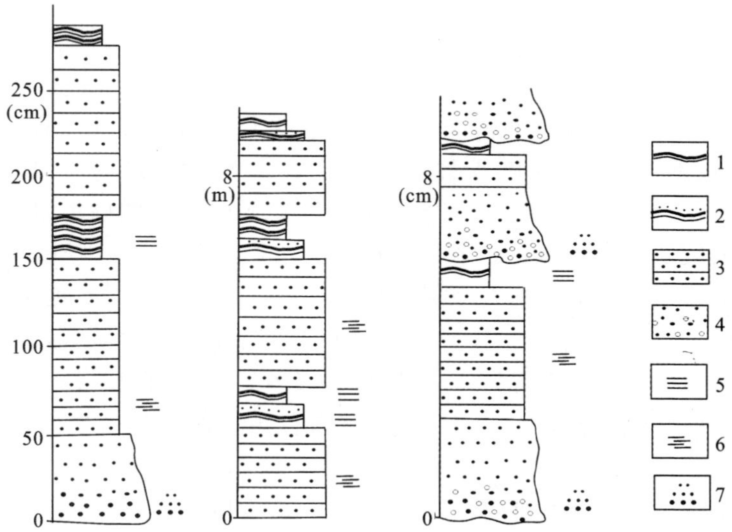

图2-68　巴颜喀拉山群砂岩组层序图

1.板岩；2.砂质板岩；3.细砂岩；4.含砾粗砂岩；5.水平层理；6.平行层理；7.粒序层理

该套地层中化石较少，本次调查在巍雪山南部板岩中取得微体化石：*Leiosphaeridia* sp.，*Micrhystridium* sp.；南邻可可西里湖幅在该套地层中获孢粉，其组合以 *Striatites*，*Taeniaesporites* 属的存在及 *Duplexisporites*，*Cycadopites*，*Camerosporites* 属的大量出现为特征，与我国北方区第二组合，巴颜喀拉山地区的中三叠世孢粉组合类似，显示中三叠世的面貌。区内出露的该套地层与《青海省岩石地》所述巴颜喀拉山群对比，区内所出露的该套地层相当于《青海省岩石地层》所述的巴颜喀拉山群中部砂岩组，岩性基本吻合，其时代也与《青海省岩石地层》中巴颜喀拉山群中部砂岩组时代相吻合。为此将该套地层时代归属中三叠世。

第五节 新生代地层

一、古近纪—新近纪地层

测区内古—新近纪地层分布较广，分内陆河湖相沉积和大陆火山相两种类型，内陆河湖相盆地型沉积主要出露于阿尔格山—布喀达坂峰以东及塔鹤托坂日一带的山间凹地，在别里赛以北及其他地区也有小面积出露，呈近东西向分布。1981 年青海省地质图将其划分为新近系中新统(N_1)；《1∶20 万塔鹤托坂日幅》(青海省地质矿产局区域综合地质大队，1992)将测区东昆仑南坡地层分区内含石膏层的红色碎屑岩划归古近系渐新统—新近系中新统，将不整合在其上的粗碎屑岩划归新近系上新统；《1∶20 万伯喀里克幅》将测区柴达木南缘地层分区内出露的红色碎屑岩划归新近系(青海省地质矿产局区调综合地质大队，1985)。

在本次 1∶25 万区域地质调查时，项目组在该套红色地层中采获了腹足类及孢粉化石，并且首次在红色地层的砂岩中取得了大量电子自旋共振(ESR)测年样，并依据岩性组合特征及分布特点，通过区域对比，本书分别采用沱沱河组(E*t*)、雅西措组(EN*y*)、曲果组(N*q*)、查保马组(EN*c*)、狮子沟组(N$\hat{s}\hat{z}$)代表东昆仑南坡地层分区、柴达木南缘地层分区及巴颜喀拉地层分区出露的古—新近纪地层。

(一) 柴达木南缘地层分区

区内仅出露新近系上新统狮子沟组(N$\hat{s}\hat{z}$)。1958 年徐仁等将该套地层称宽沟统。1964 年裴文中、周明镇等在《中国的新生界》一书中，改称狮子沟组。1959 年青海省石油管理局科学研究所在冷湖镇狮子沟创名"狮子沟岩系"，原指处于七个泉岩组不整合面之下，油砂山组整合面之上，代表上新世晚期，由土黄色砂质泥岩、泥质粉砂岩、砂岩、砾岩组成的地层。同时该所在柴达木盆地东部又将该套地层称"东丘陵岩系"。《青海省岩石地层》(孙崇仁等，1997)依据岩石地层单位划分准则及优先权，沿用狮子沟组，指不整合(盆地边缘)或整合于油砂山组之上，不整合于七个泉岩组之下一套以粗碎屑岩为主的地层。岩性为砾岩、含砾砂岩、砾状砂岩夹砂岩、泥质粉沙岩。顶、底以不整合面分隔。在盆地中心与下伏油砂山组整合接触，以土黄色、灰白色为主的含砾砂岩的出现与油砂山组分界。产介形类化石碎片。

狮子沟组仅在测区那陵格勒河以北别里赛有小面积分布，地貌上形成山间低丘。为一套以山麓冲洪积相粗碎屑岩为主的沉积。由于其分布少、覆盖大、露头差、岩性单一，故区内无法测制剖面，所获资料无几。根据路线观察，该套地层出露岩性为灰黄色块层状复成分砾岩、紫红色砂岩及含砾泥岩。为北北东倾的(倾角 15°左右)单斜近水平岩层，与下伏金水口岩群白沙河岩组角度不整合接触，其上为中更新世冰碛砂砾石层覆盖。厚度大于 10m。

根据路线资料，该套地层以灰黄色—紫红色粗碎屑岩为主。砾岩成分复杂，以二长花岗岩为主，次为片麻岩、大理岩。砾石磨圆差，呈棱角状、次棱角状；分选差，胶结差，胶结物为砂泥质，呈基底式胶结。反映了当时水动力较强，显示快速堆积的特点。紫红色含砾泥岩，其砾石均为泥砾，偶见砂岩砾石。砾石含量约 5%～10%，砾石砾径一般为 0.5～1cm，偶见大于 1cm。泥岩中发育水平纹层理，显示水动力较弱的湖相沉积特点。

结合区域资料，该套地层以灰黄色块层状复成分砾岩、紫红色含砾砂岩、砂岩、粉砂岩及泥岩(或含砾泥岩)，局部夹石膏薄层。从颜色及局部石膏层的出现，应属干燥炎热气候即氧化环境下形成的一套以山麓冲洪积相为主兼河湖相的碎屑岩沉积。

该套地层前人曾做过工作，但研究程度都较低，均未获得年代资料，本次区调工作中在该套地层中获得电子自旋共振测年年龄为4.5Ma。根据岩性组合特征与区域资料对比，将该套地层归狮子沟组，其形成时代为上新世。

（二）东昆仑南坡地层分区

分区出露沱沱河组（E*t*）、雅西措组（EN*y*）、曲果组（N*q*），现分别叙述如下。

1. 沱沱河组（E*t*）

1989年青海省区调综合地质大队于格尔木市唐古拉山乡沱沱河创名“沱沱河群”。原指处于结扎群不整合面之上，雅西措群整合面之下的一套由紫红色、灰紫色粉砂质泥岩、岩屑砂岩、砂质灰岩、复成分砾岩组成的地层。《青海省岩石地层》(1997)降群为组，指不整合于结扎群之上（区域上不整合于巴塘群、巴颜喀拉山群之上），整合于雅西措组之下一套由砖红色、紫红色、黄褐色复成分砾岩、含砾砂岩、砂岩、粉砂岩，局部夹泥岩、灰岩组合成的地层序列。顶以雅西措组灰岩的始现与其分界。产介形类、轮藻、孢粉等化石。

区内沱沱河组主要分布于阿尔格山—布喀达坂峰一带的山间凹地，呈东西向展布，属山间坳陷及断陷型盆地沉积。岩性以砖红色、紫红色、灰褐色复成分砾岩夹岩屑长石砂岩为主，局部夹粉砂质泥岩。不整合在八宝山组或马尔争组之上，或与马尔争组断层接触，与上覆雅西措组整合接触。区内控制厚度1539.68m。

1）剖面描述

（1）新疆维吾尔自治区若羌县阿尔格山南沱沱河组实测地层剖面（Ⅱ7P_1）（图2-69）。

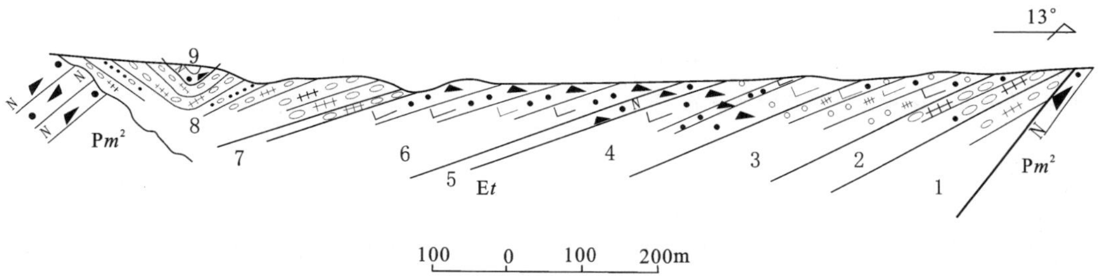

图2-69　新疆维吾尔自治区若羌县阿尔格山南沱沱河组（E*t*）实测剖面图（Ⅱ7P_1）

剖面位于阿尔格山南，岩性简单，产状平缓，由于受南北向构造的挤压，形成一宽缓的向斜构造，使地层总体产状也沿北西西向展布。剖面起点坐标：东经90°26′11.1″，北纬36°11′13.3″；终点坐标：东经90°26′01″，北纬36°10′30″。该剖面控制厚度526.45m。

（未见顶）

9. 紫红色中厚层状含砾岩屑长石粗砂岩	>10.29m
8. 紫红色中厚层状复成分中—细砾岩夹中薄层状含砾粗砂岩，砂岩中发育平行层理，砾岩中砾石呈叠瓦状排列，叠瓦产状5°∠20°	128.25m
7. 紫红色厚层状复成分砾岩	19.58m
6. 紫红色中厚层状钙质胶结中细粒岩屑砂岩，砂岩中发育平行层理	108.21m
5. 紫红色中厚层状岩屑长石细砂岩夹少量中薄层状粉砂质泥岩	9.11m
4. 紫红色中厚层状钙质胶结含砾中粗粒岩屑砂岩夹紫红色薄层状钙质胶结中细粒岩屑砂岩	107m
3. 紫红色中厚层状钙质胶结复成分砂质砾岩夹紫红色中薄层状含砾粗砂岩	87.86m
2. 紫红色厚层状钙质胶结复成分砂质砾岩夹紫红色中薄层状钙质胶结含砾中粗粒岩屑砂岩	39.59m
1. 紫红色厚层状复成分砾岩	>6.27m

═══════ 断层 ═══════

马尔争组灰色中厚层状岩屑长石砂岩

(2) 新疆维吾尔自治区若羌县苏鲁·彼得勒克·得亚沱沱河组地层实测剖面(Ⅱ4P_4)(图 2-70)。

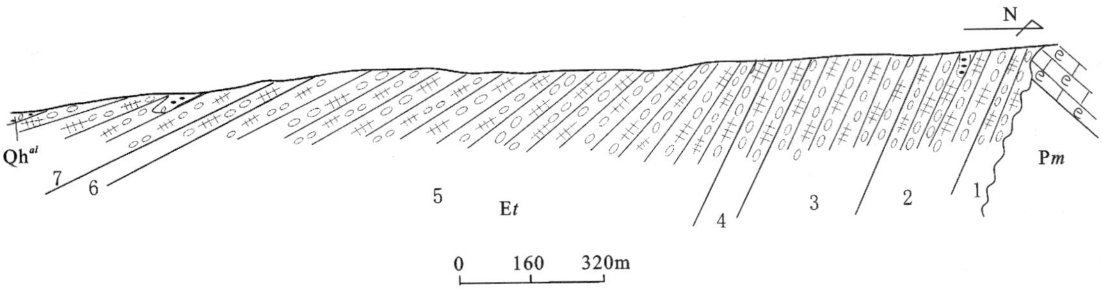

图 2-70　新疆维吾尔自治区若羌县苏鲁彼得勒克沱沱河组实测剖面图(Ⅱ4P_4)

剖面位于苏鲁·彼得勒克河北侧,地层为向南西倾斜的单岩层,岩性简单。与下伏马尔争组不整合接触。剖面起点坐标:东经 90°17′180″,北纬 36°25′40″;终点坐标:东经 90°17′15″,北纬 36°24′25″。该剖面控制厚度 1539.68m。

(未见顶)

7.砖红色复成分砾岩夹砖红色含砾砂岩透镜体	厚度:>192.28m
6.砖红色复成分砾岩夹含砾粗砂透镜体,见有斜层理	42.46m
5.砖红色复成分粗砾岩与复成分中—细砾岩互层,偶夹薄层砂岩透镜体	810.8m
4.砖红色复成分粗—巨砾岩夹砖红色钙质胶结复成分中细砾砾岩	61.27m
3.砖红色复成分中—细砾岩夹砖红色复成分粗砾岩,发育叠瓦构造	195.81m
2.砖红色复成分砾岩偶夹砂岩透镜体,砾岩中叠瓦构造发育,砾石倾向 335°	163.98m
1.砖红色复成分砾岩夹砖红色薄层中细粒砂岩,砂岩中见平行层理	>73.08m

~~~~~~~~~~~~ 角度不整合 ~~~~~~~~~~~~

下伏地层:马尔争组深灰色含生物碎屑灰岩

2) 岩石地层特征

测区沱沱河组总体以砖(紫)红色、灰褐色复成分砾岩为主,夹岩屑长石砂岩、粉砂岩,偶夹泥岩。依据出露位置不同,其岩性组合存在着明显差异,在近物源区的山前地带或在河流出山口处,岩性组合以灰褐色、砖红色厚—巨厚层状复成分砾岩为主,夹砂岩透镜体,成层性差,与下伏马尔争组角度不整合接触;而在盆地边缘则以大套厚层状复成分砾岩、岩屑长石砂岩、岩屑砂岩、粉砂岩等为特征的岩石组合,砂岩中发育平行层理、楔状交错层理、斜层理,砾岩中砾石具定向排列,发育有叠瓦状构造,具明显的旋回韵律特征,与下伏八宝山组、马尔争组角度不整合接触,或与马尔争组断层接触;而向盆地中心则粒度变细,泥岩、砂岩增多,偶夹石膏层。在布喀达坂峰西侧发育有泥裂及不对称波痕。总体来看该岩组的岩性下部以粗砾岩为主,向上砂岩夹层明显增多,并出现粉砂岩,局部出现泥岩并夹石膏薄层,显示由下向上粒度由粗变细的趋势。

3) 主要岩石类型

砾岩类:具砾状结构,孔隙-基底式胶结。砾石呈次圆状、次棱角状,砾石成分复杂,以岩屑(58%)为主,分别为生物碎屑灰岩类、细砂岩、大理岩、安山岩、玄武岩等,不同地段表现为成分上的差异,砾石长轴排列略显定向性。填隙物(砂屑 22%)多呈次圆状、次棱角状及棱角状,成分以砂岩、中基性熔岩、长英质糜棱岩等,次为单晶石英。胶结物(20%)为方解石。

含砾岩屑砂岩:含砾中粗粒砂状结构,孔隙-基底式胶结。岩石由碎屑(80%)、胶结物(20%)组成。碎屑(岩屑、石英及长石等)磨圆度较好,一般呈次圆状或次棱角状,分选性较差,碎屑粒径为 0.25~2.65mm,最大达 15mm。碎屑的长轴排列方向一致,具定向性。胶结物主要为方解石(20%),含微量铁质。

岩屑砂岩:具中细粒砂状结构,孔隙式胶结。岩石由碎屑(78%)、胶结物(22%)组成。碎屑(岩屑、石英及长石等)磨圆度较好,一般呈次圆状或次棱角状,分选性较好,阿尔格山以北则碎屑磨圆度较差,以次棱角状、棱角状为主,分选较差。碎屑粒径为 0.06~0.4mm。碎屑杂乱分布,排列无方向性。胶结
~~~~~~~~~~~~

物主要为方解石(22%)，含微量铁质。

4）环境分析与时代讨论

该套地层以砖红色、紫红色、灰紫色复成分砾岩为主，夹紫红色岩屑砂岩、岩屑长石砂岩等的一套陆相碎屑岩建造。从基本层序特征反映，由砾岩—含砾粗砂岩—砂岩、粗砂岩—细砂岩—粉砂岩等构成的自旋回性沉积(图 2-71)，粒度由下向上由粗变细。砂岩中发育平行层理、斜层理、楔状交错层理。从碎屑物分选差、成熟度低，砾岩中叠瓦状构造较发育，砾石成分复杂，磨圆较好多，多呈次圆状—次棱角状、钙质基底式胶结的特征，反映沉积物来自近地陆源，是强水动力条件下快速堆积的产物，属气候较干旱环境下形成的山麓相-河流相沉积。在布喀达坂峰西侧一带见有泥岩夹石膏薄层，泥岩中发育水平层理、波痕及泥裂，显示为一滨浅湖环境下形成的细碎屑岩沉积，湖水曾一度干涸。该地层总体呈近东西向展布于山间坳陷或断陷盆地中，在盆地边缘则以砾岩、砂砾岩为主，向盆地中心粒度变细，泥岩、砂岩增多，为干旱炎热气候环境下沉积的一套以山麓冲积相为主兼河湖相的碎屑岩沉积。

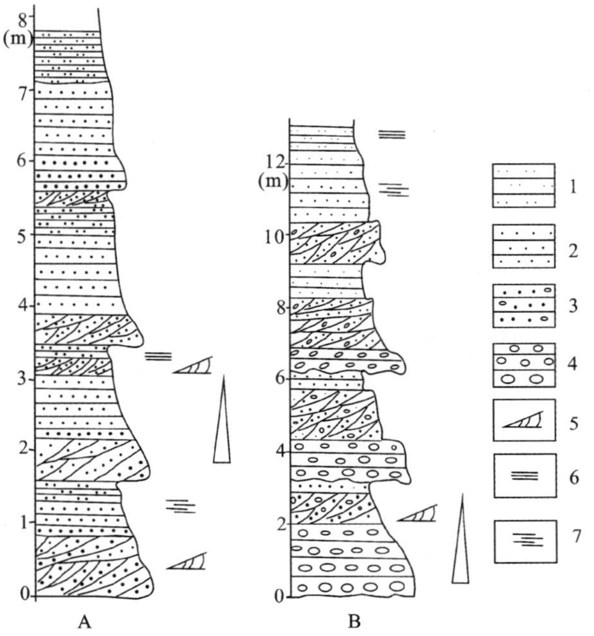

图 2-71　沱沱河组层序特征图

1. 粉砂岩；2. 砂岩；3. 含砾粗砂岩；4. 砾岩；5. 楔状交错层理；6. 水平层理；7. 平行层理

因其整合于雅西措组之下，依据岩性组合特征与区域资料对比基本吻合，结合本次区调在该套地层中获得电子自旋共振测年年龄为 64.8Ma、48.5Ma，确定区内沱沱河组形成时代为古—始新世。

2. 雅西措组(ENy)

1989 年青海省区调综合地质大队于格尔木市唐古拉山乡雅西措创名“雅西措群”。原指分别整合于五道梁群之下，沱沱河群之上代表渐新世灰白色、浅灰色碳酸盐岩及紫红色砂岩为主，夹石膏岩层、泥灰岩、含石膏粘土岩组成的地层。产轮藻、介形类和孢粉化石。《青海省岩石地层》(1997) 降群为组，指分别整合于沱沱河组之上、五道梁组之下一套以碳酸盐岩为主，局部夹紫红色砂岩、灰质粘土岩及锌银铁矿组合而成的地层体。区域上多数地区未见顶。顶以石膏层的出现与五道梁组分界，底以整合(局部为不整合)面或碳酸盐岩的始现与沱沱河组或其以前地层分隔。产介形类、轮藻等化石。

区内该组主要分布于塔鹤托坂日南部至额尔衮赛埃图中、上游一带，在苏鲁·彼得勒克·得亚有小面积出露，是一套陆相干旱盆地型沉积，为一套湖相细碎屑岩夹碳酸盐岩沉积，其主要岩性为紫红色、灰绿色岩屑砂岩，紫红色、灰绿色泥岩、粉砂岩夹砂质微晶灰岩、泥晶灰岩及石膏层。沉积盆地由于受后期南北向构造的挤压，在盆地地层中形成一系列的轴向北西的宽缓背向斜构造，使地层总体产状也沿北西向展布。以下部石膏夹层的始现作为雅西措组的开始而与沱沱河组呈整合接触。区内控制厚度约 404.11m。

1）剖面描述

(1) 青海省茫崖行政委员会博卡雷克塔格山北雅西措组实测地层剖面(Ⅱ$9P_3$)(图 2-72)。

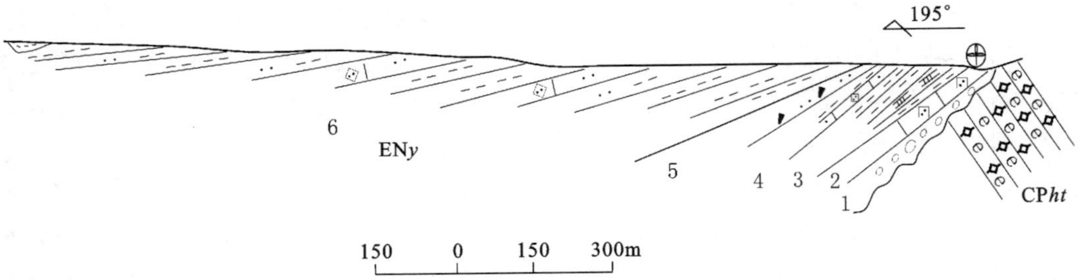

图 2-72 青海省茫崖行政委员会博卡雷克塔格山北雅西措组(ENy)地层实测剖面图(Ⅱ$9P_3$)

剖面位于博卡雷克塔格山以北，地层产状平缓，由于受后期南北向构造挤压，形成宽缓的背向斜构造。剖面测至向斜核，为向北倾的单斜层。与下伏地层呈不整合接触，未见顶。剖面起点坐标：东经90°24′22″，北纬 36°15′40″；终点坐标：东经 91°24′10″，北纬 36°14′36″。本剖面控制厚度 404.11m。

（未见顶）

6. 灰紫色中薄层状泥岩夹同色薄层泥质粉砂岩及灰绿色薄层状含细粉砂质细粉晶灰岩、粉砂质微晶灰岩，粉砂岩中发育水平层理交错层理及对称波痕 厚度：>231.64m

5. 紫红色、灰绿色厚层状岩屑砂岩，砂岩中发育较弱的平行层理及斜层理 6.66m

4. 灰紫色中薄层状泥岩夹同色薄层泥质粉砂岩及灰绿色薄层状含细砂粉砂质细粉晶灰岩 37.82m

3. 灰绿、灰紫色泥岩夹薄层石膏，泥岩中取电子自旋共振测年样(ESR)，年龄为 9.1Ma 95.29m

2. 灰紫色中薄层状粉砂质微晶灰岩夹灰绿色中薄层状含粉砂微晶灰岩 30.26m

孢粉：*Pinuspollenites*(61 粒)

Cedripites(6 粒)

Abiespollenites(11 粒)

Piceaepollis(15 粒)

Lonicerapollis(1 粒)

Qinghaipollis(17 粒)

Nitririadites(9 粒)

Ephedrapites(D) (5 粒)

Epheddripites(E)(1 粒)

Taxodiaceaepollenites(2 粒)

? *Chenopodipollis*(1 粒)

1. 灰白色块层状不等粒砾岩 >2.44m

～～～～～～～～ 角度不整合 ～～～～～～～～

下伏地层：浩特洛哇组浅灰色块层状含生物碎屑泥晶灰岩

(2) 克其克孜苏南古—新近纪实测地层剖面($32P_{14}$)(图 2-73)。

该剖面系前人所测，位于克其克孜苏南，其上与曲果组不整合接触，未见底。控制厚度 108.7m。

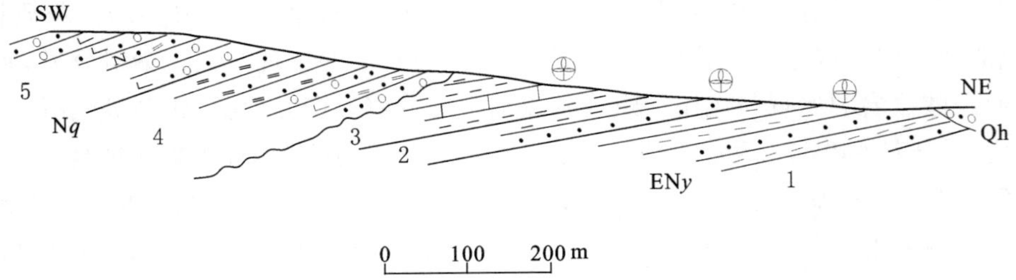

图 2-73 克其克孜苏南古—新近纪实测剖面图($32P_{14}$)

3. 青灰色、灰色厚—巨厚层状泥岩夹含粉砂的碎屑泥晶灰岩。产孢粉　　>55.6m

上部裸子植物花粉占 84.42%，包括：

Cedripites sp. (15 粒)

Cycadopites sp. (4 粒)

Abiespollenites sp. (2 粒)

Piceaepollenites sp. (6 粒)

Pinuspoiienites sp. (8 粒)

Tsugaepollenites sp. (2 粒)

Inaperturopollenites sp. (2 粒)

Ephedripites(*Distachyapites*) sp. (6 粒)

破的双气囊花粉(20 粒)

被子植物花粉占 10.38%，包括：

Meliaceoidites sp. (4 粒)

Ulmipollenites sp. (1 粒)

Chenopodipollis sp. (3 粒)

蕨类孢子占 5.2%，包括：

Deltoidospora sp. (1 粒)

Polypodiaceoisporites sp. (3 粒)

下部组合裸子植物花粉占 72.46%，包括：

Cycadopites sp. (4 粒)

Pinuspollenites sp. (10 粒)

Piceaepollenites sp. (4 粒)

Tsugaepollenites sp. (5 粒)

Sequoiapollenites sp. (1 粒)

Monosulcites sp. (1 粒)

Abietineaepollenites sp. (6 粒)

Parvisaccites sp. (2 粒)

Inaperturopollenites sp. (10 粒)

Cedripites sp. (17 粒)

Ephedripites(*Distachyapites*) sp. (14 粒)

E. (*Ephedripites*) sp. (1 粒)

破的双气囊花粉(25 粒)

被子植物花粉占 25.36%，包括：

Meliaceoidites sp. (23 粒)

Caryapollenites sp. (3 粒)

Betulaceoipollenites sp. (1 粒)

Margcolporites sp. (1 粒)

Chenopodipollis sp. (4 粒)

Euphorbiacites sp.

Ranunculaceae (1 粒)

蕨类植物孢子占 2.18%，包括：

Polypodiacieaesporites sp. (1 粒)

Pterisisporites sp. (1 粒)

Retitriletes sp. (1 粒)

Lygodioisporites bellulus (1 粒)

2. 青灰色厚层状粗砂岩夹含细砾粗砂岩及泥岩，产孢粉　　19.2m

裸子植物花粉，包括：

Cycadopites sp. (2 粒)

Cedripites sp.（14 粒）
Abietineaepollenites sp.（2 粒）
Pinuspollenites sp.（3 粒）
Piceaepollenites sp.（4 粒）
破的双气囊松科花粉(11 粒)

1. 灰色厚层状泥岩夹同色粗砂岩，产大量植物枝干及孢粉　　>33.9m

上部孢粉组合裸子植物花粉占 60.21%，包括：
Cycadopites sp.（1 粒）
Abietineaepollenites sp.（5 粒）
Pinuspollenites sp.（6 粒）
Piceaepollenites sp.（4 粒）
Cedripites sp.（7 粒）
C. limpidus（4 粒）
Monosulcites sp.（1 粒）
Keieleeria sp.（2 粒）
Araucauiacites sp.（2 粒）
Tsugaepollenites sp.（2 粒）
Parvisaccites sp.（1 粒）
Podocarpidites sp.（1 粒）
Abiespollenites sp.（1 粒）
Inaperturopollenites sp.（18 粒）
Ephedripites(*Distachyapites*) sp.（33 粒）
E.(*Ephedripites*) sp.（9 粒）
E. fusiformis（4 粒）
Pagiophyllumpollenites sp.（3 粒）
破的不能定的双气囊松科花粉(11 粒)
被子植物花粉占 38.75%，包括：
Meliaceoidites sp.（26 粒）
Quercoidites sp.（7 粒）
Tricolporopllenites sp.（9 粒）
Tricolpites sp.（18 粒）
Retitricolpites sp.（4 粒）
Ulmpollenites sp.（2 粒）
Rutaceoipollenites sp.（2 粒）
Rhcipites sp.（4 粒）
Songipollis sp.（1 粒）
Ostryoipollenites sp.（1 粒）
蕨类植物孢子占 1.04%，仅包括：
Laevigatosporites sp.（2 粒）
下部组合裸子植物花粉占 51.05%，包括：
Cycadopites sp.（5 粒）
Pinuspollenites sp.（9 粒）
Cedripites sp.（17 粒）
Piceaepollenites sp.（3 粒）
Inaperturopollenites sp.（1 粒）
Ephedripites(*Distachyapites*) sp.（10 粒）
E.(*Ephedripites*) sp.（2 粒）
破的双气囊松科花粉(26 粒)

被子植物花粉占41.96%

蕨类植物孢子占6.99%

Lycopodiumsporites sp.(2粒)

Polypodiisporites favus(3粒)

Polypodiaceoisporites sp.(3粒)

Deltoidospora ragularis (1粒)

Verrutetraspora sp.(1粒)

(覆盖,未见底)

2）岩石地层特征

综合路线及剖面资料该组岩石组合特征在不同沉积盆地其岩性组合及含矿性均存在着明显差异,在克其克孜苏盆地,即塔鹤托坂日南—额尔衮赛埃图中游西侧,该区下部以杂色(橘黄色、青灰色、紫红色)含砾粗砂岩、紫红色砂岩夹粉砂岩及紫红色泥岩为主,向上逐渐以紫红色、灰绿色含砾粗砂岩夹杂色(浅灰、青灰色、灰绿色、灰红色、灰黄色)含砾泥岩或泥岩及含粉砂质灰岩、泥晶灰岩为主,偶夹薄层石膏。产孢粉,砂岩中发育交错层理。自下而上总体显示粒度由粗变细,从东向西沉积厚度具有增大之势,岩石色调逐渐以红色为主。在额尔衮赛埃图上游盆地,即位于博卡雷克塔格山以北,该区底部以砾岩夹石膏薄层为主,向上迅速被砂岩、粉砂岩、泥岩所替代,普遍夹含粉砂质微晶灰岩及石膏层,该区最大的岩盐矿层位于上部泥质粉砂岩中,还有芒硝矿层、石膏矿层。灰岩中产孢粉。自下而上构成粒度由粗变细的沉积旋回。

3）主要岩石类型

砂质微晶灰岩类:含粉砂质微晶灰岩,均具砂质(粉砂质)微晶结构,岩石由方解石57%~72%、砂屑28%~43%组成。方解石粒径多为0.005~0.03mm,为微晶方解石。分布其间的砂屑多呈棱角状、少数呈次棱角状,磨圆度差;砂屑粒径为0.016~0.25mm,大于0.06mm的细砂屑占多数(粉砂质则砂屑粒径为0.06mm以下者为主),砂屑成分为石英、长石、岩屑(微晶灰岩、绢云母千枚岩、长英质变质岩等)。砂屑杂乱分布,排列不具方向性。

石膏岩类:具纤维状结构,粒状结构,岩石主要由石膏组成,次为方解石及极少量的粘土矿物。

4）环境分析及时代讨论

该套地层总体为一套陆相碎屑岩,碳酸盐岩沉积。自下而上构成粒度由粗变细的沉积层序。砂岩中发育平行层理及斜层理,粉砂岩中发育交错层理、对称波痕,泥岩中不明显的水平层理,灰岩以微晶灰岩、粉晶灰岩、泥晶灰岩为主,普遍见有石英、长石、岩屑等陆源碎屑混入,反映为一种滨浅湖相沉积环境。从岩性及颜色反映该套地层在沉积过程中气候多变(即由低温多雨到干旱炎热),大量石膏层的出现,反映气候变为以干旱炎热为主,从而接受以化学沉积为主的湖相沉积。本组沉积时期气候处于干旱环境,因此普遍有石膏层产生,是本区主要的膏盐形成期。在泥灰岩中采获腹足:*Galba* sp.和*Gyraulus* cf. *laevis* Alder(经中国科学院南京古生物研究所(以下简称中科院南古所)潘华璋鉴定时代为新近纪),在Ⅱ9P_3剖面泥岩中采获的孢粉经中科院南古所张一勇鉴定认为时代可能为晚中新世至上新世。而此孢粉组合以松科花粉(松粉、雪松粉、云杉粉和冷杉粉)占绝对优势,旱生植物蒺篱科(青海粉和拟白刺粉)较多为特征反映当时为干凉的气候,其植被主要为针叶林。克其克孜路线泥岩中采获孢粉:*Pinuspollenites*(49粒),*Magnolipollis*(2粒),*Lonicerapollis*,? *Tsugaepollenites*(2粒),*Polypodiaceaesporites*(2粒),*Nitririadites*(1粒),*Ephedripites*(D)(1粒)。经中科院南古所张一勇鉴定认为时代为新近纪。前人剖面采获的孢粉经王若珊、高爱莉(1992)鉴定认为属松科—麻黄科—楝科组合,其特点是裸子植物花粉占第一位,花粉中以松科花粉最多,其次麻黄科、柏科和杉科,占总组合的50%~80%。被子植物花粉主要为楝科、栎科及未定科的三孔、三孔沟类花粉,占总数的10%~40%。蕨类孢子很少,不到10%。以上组合与柴达木盆地,西藏伦坡拉盆地中新世的孢粉组合很近似。这两个盆地中新世孢粉组合均以松柏类植物为主,次为被子植物花粉楝、栎粉属。时代应属中新世。

前人在额尔衮赛埃图中游路线(32BH380-1)中采获的孢粉经青海省第二区调队冀六祥(1992)

鉴定，孢粉组合中裸子植物花粉占总含量的 54.75%，包括：*Pinuspollenites* sp.（1.90%），*Abietineaepollenites* sp.（9.06%），*Piceaepollenites* sp.（3.44%），*Podocarpidites* sp.（2.81%），*Cedripites* sp.（9.50%），*Keteleeriaepollenites* sp.（4.62%），*Abiespollenites* sp.，*Taxodiaceaepollenites* sp.，*Tsugaepollenites* sp.，Pinaceae（2.17%），*Ephedripites* spp.（20.58%）；蕨类植物孢子占 6.79%，*Pterisisporites* sp.（3.53%），*P. undulates* Sung et Zheng（1.81%），*Multinodisporites* sp.（0.45%），*Lycopodiumsporites* sp.，*Polypodiaceaesporites* sp.；被子植物花粉占 38.4%，包括：*Rhoipites* sp.（29.28%），*R. pseudocingalum*（Pot）Potonie，*R. dolium*（Pot）Potonie，*Meliaceoidites* sp.（3.17%），*Niterariadites* sp.（4.35%），*Retitricolporites* sp.，*Elaeagnacites* sp.，*Alnipollenites* sp.，*Tricolporopollenites* sp. 等。认为该孢粉组合特征与柴达木盆地渐新统下干柴沟组相似，时代属渐新世。

本次区调工作中在粉砂岩中获得一组电子自旋共振（经地质矿产部海洋地质实验测试中心检测）测年值：9.1Ma，11.6Ma，14.1Ma，19.4Ma，32.3Ma。因此雅西措组形成时代为渐新世—中新世。

综上所述本书认为用雅西措组来代表渐新世—中新世在本区的沉积更为合适。

3. 曲果组（N*q*）

1987 年青海省区调综合地质大队在美杜塘西，将此套地层划归上新统砂砾岩组。青海省地质矿产勘查开发局（1991）在编写《青海省区域地质志》的送审稿中将上新统称曲果组。苟金（1993）沿用曲果组代表该套地层。但该套地层除曲果组外，前人未曾正式命名其他名称。《青海省岩石地层》（1997）沿用曲果组代表该套地层，指分布于唐古拉山、巴颜喀拉山地区，分别不整合于羌塘组之下、五道梁组或其以前地层之上的一套由紫红、灰紫、灰—灰白色砾岩、含砾砂岩、砂岩夹粉砂岩、泥岩，局部夹菱铁矿组合成的地层序列。产介形类、轮藻、腹足类及孢粉等化石。

主要分布于克其克孜苏，在伯拉克拉克里湖西及塔鹤托坂日一带也有少量分布。为一套山麓河流相沉积。主要岩性为砖红色、灰褐色复成分砾岩、灰褐色含砾粗砂岩、灰褐色岩屑长石砂岩，角度不整合于雅西措组之上，其上被第四系松散沉积物覆盖。控制厚度 582.25m。

1）剖面概述

青海省茫崖行政委员会克其克孜苏新近系曲果组（N*q*）实测地层剖面（Ⅱ6P_2）（图 2-74）。

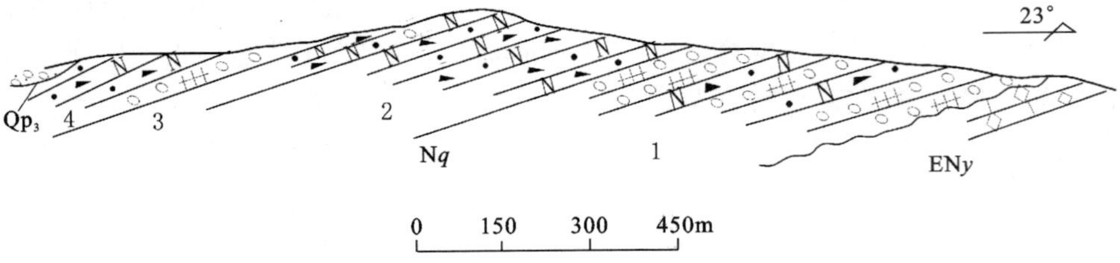

图 2-74　青海省茫崖行政委员会克其克孜苏曲果组（N*q*）实测剖面图（Ⅱ6P_2）

该剖面位于克其克孜苏，该地层在此段出露相对较好，地层产状平缓，构造简单，为一南倾的单斜层。前人在此处测制 32P_{14}剖面时对该套地层也进行了控制，其控制厚度大于 225.4m。该地层与下伏雅西措组呈角度不整合接触，未见顶。剖面起点坐标：东经 91°01′01″，北纬 36°22′59″；终点坐标：东经 91°01′40″，北纬 36°23′49″。

（未见顶）

4. 灰褐色厚层状钙质胶结砂质复成分细砾岩夹灰褐色中厚层状钙质胶结含砾中粗粒岩屑长石砂岩及灰褐色中层状钙质胶结不等粒长石岩屑砂岩。砾岩中砾石呈叠瓦状排列，叠瓦产状为 125°∠30°　　＞164.09m

3. 褐黄色中层状含砾中细粒岩屑长石砂岩夹灰褐色中厚层状细砾岩　　69.29m

2. 深灰色中薄层状岩屑长石砂岩夹灰色中层状钙质胶结含砾长石石英粗砂岩　　131.1m

1. 灰褐色厚层状钙质胶结复成分砾岩夹灰褐色薄层状含砾岩屑长石砂岩　　＞217.77m

~~~~~~~~~~~~ 角度不整合 ~~~~~~~~~~~~

下伏地层：雅西措组青灰、灰色含粉砂微晶灰岩夹灰色砂质微晶灰岩

2）岩石地层特征

从实测地层剖面及地质路线分析，出露于测区的曲果组岩性组合较简单，以灰褐色、紫红色复成分砾岩，灰褐色、灰黄色、紫红色含砾岩屑长石砂岩，不等粒长石岩屑砂岩为特征的岩石组合，局部夹少量泥岩。该组分布有限，仅在克其克孜苏出露较好，控制厚度为 582.25m。其主要岩石类型特征如下：

（1）砾岩类：包括复成分砂质砾岩、复成分细砾岩、复成分粗砾岩等，均具砾状结构，基底-孔隙式胶结，砾石成分复杂，有石英岩、硅质岩、长英质糜棱岩、变砂岩、花岗质岩石及灰岩等，不同地段表现为成分上的差异，磨圆较好，呈次圆状，分选较好，胶结物为方解石。砾石略具定向排列。

（2）不等粒长石岩屑砂岩：具不等粒砂状结构、基底式胶结，岩石由碎屑 64％、胶结物 36％组成。碎屑磨圆度较好，一般呈次圆状或次棱角状；分选性差，碎屑粒径为 0.077～0.7mm。碎屑成分为石英 42％、长石 12％、岩屑 46％（酸性熔岩、千枚岩、砂岩、板岩、微晶灰岩等）、云母等，碎屑杂乱分布，排列不具方向性。胶结物为方解石（36％）、氧化铁。

（3）岩屑长石砂岩：具中粗粒砂状结构、孔隙式胶结，岩石由碎屑 80％、胶结物 20％组成。碎屑磨圆度较差，一般呈棱角状、次棱角状，分选性较好，碎屑粒径为 0.185～1.95mm，一般为 0.25～1.092mm，碎屑成分为石英 46％（包括石英岩）、长石 38％（具粘土化、绢云母化）、岩屑 8％、白云母等。碎屑杂乱分布，排列不具方向性。胶结物为方解石及微量氧化铁。

（4）含砾长石石英粗砂岩：具含砾粗砂状结构，孔隙式胶结，碎屑（83％）主要由石英 82％、长石 10％及岩屑 8％组成，碎屑磨圆度较好，多呈次圆状也有呈次棱角状的；分选较好，碎屑粒径为 0.25～3.51mm，但一般在 0.524mm 以上，且 2.0mm 以下的粗粒级碎屑为主。多数碎屑的长轴排列方向一致，显示定向性。胶结物（14％）为方解石 10％、石英 4％、氧化铁微量。杂基（3％）为绢云母。

3）环境分析及时代讨论

该套地层具明显的旋回性韵律特征，即由砾岩→含砾砂岩→砂岩构成的自旋回性沉积，砂岩中见平行层理及交错层理，砾岩中砾石成分复杂，磨圆较好多呈次圆状，分选较好，见叠瓦构造，从碎屑物分选较好、成熟度一般、杂基含量低、具颗粒支撑结构，显示了牵引流作用下的曲流河沉积特征。

综前所述，该套地层分布于大小不等的山间盆地，为气候较干旱环境下形成的河流相沉积。古气候干旱炎热，生物匮乏。本次区调工作在该套地层中获得了 4333.7ka 的电子自旋共振测年值，岩性与区域资料对比基本吻合，故将此套地层归为曲果组，确定该套地层时代为上新世。

（三）巴颜喀拉地层分区

区内出露沱沱河组（E*t*）和查保马组（EN*c*），现分别叙述如下。

1. 沱沱河组（E*t*）

区内出露的沱沱河组（E*t*）与东昆仑南坡地层分区出露的沱沱河组（E*t*）岩性及沉积特征相同。因此不再论述。

2. 查保马组（EN*c*）

朱夏等（1957）在唐古拉山、可可西里查磅马逊创建“查磅马逊岩系”。原指上新世陆相喷出的中-中基性火山岩和碎屑岩沉积。青海省区调队（1970）将下部火山岩称下岩组，上部碎屑岩称上岩组。1980 年青海省地质矿产勘查开发局地层表编写小组在《西北地区区域地层表·青海省分册》一书中改称查保马群。《青海省岩石地层》降群为组，指分别不整合于沱沱河组或巴颜喀拉山群、结扎群、风火山群之上，
~~~~~~~~~~~~

曲果组或羌塘组之下的一套陆相中-中基性火山岩地层。

该套地层在区内仅分布于西南部巍雪山—平台山一带，尤以平台山出露最为完整。为一套陆相喷发的酸性火山岩，与下伏古近系沱沱河组、二叠系马尔争组及三叠系巴颜喀拉山群不整合接触，构成火山岩台地地貌。产状总体南东倾，倾角 10°～20°，近水平岩层，岩石类型简单，岩相以溢流相为主，次为次火山岩相。岩性主要为深灰色、紫红色流纹岩及少量流纹斑岩。区内出露厚度最大约 343.36m。

1）剖面描述

青海省治多县平台山新近系查保马组（EN*c*）实测剖面（Ⅱ$7P_3$）（图 2-75）。

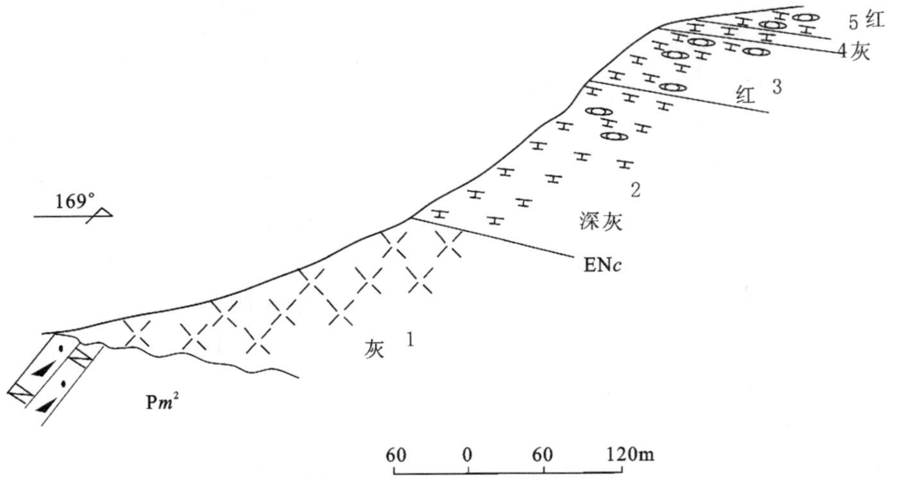

图 2-75　青海省治多县平台山查保马组（EN*c*）实测地层剖面图（Ⅱ$7P_3$）

剖面位于图区南部平台山，岩性简单，岩性主要为溢流相的流纹岩与粗面岩，与下伏马尔争组角度不整合接触，剖面控制了两个"红顶灰底"组成的喷发韵律层。剖面起点坐标：东经 90°18′43″，北纬 36°08′14″；终点坐标：东经 90°18′50″，北纬 36°07′55″。

5. 暗紫色气孔状粗面岩	＞19.41m
4. 深灰色块状粗面岩	12.03m
3. 紫红色气孔状粗面岩	50.32m
2. 深灰色块层状、气孔状粗面岩	145.38m
1. 浅灰白色块层状流纹岩	116.22m

～～～～～～～～～～ 角度不整合 ～～～～～～～～～～

下伏地层：马尔争组灰绿色片理化岩屑长石砂岩夹千枚岩

2）岩相变化

该套地层岩性、岩相简单，纵向上表现为三次喷发韵律，即由下向上由灰白色流纹岩组成第一个韵律，第二、第三韵律则分别由深灰色粗面岩到紫红色粗面岩，再由深灰色粗面岩到暗紫色粗面岩，"红顶灰底"的特征十分明显，喷发韵律清楚，由下向上气孔构造逐渐发育。横向上由于区内出露面积较小岩性变化不大。在北部布喀达坂峰—阿尔格山一带还见有较多的流纹斑岩呈串珠状近东西向展布，呈岩株状侵入于二叠系马尔争组中。（岩石地球化学特征见火山岩部分。）

3）时代讨论

区内查保马组作为新生代火山活动的产物早已成为共识，且与下伏沱沱河组呈不整合接触，南邻可可西里湖幅在该套火山岩中获得了三个年龄在 22～24Ma 之间的 Ar-Ar 同位素测年值，时代归属中新世。本次区调工作中在底部流纹岩中采获了全岩 K-Ar 法年龄为 8.83±1.2Ma。故将此套地层归为查保马组，其形成时代为中新世。

二、第四纪地层

区内第四纪地层具有分布广、时代及成因类型齐全的特点；按时代早更新世—全新世各个时代地层都有发育。按成因类型分为冰碛、冲洪积、冲积、湖积、冰水积、风积、沼泽堆积等。主要分布于各河谷及山间沟谷地带，现代湖泊周边也有大量分布。现由老到新分别叙述如下。

（一）早更新世地层

早更新世河湖相地层在本区属首次发现，岩层近水平，未见后期构造扰动。出露于新疆维吾尔自治区若羌县哈夏·克里克·得亚海拔4750m的谷地中。岩石组合为：泥晶灰岩、含砾粗砂岩（层）、泥岩夹生物碎屑层。未见底，顶部为晚更新世地层覆盖。地层中产大量动植物化石。在地层中获得电子自旋共振测年资料。

1. 剖面描述

（1）新疆维吾尔自治区若羌县哈夏·克里克·得亚早更新世地层实测剖面Ⅱ$5P_1$（图2-76）。

剖面位于新疆维吾尔自治区若羌县哈夏·克里克·得亚支流谷地中一处陡坎，露头较好，岩性主要为泥晶灰岩、含砾粗砂岩（层），产状近水平，上覆晚更新世砂砾石层，下未见底。剖面起点坐标：东经90°37′22″，北纬36°31′54.3″；终点坐标：东经90°37′21.2″，北纬36°31′54.1″。剖面控制厚度为21.8m。

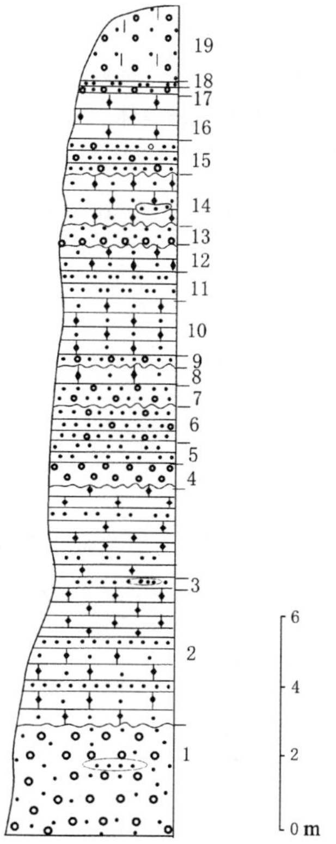

图2-76　新疆若羌县哈夏·克里克·得亚早更新世河湖相地层实测地质剖面（Ⅱ$5P_1$）

上覆：晚更新世砂砾石层

～～～～～～～～ 侵蚀 ～～～～～～～～

19. 灰黄色钙质粉砂岩（含砾1%）	>0.2m
18. 灰色含砾粗砂岩夹泥晶灰岩透镜体及含砾细砂透镜体	0.2m
17. 灰白色泥晶灰岩，ESR测年值为：1256.9ka	1.2m
西伯利亚小旋螺：*Gyraulus sibiricus*（Dunker）	
16. 灰色含砾粗砂层	1.0m
15. 灰黄色泥晶灰岩夹青灰色泥晶灰岩	0.8m
14. 灰色含砾粗砂岩夹灰色细砂岩及灰白色泥晶灰岩透镜体	0.6m
13. 青灰色含砂屑泥晶灰岩	0.6m
12. 黄褐色含云母粉砂层夹青灰色砂屑泥晶灰岩透镜体	0.8m
11. 土黄色泥晶灰岩，含生物碎片	1.6m
10. 灰色含砾粗砂岩	0.3m
9. 土黄色含砂屑泥晶灰岩夹灰黄色泥钙质含砾细砂岩	0.5m
8. 灰色含砾粗砂岩夹少量细砂透镜体	0.6m
7. 灰黄色含砾粉砂岩	1.0m
6. 灰黄色细砂岩夹透镜状土黄色泥晶灰岩，发育波状纹层理、斜层理、楔状交错层理	0.6m

5. 灰黄色砾岩，发育正粒序层理　0.7m

4. 青灰色泥晶灰岩与土黄色细砂岩互层　2.4m

中国蛹螺比较种：*Pupilla* cf. *chinensis* Hilber

光滑小旋螺比较种：*Gyraulus* cf. *laevis* Alder

土蜗：*Galba* sp.

光彩球蚬：*Sphaerium nitidum* Clessen

3. 灰色含砾粗砂岩夹细砂透镜体　0.3m

2. 灰褐色泥晶灰岩夹灰色细砂岩　3.8m

1. 灰色砾石层夹细砂透镜体　>3.2m

（未见底）

(2) 新疆维吾尔自治区若羌县哈夏·克里克·得亚早更新世地层实测剖面Ⅱ$5P_2$（图 2-77）。

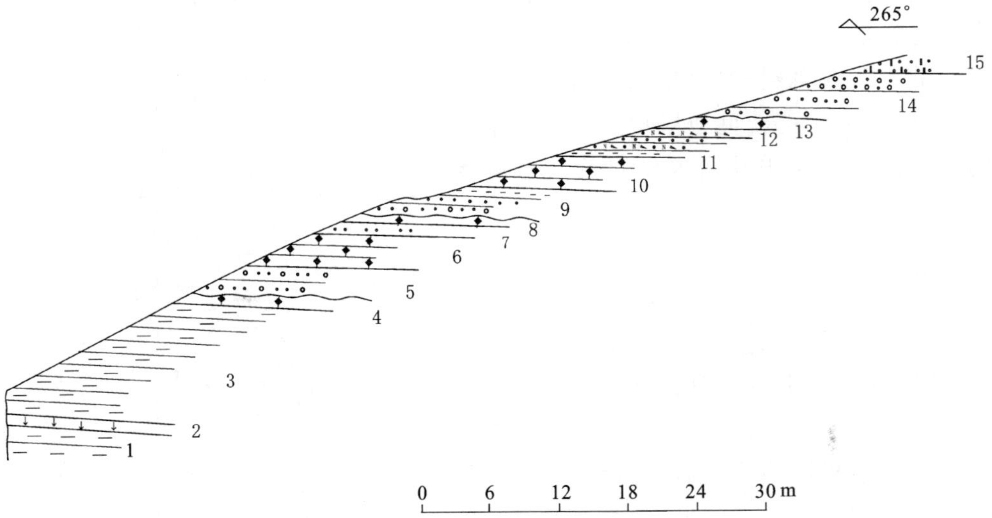

图 2-77　新疆若羌县哈夏·克里克·得亚早更新世地层实测剖面（Ⅱ$5P_2$）

剖面位于新疆维吾尔自治区若羌县哈夏·克里克·得亚支流谷地中缓坡一处，露头较好，岩性主要为泥晶灰岩、含砾粗砂岩（层），产状近水平，上覆晚更新世砂砾石层，下未见底。起点坐标：东经 90°37′41.5″，北纬 36°31′24.2″；终点坐标：东经 90°37′38.2″，北纬 36°31′23.7″。剖面控制厚度为 29.68m。

上覆：晚更新世砂砾石层

～～～～～～～ 侵蚀 ～～～～～～～

15. 灰黄色含砾粉砂岩　>1.29m

14. 灰色含砾粗砂岩夹灰黄色泥晶灰岩透镜体　0.78m

13. 灰黄色灰褐色泥晶灰岩互层　1.29m

12. 灰褐色钙质胶结中—粗粒岩屑石砂岩　0.52m

11. 青灰色泥岩夹灰黄色粉砂岩透镜体　0.52m

10. 灰白色泥晶灰岩　2.59m

中国蛹螺比较种：*Pupilla* cf. *chinensis* Hilber

小旋螺未定种：*Gyraulus* sp.

中国蜗牛未定种：*Cathaica* sp.

9. 灰褐色泥晶灰岩夹土黄色砂岩，底部为一层厚 20cm 灰色含砾粗砂岩　2.59m

8. 青灰色泥晶灰岩　0.42m

7. 土黄色含砾粉砂岩　1.27m

6. 灰褐色泥晶灰岩夹青灰色泥岩　2.54m

5. 青灰色含砾粗砂岩夹灰色细砂岩透镜体	2.54m
4. 灰白色泥晶灰岩，ESR 测年值为：1217.7ka	0.42m
西伯利亚小旋螺：*Gyraulus sibiricus*（Dunker）	
土蜗：*Galba* sp.	
3. 青灰色泥岩	9.88m
2. 灰紫色生物碎屑堆积层	0.3m
1. 青灰色泥岩	＞3.0m

（未见底）

2. 岩石组合及岩性特征

通过对Ⅱ5P_1、Ⅱ5P_2 两剖面的研究，测区早更新世地层岩性较简单，以含砾粗砂岩(层)、泥晶灰岩为主，夹砂岩、粉砂岩、生物碎屑堆积层。其分布范围有限，仅在哈夏·克里克·得亚海拔 4750m 的谷地中出露。其主要岩石特征描述如下。

(1) 含砾粗砂岩(层)：具中—粗粒砂状结构，孔隙式胶结，岩石由碎屑 74%、胶结物 26%组成。碎屑磨圆度较差，一般呈棱角状、次棱角状，分选性较好，碎屑粒径为 0.046～1.64mm，一般在 0.25mm 以上，碎屑成分为石英 49%(包括石英岩)、长石 37%(具较强的绢云母化)、岩屑 14%(绢云石英质变质岩、中酸性火山岩、灰岩等)、白云母等。碎屑杂乱分布，排列不具方向性。胶结物为泥晶方解石。

(2) 含砂屑泥晶灰岩类：均具泥晶结构，岩石由泥晶方解石 83%～90%、砂屑 2%～16%、生物碎屑 1%～2%组成。方解石为粒径小于 0.004mm 的泥晶方解石。分布其间的碎屑多呈次棱角状、棱角状及尖棱角状，磨圆度差；碎屑粒径一般多为 0.012～3.9mm，小于 0.06mm 的粉砂屑约占 4%，粒径为 0.06～2.00mm 的砂屑占多数，含量为 10%；大于 2.00mm 的砾屑占 2%。碎屑成分为岩屑(绢云母千枚岩、绢云石英千枚岩、中酸性熔岩、灰岩、细砂岩、花岗质糜棱岩等)，变形结构显著的石英，变形结构发育的斜长石和钾长石。碎屑长轴排列略显定向性。

(3) 含砾粉砂岩(层)：具粉砂状结构，基底式胶结，岩石由 52%的碎屑(砾 3%、砂 4%、粉砂 45%)、48%的胶结物组成。碎屑磨圆度较差，一般呈棱角状、尖棱角状，分选性较差，碎屑粒径为 0.012～0.048mm，碎屑成分为石英 80%、长石 10%、岩屑 6%、白云母 2%、不透明矿物 2%。碎屑杂乱分布，排列不具方向性。胶结物为粒径 0.004mm 的泥晶方解石，沿碎屑间分布，使碎屑间互不接触，形成基底式胶结。

3. 沉积环境分析

Ⅱ5P_1 剖面第 1—19 层，属于浅湖—三角洲相，出现多层粗碎屑物质，粗碎屑物质有规律的出现反映了青藏高原的阶段性隆升，山地快速抬升，盆地快速沉降，亦反映出当时气候较为湿润，水源补充较为充分。从粗碎屑物磨圆、分选较差分析，说明搬运距离较近或沉积速率较快；其间出现的泥晶灰岩的韵律层代表了相对静水沉积，层面见有纹层或微层理，其厚度一般能达到 1m 以上，泥晶灰岩上部出现粗碎屑物质的砂、砾石层，层面上出现了斜层理、交错层理和水平纹层理，厚度上也变为薄层状—厚层状，说明沉积速率较快；这样就有利于下部的易溶岩类的封存。此段沉积结束后，剖面顶部未发育沼泽层，显示出湖泊迅速失去湖水而消亡。

作为Ⅱ5P_1 剖面的补充，Ⅱ5P_2 剖面第 1—3 层岩性组成为大于 10m 的青灰色泥岩，其单层厚 5cm，泥岩中夹有薄层生物碎屑堆积层；青灰色泥岩中见有铁钙质晶体氧化后形成的同心圆，反映了一种浅湖—滨湖环境，构造活动相对平静；其中青灰色泥岩中见有植物根茎。

Ⅱ5P_2 剖面第 4—15 层的沉积环境特征同Ⅱ5P_1 剖面第 1—19 层是一致的，不再详述。

通过对剖面的研究，Ⅱ5P_2 剖面第 1—3 层为早期沉积(1217.7ka，ESR)，属于滨湖相—湖沼相。孢粉含量较多(338 粒)分析显示，发育大量木本植物(82.8%)，以针叶植物花粉为主(60.7%)，其中松属

(*Pinus*)35.8%，云杉属(*Picea*)33.7%，另外还有冷杉属(*Aibea*)0.9%，柏科(Pressaceae)0.3%；落叶阔叶林占12.1%，有桦属(*Betula*)6.5%，榆属(*Ulmus*)0.9%，漆树属(*Rhus*)2.4%，榛属(*Corylus*)1.2%，柳属(*Salix*)0.6%；而灌木植物仅见麻黄属(0.6%)；草本植物(16.6%)，包括中蒿类(*Artemisia*)0.9%，藜科(Chenopodiaceae)1.8%，禾本科(Granmineae)8.3%，豆科(Leguminosae)0.6%，律草属(*Hunulus*)0.9%，唇形科(Labiatae)0.3%，忍冬科(Caprifoliaceae)0.3%，莎草科(Cyperaceae)3.6%；蕨类植物水龙骨科(Polypodiaceae)仅为0.6%。木本植物大量出现，而旱生植物如蒿类，麻黄属含量极少，说明气候温暖湿润。但木本植物中以针叶植物花粉为主反映出该地区已抬升至一定高度(1500～2000m)，从岩性上反映出该地区湖水较浅，曾经出现过沼泽堆积。该地区在1.2Ma时期为滨湖—浅湖，曾经出现过沼泽堆积。

Ⅱ5P_2剖面第4—15层及Ⅱ5P_1剖面第1—19层，属于浅湖—三角洲相，湖水进退频繁，形成多个以底部为粗碎屑物质，顶部为泥晶灰岩的韵律层。粗碎屑物质有规律的出现反映了青藏高原的阶段性隆升，亦反映出当时气候较为湿润，水源补充较为充分。孢粉资料显示从下到上植被分布密度下降很大，木本植物逐渐减少(木本植物中落叶阔叶林先消失，针叶植物逐渐消逝，草本植物逐渐增多，干旱类植物逐渐占有优势)，反映气候由温暖湿润型向干旱寒冷型转变。泥晶灰岩中发现较多陆相腹足类化石，与柴达木盆地相近似。以陆相腹足类为代表的软体动物属于演化相对缓慢的类群，但在生存适宜的情况下却能迅速扩散，占领相同的生态环境。因此，早更新世时本地区和柴达木盆地的演化和发展具有一定的成因联系。

从以上分析可知该地区在1217.7ka以后，生态环境由森林草原→疏树草原→草原→荒漠草原过渡；气候由温暖湿润型向干旱寒冷型转变。反映在昆-黄运动早期测区阶段性抬升加强，气候变化频繁，并开始有恶化趋势。区域资料显示，在昆仑山垭口盆地中上新世—早更新世为一套连续沉积，测区二者间未见直接接触。测区东部断续出现的上新世沉积普遍以角度不整合覆于其以前地层之上，这是青藏运动的构造显示。通过对上新世沉积的分析表明，青藏运动之后，测区由大面积的湖相沉积向河流相沉积演化，反映湖水面积萎缩，气候逐渐变干。而测区内范围有限的早更新世地层应为残留的湖相沉积，因此推测其于上新世地层也应为连续沉积。从上述分析反映该套沉积应属青藏高原阶段性缓慢抬升与快速隆升之间转换时期的产物，对分析测区高原隆升过程具有承前启后意义。

4. 时代讨论

河湖相地层中产大量动植物化石，电子自旋共振测年1217.7ka，从获得的电子自旋共振测年资料及古生物显示，其时代应当为早更新世中晚期，与柴达木盆地七个泉组以及东昆仑垭口盆地羌塘组相当(施雅风等，1999)。它的发现对分析本地区以及相邻地区在早更新世时的气候演变及高原隆升具有一定的指示意义。

(二) 中更新世地层

中更新世地层出露于各大高山冰川前缘及山前台地，受后期各种地质作用的剥蚀切割、覆盖，地貌呈高海拔丘陵、台地、孤丘或深埋地下。按其成因类型及地貌特征，可进一步划分为冰川堆积和冰碛、冰水堆积混合物。

1. 冰川堆积(Qp_2^{gl})

主要分布于极高山区，即布喀达坂峰、阿尔格山、塔鹤托坂日、巍雪山等山峰的冰川退缩区的前缘，出露高度5000～5500m左右，由大小混杂的次棱角—棱角状的砂砾石、漂砾及泥土组成。地貌上表现为冰碛高台地或垄丘，厚度可达百米。布喀达坂峰底碛物、塔鹤托坂日残存冰碛垄分别取得ESR测年值为：181ka、142ka。

该套地层普遍被后期的冰水堆积、冲洪积覆盖或侵蚀而保留不全，根据区域资料对比和地貌特征及接触关系，时代应属中更新世。

2. 冰碛、冰水堆积混合物（Qp_2^{gl-gfl}）

主要分布于喀雅克登塔格山前及布喀达坂峰西侧，地貌形态为低矮垄状山丘或台地出露高度分别为：4000～4200m、5000～5100m，主要组成为大小混杂的次棱角状—棱角状砂砾石、漂砾及粉砂泥土，厚薄不均，其冰碛物呈东西条带状残丘，冰水堆积物呈台地。由于被后期冰水、冲洪积破坏，二者界线模糊无法区分，故定为冰碛、冰水堆积混合物。喀雅克登塔格山前冰碛台地细粉砂 ESR 测年值为 487ka。相当于昆仑山垭口的望昆冰期产物。

（三）晚更新世地层

测区内普遍分布晚更新世地层，包括冰水堆积（Qp_3^{gfl}）和冲洪积（Qp_3^{alp}）两种主要成因类型，前者属于冰期产物，后者属于间冰期产物。另外在现代湖泊周围还有面积不小的湖泊堆积（Qp_3^l）。

1. 冰水堆积（Qp_3^{gfl}）

冰水堆积层主要分布于各大山峰两侧的宽谷盆地中，地貌上为冰水扇、垄岗状丘陵或高平台地，堆积物由泥质砂砾石层组成，其砾石主要来源于附近山体基岩，粒径从靠近山体的粗粒相逐渐变化为河谷中心的细粒相，分选较差，磨圆度一般呈次圆—次棱角状，略具层理，偶可见夹在其中的巨大漂砾。

2. 冲洪积（Qp_3^{pal}）

冲洪积层分布于各山(间)前及河(沟)谷地带，形成山间冲洪积倾斜平原、戈壁滩地以及河流阶地，平原面以 3°～10°的角度向现代河谷中心倾斜，大部分具有冰水和冲洪积混杂的成因特点，堆积物沉积厚度大、分布广，以砂砾石层为主，中间夹有粗砂、细砂、粉砂透镜体，厚度变化较大，砾石成分复杂，磨圆度变化较大，从圆状到次棱角状比比皆是，偶可见棱角状；上部一般为厚度不等的亚砂土和次生黄土覆盖。在纵剖面上砾石粒级因搬运距离的远近而有所变化，一般靠近山体基岩区的以粗粒为主，向河谷中心粒径逐渐变细；ESR 测年值集中在 119ka、100ka、74ka、71ka、52ka、51ka。

3. 冰水堆积（Qp_3^{gfl}—Qh^{gfl}）

该类堆积物主要分布于苏鲁·彼得勒克·得亚北山山前洼地，一般呈扇体产出，坡度较缓，为 10°～15°，为灰色、灰白色泥质砂砾石层，砾石成分主要为附近山体的灰岩，磨圆度一般呈次圆—次棱角状，粒径一般呈 1～10cm；由于全新世的冰水堆积是在晚更新世冰水堆积物的基础上发育的，地貌上表现为低洼处为全新世的冰水堆积物，低矮条带状垄丘则为晚更新世冰水堆积物，二者互相交叉。

4. 湖泊堆积（Qp_3^l）

湖泊堆积物主要分布于现代湖泊周围高处，一般以被后期冲洪积物所改造，只保留了一些残余露头，地貌上表现为一些低矮陡坎，堆积物以砂砾石层、细砂层为主，砾石磨圆度良好，一般呈浑圆—次圆状，有明显的分选，砾石成分复杂，其中夹有大量的植物碎片，大量的热释光年龄为：41.36ka、16.3ka、46.42ka、28.1ka、34.62ka、23.82ka。

剖面描述如下：

(1) 5606 点晚更新世湖相地层剖面(图 2-78)。

剖面位于距伯拉克拉克里湖岸 5m 的一处陡坎，陡坎高 10m，岩性较简单，主要为细砂层、砂砾层，其中细砂层夹有植物碎片；产状近水平，下未见底。坐标：东经 90°40′30″，北纬 36°22′07″。剖面控制厚度为 10m。

5. 砂砾石层（砂砾石成分主要为砂岩、板岩，砾石磨圆较差多呈次棱角—棱角状）	8m
4. 灰色砂砾石层（含植物碎片、砾石磨圆较好）	0.65m
3. 灰褐色含砾细砂层夹植物碎片形成的纹层（砾石磨圆好、分选好）	0.15m
2. 灰色砂砾石层（含植物碎片）	0.1m
1. 灰褐色砂砾石层夹细砂透镜体（砾石成分复杂、磨圆较好、具分选、砾径一般为 0.5～2cm），TL 测年值为 16.3±0.5ka	>1.1m

（未见底）

(2) 5611 点晚更新世湖相地层剖面(图 2-79)。

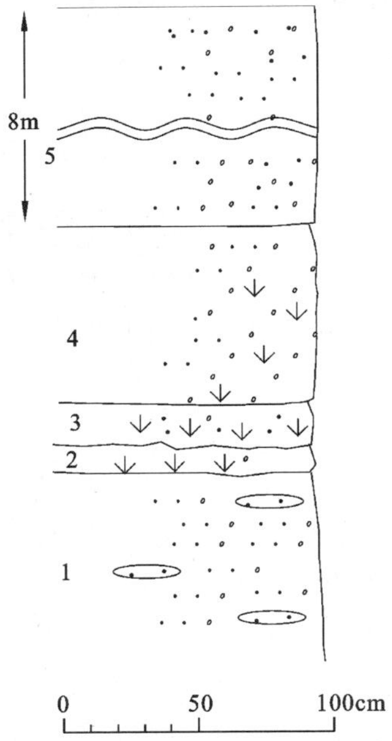

图 2-78　5606 点晚更新世湖相地层剖面

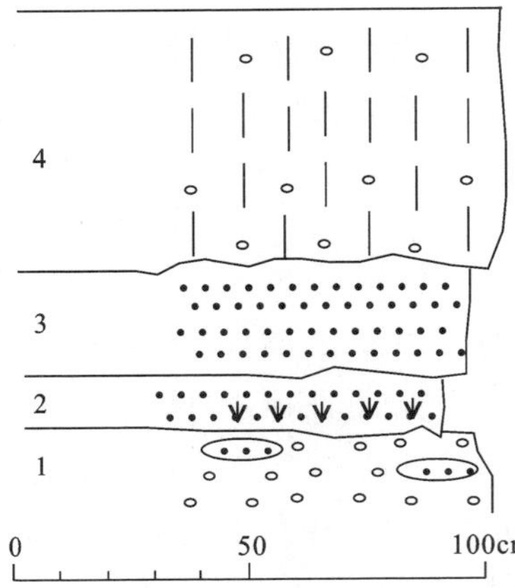

图 2-79　5611 点晚更新世湖相地层剖面

剖面位于距伯拉克拉克里湖岸东南 2km 的一处陡坎，陡坎高 1m，露头较好；岩性较简单，主要为细砂层、细砾层，其中细砂层夹有植物碎片，产状近水平，下未见底。坐标：东经 90°43′56″，北纬 36°20′23″。剖面控制厚度大于 1m。

4. 含砾亚砂土层（砾石含量 5%，以砂板岩为主，呈次棱角状）	0.5m
3. 灰黄色细砂层（以石英为主）	0.2m
2. 含植物碎屑的含砾细砂层	0.1m
1. 青灰色含粗砾细砾层（砾石以砂板岩为主，磨圆较好），TL 测年值为 34.62±2.33ka	>0.2m

（未见底）

根据两个剖面资料分析，测区伯拉克拉克里湖早期湖泛面积较大，其留下的湖岸陡坎主要由细砂层、砂砾石层（细砾层）夹植物碎片构成。虽然经历后期流水改造，厚度变化较大，但依然保留下来 0.5～1m± 的陡坎。剖面细砂层、砂砾石层（细砾层）由下至上构成下粗上细的韵律，反映了湖泊水量充沛；砾石以砂板岩为主，磨圆较好、分选好，说明物质主要来源于两侧山体，其磨圆、分选主要靠湖水的反复振荡淘洗。

根据细砂层、砂砾石层呈灰色、青灰色，层中砾石磨圆较好，呈次圆、圆状，分选较好等岩性特征和层中所夹植物碎片为蕨类植物水龙骨科这一事实，反映当时气候较湿润，湖水面积较大。

根据剖面所处地貌及热释光测年（16.3±0.5ka、34.62±2.33ka），两处湖积地层时代均为晚更新世。

（四）全新世地层

测区全新世地层沉积类型繁多，分布较广；包括冲积、冲洪积、冰碛、风积、湖积、沼泽堆积等不同成因类型，现分别叙述如下。

1. 冲积（Qh^{al}）

冲积层广泛分布于现代河床及其支流两侧、河漫滩及山前沟谷等地带，构成河流低级阶地，在河谷中呈狭长状断续展布；形成规模不等的冲积锥，堆积物以砂砾石为主，松散、未见胶结；砂砾石成分主要来自附近及上游的基岩。磨圆度因地域不同而有所差异，但总体上磨圆较好，多呈次圆—浑圆状；而扁平砾石呈叠瓦状排列，向上游倾斜。

2. 冲洪积（Qh^{alp}）

冲洪积层断续出露于较大山谷沟口及各大河谷两侧阶地之上，岩性多为土黄—青灰色松散砂砾石堆积，粒径为垂直方向上变化较大，多呈底细中粗、顶又细的趋势；砾石磨圆一般，从次棱角—次圆状都能见到；其中夹有各种粒径的透镜体，以粉砂、亚砂土透镜体为主，一般长0.3～1m，有些甚至达到3m；砂砾石来源于上游及附近之基岩。

3. 冰碛（Qh^{gl}）

冰碛主要分布于新青峰、阿尔格山、塔鹤托坂日、巍雪山等极高山峰，形成冰帽冰川以及围绕山体呈放射状的冰舌，在冰舌前缘及两侧形成垄岗状地貌景观，局部发育小型冰蚀湖及洼地，主要为泥砾堆积，不具层理，分选、磨圆均较差，砾石表面见有冰川擦痕。求勉雷克塔格冰川终碛垄取热释光测年值为9.63ka。

4. 风积（Qh^{eol}）

风积物主要分布于喀尔洞—那陵格勒河、巍雪山北侧及各大沟谷间的开阔河谷盆地及湖泊外缘，地貌上呈梁窝状、新月型波状沙丘、平沙地和草丛沙包堆积形式，多为半固定—活动沙丘。在巍雪山北侧多呈个体新月型沙丘，其砂来源于干枯的河床；在喀尔洞—那陵格勒河谷中，多呈波状新月型沙丘、平沙地和草丛沙包（图2-80），其砂来源于干枯的河床以及强劲的风蚀作用带来的大量粉细砂；而平沙地和草丛沙包则多出现于沙漠外围及河谷中、现代湖泊周围；厚度变化较大。风积物由土黄色细砂、粉砂组成。根据新月型沙丘分布形态分析，主要受西北风所控制。热释光测年值为3.8ka。

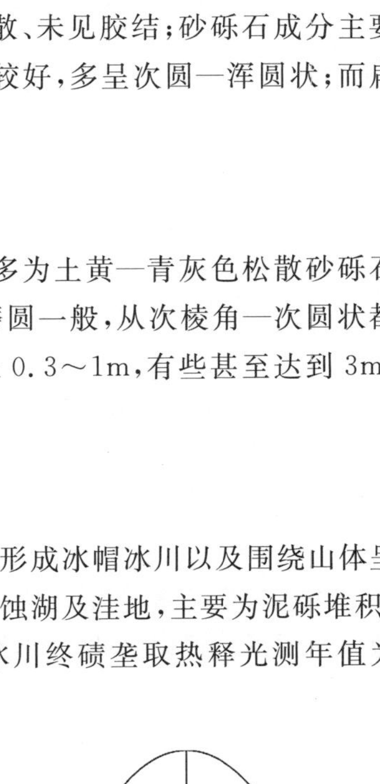

图2-80 1619点间全新世新月型沙丘横剖面、纵剖面图

5. 湖积（Qh^{l}）

湖积物分布于现代湖泊周围，沉积厚度较薄，岩性为灰色、褐黄色表面湖积砂砾石滩，之下为细砂、粉砂、砂质粘土夹腐殖质。砾石未见胶结，具分选，磨圆较好，多呈浑圆—次圆状，其扁平砾石方向多指向湖泊；砾石成分复杂。

6. 沼泽堆积(Qh^f)

主要分布于宗昆尔玛及各湖泊外围、低洼积水处，地貌上多呈疙瘩状冻土草沼，岩性为灰黑—灰褐色淤泥、细砂、亚砂土。

沼泽堆积剖面位于宗昆尔玛 1606 点处河岸边。地理坐标：东经 90°03′36″，北纬 36°56′10″。剖面描述如下(图 2-81)。

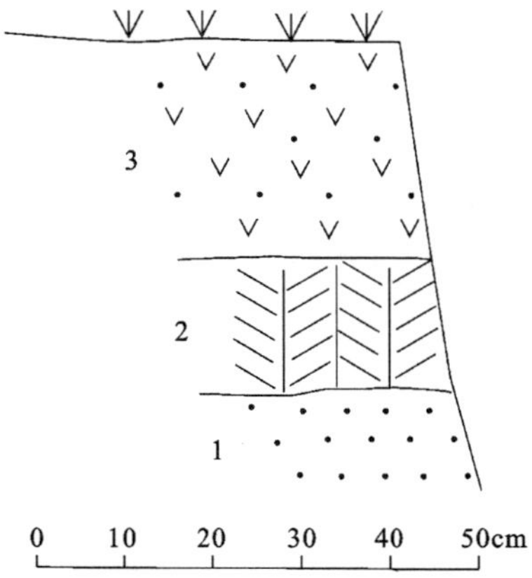

图 2-81　1606 点全新世沼泽堆积剖面图

3. 含有植物根系的含沙腐殖土，交织紧密	25cm
2. 灰黄相间腐殖土	15cm
1. 细砂层(主要成分为石英，磨圆较好)	>10cm

(未见底)

因位于宗昆尔玛河边，上游水源为泉水，常年不断，造成河两岸植物茂盛，植物腐殖质大量堆积，形成河流沼泽。根据区域资料及地貌分析，此剖面地层时代应为全新世。

第三章 岩 浆 岩

测区位于东昆仑造山带西端，岩浆活动频繁，时代跨度大，分布面积广泛。从元古代到新生代岩浆活动此起彼伏，并不同程度地保留了其活动的印迹，形成了测区岩石类型各异、时空不同、规模不等的各类侵入岩和喷出岩。它们真实地记录了测区构造演化史，是研究、反演东昆仑造山带形成、演化、复合的地球动力学过程的示踪剂，是探索大陆地壳生长方式的重要内容。

第一节 侵 入 岩

测区侵入岩发育，出露面积广，约占测区基岩面积的30%，岩石类型丰富多样，从基性到酸性均有不同程度的分布。主体分布于测区北部，空间上由北向南构成三个岩基：喀雅克登岩基、宗昆尔玛-莫斯图复式岩基、库鲁克彼捷里克塔格岩基，总体呈北西西向展布。在中部及南部侵入岩出露少量，呈串珠状岩株形式产出，近东西向展布。

侵入活动主要发生在元古代、泥盆纪、二叠纪、三叠纪、侏罗纪等几个时期，尤以泥盆纪、三叠纪侵入岩最为发育。它们分别分布在东昆中微陆块、东昆南活动陆缘带以及松潘甘孜地块三个构造单元中，与测区多旋回造山带不同演化阶段的动力学过程息息相关，构成测区侵入岩在空间上具成带性、时间上具多旋回性、构造成因上具多成因的特征。

通过详细的野外调查以及同位素测年，共解体出136个侵入体，建立了27个岩石单元，归并了7个超单元和1个岩石组合。根据各岩基、岩株的时空展布以及构造岩浆旋回，将区内侵入岩划归为两个不同旋回构造岩浆岩带分别为：晚加里东期构造岩浆岩带、晚海西—早燕山期构造岩浆岩带，并将两个构造岩浆岩带细分为五个岩浆岩亚带。其中晚加里东期构造岩浆岩带包括喀雅克登塔格构造岩浆岩亚带、库鲁克彼捷里克塔格构造岩浆岩亚带；晚海西—早燕山期构造岩浆岩带包括苏鲁·彼得勒克·得亚构造岩浆岩亚带、莫斯图构造岩浆岩亚带、阿尔喀构造岩浆岩亚带（图3-1、表3-1）。

喀雅克登塔格构造岩浆岩亚带：分布于图区西北角，呈北西向展布，南被新生代盆地覆盖，向东、向北顺延出图。以早泥盆世、中泥盆世侵入岩为主要组成，后期少量早侏罗世侵入岩叠加其中，围岩为古元古界金水口岩群基底岩系以及奥陶系滩间山群。在构造位置上处于东昆中微陆块内，是加里东造山旋回晚期阶段岩浆作用的结果。

库鲁克彼捷里克塔格构造岩浆岩亚带：北西西向横贯测区中部，东至克其克孜苏下游出图，西至库鲁克彼捷里克塔格以西出图，长约150km，南北宽约20～10km。赋存于东昆南活动陆缘带北部边缘，北以昆中断裂或吐木勒克早古生代构造蛇绿混杂岩带为界毗邻东昆中微陆块，并与莫斯图构造岩浆岩亚带相接，南界大部分为新生代盆地覆盖。侵入活动发生在早泥盆世、晚泥盆世两个时期，以晚泥盆世侵入岩分布最为广泛。围岩主要为下古生界纳赤台群以及少量古元古界金水口岩群和吐木勒克早古生代构造蛇绿混杂岩。是加里东造山旋回晚期不同演化阶段岩浆作用的产物。

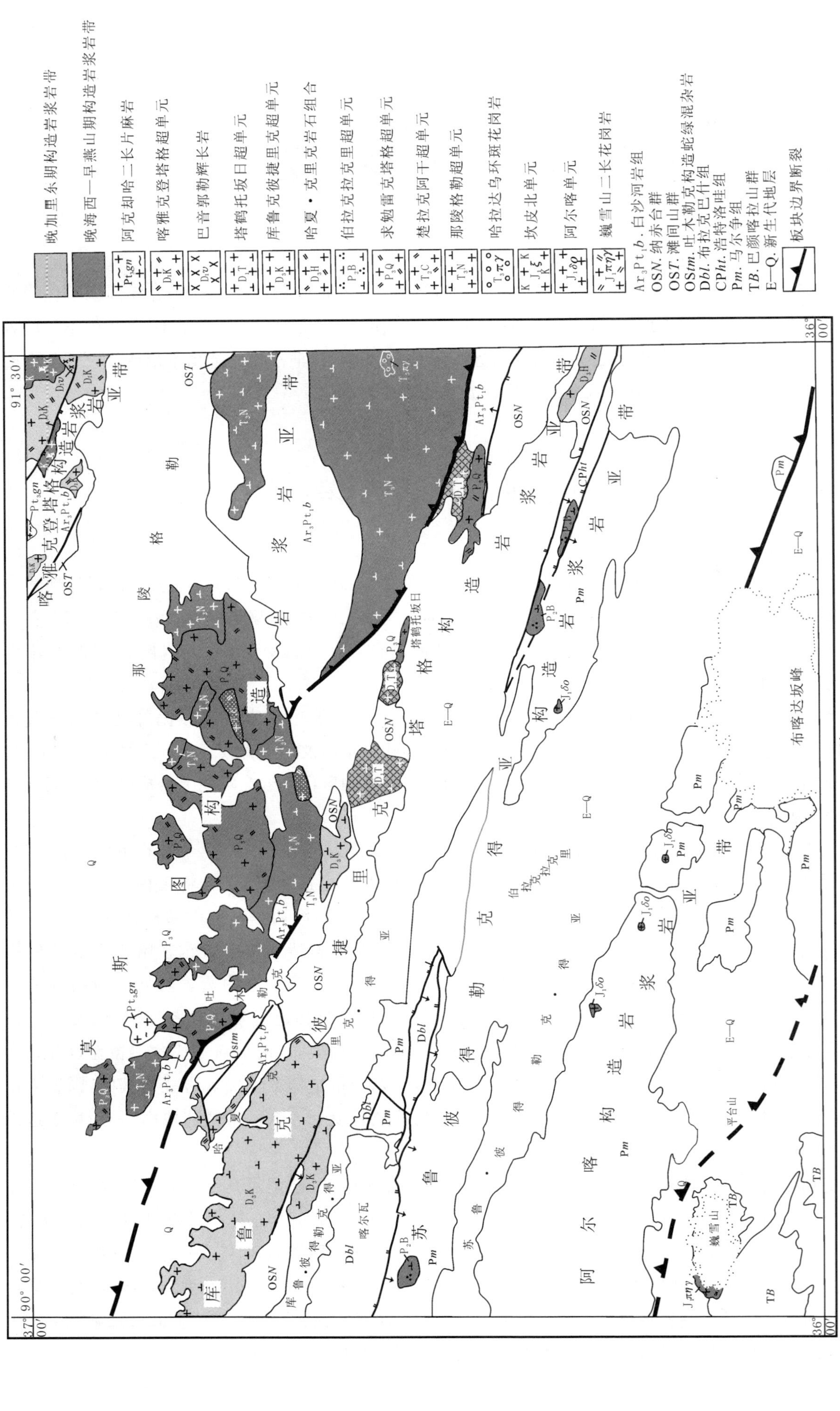

图3-1 测区构造岩浆岩图

表 3-1　侵入岩填图单位划分表

晚加里东期构造岩浆岩带							
喀雅克登塔格构造岩浆岩亚带							
时代	超单元（岩石组合）	单元（侵入体）	代号	侵入体个数（个）	岩性	同位素（Ma）	动力学过程
D_2		巴音郭勒辉长岩	$D_2\upsilon$	1	深灰绿色细粒辉长岩、苏长岩、深灰色细粒橄长岩	386.9±2.6(SHMAP) 386.4±3.2(SHMAP)	造山后崩塌
D_1	喀雅克登超单元	伯喀里克北单元	$D_1\pi\eta\gamma$	2	灰白色中粒似斑状二长花岗岩	408.3±5.3(SHMAP)	
		阿克楚克赛单元	$D_1\delta o$	3	灰-深灰色中细粒石英闪长岩	407.7±7.5(SHMAP)	
库鲁克彼捷里克塔格构造岩浆岩亚带							
D_3	哈夏·克里克岩石组合	库鲁单元	$D_3\xi\gamma$	3	灰白色细粒正长花岗岩		造山后崩塌
		哈夏单元	$D_3\eta\gamma$	5	肉红色细粒二长花岗岩		
	库鲁克彼捷里克超单元	阿尔音塞单元	$D_3\pi\eta\gamma$	7	灰白色中粗粒似斑状二长花岗岩		
		库鲁克单元	$D_3\gamma\delta$	5	灰色中粒黑云母花岗闪长岩		
		喀尔瓦北山单元	$D_3\gamma\delta o$	2	中细粒英云闪长岩	362±2(Ar-Ar)	
D_1	塔鹤托坂日超单元	哈夏·克里克北单元	$D_1\pi\eta\gamma$	2	灰白色中细粒似斑状二长花岗岩	406.2±2.6(Ar-Ar)	陆内碰撞造山
		塔鹤托坂日单元	$D_1\gamma\delta$	3	灰色中细粒片麻状花岗闪长岩		
晚海西—早燕山期构造岩浆岩带							
苏鲁·彼得勒克·得亚构造岩浆岩亚带							
P_2	伯拉克拉克里超单元	喀尔瓦单元	$P_2\gamma\delta o$	2	灰绿色中细粒英云闪长岩		洋陆俯冲
		苏鲁北单元	$P_2\delta o$	5	灰绿色中细粒石英闪长岩		
莫斯图构造岩浆岩亚带							
J_1		祁漫塔格基性岩墙	$J_1\beta\mu$	16	深灰绿色辉长岩、辉绿岩	192±0.9(U-Pb)	造山后崩塌
		坎皮北单元	$J_1\xi\gamma$	2	肉红色中细粒正长花岗岩		
T_3	那陵格勒超单元	莫斯图单元	$T_3\gamma\delta$	20	灰色中细粒花岗闪长岩	219.16±10(K-Ar) 219.89±11(K-Ar)	
		喀尔洞单元	$T_3\gamma\delta o$	3	灰色中细粒英云闪长岩		
		长平山单元	$T_3\delta o$	4	深灰色中细粒石英闪长岩		
		卡而却卡单元	$T_3\delta$	9	深灰色中细粒闪长岩		
		哈拉达乌环斑花岗岩	$T_3\pi\gamma$	1	肉红色中粒更长环斑花岗岩	208(Rb-Sr)	

续表 3-1

时代	超单元（岩石组合）	单元（侵入体）	代号	侵入体个数（个）	岩性	同位素（Ma）	动力学过程
莫斯图构造岩浆岩亚带							
T_2	楚拉克阿干超单元	卡而却卡北单元	$T_2\eta\gamma$	6	肉红色中细粒二长花岗岩	240.6±1.6(Ar-Ar)	陆内碰撞造山
		楚拉克阿干东单元	$T_2\gamma\delta$	3	灰白色中细粒花岗闪长岩	239.9±1.3(Ar-Ar)	
P_3	求勉雷克塔格超单元	索阿克塞单元	$P_3\xi\gamma$	2	灰白色中细粒正长花岗岩		同碰撞
		楚拉克单元	$P_3\pi\eta\gamma$	9	浅肉红色中粗粒似斑状二长花岗岩	254.1±1.5(Ar-Ar)	
		吐木勒克单元	$P_3\eta\gamma$	10	浅肉红中细粒色含石榴石二长花岗岩	247.6±1.4(Ar-Ar) 247±2.0(U-Pb)	
Pt_3		阿克却哈二长片麻岩体	Pt_3gn	3	灰—肉红色眼球状二长片麻岩		同碰撞
阿尔喀构造岩浆岩亚带							
J_1		阿尔喀单元	$J_1\delta o$	5	灰色中细粒石英闪长岩	199±1.6(Ar-Ar)	走滑深熔
		巍雪山二长花岗岩	$J_1\pi\eta\gamma$	1	灰白色中细粒似斑状二长花岗岩		

苏鲁·彼得勒克·得亚构造岩浆岩亚带：北西西向展布于测区中南部，赋存于东昆南活动陆缘带中，岩浆活动微弱，以中二叠世侵入岩为主要组成。围岩单一，为二叠系马尔争组沉积地层。岩石地球化学特征显示中二叠世侵入岩具有陆缘弧的成因特点，它与同样具有火山弧成因的晚石炭世—早二叠世浩特洛哇组相伴产出，共同构成了东昆南活动陆缘带北缘横贯测区的一条二叠纪陆缘火山-岩浆弧带。

莫斯图构造岩浆岩亚带：北西西向横贯测区北部，北以那陵格勒断裂为界与那陵格勒新生代沉积盆地为邻，南以昆中断裂为界区分于库鲁克彼捷里克塔格构造岩浆岩亚带，向东顺延出图，向西尖灭于新生代沉积盆地之中。以含有古老的基底岩系古元古界金水口岩群以及多期岩浆活动的叠加为主要特征，是一条复式构造岩浆岩带。岩浆活动发生于晚二叠世、中三叠世、晚三叠世以及早侏罗世，以晚三叠世、晚二叠世侵入岩最为发育，并以岩基形式产出。它们共同构筑了测区海西—印支造山旋回不同阶段的地球动力学过程和演化历史。

阿尔喀构造岩浆岩亚带：分布于测区南部，近东西向展布于东昆南活动陆缘带南缘和巴颜喀拉微陆块北缘，出露面积小，岩浆活动微弱，以早侏罗世阿尔喀独立单元和巍雪山二长花岗岩为主要组成，新生代板内成因的火山岩叠加其上，围岩为二叠系马尔争组和三叠系巴颜喀拉山群沉积地层。是东昆仑海西—印支造山期造山后阶段岩浆作用的产物。

一、新元古代阿克却哈眼球状二长片麻岩体

1. 地质特征

阿克却哈眼球状二长片麻岩体出露面积较小，由三个侵入体组成，分布于那陵格勒河北及吐木勒克一带，平面上呈不规则岩株状，总体呈北西向展布。分别产出于喀雅克登塔格构造岩浆岩亚带、莫斯图构造岩浆岩亚带中，是东昆中微陆块基底岩系的组成部分。围岩为古元古界金水口岩群，是一套经历了

角闪岩相变质作用的火山-沉积岩系。岩体与围岩之间以韧性剪切带相接触。

岩体经历了强烈的变质变形作用改造，不同程度地改变了侵入岩的原始组构和面貌。条带状的韧性剪切带发育是该岩体的突出特征，剪切面理总体南西倾，倾角 30°～50°。岩石普遍发育眼球状构造、条带状构造，眼球主要由钾长石构成，少量为斜长石。虽然大多数长石变形为较大的眼球，但仍能见到结晶很好的板柱状长石晶体，反映出其原有的火成结构。

该岩体是本次区调从古元古界金水口岩群中解体出来的，岩性为浅肉红色眼球状含石榴二云（黑云）二长片麻岩，属变质侵入体类型。依据变质侵入体的命名原则，将其命名为阿克却哈眼球状二长片麻岩体（$Pt_3 gn$）。

近几年来在东昆仑造山带大规模 1∶5万、1∶25 万区调填图项目的实施中，相同类型的变质侵入体被不断解体出来，大量的同位素测年资料显示为 800Ma 左右，是晋宁期岩浆作用产物。东昆仑东端的 1∶25 万兴海幅（青海省地质调查院，1999），在该类侵入体中获得了 788±32Ma 的单颗粒锆石 U-Pb 年龄；北邻幅 1∶25 万库朗米其提幅，在该侵入体中获得了 831±51Ma 的单颗粒锆石 U-Pb 年龄，据此，将其归属为新元古代。

2. 岩石学特征

阿克却哈眼球状二长片麻岩岩石学特征如表 3-2 所示。

表 3-2 阿克却哈眼球状二长片麻岩岩石学特征一览表

岩性	灰色—肉红色眼球状含石榴黑云二长片麻岩、二云二长片麻岩
结构	鳞片粒状变晶结构、变余似斑状结构，基质为变余中粗粒结构
构造	眼球状、条纹条带构造、片麻状构造
主要特征	以发育眼球状、条纹条带状构造为特征，巨大的眼球状变斑晶是其显著标志，眼球成分以微斜长石为主，次为斜长石，长轴约 1～4cm，多数集中于 2～3cm，条纹条带以石英为主，次为微斜长石、斜长石，均匀平直分布，部分呈肠状，宽 2～30mm，相对的暗色条纹由斜长石、黑云母、白云母及铁铝榴石组成。个别岩石保留了其原始的组构状态，为似斑状结构，斑晶为微斜长石，半自形板状，少数为眼球状，粒度为 0.5cm×1cm～2cm×4cm，基质具中粗粒花岗结构。岩石中普遍发育交代蠕虫结构、包含结构、净边结构。主要矿物成分：钾长石，为微斜长石，半自形—他形，含量 21%～40%；斜长石，为更长石（An=25～28），他形—半自形，多为绢云母、高岭土、绿帘石交代，少量呈自形晶被包含于微斜长石中，含量 15%～29%；石英，以粒状、集合体、透镜状产出，普遍发育动态重结晶，含量 25%～38%；黑云母，鳞片状晶体，部分被绿泥石、白云母交代，含量 5%～12%；白云母，鳞片状晶体，含量 2%～4%；另有少量锆石、榍石、铁铝榴石等副矿物，其中铁铝榴石多以包裹体形式出现在更长石中。岩石中各矿物普遍发育波状消光

3. 岩石地球化学特征

1）主量元素

岩石化学成分及主要参数列于表 3-3 中，SiO_2 含量介于 69.52×10^{-2}～75.46×10^{-2}，均属酸性岩。与我国花岗岩平均化学成分相比，具高 K_2O、TiO_2 贫 FeO、MgO 的特点。里特曼指数 $\sigma=1.84$～2.42，属钙碱性岩，在 AFM 图解中（图 3-2），均落入钙碱性系列区，并靠近 AF 线分布，显示贫铁镁富碱的特征。$K_2O>Na_2O$，K_2O 含量为 5.15×10^{-2}～5.68×10^{-2}，全碱含量高，K_2O+Na_2O 为 7.78×10^{-2}～8.21×10^{-2}，显示出壳源的特点。$Al_2O_3>CaO+K_2O+Na_2O$，A/CNK=1.17～1.28，为强过铝花岗岩（SP），在铝饱和指数图解中（图 3-3），样品点均落在过铝质花岗岩区内，岩石中包含白云母、石榴石等高铝矿物以及 CIPW 标准矿物中标准分子 C 的出现均显示高铝的特点，反映出碰撞型花岗岩的特征。

表 3-3　阿克却哈眼球状二长片麻岩主量元素、稀土元素、微量元素特征

序号	样号	氧化物含量($w_B/10^{-2}$)													
		SiO_2	TiO_2	Al_2O_3	Fe_2O_3	FeO	MnO	MgO	CaO	Na_2O	K_2O	P_2O_5	H_2O^+	LOS	Σ
1	ⅡGs2125	75.46	0.25	12.72	0.6	1.48	0.017	0.2	0.92	2.42	5.32	0.14	0.28	0.38	100.19
2	Ⅱ$3P_5$Gs5-2	71.78	0.36	13.48	0.63	2.3	0.05	0.68	0.81	2.31	5.68	0.15	0.97	0.51	99.71
3	ⅡGs3101-1	69.52	0.38	14.68	1.04	2.12	0.054	1.42	0.57	2.9	5.15	0.16	1.18	0.54	99.71

序号	主要参数						
	σ	ar	alk	A/CNK	A/NK	Na_2O/CaO	Na_2O/K_2O
1	1.84	2.1	7.78	1.19	1.4	2.63	0.46
2	2.2	1.96	8.13	1.17	1.33	2.85	0.41
3	2.42	2.23	8.21	1.28	1.41	5.08	0.56

序号	稀土丰度($w_B/10^{-6}$)													
	La	Ce	Pr	Nd	Sm	Eu	Gd	Tb	Dy	Ho	Er	Tm	Yb	Lu
1	24.37	63.7	7.84	30.53	6.99	0.78	6.68	1.09	5.14	0.73	1.58	0.19	0.93	0.11
2	47.92	93.86	11.05	44.43	9.87	1.42	9.34	1.54	9.64	1.89	5.11	0.78	4.79	0.73
3	42.7	87.94	12.51	45.95	9.29	1.35	7.91	1.26	7.13	1.39	4.14	0.63	4.13	0.58

序号	主要参数					
	ΣREE	LREE	HREE	LREE/REE	δEu	$(La/Yb)_N$
1	150.66	134.21	16.45	0.89	0.34	17.7
2	242.37	208.55	33.82	0.86	0.45	6.74
3	226.91	199.74	27.17	0.88	0.47	6.97

序号	微量元素丰度($w_B/10^{-6}$)														参数	
	Rb	Sr	Ba	Th	Ta	Nb	Zr	Hf	Sc	Cr	Ni	V	Co	Y	Rb/Sr	Rb/Ba
1	256	75	521	18.3	1.3	13.5	110	4.2	1.9	4.1	7.9	18.4	5.1	21.41	3.4	0.49
2	234.5	44	827	27.5	1.5	13.9	185	6.6	5.8	12.1	7.1	26.4	4.4	45.52	5.3	0.28
3	247	127	1386	21.1	1.3	11.2	174	5.5	5.8	11.9	9.3	27.9	6.9	37.05	1.94	0.18

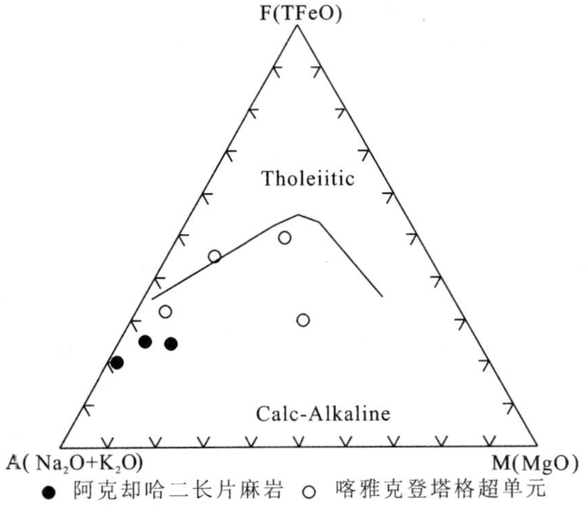

图 3-2　AFM 图解

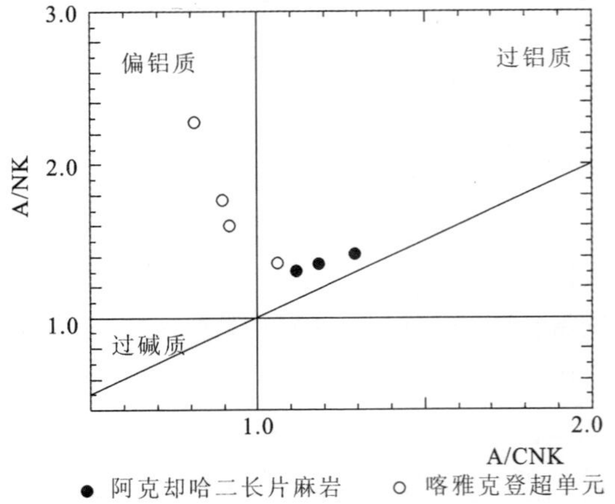

图 3-3　铝饱和指数图解

利用 CIPW 标准矿物在深成岩 Q′-ANOR 分类图中投影(图略),投影点分别落在二长花岗岩和正长花岗岩区,综合其岩石学特征,原岩应为二长花岗岩。

2) 稀土元素

如表 3-3 所示,稀土总量为 $150.66\times10^{-6}\sim242.37\times10^{-6}$,接近上地壳平均值($210\times10^{-6}$)。LREE/REE 集中于 0.86～0.89,轻稀土强烈富集,δEu＝0.34～0.47,$(La/Yb)_N=6.74\sim17.7$,稀土配分曲线呈右倾“V”型,轻稀土陡倾,分馏强烈,重稀土相对平坦,具较强的负铕异常(图 3-4),显示出地壳重熔的特点,并反映岩石经历了强烈的结晶分异。类似于王中刚(1989)划分的第二类花岗岩,即由上地壳经不同程度的部分熔融而形成。

3) 微量元素

如表 3-3 所示,与世界花岗岩微量元素丰度值(维氏,1962)相比,Rb、Ba、Th、Hf、Sc 相对富集,而 Sr、Ta、Nb、Zr、Cr、V 相对贫化,Co、Ni 含量相当。Rb/Sr＝1.94～5.3,远远高于地壳值(0.24),Rb/Ba＝0.18～0.49,明显较低。以 ORG 为标准的微量元素分布形式(图 3-5),具 Rb、Th 的强烈正异常和 Ce、Sm 的中等正异常以及 Ba、Nb、Zr 不同程度的负异常,与阿曼同碰撞花岗岩的分布形式(Pearce,1984)近于重叠,反映其与大陆碰撞、地壳增厚密切相关。

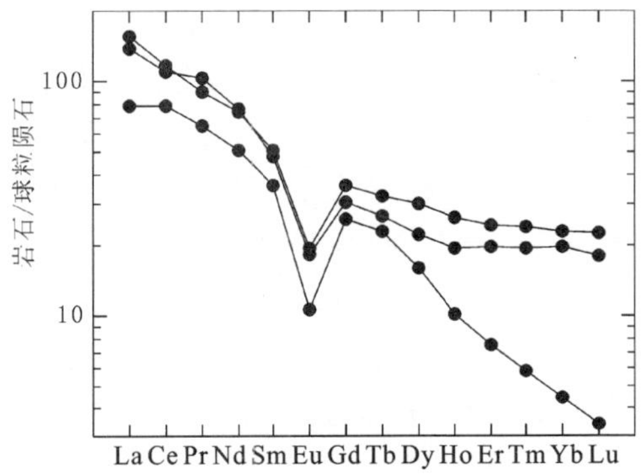

图 3-4　阿克却哈二长片麻岩稀土配分模式

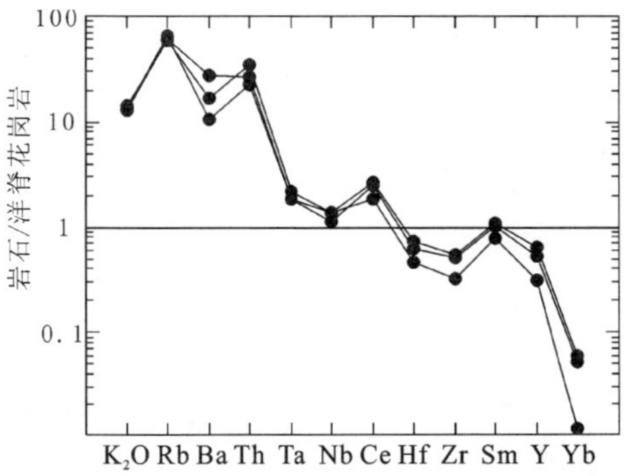

图 3-5　以 ORG 为标准的花岗岩分布形式

4. 岩石成因与构造环境分析

阿克却哈眼球状二长片麻岩,岩石化学特征显示强过铝质类型,高钾钙碱性系列,属 S 型花岗岩。在 R_1-R_2 图解中(图 3-6),样品点集中分布于同碰撞花岗岩区,微量元素特征显示与阿曼同碰撞花岗岩相似。A/CNK＝1.17～1.28,$Na_2O/K_2O=0.41\sim0.56$,$Na_2O/CaO=2.63\sim5.08$,总体化学成分与 Maniar(1989)划分的 CCG 型(大陆碰撞型)花岗岩近似,由此表明该片麻岩体应形成于大陆碰撞造山环境。

近年来的研究显示,东昆仑造山带基底岩系中不断被解体和发现的片麻岩体越来越多,空间上已形成一定规模,并且多为晋宁期同碰撞环境下岩浆作用产物,可能与古罗迪尼亚超大陆的聚合有关。

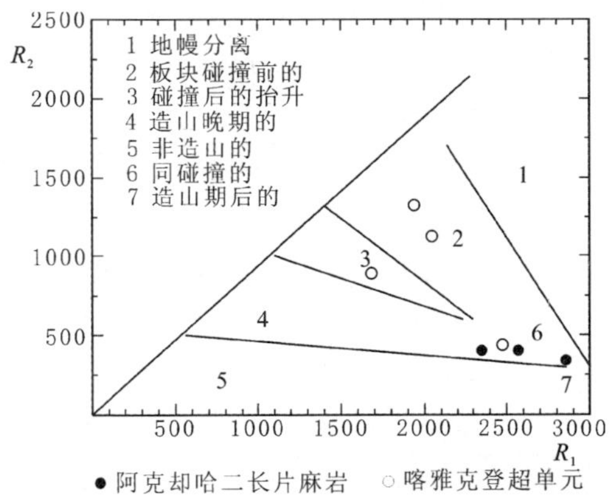

图 3-6　R_1-R_2 图解

二、泥盆纪侵入岩

测区泥盆纪岩浆活动十分强烈,侵入岩发育,并以岩石类型复杂多样,群居性强,成带性好,分布面积广泛而构成测区侵入岩主体。多以岩基形式产出,部分呈岩株状,主要分布于测区祁漫塔格山、库鲁克彼捷里克塔格、塔鹤托坂日、克其克孜苏一带,呈北西向、近东西向展布。时间上早泥盆世、中泥盆世、晚泥盆世等不同时期的侵入岩均有不同规模的产出，并且各时期侵入岩受控于不同的构造动力学背景产出的构造位置不同，从而在空间上构成测区两条主要的构造岩浆岩亚带：喀雅克登塔格构造岩浆岩亚带、库鲁克彼捷里克塔格构造岩浆岩亚带。

（一）喀雅克登塔格构造岩浆岩亚带

北西向展布于测区东北部祁漫塔格山一带，赋存于东昆中微陆块中。侵入活动发生在早泥盆世、中泥盆世两个时期，以早泥盆世侵入岩出露最为广泛。共解体出 9 个侵入体，划分为两个单元和一个独立侵入体，根据各单元侵入体间的接触关系、岩浆演化特征、群居性以及同位素测年，将其归并为一个超单元和一个独立侵入体。按时代分述如下。

1. 早泥盆世喀雅克登超单元

1）地质特征及时代

喀雅克登超单元构成喀雅克登塔格构造岩浆岩亚带的主体，以岩基形式产出，部分呈岩株状，向北向东顺延出图，总体呈北西向展布，形态不规则。由 8 个侵入体组成，从早到晚分别划分为阿克楚克赛中细粒石英闪长岩单元、伯喀里克中粒似斑状二长花岗岩单元，尤以伯喀里克单元出露面积最大。与围岩古元古界金水口岩群及下古生界滩间山群呈侵入接触关系，并被早侏罗世及中泥盆世岩体侵入。围岩中有岩枝沿裂隙贯入，热接触变质现象不发育，岩体边部混染明显，常见棱角状围岩捕虏体，同时在岩体内常发育大型不规则状围岩顶蚀体。两单元间呈涌动接触关系，发育宽约 5～10m 的过渡带，带内岩石成分、结构不均一，中细粒结构、不等粒结构及似斑状结构并存，普遍发育斑杂状构造、定向构造，定向构造主要表现为斑晶、暗色矿物以及包体的定向排列。另外在过渡带靠近似斑状二长花岗岩一侧，见有宽约 1～2m 的包体富集带，包体密集发育，似“砾岩”状被岩浆胶结。两单元侵入体中普遍发育暗色包体，发育程度不均一，从边部到内部包体数量明显减少。同时岩石结构也显示出从岩体边部到内部由不均匀到均匀的变化特点。

本次工作中与中国地质大学（北京）罗照华教授合作对两单元岩石采用锆石离子探针法测年，获得了满意而可信的结果。在阿克楚克赛石英闪长岩单元中获得了 407.7±7.5Ma 的年龄值，在伯喀里克似斑状二长花岗岩单元中获得了 408.3±5.3Ma 的年龄值，两年龄一致，侵位时代为早泥盆世。

2）岩石学特征

喀雅克登超单元各单元岩石在结构和成分上差别较大，利用实际矿物含量在 QAP 图解中投影（图 3-7），分别为石英闪长岩和二长花岗岩。从同源岩浆演化角度讲，明显缺少中间单元，但在矿物特征上具有一定的相似性，显示出二者一定的亲缘关系。两单元岩石学特征见表 3-4。

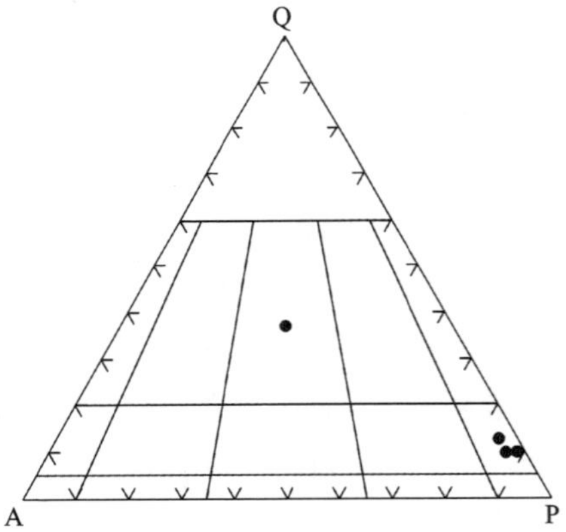

图 3-7 QAP 图解

表 3-4 喀雅克登超单元岩石特征一览表

单元	岩石名称	结构	构造	矿物	特征	含量(%)
伯喀里克单元	灰白—浅肉红色似斑状二长花岗岩	似斑状结构，局部不等粒结构，基质为中粒结构	块状构造	斜长石	半自形板状，具强粘土化、绢云母化，为更长石（An=26）	30
				钾长石	半自形或他形板状，具粘土化，为微斜长石，常构成斑晶（斑晶含量 10%，粒径 12～22mm）	31
				石英	他形粒状，充填于其他矿物空隙中	36
				黑云母	板状、片状，呈褐色多色性，多蚀变为绿泥石	3
				其他矿物	磷灰石、锆石，不透明矿物等	少量

续表 3-4

单元	岩石名称	结构	构造	矿物特征		含量(%)
阿克楚克赛单元	灰—深灰色中细粒石英闪长岩	中细粒结构	块状构造	斜长石	半自形柱状,发育环带结构,具卡钠复合双晶,为中长石,An=32~35	54~59
				钾长石	他形板状,具粘土化,为微斜长石	1~2
				石　英	他形粒状,充填于其他矿物之间	6~9
				角闪石	为普通角闪石,绿色半自形柱状	12~15
				黑云母	褐色板状、片状,具多色性,多蚀变为绿泥石	8~25
				其他矿物	磷灰石、锆石、不透明矿物	少量

3)岩石地球化学特征

(1)主量元素:如表 3-5 所示,早期石英闪长岩单元 SiO_2 介于 $55.39\times10^{-2}\sim60.71\times10^{-2}$,属中性岩,$TiO_2$、$Al_2O_3$ 含量较高,分别介于 $0.73\times10^{-2}\sim1.63\times10^{-2}$ 和 $14.84\times10^{-2}\sim15.91\times10^{-2}$;晚期二长花岗岩单元 $SiO_2=70.37\times10^{-2}$,属酸性岩,TiO_2、Al_2O_3 含量较低,分别为 0.36×10^{-2}、13.43×10^{-2}。从早到晚各造岩氧化物与 SiO_2 呈现良好的线形演化关系,随 SiO_2 含量的增高,TiO_2、Al_2O_3、FeO、CaO、MgO 含量降低,Na_2O+K_2O、K_2O 增高,显示出向富硅富钾富碱贫钛铝钙铁镁演化的特点。早期单元 $Na_2O>K_2O$,晚期单元 $K_2O>Na_2O$,里特曼指数 $\sigma=1.87\sim2.97$,均为钙碱性岩。在 AFM 图解中(图 3-2)均落在钙碱性系列区内,在 SiO_2-K_2O 图解中(图 3-8)多落在高钾区。早期单元 $CaO+K_2O+Na_2O>Al_2O_3>K_2O+Na_2O$,A/CNK=0.81~0.93,为偏铝质岩石,晚期单元 $Al_2O_3>CaO+K_2O+Na_2O$,A/CNK=1.06,为过铝质岩石。在铝饱和指数图解中(图 3-3),早期单元落在偏铝质花岗岩区,晚期单元落在过铝质花岗岩区,反映出 I 型和 S 型花岗岩的过渡类型特征。

表 3-5 喀雅克登超单元岩石化学特征

单元	序号	样　号	氧化物含量($w_B/10^{-2}$)													
			SiO_2	TiO_2	Al_2O_3	Fe_2O_3	FeO	MnO	MgO	CaO	Na_2O	K_2O	P_2O_5	H_2O^+	LOS	Σ
伯喀里克	1	Gs5094 *	70.37	0.36	13.43	1.48	2.6	0.07	0.78	1.58	2.93	4.64	0.16	1.11	0.67	100.18
阿克楚克赛	2	ⅡGs3105-1	59.94	0.73	14.84	1.8	3.73	0.086	6.51	4.53	3.15	2.95	0.12	1.84	0.36	100.19
	3	ⅡGs3208-1	55.39	1.63	15.91	1.86	7.04	0.14	4.02	6.94	2.96	1.95	0.43	0.88	0.7	99.85
	4	ⅡGs3209-1	60.71	1.19	15.82	1.74	5.82	0.13	1.63	4.06	3.49	3.83	0.36	0.51	0.48	99.77

序号	主要参数						
	σ	ar	alk	A/CNK	A/NK	Na_2O/K_2O	MgO/TFeO
1	2.08	2.28	7.69	1.06	1.37	0.63	0.2
2	2.18	1.92	6.23	0.89	1.76	1.07	1.22
3	1.87	1.55	5.0	0.81	2.3	1.52	0.46
4	2.97	2.08	7.41	0.93	1.62	0.91	0.22

注:* 为邻幅资料。

(2)稀土元素:如表 3-6 所示,稀土总量较高,$\sum REE=132.77\times10^{-6}\sim320.22\times10^{-6}$,集中于 $204.48\times10^{-6}\sim320.22\times10^{-6}$,接近或高于上地壳的平均值($210\times10^{-6}$)。LREE/REE=0.86~0.91,轻稀土强烈富集,$\delta Eu=0.35\sim0.85$,$(La/Yb)_N=5.91\sim10.6$,集中在 5.91~6.56。稀土配分模式均为向右陡倾的富集型曲线(图 3-9),轻重稀土分馏明显,具中等到强的负铕异常,并且从早期到晚期负铕

异常明显增强，显示经历了强烈的结晶分异过程，同时各曲线近于平行，反映出同源岩浆演化的特点。另外从早到晚稀土总量趋于减少，这可能是晚期单元 SiO_2 含量明显增加，而全碱含量增加幅度不大，使岩石中全碱浓度降低，造成亲碱的稀土元素相对贫化。

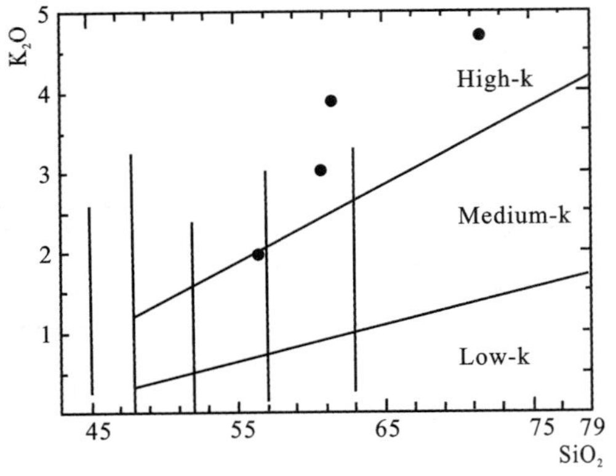

图 3-8　喀雅克登超单元硅钾图

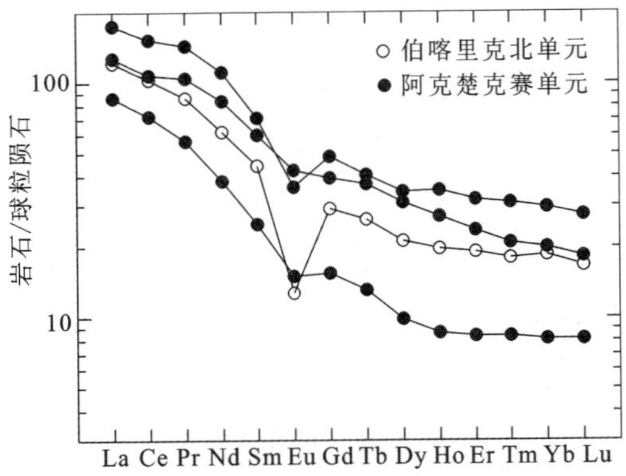

图 3-9　喀雅克登超单元稀土配分模式

表 3-6　喀雅克登超单元稀土及微量元素特征

单元	序号	样号	稀土丰度（$w_B/10^{-6}$）													
			La	Ce	Pr	Nd	Sm	Eu	Gd	Tb	Dy	Ho	Er	Tm	Yb	Lu
伯喀里克	1	Gs5094 *	37.64	83.53	10.44	37.23	8.62	0.94	7.52	1.24	6.89	1.42	4.02	0.58	3.87	0.54
阿克楚克赛	2	Ⅱ3105-1	26.8	57.56	6.89	22.92	4.91	1.11	3.99	0.62	3.16	0.62	1.76	0.27	1.7	0.26
	3	Ⅱ Gs3208-1	54.19	122.9	17.46	66.33	13.87	2.64	12.62	1.91	11.1	2.49	6.65	1	6.18	0.88
	4	Ⅱ Gs3209-1	39.55	87.26	12.72	50.01	11.77	3.11	10.2	1.77	10.02	1.94	4.94	0.68	4.18	0.59

序号	主要参数					
	ΣREE	LREE	HREE	LREE/REE	δEu	$(La/Yb)_N$
1	204.48	178.4	26.08	0.87	0.35	6.56
2	132.77	120.39	12.38	0.91	0.74	10.6
3	320.22	277.39	42.83	0.87	0.6	5.91
4	238.74	204.42	34.32	0.86	0.85	6.38

序号	微量元素丰度（$w_B/10^{-6}$）												参数
	Rb	Sr	Ba	Th	Ta	Nb	Zr	Hf	Y	Sc	Cr	Ni	Co	Rb/Sr
1	267	87	343	35.9	2.3	17.2	245	7.1	37.08	6.4	7.5	4.5	5.1	3.07
2	127	596	591	18.1	1.2	9.4	140	3.9	17.03	13.8	217.2	64.3	19.6	0.21
3	85.9	383	386	5.3	1.5	21.6	481	7.9	56.17	23.4	43.6	31.3	21	0.22
4	144	298	1550	7.1	1.6	24.5	644	12.4	42.79	16.8	5	6.8	10.7	0.48

注：* 为邻幅资料。

（3）微量元素：如表 3-6 所示，与世界同类岩石相比（维氏，1962），早期单元 Rb、Th、Ta、Nb、Zr、Hf、Sc 偏高，Sr 偏低；晚期单元 Rb、Th、Zr、Hf、Sc 偏高，Sr、Ta、Nb 偏低，显示出两者间一定的相似性和差异性。从早到晚 Rb、Th、Ta 趋于增高而 Sr、Nb、Zr、Hf、Yb、Sc、Cr、Co、Ni、Ba 趋于降低。Rb/Sr＝0.21～3.07，接近或高于地壳值（Taylor，1972），尤其晚期单元远远高于地壳值，反映出源自壳源物质的熔融。以ORG为标准的微量元素分布型式，与(Pearce，1984)划分的同碰撞花岗岩的分布形式近似一致(图3-10)，显示出壳内重熔型花岗岩的特征。

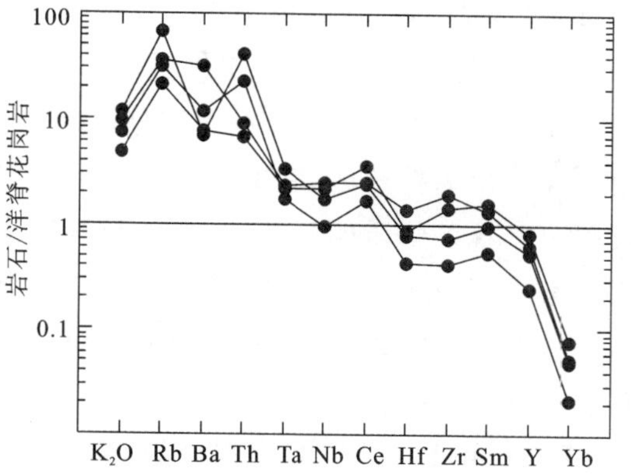

图 3-10　喀雅克登超单元微量元素分布形式

4）包体特征

喀雅克登超单元两单元中包体较发育，但发育程度不同，以伯喀里克单元较多。从岩体边部到内部包体呈递减趋势，在岩体边部尤其在与围岩和两单元间接触界线附近包体密集成群发育，含量达15～20/m²，与接触界线平行定向排列。向岩体内部，包体明显减少，含量在2～5/m²，杂乱分布。包体大小不等，形态各异，以椭圆状、圆状、不规则状为主，部分呈棱角状、条状。大小一般为3cm×5cm～10cm×25cm，最大20cm×40cm。两单元中包体类型相同，均为暗色微细粒似斑状闪长质包体。似斑状结构是该超单元中包体的共同特征，斑晶主要由斜长石(An=37～41)构成，部分为角闪石，不均匀分布，无定向性，含量5%～12%，粒径多为1.4～3mm，斜长石中发育正环带结构。基质为微细粒结构，主要由斜长石、角闪石、黑云母以及少量辉石(假象)、磷灰石、金属矿物组成。包体与主岩间多呈截然关系，边界不平整，在伯喀里克单元中偶见发育宽1mm左右暗色冷凝边的包体，反映出熔融状态下快速冷凝的特点。

上述包体特征表明，两单元岩石曾经历了程度不同的岩浆混合作用过程。

5）岩体的侵入深度、剥蚀程度及形成时的物化条件

喀雅克登超单元以伯喀里克单元为主，岩基形式产出，围岩为古元古代基底岩系和经历了低—高绿片岩相变质的早古生代地层。与围岩侵入关系清楚，侵入界线与围岩面理协调一致，部分地段不协调，围岩中热接触变质不发育，在内接触带中平行于侵入界线的定向组构较为明显。因此该超单元形成深度为中—深带。

早期单元出露少，晚期单元出露规模大，缺少中间单元，并且在晚期单元中见有较多的大型围岩捕虏体或顶垂体。因此，其剥蚀程度为浅剥蚀。

在图3-11中，早期单元投点于750～800℃间，形成时的压力在3kb以上；晚期单元落点于700℃范围内，形成时的压力在3kb左右。

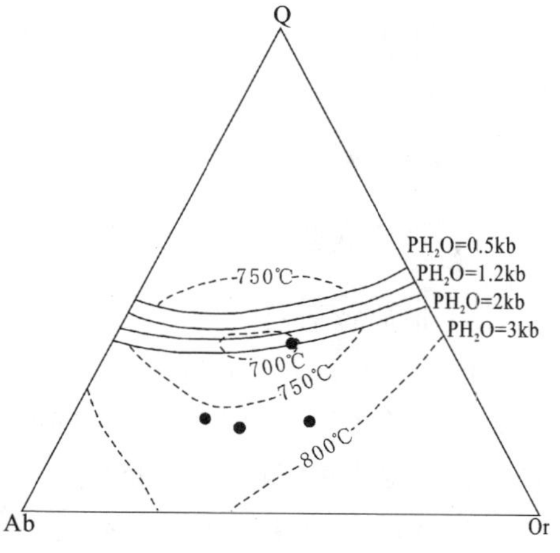

图 3-11　侵入岩 Q-Ab-Or-PH₂O 相图

6）岩体构造与就位机制

喀雅克登超单元各侵入体空间群居性较好，主体以岩基形式产出，平面上呈不规则条状北西向展布，早期阿克楚克赛单元多呈不规则岩株状分布于晚期单元边部和外围。岩体内部定向组构不发育，边部则表现出强烈的定向性，主要为包体及暗色矿物平行侵入界线定向排列。岩体中"X"型节理较发育，其中以350°∠55°的一组最为发育，未见同期岩脉产出。与围岩侵入界线清楚，不规则，早期单元多为不整合型侵入体，常见岩枝穿插于围岩中，晚期单元的侵入界线多与围岩协调一致，并且其间见有较多规模不等的围岩顶垂体。

综上所述，喀雅克登超单元兼有被动就位条件下以岩墙扩张和顶蚀方式侵位的双重特征。

7）岩石成因及构造环境分析

前述岩石学及地球化学特征显示，喀雅克登超单元属高钾钙碱性系列偏铝质-过铝质岩石，来源于壳源物质的部分熔融。包体特征显示曾经有幔源物质的参与而经历了岩浆混合作用过程，但从稀土及

微量元素特征可以反映出岩浆混合作用微弱，幔源组分参与较少，具S型、I型花岗岩的双重特征。因此，岩石成因应属壳幔型花岗岩。

在R_1-R_2图解中投影点比较分散(图3-6)，早期单元有两个点落在板块碰撞前的环境区，一个点落在碰撞后的抬升区，晚期单元落在同碰撞区。总体反映出活动大陆边缘的特性，也从另一个侧面反映出其源区物质的复杂性，可能与幔源物质的参与有关。利用Maniar和Piccoli(1989)构造环境判别图解进行投影，在(Al_2O_3-Na_2O-K_2O)-TFeO-MgO三元图解中(图3-12)，两个点落在POG区，两个点落在IAG+CAG+CCG区；在(Al_2O_3-Na_2O-K_2O)-(TFeO+MgO)-CaO三元图解中(图3-13)，样品点均落在POG区。另外，Na_2O/K_2O=0.6～1.52，MgO/TFeO集中在0.2～0.46，总体化学成分均与Maniar和Piccoli(1989)划分的POG型花岗岩类相似，因此可以判定喀雅克登超单元属造山后花岗岩(POG)。

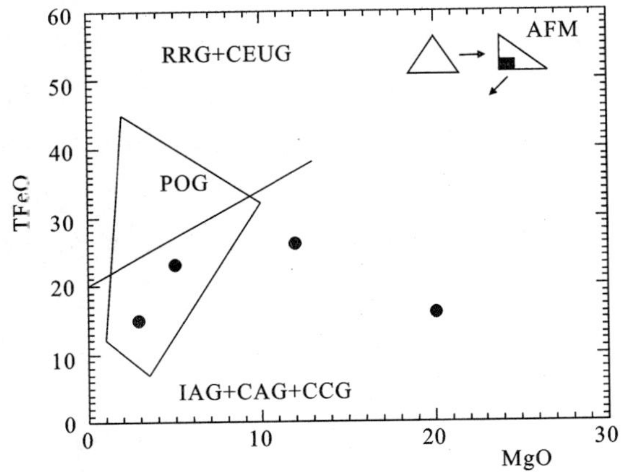

图3-12 (Al_2O_3-Na_2O-K_2O)-TFeO-MgO三元图解

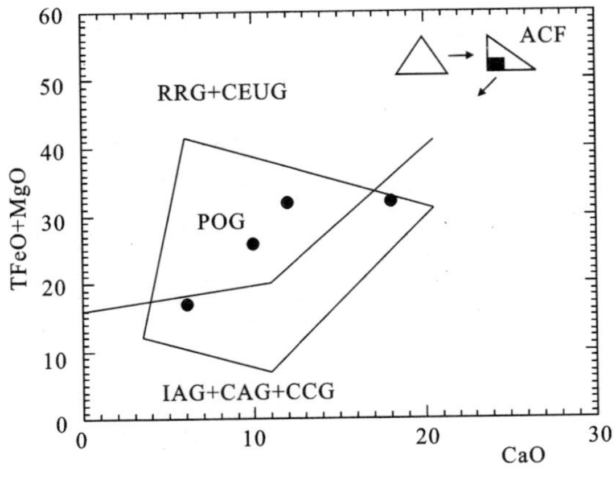

图3-13 (Al_2O_3-Na_2O-K_2O)-(TFeO+MgO)-CaO三元图解

结合岩石地球化学特征分析，岩石具壳幔成因，岩浆的形成应与幔源岩浆的底侵作用有关，但幔源成分加入较少，这些特点表明该超单元形成于造山后造山带伸展崩塌的初期阶段，此时地壳较厚，幔源岩浆无法大规模上侵，在造成壳源物质熔融的同时少量掺入其中。

从该超单元产出的构造位置及区域地质特征分析，它的形成在空间上和时间上都应与测区北部祁漫塔格加里东造山带的造山作用有关，是祁漫塔格加里东造山带在经历了造山作用后，向造山后伸展崩塌阶段转变时期的产物。

2. 中泥盆世巴音郭勒辉长岩

1) 地质特征及时代

巴音郭勒辉长岩以单一侵入体形式分布于测区东北部巴音郭勒一带，平面形态不规则，出露面积约为6km^2，总体呈北西向展布，长轴方向320°，向东延伸出图。以外倾产状超动于早泥盆世伯喀里克似斑状二长花岗岩单元中，并被早侏罗世侵入岩侵入，界线不平整。该辉长岩体岩石类型复杂多样，主要岩石类型有：浅色细粒苏长岩、浅色细粒辉长岩、暗色中细粒橄长岩，在部分岩石薄片中也有暗色中细粒橄榄苏长岩。苏长岩居多，次为辉长岩、橄长岩。侵入体成层性明显，具清楚的成分垂直分带，从下到上分别为：细粒苏长岩—中细粒橄长岩—细粒辉长岩，各岩性间均呈渐变过渡关系，显示出层状侵入体的特征，应是基性岩浆房原地结晶分异堆积作用的产物。

本次工作中与中国地质大学(北京)罗照华教授合作，对辉长岩和橄长岩采用锆石离子探针法测年，分别获得了386.9±2.6Ma、386.4±3.2Ma的年龄值，侵位时代为中泥盆世。

2) 岩石学特征

该层状辉长岩体各岩石类型以细粒—中细粒结构、辉长结构为特征，矿物成分具明显的演化趋势。下部苏长岩中斜方辉石(紫苏辉石)含量高，少量橄榄石，未有单斜辉石出现；中部橄长岩中橄榄石含量达64%，紫苏辉石少量，未有单斜辉石出现；上部辉长岩单斜辉石(普通辉石)含量较高并包含少量紫苏辉石，未有橄榄石出现。另外在岩石中普遍发育包含结构，表现为紫苏辉石包含有橄榄石或拉长石晶体，拉长石中包含细小橄榄石晶体，普通辉石中包含有紫苏辉石，反映矿物结晶顺序为：橄榄石—拉长石—紫苏辉石—普通辉石；在辉长岩中发育反应边结构，主要为单斜辉石周围有普通角闪石的反应边。同时不同矿物均有不同程度的蚀变，主要为橄榄石具蛇纹石化；拉长石具轻微帘石化和绢云母化；紫苏辉石具较强的纤闪石化、滑石化；普通辉石具较强的纤闪石化和绿帘石化。各岩石类型主要特征如表3-7所示。

表3-7　巴音郭勒辉长岩岩石特征一览表

岩石	结构、构造	矿物特征		含量(%)
橄长岩	中细粒他形结构块状构造	橄榄石	多呈他形晶，少数半自形晶，裂纹发育，沿裂纹被蛇纹石交代，并析出磁铁矿	60～64
		斜长石	为拉长石(An=55～68)，呈他形晶或半自形晶，部分晶体中包含他形橄榄石	24～28
		紫苏辉石	呈他形晶，部分晶体内包含橄榄石或拉长石，沿解理被滑石交代	2～10
		角闪石	为普通角闪石，呈褐色，部分向绿色角闪石转变	0～10
		其他矿物	黑云母，充填于橄榄石和辉石构成的空隙中；部分金属矿物	少量
苏长岩	细粒辉长结构块状构造	斜长石	为拉长石(An=50～53)，呈近等轴状他形及半自形晶体，具轻微绢云母化、帘石化	76
		紫苏辉石	他形粒状晶体，具较强的纤闪石化、滑石化	23
		角闪石	为普通角闪石，他形粒状，呈褐色	1
		橄榄石	他形粒状，裂纹发育	少量
		其他矿物	褐色黑云母、金属矿物	少量
辉长岩	细粒辉长结构块状构造	斜长石	为拉长石(An=50～56)，呈近等轴状他形及半自形晶，发育钠长石双晶、肖钠双晶	78
		普通辉石	呈近等轴状的他形粒状晶体，包含少量紫苏辉石	20
		紫苏辉石	包裹体形式赋存于普通辉石中	1
		角闪石	褐色，呈他形晶或以反应边形式围绕普通辉石分布	1
		其他矿物	褐色黑云母、金属矿物	少量

3）岩石地球化学特征

(1) 主量元素：如表3-8所示，橄长岩 $SiO_2=41.8\times10^{-2}\sim43.1\times10^{-2}$，属超基性岩范畴，辉长岩 $SiO_2=47.74\times10^{-2}$，为基性岩。橄长岩明显低 Al_2O_3、CaO、Na_2O 而高 TFeO、MgO，其中 MgO 高达 $23.01\times10^{-2}\sim25.41\times10^{-2}$，而 Al_2O_3 仅为 $8.4\times10^{-2}\sim9.67\times10^{-2}$，CaO 为 $4.36\times10^{-2}\sim6.61\times10^{-2}$、$Na_2O$ 为 $0.38\times10^{-2}\sim0.91\times10^{-2}$；与橄长岩相比，辉长岩刚好相反，具高 Al_2O_3、CaO、Na_2O 而低 TFeO、MgO 的特点，其中 Al_2O_3 含量为 22.54×10^{-2}，CaO 为 12.74×10^{-2}，MgO 为 4.5×10^{-2}、Na_2O 为 2.46×10^{-2}，显示出良好的互为消长关系，反映二者为基性岩浆经重力分异作用的结果。两类岩石 $Na_2O>K_2O$，K_2O 含量较低，接近板内拉斑玄武岩(Pearce，1984)，TiO_2 含量亦较低，介于 $0.19\times10^{-2}\sim0.95\times10^{-2}$，低于板内拉斑玄武岩。从橄长岩到辉长岩 K_2O、TiO_2 含量有增高趋势。在硅碱图中(图3-14)，两类岩石均落在亚碱性系列区。在 AFM

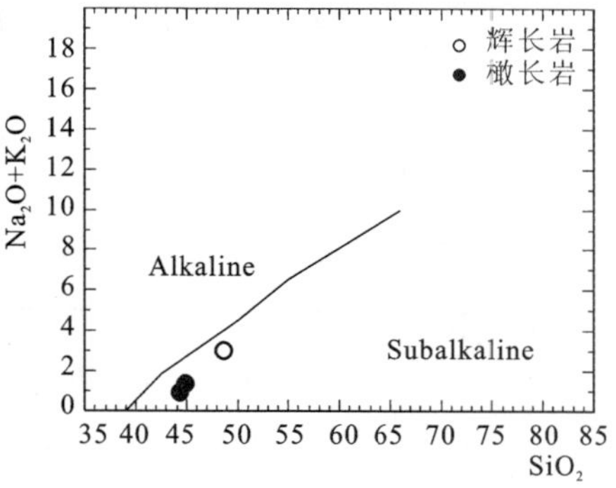

图3-14　硅碱图

图解中(图 3-15),橄长岩落在拉斑玄武岩系列区,并接近 FM 线分布,反映出明显的贫碱特点;辉长岩落在钙碱性系列区并接近与拉斑玄武岩系列界线分布。在 TiO_2-K_2O-P_2O_5图解中(图 3-16),橄长岩落在大陆拉斑玄武岩区,辉长岩落在大洋拉斑玄武岩区。橄长岩 m/f=3.52~3.66,属铁质超基性岩;辉长岩 m/f=1.26,属铁质基性岩。

表 3-8　巴音郭勒辉长岩岩石化学、稀土及微量元素特征表

岩性	序号	样号	氧化物含量($w_B/10^{-2}$)														参数	
			SiO_2	TiO_2	Al_2O_3	Fe_2O_3	FeO	MnO	MgO	CaO	Na_2O	K_2O	P_2O_5	H_2O^+	LOS	Σ	σ	m/f
辉长岩	1	ⅡGs3419-5	47.74	0.95	22.54	2.95	3.64	0.08	4.5	12.74	2.46	0.49	0.03	1.24	0.32	99.68	1.59	1.26
橄长岩	2	ⅡGs3419-3	43.1	0.67	9.76	2.72	8.58	0.17	23.01	6.61	0.91	0.44	0.1	2.62	0.96	99.65	1.05	3.66
	3	ⅡGs3420	41.8	0.19	8.4	3.94	9.14	0.18	25.41	4.36	0.58	0.3	0.05	5.12	0.68	100.15	0.64	3.52

序号	稀土丰度($w_B/10^{-6}$)													
	La	Ce	Pr	Nd	Sm	Eu	Gd	Tb	Dy	Ho	Er	Tm	Yb	Lu
1	3.61	7.36	1.06	4.45	1.20	0.8	1.32	0.2	1.14	0.24	0.65	0.1	0.6	0.09
2	4.61	11.24	1.75	7.47	2.09	0.74	2.30	0.41	2.43	0.49	1.33	0.2	1.24	0.18
3	6.08	11.69	1.46	5.7	1.19	0.39	1.12	0.18	1.07	0.23	0.61	0.1	0.59	0.09

序号	主要参数					
	ΣREE	LREE	HREE	LREE/REE	δEu	$(La/Yb)_N$
1	22.82	18.48	4.34	0.81	1.93	4.06
2	36.48	27.9	8.58	0.76	1.03	2.51
3	30.5	26.51	3.99	0.87	1.02	6.95

序号	微量元素丰度($w_B/10^{-6}$)												参数	
	Rb	Sr	Ba	Th	Ta	Nb	Zr	Hf	Y	Sc	Cr	Ni	Co	Rb/Sr	Zr/Y
1	8.3	579	103	0.7	0.5	2.1	23	5	6.15	20.3	49.4	18.3	22.4	0.014	3.74
2	17.5	205	86	0.9	0.5	3.1	64	5	11.35	22.2	1477.4	611.7	70.9	0.085	5.64
3	16.9	221	97	1.4	0.5	4.5	36	5	5.42	5.6	389.4	443.5	91.9	0.089	6.64

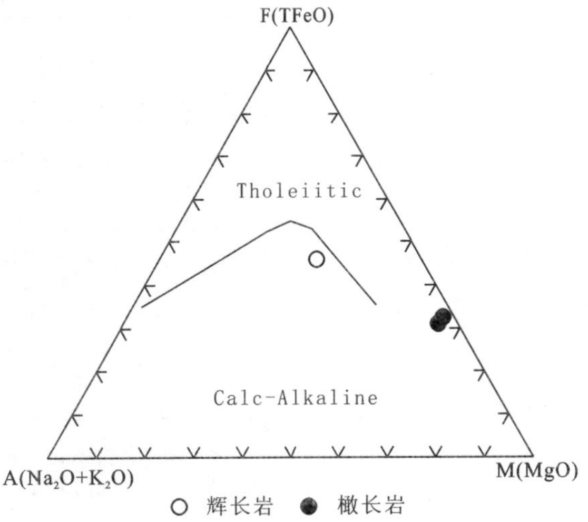

图 3-15　AFM 图解

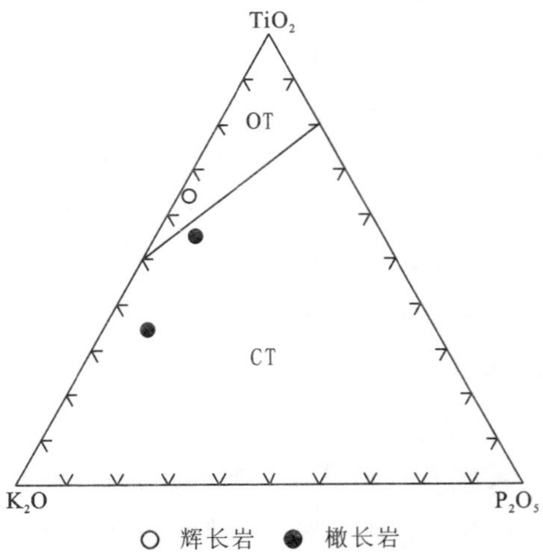

图 3-16　TiO_2-K_2O-P_2O_5图

(据 Pearce 等,1975)

OT:大洋拉斑玄武岩;CT:大陆拉斑玄武岩

（2）稀土元素：如表 3-8 所示，稀土总量总体偏低，$\sum REE=22.82\times10^{-6}\sim36.48\times10^{-6}$，由下部橄长岩向上到辉长岩稀土总量呈降低趋势，橄长岩 $\delta Eu=1.02\sim1.03$，辉长岩 $\delta Eu=1.93$，从下到上呈增高趋势，显示出典型层状辉长岩体的特征，也表明二者均为堆积相产物。尤其是随着晚期分异程度增大，堆积作用加强，晚期堆积岩（辉长岩）表现出强烈的斜长石的堆积作用，造成岩石 Eu 明显富集。橄长岩 $(La/Yb)_N=2.51\sim6.95$，辉长岩 $(La/Yb)_N=4.06$。二者 LREE/REE=0.76～0.87，轻稀土强烈富集，反映岩浆来源于较富集的地幔源区。稀土配分模式均为向右缓倾的富集型曲线（图 3-17），其中辉长岩具强的正铕异常，橄长岩无铕异常，稀土分馏较明显。

（3）微量元素：如表 3-8 所示，从下部橄长岩到上部辉长岩，Sr、K、Ba、Sc 等元素丰度增高，Rb、Nb、Zr、Th、Co、Cr、Ni 等丰度降低。在以原始地幔为标准的微量元素比值蛛网图上（图 3-18），橄长岩与辉长岩均为不相容元素富集型的分配形式，反映其来源于较富集的地幔源区。两者均表现出不同程度的 Sr 的富集和 P 的亏损，同时 Nb 也有弱的负异常，表现出大陆拉斑玄武岩的特征。辉长岩 Rb/Sr 为 0.014，低于 0.037 的原始地幔值（Condie，1989），橄长岩为 0.085～0.089，高于原始地幔。Zr/Y 值辉长岩为 3.74，橄长岩为 5.64～6.64，均高于原始地幔值（2.3），反映地幔类型为富集型地幔。

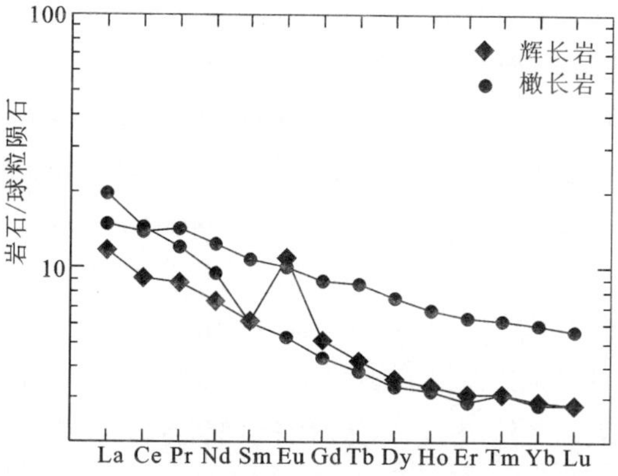

图 3-17　巴音郭勒层状辉长岩稀土配分模式图

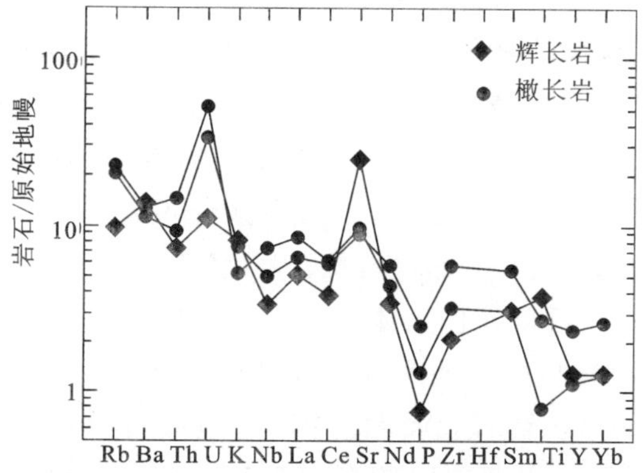

图 3-18　巴音郭勒辉长岩微量元素比值蛛网图

4）岩石成因及构造环境分析

上述野外地质特征及岩石地球化学特征表明，巴音郭勒辉长岩为一较典型的层状侵入体，现位岩体在垂向上具有苏长岩—橄长岩—辉长岩等不同成分的韵律性变化，推测下部仍有其他成分的岩石未被剥露，是岩浆房原地结晶分异堆积作用的结果。岩石具富集地幔源的特征，属幔源型岩石。

测区巴音郭勒辉长岩来源于较富集的地幔源区，具大陆拉斑玄武岩的特征，显然为伸展环境下的产物。另外巴音郭勒辉长岩侵入于早泥盆世喀雅克登超单元这一事实表明，其侵位深度与喀雅克登超单元近似，为中—深带，侧面反映出当时地壳正处于伸展减薄的状态中。区域地质特征显示，早泥盆世祁漫塔格加里东造山带进入造山后阶段，这个时期的动力学过程主要表现为岩石圈地幔的拆沉，软流圈物质上涌造成大规模底侵作用的发生，同时地壳浅部伸展崩塌岩石圈减薄，早泥盆世喀雅克登超单元是这个阶段初期的产物。随着地壳的减薄，使幔源基性岩浆得以顺利抵达地壳中深部，在一种趋于稳定的环境下完成结晶分异过程，形成巴音郭勒层状辉长岩体。

因此巴音郭勒辉长岩应是祁漫塔格加里东造山带造山后阶段伸展环境下的产物。

（二）库鲁克彼捷里克塔格构造岩浆岩亚带

北西西向横贯测区中部，长约 150km，南北宽约 20～10km。赋存于东昆南活动陆缘带北部边缘，北以昆中断裂或吐木勒克早古生代构造蛇绿混杂岩带为界毗邻东昆中微陆块，并与莫斯图构造岩浆岩亚带相接，南界大部分为新生代盆地覆盖。昆中断裂对该构造-岩浆岩带具有明显的控制作用，其走向与昆中断裂一致，同时各时代侵入体受昆中断裂长期活动影响均有不同程度的构造变形，部分岩石具强烈的糜棱岩化。侵入活动发生在早泥盆世、晚泥盆世两个时期，以晚泥盆世侵入岩分布最为广泛，并以岩基形式产出于岩浆岩带西段。早泥盆世侵入岩呈岩株状，出露少量，分布于岩浆岩带中段和东段。对围岩的吞噬和破坏和围岩中发育强烈的热接触变质作用是该构造-岩浆岩带的重要特征，围岩主要为下古生界纳赤台群以及少量古元古界金水口岩群、吐木勒克早古生代构造蛇绿混杂岩。共解体出 27 个侵入体，划分为 7 个单元，根据各单元侵入体间的接触关系、岩浆演化特征、群居性以及同位素测年，将其归并为两个超单元和一个岩石组合。按时代分述如下。

1. 早泥盆世塔鹤托坂日超单元

1）地质特征及时代

塔鹤托坂日超单元分布于测区哈夏·克里克·得亚北、塔鹤托坂日及克其克孜苏北一带，岩株状沿昆中断裂近东西向断续展布，构成库鲁克彼捷里克塔格构造岩浆岩亚带的中西段部分。由 5 个侵入体组成，划分为两个单元，从早到晚分别为塔鹤托坂日单元、哈夏·克里克北单元，岩性分别为：灰色中细粒片麻状花岗闪长岩、灰白色中细粒似斑状二长花岗岩，两单元间未见直接接触。不同单元侵入体，多呈不规则透镜状，长轴方向近东西向。围岩为古元古界金水口岩群、下古生界纳赤台群，侵入接触关系清楚，界面不平整，同时塔鹤托坂日单元被晚二叠世侵入岩超动其中。围岩中接触变质作用强烈，以纳赤台群最为明显，发育宽约 200～500m 的热接触变质晕。岩体边部见有较多的棱角状围岩捕虏体，并在岩体内有较大的围岩顶蚀体存在。两单元普遍发育暗色包体，多为椭圆状、透镜状，少数为棱角状、不规则状，凌乱分布。大小为 1cm×2cm～5cm×10cm，与主岩关系截然。为微细粒闪长质包体，少数具含斑结构，斑晶为斜长石，含量 1%～2%。

两单元侵入体外貌特征各具特色，其中塔鹤托坂日花岗闪长岩单元，受昆中断裂长期活动改造普遍发育片麻状构造，岩石变形强烈，多数以糜棱岩化花岗岩、眼球状花岗质糜棱岩的面貌出现，已成为构造岩。面理总体北东倾，倾角较缓，各种构造形迹综合反映具右行斜冲的运动学特点。哈夏·克里克北似斑状二长花岗岩单元则以其特殊的似斑晶为特征，斑晶含量较少，局部有相对集中现象，无定向性。斑晶为钾长石，颗粒较大，一般为 2～4cm，具卡氏双晶。斑晶中普遍发育包含结构，被包含的矿物主要为黑云母，并且黑云母在斑晶中呈环状分布，多为 1～2 环，也见有 3 环者，形态与斑晶近似。

本次工作中，在哈夏·克里克北似斑状二长花岗岩单元中，以黑云母为测试对象采用单矿物 Ar-Ar 法测年，获得了 406.2±2.6Ma 的坪年龄和 407±31Ma 的等时线年龄（图 3-19），综合围岩时代，将其侵位时代归属早泥盆世。

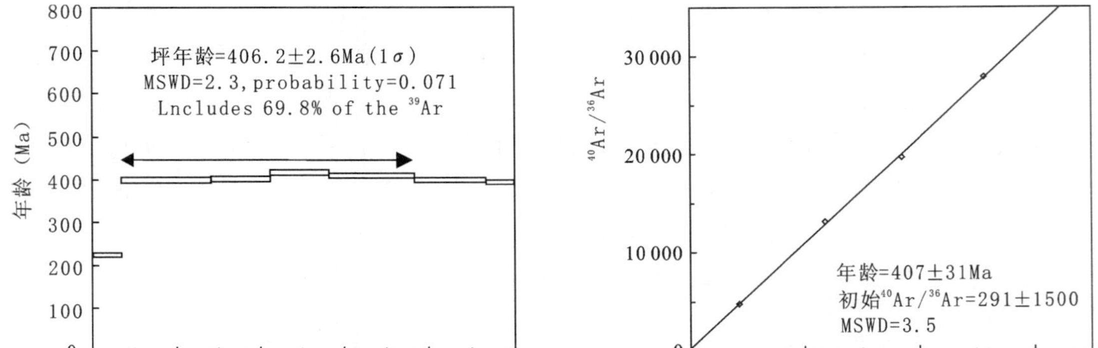

图 3-19　哈夏·克里克北似斑状二长花岗岩单元黑云母 Ar-Ar 法同位素测年坪谱图及等值线图

2）岩石学特征

二长花岗岩：浅肉红色，斑状结构，基质为中细粒结构，块状构造。斑晶为微斜长石，呈半自形板状，格子状双晶发育，晶内有黑云母、石英、斜长石嵌晶，含量5%±。基质由微斜长石（27%～30%）、更长石（38%～40%）、石英（22%～24%）、黑云母（3%～5%）、角闪石（0～1%）及少量磁铁矿、锆石等组成。其中更长石呈半自形板状，发育聚片双晶，晶带细密；石英呈他形粒状充填于空隙中；黑云母呈褐色片状，内有磁铁矿、锆石、磷灰石的包裹体；角闪石呈粒状晶体。

花岗闪长岩：灰色，变余中细粒花岗结构、糜棱结构，片麻状、眼球状构造。岩石多由碎斑和基质组成。

碎斑：含量27%～56%，由岩块、更长石、石英、微斜长石、黑云母构成。更长石多呈眼球状；黑云母多呈“鱼状”，断续定向与长英质矿物相间分布。均发育波状消光。

基质：含量44%～73%，由石英、碎粒化长石、黑云母以及重结晶的白云母组成，石英动态重结晶和静态重结晶发育。

3）副矿物特征

如表3-9所示，通过对塔鹤托坂日花岗闪长岩单元人工重砂分析，副矿物主要为：磷灰石、锆石、磁铁矿、褐铁矿、黄铁矿、辉钼矿等10余种，为磷灰石-锆石型。

表3-9　早泥盆世塔鹤托坂日单元副矿物含量表

样号	32RZ583-8				岩石名称				花岗闪长岩				
副矿物含量(g/20kg)													
锆石	磷灰石	赤铁矿	褐铁矿	磁铁矿	黄铁矿	辉钼矿	黄铜矿	金红石	独居石	褐帘石	石榴石	绿帘石	方铅矿
0.74	13.65	少	4.86	0.06	0.09	2片	个	个	个	0.49	个	2.43	2粒

注：“少”0.01g至100粒，“微”10～100粒，“个”1～10粒。

4）岩石地球化学特征

（1）主量元素：如表3-10所示，两单元具近于一致的岩石化学特点，SiO_2含量$67.96\times10^{-2}\sim67.98\times10^{-2}$，均为酸性岩，$K_2O$含量较高，为$3.73\times10^{-2}\sim4.26\times10^{-2}$，且$K_2O>Na_2O$，$Al_2O_3$中等，$TiO_2$较低。里特曼指数$\sigma=1.63\sim1.88$，均属钙碱性岩，在AFM图解（图3-20）及硅钾图中（图3-21），显示高钾钙碱性系列。在铝饱和指数图解中（图3-22）分别落在过铝质和偏铝质岩石区内，早期单元A/CNK=1.08，晚期单元A/CNK=0.96，显示出I型、S型花岗岩的双重特征。

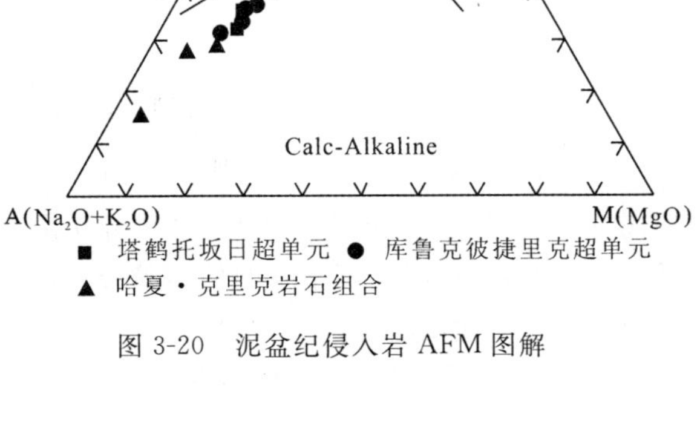

图3-20　泥盆纪侵入岩AFM图解

表 3-10　塔鹤托坂日超单元主量元素、稀土元素及微量元素特征表

序号	岩性	样　号	氧化物含量($w_B/10^{-2}$)												
			SiO_2	TiO_2	Al_2O_3	Fe_2O_3	FeO	MnO	MgO	CaO	Na_2O	K_2O	P_2O_5	H_2O^+	LOS	Σ
1	二长花岗岩	Ⅱ Gs5215-1	67.98	0.76	13.56	2.22	2.73	0.084	1.64	2.82	2.62	4.26	0.26	1.17	1.25	100.18
2	花岗闪长岩	Ⅱ Gs6103-1	67.96	0.54	14.32	0.88	2.98	0.05	1.52	2.64	2.69	3.73	0.24	0.72	2.12	99.67

序号	主要参数						
	σ	ar	alk	A/CNK	A/NK	Na_2O/K_2O	MgO/TFeO
1	1.88	1.94	6.96	0.96	1.51	0.62	0.35
2	1.63	1.93	6.58	1.08	1.69	0.72	0.4

序号	稀土丰度($w_B/10^{-6}$)													
	La	Ce	Pr	Nd	Sm	Eu	Gd	Tb	Dy	Ho	Er	Tm	Yb	Lu
1	27.91	61.37	7.6	26.23	5.97	1.14	6.12	0.96	5.84	1.16	3.3	0.52	3.32	0.5
2	27.25	54.72	7.01	24.95	5.46	1.43	4.84	0.76	4.23	0.83	2.04	0.28	1.69	0.23

序号	主要参数					
	ΣREE	LREE	HREE	LREE/REE	δEu	$(La/Yb)_N$
1	151.94	130.22	21.72	0.86	0.57	5.7
2	135.72	120.82	14.9	0.89	0.83	10.9

序号	微量元素丰度($w_B/10^{-6}$)												参数
	Rb	Sr	Ba	Th	Ta	Nb	Zr	Hf	Y	Sc	Cr	Ni	Co	Rb/Sr
1	195	148	580	14.7	0.5	14.7	281	7.1	32.96	11.1	29	22.5	10.8	1.32
2	152.8	164	865	18.6	1.1	14.2	219	5	19.94	11.1	40	22.3	10.5	0.93

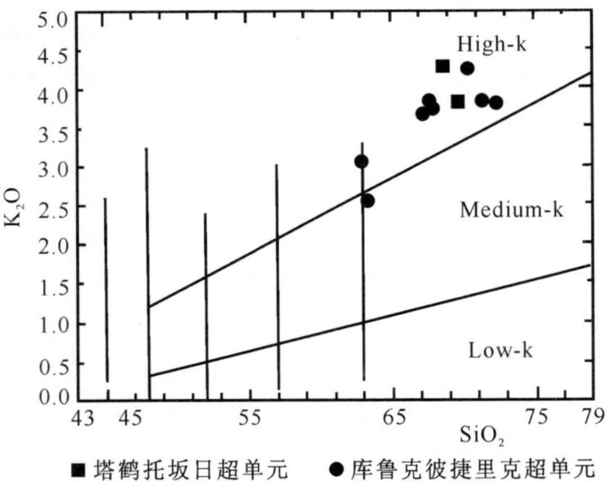

图 3-21　泥盆纪侵入岩 SiO_2-K_2O 图解

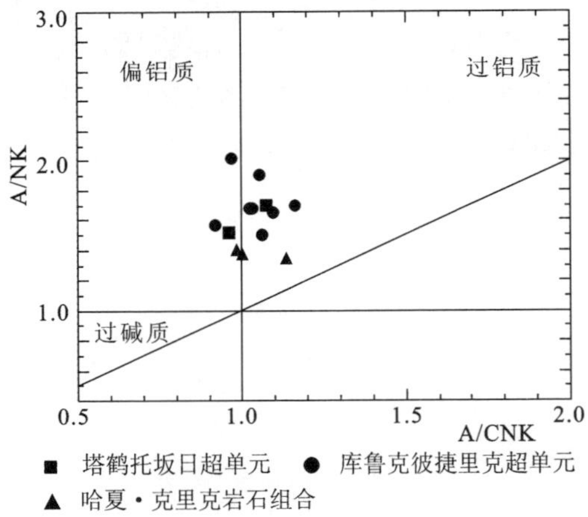

图 3-22　铝饱和指数图解

(2) 稀土元素：如表 3-10 所示，稀土总量较高，ΣREE＝135.72×10^{-6}～151.94×10^{-6}，介于上、下地壳平均值之间，LREE/REE＝0.86～0.89，轻稀土强烈富集，δEu＝0.57～0.83，$(La/Yb)_N$＝5.7～10.9。稀土配分模式均为向右陡倾的富集型曲线(图 3-23)，轻重稀土分馏明显，具中等到强的负铕异常，并且从早期到晚期负铕异常明显增强，显示经历了强烈的结晶分异过程，明显有斜长石的早期晶出，同时各曲线近于平行，反映出同源岩浆演化的特点。

(3) 微量元素：如表 3-10 所示，与世界同类岩石相比，两单元岩 Rb、Sr、Th、Ta、Nb、Y 偏高，Zr、Hf、

Sc、Cr、Co 偏低；以 ORG 为标准的微量元素分布形式（图 3-24），与 Pearce（1984）划分的同碰撞花岗岩的分布形式相似，显示壳源花岗岩的特征。

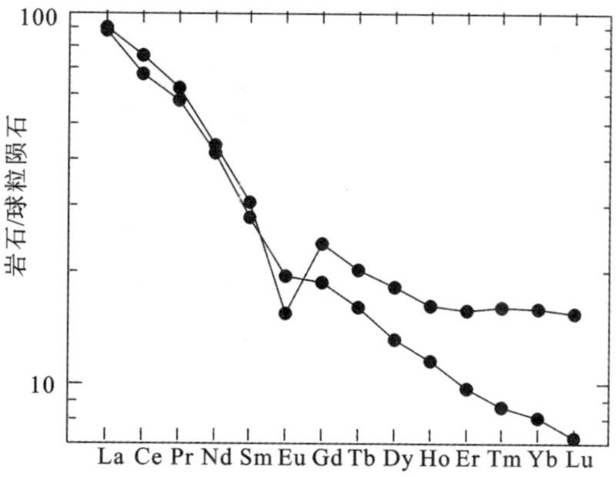

图 3-23 塔鹤托坂日超单元稀土配分模式

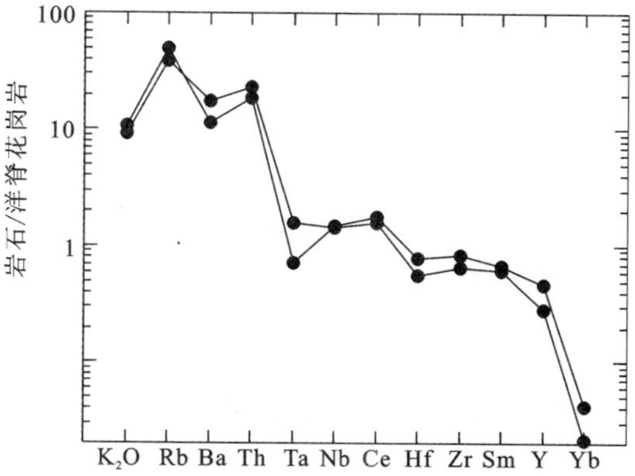

图 3-24 塔鹤托坂日超单元微量元素分布形式

（4）同位素特征：似斑状二长花岗岩的 Sr 同位素测试结果列于表 3-11 中，利用 Ar-Ar 法年龄计算出的 Sr 初始比值为 0.7084，属中锶范围，反映该花岗岩具壳幔混合成因。

表 3-11 哈夏 · 克里克北似斑状二长花岗岩单元 Sr 同位素组成

样号	Rb(10^{-6})	Sr(10^{-6})	$^{87}Rb/^{86}Sr$	$^{87}Sr/^{86}Sr(2\sigma)$	$(^{87}Sr/^{86}Sr)_i$
Ⅱ SZ5215-1	230.5	128.7	5.178	0.738 31±70	0.7084

注：测试单位为宜昌地质矿产研究所同位素室。

5）岩体的侵入深度、剥蚀程度

塔鹤托坂日超单元各单元均以岩株形式产出，早期塔鹤托坂日单元受昆中断裂长期活动影响，岩石变形强烈，以失去了说明其侵入深度和剥蚀程度的意义。晚期哈夏 · 克里克北单元受昆中断裂影响小，围岩为经历了低—高绿片岩相变质的下古生界纳赤台群，侵入关系清楚，侵入界线与围岩产状协调—不协调，围岩中热接触变质作用发育，具宽约 200～500m 的热接触变质晕。因此该超单元形成深度为中带。

两单元出露面积较小，未见直接接触，其中早期单元中残留有大型围岩捕虏体或顶垂体，因此，其剥蚀程度为浅剥蚀。

6）岩体构造与就位机制

塔鹤托坂日超单元各侵入体空间群居性较好，受昆中断裂控制明显，平面上呈不规则透镜状近东西向展布。早期单元岩石多已变形成为构造岩，其间残留有大型围岩捕虏体或顶垂体。晚期单元岩体内部定向组构不发育，未见同期岩脉产出，与围岩侵入界线清楚，不规则，内接触带见有大量棱角状围岩捕虏体。

因此，塔鹤托坂日超单元兼有被动就位条件下以岩墙扩张和顶蚀方式侵位的双重特征。

7）岩石成因及构造环境分析

前述岩石学及地球化学特征显示，塔鹤托坂日超单元属高钾钙碱性系列偏铝质-过铝质岩石，兼有 S 型、I 型花岗岩的双重特征，具壳幔混合成因特点。在 R_1-R_2 图解中（图 3-25）投影点落在板块碰撞前的环境区，并且接近同碰撞区分布。在 Nb-Y 图解中（图 3-26）落在 VAG +Syn-COLG 区，在 Rb-Y+Nb 图解中（图 3-26），均落在 VAG 区，并接近 Syn-COLG 区分布。另外，

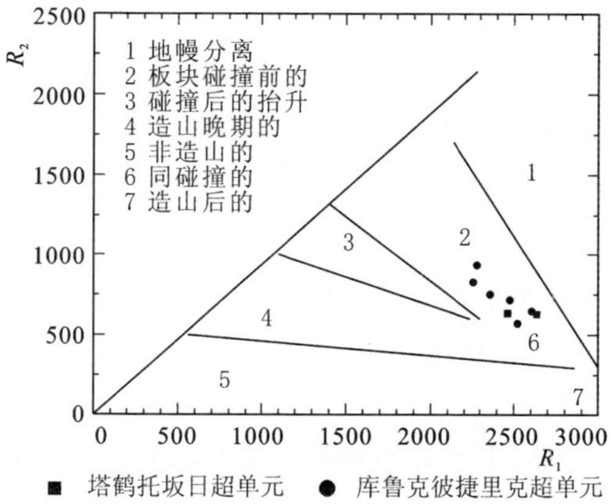

图 3-25 泥盆纪侵入岩 R_1-R_2 图解

Na_2O/K_2O=0.62～0.72，MgO/TFeO=0.35～0.4，A/NK=1.51～1.69，总体化学特征与 Maniar 和 Picccli(1989)划分的 CAG 型花岗岩类相似。

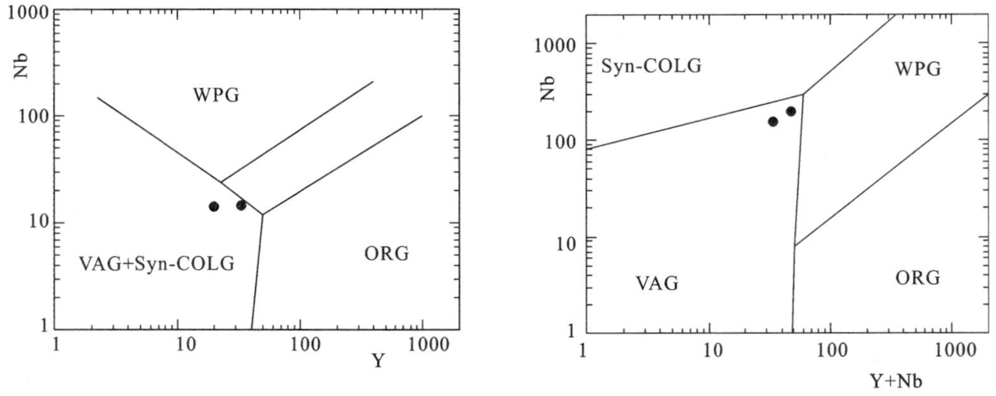

图 3-26　不同构造环境花岗岩的非活性元素的判别图解

（据 Pearce 等，1984）

VAG：火山弧花岗岩；WPG：板内花岗岩；Syn-COLG：同碰撞花岗岩；ORG：洋中脊花岗岩

上述分析显示塔鹤托坂日超单元既有同碰撞花岗岩的特征又具有活动大陆边缘弧型花岗岩的特点，结合其地质特征及区域构造综合判断应是陆内叠覆造山初期阶段的产物。

2. 晚泥盆世库鲁克彼捷里克超单元

1）地质特征及时代

库鲁克彼捷里克超单元分布于测区西部库鲁克彼捷里克塔格山，以巨大的岩基形式北西西向展布，构成库鲁克彼捷里克塔格构造岩浆岩亚带西段的主体，是该岩浆岩带的主要组成部分。共解体出 14 个侵入体，划分为 3 个单元，根据各单元侵入体间的接触关系及成分、结构特征，明确了其先后关系，从早到晚依次为：喀尔瓦北山单元、库鲁克单元、阿尔音塞单元，岩性分别为灰色中细粒英云闪长岩、灰色中粒黑云母花岗闪长岩、灰白色中粗粒似斑状二长花岗岩。库鲁克黑云母花岗闪长岩单元出露最为广泛，次为喀尔瓦北山英云闪长岩单元。喀尔瓦北山单元与库鲁克单元呈涌动接触，其间见有宽约 2～10m 的成分过渡带；库鲁克单元与阿尔音塞单元间以及喀尔瓦北山单元与阿尔音塞单元间均呈脉动接触，界线清晰平整。各单元侵入体平面形态多为不规则条状，长轴方向北西西向，并且整个超单元总体呈一不规则透镜状，在东西两个方向呈尖灭趋势。从各单元侵入体群居性好，并且在空间分布上该超单元具有自己独特的特点，早期单元总体分布于岩基中部，向外为中期单元，晚期单元呈条状展布于岩基两侧，似呈同心环状，与典型的同心环状岩体明显不同，显示出岩浆上升侵位过程的差别。普遍含有暗色包体是该超单元的另一重要特征，并且从早期单元到晚期单元，包体含量明显呈递减趋势。流线、流面不均匀发育，次生节理普遍。围岩为古元古界金水口岩群、下古生界纳赤台群及吐木勒克构造蛇绿混杂岩，侵入关系清楚，界线弯曲，有岩枝侵入围岩，部分地段呈断层接触。受该期岩浆作用影响，围岩中热接触变质作用强烈，尤其是以泥砂质岩石为主的纳赤台群已普遍成为角岩。岩体内接触带常见围岩棱角状捕虏体，以及平行于界面的线理、面理。岩体中有不同规模的围岩大型顶垂体漂浮其上，且亦呈条状近东西向展布。

该超单元明显受控于昆中断裂，顺昆中断裂走向沿断裂带北西西向展布。同时受昆中断裂长期活动影响，岩基内不同性质的断层发育，并对岩体造成一定的破坏和改造。在断层带内，岩石普遍碎裂岩化或糜棱岩化，变形强处已成为构造岩，而且岩体中暗色包体也被拉长呈线状。

本次工作在早期喀尔瓦北山英云闪长岩单元中采用单矿物 Ar-Ar 法测年，以黑云母为测试对象，获得了 362±2Ma 的坪年龄和 362.3±4.9Ma 的等时线年龄（图 3-27），结合围岩时代，该超单元的侵入时代为晚泥盆世。

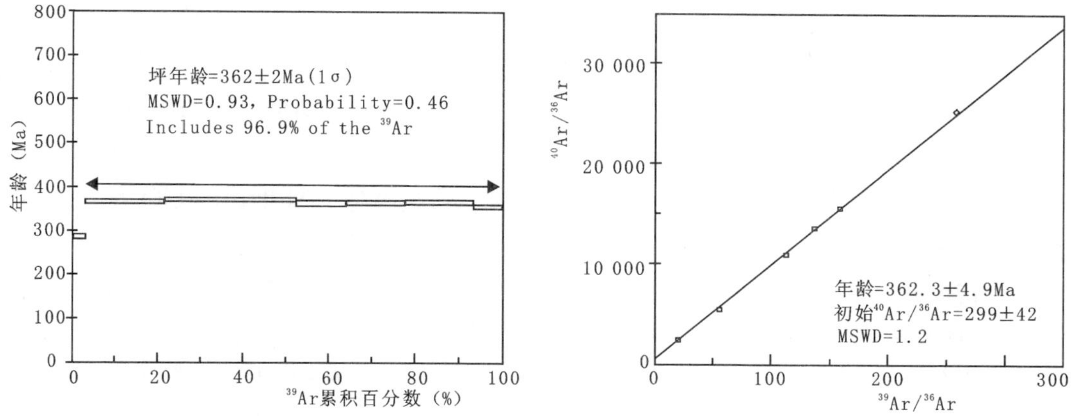

图 3-27 喀尔瓦北山英云闪长岩单元黑云母 Ar-Ar 法同位素测年坪谱图及等时线图

2) 岩石学特征

库鲁克彼捷里克超单元各单元岩石特征如表 3-12 所示，早期单元及晚期单元岩石成分、结构较为均一，而中期单元主体为中粒结构，局部为似斑状结构或含斑结构，并且在一个露头上可见中粒结构和含斑结构并存的现象。从早期单元到晚期单元，碱性长石含量增加，角闪石、黑云母含量减少，结构上存由中细粒—中粒—中粗粒似斑状的变化，具成分、结构双重演化特征。在 QAP 图解中(图 3-28)，分别落在英云闪长岩、花岗闪长岩、二长花岗岩区。

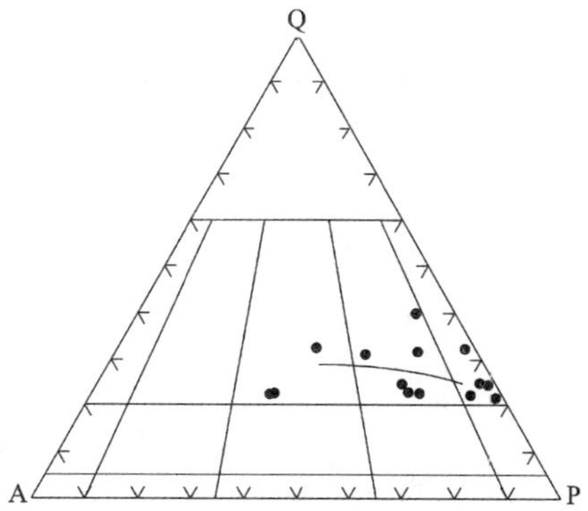

图 3-28 QAP 图解

表 3-12 库鲁克彼捷里克塔单元各单元岩石特征一览表

单元	岩性	结构、构造	矿物特征		含量(%)
喀尔瓦北山单元	灰色中细粒英云闪长岩	中细粒花岗结构 块状构造 局部片麻状构造	斜长石	半自形板状，发育环带结构、钠长双晶，为更-中长石(An=25～36)，具轻微粘土化、绢云母化	60～68
			石英	他形粒状，常聚集出现，普遍发育波状消光	22～30
			钾长石	为微斜条纹长石，具格子状双晶、条纹结构	1～2
			黑云母	呈褐色片状，具多色性，部分解理弯曲，轻微绿泥石化	8～13
			其他矿物	榍石、针柱状磷灰石、金属矿物，多以包裹体形式产出	少量
库鲁克单元	灰色中粒花岗闪长岩	中粒花岗结构 块状构造 局部片麻状构造	斜长石	半自形板状，发育环带结构、卡钠长复合双晶、钠长双晶，为更-中长石(An=26～36)，具轻微粘土化、绢云母化、帘石化	50～58
			石英	他形粒状，常聚集出现，普遍发育波状消光	20～30
			钾长石	为微斜长石，他形粒状，具格子状双晶，空隙分布	10～15
			黑云母	呈褐色片状，具多色性，轻强绿泥石化	6～12
			其他矿物	榍石、磷灰石、锆石，多以包裹体形式产出	少量
阿尔音塞单元	灰白色中粗粒似斑状二长花岗岩	似斑状结构 基质为中粗粒结构 块状构造	斜长石	半自形板状，发育钠长双晶，为更长石(An=26～28)，具粘土化、绢云母化、帘石化	33～37
			石英	他形粒状，空隙分布，普遍发育波状消光	21～30
			钾长石	为微斜条纹长石，他形板状，具格子状双晶，条纹结构，粒度大者构成斑晶，其间有石英、斜长石、黑云母嵌晶	28～42
			黑云母	棕色片状，具多色性，晶内有磷灰石、锆石包裹体	5～7
			其他矿物	磁铁矿、磷灰石、锆石、次生白云母	少量

3）岩石地球化学特征

（1）主量元素：如表 3-13 所示，早期英云闪长岩单元 SiO_2 介于 $61.61\times10^{-2}\sim61.68\times10^{-2}$，属中性岩范围，中期及晚期单元 SiO_2 介于 $65.76\times10^{-2}\sim71.6\times10^{-2}$，属酸性岩。$TiO_2$ 含量中等，介于 $0.69\times10^{-2}\sim1.21\times10^{-2}$，$Al_2O_3$ 含量较低，集中于 $12.84\times10^{-2}\sim14.52\times10^{-2}$，全碱含量较高，在 $5.59\times10^{-2}\sim7.19\times10^{-2}$。在哈克图解中（图 3-29）从早到晚各造岩氧化物与 SiO_2 呈现较好的线形演化关系，随 SiO_2 含量的增高，TiO_2、Al_2O_3、FeO、CaO、MgO 含量降低，Na_2O+K_2O、K_2O 增高，显示出向富硅富钾富碱贫钛铝钙铁镁演化的特点。$K_2O>Na_2O$，里特曼指数 $\sigma=1.21\sim1.94$，均为钙碱性岩。在 AFM 图解中（图 3-20）均落在钙碱性系列区内，并显示向富碱方向演化的趋势，在 SiO_2-K_2O 图解中（图 3-21）落在高钾区，属高钾钙碱性系列岩石。各单元岩石普遍 $Al_2O_3>CaO+K_2O+Na_2O$，A/CNK=0.92～1.16，集中于 1.02～1.11，除个别样品外，均为过铝质岩石，在铝饱和指数图解中（图 3-22），多落在过铝质花岗岩区，反映出 I 型和 S 型花岗岩的过渡类型特征。

表 3-13　库鲁克彼捷里克超单元岩石化学特征表

单元	序号	岩性	样号	氧化物含量（$w_B/10^{-2}$）												
				SiO_2	TiO_2	Al_2O_3	Fe_2O_3	FeO	MnO	MgO	CaO	Na_2O	K_2O	P_2O_5	H_2O^+	LOS	Σ
阿尔音塞	1	二长花岗岩	Ⅱ Gs1205-1	69.97	0.79	12.38	1.19	3.98	0.068	1.93	1.85	1.94	3.8	0.17	0.82	0.5	99.39
	2		Ⅱ Gs4135	69.74	0.72	14.03	1.52	2.5	0.057	1.29	2.13	2.9	4.24	0.13	0.78	0.32	100.36
	3		Ⅱ Gs4432-1	66.86	0.69	14.34	1.92	2.62	0.068	1.73	3.53	3.16	3.68	0.15	0.78	0.32	99.85
库鲁克	4	花岗闪长岩	Ⅱ Gs1101	71.6	0.69	12.66	1.23	3.12	0.065	1.49	2.13	2.16	3.82	0.21	0.82	0.35	100.35
	5		Ⅱ Gs1231-1	66.21	0.84	14.17	1.27	3.69	0.054	1.89	2.97	2.66	3.76	0.21	0.72	1.04	99.48
	6		Ⅱ Gs5311	65.76	1.21	12.55	2.45	4.55	0.1	2.62	2.58	2.14	3.64	0.32	0.8	0.72	99.44
喀尔瓦北山	7	英云闪长岩	Ⅱ Gs1110	61.68	1.02	15.6	1.6	4.75	0.069	2.66	4.59	3.06	2.48	0.23	0.6	1.25	99.59
	8		Ⅱ Gs1301-1	61.61	1.21	14.52	2.2	5.78	0.12	2.94	3.42	2.64	3.0	0.37	1.14	0.38	99.33

序号	主要参数						
	σ	ar	alk	A/CNK	A/NK	Na_2O/K_2O	MgO/TFeO
1	1.21	1.75	5.85	1.16	1.70	0.51	0.38
2	1.90	2.12	7.19	1.05	1.48	0.68	0.33
3	1.94	2.09	6.93	0.92	1.56	0.86	0.40
4	1.25	1.83	6.03	1.11	1.67	0.57	0.35
5	1.74	1.9	6.57	1.02	1.67	0.71	0.39
6	1.44	1.79	5.90	1.04	1.69	0.59	0.39
7	1.60	1.76	5.67	0.98	2.04	1.23	0.43
8	1.66	1.83	5.77	1.05	1.91	0.88	0.38

（2）稀土元素：如表 3-14 所示，稀土总量较高，$\sum REE=142.68\times10^{-6}\sim300.1\times10^{-6}$，集中于 $142.68\times10^{-6}\sim249.76\times10^{-6}$，接近或低于上地壳的平均值（$210\times10^{-6}$），从早期单元到晚期单元稀土总量趋于增高。LREE/REE=0.76～0.91，集中于 0.85～0.91，轻稀土强烈富集，$\delta Eu=0.43\sim0.75$，$(La/Yb)_N=5.9\sim12.5$。

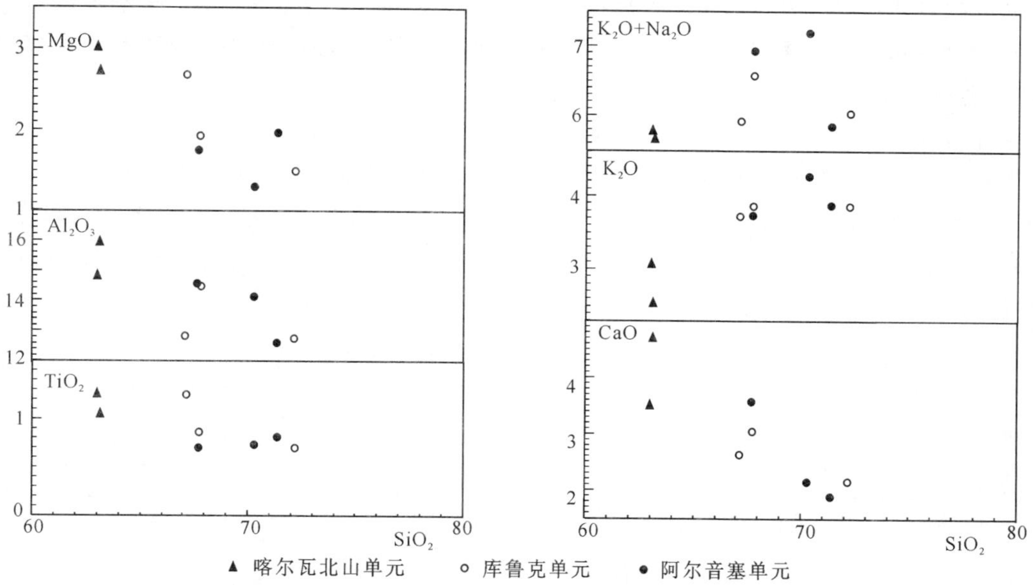

图 3-29　侵入岩 SiO_2-氧化物变异图

表 3-14　库鲁克彼捷里克超单元稀土特征

单元	序号	岩性	样号	稀土丰度($w_B/10^{-6}$)													
				La	Ce	Pr	Nd	Sm	Eu	Gd	Tb	Dy	Ho	Er	Tm	Yb	Lu
阿尔音塞	1	二长花岗岩	ⅡXT1205-1	48.03	106.5	12.45	44.07	9.25	1.51	8.54	1.37	7.37	1.46	4.18	0.62	3.82	0.59
	2		ⅡXT4135	37.66	78.49	8.88	31.66	6.0	0.84	4.93	0.82	4.31	0.82	2.39	0.37	2.29	0.32
	3		ⅡXT4432-1	36.91	73.14	8.5	28.78	5.94	0.98	4.91	0.82	4.6	0.92	2.48	0.4	2.39	0.35
库鲁克	4	花岗闪长岩	ⅡXT1101	24.91	58.92	7.57	27.86	6.4	1.24	5.87	0.95	4.97	0.9	2.34	0.31	1.68	0.23
	5		ⅡXT1231-1	41.81	96.7	11.64	44.58	8.6	1.62	7.34	1.10	5.63	1.01	2.71	0.38	2.26	0.31
	6		ⅡXT5311	57.44	124.2	15.55	56.12	11.7	1.62	10.87	1.77	9.29	1.75	4.81	0.68	3.77	0.53
喀尔瓦北山	7	英云闪长岩	ⅡXT1110	33.98	76.3	9.07	32.77	6.48	1.57	6.09	1.01	5.69	1.13	3.45	0.53	3.48	0.51
	8		ⅡXT1301-1	24.2	52.26	7.18	28.61	6.78	1.58	6.76	1.15	6.25	1.15	3.12	0.46	2.77	0.41

序号	主要参数					
	ΣREE	LREE	HREE	LREE/REE	δEu	$(La/Yb)_N$
1	249.76	221.81	27.95	0.89	0.51	8.5
2	179.78	163.53	16.25	0.91	0.46	11.1
3	171.12	154.25	16.87	0.9	0.54	10.4
4	144.15	126.9	17.25	0.88	0.61	10
5	225.69	204.95	20.74	0.91	0.61	12.5
6	300.1	226.63	33.47	0.76	0.43	10.3
7	182.06	160.17	21.89	0.88	0.75	6.6
8	142.68	120.61	22.07	0.85	0.71	5.9

稀土配分模式均为向右陡倾的富集型曲线(图 3-30),轻重稀土分馏明显,具中等到强的负铕异常,并且从早期到晚期负铕异常趋于增强,显示经历了强烈的结晶分异过程,同时各曲线近于平行,反映出同源岩浆演化的特点。

(3) 微量元素:如表 3-15 所示,从早期单元到晚期单元,Rb、Ba、Th、Ta 趋于增高,Sr、Zr、Sc、Cr、Co、Y 趋于降低,Nb、Hf、Yb 变化不大。Rb/Sr=0.19～1.3,接近或高于地壳值(Taylor,1972),反映出源自壳源物质的熔融,并且从早期到晚期 Rb/Sr 趋于增高。在以 ORG 为标准的微量元素分布形式图上(图 3-31),各单元表现出相同的富集型分布曲线,均有 Rb、Th、Ce、Sm 的正异常,与 Pearce(1984)划分的碰撞花岗岩的分布形式近似一致,显示出壳内重熔型花岗岩的特征。

表 3-15　库鲁克彼捷里克超单元微量元素丰度

单元	序号	岩性	样号	微量元素丰度($w_B/10^{-6}$)													参数
				Rb	Sr	Ba	Th	Ta	Nb	Zr	Hf	Y	Sc	Cr	Ni	Co	Rb/Sr
阿尔音塞	1	二长花岗岩	ⅡDy1205-1	175	135	988	26.9	1.6	14.7	268	7.4	29.8	9.6	43.3	23	10.1	1.3
	2		ⅡDy4135	178	148	554	41.8	2.6	15.5	170	4.9	22	4.9	21.1	9.5	7	1.2
	3		ⅡDy4432-1	176	173	603	25.1	2.8	17.2	199	5.5	23.6	8	14.9	12.9	8.8	1.01
库鲁克	4	花岗闪长岩	ⅡDy1101	158	127	565	15.1	0.7	13.6	168	5.1	24.9	8.3	13.7	16.4	8.5	1.24
	5		ⅡDy1231-1	133	191	1010	18.3	1.2	11	209	6	19.6	8.6	24.4	15.8	9.1	0.7
	6		ⅡDy5311	140	168	555	15.7	0.5	14	264	6.9	25.4	13.4	42.6	22.9	12.5	0.83
喀尔瓦北山	7	英云闪长岩	ⅡDy1110	113	596	288	10.4	1	15.8	180	5.6	30.5	9.8	12.3	11.6	8.9	0.19
	8		ⅡDy1301-1	163	180	483	5.3	1.5	15	228	6.3	22.7	13.9	42.2	26.9	16.5	0.91

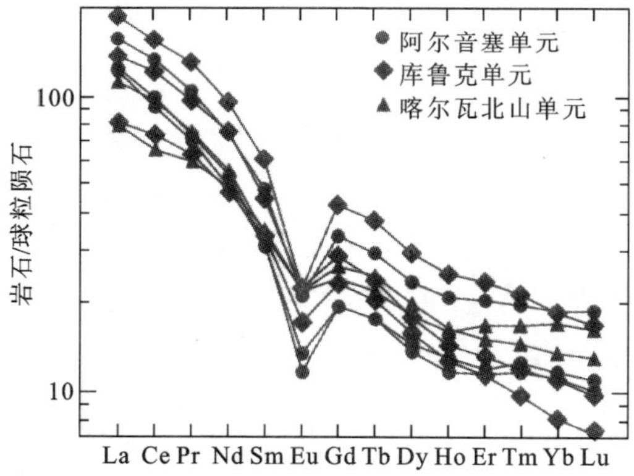

图 3-30　库鲁克彼捷里克超单元稀土配分模式

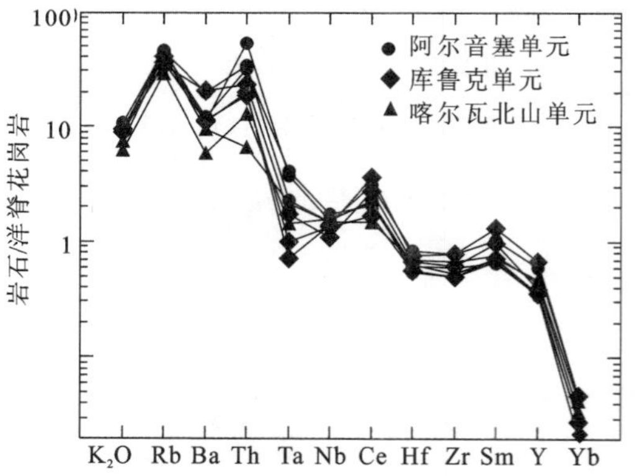

图 3-31　库鲁克彼捷里克超单元微量元素分布形式

4) 包体特征

暗色包体发育是库鲁克彼捷里克超单元的重要特征,各单元中包体的分布不近一致,但包体类型相同,且从早期单元到晚期单元包体含量趋于减少。喀尔瓦北山英云闪长岩单元和库鲁克花岗闪长岩单元中包体最为发育,分布不均匀,由岩体内部至边部有增多趋势,局部集中现象十分普遍,含量一般为 5～15 个/m^2,局部达 25～30 个/m^2。大小不等,形态各异,以椭圆状、圆状、条状、不规则状等为主,大小一般为 2cm×5cm～5cm×10cm,最大可见 30cm×50cm 的包体。晚期单元中包体相对明显较少,但粒径较大,可见粒径 1m 的包体,不规则状为主。与主岩关系截然,局部呈渐变过渡,见有主岩脉穿包体中的现象。包体多具定向排列,排列方向与岩体中流面、流线方向近一致,优势方向为 70°～110°。受后期构造影响在强变形处包体与主岩一同经历了强烈的构造变形,主岩表现为糜棱岩化或成为构造岩,包体则表现为定向拉长成线状(图 3-32)。包体类型有三种:暗色微细粒闪长质包体、暗色微细粒含斑闪长质包体、暗色矿物集合体,以前二者为主,约占包体总量的 90%±。含斑闪长质包体占优势,其间基质为微细粒结构,斑晶分别由斜长石、角闪石构成,以前者居多,斜长石呈自形—半自形板柱状,均为中长石,具环带结构。角闪石呈自形—半自形柱粒状。包体中交代结构、蠕英结构、反应边结构等发育,磷灰石多呈针状散布,反映出快速冷凝的特点。

上述包体特征表明该超单元岩石曾经历过岩浆混合作用过程。

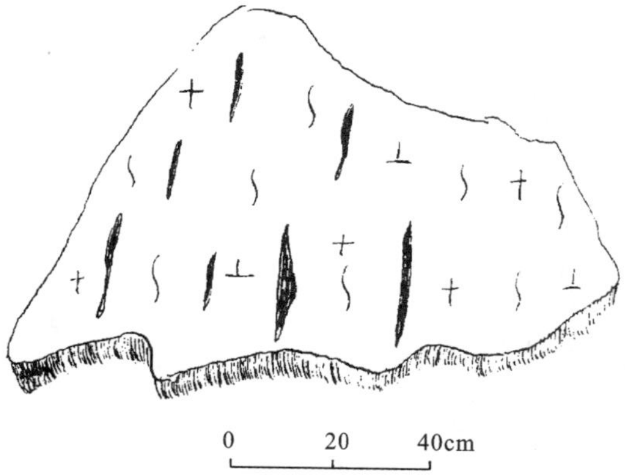

图 3-32　库鲁克单元边部经构造变形造成包体呈现状(据转石)

5) 侵入深度与剥蚀程度

该超单元空间群居性好,以岩基形式产出,岩石以中粒—中粗粒结构为主。岩体内定向组构发育,主要表现为流线、流面以及包体的定向排列。围岩主要为下古生界纳赤台群,次为古元古界金水口岩群和早古生代吐木勒克构造蛇绿混杂岩,围岩中尤其是纳赤台群普遍发育热接触变质作用。侵入关系清楚,界线多与围岩产状协调一致,局部不协调。因此,其侵入深度为中带。

该超单元中期单元出露面积最大,次为早期单元,晚期单元出露面积最小。各单元间为脉动或涌动接触。岩体中围岩棱角状捕虏体及大型顶垂体较发育,围岩接触变质作用强烈。因此,其剥蚀程度较浅。

6) 岩体构造与侵位机制分析

库鲁克彼捷里克超单元以岩基形式产出,平面上呈不规则透镜状北西西向展布。各单元侵入体空间群居性好,早期及中期单元多呈不规则岩株状分布于岩基中部,晚期单元呈不规则条状分布于两侧边部。岩体内部定向组构较发育,主要表现为不均匀出现的流线、流面构造和暗色包体的定向排列,在晚期似斑状二长花岗岩中流线、流面构造尤为发育。在岩体内部流面产状多为 290°~305°∠40°~60°,流线方向为 15°~65°,边部流面产状多为 15°∠70°,流线方向为 50°~90°。暗色包体的定向排列方向与面理一致。岩体中节理发育,其中以 330°∠80°和 40°∠60°的两组组成的"X"型节理最为发育。脉岩发育也是该超单元的一个特点,主要为正长花岗岩脉、二长花岗岩脉、花岗细晶岩脉及少量闪长玢岩脉,均沿裂隙贯入,优势走向为 110°。另外,该超单元明显受控于昆中断裂,岩基走向与断裂一致,同时受昆中断裂长期活动影响,岩体内不同性质的断层较发育,在断裂带内岩石多碎裂岩化或糜棱岩化。与围岩侵入界线清楚,常见岩枝穿插于围岩中,内接触带围岩棱角状捕虏体发育,岩体内见有较多规模不等的围岩顶垂体。

综上所述,库鲁克彼捷里克超单元兼有被动就位条件下以岩墙扩张和顶蚀方式侵位的双重特征,昆中断裂提供了良好的岩浆上升通道。

7) 岩石成因及构造环境分析

前述岩石学及地球化学特征表明,库鲁克彼捷里克超单元属高钾钙碱性系列偏铝质-过铝质岩石,具重熔型花岗岩的特点。包体特征显示曾经有幔源物质的参与而经历了岩浆混合作用过程,具 S 型、I 型花岗岩的双重特征,岩石成因应属壳幔型花岗岩。

在 R_1-R_2图解中(图 3-25),投影点均落在 2 区,显示出俯冲型花岗岩的地球化学特点,也从另一个侧面反映出其源区物质中有幔源物质的参与。利用 Maniar 和 Piccoli(1989)的构造环境判别图解进行投影,在(Al_2O_3-Na_2O-K_2O)-TFeO-MgO 三元图解中(图 3-33),投影点均在 IAG+CAG+CCG 区与 POG 区界线附近分布;在(Al_2O_3-Na_2O-K_2O)-(TFeO+MgO)-CaO 三元图解中(图 3-34),样品点均落在 POG 区。同时,Na_2O/K_2O=0.51~1.23,MgO/TFeO=0.33~0.43,A/NK=1.56~2.04,总体化学成分均与 Maniar 等划分的 POG 型花岗岩类相似,因此库鲁克彼捷里克超单元应属造山后花岗岩(POG)。

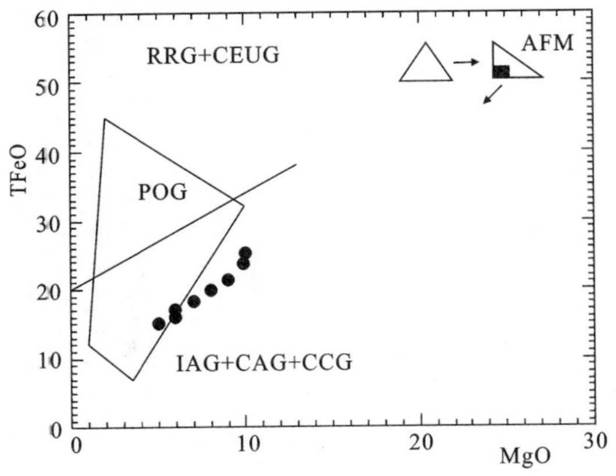

图 3-33　$(Al_2O_3-Na_2O-K_2O)$-TFeO-MgO 三元图解

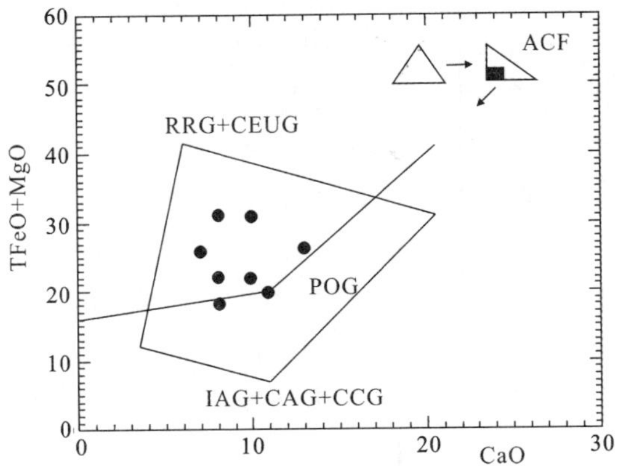

图 3-34　$(Al_2O_3-Na_2O-K_2O)$-(TFeO+MgO)-CaO 三元图解

结合区域构造及该超单元的地质特征，晚泥盆世早古生代造山旋回进入造山带伸展崩塌阶段，岩石圈地幔的拆沉作用使软流圈物质上涌并与上地幔发生位置交换，造成大规模底侵作用的发生，形成的具岩浆混合性质的岩浆沿昆中断裂上升并不断拓展空间，同时发生了强烈的结晶分异作用，从而形成库鲁克彼捷里克超单元。另外该时期的伸展作用很有可能是古特提斯洋形成的动因之一。

3. 晚泥盆世哈夏·克里克岩石组合

1）地质特征及时代

哈夏·克里克岩石组合分布于测区哈夏·克里克·得亚南、北两侧以及克其克孜苏下游一带，岩株状产出，平面形态呈多不规则条状，出露少量，是库鲁克彼捷里克塔格构造岩浆岩亚带西段的组成部分。受后期构造破坏各单元侵入体出露不完整，常以规模不等的岩株"孤岛状"零散分布于晚泥盆世库鲁克彼捷里克超单元岩体中，长轴方向北西西向，与库鲁克彼捷里克塔格构造岩浆岩亚带展布方向一致。围岩为库鲁克彼捷里克超单元、古元古界金水口岩群、下古生界纳赤台群，侵入接触关系清楚，界面弯曲。岩体边部围岩捕虏体少见，但混染较强烈，造成岩石呈灰绿色，围岩中常见岩枝穿插。各单元侵入体以岩石成分、结构均匀，无暗色包体为特征。共解体出 6 个侵入体，划分为两个单元，分别为为哈夏单元、库鲁单元，岩性分别为：肉红色细粒二长花岗岩、灰白色细粒正长花岗岩。哈夏单元出露面积相对较大，由 4 个侵入体组成，库鲁单元仅见两个侵入体，两单元间未见直接接触。

两单元同处一个岩石区，围岩一致，空间分布上均呈不规则条状北西西向展布，应属同时代相同构造背景下岩浆作用产物，岩石地球化学特征分析显示二者间不具演化关系，不是同源岩浆演化的产物，因此将二者归并为一个岩石组合——哈夏·克里克岩石组合。

哈夏·克里克岩石组合两单元侵入体围岩主要为晚泥盆世库鲁克彼捷里克超单元和下古生界纳赤台群，侵入关系清楚，所以其侵位时代晚于库鲁克彼捷里克超单元。同时区域地质特征及相关资料显示，侵位于纳赤台群中的侵入体往往是早古生代造山旋回的产物，而且进入石炭纪，古特提斯的演化已经开始。据此，将哈夏·克里克岩石组合侵位时代确定为晚泥盆世晚期。

2）岩石学特征

哈夏·克里克岩石组合的岩石类型分别为肉红色细粒二长花岗岩、灰白色细粒正长花岗岩，在结构、构造、组成矿物特征以及矿物蚀变等方面具有一致性，相互区别主要表现在颜色和造岩矿物含量的变化。

石英：含量为 22%～36%，二长花岗岩较正长花岗岩略低，均呈他形粒状晶体，空隙状充填，受后期构造影响普遍发育波状消光。

斜长石：在二长花岗岩中含量为 41%±，在正长花岗岩中为 10%～20%。呈半自形板状，发育聚片双晶，晶纹细密，个别晶体见有钠长石净边，具绢云母化、高岭土化。An=10～25，为更长石。

钾长石：多呈他形板状，在二长花岗岩中含量为 36%±，在正长花岗岩中为 43%～59%。均为微斜长石，具格子状双晶，多被高岭土交代。

黑云母：片状，半自形—他形，呈褐色片状，具多色性，具轻微绿泥石化。含量1%～2%。

白云母：仅见于正长花岗岩中，含量甚微。

两单元岩石副矿物类型相同，为磷灰石、锆石、磁铁矿等，其中磷灰石以包裹体形式出现在斜长石、钾长石中。

3）岩石地球化学特征

（1）主量元素：如表3-16所示，两单元SiO_2含量较高，在69.58×10^{-2}～72.94×10^{-2}，均属酸性岩。与我国花岗岩相比（黎彤等，1962），正长花岗岩，SiO_2、K_2O略高，TiO_2、Al_2O_3、TFeO、MgO、CaO、Na_2O偏低，Na_2O+K_2O=8.11×10^{-2}，K_2O>Na_2O；二长花岗岩（平均值），TiO_2、TFeO、MgO、CaO偏高，SiO_2、Na_2O、K_2O略低，Na_2O+K_2O平均7.02×10^{-2}，K_2O>Na_2O。全碱及K_2O含量高是两单元的共同特征，里特曼指数σ=1.52～2.11，均属钙碱性岩。在AFM图解中（图3-20）均落在钙碱性系列区内。正长花岗岩A/CNK=1.14，属过铝质岩石，具S型花岗岩特征；二长花岗岩A/CNK=0.99，属偏铝质岩石，具S型、I型过渡特征。在铝饱和指数图解中（图3-22），正长花岗岩落在过铝质岩石区，二长花岗岩落在偏铝质岩石区。

表3-16　哈夏·克里克岩石组合岩石化学、稀土及微量元素特征表

序号	岩性	样号	氧化物含量($w_B/10^{-2}$)													
			SiO_2	TiO_2	Al_2O_3	Fe_2O_3	FeO	MnO	MgO	CaO	Na_2O	K_2O	P_2O_5	H_2O^+	LOS	Σ
1	正长花岗岩	ⅡGs1308-1	72.49	0.17	13.72	0.45	1.2	0.031	0.52	1.01	2.96	4.96	0.18	0.7	0.48	99.57
2	二长花岗岩	ⅡGs1313	72.77	0.39	12.56	1.42	1.65	0.051	0.72	1.85	3.3	3.46	0.098	0.8	0.47	99.54
3		ⅡGs4435	69.58	0.44	13.19	1.57	2.02	0.065	1.33	2.18	3.34	3.64	0.089	1.26	0.64	99.34

序号	主要参数								
	σ	ar	alk	A/CNK	A/NK	Na_2O/K_2O	Na_2O/CaO	MgO/TFeO	MgO/MnO
1	2.11	2.34	8.11	1.14	1.34	0.6	2.93	0.32	16.6
2	1.52	2.69	6.88	0.99	1.36	0.95	1.78	0.25	14.1
3	1.81	2.54	7.16	0.99	1.40	0.92	1.53	0.39	20.4

序号	稀土丰度($w_B/10^{-6}$)													
	La	Ce	Pr	Nd	Sm	Eu	Gd	Tb	Dy	Ho	Er	Tm	Yb	Lu
1	6.18	15.63	1.75	5.74	1.41	0.36	1.48	0.27	1.76	0.38	1.12	0.2	1.47	0.22
2	31.61	73.18	8.59	29.66	5.27	0.86	3.76	0.57	2.79	0.47	1.2	0.16	0.9	0.13
3	21.76	45.3	5.59	19.75	4.48	0.71	4.28	0.75	4.63	0.96	2.77	0.45	2.8	0.4

序号	主要参数					
	ΣREE	LREE	HREE	LREE/REE	δEu	$(La/Yb)_N$
1	37.97	31.07	6.9	0.82	0.76	2.8
2	159.15	149.17	9.98	0.94	0.56	23.7
3	114.63	97.59	17.04	0.85	0.49	5.2

序号	微量元素丰度($w_B/10^{-6}$)													
	Rb	Sr	Ba	Th	Ta	Nb	Zr	Hf	Y	Sc	Cr	Ni	Co	Rb/Sr
1	157	76	276	2.7	1	3.6	35	1.1	11.17	2.7	13.5	7.1	3.4	2.07
2	140	264	314	14.1	0.5	10.7	141	4.3	12.65	3.4	8.8	5.7	4.2	0.53
3	138	175	698	17.6	1.9	10.1	148	4.5	26.16	6	16.9	12.6	7.1	0.79

(2) 稀土元素：如表 3-16 所示，在稀土特征上两单元岩石显示出较大的区别。正长花岗岩稀土总量很低，仅为 37.97×10^{-6}，这与主量元素所反映的具有 S 型花岗岩的特征不符，源区性质和岩浆形成时的物化条件以及流体的影响可能是导致稀土总量偏低的原因，另外样品少代表性差，也是原因之一。LREE/REE＝0.82，轻稀土富集，$\delta Eu=0.76$，$(La/Yb)_N=2.8$，稀土配分模式为右倾富集型曲线(图 3-35)，轻稀土分馏明显，重稀土分馏不明显，有中等负铕异常，表明经历了一定的结晶分异过程。

二长花岗岩稀土总量中等，$\sum REE=114.63\times10^{-6}\sim159.15\times10^{-6}$，介于上、下地壳平均值之间，LREE/REE＝0.85～0.94，轻稀土强烈富集，$\delta Eu=0.49\sim0.56$，$(La/Yb)_N=5.2\sim23.7$，稀土配分模式为向右陡倾的富集型曲线，较强的负铕异常，明显有斜长石的早期晶出。

上述特征表明，两单元岩石不具演化关系，明显来自于不同的岩浆源区。

(3) 微量元素：从表 3-16 中可以看出，与上述稀土元素所反映的结果一致，在微量元素特征方面两单元岩石也具有一定的差别。两者相比，正长花岗岩 Sr、Ba、Th、Nb、Zr、Hf、Sc、Cr、Ni、Co 明显低于二长花岗岩，只有 Rb 略高。与世界同类岩石相比(维氏，1962)，两单元岩石均表现出 Rb、Sr、Ba、Th、Nb、Zr、Hf、Sc、Cr、Ni、Co、Y 偏低的特征。在以 ORG 为标准的微量元素分布形式图上(图 3-36)，二者则表现出一定的相似性，均为强不相容元素富集的曲线，并且两曲线总体近似平行，主要差别仅表现在二长花岗岩有强的正 Th 异常，而正长花岗岩没有。两曲线与 Pearce(1984)划分的同碰撞花岗岩的分布形式相似，显示壳源花岗岩的特征。正长花岗岩 Rb/Sr＝2.07，二长花岗岩 Rb/Sr＝0.53～0.79，远高于地壳值(Taylor，1973)，也反映出二者壳源的特征。

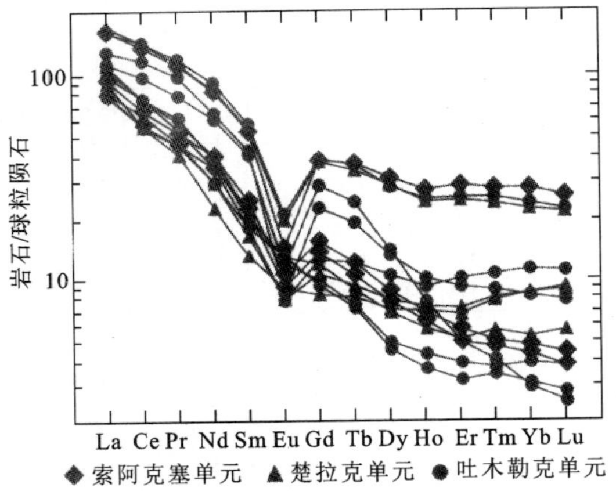

图 3-35　晚泥盆世哈夏·克里克超单元稀土配分形式

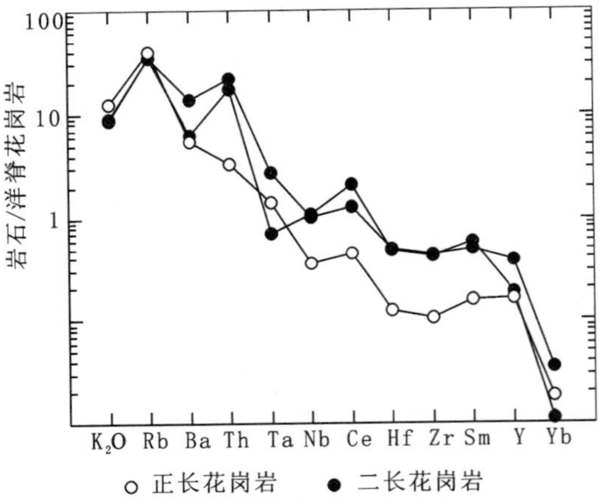

图 3-36　晚泥盆世哈夏·克里克超单元微量元素分布形式

4) 岩体的侵入深度、剥蚀程度

空间上两单元侵入体呈岩株状零散分布，共有的细粒结构表明二者定位较浅。围岩主要为侵位深度为中带(6～13km)的晚泥盆世库鲁克彼捷里克超单元以及下古生界纳赤台群沉积地层。因此其侵位深度应为中带。

两单元侵入体出露少量，岩体中未见围岩大型捕虏体或顶垂体，因此其剥蚀程度中等。

5) 岩体构造与就位机制

野外地质特征显示，两单元侵入体平面形态均为不规则条状，长轴方向北西西向，与库鲁克彼捷里克塔格构造岩浆岩亚带一致。岩石结构成分均匀，定向组构、节理不发育，受后期构造破坏，出露不完整，与围岩多呈断层接触，部分地段保留了侵入接触关系。侵入关系清楚，界线弯曲，围岩中岩枝穿插现象普遍，同时内接触带常见少量围岩棱角状捕虏体，局部地段，岩石混染强烈。据此，哈夏·克里克岩石组合两单元具有岩墙扩张和顶蚀方式被动侵位的双重特点。

6）岩石成因及构造环境分析

前述岩石学及地球化学特征表明，哈夏单元属高钾钙碱性系列偏铝质岩石，具S型、I型花岗岩的双重特点；库鲁单元属高钾钙碱性系列过铝质岩石，具S型花岗岩的特点。综合成因判别二者均属壳型花岗岩。

利用Maniar和Piccoli（1989）四组判别图解进行投影，在SiO_2-Al_2O_3二元图解（图3-37）及TFeO/（TFeO＋MgO）-SiO_2二元图解中（图3-38），两单元均显示POG型。在（Al_2O_3-Na_2O-K_2O）-TFeO-MgO三元图解（图3-39）及（Al_2O_3-Na_2O-K_2O）-（TFeO＋MgO）-CaO三元图解中（图3-40），哈夏二长花岗岩单元落入POG型区，而库鲁正长花岗岩单元落在IAG＋CAG＋CCG区。因此可以确定哈夏二长花岗岩单元为POG型，同时Na_2O/K_2O＝0.92～0.95，MgO/TFeO＝0.25～0.39，MgO/MnO＝14.1～20.4，A/NK＝1.36～1.40，总体化学成分均与Maniar和Piccoli（1989）划分的POG型花岗岩接近一致。库鲁正长花岗岩单元在上述四个图解中分别落在POG型和IAG＋CAG＋CCG型两个区内，不易判断。但从投影点接近POG型区以及其岩性特征看，应属POG型，另外Na_2O/K_2O＝0.6，Na_2O/CaO＝2.93，MgO/TFeO＝0.32，MgO/MnO＝16.6，A/NK＝1.34，与Maniar等划分的POG型花岗岩一致，也为其POG型花岗岩成因提供了佐证。

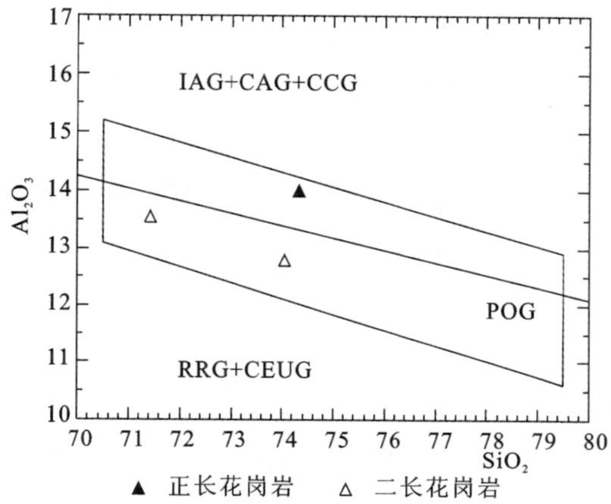

▲ 正长花岗岩 △ 二长花岗岩

图3-37 SiO_2-Al_2O_3二元图解

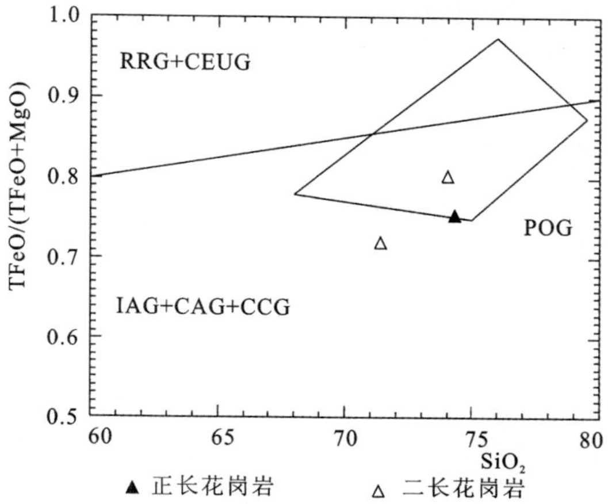

▲ 正长花岗岩 △ 二长花岗岩

图3-38 TFeO/（TFeO＋MgO）-SiO_2二元图解

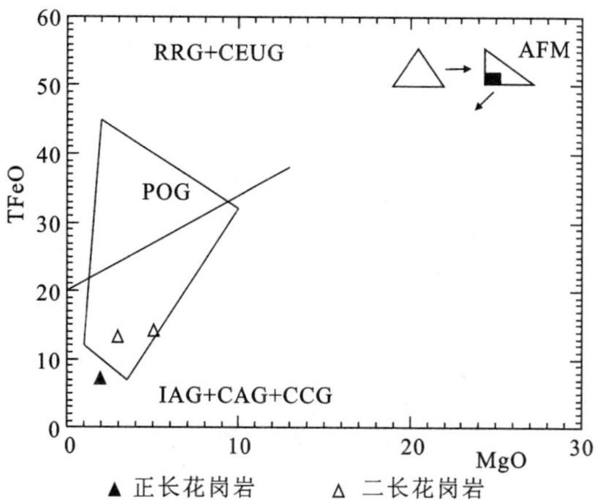

▲ 正长花岗岩 △ 二长花岗岩

图3-39 （Al_2O_3-Na_2O-K_2O）-TFeO-MgO三元图解

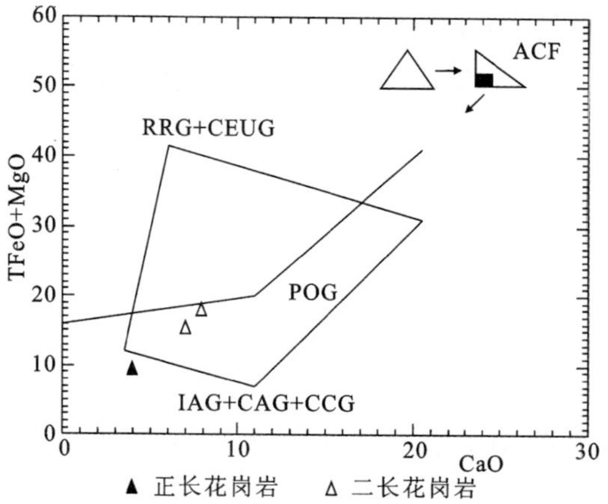

▲ 正长花岗岩 △ 二长花岗岩

图3-40 （Al_2O_3-Na_2O-K_2O）-（TFeO＋MgO）-CaO三元图解

综上所述，哈夏·克里克岩石组合两单元均属造山后花岗岩（POG型），是早古生代造山带造山后伸展崩塌阶段的产物。与相对较早侵位的晚泥盆世库鲁克彼捷里克超单元相比，具有较高的SiO_2含量和较低的MgO、TFeO、CaO含量，加之其具有细粒结构，反映岩浆定位较浅，活动能力较弱，是相对较低温的岩浆。据此推测，哈夏·克里克岩石组合两单元的形成可能是晚泥盆世库鲁克彼捷里克超单元侵位时造成中上地壳物质部分熔融的结果。

三、二叠纪侵入岩

（一）中二叠世伯拉克拉克里超单元

1. 地质特征

伯拉克拉克里超单元出露少量，分布于测区中部，沿喀尔瓦、伯拉克拉克里、克其克孜苏一线近东西向串珠状断续展布，均呈岩株状产出，在构造位置上处于东昆南活动陆缘带内，是苏鲁·彼得勒克·得亚构造岩浆岩亚带的主要组成。由7个侵入体构成，划分为两个单元，从早到晚为苏鲁北单元、喀尔瓦单元，岩性分别为：灰绿色中细粒石英闪长岩、灰绿色中细粒英云闪长岩。早期苏鲁北石英闪长岩单元由5个侵入体组成，晚期喀尔瓦英云闪长岩单元由2个侵入体组成。受后期构造影响侵入体出露不完整，多以不规则条状、透镜状产出，长轴方向北西西向。围岩为具火山弧属性的上石炭统—下二叠统浩特洛哇组和石炭系—二叠系树维门科组、下中二叠统马尔争组等沉积地层。岩体与围岩呈侵入接触，部分地段呈断层接触。侵入界线弯曲不平整，界面外倾，倾角40°～60°。见有岩枝穿插于围岩中，岩体边部有少量围岩棱角状捕虏体。围岩中发育宽约10～100m的热接触变质带，带内岩石普遍角岩化、矽卡岩化、硅化。岩体中不含暗色包体以及岩石强烈的蚀变是两单元的共同特征，绿帘石、绿泥石是主要蚀变矿物，造成岩石普遍呈灰绿色。两单元间未见直接接触。

从围岩的时代和与围岩的侵入接触关系以及所属岩浆岩带特征推断，伯拉克拉克里超单元侵位时代应为中二叠世。

2. 岩石学特征

伯拉克拉克里超单元两单元岩石岩性分别为石英闪长岩、英云闪长岩，均为中细粒结构，块状构造，在QAP三角图解中，分别落在石英闪长岩和英云闪长岩区内(图3-41)。

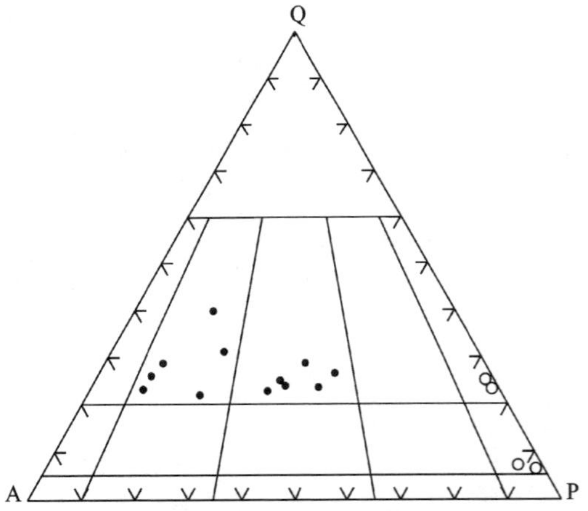

图3-41　二叠纪侵入岩QAP图解

强烈的蚀变造成岩石普遍呈灰绿色，是两单元岩石的共同特征，并且主要造岩矿物特征相同，主要区别仅在于造岩矿物含量上的差异，受后期构造影响晶体内普遍发育裂纹。

石英：他形粒状，充填于其他矿物空隙中，普遍发育波状消光，含量5%～20%。

斜长石：为更-中长石，呈半自形板柱状，普遍发育环带结构，蚀变强烈，多被强绿帘石、绢云母、钠长石交代，仅保留假象。含量63%～82%。

钾长石：为微斜长石，呈他形板状，具条纹结构，含量1%～4%。

角闪石：柱粒状晶体，解理发育，具绿色—黄绿色多色性，局部被绿泥石、纤闪石、碳酸盐交代。含量3%～13%。

黑云母：呈红褐色板状，受构造影响具揉曲现象，不同程度地被绿泥石交代，含有磷灰石、锆石包裹体。含量2%～5%。

副矿物：含量稀少，主要为磁铁矿、磷灰石、锆石，多以包裹体形式出现。

3. 副矿物特征

如表3-17所示，人工重砂分析显示，喀尔瓦英云闪长岩单元岩石中副矿物主要为：磷灰石、锆石、榍石、磁铁矿、白钨矿、钛铁矿、辉钼矿、方铅矿等，属磷灰石-锆石型。

表 3-17 中二叠世喀尔瓦单元副矿物含量表

样号			32P16RZ583-8				岩石名称				英云闪长岩				
副矿物含量(g/20kg)															
锆石	磷灰石	榍石	赤铁矿	褐铁矿	磁铁矿	黄铁矿	钛铁矿	白钨矿	辉钼矿	黄铜矿	金红石	电气石	石榴石	绿帘石	方铅矿
0.36	0.71	个	0.21	个	1.87	少	个	7 粒	2 片	1 粒	个	个	少	0.63	5 粒

注："少"0.01g 至 100 粒，"微"10～100 粒，"个"1～10 粒。

4. 岩石地球化学特征

1）主量元素

如表 3-18 所示，SiO_2 含量较低，为 $54.68\times10^{-2}\sim62.44\times10^{-2}$，属中性岩范围。$Al_2O_3$ 含量中等，为 $12.29\times10^{-2}\sim15.78\times10^{-2}$，$TiO_2$ 含量较低，为 $0.36\times10^{-2}\sim0.72\times10^{-2}$，$K_2O$ 含量亦较低，为 $1.1\times10^{-2}\sim2.93\times10^{-2}$，集中于 $1.1\times10^{-2}\sim1.85\times10^{-2}$，TFeO、MgO、CaO 含量普遍较高，反映源区具有较高的基性程度，同时地壳成分参与较少。从早期单元到晚期单元各氧化物演化的规律性不强，这可能与岩石普遍强烈蚀变有关，尤其是 4 号样品，采自于岩体边部，围岩混染较强，代表性较差。从早到晚虽然各氧化物含量变化范围较小，但总体具有 Al_2O_3、TiO_2、CaO 降低，TFeO、MgO、Na_2O、K_2O、Na_2O+K_2O 增高的趋势，显示向富钾富碱贫钛铝钙方向演化的特点。从各氧化物含量变化范围较小，铁镁含量的增高这一点反映结晶分异作用并非是控制岩石成分变化的主要岩浆作用过程，部分熔融可能占据了主导地位。全碱含量中等，集中于 $4.45\times10^{-2}\sim4.90\times10^{-2}$，$Na_2O>K_2O$。里特曼指数 $\sigma=0.76\sim2.32$，均为钙碱性岩。在 AFM 图解中(图 3-42)均落在钙碱性系列区内，在 SiO_2-K_2O 图解中(图 3-43)，多落在中钾区。两单元岩石均 $CaO+K_2O+Na_2O>Al_2O_3>K_2O+Na_2O$，A/CNK=0.69～0.95，为偏铝质岩石，在铝饱和指数图解中(图 3-44)，均落在偏铝质岩石区。

表 3-18 伯拉克拉克里超单元岩石化学、稀土及微量元素特征表

序号	岩性	样号	氧化物含量($w_B/10^{-2}$)													
			SiO_2	TiO_2	Al_2O_3	Fe_2O_3	FeO	MnO	MgO	CaO	Na_2O	K_2O	P_2O_5	H_2O^+	LOS	Σ
1	英云闪长岩	ⅡGs4105-1	57.23	0.58	12.29	3.59	4.85	0.16	6.3	6.08	2.85	1.85	0.14	2.28	1.51	99.71
2		ⅡGs4105-2	54.68	0.53	14.28	3.28	4.55	0.15	5.18	6.37	3.05	1.1	0.2	3.02	4.24	100.63
3	石英闪长岩	ⅡGs5613-2	56.28	0.72	15.68	1.36	5.77	0.12	5.35	6.75	2.14	1.19	0.13	2.3	1.51	99.3
4		ⅡGs6201-1	62.44	0.36	15.78	1.37	3.54	0.13	2.59	3.88	3.9	2.93	0.19	1.7	0.78	99.59

序号	主要参数							
	σ	ar	alk	A/CNK	A/NK	Na_2O/K_2O	Na_2O/CaO	MgO/TFeO
1	1.44	1.69	4.9	0.69	1.84	1.54	0.45	0.78
2	1.27	1.50	4.45	0.8	2.27	2.77	0.48	0.69
3	0.76	1.35	3.49	0.91	3.29	1.8	0.32	0.76
4	2.32	2.07	7.03	0.95	1.65	1.33	1.01	0.64

续表 3-18

序号	稀土丰度($w_B/10^{-6}$)													
	La	Ce	Pr	Nd	Sm	Eu	Gd	Tb	Dy	Ho	Er	Tm	Yb	Lu
1	11.71	23	3.2	11.24	2.48	0.67	2.23	0.36	2.15	0.45	1.36	0.21	1.4	0.22
2	14.1	27.36	3.82	14.66	3.18	0.9	2.66	0.39	2.06	0.41	1.14	0.18	1.18	0.18
3	14.47	30.09	3.86	15.42	3.36	0.95	3.23	0.56	3.28	0.69	1.95	0.32	1.9	0.29
4	13.19	29.8	4.39	18.71	4.01	1.27	3.22	0.5	2.56	0.48	1.3	0.19	1.23	0.19

序号	主要参数					
	ΣREE	LREE	HREE	LREE/REE	δEu	$(La/Yb)_N$
1	60.68	52.3	8.38	0.86	0.85	5.6
2	72.22	64.02	8.2	0.89	0.92	8
3	80.37	68.15	12.22	0.85	0.87	5.1
4	81.04	71.37	9.67	0.88	1.05	7.3

序号	微量元素丰度($w_B/10^{-6}$)												主要参数		
	Rb	Sr	Ba	Th	Ta	Nb	Zr	Hf	Y	Sc	Cr	Ni	Co	Rb/Sr	Zr/Y	Hf/Yb
1	42	2.36	476	3.9	0.5	4.5	83	2.5	12.49	29.7	124.1	28.2	23	0.18	6.65	1.79
2	40	357	401	4.8	0.5	4.5	83	2.5	10.98	26.4	64.7	18.6	20.2	0.11	7.56	2.12
3	75	322	267	4.8	0.5	6.3	90	2.9	18.04	20.6	135.3	43	21.2	0.23	4.99	1.52
4	39.7	322	517	2.6	0.5	5.9	102	5	11.17	15.1	27.6	9.2	11.5	0.12	9.13	4.07

2）稀土元素

如表 3-18 所示，稀土总量较低，两单元间稀土总量变化范围较小，从早到晚稀土总量趋于降低，早期单元ΣREE=$80.37\times10^{-6}\sim81.04\times10^{-6}$，晚期单元ΣREE=$60.68\times10^{-6}\sim72.22\times10^{-6}$，反映来源较深，结晶分异作用不明显。LREE/REE=0.85～0.89，轻稀土富集，δEu=0.85～1.05，$(La/Yb)_N$=5.1～8.0。稀土配分模式均为向右缓倾的富集型曲线(图 3-45)，无铀异常，轻稀土分馏明显，重稀土分馏不明显，显示出壳幔源花岗岩的特征，同时各曲线近于平行，反映属同源岩浆演化产物。

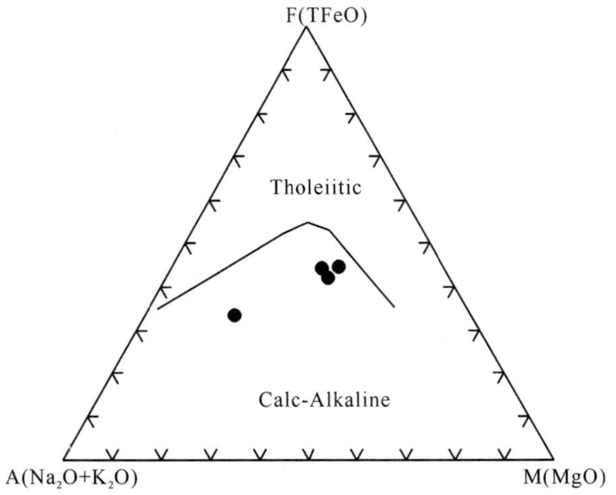

图 3-42　中二叠世侵入岩 AFM 图解

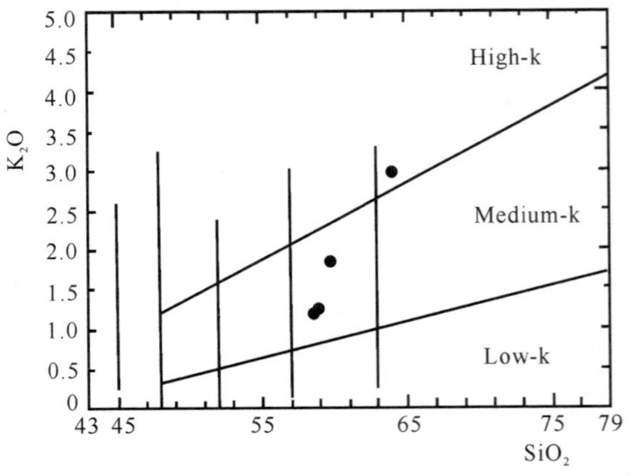

图 3-43　中二叠世侵入岩硅钾图

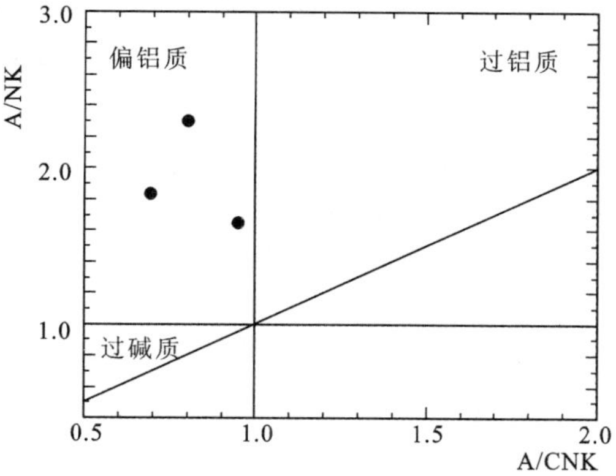

图 3-44 中二叠世侵入岩铝饱和指数图解

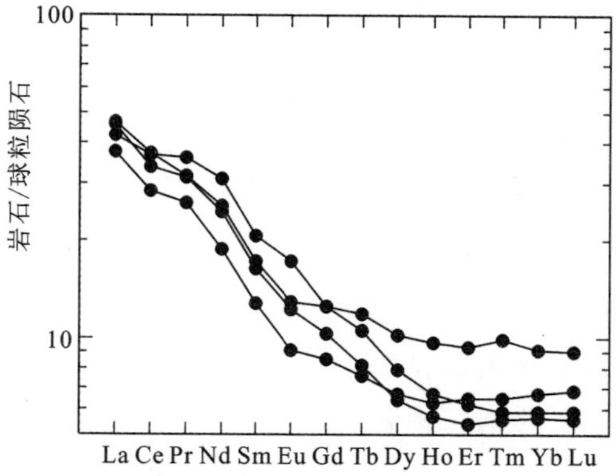

图 3-45 中二叠世稀土分配型式

3）微量元素

如表 3-18 所示，两单元间岩石的微量元素丰度变化不大，多数元素丰度值近乎相等，Rb/Sr＝0.11～0.23，介于上地幔值(0.034)与地壳值(0.35)之间(Taylor，1965)，反映出壳幔源的特点。Zr/Y＝4.99～9.13，Hf/Yb＝1.79～4.07，介于大陆边缘安山岩的范围之内(Zr/Y＝4～12、Hf/Yb＝1～3)(Condie，1982)，显示出活动大陆边缘弧的特性。在以 ORG 为标准的微量元素分布型式图上(图 3-46)，各单元均呈单隆起的形态，表现为低场强元素(LFS)K、Rb、Ba 的富集和 Nb、Ta、Zr、Hf、Y、Yb 等高场强元素(HFS)的亏损，有 Rb、Ce、Sm 等元素程度不等的正异常，与 Pearce(1984)划分的火山弧花岗岩的分布形式近似一致，反映出俯冲背景下火山弧环境的产物特征。

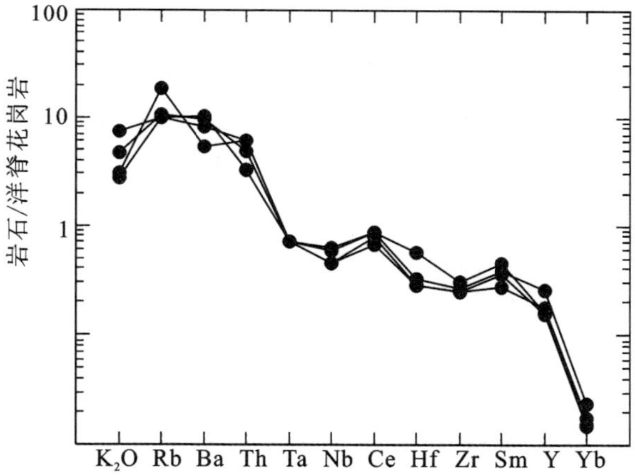

图 3-46 中二叠世侵入岩微量元素分布型式

5. 侵入深度、剥蚀程度

伯拉克拉克里超单元各侵入体受后期构造破坏严重，与围岩多呈断层接触，尤其分布于喀尔瓦一带的侵入体被断层切割围限而呈三角形，使侵入体不同程度地改变了其原始的状态，对于判断侵位深度及剥蚀程度造成一定的困难。但从残存的一些野外证据上仍能大致反映出其侵入深度为表带，剥蚀程度中等的特点，证据如下：①围岩为石炭纪—二叠纪沉积地层，侵入关系清楚，界线弯曲不协调，围岩中热接触变质作用较为发育，两单元岩石均为中细粒结构，反映侵位较浅；②两单元未见直接接触，岩体中无围岩顶垂体出现。

6. 岩体构造及侵位机制

该超单元各侵入体内部定向组构不发育，节理亦不发育，受后期构造破坏，沿断层带岩石碎裂岩化较为强烈。各侵入体近东西向串珠状展布，平面形态多为透镜状、不规则条状。以外倾产状侵入围岩中，有岩枝穿入围岩，边部有少量围岩棱角状捕虏体，围岩中发育宽度不等的接触变质带。具有以岩墙扩展方式被动就位的特点。

7. 岩石成因与构造环境分析

岩石地球化学特征表明伯拉克拉克里超单元属中钾钙碱性系列偏铝质岩石，来自于壳幔混合源，具俯冲背景下火山弧花岗岩的特点，成因属壳幔型花岗岩。

在 R_1-R_2 图解中（图 3-47）多分布于板块碰撞前的环境区内；在 Nb-Y 判别图解中，落在 VAG+COLG 区，在 Rb-Y+Nb 判别图解中（图 3-48），均落在 VAG（火山弧花岗岩）区。结合区域地质特征及岩石地球化学分析，该超单元产出的构造环境应为活动大陆边缘弧环境。

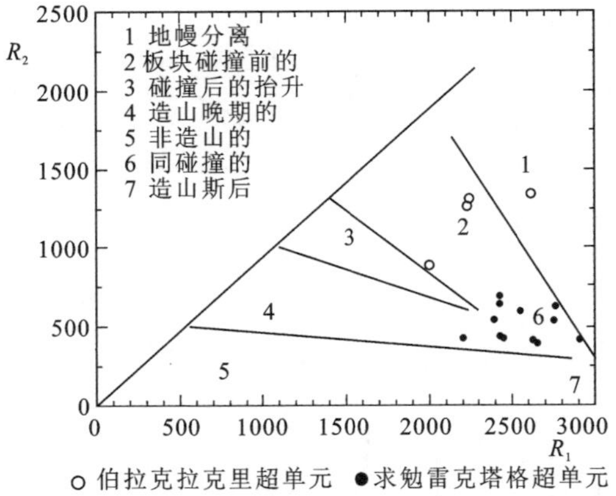

图 3-47　二叠纪侵入岩 R_1-R_2 图解

伯拉克拉克里超单元在图区内产出较少，但与具火山弧属性、以火山岩为主的石炭纪—二叠纪浩特洛哇组遥相呼应相伴产出于东昆南活动陆缘带内，构成横贯测区中部东西向展布的陆缘火山弧带，它们分别代表了古特提斯洋俯冲消减不同阶段岩浆作用过程，是东昆仑造山带陆壳生长的重要方式。

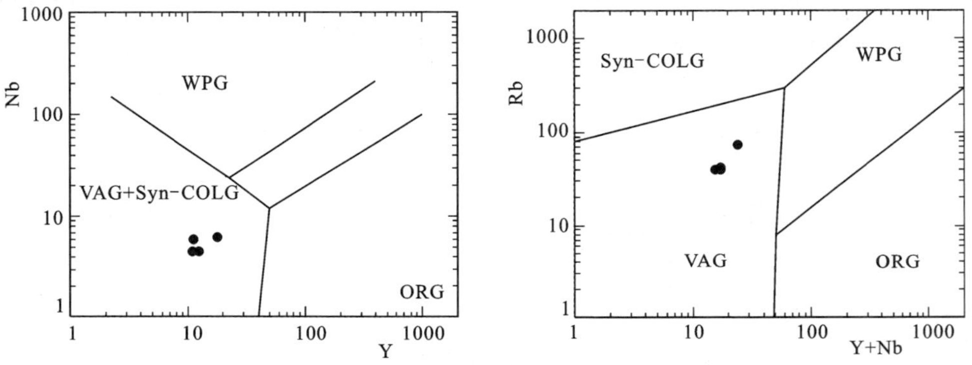

图 3-48　不同构造环境花岗岩的非活性元素的判别图解

VAG：火山弧花岗岩；WPG：板内花岗岩；Syn-COLG：同碰撞花岗岩；ORG：洋中脊花岗岩

（二）晚二叠世求勉雷克塔格超单元

1. 地质特征及时代

测区晚二叠世侵入岩发育，求勉雷克塔格超单元主体沿图区北部宗昆尔玛、吐木勒克、求勉雷克塔格、楚拉克阿干、莫斯图一线北西西向展布，与三叠纪岩体共同构成横切测区北部的宗昆尔玛-莫斯图复式岩基，是莫斯图构造岩浆岩亚带的主要组成部分。在构造位置上分布于昆中断裂以北的东昆中微陆块内，对基底岩系古元古界金水口岩群造成强烈的吞噬和破坏。该期岩浆活动主要发生在东昆中微陆块内，主体未越过昆中断裂，仅有微弱的岩浆活动对昆中断裂有过干扰，造成零星岩株侵位于昆中断裂带内。

通过详细的野外填图共解体出 23 个侵入体，划分为 3 个单元，根据各单元侵入体间的接触关系及成分、结构特征，明确了其先后关系，从早到晚依次为：吐木勒克单元、楚拉克单元、索阿克塞单元，岩性分别为：浅肉红色中细粒含石榴石二长花岗岩、浅肉红色中粗粒似斑状二长花岗岩、灰白色中细粒正长花岗岩，根据同源岩浆演化，将其归并为一个超单元——求勉雷克塔格超单元。楚拉克似斑状二长花岗岩出露最为广泛，次为吐木勒克含石榴石二长花岗岩单元，索阿克塞正长花岗岩单元出露最为局限，仅分布于求勉雷克塔格一带。吐木勒克单元与楚拉克单元间以及楚拉克单元与索阿克塞单元间均呈脉动接触，吐木勒克单元与索阿克塞单元间未见接触。脉动界线清晰，边部见有先成岩体的捕虏体，并且结构突变。

对侵入体分布的调查表明，求勉雷克塔格超单元各单元在空间上呈同心环状分布，由于受印支期岩浆作用破坏和后期构造改造，岩基的完整性遭到破坏，使之成为一个不典型的同心环状岩体。晚期索阿克塞单元侵入体呈不规则状分布于求勉雷克塔格山，中期楚拉克单元侵入体围绕四周，早期吐木勒克单元侵入体主要分布于外围西侧。整个超单元空间组合形态为一不规则透镜状，长轴方向北西西向。与围岩古元古界金水口岩群、新元古代片麻岩体、早古生代吐木勒克构造蛇绿混杂岩和滩间山群多呈侵入接触关系，部分地段呈断层接触。侵入关系清楚，围岩中有岩枝穿插，接触变质作用较强。作为主要围岩的金水口岩群常以规模不等、形态各异的大型捕虏体散布于岩体中，并多以顶垂体形式漂浮于岩体上部。岩体中定向组构较发育，表现为局部出现不连续的弱片麻状构造以及在楚拉克单元中由斑晶定向构成的流线构造，片麻理产状为245°～255°∠40°～75°。节理发育是该超单元的重要特征，以“X”型和棋盘格型节理为主，主要有3组，分别为：80°∠70°、15°∠25°、330°∠50°，以80°∠70°的一组最为发育。

求勉雷克塔格超单元各单元岩石中普遍含有少量白云母，其中早期单元岩石中含有紫红色石榴石，反映出该超单元高铝的特征。楚拉克似斑状二长花岗岩中斑晶以钾长石为主，可见卡式双晶，斑晶均呈自形板状，粒径粗大，一般为3～5cm，最大可见6～7cm的晶体。斑晶分布不均匀，有局部集中现象，具堆晶特征。吐木勒克单元岩石结构不均一，以中细粒结构为主，局部出现不等粒结构。早期及中期单元中见有零星暗色包体，晚期单元中未见。

本次工作在该超单元中获得了较为丰富的同位素测年数据。在楚拉克似斑状二长花岗岩中利用黑云母Ar-Ar法获得了254.1±1.5Ma的坪年龄和254.6±2.7Ma的等时线年龄(图3-49)。在早期吐木勒克含石榴石二长花岗岩单元中分别采用黑云母Ar-Ar法和单颗粒锆石U-Pb法测年获得了较为一致的年龄值。其中采用黑云母Ar-Ar法获得了247.6±1.4Ma的坪年龄和249.2±3.3Ma的等时线年龄(图3-50)。利用单颗粒锆石U-Pb法所测得4颗锆石的表面年龄分别为：359±1.4Ma、299±7.7Ma、247±2.0Ma、230±1.2Ma(表3-19、图3-51)，其中2号数据点落在和谐线下方，反映有铅丢失现象，可能为继承锆石；虽然其余数据点均落在和谐线上，但3号数据点也可能为继承锆石的年龄；同时区域资料显示在昆中及昆南断裂带中所获得的构造年龄均处在230Ma左右，因此4号数据应为构造年龄；1号锆石的表面年龄值与Ar-Ar法年龄一致，并且与在楚拉克似斑状二长花岗岩中所获得的Ar-Ar法年龄接近，因此247±2.0Ma的年龄值应代表了该单元的成岩年龄。综上所述，求勉雷克塔格超单元的时代应为晚二叠世。

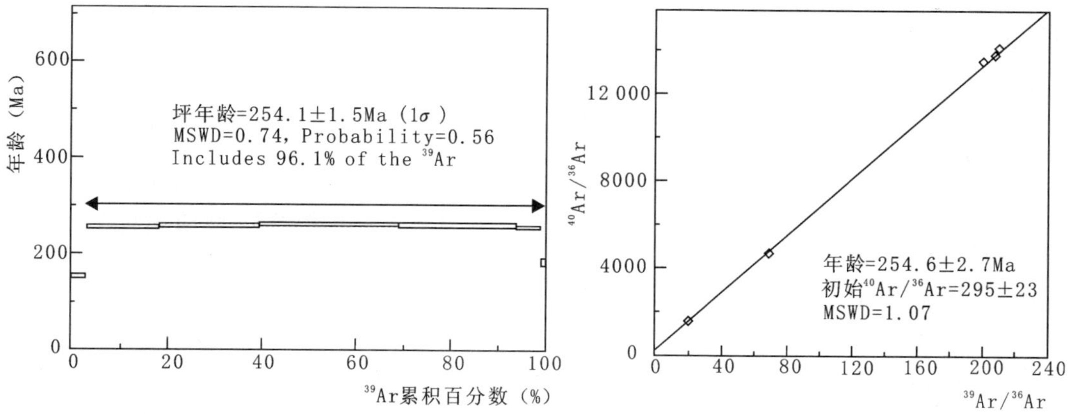

图3-49 楚拉克单元黑云母Ar-Ar法同位素测年坪谱图及等时线图

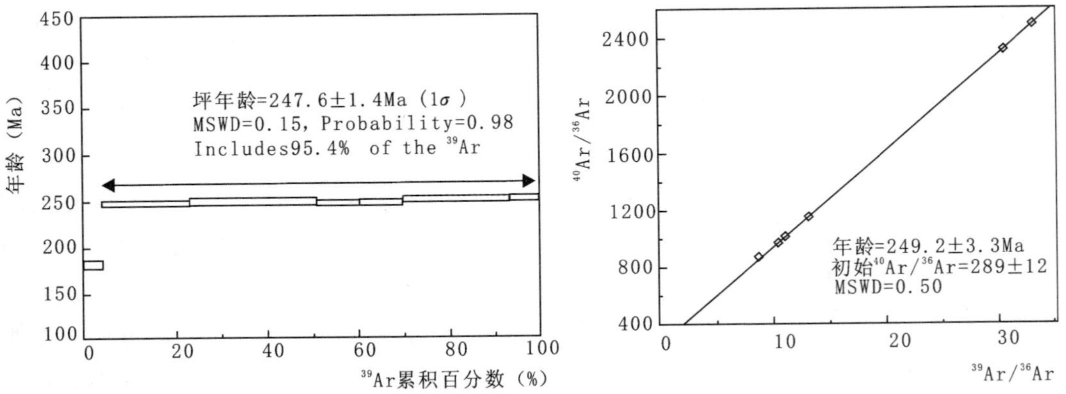

图 3-50　吐木勒克二长花岗岩单元黑云母 Ar-Ar 法同位素测年坪谱图及等时线图

表 3-19　吐木勒克单元锆石 U-Pb 年龄测定结果

样号		IIJD6104-1			样品名称		中细粒含石榴石二长花岗岩				
样品情况		含量(10^{-6})		普通铅含量(ng)	同位素原子比率及误差(2σ)				表面年龄及误差(Ma)		
点号	重量(μg)	U	Pb		$^{206}Pb/^{204}Pb$	$^{206}Pb/^{238}U$	$^{207}Pb/^{235}U$	$^{207}Pb/^{206}Pb$	$^{206}Pb/^{238}U$	$^{207}Pb/^{235}U$	$^{207}Pb/^{206}Pb$
1	10	460.2	25.1	0.767	160.2	0.039 09 (0.000 32)	0.285 56 (0.036 78)	0.052 98 (0.006 84)	247 (2)	255 (32.8)	327 (42.3)
2	10	213.2	17.6	0.52	160.1	0.057 33 (0.000 23)	0.447 38 (0.022 26)	0.056 58 (0.002 82)	359 (1.4)	375 (18.6)	475 (23.7)
3	10	1229.4	98.9	1.988	195.8	0.0475 (0.001 23)	0.338 86 (0.144 87)	0.051 73 (0.022 16)	299 (7.7)	296 (126.6)	273 (117.2)
4	10	1511.7	81	2.651	144	0.036 38 (0.0002)	0.257 15 (0.0209)	0.051 25 (0.004 17)	230 (1.2)	232 (18.8)	252 (20.5)

注：样品由湖北宜昌地质研究所同位素室测试。

2. 岩石学特征

求勉雷克塔格超单元从早到晚具结构演化和成分演化的双重特征，各单元岩石以普遍含白云母和早期单元中含有紫红色石榴石为特征，同时在早期单元中还发现有少量针状夕线石，反映出壳源 S 型花岗岩的特点。各单元岩石主要造岩矿物特征近一致，差别仅在于含量不同。

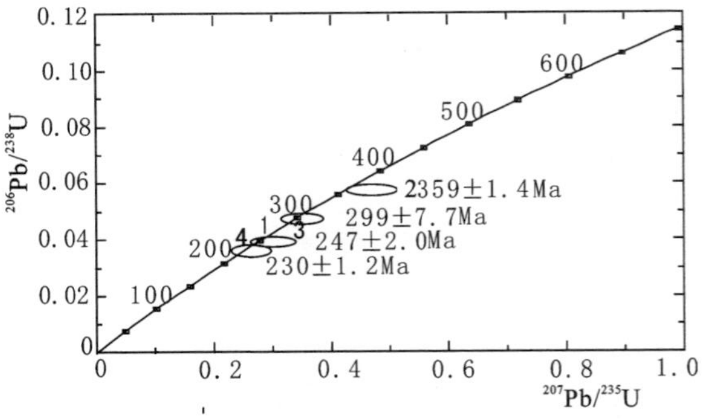

图 3-51　吐木勒克二长花岗岩 U-Pb 同位素测年谐和图

肉红色中细粒二长花岗岩：中细粒结构，块状构造、片麻状构造。主要造岩矿物特征如下所示。石英：他形粒状，少量呈等轴粒状，常聚集出现，受后期构造影响，普遍发育波状消光等变形结构，含量为 22%～31%；斜长石：为更长石(An＝25～28)，半自形板状，部分呈他形板状，钠长石双晶较常见，具粘土化、绢云母化，含量 29%～41%；钾长石：为微斜长石，他形板状，具轻微粘土化，含量 29%～35%；黑云母：褐色片状，具浅黄色—褐色多色性，局部聚集断续定向分布在浅色矿物之间，构成片麻状构造，具绿泥石化，含量 2%～8%；石榴石：为铁铝榴石，呈紫红色自形多边形，沿裂隙多为黑云母交代，含量 1%±；白云母呈片状；夕线石呈针状，常以包裹体形式产出于更长石中，含量较少；其他矿物有磷灰石、金属矿物。

浅肉红色似斑状中粒二长花岗岩：似斑状结构，基质中粒结构，块状构造，局部片麻状构造。石英：他形粒状，常聚集出现，受后期构造影响，普遍发育波状消光等变形结构，含量20%～25%；斜长石：为更长石(An=26～28)，半自形板状，少量呈他形板状，部分发育聚片双晶，具粘土化、绢云母化，含量30%～34%；钾长石：多构成斑晶，为微斜条纹长石，半自形—他形板状，发育条纹双晶和格子状双晶，晶内有斜长石、石英、黑云母包裹体，具粘土化，含量29%～35%；黑云母：褐色片状，具浅黄色—褐色多色性，受应力作用具揉曲现象，具绿泥石化，含量5%±；其他矿物有少量白云母、磷灰石、锆石、金属矿物等。

灰白色中细粒正长花岗岩：中细粒结构，块状构造、局部片麻状构造。石英：他形粒状，少数半自形粒状，常聚集出现，普遍发育波状消光等变形结构，含量26%～38%；斜长石：为更长石(An=25～30)，半自形板状，少量呈他形板状，发育钠长石双晶，有不明显的钠长石净边，具粘土化、绢云母化，含量14%～20%；钾长石：为微斜长石，他形板状或粒状，发育格子状双晶，具粘土化，含量47%～59%；黑云母：褐色鳞片状，具浅黄色—褐色多色性，具绿泥石化，含量1%～4%；其他矿物有少量白云母、磷灰石、锆石、金属矿物等。个别岩石薄片中有铁铝榴石出现。

在QAP矿物分类图解中(图3-41)，三单元岩石分别落在二长花岗岩和正长花岗岩中。

3. 岩石地球化学特征

1）主量元素

如表3-20所示，各单元SiO_2含量较高，变化范围不大，为67.94×10^{-2}～73.83×10^{-2}，属酸性岩范畴。Al_2O_3含量中等，集中于13.28×10^{-2}～15.46×10^{-2}，TiO_2、FeO、CaO、MgO含量低，Na_2O+K_2O、K_2O含量较高，全碱含量为6.47×10^{-2}～8.83×10^{-2}，K_2O含量为3.3×10^{-2}～5.8×10^{-2}，且$K_2O>Na_2O$，明显具有富硅富钾富碱贫钛铁镁钙的特点。从早期单元到晚期单元SiO_2、TiO_2、FeO、CaO、MgO变化不大，K_2O呈递增趋势。里特曼指数$\sigma=1.29$～2.77，均为钙碱性岩，在AFM图解中(图3-52)均落在钙碱性系列区内，并且均沿AF线分布，表现出富碱贫铁镁的特点。在SiO_2-K_2O图解中(图3-53)均在高钾区，属高钾钙碱性系列岩石。A/CNK集中于1.0～1.17，为过铝质岩石，在铝饱和指数图解中(图3-54)，多落在过铝质花岗岩区。岩石中含白云母、石榴石、夕线石等高铝矿物以及CIPW标准矿物中标准分子C的出现均显示高铝的特点。上述特征表明该超单元岩石属S型花岗岩，具同碰撞花岗岩的特征。

表3-20 晚二叠世求勉雷克塔格超单元岩石化学特征表

单元	序号	岩性	样号	氧化物含量($w_B/10^{-2}$)													
				SiO_2	TiO_2	Al_2O_3	Fe_2O_3	FeO	MnO	MgO	CaO	Na_2O	K_2O	P_2O_5	H_2O^+	LOS	Σ
索阿克塞	1	正长花岗岩	ⅡGs2227	72.14	0.48	11.98	1.9	2.5	0.069	0.72	1.51	1.44	5.46	0.086	0.7	0.35	99.34
	2		ⅡGs6104-1	72.79	0.22	14.31	0.7	1.08	0.03	0.39	1.29	3.56	4.67	0.16	0.3	0.3	99.8
	3		ⅡGs6104-3	72.53	0.24	14.1	0.28	1.54	0.04	0.49	1.12	3.16	4.56	0.19	0.74	0.68	99.67
楚拉克	4	似斑状二长花岗岩	ⅡGs2105	70.39	0.35	13.91	1.94	1.23	0.078	1.22	1.98	3.55	4.1	0.14	0.76	0.33	99.98
	5		ⅡGs2204-1	71.22	0.62	12.26	1.35	3.08	0.061	0.91	1.41	2.75	5.15	0.18	0.84	0.14	99.97
	6		ⅡGs3213-1	70.82	0.3	14.03	1.58	1.33	0.06	2.95	1.11	2.71	4.05	0.06	0.41	0.18	99.59
	7		ⅡGs3409-2	71.24	0.36	14.28	1.13	1.42	0.06	0.9	2.82	3.25	3.35	0.09	0.41	0.36	99.67
吐木勒克	8	中细粒二长花岗岩	ⅡGs1223	69.1	0.52	15.18	1.48	1.6	0.049	1.05	2.74	3.56	3.56	0.1	0.32	0.6	99.86
	9		ⅡGs1225	68.36	0.55	15.46	0.85	2.05	0.043	0.93	3.08	3.64	3.3	0.12	0.56	0.46	99.4
	10		ⅡGs1428	73.83	0.54	11.59	0.93	2.28	0.036	0.64	1.46	2.34	3.98	0.072	0.14	1.88	99.72
	11		ⅡGs2123-1	67.94	0.78	13.62	1.73	3.28	0.067	1.05	2.52	2.04	4.86	0.13	0.24	1.33	99.59
	12		ⅡGs2203-1	73.66	0.1	13.28	1.07	1.45	0.12	0.61	0.99	3.7	3.8	0.1	0.78	0.37	100.03
	13		ⅡGs2208-1	70.09	0.42	14.55	1.37	1.32	0.031	1.02	0.85	2.9	5.8	0.19	0.24	1.15	99.93

续表 3-20

序号	主要参数								
	σ	ar	alk	A/CNK	A/NK	Na_2O/K_2O	Na_2O/CaO	MgO/TFeO	MgO/MnO
1	1.62	3.09	7.02	1.08	1.45	0.26	0.95	0.17	10.4
2	2.27	2.68	8.30	1.08	1.31	0.76	2.76	0.23	13
3	2.0	2.42	7.86	1.17	1.40	0.69	2.82	0.27	12.3
4	2.12	2.62	7.74	1.0	1.35	0.87	1.79	0.41	15.6
5	2.2	2.35	7.98	0.98	1.22	0.53	1.95	0.21	14.9
6	1.63	2.12	6.83	1.29	1.58	0.67	0.92	0.4	18.5
7	1.53	2.23	6.67	1.0	1.58	0.97	1.15	0.37	15
8	1.93	2.32	7.20	0.9	1.56	1	1.3	0.36	21.4
9	1.88	2.20	7.05	1.02	1.60	1.1	1.18	0.33	21.6
10	1.29	2.12	6.47	1.06	1.14	0.59	1.6	0.21	17.8
11	1.88	1.68	7.04	1.02	1.56	0.42	0.81	0.22	15.7
12	1.83	3.16	7.59	1.11	1.31	0.97	3.74	0.25	5.1
13	2.77	2.21	8.83	1.15	1.32	0.5	3.41	0.4	32.9

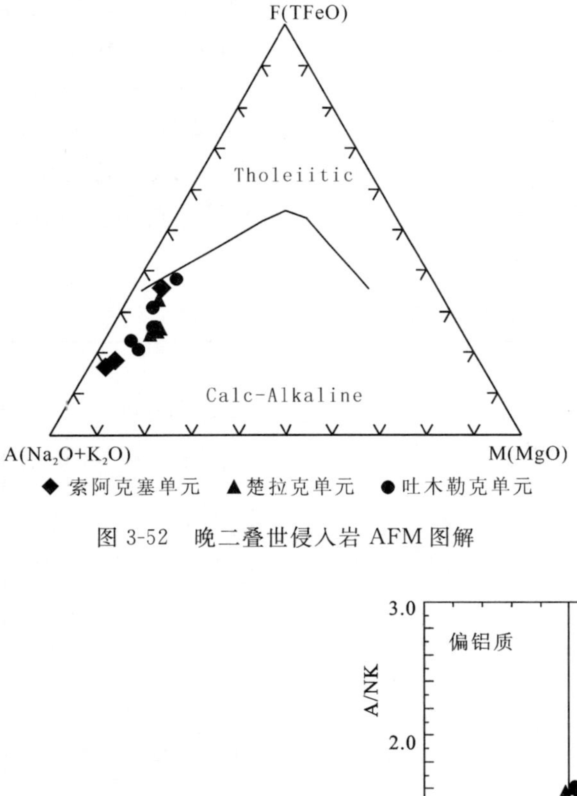

图 3-52　晚二叠世侵入岩 AFM 图解

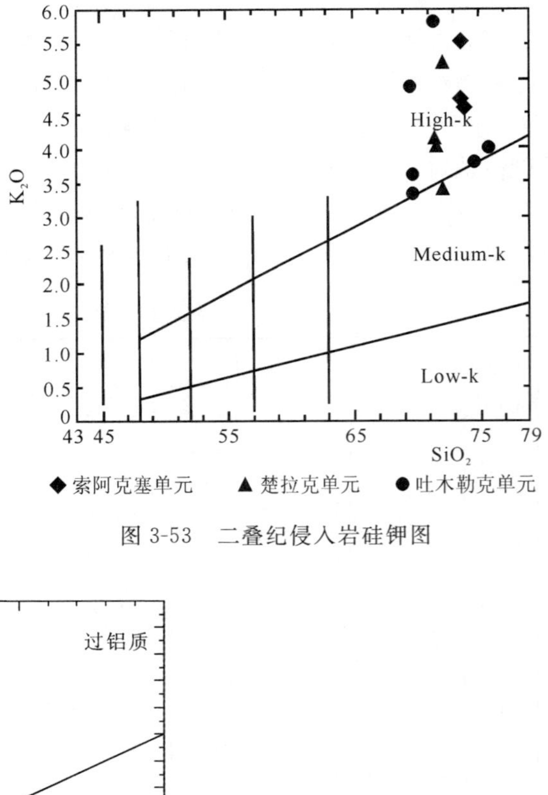

图 3-53　二叠纪侵入岩硅钾图

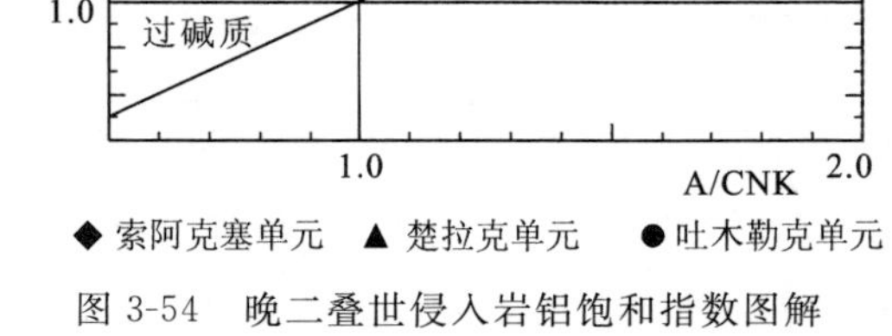

图 3-54　晚二叠世侵入岩铝饱和指数图解

2）稀土元素

如表 3-21 所示，各单元稀土总量中等—较高，$\sum REE=102.7\times10^{-6}\sim278.1\times10^{-6}$，集中于 $109.04\times10^{-6}\sim182.64\times10^{-6}$，LREE/REE=0.86～0.95，轻稀土强烈富集，$\delta Eu=0.26\sim0.96$，集中于 0.26～0.79，$(La/Yb)_N=5.92\sim38.1$，各单元间演化趋势不明显。稀土配分曲线多呈向右陡倾的“V”形曲线，轻重稀土分馏明显，且轻稀土分馏明显而重稀土分馏不明显，多具较强的负铕异常（图 3-55），显示出壳源花岗岩的特点，并反映岩石经历了强烈的结晶分异过程。各单元岩石稀土曲线近于平行，反映属同源岩浆的产物。在 La-La/Sm 图解中（图 3-56）可以看出求勉雷克塔格超单元岩石成分变异的主要原因是分离结晶作用，在早期演化中部分熔融作用也作出了一定的贡献。

表 3-21 晚二叠世求勉雷克塔格超单元稀土特征

单元	序号	岩性	样号	稀土丰度（$w_B/10^{-6}$）													
				La	Ce	Pr	Nd	Sm	Eu	Gd	Tb	Dy	Ho	Er	Tm	Yb	Lu
索阿克塞	1	正长花岗岩	ⅡXT2227	50.35	108.6	13.41	49.54	10.2	1.05	9.86	1.72	9.95	1.96	6.02	0.9	5.73	0.82
	2		ⅡXT6104-1	24.43	45.27	5.52	20.77	5.32	0.66	3.45	0.49	2.47	0.44	1.03	0.15	0.90	0.12
	3		ⅡXT6104-3	29.19	53.32	6.29	23.96	4.73	0.77	3.94	0.56	2.78	0.49	1.2	0.16	0.99	0.14
楚拉克	4	似斑状二长花岗岩	ⅡXT2105	25.06	51.05	5.65	17.57	3.19	0.58	2.71	0.43	2.49	0.52	1.51	0.26	1.76	0.28
	5		ⅡXT2204-1	52.2	113.2	13.64	49.86	10.53	1.43	9.6	1.59	9.23	1.71	5.05	0.76	4.6	0.68
	6		ⅡXT3213-1	27.99	44.25	4.94	13.35	2.51	0.65	2.15	0.38	2.27	0.5	1.41	0.25	1.76	0.29
	7		ⅡXT3409-2	34.26	60.64	7.11	23.95	3.99	0.93	3.01	0.41	2.19	0.41	1.06	0.18	1.1	0.18
吐木勒克	8	中细粒二长花岗岩	ⅡXT1223	32.43	61.31	7.45	22.73	3.88	0.86	2.53	0.35	1.58	0.31	0.81	0.12	0.81	0.12
	9		ⅡXT1225	30.5	60.5	6.48	21.03	3.49	0.95	2.35	0.34	1.44	0.26	0.67	0.11	0.64	0.09
	10		ⅡXT1428	34.49	78.53	9.52	36.07	7.91	0.84	7.33	1.12	4.43	0.55	1.03	0.13	0.61	0.08
	11		ⅡXT2123-1	49.2	113.5	14.35	54.11	11.19	1.54	9.99	1.7	9.05	1.77	5.25	0.81	4.93	0.71
	12		ⅡXT2203-1	24.09	44.9	5.46	17.68	3.53	0.57	3.17	0.56	3.33	0.65	2.1	0.34	2.31	0.35
	13		ⅡXT2208-1	39.63	93.68	11.84	38.7	8.24	0.62	5.78	0.89	4.17	0.71	1.9	0.28	1.69	0.25

序号	主要参数					
	ΣREE	LREE	HREE	LREE/REE	δEu	$(La/Yb)_N$
1	270.11	233.15	36.96	0.86	0.32	5.92
2	110.02	100.97	9.05	0.92	0.51	18.3
3	128.52	118.26	10.26	0.92	0.53	19.9
4	113.06	103.1	9.96	0.91	0.59	9.6
5	274.08	240.86	33.22	0.88	0.43	7.65
6	102.7	93.69	9.01	0.91	0.84	10.7
7	139.42	130.88	8.54	0.94	0.79	21
8	135.29	128.66	6.63	0.95	0.79	27
9	128.85	122.95	5.9	0.95	0.96	32.1
10	182.64	167.36	15.28	0.92	0.33	38.1
11	278.1	243.89	34.21	0.88	0.44	6.73
12	109.04	96.23	12.81	0.88	0.51	7.03
13	208.38	192.71	15.67	0.92	0.26	15.8

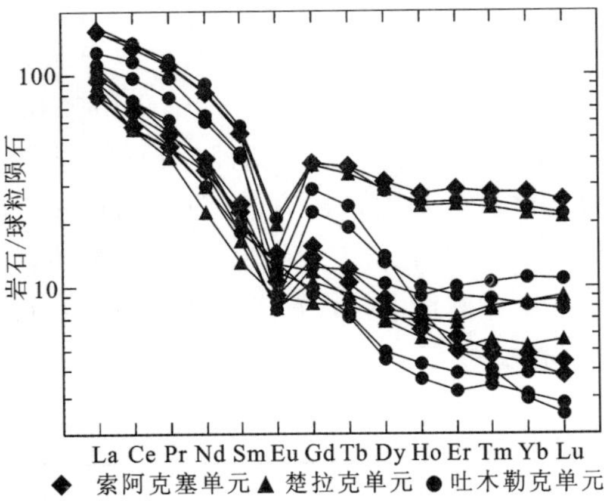

图 3-55 晚二叠世侵入岩稀土配分模式

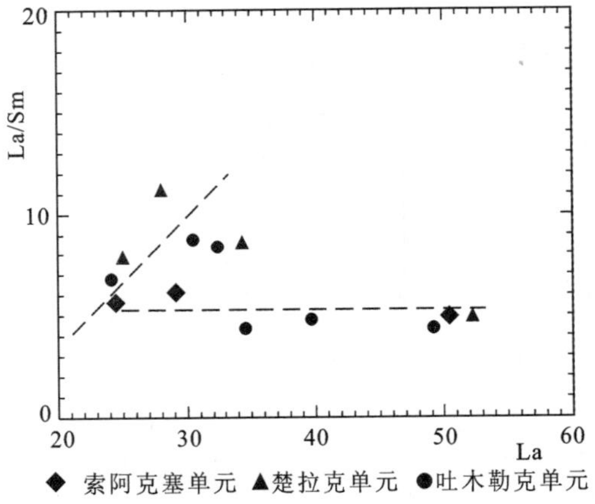

图 3-56 晚二叠世侵入岩 La-La/Sm 图解

3）微量元素

如表 3-22 所示，与世界花岗岩微量元素丰度值（维氏，1962）相比，各单元微量元素的平均丰度值表现出相同的特征，即 Sr、Rb、Ba、Ta、Nb、Zr、Cr 相对贫化，Th、Hf、Sc 含量相对富集。从早期单元到晚期单元 Sr、Rb、Ba、Th、Zr、Cr 等元素的平均丰度值降低，Ta、Nb、Hf、Sc 升高。早期单元 Rb/Sr 平均为 1.26，中期单元为 1.18，晚期单元为 2.2，远远高于地壳值（0.24）。以 ORG 为标准的微量元素分布形式（图 3-57）为 K、Rb、Ba、Th 等低场强元素（LFS）富集，Hf、Zr、Sm、Y、Yb 等高场强元素（HFS）亏损的曲线，具 Rb、Th 的强烈正异常和 Ce、Sm 的中等正异常以及 Ba、Nb、Zr 不同程度的负异常，与阿曼同碰撞花岗岩的分布形式（Pearce，1984）近乎一致，反映出同碰撞花岗岩的特征。

表 3-22 晚二叠世求勉雷克塔格超单元微量元素丰度

单元	序号	岩性	样号	微量元素丰度（$w_B/10^{-6}$）													参数
				Rb	Sr	Ba	Th	Ta	Nb	Zr	Hf	Y	Sc	Cr	Ni	Co	Rb/Sr
索阿克塞	1	正长花岗岩	Ⅱ Dy2227	229	95	782	30.5	1.7	19.1	239	7.7	57.08	6.7	9.8	8.7	5.5	2.41
	2		Ⅱ Dy6104-1	207.7	84	432	11.5	2.2	15.6	107	5	15.14	3.5	11	5.2	2.9	2.47
	3		Ⅱ Dy6104-3	196	108	600	12.5	2.2	13.7	119	5	49.22	3.1	5	3.4	3.3	1.81
	平均值			210.9	95.7	604.7	18.2	2	16.1	155	5.9	40.48	4.4	8.6	5.8	3.9	2.2
楚拉克	4	似斑状二长花岗岩	Ⅱ Dy2105	142	154	446	17.6	0.6	7.7	111	2.9	12.28	3.1	15.7	6.5	4.8	0.92
	5		Ⅱ Dy2204-1	302	93	634	30.5	5.7	16.4	190	8	10.38	6.9	13.5	6.1	6.1	3.25
	6		Ⅱ Dy3213-1	194.4	165	397	45.2	1.5	11.9	105	5	8.23	5.7	8.9	5.6	6.5	1.18
	7		Ⅱ Dy3409-2	148.3	256	589	19.2	0.6	10.9	125	5	7.1	3.7	5.8	4.3	5.1	0.58
	平均值			196.7	167	516.5	28.1	2.1	11.7	157.8	5.2	9.5	4.9	11	5.6	5.6	1.18
吐木勒克	8	中细粒二长花岗岩	Ⅱ Dy1223	145	318	672	19.3	0.7	9.2	154	4.3	14.85	2.8	14.3	6	4.9	0.46
	9		Ⅱ Dy1225	118	377	684	12.7	0.8	8.2	167	4.8	49.3	3.2	3.2	6.3	5.2	0.31
	10		Ⅱ Dy1428	283	82	561	30.9	2.3	18.2	145	4.4	20.2	2.3	10.4	6.7	4.7	3.45
	11		Ⅱ Dy2123-1	233	120	1083	30.5	0.6	15.6	253	7.6	19.86	8	15.5	9.3	7.5	1.94
	12		Ⅱ Dy2203-1	154	133	590	15.4	1.6	10.0	107	3.4	11.05	2	9.1	4.3	3.3	1.16
	13		Ⅱ Dy2208-1	430	51	405	41.2	2.8	18.3	174	2.7	11.96	4.1	10.9	4.7	3.9	8.43
	平均值			227.2	180.2	665.8	25	1.5	13.3	166.7	4.53	21.2	3.7	10.6	6.3	4.9	1.26

4. 侵入深度与剥蚀程度

该超单元空间群居性好，以岩基形式产出，岩石以中细粒—中粒结构为主。岩体内定向组构较发育，主要为流线、流面构造以及由于后期构造影响而形成的弱片麻状构造。围岩主要为古元古界金水口岩群，次为下古生界纳赤台群、早古生代吐木勒克构造蛇绿混杂岩以及下古生界滩间山群，围岩中热接触变质作用发育。侵入关系清楚，界线与围岩产状协调一致，局部不协调。因此，其侵入深度为中带。

该超单元中期单元出露面积最大，次为早期单元，晚期单元出露面积最小。各单元间为脉动接触。作为主要围岩的古元古界金水口岩群大型顶垂体或大型捕虏体在岩体中极为发育，围岩接触变质作用较强烈。因此，其剥蚀程度较浅。

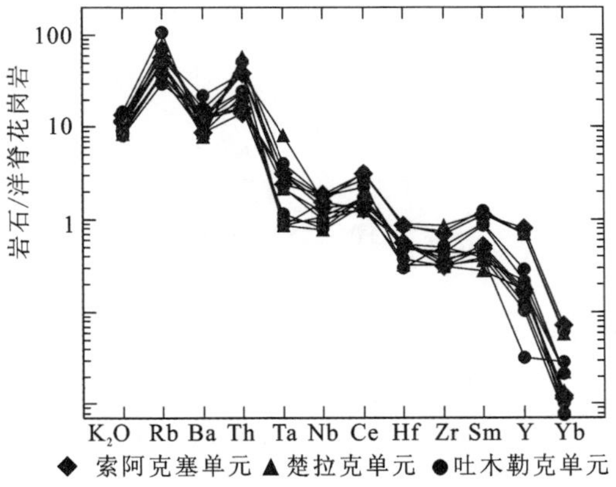

图 3-57　晚三叠世侵入岩微量元素分布形式

5. 岩体构造与侵位机制分析

求勉雷克塔格超单元以岩基形式产出，平面上为一不规则透镜状北西西向展布。岩体内部定向组构较发育，岩体中定向组构较发育，表现为局部出现不连续的弱片麻状构造以及在楚拉克单元中由斑晶定向构成的流线构造，片麻理产状：245°～255°∠40°～75°。该超单元中节理发育，多为“X”型和棋盘格型节理，主要有三组，分别为：80°∠70°、15°∠25°、330°∠50°，以 80°∠70°的一组最为发育，沿节理常发育宽窄不一的间隔劈理带。与围岩侵入界线清楚，岩体内见有较多规模不等的大型围岩捕虏体或顶垂体。同时各单元侵入体群居性好，出露不完整，空间组合形态为一不典型的同心环状岩体。晚期索阿克塞单元侵入体呈不规则状分布于中部，中期楚拉克单元侵入体围绕四周，早期吐木勒克单元侵入体主要分布于外围西侧。

综上所述，求勉雷克塔格超单元具有强力就位条件下以热气球膨胀方式侵位的特点。

6. 岩石成因及构造环境分析

前述岩石学及地球化学特征表明，求勉雷克塔格超单元属高钾钙碱性系列过铝质岩石，具 S 型花岗岩的特点，岩石成因属壳型花岗岩。岩石化学特征显示求勉雷克塔格超单元为过铝质类型，高钾钙碱性系列，岩石中普遍含有高铝矿物白云母、夕线石、石榴石等高铝矿物，属 S 型花岗岩，特征类似于 Barbarin B (1990)划分的 MPG 花岗岩(含白云母过铝花岗岩类)。在 R_1-R_2图解中(图 3-47)，投影点多落在 6 区，显示出碰撞型花岗岩的地球化学特点。在 Nb-Y 判别图解中(图 3-58)，多落在 VAG＋COLG 区，在 Rb-Y＋Nb 判别图解中(图 3-58)，多落在 VAG 区与 COLG 区的界线附近，反映该超单元并非属典型的碰撞型花岗岩。A/CNK＝1.0～1.17，Na_2O/K_2O＝0.26～1.1，Na_2O/CaO＝0.81～3.74，MgO/TFeO＝0.17～0.41，MgO/MnO＝5.1～32.9，A/NK＝1.22～1.60，总体化学成分与 Maniar 和 Piccoli(1989)划分的 CCG 型(大陆碰撞型)花岗岩近似。由此表明求勉雷克塔格超单元属碰撞型花岗岩，但又非典型的碰撞型花岗岩。区域地质特征显示，测区在昆南断裂以北存在一个巨大的弧盆体系，并产出有大规模弧间(或弧后)环境下的拉斑玄武岩，但并未有洋壳出现(据地层及火山岩资料)。因此求勉雷克塔格超单元非典型碰撞型花岗岩很可能是弧后盆地闭合导致弧-陆碰撞的结果。

四、中三叠世侵入岩

——中三叠世楚拉克阿干超单元

1. 地质特征

楚拉克阿干超单元出露较少，构造位置上处于东中昆仑微陆块中，主要分布于测区北部楚拉克阿干上游、卡而却卡、莫斯图一线，均呈岩株状断续产出，是莫斯图构造岩浆岩亚带的组成部分。共

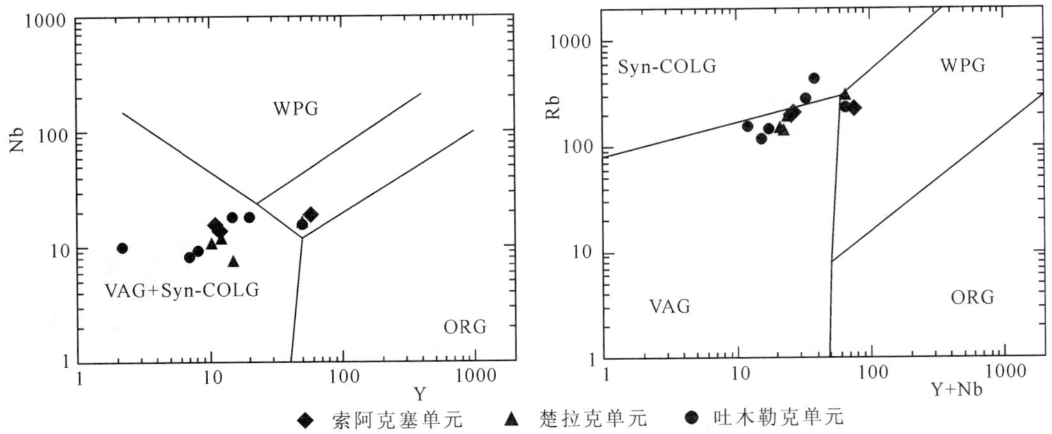

图 3-58　不同构造环境花岗岩的非活性元素的判别图解

(据 Pearce 等,1984)

VAG:火山弧花岗岩;WPG:板内花岗岩;Syn-COLG:同碰撞花岗岩;ORG:洋中脊花岗岩

解体出 9 个侵入体,划分为两个单元,从早到晚分别为楚拉克阿干东单元、卡而却卡北单元,岩性分别为:灰色中细粒花岗闪长岩、肉红色中细粒二长花岗岩。早期单元出露较少,仅分布于楚拉克阿干上游东西两侧,由 3 个侵入体组成;晚期单元出露面积相对较大,分布范围较广,由 6 个侵入体组成,两单元间未见直接接触。受后期构造和岩浆作用影响侵入体出露不完整,均呈不规则岩株状产出,长轴方向北西向。围岩为古元古界金水口岩群、下古生界滩间山群以及二叠纪侵入岩。晚三叠世侵入岩侵入其中,并对其进行了强烈的吞噬和破坏,使楚拉克阿干超单元各侵入体呈不规则孤岛状“漂浮”于晚三叠世侵入岩的“汪洋”之中。与围岩侵入关系清楚,界线较为平整。受后期构造作用影响,岩体中发育不连续且程度不同的片麻状构造。在楚拉克阿干上游早期单元中岩石变形强烈,为眼球状花岗质糜棱岩,具糜棱结构,片麻状构造、定向构造。在卡而却卡、莫斯图等地的晚期单元中,岩石变形较弱,仅表现为弱片麻状构造以及沿节理发育的密集间隔劈理。“X”型节理较为发育,以 330°∠40°的一组最为发育。岩体中见少量暗色包体,均为微细粒闪长质包体,以椭圆状、条状形态为主,从早期单元到晚期单元包体含量有减少趋势。早期单元岩石成分、结构较为均一;晚期单元岩石以中细粒结构为主,局部出现不等粒结构。

本次工作对两单元分别采用黑云母 Ar-Ar 法测年,取得了较为一致的结果。在早期楚拉克阿干东单元中,获得了 239.9±1.3Ma 的坪年龄和 240.3±2.2Ma 的等时线年龄(图 3-59);在晚期卡而却卡北单元中获得了 240.6±1.6Ma 的坪年龄和 243.1±3.3Ma 的等时线年龄(图 3-60)。时代归属为中三叠世。

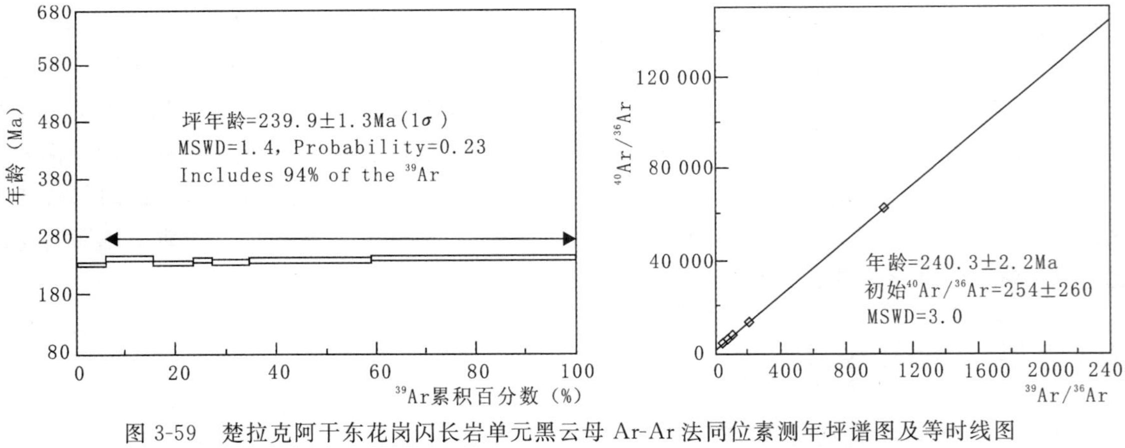

图 3-59　楚拉克阿干东花岗闪长岩单元黑云母 Ar-Ar 法同位素测年坪谱图及等时线图

2. 岩石学特征

楚拉克阿干超单元两单元岩石在矿物组成、构造变形等方面存在着一定的差异,但在主要造岩矿物上具有相似性。

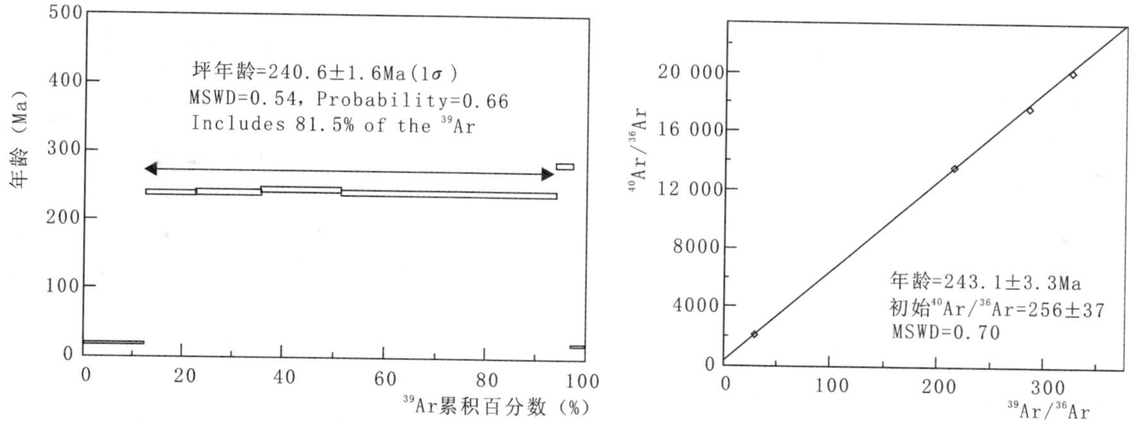

图 3-60　卡而却卡北二长花岗岩单元黑云母 Ar-Ar 法同位素测年坪谱图及等时线图

灰色中细粒花岗闪长岩：中细粒结构、糜棱结构，块状构造、片麻状构造、定向构造。主要造岩矿物：石英，呈他形粒状，普遍具波状消光、带状消光等变形结构，部分呈条带状集合体产出，为构造重结晶产物，含量 20%～30%；更长石，半自形板状，受应力作用部分呈眼球状，发育聚片双晶，晶纹细密，具粘土化蚀变，含量 50%～62%；微斜长石，他形晶，常见石英质集合体环绕边缘分布，含量 5%～10%；黑云母，呈红褐色，常以集合体形式出现，具明显的红褐色—淡黄色多色性，含量 4%～7%；少量副矿物为磷灰石、锆石、金属矿物。

肉红色中细粒二长花岗岩：中细粒结构、局部不等粒结构，块状构造、弱片麻状构造。主要造岩矿物：石英，他形粒状，多聚集出现，普遍发育波状消光等变形结构，含量 20%～23%；斜长石，半自形板状，为更长石(An=26～28)，具环带结构，发育聚片双晶，晶纹细密，具绢云母化、粘土化，局部伴有帘石化，含量 38%～44%；微斜长石，呈他形板状，发育格子状双晶，具轻微的高岭土化，含量 32%～34%；黑云母，呈深褐色片状，具深褐色—浅黄色多色性，含量 4%～5%；副矿物有磷灰石、锆石、金属矿物等。

3. 岩石地球化学特征

1）主量元素

如表 3-23 所示，两单元岩石 SiO_2 含量较高，变化范围不大，为 $65.92\times10^{-2}\sim71.39\times10^{-2}$，属酸性岩范畴。$Al_2O_3$ 含量中等，为 $13.46\times10^{-2}\sim15.48\times10^{-2}$，$TiO_2$、FeO、CaO、MgO 含量低，$Na_2O+K_2O$、$K_2O$ 含量较高，全碱含量为 $7.64\times10^{-2}\sim8.61\times10^{-2}$，$K_2O$ 含量为 $4.05\times10^{-2}\sim6.15\times10^{-2}$，$K_2O>Na_2O$，明显具有富硅富钾富碱贫钛铁镁钙的特点，属高钾岩石。从早期单元到晚期单元 TiO_2、MgO、K_2O 呈递减趋势，而 Al_2O_3、TFeO、CaO、Na_2O、K_2O+Na_2O 呈递增趋势，反映出向富碱方向的演化特点。里特曼指数 $\sigma=2.09\sim2.96$，均为钙碱性岩，在 AFM 图解中(图 3-61)均落在钙碱性系列区内，并且均沿 AF 线分布，表现出富碱贫铁镁的特点。A/CNK=0.97～1.08，为偏铝质-过铝质岩石，在铝饱和指数图解中(图 3-62)，分别落在偏铝质-过铝质花岗岩区。CIPW 标准矿物中普遍出现标准分子 C，显示高铝的特点。上述特征表明该超单元岩石具 S 型花岗岩的特征。

表 3-23　中三叠世楚拉克阿干超单元岩石化学、稀土及微量元素特征表

序号	岩性	样号	氧化物含量($w_B/10^{-2}$)												
			SiO_2	TiO_2	Al_2O_3	Fe_2O_3	FeO	MnO	MgO	CaO	Na_2O	K_2O	P_2O_5	H_2O^+	LOS	Σ
1	二长花岗岩	ⅡGs2212-1	65.92	0.53	15.48	2.06	2.46	0.072	1.14	2.88	3.47	4.05	0.14	0.94	0.32	99.46
2		ⅡGs3202-1	71.39	0.35	13.46	1.39	1.60	0.054	0.72	1.85	3.48	4.24	0.07	0.22	0.68	99.51
3	花岗闪长岩	ⅡGs2201-1	70.64	0.35	13.62	1.01	1.9	0.043	1.42	1.13	2.35	6.15	0.15	0.26	0.81	99.83
4		ⅡGs2217	68.74	0.6	14.34	1.66	2.2	0.051	1.02	1.41	2.9	5.85	0.24	0.74	0.22	99.97
5		ⅡGs2217-1	66.74	0.85	14.08	1.49	3.7	0.051	1.52	2.55	2.65	4.9	0.28	1.0	0.17	99.98

续表 3-23

序号	主要参数						
	σ	ar	alk	A/CNK	A/NK	Na_2O/K_2O	Na_2O/CaO
1	2.43	2.22	7.66	1.01	1.53	0.86	1.2
2	2.09	2.67	7.83	0.99	1.31	0.82	1.9
3	2.60	3.72	8.61	1.08	1.29	0.38	2.1
4	2.96	2.17	8.84	1.05	1.29	0.5	2.1
5	2.38	1.94	7.64	0.97	1.43	0.54	1.04

序号	稀土丰度($w_B/10^{-6}$)													
	La	Ce	Pr	Nd	Sm	Eu	Gd	Tb	Dy	Ho	Er	Tm	Yb	Lu
1	62.28	113.3	11.9	34.19	5.11	1.39	3.57	0.54	2.99	0.54	1.53	0.25	1.57	0.25
2	18.01	38.95	4.3	13.3	2.45	0.48	2.09	0.36	2.07	0.46	1.34	0.22	1.64	0.26
3	46.1	99.27	12.23	44.6	9.29	1.42	8.44	1.39	8.04	1.67	4.58	0.67	4.16	0.58
4	54.72	128.9	16.91	58.99	11.75	1.06	8.51	1.29	6.12	1.13	3.09	0.48	2.91	0.43
5	51.27	109.6	13.76	47.97	10.28	1.6	8.92	1.46	7.86	1.57	4.53	0.67	3.97	0.55

序号	主要参数					
	ΣREE	LREE	HREE	LREE/REE	δEu	$(La/Yb)_N$
1	239.41	228.17	11.24	0.95	0.95	26.7
2	85.93	77.49	8.44	0.9	0.63	7.4
3	242.44	212.91	29.53	0.88	0.48	7.5
4	296.29	272.33	23.96	0.92	0.31	12.7
5	264.01	234.48	29.53	0.89	0.5	8.7

序号	微量元素丰度($w_B/10^{-6}$)												主要参数
	Rb	Sr	Ba	Th	Ta	Nb	Zr	Hf	Y	Sc	Cr	Ni	Co	Rb/Sr
1	134	231	1312	21.4	1.2	8.6	311	8.2	14.48	5	7.5	7.3	7.5	0.58
2	213	105	420	30.5	1.9	10.6	117	3.5	12.9	3.1	14.8	5.2	4.2	2.03
3	290	121	982	25.9	0.7	11.9	201	5.7	43.23	6.5	19.9	7.1	5.5	2.4
4	288	114	659	34.7	0.8	11.1	173	4.8	29.89	5.1	10.6	6.8	5	2.53
5	191	118	1019	28.6	0.5	12.8	235	6.6	43.49	7.2	18.3	9.1	5.8	1.62

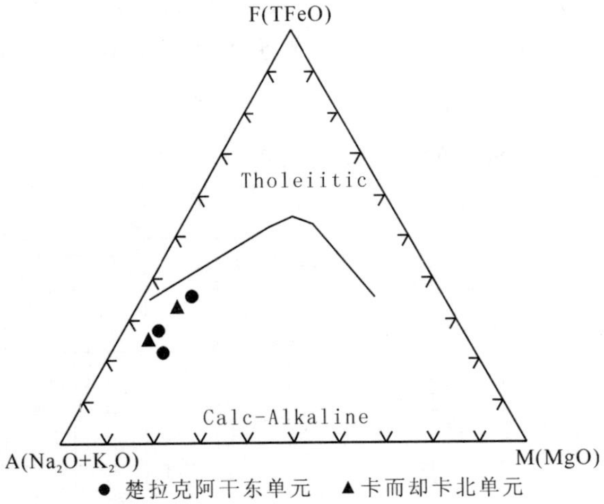

图 3-61　中三叠世侵入岩 AFM 图解

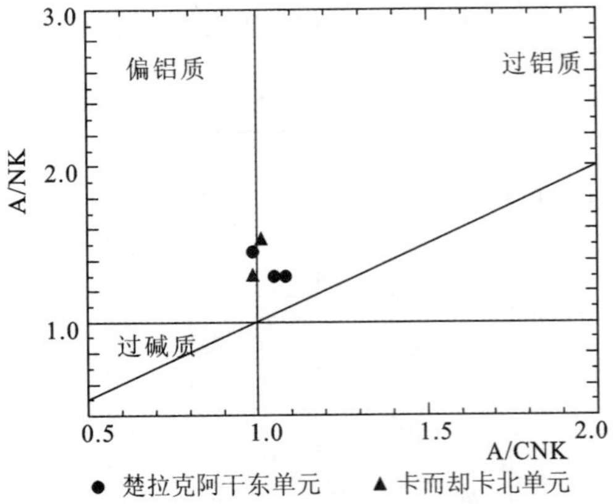

图 3-62　中三叠世侵入岩铝饱和指数图解

2）稀土元素

如表 3-23 所示，除 2 号样品外，稀土总量较高，$\sum REE=239.41\times10^{-6}\sim296.29\times10^{-6}$，明显具有壳源特征。LREE/REE=0.88～0.95，轻稀土强烈富集，$\delta Eu=0.31\sim0.95$，$(La/Yb)_N=7.4\sim26.7$。从早到晚 $\sum REE$ 减少，δEu 增高，反映两单元间岩石成分分异的主要原因可能是部分熔融作用。稀土配分曲线均为向右陡倾的富集型曲线（图 3-63），轻重稀土分馏明显，且轻稀土分馏明显而重稀土分馏不明显。早期单元具较强的负铕异常，晚期单元负铕异常减弱，反映在岩浆演化的早期阶段发生过斜长石的堆积作用，造成晚期单元岩石负铕异常减弱。两单元岩石稀土曲线近于平行，反映属同源岩浆的产物。

3）微量元素

如表 3-23 所示，从早期单元到晚期单元 Rb、Th、Nb、Y、Cr、Sc 等元素的丰度降低，Sr、Ba、Ta、Zr、Hf 升高。早期单元 Rb/Sr 为 1.62～2.53，晚期单元为 0.58～2.03，呈降低趋势，并且均远远高于地壳值（0.24）。以 ORG 为标准的微量元素分布形式图中（图 3-64），两单元表现出相似的特征，均为 K、Rb、Ba、Th 等低场强元素（LFS）富集，Hf、Zr、Sm、Y、Yb 等高场强元素（HFS）亏损，具 Rb、Th、Ce 的正异常以及 Ba、Nb 不同程度的负异常，与阿曼同碰撞花岗岩的分布形式（Pearce，1984）相似，反映出壳源花岗岩的特征。

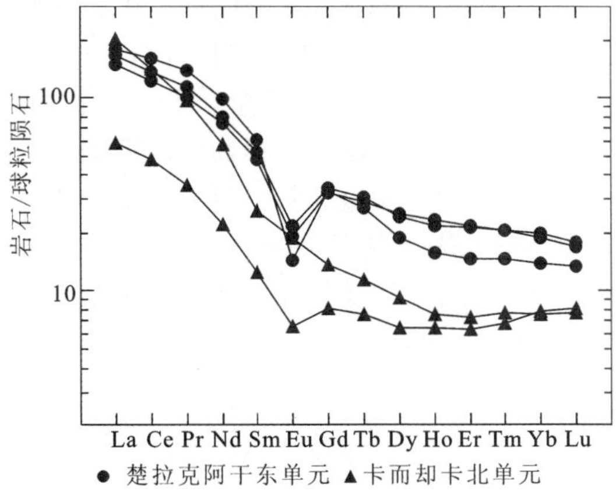

图 3-63 中三叠世侵入岩稀土配分模式

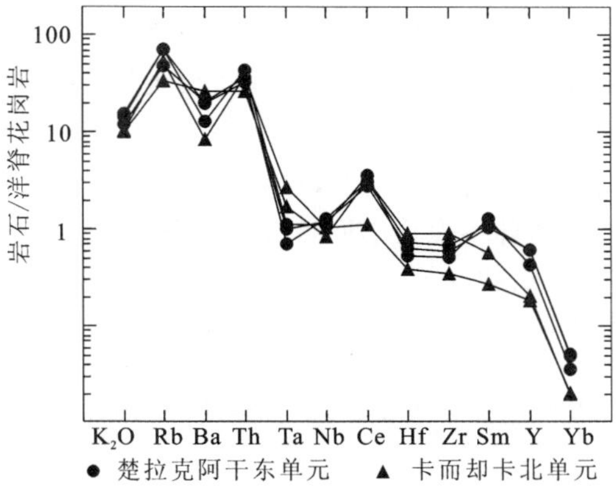

图 3-64 中三叠世侵入岩微量元素分布形式

4. 侵入深度与剥蚀程度

该超单元受后期构造改造明显，个侵入体均呈不规则岩株状产出，岩石以中细粒结构为主，局部出现不等粒结构。岩体内定向组构较发育，主要为受后期构造影响而形成的不同程度的定向组构。围岩主要为古元古界金水口岩群、下古生界滩间山群以及二叠纪侵入岩。侵入关系清楚，界线与围岩产状不协调，在围岩中尤其在滩间山群边部形成宽约 20～50m 的热接触变质带。因此，其侵入深度为中带。

该超单元晚期单元出露面积较大，分布范围较广，晚期单元出露面积小，分布局限。岩体中围岩顶垂体或捕虏体少见，围岩接触变质作用较强烈。因此，其剥蚀程度中等。

5. 岩体构造与侵位机制分析

空间上该超单元侵入体均以不规则岩株状北西向断续展布，岩体内定向组构较发育，表现为局部出现的不连续的片麻状构造。“X”型节理发育，以 330°∠40°的一组最为发育，沿节理常发育密集的间隔劈理带。与围岩侵入界线清楚，界线较规则，界面外倾，少数弱变形的侵入体仍保留了其原始近等轴状的平面形态。

受后期构造和岩浆活动的改造和破坏，该超单元初始侵位时的众多地质证据消失殆尽，对其侵位机制的判断造成了困难，但从上述残留的证据表明，楚拉克阿干超单元具有强力就位的特点。

6. 岩石成因及构造环境分析

上述岩石学及岩石地球化学特征表明，楚拉克阿干超单元属高钾钙碱性系列偏铝质-过铝质岩石，具 S 型花岗岩的特点，岩石成因属壳型花岗岩。

A/CNK=0.97～1.08，$Na_2O/K_2O=0.38\sim0.86$，$Na_2O/CaO=1.04\sim2.1$，A/NK=1.29～1.53，总体化学成分与 Maniar 和 Piccoli（1989）划分的 CAG 型（大陆弧花岗岩类）花岗岩近似。在 R_1-R_2 图

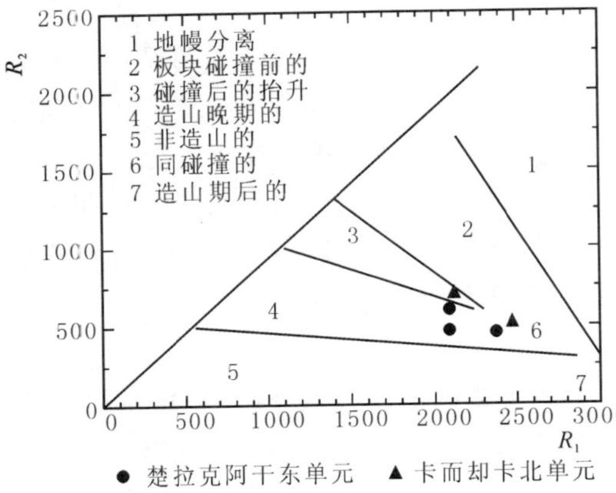

图 3-65 中三叠世侵入岩 R_1-R_2 图解

解中(图 3-65),投影点多落在 4 区和 6 区,显示出造山晚期花岗岩的特点。由此表明楚拉克阿干超单元在化学成分上类似于大陆弧花岗岩类,在构造环境上又具有造山晚期花岗岩的特点,综合判断应属陆内俯冲阶段地壳物质部分熔融的产物。区域地质特征显示,晚二叠世古特提斯洋消失,陆陆碰撞持续的挤压应力和洋壳的拖曳造成强烈的陆内俯冲作用,随着陆壳的不断短缩增厚,大量的变形热、变质热、摩擦热以及压力的增高,造成中下地壳部分熔融,形成岩浆上升侵位。但是增厚的陆壳阻碍了大规模岩浆的上升,只有部分岩浆侵入地壳浅部,楚拉克阿干超单元正是在这一构造背景下形成的。

五、晚三叠世侵入岩

晚三叠世测区岩浆活动十分强烈,侵入岩发育,并以岩石类型多样、分布范围广、出露面积大而构成测区侵入岩主体。以巨大的岩基形式北西西向展布,是莫斯图构造岩浆岩亚带的主要组成部分。构造位置上处于东中昆仑微陆块中,并对组成陆块的基底岩系古元古界金水口岩群造成强烈的吞噬和肢解,同时也对早期岩浆活动产物造成破坏。受当时地球动力学发展过程和岩石圈结构的制约形成了各具岩石学特征、类型不同的众多侵入体,尤以环斑花岗岩引人注目。该期侵入岩的另一重要特征是岩浆混合作用,造成众多岩体中发育不同类型的各类包体,并且大多数包体具有熔融状态下的流动变形特点。共解体出 37 个侵入体,建立了 5 个岩石单元。根据各单元侵入体的空间分布、群居性以及相互间的接触关系,将其归并为一个独立侵入体和一个超单元,分别为哈拉达乌更长环斑花岗岩、那陵格勒超单元。

(一) 哈拉达乌更长环斑花岗岩

1. 地质特征

岩体分布于图区东部,呈向东膨大的"瓶状"近东西向展布,向东顺延出图,图区内仅出露很少部分。该岩体围岩为古元古界金水口岩群,侵入关系清楚,界线较为平整,界面外倾,边部见少量围岩棱角状捕虏体。同时该岩体被晚三叠世那陵格勒超单元超动侵入,界线弯曲,沿超动界线在内接触带一侧发育宽约 1～2m 的包体富集带,并且包体围绕界线定向排列(图 3-66),表明其侵位时代早于那陵格勒超单元。岩体中定向组构不发育,含有少量暗色包体,多为椭圆状、透镜状。岩石呈肉红色,为中细粒似斑状二长花岗岩,结构特征明显,斑晶多为球状,部分为自形板状,由钾长石构成,部分斑晶发育环斑结构,即围绕红色球状钾长石晶体有宽约 1～3mm 的更长石集合体环边,多为一环,偶见两环(图 3-67)。由岩体边部向内球斑结构、环斑结构逐渐增多。为突出和强调该岩体的特殊性,依据其结构特征命名为哈拉达乌更长环斑花岗岩。

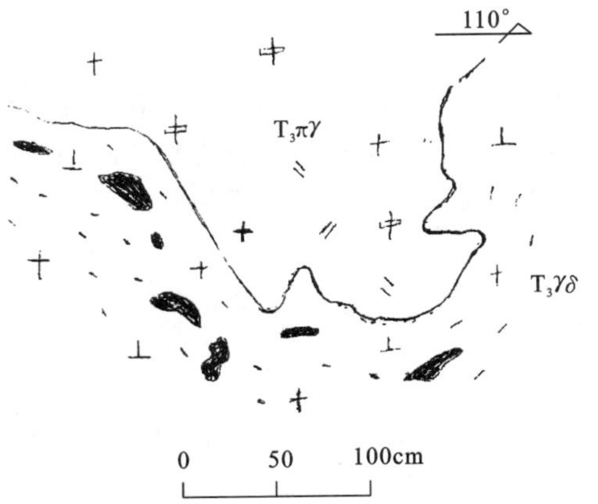

图 3-66 莫斯图单元($T_3\gamma\delta$)超动环斑花岗岩($T_3\pi\gamma$)之接触关系

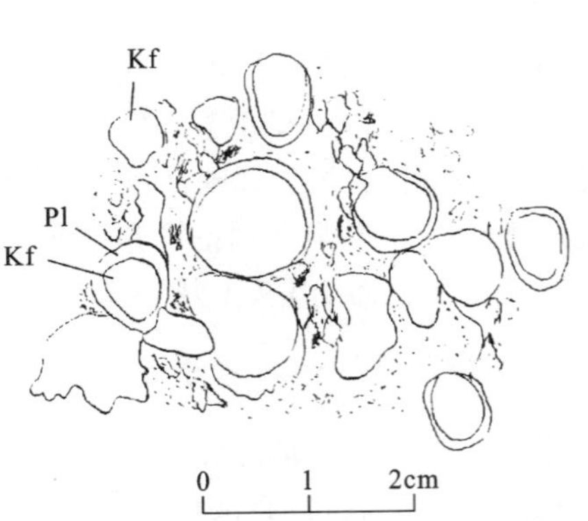

图 3-67 更长环斑花岗岩的斑晶特征

(据照片)

前人曾在该岩体中采获了208Ma的Rb-Sr等时线年龄，依据野外接触关系，将其侵位时代厘定为晚三叠世。

2. 岩石学特征

岩性为肉红色中细粒似斑状二长花岗岩，中细粒似斑状结构，块状构造，主要造岩矿物分述如下。

石英：他形粒状，常以单晶聚集出现，普遍发育波状消光等变形结构，含量34%～45%。

斜长石：为更长石An=26，呈自形—半自形板状，发育钠长石双晶、聚片双晶，多以基质出现，常见钠长石净边。部分粒度细者围绕微斜长石环状生长，构成环斑结构，并在与微斜长石接触处，形成交代蠕英结构。含量25%～28%。

微斜长石：粒度大者为似斑晶，含量6%～10%，常以球状或卵状形态出现，部分有更长石环边，形成球斑或卵斑结构与环斑结构共生的态势。斑晶中含有黑云母、角闪石的包裹体，并且黑云母多被熔蚀，并与微斜长石发生交代作用。粒度小者为基质，含量27%～32%，呈他形板状晶体，具有轻微粘土化。

黑云母：呈棕色片状，具棕色—淡黄色多色性，部分以包裹体形式出现，含量1%±。

角闪石：含量稀少，呈暗绿色粒状，具暗绿色—浅黄绿色多色性，多以包裹体形式出现。

副矿物有：磷灰石、锆石、金属矿物等，多以包裹体形式出现。

另外通过对更长石环边的详细镜下观察发现，该环边并非均由更长石集合体组成，其间还见有少量微斜长石和花斑状石英，并在局部形成以微斜长石为主的现象。更长石呈半自形板状或他形粒状充填于微斜长石周围，而石英则分布于二者周围，表明其生成顺序为：微斜长石—更长石—石英。

3. 副矿物特征

如表3-24所示，人工重砂分析显示，岩石中副矿物主要为：磷灰石、锆石、榍石、磁铁矿、白钨矿、钛铁矿、辉钼矿等，为锆石-磷灰石型。

表3-24 晚三叠世哈拉达乌更长环斑花岗岩副矿物含量表

样号	32RZ210			岩石名称		更长环斑花岗岩			
副矿物含量(g/20kg)									
锆石	磷灰石	榍石	钛铁矿	磁铁矿	黄铁矿	辉钼矿	锐铁矿	石榴石	毒砂
8.05	1.43	少	4.84	121.86	微	58片	个	微	微

注："少"0.01g至100粒，"微"10～100粒，"个"1～10粒。

4. 岩石地球化学特征

1）主量元素

如表3-25所示，SiO_2含量较高，为74.5×10^{-2}，属酸性岩范畴。Al_2O_3含量中等，为12.9×10^{-2}，TiO_2、TFeO、CaO、MgO含量低，TiO_2含量为0.25×10^{-2}，MgO含量仅为0.21×10^{-2}，K_2O含量较高，为5.38×10^{-2}。全碱含量为8.21×10^{-2}，$K_2O>Na_2O$，$K_2O/Na_2O=1.93$，属高钾岩石，明显具有富硅富钾富碱贫钛铁镁钙的特点，总体特征接近S型花岗岩，同时又与A型花岗岩类似。里特曼指数σ=2.12，为钙碱性岩，在AFM图解中(图3-68)落在钙碱性系列区内，并接近AF线分布，表现出富碱贫铁镁的特点。A/CNK=1.04，为过铝质岩石，在铝饱和指数图解中(图3-69)，落在过铝质花岗岩区。CIPW标准矿物出现标准分子C，显示出高铝的特点。

表 3-25　哈拉达乌更长环斑花岗岩岩石化学、稀土及微量元素特征表

样号	Ⅱ Gs6113	岩石名称	似斑状二长花岗岩											
氧化物含量($w_B/10^{-2}$)														
SiO_2	TiO_2	Al_2O_3	Fe_2O_3	FeO	MnO	MgO	CaO	Na_2O	K_2O	P_2O_5	H_2O^+	LOS	Σ	
74.5	0.25	12.9	1.13	1.18	0.03	0.21	1.12	2.79	5.38	0.05	0.36	0.16	100.06	
主要参数														
σ	ar	alk	A/CNK	A/NK	Na_2O/K_2O	Na_2O/CaO	MgO/TFeO	MgO/MnO						
2.12	2.32	8.21	1.04	1.25	0.52	2.49	0.096	7.0						
稀土丰度($w_B/10^{-6}$)														
La	Ce	Pr	Nd	Sm	Eu	Gd	Tb	Dy	Ho	Er	Tm	Yb	Lu	
98.61	198.8	23.16	80.31	13.75	1.22	10.23	1.45	7.91	1.58	3.97	0.58	3.41	0.51	
主要参数														
ΣREE	LREE	HREE	LREE/REE	δEu	$(La/Yb)_N$									
445.49	415.85	29.64	0.93	0.3	19.5									
微量元素丰度($w_B/10^{-6}$)														主要参数
Rb	Sr	Ba	Th	Ta	Nb	Zr	Hf	Y	Sc	Cr	Ni	U	Co	Rb/Sr
322.7	74	556	45.7	2.7	23.2	285	7.4	35.16	5.4	5.7	3.5	3	3.2	4.36

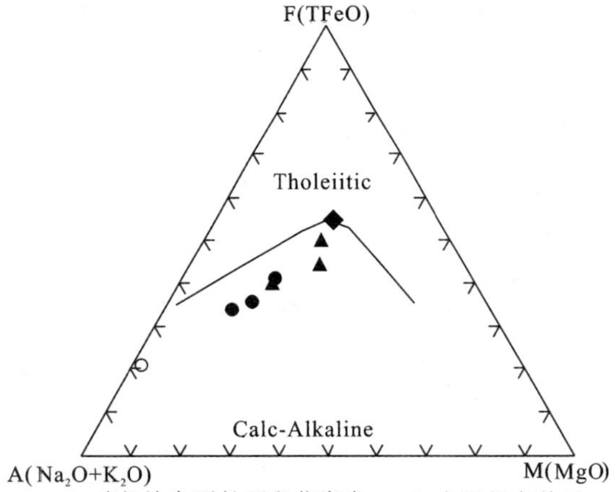

图 3-68　晚三叠世侵入岩 AFM 图解

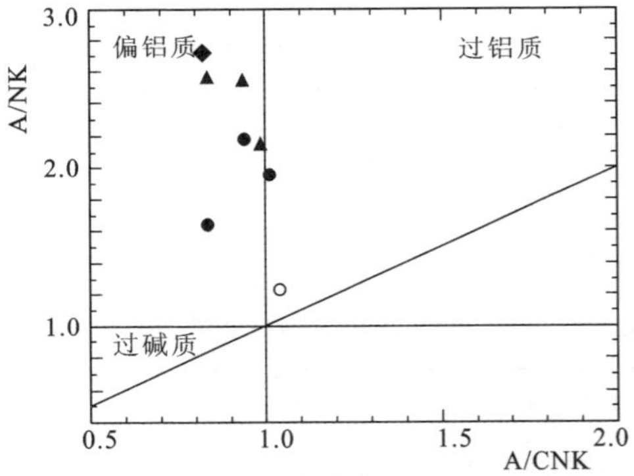

图 3-69　晚三叠世侵入岩铝饱和指数图解

上述特征表明该类岩石属过铝质岩石，具有 S 型花岗岩与 A 型花岗岩过渡类型的特征。

2）稀土元素

如表 3-25 所示，哈拉达乌更长环斑花岗岩稀土总量明显高，$\Sigma REE=445.49\times10^{-6}$，远远高于地壳平均值，LREE/REE＝0.93，轻稀土强烈富集，δEu＝0.3，$(La/Yb)_N=19.5$。稀土配分曲线呈向右陡倾的“V”型曲线，轻重稀土分馏明显，轻稀土陡倾而重稀土相对稍缓，具强的负铕异常（图 3-70），反映岩石经历了强烈的结晶分异过程。

岩石中亲碱的稀土元素的富集可能与高的全碱含量有关，而壳源物质低程度的部分熔融则是岩石高碱高稀土的主要原因。强的负铕异常可能与岩浆中矿物结晶顺序有关，前述岩石学特征显示，在岩浆

演化过程中微斜长石优先结晶，造成富集于斜长石中的 Eu 保留在残余岩浆中。

3）微量元素

如表 3-25 所示，与世界花岗岩微量元素丰度值（维氏，1962）相比，Rb、Th、Nb、Zr、Hf、Sc 相对富集，而 Sr、Ba、Ta、Cr 相对贫化。Sr、Ba 的亏损以及 Nb、Zr、Hf 等高场强元素（HFS）的相对富集，使岩石显示出 A 型花岗岩的一般特征。Rb/Sr＝4.36，远高于地壳值（0.24）。在以原始地幔为标准的比值蛛网图上，表现出明显的 Ba、Sr、P、Ti 谷和 Th、La、Nd、Zr、Sm、Y 峰（图 3-71）。尤其是强的正 Th 异常表明，放射性生热元素为岩浆的生提供了一定的热源。岩石中富含放射性生热元素 Th，其丰度值为 45.7×10^{-6}，与地壳克拉克值（13×10^{-6}）（刘宝珺等，1985）和世界 A 型花岗岩中的 Th 丰度值（23×10^{-6}）（Turner，1992）相比明显富集。研究表明（鲍学昭，1998）在岩石圈下存在着一个富含 Th、U、K 等生热元素的富集圈。由此可以推断，哈拉达乌更长环斑花岗岩的岩浆来源可能来自于下地壳物质的部分熔融。

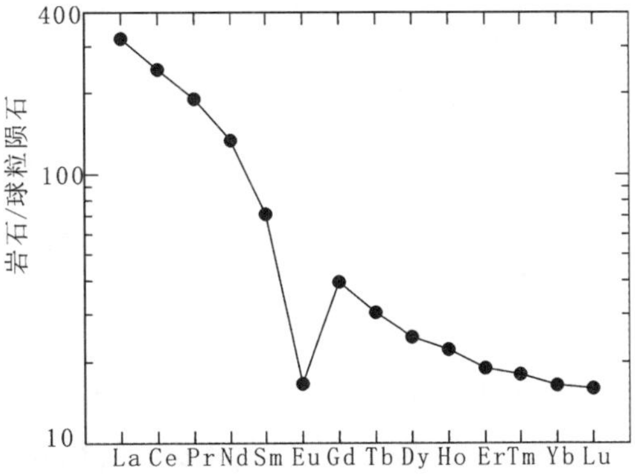

图 3-70 更长环斑花岗岩稀土配分模式图

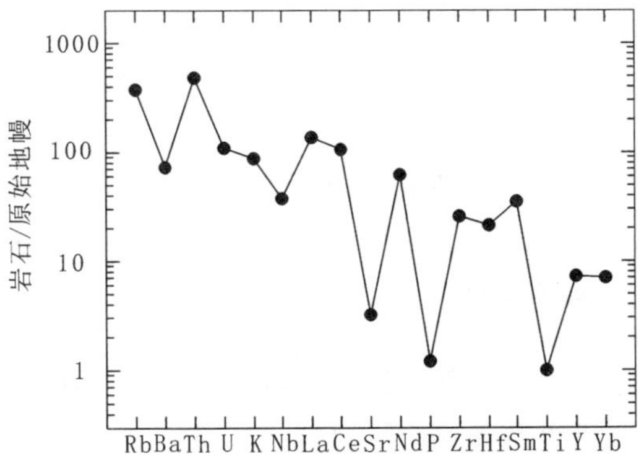

图 3-71 更长环斑花岗岩微量元素比值蛛网图

5. 岩石成因及构造环境分析

上述岩石地球化学特征表明，哈拉达乌更长环斑花岗岩属高钾钙碱性系列过铝质岩石，具有 A 型花岗岩与 S 型花岗岩过渡类型的特点，与过铝质 A 型花岗岩的特征相似。来源于下地壳物质低程度的部分熔融，岩石成因属壳型花岗岩。

近年来，环斑花岗岩已成为众多岩石学家所关注的焦点问题之一，研究表明它具有独特的地球化学特点以及形成时特殊的地壳结构和物理化学环境，它的出现反映曾有一个加厚的地壳存在，是在干的、无水的厚壳条件下由于地幔岩浆的底侵作用或岩石圈地幔拆沉作用，下地壳物质受热部分熔融而形成的。

而哈拉达乌更长环斑花岗岩所具有的高钾过铝质岩石类型以及 A 型花岗岩与 S 型花岗岩过渡类型的特点表明，岩浆起源于具有正常水含量的长英质下地壳的部分熔融，反映哈拉达乌更长环斑花岗岩形成的物化环境、岩浆演化过程、源区性质等方面与典型碱性花岗岩或 A 型花岗岩有较大的差别，但伸展的地球动力学背景是一致的。在 Nb-Y 图解中投影点落在板内区，在 Rb-Y＋Nb 图解中（图 3-72），则分布在同碰撞区，由于该图解对造山后环境无法判断，投影点的散乱反过来表明了其造山后的构造环境。另外，$Na_2O/K_2O=0.52$，$Na_2O/CaO=2.49$，$MgO/TFeO=0.096$，$MgO/MnO=7$，$A/CNK=1.04$，$A/NK=1.25$，与 Maniar 和 Piccoli（1989）划分的造山后花岗岩类（POG）一致，同时低的 TiO_2 含量表明该类花岗岩并非形成于板内伸展环境。综合判断哈拉达乌更长环斑花岗岩形成于造山后环境。

区域构造演化显示，早中三叠世强烈的陆内俯冲造成测区陆壳快速短缩增厚，晚三叠世增厚的陆壳造成岩石圈地幔断离拆沉，幔源岩浆底侵下地壳，使测区含水的长英质下地壳低程度部分熔融形成高铝高钾的岩浆。此时的地壳仍然保持着较厚的状态，独特的物理化学环境造成了球斑、环斑结构的形成。所以，可以说哈拉达乌更长环斑花岗岩的形成代表了东昆仑海西-印支造山带大规模造山作用的结束，大陆地壳向稳定化发展的开始，是主造山期陆内碰撞造山向造山后造山带伸展崩塌阶段转折时期的产物。

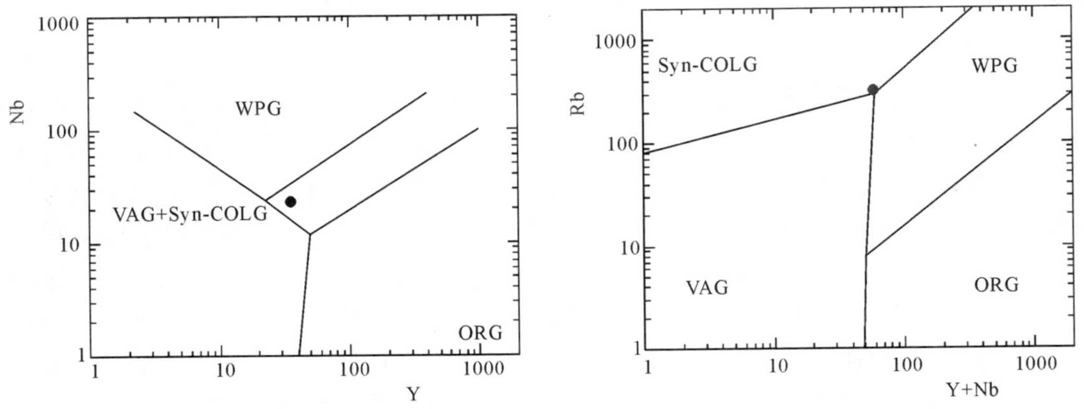

图 3-72　不同构造环境花岗岩的非活性元素的判别图解

（据 Pearce 等，1984）

VAG：火山弧花岗岩；WPG：板内花岗岩；Syn-COLG：同碰撞花岗岩；ORG：洋中脊花岗岩

（二）那陵格勒超单元

1. 地质特征

那陵格勒超单元分布于图区北部吐木勒克、求勉雷克塔格、楚拉克阿干、卡而却卡、莫斯图一带，以岩基形式产出，形态不规则，向东顺延出图，总体呈北西西向展布。由 36 个侵入体组成，划分为 4 个单元，根据各单元侵入体间的接触关系及成分、结构特征，从早到晚分别划分为：卡而却卡单元、长平山单元、喀尔洞单元、莫斯图单元 4 个填图单位；岩性分别为：深灰色中细粒闪长岩、深灰色中细粒石英闪长岩、灰色中细粒英云闪长岩、灰色中细粒花岗闪长岩。晚期莫斯图单元出露面积最大，范围最广，早期卡而却卡单元出露面积最小。早期卡而却卡单元与莫斯图单元间呈脉动接触，脉动界线清晰，边部见有先成岩体的捕虏体。长平山单元与喀尔洞单元之间以及与莫斯图单元呈涌动接触，之间发育宽约 2～5m 的过渡带。

在空间分布上，早期卡而却卡单元多以小岩株形式产出，长平山单元及喀尔洞单元主体分布于宗昆尔玛-莫斯图复式岩基的西部，晚期莫斯图单元则以大型侵入体形式分布于复式岩基的中部及西部，从西到东总体具有由中性向酸性变化的趋势。与围岩古元古界金水口岩群、早古生代吐木勒克构造蛇绿混杂岩、纳赤台群和滩间山群多呈侵入接触关系，部分地段呈断层接触。侵入关系清楚，围岩中有岩枝穿插，接触变质作用较强。与二叠纪、中三叠世侵入岩呈超动接触关系，沿超动界线岩体边部发育包体富集带，并且包体平行于界线定向排列（图 3-73）。作为主要围岩的金水口岩群常以规模不等、形态各异的捕虏体散布于岩体中，并多以顶垂体形式漂浮于岩体上部。暗色包体发育是该超单元的重要特征，并且常富集成带成团产出，多具定向排列。岩体中定向组构较发育，表现为包体的定向排列以及局部出现不连续的弱片麻状构造。节理较发育，以“X”型为主，主要有三组，分别为：80°∠60°、170°∠25°、340°∠50°，以 80°∠60°的一组最为发育。局部发育密集间隔劈理，产状 50°∠30°。

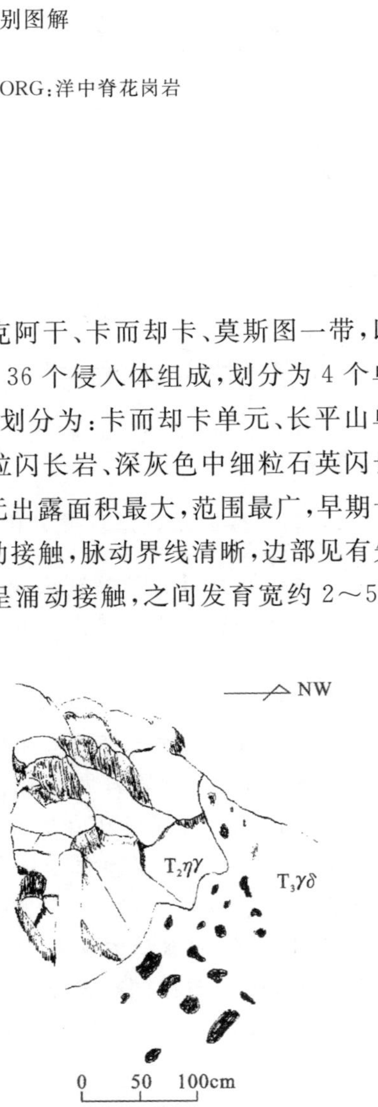

图 3-73　莫斯图单元（$T_3\gamma\delta$）超动于卡而却卡单元（$T_2\eta\gamma$）

1∶20 万塔鹤托坂日幅，在该超单元中采用全岩 K-Ar 法测年，获了 219.16±10Ma、219.89±11Ma 两个一致的同位素年龄，测年数据较为可靠，时代归属晚三叠世。

2. 岩石学特征

那陵格勒超单元各单元岩石均为中细粒结构、块状构造，局部有弱片麻状构造，从早期单元到晚期单元，石英、正长石含量增加，角闪石含量减少，明显具有成分演化的特征，并且正长石含量普遍较低。在 QAP 图解中分别落在闪长岩、石英闪长岩、英云闪长岩和花岗闪长岩区内(图 3-74)。主要造岩矿物为斜长石、石英、正长石、角闪石、黑云母及少量副矿物，各单元矿物含量如表 3-26 所示。

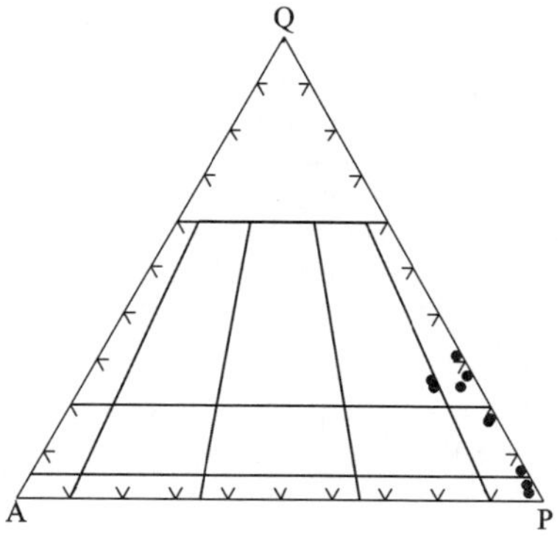

图 3-74　那陵格勒超单元 QAP 图解

斜长石：多为中长石，An=32～40，呈半自形柱状或粒状，具环带结构，发育钠长石双晶，可见肖钠双晶、钠长机械双晶、肖钠机械双晶，受应力作用晶体内具有较明显的不规则波状消光。

正长石：为微斜长石，呈他形板状，具格子状双晶，条纹构造，常充填在其他矿物间隙中，与斜长石接触处局部形成蠕英结构。

石英；为他形粒状，常聚集出现，普遍发育波状消光等变形结构。

普通角闪石：呈柱状或粒状，具绿色—黄绿色多色性。

黑云母：呈红褐色鳞片状，具红褐色—淡黄色多色性，部分晶体具波状消光以及解理弯曲等变形现象。晶体内常见有磁铁矿、磷灰石、锆石等包裹体。

副矿物主要为磁铁矿、磷灰石、锆石、榍石等，含量稀少。

表 3-26　那陵格勒超单元各单元岩石矿物含量表

单元	岩性	矿物含量(%)					
		斜长石	正长石	石英	角闪石	黑云母	副矿物
莫斯图	花岗闪长岩	51～66	6～8	21～24	1～5	5～6	少量
喀尔洞	英云闪长岩	61～68	1～2	25～28	2～8	2～4	少量
长平山	石英闪长岩	69～75	0～1	5～15	2～12	4～18	少量
卡而却卡	闪长岩	55～76	0～1	1～3	16～42	3～5	少量

3. 副矿物特征

如表 3-27 所示，对莫斯图花岗闪长岩的人工重砂分析显示，岩石中主要副矿物为：磷灰石、锆石、榍石、磁铁矿、白钨矿、钛铁矿、辉钼矿等，为锆石-磷灰石型。

表 3-27　晚三叠世莫斯图单元副矿物含量表

样号		32RZ313-1				岩石名称			花岗闪长岩		
副矿物含量(g/20kg)											
锆石	磷灰石	榍石	钛铁矿	磁铁矿	黄铁矿	辉钼矿	黄铜矿	白钨矿	石榴石	绿帘石	毒砂
1.53	8.47	2.56	少	30.4	少	15 片	少	2 粒	个	2.56	微

注："少"0.01g 至 100 粒，"微"10～100 粒，"个"1～10 粒。

4. 岩石地球化学特征

1) 主量元素

如表 3-28 所示，从早到晚 SiO_2 含量变化范围较大，早期卡而却卡闪长岩单元 SiO_2 低，为 49.95×10^{-2}，长平山石英闪长岩单元为 $53.52\times10^{-2}\sim62.83\times10^{-2}$，晚期莫斯图花岗闪长岩单元为 $62.99\times10^{-2}\sim66.41\times10^{-2}$。$TiO_2$ 含量中等—略高，为 $0.58\times10^{-2}\sim1.67\times10^{-2}$。$Al_2O_3$ 含量较高，集中于 $16.24\times10^{-2}\sim17.57\times10^{-2}$。

表 3-28　晚三叠世那陵格勒超单元岩石化学特征表

单元	序号	岩性	样号	氧化物含量($w_B/10^{-2}$)													
				SiO_2	TiO_2	Al_2O_3	Fe_2O_3	FeO	MnO	MgO	CaO	Na_2O	K_2O	P_2O_5	H_2O^+	LOS	Σ
莫斯图	1	花岗闪长岩	ⅡGs3203-1	66.41	0.58	14.19	2.5	1.86	0.095	4.59	1.69	3	3.42	0.13	0.3	1.35	100.12
	2		ⅡGs6604-1	64.93	0.61	16.4	1.04	3.5	0.07	2.1	4.32	3.56	2.36	0.14	1.28	0.1	100.41
	3		ⅡGs6113-1	62.99	0.67	16.31	1.43	4.1	0.1	2.48	5.43	3.3	1.9	0.12	0.55	0.3	99.68
长平山	4	石英闪长岩	ⅡGs2321	62.83	0.89	16.24	1.59	3.7	0.092	2.44	4.93	3.27	2	0.094	0.22	1.04	99.34
	5		ⅡGs5223-1	54.81	0.92	17.56	2.08	5.43	0.17	4.37	7.78	2.95	1.85	0.33	1.24	0.52	100.01
	6		ⅡGs2202-1	53.52	1.07	17.57	3.21	6.25	0.18	4.37	6.51	3.15	1.6	0.35	1.62	0.56	99.96
卡而却卡	7	闪长岩	ⅡGs2213	49.95	1.65	16.71	3.81	8.07	0.23	4.98	7.78	2.45	1.95	0.51	0.98	0.93	100

序号	主要参数								
	σ	ar	alk	A/CNK	A/NK	Na_2O/K_2O	Na_2O/CaO	MgO/TFeO	MgO/MnO
1	1.74	2.21	6.53	1.21	1.62	0.88	0.62	0.4	17.8
2	1.58	1.80	5.98	1.01	1.66	1.5	0.82	0.47	30
3	1.34	1.63	5.26	0.95	2.22	1.74	0.61	0.46	24.8
4	1.37	1.66	5.37	0.99	2.14	1.64	0.66	0.48	26.5
5	1.87	1.47	4.89	0.84	2.59	1.59	0.38	0.6	25.7
6	2.01	1.49	4.86	0.94	2.57	1.97	0.48	0.48	24.3
7	2.54	1.44	4.49	0.83	2.74	1.26	0.31	0.43	21.7

在哈克图解中(图 3-75)，从早到晚各造岩氧化物与 SiO_2 呈现较好的线形演化关系，随 SiO_2 含量的增高，TiO_2、FeO、CaO、MgO 含量降低，Na_2O+K_2O、K_2O 增高，显示出向富硅富钾富碱贫钛钙铁镁演化的特点。全碱含量较高，为 $4.49\times10^{-2}\sim6.53\times10^{-2}$，$K_2O<Na_2O$，里特曼指数 $\sigma=1.34\sim2.54$，均为钙碱性岩。在 AFM 图解中(图 3-68)均落在钙碱性系列区内，并显示向富碱方向演化的趋势，在 SiO_2-K_2O 图解中(图 3-76)分别落在高钾及中钾区，属中-高钾钙碱性系列岩石。A/CNK＝0.83～1.21，集中于 0.83～1.01，除个别样品外，均为偏铝质岩石，在铝饱和指数图解中(图 3-69)，多落在偏铝质花岗岩区，反映出 I 型花岗岩的特征。

2) 稀土元素

如表 3-29 所示，稀土总量中等，$\sum REE=91.91\times10^{-6}\sim165.41\times10^{-6}$，介于上、下地壳平均值之间，从早期单元到晚期单元稀土总量总体趋于增高。LREE/REE＝0.85～0.93，轻稀土强烈富集，$\delta Eu=0.78\sim1.01$，$(La/Yb)_N=4.7\sim20.2$，集中于 4.7～9.4。稀土配分模式均为向右陡倾的富集型曲线(图 3-77)，轻重稀土分馏明显，不具铀异常，具有壳幔混合型侵入岩的特征。各曲线近于平行，反映出同源岩浆演化的特点。

3) 微量元素

如表 3-29 所示，从早期单元到晚期单元，Rb、Sr、Ba、Th、Ta 趋于增高，Sc、Cr、Co、Y、Yb 趋于降低，Zr、Nb、Hf 变化不大。不相容元素的晚期富集表明结晶分异是控制岩石成分变化的主要岩浆作用过程。Rb/Sr＝0.18～0.75，早期单元低于地壳值(0.24)，中期及晚期单元接近或略高于地壳值(Taylor，1972)，反映出岩浆来源于下地壳基性物质的熔融或壳幔混合源，并且从早期单元到晚期单元 Rb/Sr 趋于增高。在以 ORG 为标准的微量元素分布形式图上(图 3-78)，各单元表现出相同的富集型分布曲线，均有 Rb、Th、Ce、Sm 的正异常，与 Pearce(1984)划分的碰撞花岗岩的分布形式近似一致，显示出壳内重熔型花岗岩的特征。

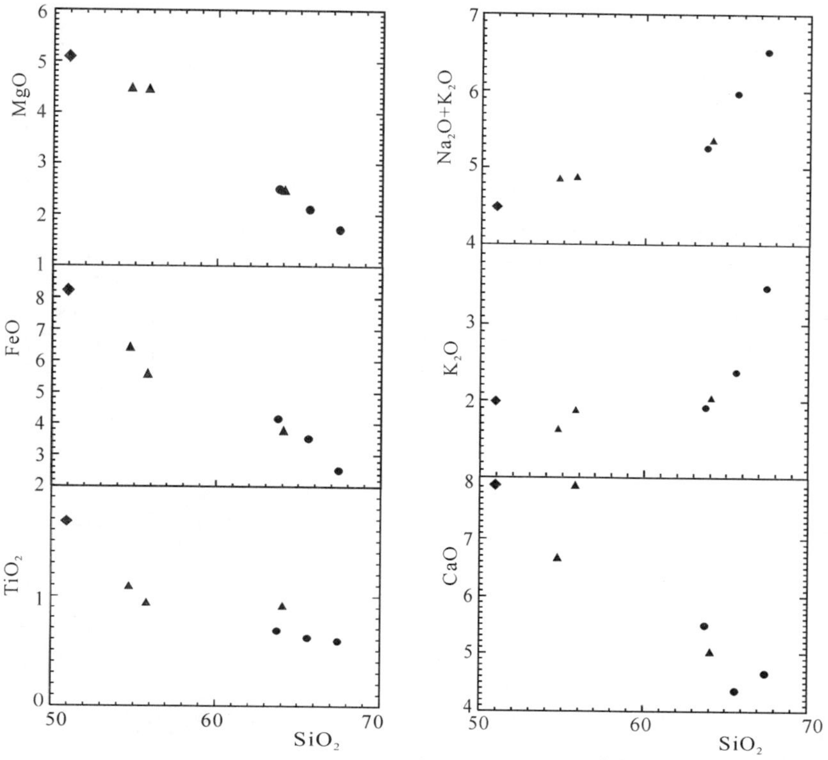

图 3-75 那陵格勒超单元各单元成分变异图解

表 3-29 晚三叠世那陵格勒超单元稀土元素及微量元素特征

单元	序号	岩性	样号	稀土丰度($w_B/10^{-6}$)													
				La	Ce	Pr	Nd	Sm	Eu	Gd	Tb	Dy	Ho	Er	Tm	Yb	Lu
莫斯图	1	花岗闪长岩	ⅡGs3203-1	24.14	51.48	5.55	19.24	3.55	0.87	3.19	0.51	2.86	0.61	1.67	0.26	1.75	0.27
	2		ⅡGs6604-1	34.14	61.97	6.89	23.62	4.1	1.15	3.12	0.46	2.44	0.46	1.22	0.19	1.14	0.18
	3		ⅡGs6113-1	23.2	46.49	5.65	20.74	4.49	1.14	4.26	0.71	4.14	0.86	2.46	0.39	2.48	0.39
长平山	4	石英闪长岩	ⅡGs2321	16.24	42.76	4.74	15.79	3.4	0.95	2.99	0.46	2.27	0.43	1.2	0.18	1.16	0.18
	5		ⅡGs5223-1	16.79	35.61	4.52	16.06	3.79	1.23	3.93	0.6	3.47	0.74	2.15	0.37	2.29	0.36
	6		ⅡGs2202-1	17.47	40.54	5.37	21.07	4.59	1.49	4.3	0.7	4.07	0.83	2.45	0.38	2.5	0.38
卡而却卡	7	闪长岩	ⅡGs2213	29.18	67.7	8.72	30.93	6.78	1.88	6.09	0.98	5.46	1.05	2.97	0.46	2.79	0.42

序号	主要参数					
	ΣREE	LREE	HREE	LREE/REE	δEu	$(La/Yb)_N$
1	115.95	104.83	11.12	0.9	0.78	9.3
2	141.08	131.87	9.21	0.93	0.95	20.2
3	117.4	101.71	15.69	0.87	0.79	6.3
4	92.75	83.88	8.87	0.9	0.89	9.4
5	91.91	78	13.91	0.85	0.97	4.9
6	106.14	90.53	15.61	0.85	1.01	4.7
7	165.41	145.19	20.22	0.88	0.88	7.1

续表 3-29

序号	微量元素丰度($w_B/10^{-6}$)												参数
	Rb	Sr	Ba	Th	Ta	Nb	Zr	Hf	Y	Sc	Cr	Ni	Co	Rb/Sr
1	164	218	451	29.3	1.1	9.4	144	4.8	16.39	7.4	8.4	8.8	9.2	0.75
2	82.4	321	507	11.6	0.8	10.9	101	5	11.19	9.9	31.8	9	10.0	0.26
3	80.3	247	475	8.4	1	9.1	144	5	21.64	16.9	22.5	8.7	13	0.33
4	95	266	411	9	0.5	10	145	4.7	12.13	8.6	17.8	9.9	11.1	0.36
5	71	259	286	6.4	0.5	5.9	103	3	20.88	2.2	52.4	20.5	18.4	0.27
6	57	321	363	6.6	0.5	8.8	161	4.2	22.65	12.7	3	9.3	17	0.18
7	78	397	308	8.9	0.5	10.8	158	4.3	28.44	20.4	10.4	12.5	20.7	0.2

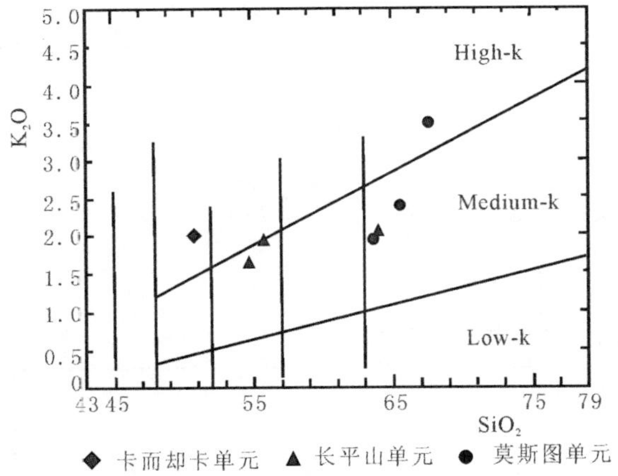

图 3-76　晚三叠世那陵格勒超单元硅钾图

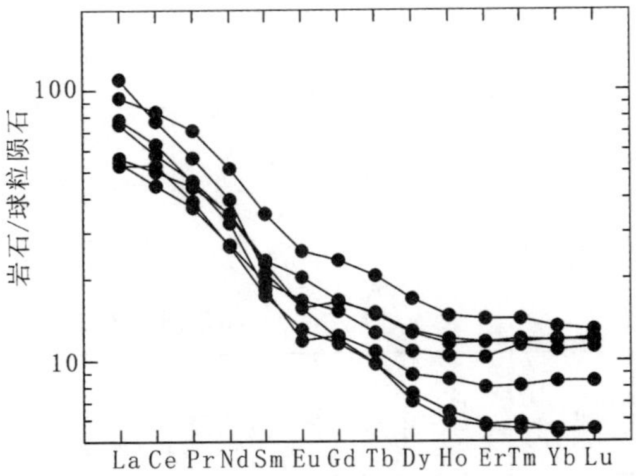

图 3-77　那陵格勒超单元稀土配分模式

5. 包体特征

暗色包体发育是那陵格勒超单元的重要特征，各单元中包体的分布不近一致，但包体类型相同，且从早期单元到晚期单元包体含量趋于增多。早期卡而却卡闪长岩单元中包体稀少，长平山石英闪长岩、喀尔洞英云闪长岩和莫斯图花岗闪长岩单元中包体最为发育，分布不均匀，由岩体内部至边部有增多趋势，局部集中现象十分普遍，常成带成群分布(图 3-79)，含量一般为 10～15 个/m^2，局部达 20～30 个/m^2。大小不等，形态各异，以椭圆状、圆状、条状、不规则状等为主，大小一般为 3cm×5cm～5cm×10cm，最大可见 30cm×50cm 的包体。与主岩关系截然，局部呈渐变过渡关系。包体变形特征发育，主要表现为：①包体多具定向排列，排列优势方向为 310°(图 3-80)，局部可见包体呈漩涡状或同心环状分布；②部分包体边部见有淬火结构，发育宽 1～2mm 的冷凝边，且沿界线常见针状角闪石定向排列；③常见包体被拉断呈条状、串珠状等熔融状态下的流动变形现象。

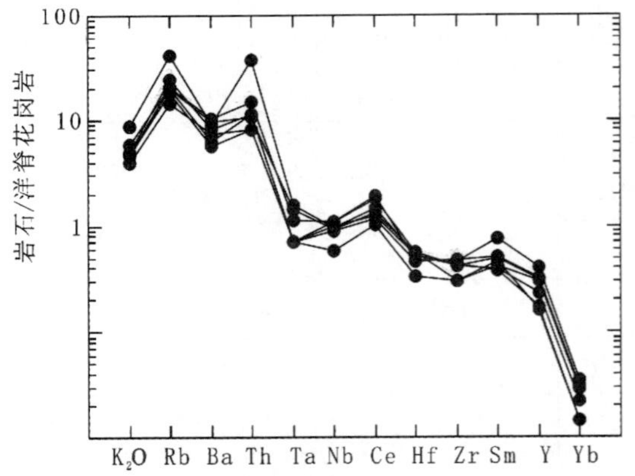

图 3-78　那陵格勒超单元微量元素分布形式

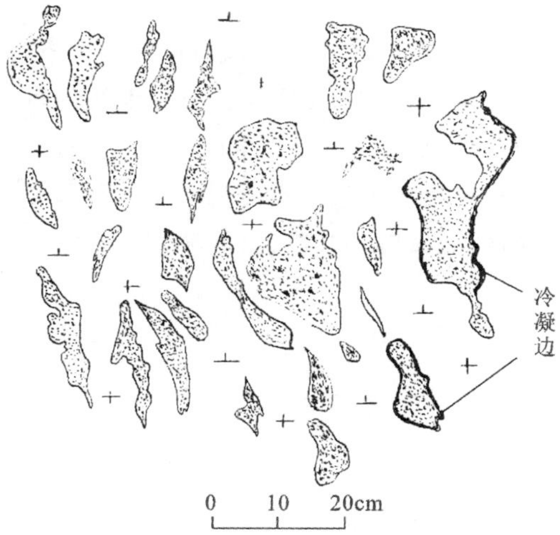

图 3-79 莫斯图一带莫斯图花岗闪长岩中包体群及包体形态素描

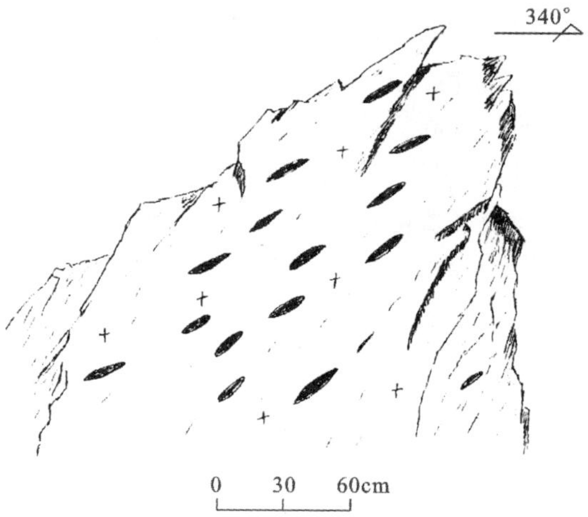

图 3-80 莫斯图花岗闪长岩中包体定向排列

共见有两种类型包体：暗色微细粒闪长质包体、暗色微细粒含斑闪长质包体，以后者居多。含斑闪长质包体，基质为微细粒结构，斑晶由主要由斜长石构成，少量为角闪石，斜长石呈自形—半自形板柱状，均为中长石（An=40～45），具环带结构，钠长石双晶发育。角闪石呈自形—半自形柱粒状。

上述包体特征表明该超单元岩石曾经历过岩浆混合作用过程。

6. 侵入深度、剥蚀程度及形成时的物化条件

该超单元空间群居性较好，以岩基形式产出，岩石以中细粒结构为主。岩体内定向组构发育，主要表现为流面构造以及包体的定向排列。围岩主要为古元古界金水口岩群和二叠纪、中三叠世侵入岩，侵入关系清楚，界线多与围岩产状协调一致，局部不协调。因此，其侵入深度为中带。

该超单元晚期单元出露面积最大，次为中期单元，早期单元出露面积最小且多以小岩株形式分布于晚期单元中。各单元间为脉动或涌动接触。岩体中围岩棱角状捕虏体及大型顶垂体较发育。因此，其剥蚀程度较浅。

在图 3-81 中，早期及中期单元投点于 750～800℃，形成时的压力在 3kb 以上；晚期单元落点于 700～750℃范围内，形成时的压力为 2～3kb 左右。

7. 岩体构造与侵位机制分析

那陵格勒超单元以岩基形式产出，平面形态不规则，总体呈条状北西西向展布。各单元侵入体空间群居性较好，从西向东有中性向酸性变化的趋势。岩体内部定向组构较发育，主要表现为不均匀出现的流面构造和暗色包体的定向排列，流面产状多为 325°∠70°。暗色包体的定向排列方向与面理一致。岩体中节理发育，“X”型节理为主，以 80°∠60°的一组最为发育。岩体中脉岩发育，主要为闪长岩脉、二长花岗岩脉及少量石英脉，均沿裂隙贯入，优势走向为 130°。

该超单元与围岩侵入界线清楚，常见岩枝穿插于围岩中，内接触带围岩棱角状捕虏体发育，岩体内见有较多规模不等的围岩顶垂体。因此，那陵格勒超单元兼有被动就位条件下以岩墙扩张和顶蚀方式侵位的双重特征。

8. 岩石成因及构造环境分析

前述岩石学及地球化学特征表明，那陵格勒超单元属中-高钾钙碱性系列偏铝质岩石，具重熔型花岗岩的特点。包体特征显示曾经有幔源物质的参与而经历了岩浆混合作用过程，具 I 型花岗岩的特征，岩石成因应属壳幔型花岗岩。

在 R_1-R_2 图解中(图 3-82),投影点均落在 2 区,显示出俯冲型花岗岩的地球化学特点,也从另一个侧面反映出其源区物质中有幔源物质的参与,属壳幔型花岗岩。结合区域构造及该超单元的地质特征,晚三叠世中晚期东昆仑海西-印支造山带进入造山后伸展垮塌阶段,深部则表现为岩石圈地幔的拆沉作用,热的软流圈物质上涌造成大规模底侵作用的发生,它不但为岩浆混合的形成提供了物质条件,也为晚三叠世大规模岩浆的形成提供了强大的热源。稍早形成的哈拉达乌更长环斑花岗岩是该阶段早期的产物,代表了造山带向稳定化发展的开始。随着岩石圈的不断伸展减薄,大规模具岩浆混合性质的岩浆上侵并经结晶分异,最终形成测区晚三叠世那陵格勒超单元。

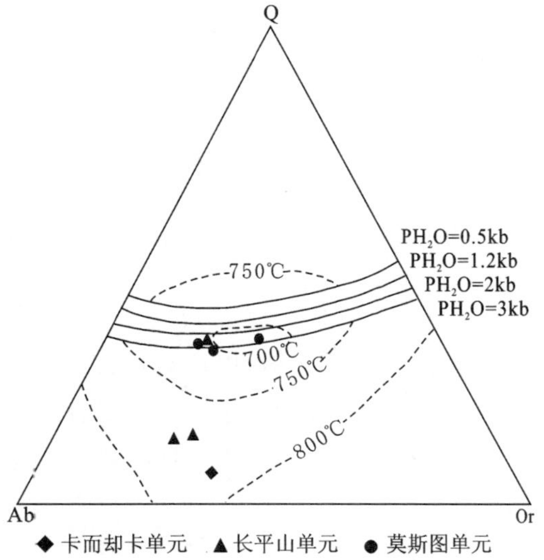

图 3-81　晚三叠世侵入岩 Q-Ab-Or-PH$_2$O 相图

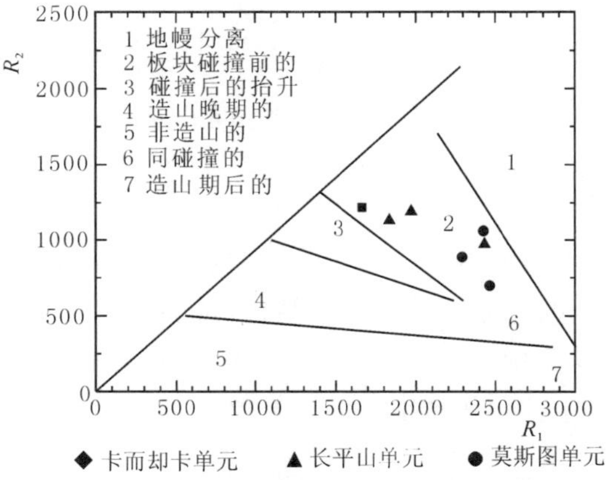

图 3-82　晚三叠世那陵格勒超单元 R_1-R_2 图解

区域地质特征显示,晚三叠世幔源岩浆底侵作用的发生在整个东昆仑造山带具有普遍性,是一次区域性强烈构造运动的深部响应,反映了造山带已进入造山后伸展崩塌阶段的地球动力学过程。它不仅是东昆仑造山带向稳定化发展过程中的主要岩浆作用,也是东昆仑大陆地壳生长的重要方式之一。

六、侏罗纪侵入岩

进入侏罗纪,测区岩浆活动明显减弱,侵入岩出露少,群居性差,但分布范围比较广,以岩株、岩墙、岩脉等形式散布于不同构造岩浆岩带中。作为同一地球动力学背景下不同岩浆作用过程的产物,不同地区之间岩石类型差异较大。主要岩石类型有:辉长岩、辉绿岩、正长花岗岩、石英闪长岩、二长花岗岩等,其中正长花岗岩局限于喀雅克登塔格构造岩浆岩亚带中,辉长岩、辉绿岩以不同产状分布于喀雅克登塔格构造岩浆岩亚带和莫斯图构造岩浆岩亚带内,石英闪长岩与二长花岗岩均以岩株形式产出于阿尔喀构造岩浆岩亚带中。

共解体出 22 个侵入体,根据各侵入体的空间分布、群居性建立了 3 个独立单元和 1 个独立侵入体,分别为:祁漫塔格基性岩墙、坎皮北单元、阿尔喀单元、巍雪山二长花岗岩。

(一) 祁漫塔格基性岩墙

1. 地质特征

主体分布于测区北部祁漫塔格山喀雅克登塔格一带,在楚拉克阿干上游以及求勉雷克塔格一带也有零星分布。产状多样,多以岩墙形式产出,部分呈脉状。在喀雅克登塔格一带多呈群、呈带集中分布,岩墙尤为发育,各岩墙呈北北西、北西向平行展布,岩墙间间距为 30～100m,延伸稳定,宽2～10m,长约500～3000m。围岩为元古界金水口岩群和泥盆纪、二叠纪、三叠纪侵入岩。侵入关系清楚,接触面平直,产状较陡,倾角 50°～80°,在岩墙边部有宽 2～5cm 的冷凝边。受围岩岩石性质的约束热蚀变不明显，仅在边部发育宽 5～20cm 的烘烤边，局部见有岩枝沿裂隙贯入围岩中。岩石类型有辉绿岩、辉长岩等，以辉绿岩为主。岩石多以细粒为主，也见有中细粒结构者，并且常见于相邻岩墙之间。

该类基性岩墙在东昆仑造山带普遍发育，众多的研究者采用不同的测试方法获得了较多的年龄数据，侵位时代在晚三叠世—早侏罗世时期。本次工作对岩墙采用单颗粒锆石 U-Pb 法测年，获得了 193±55Ma 的下交点年龄，在谐和图上 1、3、4 号数据点均落在和谐线下方，只有 2 号数据点落在和谐线上，并且具有较一致的表面年龄，因此 2 号样品 192±0.9Ma 的表面年龄可以代表基性岩墙的成岩年龄，时代为早侏罗世(表 3-30、图 3-83)。

表 3-30 祁漫塔格基性岩墙锆石 U-Pb 年龄测定结果

样号	ⅡJD3419-3				样品名称		辉绿岩			
样品情况		含量(10^{-6})		普通铅含量	同位素原子比率及误差(2σ)			表面年龄及误差(Ma)		
点号	重量(μg)	U	Pb	(ng)	$^{206}Pb/^{204}Pb$	$^{206}Pb/^{238}U$	$^{207}Pb/^{235}U$	$^{207}Pb/^{206}Pb$	$^{206}Pb/^{238}U$	$^{207}Pb/^{235}U$	$^{207}Pb/^{206}Pb$
1	10	488.2	64.8	3.25	59.9	0.0458 (0.000 45)	0.352 61 (0.027 84)	0.055 82 (0.004 44)	288 (2.8)	306 (24.2)	445 (35.4)
2	10	327.5	19.8	0.707	103.4	0.030 29 (0.000 15)	0.208 91 (0.0102)	0.050 01 (0.002 45)	192 (0.9)	192 (9.4)	195 (9.5)
3	10	265.7	40.4	1.885	66.3	0.056 55 (0.000 47)	0.457 33 (0.027 74)	0.058 65 (0.003 59)	354 (3)	382 (23.1)	554 (33.9)
4	10	391.3	49.3	1.825	96.2	0.060 36 (0.000 33)	0.526 31 (0.0284)	0.063 23 (0.003 43)	377 (2)	429 (23.1)	716 (38.8)

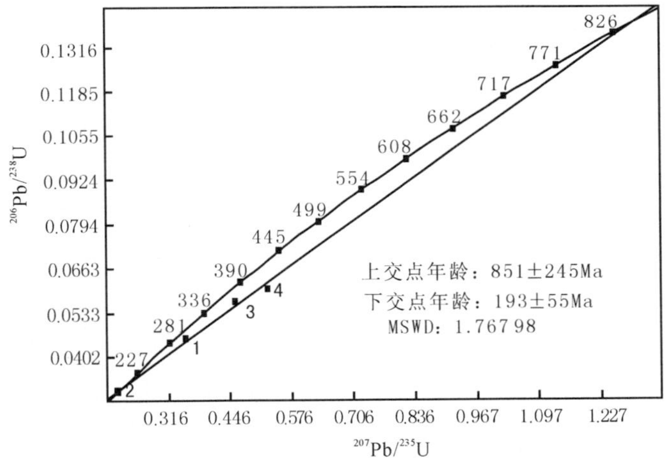

图 3-83 祁漫塔格基性岩墙 U-Pb 同位素测年谐和图

2. 岩石学特征

辉绿岩：灰黑色、灰绿色，细粒—中细粒辉绿结构，块状构造，主要造岩矿物为斜长石、辉石、黑云母及少量金属矿物。斜长石为中长石，An=40～50，自形—半自形柱状，具环带结构，普遍发育钠长双晶、卡钠复合双晶，具绢云母化、帘石化，含量 54%～65%。辉石为透辉石或普通辉石，自形柱状，多被阳起石、滑石交代而仅保留假象，含量 34%～42%。黑云母呈黄褐色片状，具绿泥石化，含量 1%～3%。

辉长岩：灰绿色，细粒—中细粒辉长结构，块状构造，主要造岩矿物为斜长石、辉石、黑云母及少量金属矿物、副矿物。斜长石为拉长石，An=55～62，等轴粒状或半自形粒状，可见钠长双晶，具强绢云母化、粘土化，含量 40%～48%。辉石为普通辉石，他形或半自形粒状，多被阳起石、纤闪石交代而仅保留假象，含量 57%～59%。黑云母呈黄褐色片状，具黄褐色—淡黄色多色性，含量 1%～3%。部分岩石中出现紫苏辉石和少量橄榄石。

3. 岩石地球化学特征

1）主量元素

如表3-31所示，SiO_2含量为48.3×10^{-2}～48.62×10^{-2}，为基性岩。Al_2O_3含量较高，为14.18×10^{-2}～16.54×10^{-2}，TFeO、MgO、CaO含量普遍较高。辉绿岩与辉长岩相比两者显示出一定的差别，主要表现为：从辉绿岩到辉长岩，TiO_2、Al_2O_3、Na_2O、K_2O含量降低而TFeO、MgO、CaO、MnO增高。辉长岩TiO_2＝0.58×10^{-2}，明显较低，辉绿岩TiO_2＝1.14×10^{-2}～1.65×10^{-2}，接近N-MORB，两者均低于板内拉斑玄武岩。两类岩石Na_2O＞K_2O，K_2O含量较高，高于板内拉斑玄武岩（Pearce，1984），而与钙碱性玄武岩相似。里特曼指数σ＝0.55～1.93，均为钙碱性岩。在硅碱图中（图3-84），两类岩石均落在亚碱性系列区。在AFM图解中（图3-85），辉长岩落在拉斑玄武岩系列区，辉绿岩落在钙碱性系列与拉斑玄武岩系列界线上。在TiO_2-K_2O-P_2O_5图解中（图3-86），二者均落在大陆拉斑玄武岩区。m/f＝1.34～2.05，属铁质基性岩。

表3-31　祁漫塔格基性岩墙主量元素、稀土元素及微量元素特征表

序号	岩性	样号	氧化物含量（$w_B/10^{-2}$）													
			SiO_2	TiO_2	Al_2O_3	Fe_2O_3	FeO	MnO	MgO	CaO	Na_2O	K_2O	P_2O_5	H_2O^+	LOS	Σ
1	辉长岩	Ⅱ Gs2302^{b}	48.62	0.58	14.18	1.73	7.78	0.19	10.82	12.27	1.19	0.67	0.086	1.32	0.76	100.2
2	辉绿岩	Ⅱ Gs3208-2	48.41	1.65	15.86	0.81	8.48	0.16	7.05	8.58	2.67	1.04	0.38	2.68	1.96	99.73
3		Ⅱ Gs3208-3	48.3	1.14	16.54	3.03	5.26	0.14	9.39	9.57	2.39	0.9	0.15	2.2	1.21	100.2

序号	主要参数			
	σ	ar	alk	Na_2O/K_2O
1	0.55	1.15	1.90	1.78
2	1.93	1.36	3.9	2.57
3	1.67	1.29	3.4	2.66

序号	稀土丰度（$w_B/10^{-6}$）													
	La	Ce	Pr	Nd	Sm	Eu	Gd	Tb	Dy	Ho	Er	Tm	Yb	Lu
1	4.48	12.17	1.97	7.96	2.41	0.85	2.61	0.41	2.47	0.49	1.4	0.2	1.25	0.19
2	22.14	47.64	6.3	26.19	6.43	2	6.39	1.15	6.78	1.43	3.66	0.57	3.61	0.54
3	5.66	14.46	2.32	10.56	3.25	1.26	3.77	0.68	3.97	0.89	2.53	0.38	2.32	0.34
序号	主要参数													
	ΣREE	LREE	HREE	LREE/REE	δEu	$(La/Yb)_N$								
1	38.86	29.84	9.02	0.77	1.03	12.49								
2	134.83	110.7	24.13	0.82	0.94	29.96								
3	52.39	37.51	14.88	0.72	1.1	20.82								

序号	微量元素丰度（$w_B/10^{-6}$）														
	Rb	Sr	Ba	Th	Ta	Nb	Zr	Hf	Y	Sc	Cr	Ni	Co	U	V
1	7	274	78	1.4	0.5	1.2	38	1.6	12.49	48.9	149.2	32.4	44.6	0.5	240.3
2	99.7	257	350	2.9	1.1	14.1	256	5	29.96	25.9	166	86	30.2	1.1	173
3	40.6	209	157	0.9	0.5	4.1	94	5	20.82	27.9	293.6	131.9	35.1	0.8	179.6

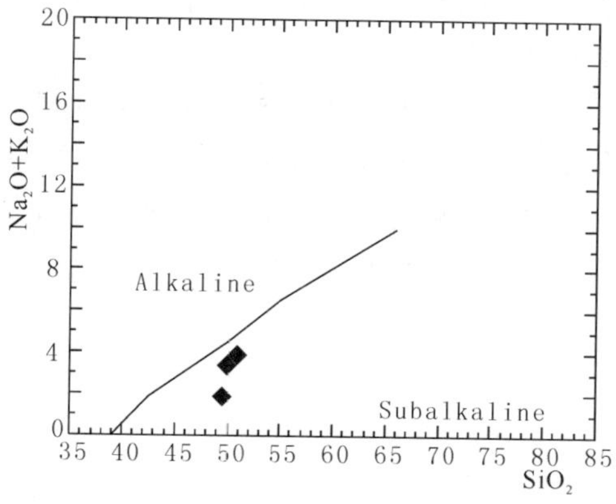

图 3-84 祁漫塔格基性岩墙硅碱图

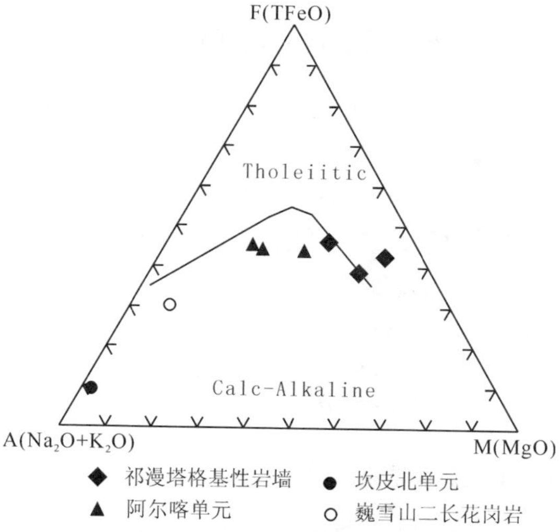

图 3-85 侏罗纪侵入岩 AFM 图解

2）稀土元素

如表 3-31 所示，稀土总量总体偏低，$\sum REE=38.86\times10^{-6}\sim134.83\times10^{-6}$，辉长岩较辉绿岩低。LREE/REE＝0.72～0.82，轻稀土富集，$\delta Eu=0.94\sim1.1$，$(La/Yb)_N=1.64\sim4.13$，稀土配分模式均为向右缓倾的富集型曲线(图 3-87)，具有来自于富集型地幔源的特点。其中稀土总量低的辉长岩和辉绿岩(序号为 1、3)，表现出相同的特征，均为轻稀土部分相对平坦而重稀土部分相对较陡，曲线近于平行，反映二者属同源岩浆产物，辉长岩无铀异常，辉绿岩有微弱的正铀异常；稀土总量相对较高的辉绿岩(序号为 2)则与前者相反，表现出轻稀土分馏明显，重稀土分馏不明显的特点，有微弱的负铀异常。二者的互补态势表明，岩石经历过一定的结晶分异过程。

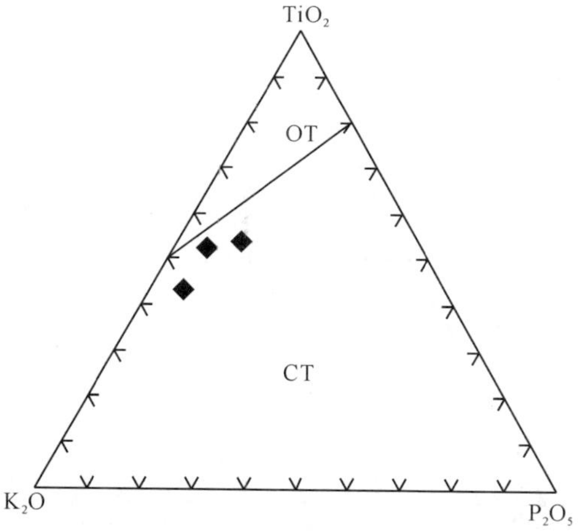

图 3-86 TiO_2-K_2O-P_2O_5 图解中

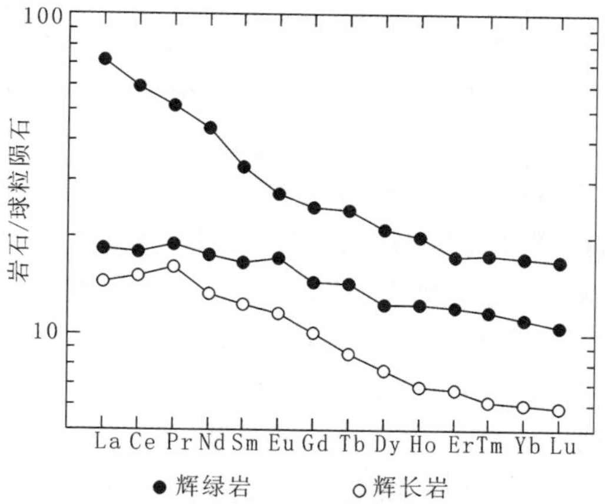

图 3-87 祁漫塔格基性岩墙稀土配分模式

3）微量元素

如表 3-31 所示，与世界同类岩石相比(维氏，1962)，Sr、Ba、Th、Ni、Co 等元素丰度相对贫化，Rb、Nb、Ta、Hf、Y、Sc 等丰度相对富集。在以原始地幔为标准的微量元素比值蛛网图上(图 3-88)，岩石均为不相容元素富集型的分配形式，反映来源于较富集的地幔源区。均有 Nb、Ti 的亏损，表现出大陆拉斑玄武岩的特点，而两个辉绿岩同时具有的 Th 的强烈亏损又表现出初始裂谷玄武岩的特点。

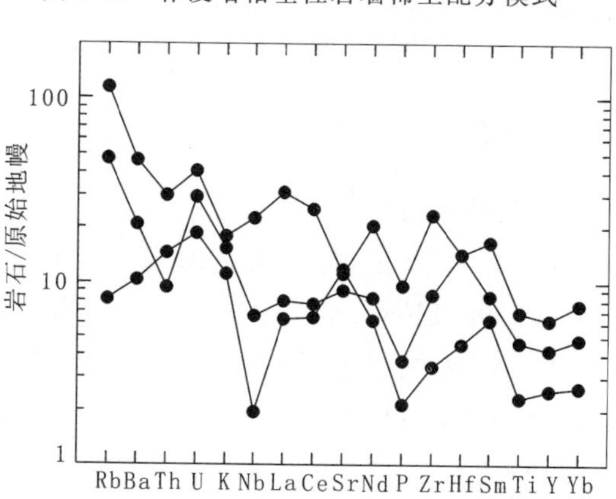

图 3-88 祁漫塔格基性岩墙微量元素蛛网图

4. 岩石成因及构造背景分析

前述岩石地球化学特征显示，祁漫塔格基性岩墙属大陆拉斑玄武岩系列钙碱性岩，来源于较富集的地幔源区，岩石成因属幔源型侵入岩，明显是伸展环境下岩浆作用的产物。

结合测区地质建造及区域构造演化分析，晚三叠世环斑花岗岩以及具岩浆混合成因的那陵格勒超单元的形成，代表了东昆仑造山带已进入造山后伸展崩塌演化阶段，应力松弛，造山带浅部卸载均衡伸展调整，深部表现为岩石圈地幔的拆沉作用。随着岩石圈的不断减薄，幔源岩浆得以快速上侵进入地壳浅部，形成祁漫塔格基性岩墙。

（二）坎皮北独立单元

1. 地质特征

坎皮北独立单元局限于喀雅克登构造岩浆岩亚带中，由两个侵入体组成，分布于测区北部喀雅克登北、坎皮北一带，向北出图。受后期北西向断裂破坏，侵入体出露不完整，形态不规则，长轴方向北西向。与围岩古元古界金水口岩群、泥盆纪侵入岩以及上三叠统鄂拉山组呈侵入接触关系，侵入关系清楚，界面外倾，倾角较缓，常见岩枝穿切于围岩中。围岩中尤以金水口岩群热接触变质现象较明显，外接触带中大理岩多变质为矽卡岩，内接触带围岩棱角状捕虏体发育。岩石中不含暗色包体，定向组构不发育。

该单元在区内出露较少，依据其与上三叠统鄂拉山组的侵入接触关系，将其侵位时代归属为早侏罗世。

2. 岩石学特征

该单元岩石类型为：肉红色中细粒正长花岗岩。特有的肉红色以及少量的暗色矿物是其主要特征和重要的判别标志。岩石结构不均一，以中细粒花岗结构为主，局部出现不等粒结构，主要造岩矿物为：微斜长石、更长石、石英及少量黑云母、金属矿物、副矿物。微斜长石多呈他形晶，部分成半自形板状晶，晶内常包含有更长石包裹体，普遍被高岭土交代，含量50%～65%；更长石（An=25～26）呈半自形板状，发育钠长石双晶，普遍粘土化、绢云母化，含量13%～20%；石英多呈他形粒状，少量呈半自形粒状，含量21%～30%；黑云母呈鳞片状，多被绿泥石交代，含量少；副矿物主要为磷灰石、磷钇矿等，多以包裹体形式出现，含量微。

在QAP图解中（图3-89）落在正长花岗岩区。

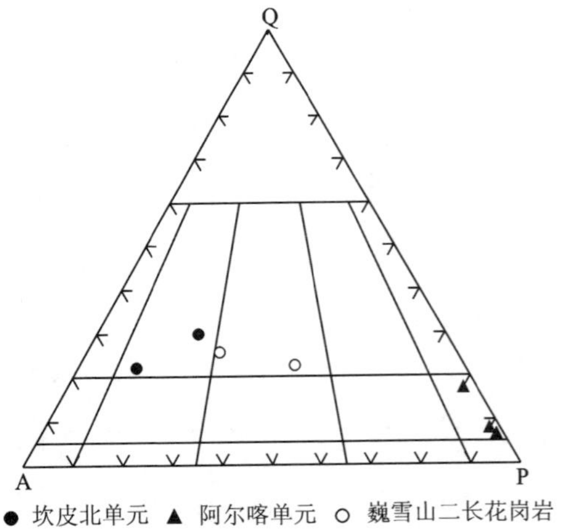

图3-89　早侏罗世侵入岩QAP图解

3. 岩石地球化学特征

1）主量元素

如表3-32所示，与我国花岗岩平均化学成分（黎彤、饶纪龙，1962）相比，高SiO_2、K_2O、Na_2O，低TiO_2、Al_2O_3、TFeO、MgO、CaO，显示出富硅富钾富碱贫钛铁镁钙的特点。里特曼指数$\sigma=2.47$，属钙碱性岩，在AFM图解中（图3-85），落入钙碱性系列区，并靠近AF线分布，显示贫铁镁，富碱的特征。$K_2O=Na_2O$，K_2O含量为4.38×10^{-2}，属高钾岩石，在硅钾图中（图3-90），落在高钾区内。全碱含量高，$K_2O+Na_2O=8.89\times10^{-2}$。A/CNK=0.88，为偏铝质花岗岩，在铝饱和指数图解中（图3-91），样品点均落在偏铝质花岗岩区内。总体特征显示出壳源的特点。

表 3-32 坎皮北独立单元主量元素、稀土元素及微量元素特征表

样号	Gs5087	岩石名称	正长花岗岩

氧化物含量($w_B/10^{-2}$)													
SiO_2	TiO_2	Al_2O_3	Fe_2O_3	FeO	MnO	MgO	CaO	Na_2O	K_2O	P_2O_5	H_2O^+	LOS	Σ
74.03	0.14	12.97	0.76	0.25	0.04	0.21	1.44	4.39	4.38	0.03	0.49	0.61	99.73

主要参数								
σ	ar	alk	A/CNK	A/NK	Na_2O/K_2O	Na_2O/CaO	MgO/TFeO	MgO/MnO
2.47	4.11	8.89	0.88	1.08	1.0	3.05	0.22	5.25

稀土丰度($w_B/10^{-6}$)													
La	Ce	Pr	Nd	Sm	Eu	Gd	Tb	Dy	Ho	Er	Tm	Yb	Lu
27.16	58.92	7.07	23.89	5.33	0.32	5.07	0.95	5.93	1.39	4.46	0.71	5.21	0.8

主要参数					
ΣREE	LREE	HREE	LREE/REE	δEu	$(La/Yb)_N$
147.21	122.69	24.52	0.83	0.19	3.51

微量元素丰度($w_B/10^{-6}$)													主要参数
Rb	Sr	Ba	Th	Ta	Nb	Zr	Hf	Y	Sc	Cr	Ni	Co	Rb/Sr
210	54	417	30.9	2.4	20.2	157	6.4	39.05	2.9	5	2.4	1.6	3.9

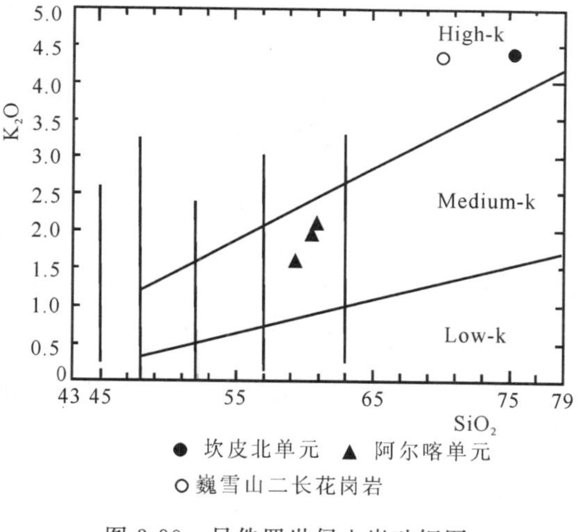

图 3-90 早侏罗世侵入岩硅钾图

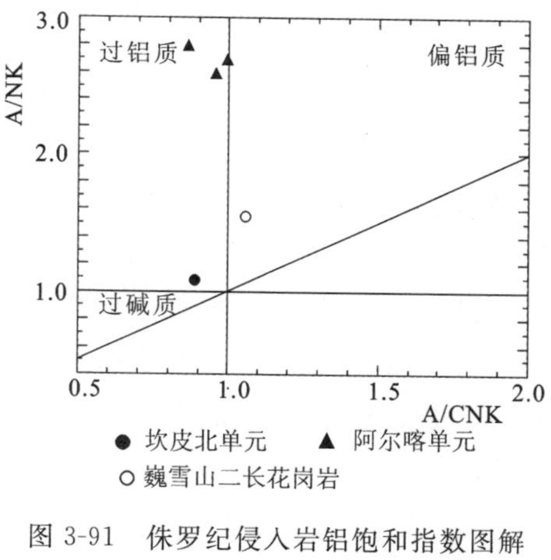

图 3-91 侏罗纪侵入岩铝饱和指数图解

2）稀土元素

如表 3-32 所示，稀土总量中等，ΣREE＝147.21×10^{-6}，介于上、下地壳平均值之间。LREE/REE＝0.83，轻稀土富集，δEu＝0.19，$(La/Yb)_N$＝3.51。稀土配分模式呈现向右倾的“海鸥型”曲线(图 3-92)，具强烈的负铕异常，轻重稀土分馏明显，且轻稀土分馏明显而重稀土分馏不明显，表现出来源于中上地壳熔融的特点。中上地壳较低程度的熔融使富集 Eu 的斜长石未能大量进入熔体，可能是造成铕亏损明显的主要原因，也是岩石中富碱和稀土总量偏低的原因之一。

3）微量元素

如表 3-32 所示，与世界花岗岩微量元素丰度值（维氏，1962）相比，Rb、Th、Hf、Y 相对富集，而

Sr、Ba、Ta、Zr、Cr、Ni、Co 相对贫化，Nb、Sc 含量相当。Rb/Sr＝3.9，远远高于地壳值(0.24)。以 ORG 为标准的微量元素分布形式(图 3-93)，具 Rb、Th 的强烈正异常和 Ce、Sm 的弱的正异常以及 Ba、Nb、Zr 不同程度的负异常，与阿曼同碰撞花岗岩的分布形式(Pearce，1984)相似，反映出壳源花岗岩的特征。

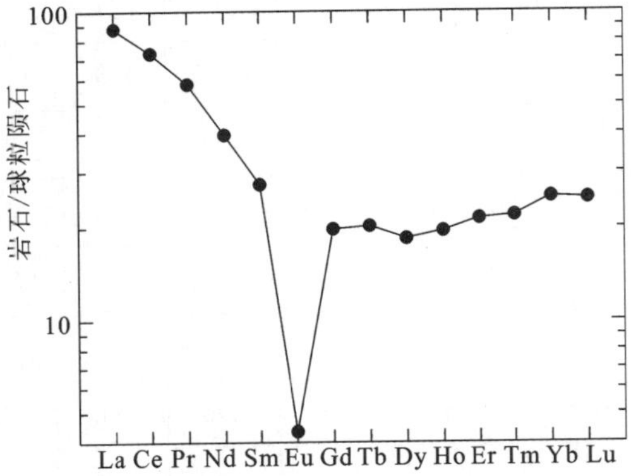

图 3-92　坎皮北单元稀土配分模式

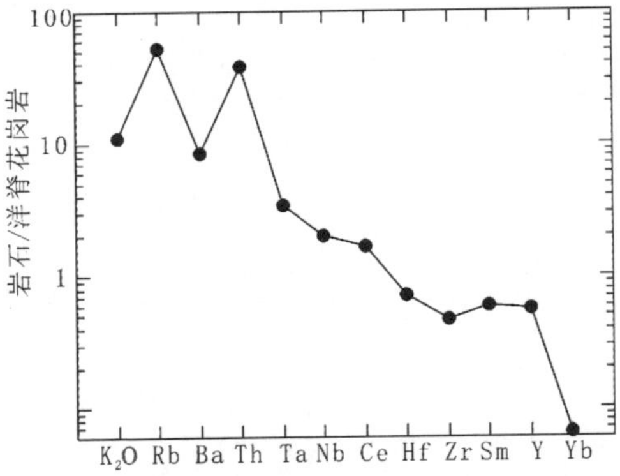

图 3-93　坎皮北单元微量元素分布型式

4. 侵入深度、剥蚀程度与形成时的物化条件

该单元侵入体均呈不规则岩株状零散分布，岩石以中细粒结构为主，局部出现不等粒结构。岩体内定向组构不发育。与围岩侵入关系清楚，界线与围岩产状不协调。因此，侵入深度为中—表带。

侵入体形态不规则，分布局限，岩体中围岩顶垂体少见。因此，其剥蚀程度中等。

在图 3-94 中，投影点落在 700℃ 范围内，形成时的压力在 3kb 左右。

5. 侵位机制分析

空间上该单元侵入体均以不规则岩株状北西向零散分布，与该地区断裂系走向一致，岩体内定向组构缺乏。与围岩侵入界线清楚，界线不规则，界面外倾，常见岩枝贯入围岩，岩体边部发育大量围岩棱角状捕虏体。

上述特征反映出坎皮北独立单元具岩墙扩张和顶蚀方式侵位的双重特征。

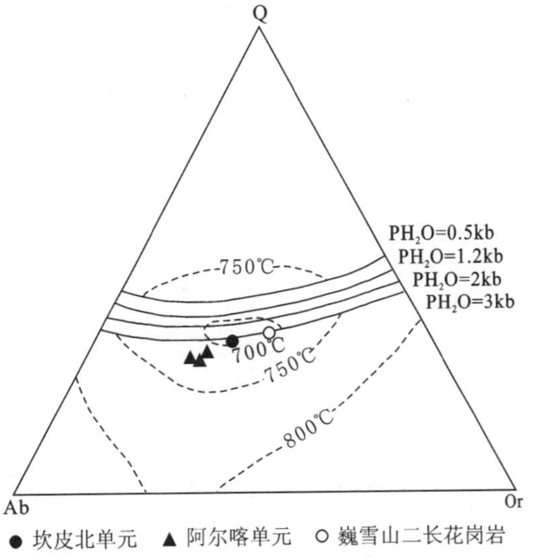

图 3-94　早侏罗世侵入岩 Q-Ab-Or-PH_2O 相图

6. 岩石成因及构造环境分析

前述岩石学及岩石地球化学特征表明，坎皮北独立单元属高钾钙碱性系列偏铝质岩石，来源于中上地壳物质较低程度的部分熔融，岩石成因属壳型花岗岩。

在 Nb-Y 图解中投影点落在板内花岗岩区，在 Rb-Y＋Nb 图解中(图 3-95)，则落在板内花岗岩与火山弧花岗岩区的界线上，反映总体化学成分与板内花岗岩相似。A/CNK＝0.88，Na_2O/K_2O＝1.0，Na_2O/CaO＝3.05，MgO/TFeO＝0.22，MgO/MnO＝5.25，A/NK＝1.08，总体化学成分与 Maniar(1989)等划分的 POG 型(造山后花岗岩类)花岗岩一致。由此表明坎皮北独立单元应形成于造山后环境。

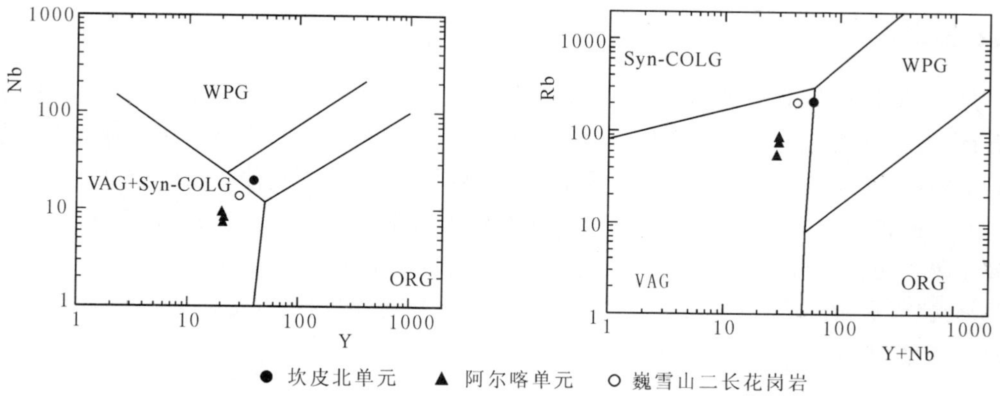

图 3-95 不同构造环境花岗岩的非活性元素的判别图解

(据 Pearce 等,1984)

VAG:火山弧花岗岩;WPG:板内花岗岩;Syn-COLG:同碰撞花岗岩;ORG:洋中脊花岗岩

综合区域地质特征显示,晚三叠世以来的造山带伸展崩塌,造成岩石圈较快速减薄以及大规模幔源岩浆底侵作用的发生,使造山带核部热流值急剧增加,同时幔源基性岩浆的快速上侵也提供了一定的热源。以上这些变化为中上地壳岩石的熔融创造了有利的条件,从而形成坎皮北正长花岗岩。

(三)阿尔喀独立单元

1. 地质特征

阿尔喀独立单元由 4 个侵入体组成,以岩株形式北西西向串珠状分布于测区南部阿尔喀山至布喀达坂峰一线,在布喀达坂峰以北也有一小岩株出露,是阿尔喀构造岩浆岩亚带的重要组成部分。各侵入体地表出露面积小,为 0.5～2km^2,形态较规则,均呈近等轴状的圆形、椭圆形,长轴方向北西西向,与区域构造线方向一致。地貌特征明显,均呈浑圆形山包突出于地表之上。围岩单一,为二叠系马尔争组地层,侵入关系清楚,界线弯曲呈弧型,界面外倾,倾角较缓。围岩中发育宽约 15～30m 的接触变质带,由长英质角岩或角岩化砂岩构成。岩体边部见有宽 50～100cm 的细粒化冷凝边,围岩棱角状捕虏体较发育,常见岩枝贯入围岩中。岩石中不含暗色包体,定向组构不发育。

本次工作在该单元中采用黑云母 Ar-Ar 法测年,获得了 199.9±1.8Ma 的坪年龄和 200.5±5.1Ma 的等时线年龄(图 3-96),侵位时代为早侏罗世。

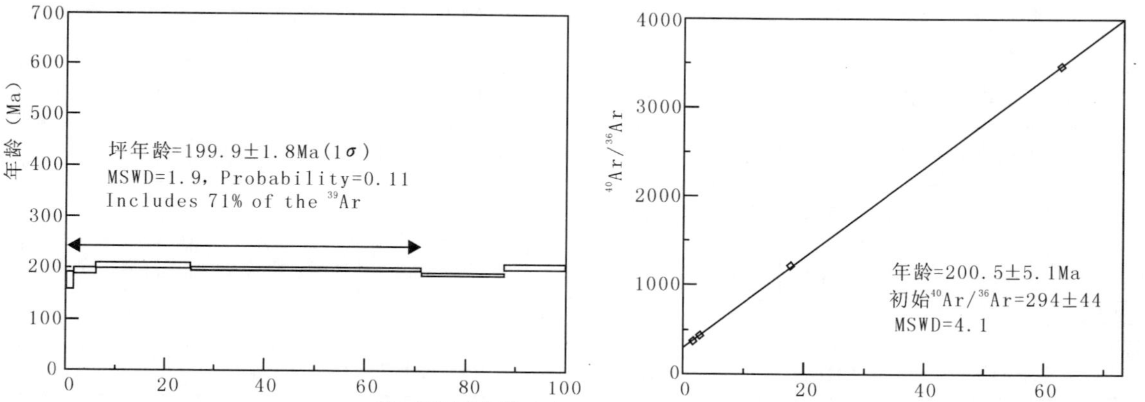

图 3-96 阿尔喀石英闪长岩黑云母 Ar-Ar 法同位素测年坪谱图及等时线图

2. 岩石学特征

岩性为灰色细粒石英闪长岩，细粒花岗结构，块状构造，主要造岩矿物为：中长石、石英、微斜长石、角闪石、辉石、黑云母及少量金属矿物、副矿物。中长石（An=40～45），半自形板状或粒状，具强的绿帘石化、绢云母化，含量64%～71%；石英呈不规则他形粒状，多充填于其他矿物间隙中，含量4%～15%；微斜长石，他形粒状晶体，与石英一起多充填于其他矿物间隙中，含量1%±；普通角闪石成黄绿色柱状晶体，多被绿泥石交代，含量7%～25%；普通辉石呈柱状，具纤闪石化，含量2%±；黑云母呈片状，多被绿泥石完全交代仅保留轮廓，含量2%～10%。副矿物主要为磷灰石，含量稀少。

在QAP图解中（图3-89）落在石英闪长岩区。

3. 岩石地球化学特征

1）主量元素

如表3-33所示，SiO_2含量为56.93×10^{-2}～59.58×10^{-2}，属中性岩范围。与我国同类岩石平均化学成分（罗照华等，1999）相比，具有高TFeO、MgO、CaO，低SiO_2、K_2O、Na_2O的特点，反映来源较深。TiO_2含量较低，为0.65×10^{-2}～0.74×10^{-2}。里特曼指数σ=1.04～1.33，属钙碱性岩。在AFM图解中（图3-85），落入钙碱性系列区。$Na_2O>K_2O$，K_2O含量较低，在硅钾图中（图3-90）均落在中钾岩石区内。

表3-33 阿尔喀独立单元主量元素、稀土元素及微量元素特征表

序号	岩性	样号	氧化物含量($w_B/10^{-2}$)													
			SiO_2	TiO_2	Al_2O_3	Fe_2O_3	FeO	MnO	MgO	CaO	Na_2O	K_2O	P_2O_5	H_2O^+	LOS	Σ
1	石英闪长岩	ⅡGs8309-1	56.93	0.65	15.79	0.81	6.16	0.16	4.83	6.93	2.46	1.48	0.11	2.04	1.4	99.75
2		ⅡGs7410^{b}	59.58	0.74	17.42	0.4	5.88	0.11	3.02	6.32	2.81	1.94	0.14	1.35	0.7	100.41
3		ⅡGs8430-1	58.57	0.71	17.54	0.001	5.97	0.11	2.5	6.13	2.67	1.97	0.13	2.39	0.93	99.62

序号	主要参数					
	σ	ar	alk	A/CNK	A/NK	Na_2O/K_2O
1	1.04	1.42	4.09	0.87	2.8	1.66
2	1.33	1.5	4.83	0.96	2.6	1.45
3	1.30	1.49	4.82	0.99	2.7	1.36

序号	稀土丰度($w_B/10^{-6}$)													
	La	Ce	Pr	Nd	Sm	Eu	Gd	Tb	Dy	Ho	Er	Tm	Yb	Lu
1	17.83	34.66	4.32	16.67	3.79	0.99	3.83	0.65	3.98	0.86	2.46	0.39	2.48	0.37
2	22.66	42.77	5.36	20.32	4.28	1.19	4.41	0.73	4.25	0.84	2.31	0.38	2.38	0.36
3	19.5	39.93	4.96	18.05	4.01	1.13	3.85	0.65	3.65	0.77	2.22	0.37	2.34	0.34

序号	主要参数					
	ΣREE	LREE	HREE	LREE/REE	δEu	$(La/Yb)_N$
1	93.28	78.26	15.02	0.84	0.79	4.85
2	112.24	96.58	15.66	0.86	0.83	6.42
3	101.77	87.58	14.19	0.86	0.87	5.62

续表 3-33

序号	微量元素丰度($w_B/10^{-6}$)														主要参数
	Rb	Sr	Ba	Th	Ta	Nb	Zr	Hf	Y	Sc	Cr	Ni	Co	V	Rb/Sr
1	54.2	170	318	5.8	0.6	7.5	125	5	20.82	27.5	179.9	22.8	22	118.9	0.32
2	87.9	236	361	8.7	0.6	9.5	148	5	20.37	17.6	35.3	10.6	17	68.8	0.37
3	75.7	199	395	8.4	0.5	8.4	141	5	21.26	18.9	12.4	8	14.5	63	0.38

A/CNK＝0.87～0.99，为偏铝质花岗岩，在铝饱和指数图解中(图 3-91)，样品点均落在偏铝质花岗岩区内。总体特征具有Ⅰ型花岗岩的特点。

2）稀土元素

如表 3-33 所示，稀土总量中等，$\sum$REE＝93.28×10^{-6}～112.24×10^{-6}，介于上、下地壳平均值之间。LREE/REE＝0.84～0.86，轻稀土富集，δEu＝0.79～0.87，$(La/Yb)_N$＝4.85～6.42。稀土配分模式为向右陡倾的富集型曲线(图 3-97)，具弱的负铀异常，轻重稀土分馏明显，且轻稀土分馏明显而重稀土分馏不明显，反映出来源于偏基性源区的特点。各曲线平行，反映为同一岩浆源区。

3）微量元素

如表 3-33 所示，与世界同类岩石微量元素丰度值(维氏，1962)相比，Rb、Sr、Ba、Nb、Zr 相对贫化，Sc、Co 相对富集，Th、Ta 含量相当。Rb/Sr＝0.32～0.38，略高于地壳值(0.24)。以 ORG 为标准的微量元素分布形式(图 3-98)，具 Rb、Th、Ce、Sm 不同程度正异常以及 Ba、Zr 不同程度的负异常，与 Pearce 等(1984)划分的同碰撞花岗岩的分布形式相似，表现出壳源花岗岩的特征。

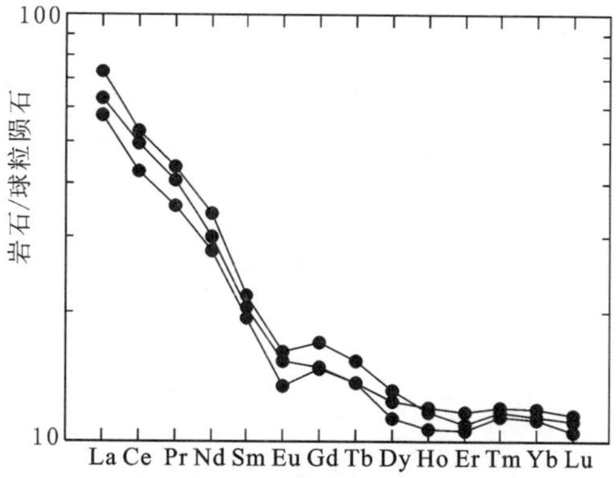

图 3-97　阿尔喀单元稀土配分模式

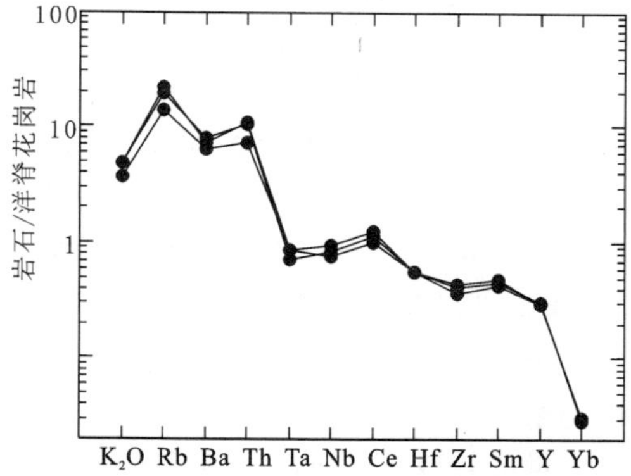

图 3-98　阿尔喀单元微量元素分布型式

4. 侵入深度、剥蚀程度与形成时的物化条件

该单元侵入体均呈近等轴状岩株产出，岩石为细粒结构。岩体内定向组构不发育。围岩为二叠纪沉积地层，侵入关系清楚，界线与围岩不协调到协调，围岩中发育宽度不等的接触变质晕，因此，侵入深度为表带。

各侵入体形态规则，出露面积小，岩体中未见围岩顶垂体。因此，其剥蚀程度较浅。

在图 3-94 中，投影点落在 700～750℃范围内，形成时的压力在 3kb 以上。

5. 侵位机制分析

空间上该单元侵入体均以岩株状北西西向串珠状分布，围岩走向一致，岩体内定向组构缺乏。

与围岩侵入界线清楚，界线多呈弧型，界面外倾，常见岩枝贯入围岩，岩体边部发育围岩棱角状捕虏体。因此阿尔喀独立单元明显具有被动就位条件下以顶蚀方式侵位的特点。

6. 岩石成因及构造环境分析

岩石学及岩石地球化学特征表明，阿尔喀独立单元属中钾钙碱性系列偏铝质岩石，来源于偏基性地壳物质的部分熔融，具有I型花岗岩的特征，岩石成因属壳型花岗岩。

在Nb-Y图解中和Rb-Y+Nb图解中(图3-95)，显示出火山弧花岗岩的特点，反映源区物质在地球化学成分上与火山弧接近。区域地质特征显示，晚三叠世以来东昆仑造山带已进入造山后伸展崩塌阶段，不存在火山弧的环境。同时测区构造形迹特征反映，晚三叠世昆南断裂带表现为强烈的剪切走滑，形成规模巨大的韧性剪切带。阿尔喀独立单元产出于韧性剪切带北侧，各侵入体展布方向与剪切带走向一致，侵位时代也与剪切带活动时间近于一致，因此可以确定阿尔喀独立单元的形成与该韧性剪切带密切相关。强烈的剪切走滑挤压，造成具有火山弧成分的地壳物质的熔融，形成的岩浆沿北西西向断裂上升侵位，最终形成以小岩株形式串珠状展布的阿尔喀独立单元。因此在构造成因上，阿尔喀独立单元应属走滑深熔型花岗岩。

（四）巍雪山二长花岗岩

1. 地质特征

为一独立侵入体，分布于测区东南部巍雪山西侧，主体为现代冰川覆盖，仅小面积出露。构造位置上，产出于昆南断裂带以南松潘甘孜地块北缘，是阿尔喀构造岩浆岩亚带的重要组成。由于冰川覆盖，侵入体形态不明，但从暴露部分及围岩热蚀变特征推测，应为一不规则椭圆状形态，长轴方向近东西向。围岩单一，为三叠系巴颜喀拉山群沉积地层。侵入关系清楚，界线弯曲，界面外倾，倾角较缓。围岩中发育宽约100～500m的热接触变质带，由角岩和角岩化砂岩构成。岩体边部围岩捕虏体少见。岩性为灰白色似斑状中细粒二长花岗岩，斑晶主要由微斜长石构成，多为自形板状体，常见卡氏双晶，部分晶体内有暗色矿物包裹体呈环状而排列构成环状结构。斑晶在岩体中分布不均匀，由边部向内呈增多趋势，并且常有局部集中现象，具有堆晶特点，含量一般为5%～10%，局部达20%～25%。粒径粗大，一般为2cm×4cm，个别达4cm×6cm，分布凌乱无规律，局部呈定向排列。岩体中有少量暗色包体，大小不等，一般为5cm×6cm～10cm×15cm，以椭圆状为主，与主岩关系截然。共见两类包体分别为微细粒闪长质包体、富云母包体。前者数量较少，后者粒径小，多为0.5cm×1cm～1cm×2cm，较发育。岩体中仅见一组节理，产状为110°∠70°。

南邻幅1∶25万可可西里湖幅曾在布喀达坂峰南坡同类岩体中采用单颗粒锆石U-Pb法测年，获得了早侏罗世的年龄数据，同时依据该岩体与三叠系巴颜喀拉山群的侵入接触关系，将其侵位时代归属早侏罗世。

2. 岩石学特征

岩石呈灰白色，似斑状结构，基质为中细粒结构，块状构造，主要造岩矿物为斜长石、条纹长石、石英、黑云母及少量角闪石、副矿物。斜长石为更-中长石，An=29～32，半自形板状，主要构成基质部分，少量以斑晶出现，具粘土化、绢云母化、绿帘石化蚀变，含量32%～42%；条纹长石呈半自形—他形板状，为斑晶的主要组成，具粘土化蚀变，含量33%～46%；石英呈他形粒状，含量22%～25%；黑云母呈褐色片状，多被绿泥石交代，含量3%～5%；偶见普通角闪石，多绿泥石化，含量稀少。副矿物主要为磷灰石、锆石。

在QAP图解中(图3-89)落在二长花岗岩区。

3. 岩石地球化学特征

1）主量元素

如表3-34所示，与我国花岗岩的平均化学成分(罗照华等，1999)相比，具有高TiO_2、TFeO、MgO、CaO、K_2O，低SiO_2、Na_2O的特点。里特曼指数σ=2.01，属钙碱性岩。在AFM图解中(图3-85)，落入钙碱性系列区，并沿 AF 线分布，反映出富碱的特征。K_2O>Na_2O，Na_2O/K_2O=0.66，K_2O 含量较高，在硅钾图中(图 3-90)落在高钾岩石区内。A/CNK=1.05，为过铝质花岗岩，在铝饱和指数图解中(图 3-91)，样品点落在过铝质花岗岩区内。总体特征具有 S 型花岗岩的特点。

表 3-34　巍雪山二长花岗岩主量元素、稀土元素及微量元素特征表

样号	ⅡGs7208-1	岩石名称	似斑状二长花岗岩

氧化物含量($w_B/10^{-2}$)													
SiO_2	TiO_2	Al_2O_3	Fe_2O_3	FeO	MnO	MgO	CaO	Na_2O	K_2O	P_2O_5	H_2O^+	LOS	Σ
68.92	0.54	14.62	0.53	3.12	0.05	1.05	2.41	2.87	4.37	0.15	0.63	0.31	99.57

主要参数					
σ	ar	alk	A/CNK	A/NK	Na_2O/K_2O
2.01	2.02	7.34	1.05	1.54	0.66

稀土丰度($w_B/10^{-6}$)													
La	Ce	Pr	Nd	Sm	Eu	Gd	Tb	Dy	Ho	Er	Tm	Yb	Lu
36.91	73.2	9.36	34.4	7.07	1.07	6.06	1.02	5.65	1.19	3.23	0.52	3.26	0.47

主要参数					
ΣREE	LREE	HREE	LREE/REE	δEu	$(La/Yb)_N$
183.41	162.01	21.4	0.88	0.49	7.6

微量元素丰度($w_B/10^{-6}$)													主要参数
Rb	Sr	Ba	Th	Ta	Nb	Zr	Hf	Y	Sc	Cr	Ni	Co	Rb/Sr
201.7	117	419	23.7	1.6	13.8	210	5.7	29.02	10.5	14.7	8.7	7.9	1.72

2) 稀土元素

如表 3-34 所示，稀土总量较高，ΣREE=183.41×10^{-6}，介于上、下地壳平均值之间。LREE/REE=0.88，轻稀土强烈富集，δEu=0.49，$(La/Yb)_N$=7.6。稀土配分模式为向右陡倾的富集型曲线(图 3-99)，具较强的负铕异常，轻重稀土分馏明显，且轻稀土分馏明显而重稀土分馏较弱，明显具有壳源花岗岩的特点。

3) 微量元素

如表 3-34 所示，与世界同类岩石微量元素丰度值(维氏，1962)相比，Sr、Ba、Nb、Ta、Y、Cr 相对贫化，Th、Zr、Sc、Co 相对富集，Rb 含量相当。Rb/Sr=1.72，略高于地壳值(0.24)。以 ORG 为标准的微量元素分布形式(图 3-100)，具 Rb、Th 的强烈正异常和 Ce、Sm 的弱的正异常以及 Ba、Nb 不同程度的负异常，与 Pearce(1984)划分的同碰撞花岗岩的分布型式相似，表现出壳内重熔型花岗岩的特征。

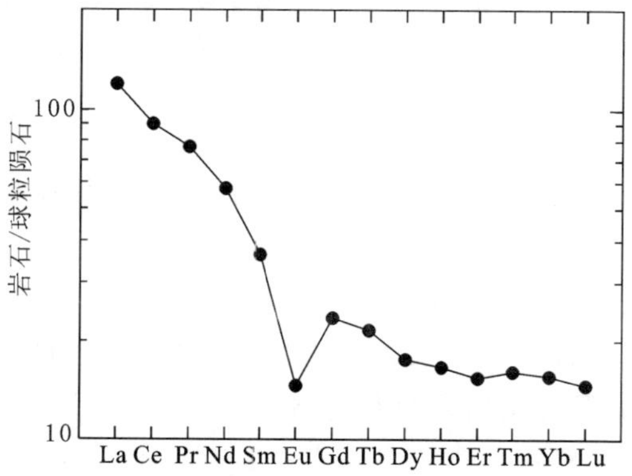

图 3-99　巍雪山单元稀土配分模式

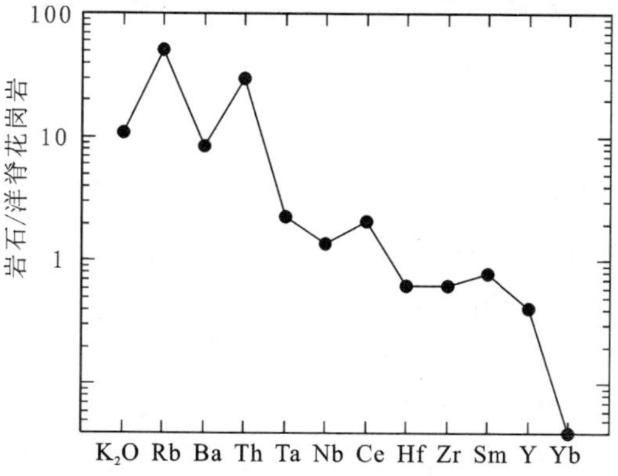

图 3-100　巍雪山二长花岗岩微量元素分布型式

4. 侵入深度、剥蚀程度与形成时的物化条件

该侵入体均呈椭圆状岩株产出，岩石为中细粒结构。岩体内定向组构不发育。围岩为三叠纪地层，侵入关系清楚，与围岩界线不协调到协调，围岩中发育宽度不等的接触变质晕，因此，侵入深度为表带。

侵入体形态规则，多被冰川覆盖，出露面积小，在暴露部分中未见围岩顶垂体。因此，其剥蚀程度较浅。

在图 3-94 中，投影点落在 700℃范围内，形成时的压力在 3kb 左右。

5. 侵位机制分析

空间上该侵入体长轴方向与围岩走向一致，岩体内定向组构缺乏，围岩捕虏体少见。围岩中热接触变质作用发育，围岩产状并未因岩体的侵入而改变。因此巍雪山二长花岗岩应在被动就位条件下侵位的。

6. 岩石成因及构造环境分析

岩石地球化学特征表明，巍雪山二长花岗岩属高钾钙碱性系列过铝质岩石，来源于壳源物质的部分熔融，具有 S 型花岗岩的特征，岩石成因属壳型花岗岩。

与阿尔喀独立单元一样，在 Nb-Y 图解中和 Rb-Y＋Nb 图解中(图 3-95)，巍雪山单元亦显示火山弧花岗岩的特点。在侵位时间、产出部位等方面均于阿尔喀独立单元一致，因此在构造成因上，巍雪山二长花岗岩也应属走滑深熔型花岗岩。两者间成分上的差异，可能与源区物质有关。在构造位置上，阿尔喀独立单元产出于东昆南活动陆缘带南缘，而巍雪山二长花岗岩则产出于松潘甘孜地块北缘。

七、脉岩

在测区范围内脉岩不甚发育，但种类较多，从基性到酸性均有产出，并且在空间上具有发育程度上的不平衡性，多发育在测区北部，与大规模出露的不同时代侵入岩相伴，其他地区有零星出露。在成因有区域性和专属性脉岩两类，以专属性脉岩为主。

（一）区域性脉岩

区域性脉岩主要产出于测区北部喀雅克登塔格构造岩浆岩亚带和莫斯图构造岩浆岩亚带中，岩性主要为辉长岩、辉绿岩，零星见有煌斑岩。多以岩墙形式产出，部分呈脉状，在喀雅克登塔格一带多呈群、呈带集中分布。鉴于该类脉岩与区域构造运动和造山带演化密切相关，具有重要的构造指相意义。因此本次工作中将该类脉岩作为一个填图单位划分出来，命名为祁漫塔格基性岩墙，以突出它的重要性。其主要特征、时代及产出的构造背景详见侏罗纪侵入岩部分。

（二）专属性脉岩

区内专属性脉岩不甚发育，主要呈脉状产出于测区北部喀雅克登塔格构造岩浆岩亚带、莫斯图构造岩浆岩亚带和库鲁克彼捷里克塔格构造岩浆岩亚带中，在测区中部的苏鲁·彼得勒克·得亚构造岩浆岩亚带和南部的阿尔喀构造岩浆岩亚带中有零星出露。按岩性特征分为中性岩脉、酸性岩脉及伟晶岩脉三类，分述如下。

1. 中性脉岩

岩石类型有闪长岩、闪长玢岩、闪长斑岩、石英闪长玢岩、石英二长闪长岩等。该类脉岩数量少，分布范围局限，从其围岩及产状特征分析，可分为三期。

(1) 产出于喀雅克登塔格构造岩浆岩亚带和库鲁克彼捷里克塔格构造岩浆岩亚带中，围岩分别为早泥盆世喀雅克登超单元、晚泥盆世库鲁克彼捷里克超单元侵入岩以及古元古界金水口岩群和奥陶系纳赤台群。岩石类型有闪长岩、闪长玢岩、石英二长闪长岩等。走向北西西向，长 5～20m，宽 2～5m，多顺面理贯入，零散分布。推测可能与晚泥盆世岩浆活动关系密切。

(2) 出露极少，产出于苏鲁·彼得勒克·得亚构造岩浆岩亚带中，岩石类型有闪长斑岩、闪长玢岩、石英闪长玢岩等，围岩为下—中泥盆统布拉克巴什组和二叠系马尔争组沉积地层。其中闪长斑岩仅见于喀尔瓦山北坡，呈一近等轴状岩株形式侵入于拉克巴什组中，岩石呈深灰色细粒斑状结构，发育黄铁矿化。闪长玢岩、石英闪长玢岩多分布于南部阿尔喀山一带，均呈层状顺层侵入于马尔争组中。岩石多呈灰绿色细粒斑状结构，绿帘石化、绿泥石化明显。从岩性、产状及围岩特征推断，可能是与中二叠世伯拉克拉克里超单元同期岩浆作用的产物。

(3) 产出于莫斯图构造岩浆岩亚带中，主要分布于吐木勒克、求勉雷克塔格、卡而却卡一带。岩石类型有闪长岩、闪长玢岩、石英闪长岩等。围岩为古元古界金水口岩群和二叠纪、中三叠世、晚三叠世侵入岩，尤以晚三叠世侵入岩中最为发育。多呈规模不等的岩脉状、岩墙状产出，常见者宽0.5～5m，长约5～20m，走向北西西向、北西向。侵位时代可能为晚三叠世—早侏罗世，是造山后岩浆作用的结果，与晚三叠世那陵格勒超单元属同源、同期不同相的产物。

2. 酸性脉岩

酸性脉岩是区内较为发育的一类，数量重多，岩石类型繁杂，有斜长花岗岩、花岗闪长岩、二长花岗岩、二长花岗斑岩、钾长花岗岩、花岗斑岩、花岗细晶岩、石英斑岩、石英脉等。从产状、蚀变特征、围岩情况分析可分为四期。

(1) 产出于库鲁克彼捷里克塔格构造岩浆岩亚带中，围岩分别为晚泥盆世库鲁克彼捷里克超单元、哈夏·克里克岩石组合侵入岩以及古元古界金水口岩群和奥陶系纳赤台群。岩石类型有花岗闪长岩、二长花岗岩、二长花岗斑岩、钾长花岗岩及石英脉等，分布不均匀，多零散分布，局部密集分布。走向多为北西西向，为290°～330°，长约5～10m，宽2～5m。岩石多为灰白色、肉红色细粒结构，斑状结构，蚀变较强，使岩石常呈土黄色。推测可能与晚泥盆世哈夏·克里克岩石组合关系密切。

(2) 产出于莫斯图构造岩浆岩亚带中，数量较多，主要分布于宗昆尔玛、吐木勒克、求勉雷克塔格、楚拉克阿干东西两侧一带。岩石类型丰富，有斜长花岗岩、二长花岗岩、钾长花岗岩、花岗斑岩、花岗细晶岩及石英脉等，以二长花岗岩脉最为发育。围岩为古元古界金水口岩群和二叠纪、中三叠统世、晚三叠世侵入岩，在晚三叠世侵入岩中最为发育。多呈规模不等的岩脉状产出，展布方向为北西西向，优势走向为280°～320°，宽1～5m，长约5～100m。侵位时代可能为晚三叠世，与那陵格勒超单元关系密切，可能为那陵格勒超单元岩浆分异作用的晚期产物。

(3) 产出于阿尔喀构造岩浆岩亚带北缘，仅见于布喀达坂峰西侧，多被现代冰川覆盖，地表形态不规则。侵入于昆南断裂带之长英质糜棱岩中，岩石类型单一，为肉红色花岗斑岩。受后期断层破坏以及冰川覆盖影响，展布方向不清。推测为侏罗纪岩浆作用产物，应与巍雪山二长花岗岩关系密切。

(4) 产出于阿尔喀构造岩浆岩亚带中，岩石类型主要为石英斑岩，多集中分布于该岩浆岩带南缘的布喀达坂峰西一带，呈规模不等的岩脉状产出，近东西向展布，宽3～10m，长约10～50m，顺层侵入于二叠系马尔争组及古近系沱沱河组中。应与中新统查保马组火山岩属同期异相产物。

3. 伟晶岩脉

出露极少，仅见于测区北部莫斯图一带，产出于东中昆仑微陆块中。为钾长伟晶岩，岩石呈浅肉红色，伟晶结构、花岗结构，块状构造，主要造岩矿物为钾长石、石英、斜长石、白云母及少量黑云母。围岩单一，为古元古界金水口岩群。岩脉长8～12m，宽2～3m，走向北西向，顺面理贯入围岩。从产出状况及围岩时代推断应为晋宁期岩浆作用产物。

第二节 火 山 岩

测区火山活动起始于古元古代，终止于古近纪—新近纪，时代跨度大，火山活动强弱不一。火山活动时空分布具明显规律性，不同时代火山岩各具特色，与东昆仑多旋回造山带不同演化阶段关系极为密切。其中奥陶纪—三叠纪火山岩是东昆仑构造-火山岩浆带的重要组成部分；而古近纪—新近纪火山岩则是可可西里新生代构造-火山岩浆带最北部的出头，从北至南火山活动时代逐渐变新。火山岩以不同产状赋存于各时代地层中，以奥陶纪、二叠纪、古近纪—新近纪火山岩最为发育。

火山岩岩石类型复杂、岩相多样，从基性到酸性均有不同程度的出露。其中古元古代火山岩赋存于古元古界金水口岩群白沙河岩组中，呈厚度不等的似层状、透镜状产出，岩性为斜长角闪岩，常与大理岩、黑云石英片岩等副变质岩相伴产出，原岩恢复为基性火山岩，它已属于变质岩研究范畴。奥陶纪、泥盆纪、石炭纪、二叠纪火山岩属海相喷发，以夹层状透镜状或构造岩块近东西向产出于相应地层中。其中奥陶纪火山岩主体受后期构造肢解、堆垛、叠置已成为测区吐木勒克构造蛇绿混杂岩的组成部分，其原始的时序关系已无法恢复。晚三叠世、中新世火山岩属陆相喷发，以火山地层形式产出，角度不整合面覆于其以前的地层之上（表 3-35）。

表 3-35　测区火山活动特征一览表

<table>
<tr><th colspan="2">时代</th><th>岩石系列</th><th>岩石组合</th><th colspan="2">赋存地层</th><th>喷发环境</th><th>构造背景</th></tr>
<tr><td>古近纪—新近纪</td><td>N_2</td><td>钙碱性系列</td><td>粗面岩—流纹岩</td><td colspan="2">查保马组</td><td rowspan="3">陆相</td><td>板内成山</td></tr>
<tr><td rowspan="2">三叠纪</td><td rowspan="2">T_3</td><td rowspan="2">钙碱性系列</td><td>玄武岩—英安岩—流纹岩</td><td colspan="2">鄂拉山组</td><td rowspan="2">造山带崩塌</td></tr>
<tr><td>安山岩—英安岩—流纹岩</td><td colspan="2">八宝山组</td></tr>
<tr><td>二叠纪</td><td>P_2</td><td>拉斑玄武岩系列</td><td>玄武岩</td><td>布青山群</td><td>马尔争组</td><td>海相</td><td>弧间盆地</td></tr>
<tr><td>石炭纪—二叠纪</td><td>C—P</td><td>钙碱性系列</td><td>安山岩—英安岩—流纹岩</td><td colspan="2">浩特洛哇组</td><td>海相</td><td>陆缘弧</td></tr>
<tr><td>泥盆纪</td><td>D_1</td><td>钙碱性系列</td><td>玄武岩—玄武安山岩—安山岩—英安岩—流纹岩</td><td colspan="2">布拉克巴什组</td><td>海相</td><td>陆内造山</td></tr>
<tr><td rowspan="4">奥陶纪</td><td rowspan="4">O</td><td>碱性玄武岩系列</td><td>玄武岩</td><td>纳赤台群</td><td>哈拉巴依沟组</td><td rowspan="3">海相</td><td>弧前盆地</td></tr>
<tr><td>拉斑玄武岩系列</td><td>玄武岩</td><td colspan="2" rowspan="2">吐木勒克构造蛇绿混杂岩</td><td>洋岛</td></tr>
<tr><td>拉斑玄武岩系列</td><td>玄武岩</td><td>洋脊</td></tr>
<tr><td>拉斑玄武岩系列</td><td>玄武岩</td><td>滩间山群</td><td>基性火山岩岩组</td><td>海相</td><td>扩张</td></tr>
</table>

火山活动旋回划分是表述一个地区火山岩浆演化、火山活动历史以及火山活动特征的主要手段之一。基于上述火山岩的基本特征，对测区火山活动旋回划分如下（表 3-36）。

表 3-36　测区火山活动旋回划分一览表

<table>
<tr><th colspan="2" rowspan="2">分区
时代</th><th colspan="2">东昆仑构造-火山岩浆岩带</th><th colspan="2">可可西里新生代构造-火山岩浆带</th></tr>
<tr><th>喷发旋回</th><th>赋存地层</th><th>喷发旋回</th><th>赋存地层</th></tr>
<tr><td>中新世</td><td>N_1</td><td colspan="2"></td><td>平台山旋回</td><td>查保马组</td></tr>
<tr><td rowspan="2">晚三叠世</td><td rowspan="2">T_3</td><td>那陵格勒旋回</td><td>鄂拉山组</td><td colspan="2" rowspan="5"></td></tr>
<tr><td>吐木勒克旋回</td><td>八宝山组</td></tr>
<tr><td>中二叠世</td><td>P_2</td><td>Ⅲ旋回</td><td>马尔争组</td></tr>
<tr><td>晚石炭世</td><td>C—P</td><td>Ⅱ旋回</td><td>浩特洛哇组</td></tr>
<tr><td>中泥盆世</td><td>D_2</td><td>Ⅰ旋回</td><td>布拉克巴什组</td></tr>
</table>

一、奥陶纪火山岩

区内奥陶纪火山活动较为强烈，火山岩发育，并且在空间上具有分区性特点。与地层分区相对应，火山岩以不同形式分别赋存于昆中断裂以北的滩间山群，昆中断裂带中的吐木勒克构造蛇绿混杂岩及其以南的纳赤台群哈拉巴依沟组中。受多旋回造山作用的构造改造，火山岩变质变形强烈，内部韧性剪切带发育，与围岩多呈构造接触。其原始的层序被破坏，火山活动韵律及旋回特征已荡然无存。尤其是吐木勒克构造蛇绿混杂岩中的火山岩，强烈的构造改造使不同构造环境的火山地质体混杂拼贴在一起，空间上无法将其区分开来。现将空间上分布于不同地层单位中的火山岩叙述如下。

（一）滩间山群火山岩

1. 地质特征

滩间山群在区内出露面积小，仅分布于图区东北部，以大型残留体形式赋存于三叠纪花岗岩中，受后期构造和岩浆作用影响，变质变形较强，韧性剪切带发育，岩石普遍遭受热接触变质作用。根据岩石组合特征，划分为下部基性火山岩岩组和上部碳酸盐岩岩组。

火山岩作为基性火山岩岩组的主体，与少量碳酸盐岩、碎屑岩和辉绿岩相伴产出，岩石类型单一，为玄武岩。岩石变质变形较强，多为糜棱质岩石，部分玄武岩已变质成为斜长角闪岩，受岩浆活动影响，普遍硅化、角岩化，其火山韵律特征已无法恢复。

2. 岩石学特征

蚀变玄武岩为灰黑色—暗绿色，块状构造、杏仁状构造，变余斑状结构，基质具粒状、纤状变晶结构，岩石由残留矿物、交代蚀变矿物及裂隙充填物组成。

残留矿物为斜长石、少量辉石，其中斜长石呈自形板柱状晶体，表面被微粒状钠长石、纤柱状阳起石交代，测得 An=30～35，为中长石，多以斑晶出现，少数为斜长石微晶呈残留状出现在交代蚀变矿物集合体中，含量 12%±；辉石呈自形粒状晶体，多被纤闪石交代，含量 3%±。

交代蚀变矿物：主要构成基质，其中斜长石呈半自形微晶状，交插排列，格架分布，完全被钠长石、石英、阳起石交代，含量 18%±；阳起石呈纤维状、束状、放射状集合体，不均匀分布，可能由辉石和斜长石蚀变形成，含量 60%±；另外有少量纤闪石、钠长石等。

裂隙充填物：主要由阳起石、黑云母、黄铁矿、钠长石集合体构成，含量 5%±。

3. 岩石地球化学特征

在基性火山岩岩组中出现的少量透镜状辉绿岩，虽然与围岩呈断层或韧性剪切带接触，但其蚀变特征与玄武岩近似一致，应与玄武岩属同一构造环境下的产物，因此为叙述方便，将其纳入本节。

1）主量元素

岩石化学特征及参数列于表 3-37 中，在 TAS 图解中（图 3-101），所有投影点均落在玄武岩区，与镜下定名一致。

表 3-37 滩间山群火山岩岩石化学特征表

样号	岩性	氧化物含量（$w_B/10^{-2}$）													
		SiO_2	TiO_2	Al_2O_3	Fe_2O_3	FeO	MnO	MgO	CaO	Na_2O	K_2O	P_2O_5	H_2O^+	LOS	Σ
Ⅱ$3P_1$Gs10-1	玄武岩	49.15	1.58	14.94	2.28	10.52	0.19	6.64	9.86	1.34	0.86	0.13	0.36	1.48	99.33
ⅡGs3107-1		49.04	1.7	14.62	2.6	9.42	0.18	6.61	10.47	2.85	0.62	0.2	0.76	0.68	99.75
ⅡGs3108-1	辉绿岩	48.18	1.5	15.03	2.31	7.53	0.16	10.06	10.75	2.6	0.45	0.14	0.52	1.12	100.35
Ⅱ$3P_1$Gs1-1		49.38	1	16.92	2.3	7.38	0.18	6.82	9.97	2.29	1.26	0.12	0.55	1.14	99.31

样号	CIPW 标准矿物（$w_B/10^{-2}$）														
	Q	Ol	Or	Ab	An	Di	Hy	En	Fs	Ap	Il	Mt	Wo	Fo	Fa
Ⅱ$3P_1$Gs10-1	4.02		5.21	11.63	33.04	13.42	25.91	13.51	12.4	0.29	3.08	3.39	6.79		
ⅡGs3107-1		5.81	3.73	24.53	25.7	21.17	12.64	4.42	8.22	0.44	3.28	3.84	10.78	1.91	3.91
ⅡGs3108-1		14.69	2.70	22.3	28.4	19.9	5.97	3.85	2.12	0.31	2.89	3.39	10.32	9.13	5.55
Ⅱ$3P_1$Gs1-1		3.18	7.63	19.9	32.9	13.8	17.9	8.38	9.49	0.27	1.95	3.42	7.06	1.41	1.77

CIPW 标准矿物显示，岩石均为正常类型，除其中一个样品标准矿物组合中含 Q 外，其余样品的标准矿物组合均为：Or＋Ab＋An＋Di＋Hy＋Ol，反映出岩石中 SiO_2不饱和。

SiO_2变化范围小，在 $48.18\times10^{-2}\sim49.38\times10^{-2}$，均属基性岩，$TiO_2$含量较高，集中于 $1.5\times10^{-2}\sim1.7\times10^{-2}$，接近或略高于 N-MORB，$K_2O$ 含量中等，集中于 $0.45\times10^{-2}\sim0.86\times10^{-2}$，介于岛弧拉斑玄武岩和钙碱性玄武岩之间，全碱含量较低，$Na_2O>K_2O$。里特曼指数 $\sigma=1.64\sim1.81$，属钙碱性岩。在硅碱图中（图 3-102）均属亚碱性系列，在 AFM 图解中（图 3-103）均落在拉斑玄武岩系列区内。岩石总体具高铁镁钙而低硅碱的岩石化学特点。

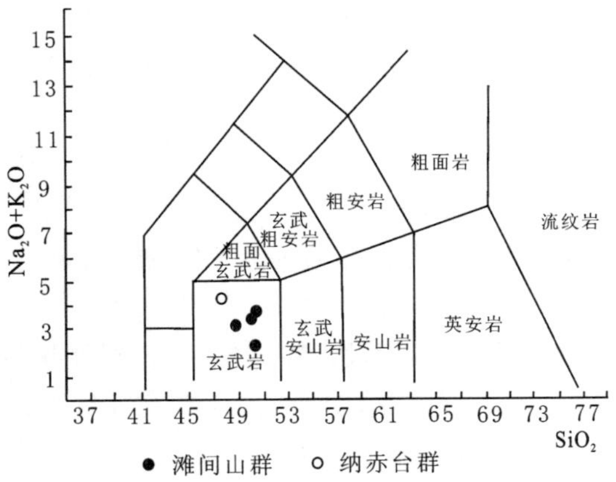

图 3-101　奥陶纪火山岩 TAS 图解

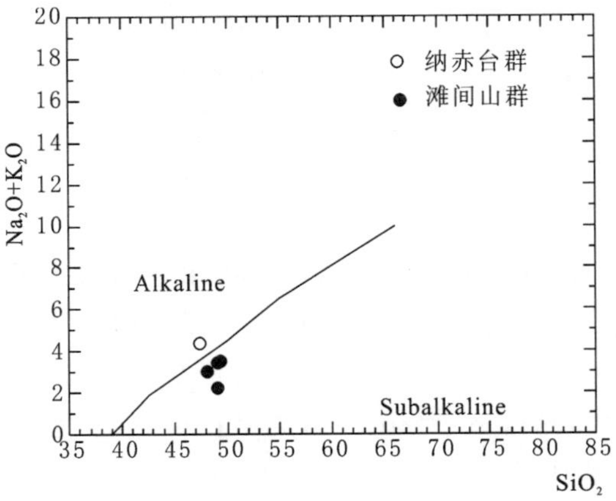

图 3-102　奥陶纪火山岩硅碱图

2）稀土元素

如表 3-38 所示，岩石稀土总量较低，介于 $\sum REE=43.76\times10^{-6}\sim66.38\times10^{-6}$之间，LREE/REE＝0.73～0.85，轻稀土富集，玄武岩 $\delta Eu=1.02\sim1.07$，辉绿岩 $\delta Eu=1.23\sim1.89$，反映岩石经历了较强的结晶分异过程，同时发生了斜长石的堆积作用。稀土配分模式均为向右缓倾的富集型曲线（图 3-104），均有程度不等的正铀异常，并且从玄武岩到辉绿岩正铀异常呈增强趋势。两岩类曲线近于平行，反映来自同一岩浆源区。

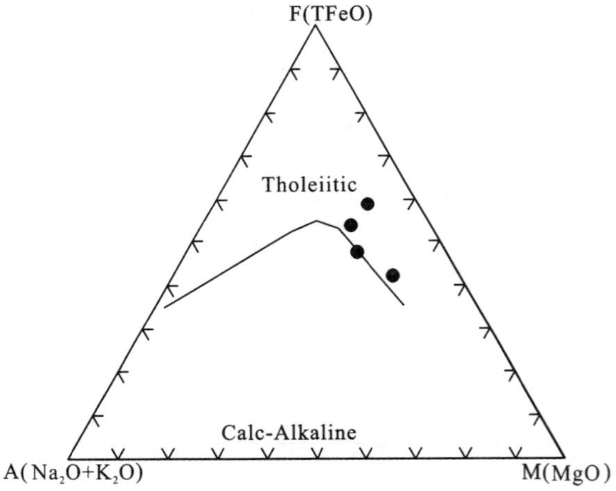

图 3-103　滩间山群火山岩 AFM 图解

表 3-38　滩间山群火山岩稀土元素、微量元素特征表

样　号	岩性	稀土元素丰度（$w_B/10^{-6}$）													
		La	Ce	Pr	Nd	Sm	Eu	Gd	Tb	Dy	Ho	Er	Tm	Yb	Lu
Ⅱ3P_1XT10-1	玄武岩	6.03	15.15	2.53	11.97	3.5	1.34	4.15	0.73	4.26	0.85	2.24	0.33	1.91	0.26
ⅡXT3107-1		9.18	18.94	2.78	12.69	4.01	1.47	4.79	0.83	4.91	0.91	2.63	0.38	2.28	0.34
ⅡXT3108-1	辉绿岩	11.59	21.61	2.92	11.96	3.19	1.32	3.31	0.57	3.09	0.57	1.53	0.23	1.3	0.19
Ⅱ3P_1XT1-1		7.59	16.22	2.12	8.34	1.81	1.13	1.82	0.32	1.75	0.34	1.04	0.16	0.99	0.15

续表 3-38

样号	岩性	主要参数					
		ΣREE	LREE	HREE	LREE/REE	δEu	$(La/Yb)_N$
Ⅱ$3P_1$XT10-1	玄武岩	55.25	40.52	14.73	0.73	1.07	2.13
ⅡXT3107-1		66.14	49.07	17.07	0.74	1.02	2.71
ⅡXT3108-1	辉绿岩	63.38	52.59	10.79	0.83	1.23	6.01
Ⅱ$3P_1$XT1-1		43.76	37.21	6.57	0.85	1.89	5.17

样号	岩性	微量元素丰度($w_B/10^{-6}$)												
		Rb	Sr	Ba	Th	Ta	Nb	Zr	Hf	Sc	Cr	Ni	V	Cu
Ⅱ$3P_1$Dy10-1	玄武岩	3	93	78	0.6	0.5	7.2	87	3.3	28.4	151	63.5	297.8	32.8
ⅡDy3107-1		39	239	110	1.3	0.5	6.9	101	3.6	30.8	94.4	80.1	332.7	110.9
ⅡDy3108-1	辉绿岩	24	326	699	1	0.5	11.4	87	2.6	23.5	375.3	205.7	202.3	33.3
Ⅱ$3P_1$Dy1-1		38.5	302	311	5	0.5	6.6	80	3.6	24	116	39.7	143.4	27.4

3）微量元素

如表 3-38 所示，以 N-MORB 为标准的微量元素比值蛛网图呈“单隆起”的形态（图 3-105），表现为强不相容元素 Sr、K、Rb、Ba、Th 等强烈富集，Ta、Nb、Ce、P、Zr、Hf、Sm 等中等不相容元素弱富集，并且 P、Zr、Hf、Sm 等元素与 N-MORB 近似，曲线平缓，分馏不明显，而 Ti、Y、Yb、Sc、Cr 等弱不相容元素亏损，显示出与岛弧拉斑玄武岩相似的特点。但从 Ta、Nb、P、Zr、Hf、Ti 等高场强元素（HFS）并未出现典型岛弧火山岩所具有的亏损或明显的负异常这一点来看，又具有 P-MORB 的特点。

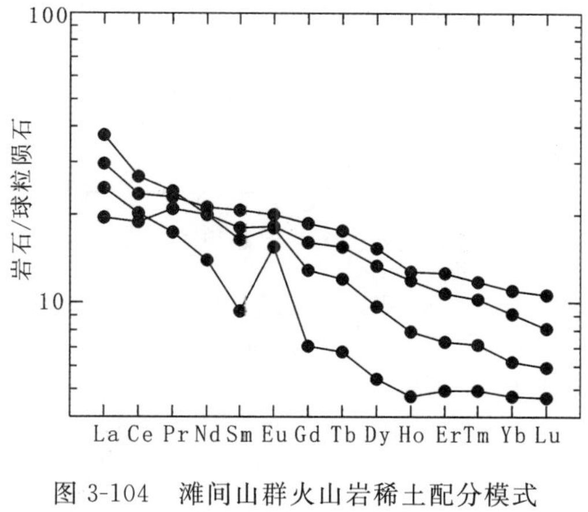

图 3-104　滩间山群火山岩稀土配分模式

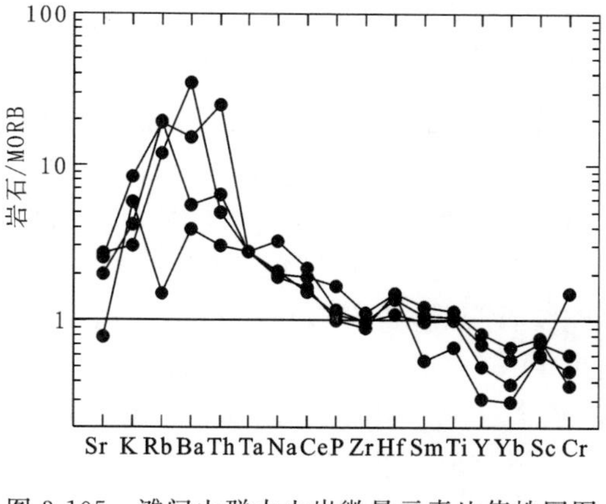

图 3-105　滩间山群火山岩微量元素比值蛛网图

4. 构造环境判别

滩间山群火山岩与辉绿岩紧密伴生，二者具有近乎一致的地球化学特征，在 TiO_2-MnO-P_2O_5 图解中（图 3-106），两者多落点于 MORB 区。在 Th-Hf-Ta 判别图解中（图 3-107），投影点较分散，分别落在 P-MORB 和岛弧拉斑玄武岩区，这与岩石地球化学特征一致。在 Nb-Zr-Y 图解中（图 3-108），则显示出板内拉斑玄武岩的特点。

由于图区内滩间山群出露极少，并且变质变形较强，因此综合判断火山岩形成的构造环境具有一定的难度。结合其岩石地球化学特征并综合上述构造判别图解的结果，可以看出滩间山群火山岩源于较富集地幔的部分熔融，形成于伸展的构造背景之下。

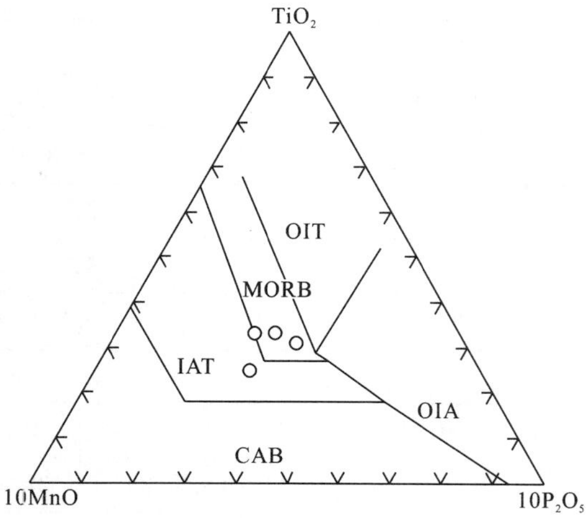

图 3-106　滩间山群火山岩 TiO_2-MnO-P_2O_5 图
(据 Mullen,1983)
OIT:大洋岛屿拉斑玄武岩;OIA:大洋岛屿碱性玄武岩;
MORB:洋中脊玄武岩;IAT:岛屿拉斑玄武岩;
CAB:钙碱性玄武岩

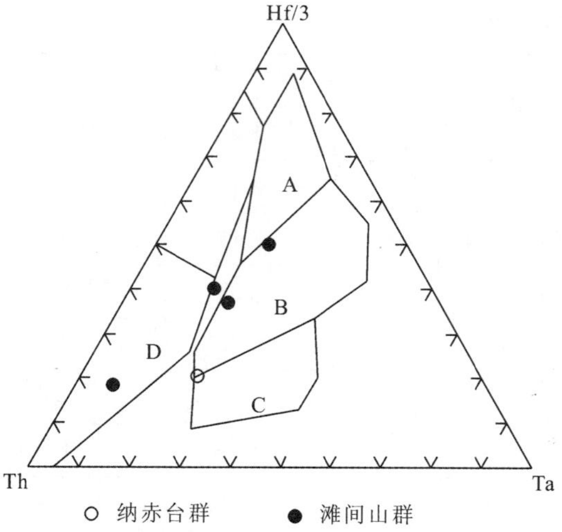

图 3-107　玄武岩的 Th-Hf-Ta 判别图解
(据 Wood,1979)
A:N-MORB;B:P-MORB;C:板内碱性玄武岩及分异产物;
D:岛弧拉斑玄武岩及分异产物

(二) 纳赤台群火山岩

1. 地质特征

火山活动微弱,仅在哈夏·克里克·得亚上游以北及克其克孜苏北见有零星火山岩出露。岩石类型单一,主要有橄榄玄武岩、玄武岩。透镜状、夹层状产出于纳赤台群哈拉巴依沟组砂岩段中。

2. 岩石学特征

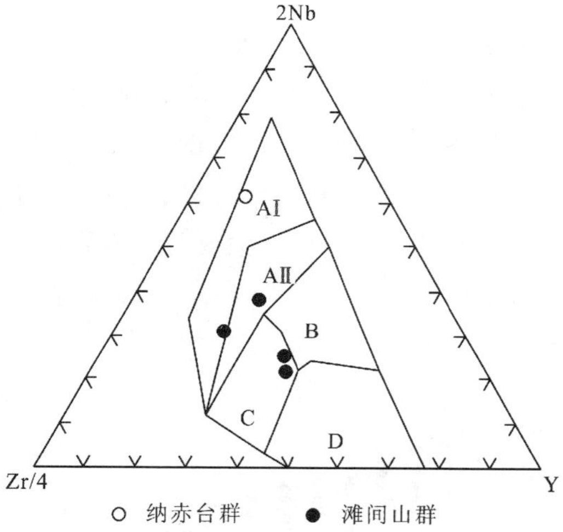

图 3-108　奥陶纪玄武岩的 Nb-Zr-Y 图解
(据 Meschede,1986)
AⅠ和 AⅡ:板内碱性玄武岩;AⅡ和 C:板内拉斑玄武岩;
B:P-MORB;D:Z-MORB;C 和 D:火山弧玄武岩

橄榄玄武岩:深灰—灰紫色,杏仁状构造,斑状结构,基质具间粒结构。斑晶由斜长石、橄榄石组成,其中斜长石为中长石(An=37～39),呈自形板柱状晶体,含量 14%±;橄榄石呈自形短柱状,稍大的晶体核部被纤维状蛇纹石交代,边部被伊丁石交代,含量 5%～16%。基质由中长石、普通辉石、橄榄石、杏仁体及少量磷灰石、磁铁矿组成。中长石呈柱状晶体,交插排列,含量 64%±;普通辉石及橄榄石均呈显微粒状集合体,不均匀分布在中长石搭成的格架中,含量分别为 25%～38%、1%～4%;杏仁体含量 6%±,呈云朵状、圆状,为方解石充填。

玄武岩:灰绿色,块状构造,斑状结构,基质具纤维粒状结构。斑晶为普通辉石假象,呈粒状晶体,完全被绿帘石、纤闪石交代,含量 1%±。基质由基性斜长石、纤闪石、石英、绿帘石及少量黄铁矿、磷灰石、锆石等组成,含量 99%±,其中纤闪石呈纤维状、细长柱状和束状,含量 28%±;斜长石和石英呈微粒状,含量分别为 66%±、1%±。

3. 岩石地球化学特征

1) 主量元素

如表 3-39 所示,在 TAS 图解中(图 3-101),投影点落在玄武岩区,与镜下定名一致。SiO_2 为 46.02 $\times10^{-2}$,属基性岩,高 FeO、MgO,TiO_2 含量中等,$Na_2O>K_2O$,$K_2O=1.08\times10^{-2}$,高于现代大洋拉斑玄武岩的平均值(0.24×10^{-2}),全碱含量为 4.2×10^{-2},里特曼指数 $\sigma=4.3$,在硅碱图中(图 3-102)落在碱

性系列区内。CIPW 标准矿物出现 Ne 分子也反映出碱性玄武岩系列的特征。在硅钾图中(略)落在中、高钾系列界线附近。

表 3-39 纳赤台群火山岩主量元素、稀土元素、微量元素特征表

样 号	ⅡGs5528-2	岩石名称	玄武岩

氧化物含量($w_B/10^{-2}$)

SiO_2	TiO_2	Al_2O_3	Fe_2O_3	FeO	MnO	MgO	CaO	Na_2O	K_2O	P_2O_5	H_2O	LOS	Σ
46.02	1.56	13.34	3.43	7.95	0.15	11.84	7.95	3.16	1.08	0.53	1.36	0.95	99.32

CIPW 标准矿物($w_B/10^{-2}$)

Or	Ab	An	Ne	Di	Wo	Ap	Il	Mt	Fo	Fa
6.58	24.9	19.6	1.44	13.99	7.30	1.19	3.05	5.13	17.75	6.28

稀土含量($w_B/10^{-6}$)

La	Ce	Pr	Nd	Sm	Eu	Gd	Tb	Dy	Ho	Er	Tm	Yb	Lu
32.22	64.94	8.8	31.19	6.3	1.89	4.97	0.77	3.72	0.64	1.67	0.22	1.22	0.17

主要参数

ΣREE	LREE	HREE	LREE/REE	δEu
156.72	143.34	13.38	0.91	1.0

微量元素丰度($w_B/10^{-6}$)

Rb	Sr	Ba	Th	Ta	Nb	Zr	Hf	Sc	Cr	Ni	V	Cu
15	853	438	4.1	1.7	46.1	169	4.5	17.9	207.1	233.1	198.3	51.5

2)稀土元素

如表 3-39 所示,稀土含量较高,$\Sigma REE=156.72\times10^{-6}$,LREE/REE=0.91,LREE/HREE=10.7,δEu=0.99,轻稀土富集。具向右陡倾的稀土配分曲线(图 3-109),无铀异常,轻重稀土有明显分馏,显示出幔源火山岩的特征。

3)微量元素

如表 3-39 所示,与泰勒值相比(Taylor,1972),Sr、Nb、Hf、Cr 偏高,Rb、Th、Ta 偏低,Zr 含量相当。以 MORB 为标准的玄武岩微量元素比值蛛网图呈“单隆起”的分布形态(图 3-110),表现为强不相容元素 Sr、K、Rb、Ba、Th 和中等不相容元素 Ta、Nb、Ce、P、Zr、Hf、Sm 富集,弱不相容元素 Ti、Y、Yb、Sc、Cr 亏损,并且 Ba、Nb 呈正异常,Ta 呈负异常,这不仅与岛弧拉斑玄武岩的特征相似,同时又有初始裂谷环境下玄武岩的特点。

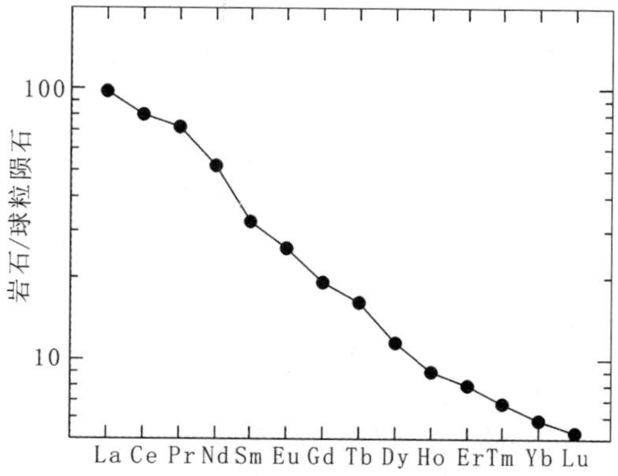

图 3-109 纳赤台群玄武岩稀土配分模式图

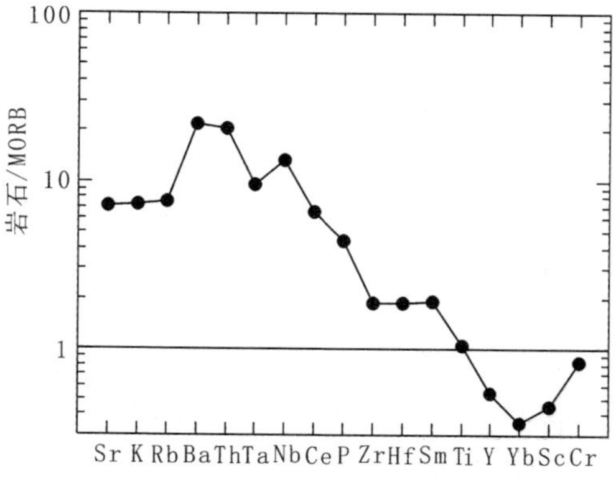

图 3-110 纳赤台群玄武岩微量元素比值蛛网图

4. 构造环境判别

上述岩石地球化学特征显示，玄武岩来源于幔源，并且具初始裂谷环境下火山岩的特点，同时LREE和大离子亲石元素的强富集，反映出可能来源于较富集的地幔源或源区物质低程度的部分熔融。在Th-Hf-Ta图解中(图3-107)落点于板内碱性玄武岩及分异产物与P-MORB的界线上，在Nb-Zr-Y判别图解中(图3-108)落点于板内碱性玄武岩区，表明了其伸展环境下的火山岩特点。另外，火山岩虽然出露极少，但与浊积岩相地层(哈拉巴依沟组)相伴产出。综合判别可能属弧前盆地发展演化到一定阶段的产物。

(三) 吐木勒克构造蛇绿混杂岩中火山岩

1. 地质特征

吐木勒克构造蛇绿混杂岩是本次工作中新建的一个构造-地层单位，主体分布于图区西北部的吐木勒克一带，总体走向北西西向，规模较大，主要由不同时期、不同环境、不同成分的地质体混杂拼贴而成。强烈的构造变形是该套地层的主要特征，地层内普遍发育强弱相间的韧性剪切带。不同岩性地质体均以规模、大小不等的岩块或岩片形式产出，各岩块或岩片间均以韧性剪切带或强劈理化带相接触。岩石组成为玄武岩、碳酸盐岩、少量辉绿岩、硅质岩和碎屑岩，强烈的构造变形使不同成分的岩石多已成为构造岩。

火山岩是该套地层的主要组成之一，岩性单一，为玄武岩。岩石普遍蚀变，变形较强，多为玄武质糜棱岩，在变形弱处保留有玄武岩原始的枕状构造，岩枕大小不等，长轴直径为30～100cm。部分岩石中见有杏仁状构造，杏仁体由绿泥石、方解石组成。另外在该套地层中见有较多的辉绿岩产出，与玄武岩紧密共生，两者间以韧性剪切带或强劈理带相接触，岩石外貌与玄武岩相似，野外不易区分。有少量辉绿岩以构造透镜体形式产出于吐木勒克南的古元古界金水口岩群中，或以捕虏体形式赋存于泥盆纪侵入岩中。

本次调查在玄武岩中采用单颗粒锆石U-Pb法测年，样品由湖北宜昌地质研究所同位素室测试，获得了466±1.8Ma的年龄值(表3-40、图3-111)，虽然仅有一颗锆石，但数据点分布在理论谐和线上，表明了数据的准确性，因此可以确定玄武岩喷出时间为早奥陶世。

表3-40 吐木勒克玄武岩锆石U-Pb法年龄测试结果

样号			Ⅱ1P_1JD41-1	岩石名称		玄武岩				
样品信息	含量($w_B/10^{-6}$)		普通铅含量	同位素原子比率及误差(2σ)				表面年龄及误差(Ma)		
重量(ng)	U	Pb	(ng)	$^{206}Pb/^{204}Pb$	$^{206}Pb/^{238}U$	$^{207}Pb/^{235}U$	$^{207}Pb/^{206}Pb$	$^{206}Pb/^{238}U$	$^{207}Pb/^{235}U$	$^{207}Pb/^{206}Pb$
10	160.8	19.1	0.653	129.3	0.075 07 (0.003)	0.667 25 (0.021 69)	0.064 46 (0.002 11)	466±1.8	519±16.8	756±24.7

2. 岩石学特征

火山岩主体为玄武岩，另外以构造透镜体形式产出的辉绿岩与玄武岩紧密伴生，在此一并描述。

玄武岩：灰绿色，块状构造、枕状构造、杏仁状构造，斑状结构，基质变余间粒结构，部分岩石具糜棱结构。斑晶含量5%～28%，主要由斜长石、辉石组成。斜长石呈自形板柱状晶体，为中长石(An=30～32)，蚀变强烈，多为绿泥石、绿帘石、钠长石、绢云母等交代，多为假象。辉石呈粒状，部分呈柱状晶，普遍发育

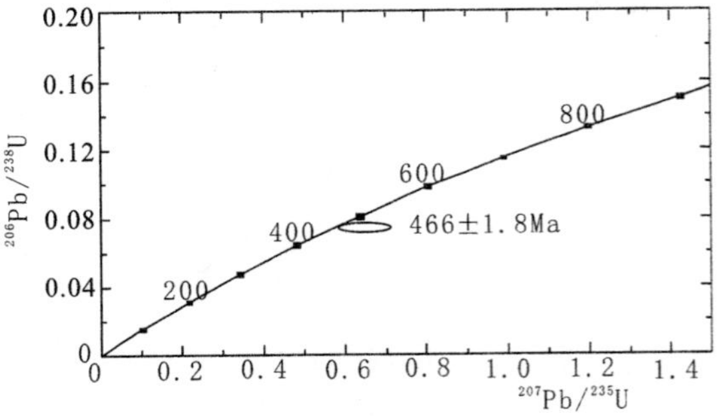

图3-111 玄武岩U-Pb同位素测年谐和图

明显的波状消光，多被绿泥石沿裂纹交代。基质含量 72%～95%，由斜长石微晶、针柱状辉石、绿泥石、玻璃及金属矿物组成。

辉绿岩：灰绿色，块状构造，嵌晶含长结构，部分岩石具糜棱结构。主要组成为辉石、斜长石、蚀变矿物绿泥石、绿帘石及少量榍石、金属矿物。其中辉石多呈半自形晶，普遍发育波状消光，部分粒度较大的晶体内包裹有自形—半自形斜长石，多具碳酸盐化、绿泥石化、纤闪石化，含量 32%～56%；斜长石呈自形—半自形晶，多以包裹体形式产出于辉石中，具强的绿泥石化，含量 43%～65%。

3. 岩石地球化学特征

1）主量元素

如表 3-41 所示，在 TAS 火山岩化学分类图解中（图 3-112），绝大多数玄武岩和所有辉绿岩均落在玄武岩区，与镜下定名一致。

表 3-41　吐木勒克构造蛇绿混杂岩中火山岩、辉绿岩岩石化学

序号	样号	岩性	氧化物含量（$w_B/10^{-2}$）													
			SiO_2	TiO_2	Al_2O_3	Fe_2O_3	FeO	MnO	MgO	CaO	Na_2O	K_2O	P_2O_5	H_2O	LOS	Σ
1	Ⅱ P_1Gs4-1	玄武岩	45.96	1.43	13.87	0.17	11.08	0.16	5.76	9.08	2.84	0.32	0.15	3.78	6.07	100.67
2	Ⅱ P_1Gs8-1		47.52	1.55	14.08	2.16	8.88	0.16	8.31	8.63	2.99	0.52	0.14	3.29	1.2	99.43
3	Ⅱ P_1Gs16-1	辉绿岩	46.78	1.88	15.26	1.47	10.8	0.2	7.81	5.94	3.94	0.37	0.16	2.86	1.84	99.31
4	Ⅱ P_1Gs18-1	玄武岩	36.39	4.02	14.11	3.33	13.25	0.22	11.41	8.46	0.88	0.8	0.4	3.78	2.92	99.97
5	Ⅱ P_1Gs21-1		40.78	3.39	11.68	4.98	9.62	0.19	10.15	10.48	1.74	1.0	0.33	3.96	1.04	99.36
6	Ⅱ P_1Gs25-1		51.51	2.33	13.18	4.03	7.05	0.19	5.31	7.51	3.0	1.68	0.26	2.08	1.21	99.34
7	Ⅱ P_1Gs29-1	辉绿岩	45.18	3.5	13.24	3.48	10.38	0.18	5.36	10.53	3.05	0.54	0.19	2.94	0.83	99.4
8	Ⅱ P_1Gs35-1	玄武岩	46.14	2.8	13.5	1.04	9.68	0.15	6.64	8.35	2.24	2.32	0.06	3.32	3.09	99.33
9	Ⅱ P_1Gs39-1		41.64	2.18	10.16	1.78	9.55	0.19	5.71	16.53	1.3	0.24	0.17	3.58	7.41	100.44
10	Ⅱ P_1Gs40-1		39.82	1.57	9.99	1.23	10.22	0.2	4.71	17.03	1.8	0.26	0.12	3.44	9.28	99.67
11	Ⅱ P_1Gs41-1		45.64	2.51	15.25	2.03	9.48	0.18	5.35	10.92	2.52	0.54	0.15	4.12	1.08	99.77
12	Ⅱ Gs1108-1		48.95	3.44	12.92	1.94	11.73	0.17	5.72	7.92	3.09	0.34	0.3	2.8	0.69	100.01
13	Ⅱ Gs1221-1	辉绿岩	45.8	1.62	13.61	2.84	11.01	0.21	6.28	9.52	2.48	0.2	0.16	3.02	2.57	99.32
14	Ⅱ Gs1512-2		47.89	1.8	15.97	5.02	9.82	0.23	4.59	8.63	2.54	0.28	0.31	2.44	0.71	100.23
15	Ⅱ P_1Gs2-1	玄武岩	49.52	1.2	13.29	2.04	10.2	0.19	7.21	9.64	2.44	0.45	0.074	2.1	1.32	99.67
16	Ⅱ P_1Gs3-1		47.24	0.79	14.51	1.45	8.52	0.15	9.46	9.58	1.64	0.22	0.057	4	2.55	100.17
17	Ⅱ Gs1108-2	辉绿岩	46.14	0.64	15.69	0.92	10.3	0.15	10.02	10.31	1.08	0.14	0.06	3.36	0.7	99.51
18	Ⅱ Gs4221-1		46.58	0.6	16.89	1.31	8.18	0.15	9.34	9.8	2.16	0.12	0.016	1.68	1.75	98.58

序号	CIPW 标准矿物（$w_B/10^{-2}$）															
	Or	Ab	An	Di	Ol	Hy	Ap	Il	Mt	Wo	En	Fo	Fa	Fs	Q	Ne
1	2.08	26.5	26.6	18.3	12.4	13.9	0.36	2.99	0.27	9.16	0.41	0.33	12.1	13.5		
2	3.24	26.6	24.7	15.8	11.7	12.2	0.32	3.10	3.3	8.11	5.89	5.35	6.35	6.35		
3	2.31	35.2	24.2	4.83	23.7	5.63	0.37	3.77	2.25	2.46	1.79	7.03	16.7	3.85		

续表 3-41

序号	CIPW 标准矿物($w_B/10^{-2}$)															
	Or	Ab	An	Di	Ol	Hy	Ap	Il	Mt	Wo	En	Fo	Fa	Fs	Q	Ne
4	5.07	7.95	34.5	6.24			0.94	8.19	5.18	3.21		19.97	11.89			0.018
5	6.27	12.41	22.4	24.5			0.77	6.83	6.74	12.7		12.8	5.47			1.74
6	10.34	26.43	18.26	15.16		12.82	0.59	4.61	6.08	7.84	8.76			4.06	5.69	
7	3.34	26.99	21.79	25.9	9.43	0.68	0.44	6.95	5.28	13.17	0.22	2.87	6.56	0.46		
8	14.76	20.4	21.45	18.62	14.47	4.14	0.14	5.72	1.62	9.48	1.47	4.84	9.63	2.66		
9	1.58	6.18	23.68	55.04			0.42	4.63	2.89	27.9		1.13	1.12			3.313
10	1.77	−2.05	21.17	62.7			0.30	3.43	2.05	31.35		−0.005	−0.007			10.598
11	3.37	22.55	30.35	21.35	7.04	8.07	0.35	5.04	3.11	10.81	2.12	1.72	5.31	5.95		
12	2.08	27.09	21.12	14.54		22.65	0.68	6.77	2.91	7.33	11.2			11.45	2.12	
13	1.26	22.39	27.11	18.33	4.40	20.64	0.37	3.28	4.39	9.25	4.03	0.79	3.60	16.61		
14	1.71	22.16	32.32	8.11		21.99	0.70	3.53	6.01	4.07	9.96			12.04	3.43	
15	2.77	21.45	24.9	19.98		24.8	0.17	2.37	3.07	10.13	13.36			11.47		
16	1.39	14.83	33.73	13.52	1.08	32.71	0.133	1.60	2.25	6.95	16.3	0.51	0.57	16.4		
17	0.87	9.57	39.34	11.31	7.89	30.22	0.14	1.27	1.40	5.78	12.19	3.0	4.89	18.04		
18	0.75	19.21	37.88	10.65	13.66	15.87	0.037	1.20	2.0	5.47	7.93	6.49	7.17	7.94		

CIPW 标准矿物显示，玄武岩和辉绿岩均属正常类型，但出现了 3 种标准矿物组合：①Or＋Ab＋An＋Di＋Ne，4 个样品属此类；②Or＋Ab＋An＋Di＋Hy＋Ol，占大多数，有 10 个样品属于此类；③Q＋Or＋Ab＋An＋Di＋Hy，4 个样品属于此类。

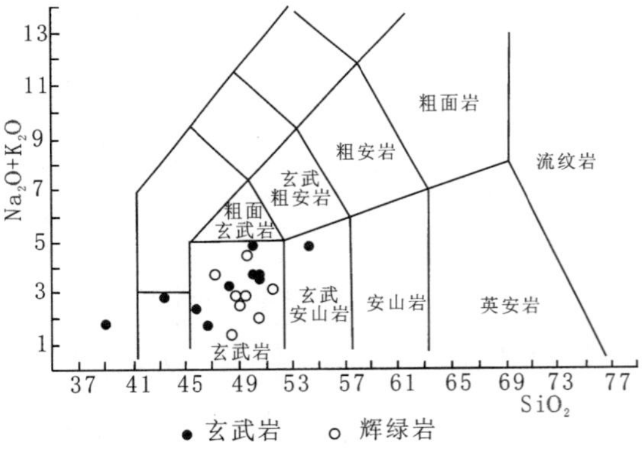

图 3-112　吐木勒克构造混杂岩火山岩 TAS 图解

玄武岩和辉绿岩 SiO_2 变化范围较小，集中于 $40.78\times10^{-2}\sim51.51\times10^{-2}$，玄武岩 Al_2O_3 含量较低，除一个样品外其余为 $9.99\times10^{-2}\sim14.08\times10^{-2}$。辉绿岩较玄武岩略高，为 $13.24\times10^{-2}\sim16.89\times10^{-2}$。所有岩石 TFeO、MgO、CaO 含量普遍较高，Na_2O 均大于 K_2O。从 TiO_2 和 K_2O 的含量上岩石明显可分为两组，第一组：占绝大多数，玄武岩为主，少量辉绿岩(表 3-41 中序号为 1—14)，TiO_2 含量为 $1.43\times10^{-2}\sim4.02\times10^{-2}$，平均 2.43×10^{-2}，K_2O 为 $0.2\times10^{-2}\sim2.32\times10^{-2}$，平均 0.67×10^{-2}，与板内拉斑玄武岩特征相似；第二组：占少数，辉绿岩为主，少量玄武岩(表 3-41 中序号为 15—18)，TiO_2 含量为 $0.6\times10^{-2}\sim1.2\times10^{-2}$，平均 1.81×10^{-2}，K_2O 为 $0.12\times10^{-2}\sim0.45\times10^{-2}$，平均 0.23×10^{-2}，接近现代大洋拉斑玄武岩的平均值(0.24×10^{-2})。

在硅碱图中(图 3-113)，有 5 个样品落在碱性系列区并接近界线分布，其余样品点落入亚碱性系列区内。在 AFM 图解中(图 3-114)所有样品均落在拉斑玄武岩系列区内。

2) 稀土元素

如表 3-42 所示，与主量元素分析结果相对应，从稀土特征上也可将玄武岩、辉绿岩分为两组，第一

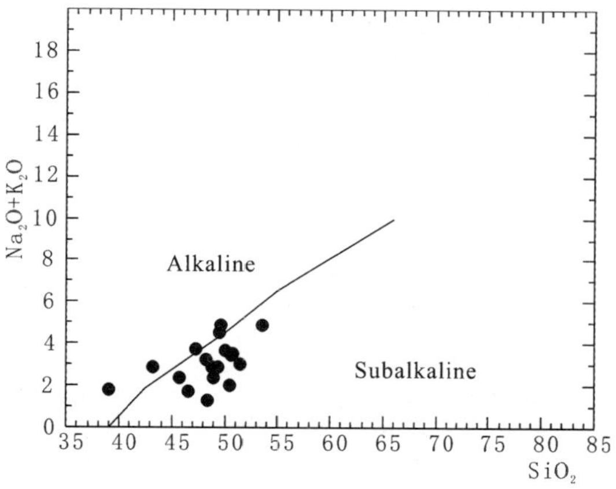

图 3-113 吐木勒克基性岩组合硅碱图

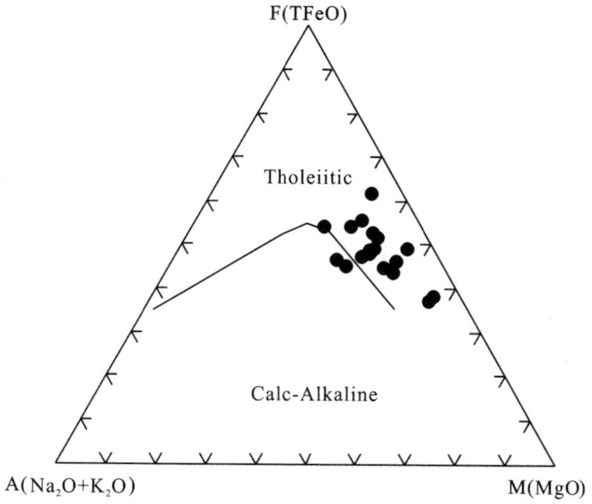

图 3-114 吐木勒克基性岩组合 AFM 图解

组(表 3-42 中序号 1—14):稀土总量较高,$\sum$REE=73.57×10^{-6}～194.73×10^{-6},LREE/REE=0.76～0.9,$(La/Yb)_N$=2.7～14.2,集中于 2.7～4.23,轻稀土强烈富集,轻、重稀土分馏程度略高,δEu=0.84～1.35,总体无铀异常,个别岩石具弱的正铀异常。稀土配分模式为向右缓倾的轻稀土富集型曲线(图 3-115),各曲线近于平行;第二组(序号为 15—18):稀土总量低,$\sum$REE=21.92×10^{-6}～41.03×10^{-6},LREE/REE=0.55～0.67,$(La/Yb)_N$=0.86～1.5,轻稀土轻微富集,个别岩石轻稀土略有亏损,轻、重稀土分馏不明显,δEu=0.92～1.17,无或弱的正铀异常。具平坦型的稀土曲线(图 3-115),个别岩石为轻微的亏损型曲线,特征类似于洋中脊拉斑玄武岩或不成熟的岛弧拉斑玄武岩。

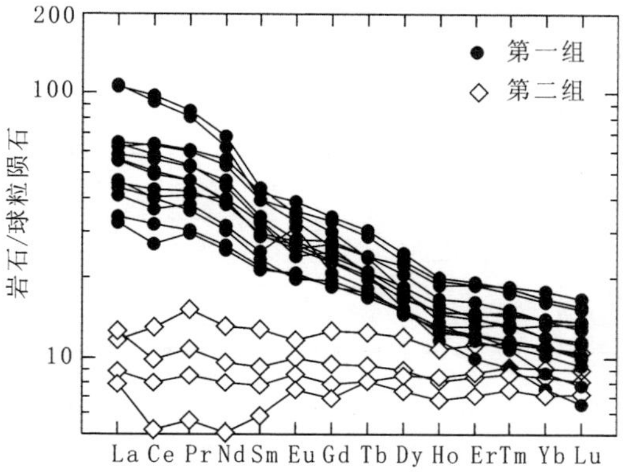

图 3-115 吐木勒克玄武岩稀土配分模式

表 3-42 吐木勒克构造蛇绿混杂岩中火山岩、辉绿岩稀土丰度

序号	样号	岩性	稀土含量($w_B/10^{-6}$)													
			La	Ce	Pr	Nd	Sm	Eu	Gd	Tb	Dy	Ho	Er	Tm	Yb	Lu
1	ⅡP_1XT4-1	玄武岩	10.55	25.74	3.67	15.96	4.29	1.5	4.86	0.8	4.84	0.91	2.59	0.38	2.32	0.33
2	ⅡP_1XT8-1		14.44	32.21	4.39	18.05	4.6	1.46	5.06	0.82	4.9	0.89	2.56	0.38	2.3	0.32
3	ⅡP_1XT16-1	辉绿岩	17.38	40.62	5.68	23.24	5.67	1.89	5.9	0.94	5.41	1.07	3.09	0.47	2.94	0.44
4	ⅡP_1XT18-1	玄武岩	32.8	78.8	10.47	40.97	8.57	2.58	7.73	1.13	5.82	0.98	2.45	0.35	1.83	0.25
5	ⅡP_1XT21-1		33.24	74.73	9.91	37.26	7.7	2.4	6.74	0.98	4.95	0.84	2.09	0.3	1.58	0.21
6	ⅡP_1XT25-1		19.96	46.99	6.48	26.45	6.35	1.9	6.99	1.15	7.14	1.34	3.95	0.6	3.73	0.54
7	ⅡP_1XT29-1	辉绿岩	17.24	39.96	5.73	23.73	5.59	1.98	6.04	0.97	5.39	1.08	3.08	0.48	2.9	0.44
8	ⅡP_1XT35-1	玄武岩	18.19	45.12	6.43	27.95	6.67	2.06	7.12	1.14	6.59	1.2	3.4	0.49	2.9	0.41
9	ⅡP_1XT39-1		12.71	29.54	4.59	18.92	4.9	2.29	5.43	0.87	4.73	0.93	2.57	0.36	2.15	0.3
10	ⅡP_1XT40-1		13.53	32.52	5.02	23.85	6.29	1.78	6.54	1	5.93	1.14	2.99	0.42	2.78	0.43
11	ⅡP_1XT41-1		14.08	34.9	5.22	22.58	5.71	2.03	6.26	1	5.65	1.05	2.94	0.43	2.52	0.36
12	ⅡXT1108-1		20.1	51.45	7.3	31.84	7.71	2.62	8.44	1.35	7.51	1.41	3.96	0.57	3.4	0.49

续表 3-42

序号	样号	岩性	稀土含量($w_B/10^{-6}$)													
			La	Ce	Pr	Nd	Sm	Eu	Gd	Tb	Dy	Ho	Er	Tm	Yb	Lu
13	Ⅱ XT1221-1	辉绿岩	10.01	21.57	3.59	15.19	4.16	1.53	4.8	0.83	4.88	0.95	2.75	0.44	2.5	0.37
14	Ⅱ XT1512-2		19.39	51.81	7.39	33.66	8.21	2.86	8.85	1.43	8.01	1.44	4.05	0.59	3.47	0.5
15	Ⅱ P_1XT2-1	玄武岩	3.6	10.48	1.85	7.87	2.49	0.86	3.29	0.59	3.88	0.77	2.35	0.37	2.29	0.34
16	Ⅱ P_1XT3-1		3.9	7.94	1.31	5.73	1.8	0.73	2.45	0.44	2.88	0.58	1.76	0.28	1.75	0.26
17	Ⅱ XT1108-2	辉绿岩	2.74	6.43	1.04	4.77	1.51	0.63	2.03	0.38	2.36	0.49	1.49	0.24	1.48	0.23
18	Ⅱ XT4221-1		2.44	4.23	0.69	3.03	1.15	0.55	1.79	0.38	2.73	0.6	1.83	0.3	1.91	0.29

序号	主要参数					
	ΣREE	LREE	HREE	LREE/REE	δEu	$(La/Yb)_N$
1	78.74	61.71	17.03	0.79	1	3.06
2	92.38	75.15	17.23	0.81	0.92	4.23
3	114.74	94.48	20.26	0.82	0.99	3.99
4	194.73	174.19	20.54	0.89	0.95	12.1
5	182.93	165.24	17.69	0.9	1	14.2
6	133.57	108.13	25.44	0.81	0.87	3.61
7	114.61	94.23	20.38	0.82	1.03	4.01
8	129.67	106.42	23.25	0.82	0.91	4.23
9	90.29	72.95	17.34	0.81	1.35	3.99
10	104.22	82.99	21.23	0.8	0.84	3.28
11	104.73	84.52	20.21	0.81	1	3.77
12	148.15	121.02	27.13	0.82	0.99	3.99
13	73.57	56.05	17.52	0.76	1.04	2.7
14	151.66	123.32	28.34	0.81	1.02	3.77
15	41.03	27.15	13.88	0.66	0.92	1.06
16	31.81	21.41	10.4	0.67	1.1	1.5
17	25.82	17.12	8.7	0.66	1.1	1.25
18	21.92	12.09	9.83	0.55	1.17	0.86

3）微量元素

如表 3-43 所示，与上述两种分析结果对应，第一组：在以 N-MORB 为标准的微量元素比值蛛网图上可以看出，除 Y、Yb、Sc、Cr 等高场强元素略有亏损外，其他所有不相容元素元素相对 N-MORB 均有不同程度的富集，呈现出“隆起”的分布形式，同时 Ba 具明显的正异常，P 具负异常，显示出典型板内玄武岩的特征（图 3-116），没有受到明显的地壳物质混染，与洋岛玄武岩特征相似；第二组：在微量元素比值蛛网图上（图 3-117），Sr、K、Rb、Ba、Th 等活性元素轻微富集，而 Nb 到 Cr 等高场强元素(HFS)略有亏损并呈接近 1 的平坦型，基本未发生分馏，同时 Ba、Hf、Sc 具明显的正异常。考虑到后期次生作用造成活性元素富集的因素，这种微量元素的分布特征不仅类似于 MORB，同时又与岛弧拉斑玄武岩相似。

表 3-43　吐木勒克构造蛇绿混杂岩中火山岩、辉绿岩微量元素丰度

序号	样号	岩性	微量元素丰度($w_B/10^{-6}$)												
			Rb	Sr	Ba	Th	Ta	Nb	Zr	Hf	Sc	Cr	Ni	V	Cu
1	Ⅱ P_1 Dy4-1	玄武岩	3	112	163	0.6	0.6	12.1	120	4.6	34.8	90	75.6	320.7	131.9
2	Ⅱ P_1 Dy8-1		3	339	119	2	0.5	17.1	116	4.4	29.1	371	216.2	230.5	74.9
3	Ⅱ P_1 Dy16-1	辉绿岩	3	161	212	1.5	2.5	27.7	181	7.4	38.3	158	53.5	361.2	72.5
4	Ⅱ P_1 Dy18-1	玄武岩	127	32.6	171	2.9	5	52.3	239	7.8	34.1	350	158.6	476.9	99
5	Ⅱ P_1 Dy21-1		15.4	140	1172	3.2	5.6	47.4	207	6.3	33.6	357	165.3	424.8	106.2
6	Ⅱ P_1 Dy25-1		49.9	244	482	5.7	1.1	12.9	196	5.8	26.4	36	20.7	238.3	30
7	Ⅱ P_1 Dy29-1	辉绿岩	4.4	368	241	1.6	2.4	24.6	168	5.3	44.5	38	54.6	645.6	58.3
8	Ⅱ P_1 Dy35-1	玄武岩	49.3	108	2684	1.9	1.3	22.7	204	6.4	27.1	58	62	426.4	183.4
9	Ⅱ P_1 Dy39-1		3	413	108	1.6	1.2	18.5	134	4.9	23.5	89	68.5	313.1	264.4
10	Ⅱ P_1 Dy40-1		3	290	206	0.9	1.7	21.8	176	6.8	32.8	104	82.2	414.7	208.3
11	Ⅱ P_1 Dy41-1		12.2	144	230	1.5	1.6	19.1	146	6.5	26.3	139	74.6	355.5	176.7
12	Ⅱ Dy1108-1		28	318	118	3.6	0.5	24.8	221	7.3	31.2	165.9	87.9	457.5	203.3
13	Ⅱ Dy1221-1	辉绿岩	3	97	417	1.2	0.5	11.2	112	4.4	35.4	79.6	73.6	372.2	131.8
14	Ⅱ Dy1512-2		5	310	100	2.8	0.5	24.3	236	7.8	26.6	43.8	39.1	382.3	227.3
15	Ⅱ P_1 Dy2-1	玄武岩	6.6	239	141	0.4	0.5	3.7	65	2.8	47.6	198	67	299.2	138.1
16	Ⅱ P_1 Dy3-1		3	164	154	0.7	0.5	4.8	57	2.4	38.8	306	162.8	224.3	96.2
17	Ⅱ Dy1108-2	辉绿岩	3	133	121	0.9	0.5	2.4	39	1.7	31.3	92.5	163.2	202.2	112.8
18	Ⅱ Dy4221-1		28	229	693	0.3	0.5	2.7	34	1.7	32.3	117.4	187.5	166.1	12

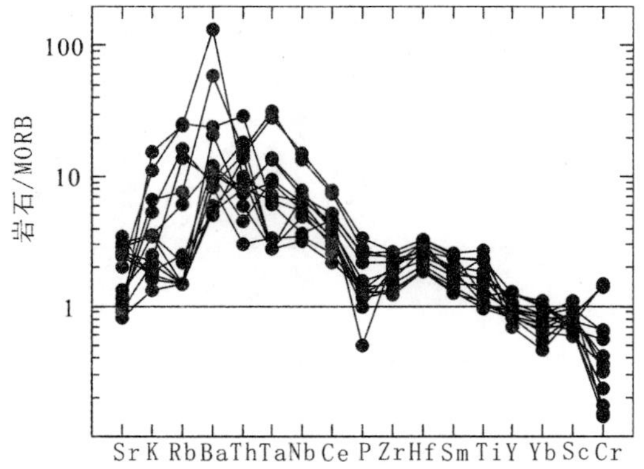

图 3-116　第一组基性岩组合微量元素比值蛛网图

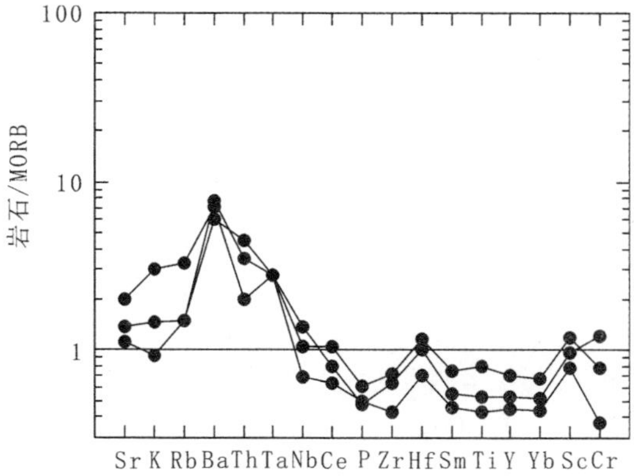

图 3-117　第二组基性岩组合微量元素比值蛛网图

4. 构造环境分析

上述岩石地球化学特征分析结果表明，吐木勒克构造蛇绿混杂岩中的玄武岩、辉绿岩明显分为两组，第一组占绝大多数，以玄武岩为主，显示板内拉斑玄武岩的特征，与洋岛拉斑玄武岩特点相似；第二组少数，以辉绿岩为主，兼有洋脊拉斑玄武岩和岛弧拉斑玄武岩的双重特征。

在 Zr/Y-Zr 判别图解中(图 3-118)，第一组样品点均落在 WPB 区内，第二组样品点多落在 IAB 区内。在 TiO_2-10MnO-10P_2O_5图解中(图 3-119)，第一组分别落在洋脊玄武岩和洋岛拉斑玄武岩区，第二组样品点多落在岛弧拉斑玄武岩区。在 TFeO-MgO-Al_2O_3图解中(图 3-120)，第一组多落在洋岛环境区，第二组落在洋中脊及洋底环境区。在 Nb-Zr-Y 判别图解中(图 3-121)第一组多落在板内拉斑玄武岩区，第二组落在 N-MORB 区。

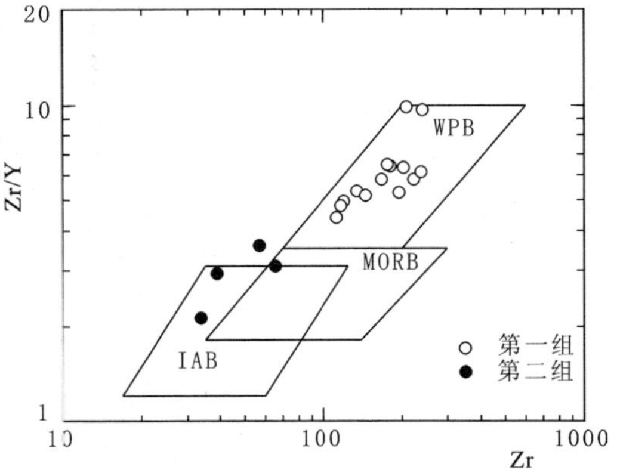

图 3-118　吐木勒克玄武岩 Zr/Y-Zr 图解

(据 Pearce，1982)

WPB：板内玄武岩；MORB：洋中脊玄武岩；

IAB：火山弧玄武岩

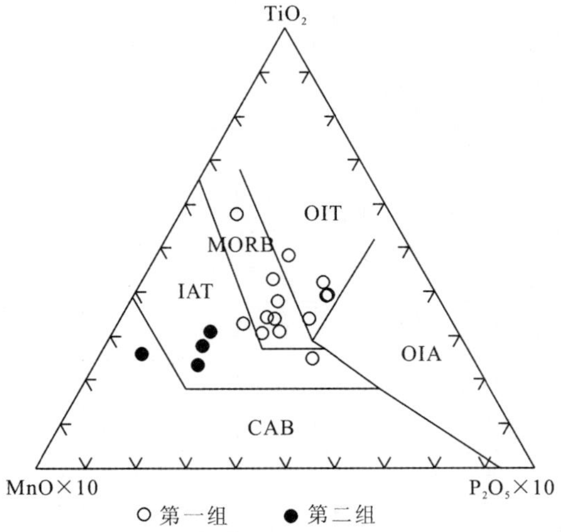

图 3-119　吐木勒克玄武岩 TiO_2-MnO-P_2O_5图解

(Mullen，1983)

OIT：大洋岛屿拉斑玄武岩；OIA：大洋岛屿碱性玄武岩；

MORB：洋中脊玄武岩；IAT：岛弧拉斑玄武岩；

CAB：钙碱性玄武岩

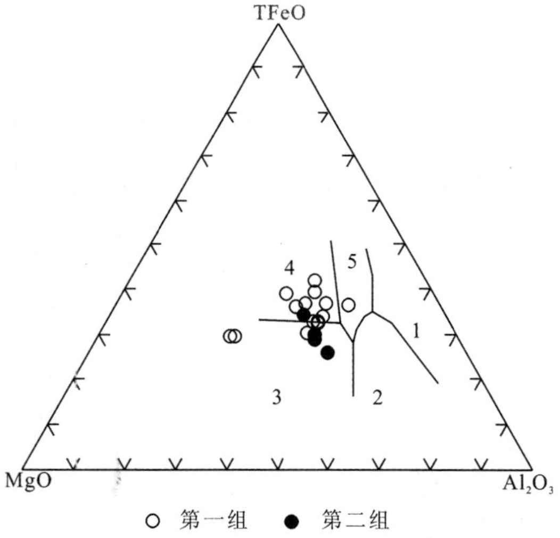

图 3-120　玄武岩 TFeO-MgO-Al_2O_3 图解

1. 扩张的中心岛屿；2. 造山带；3. 洋中脊及洋底；

4. 大洋岛屿；5. 大陆板块内部

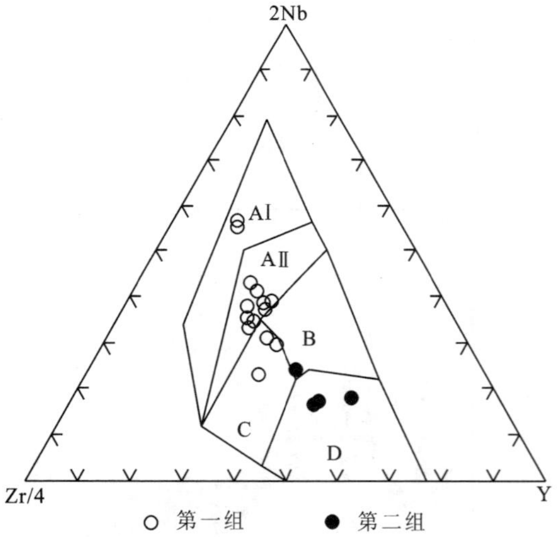

图 3-121　吐木勒克玄武岩 Nb-Zr-Y 图解

AⅠ+AⅡ：反内碱性玄武岩；AⅡ+C：板内拉斑玄武岩；

B：P-MORB；D：N-MORB；C+D：火山弧玄武岩

通过构造环境判别并结合其伴生组分分析认为，第一组基性岩石组合应为洋岛环境下的产物；第二组基性岩石组合具有岛弧拉斑玄武岩和 MORB 的双重地球化学特征，应形成于弧后扩张的构造环境中，同时其平坦或略具亏损的稀土分布形态和平坦分布的微量元素特征，表明了 N-MORB 的特点，应是 SSZ 型蛇绿岩的重要组分之一。

二、泥盆纪火山岩

1. 地质特征

泥盆纪火山活动较为强烈，火山岩以厚度不等的夹层状、透镜状等形式赋存于布拉克巴什组中，均属海相喷发环境的产物。

区内布拉克巴什组主体出露于喀尔瓦山北坡至伯拉克拉克里湖北西一带，近东西向呈断块状断续展布，由西向东出露渐少，厚度变薄。根据岩石组合分为上、下两个岩性段，火山岩主体赋存于下岩段中，上岩段中有少量分布。火山岩岩石类型丰富，岩相多样。岩石类型主要有玄武岩、玄武安山岩、安山质(含角砾)晶屑岩屑凝灰岩、英安质岩屑晶屑凝灰熔岩、流纹质岩屑晶屑凝灰岩、沉凝灰岩等，以安山质岩石居多，英安质和流纹质岩石出露极少。岩相组合为：溢流相—爆发溢流相—爆发相—喷发沉积相，以爆发相为主，反映火山喷发强度较大。

火山岩横向变化大，在喀尔瓦山北坡火山岩出露较多，爆发相岩石占主导地位，均以厚度不等的夹层状产出，向东火山岩减少并以溢流相岩石为主，多呈薄层状或透镜状出露。纵向上通过详细的剖面研究和路线调查，总体从下到上由不同相的火山岩和陆源碎屑岩构成多个火山喷发韵律。在喀尔瓦山北坡，火山岩出露厚度较大，总厚度大于500m，从下到上具明显的喷发—沉积、喷发—溢流的韵律性变化(表3-44)，反映火山活动方式为多次脉动式喷发，间夹强弱变化，总体具由基性向中性向酸性的演化趋势。向东在哈夏·克里克·得亚上游，仅见有三层火山岩，透镜状产出，为溢流相的玄武岩、玄武安山岩，具溢流—沉积的火山活动特点。在伯拉克拉克里湖北西，见有两层火山岩，从下到上为玄武岩、流纹质凝灰岩，分别呈薄层状和透镜状产出，显示溢流—沉积—爆发—沉积的火山活动特征。

上述特征表明，早中泥盆世火山岩以爆发相的火山碎屑岩为主，次为溢流相的熔岩，火山喷发强度

表3-44　喀尔瓦山北坡泥盆纪火山岩喷发韵律表

单位	韵律	厚度(m)	岩性	岩相
布拉克巴什组	6	>11.5	英安质岩屑晶屑凝灰熔岩	爆发相喷溢相
		>31.45	安山质凝灰岩	
	5	1095.92	砂砾岩	爆发相—沉积相
		66.77	安山质晶屑岩屑凝灰岩	
	4	192.57	砂岩、板岩	爆发相—沉积相
		28.07	玄武安山质岩屑凝灰岩	
	3	18.19	玄武岩	爆发相—溢流相
		63.66	玄武安山质岩屑角砾凝灰岩	
	2	>1481.99	砂岩、板岩	爆发相—沉积相
		275.44	安山质晶屑岩屑凝灰岩	
	1	625.03	砂岩、板岩	爆发相—沉积相
		>15.42	安山质岩屑晶屑凝灰岩	

注：据Ⅱ4P_5剖面及路线。

较大，具多次喷发的特征，总体从早到晚由基性向酸性演化，构成测区较为完整的早中泥盆世火山活动旋回——Ⅰ旋回。

本次调查中，在布拉克巴什组下段灰岩夹层中采获蜂巢珊瑚等早中泥盆世化石，由此将该套火山岩喷发时代确定为早中泥盆世。

2. 岩石学特征

1）熔岩类

玄武岩：灰绿色，杏仁状构造，基质多为无斑结构，主要矿物组成为斜长石、普通辉石、绿泥石、绿帘石及少量磁铁矿和杏仁体，部分岩石中见少量橄榄石。其中斜长石呈细长柱状晶体，密集分布，平行或交叉排列，多被绢云母、帘石、绿泥石和钠长石交代，仅保留假象，含量65%～73%。普通辉石呈粒状晶体，多被绿泥石、碳酸盐交代，仅保留假象，不均匀分布于斜长石格架之中，含量8%～18%。橄榄石仅在个别岩石中出现，呈粒状晶体，蛇纹石化强烈，含量9%±。杏仁体呈圆状、椭圆状、不规则状，由石英、绿泥石集合体组成，含量3%～5%。

玄武安山岩：灰绿色、灰紫色，杏仁状构造、块状构造，斑状结构，基质为间粒结构。斑晶含量10%～30%，由斜长石、普通辉石、普通角闪石组成。斜长石呈自形板状，具强绢云母化，仅保留假象；普通辉石和普通角闪石均为自形柱粒状晶体，辉石发育暗化边，两者均强烈蚀变，保留假象。基质含量70%～90%，由斜长石假象、普通辉石、少量磁铁矿、杏仁体组成，其中斜长石呈半自形细长柱状，交叉排列，格架状分布，被绢云母、钠长石交代，含量62%～77%；普通辉石不均匀分布其中，含量8%～18%；杏仁体含量3%±，由石英、绿泥石充填，多呈云朵状。

2）凝灰熔岩类

英安质岩屑晶屑凝灰熔岩：灰绿色，凝灰熔岩结构，块状构造。岩石由火山碎屑和熔岩胶结物组成，其中火山碎屑以晶屑为主，次为岩屑，晶屑主要有石英、更长石、微斜长石，含量50%±；岩屑呈次圆—次棱角状，主要成分为中基性熔岩、硅质岩、石英岩、绢云千枚岩等，含量27%±。熔岩胶结物由斑晶和基质组成，斑晶为石英、更长石，均呈自形—半自形晶，含量2%；基质具隐晶状结构，由绿泥石、隐晶状长英质集合体组成，含量20%±。

3）火山碎屑岩类

安山质（角砾）晶屑岩屑凝灰岩：深灰绿色，块状构造，凝灰质结构。岩石由火山碎屑和火山尘胶结物组成。火山碎屑由晶屑和岩屑组成，其中晶屑含量9%～40%，有石英、斜长石、钾长石、辉石、角闪石、黑云母等组成，石英和斜长石均呈棱角状外型。岩屑含量44%～84%，主要成分有玄武岩、安山岩、砂岩、沉凝灰岩、硅质岩、灰岩、花岗岩等，以安山岩为主，形态各异，多呈次棱角—次圆状，少量圆状、棱角状，少部分岩屑粒级达角砾级。火山尘胶结物脱玻化后以蚀变为绿泥石和帘石集合体及质点状铁质集合体，含量8%～13%。

流纹质晶屑岩屑凝灰岩：灰绿色，凝灰质结构，块状构造。火山碎屑由晶屑（石英、斜长石、钾长石）和岩屑（流纹岩、凝灰岩、硅质岩、石英岩、玄武岩、安山岩、粉砂岩）组成，含量93%±。晶屑多呈棱角状外形，具熔蚀现象，岩屑大小相近，多为次圆—圆状。火山尘胶结物脱玻化后为绿泥石交代，含量7%±。

3. 岩石地球化学特征

1）主量元素

如表3-45所示，在TAS图解上（图3-122），有4个样品分别落在粗面玄武岩和玄武粗安岩区，其余样品则分别落在玄武岩、玄武安山岩、英安岩和流纹岩区内，与镜下定名基本一致。

表 3-45　泥盆纪火山岩岩石化学特征

序号	样号	岩性	氧化物含量($w_B/10^{-2}$)													
			SiO_2	TiO_2	Al_2O_3	Fe_2O_3	FeO	MnO	MgO	CaO	Na_2O	K_2O	P_2O_5	H_2O^+	LOS	Σ
1	Ⅱ Gs5102-2	流纹质凝灰岩	75.01	0.4	9.85	2.03	2.42	0.035	2.34	1.84	4	0.38	0.1	1.18	0.92	100.52
2	Ⅱ Gs4217-3	英安质凝灰熔岩	66.52	0.92	12.5	0.86	4.05	0.042	4.43	1.32	3.38	1.9	0.14	2.4	1.14	99.9
3	Ⅱ Gs4218-2	英安质凝灰岩	61.28	0.86	14.16	1.16	5.05	0.088	4.63	3.75	3.04	2.22	0.13	1.08	2.57	100.02
4	Ⅱ Gs4109[b]	玄武安山岩	53.3	1.27	16.56	3.26	3.85	0.11	5.08	4.1	2.65	3.55	0.26	3.26	2.55	100
5	Ⅱ Gs4516-3	玄武安山岩	52.26	1.04	15.59	7.11	1.52	0.11	6.88	6.95	4.04	0.68	0.18	2.16	0.81	99.33
6	Ⅱ $4P_7$Gs3-1	玄武安山岩	50.26	1.43	16.72	1.05	6.94	0.17	6.92	4.48	3.52	1.94	0.17	4.06	1.64	99.3
7	Ⅱ Gs4516-4	玄武岩	48.98	1.24	17.1	4.2	3.86	0.18	8.17	6.72	3.37	0.22	0.22	3.82	1.26	99.34
8	Ⅱ Gs4130-2	玄武岩	47.34	1.33	17.45	4.76	4.07	0.17	8.29	4.15	4.16	1.4	0.18	2.86	3.65	99.81
9	Ⅱ Gs4217-2	玄武岩	45.9	1.4	15.06	1.53	5.1	0.13	6.2	8.29	5	1.04	0.18	1.82	8.06	99.71
10	Ⅱ $4P_5$Gs27-1	玄武岩	40.58	2.44	11.1	1.23	9.18	0.13	7.69	8.63	0.64	1.52	0.24	3.84	12.18	99.4
11	Ⅱ $4P_5$Gs26-1	玄武岩	40.24	3.37	12.61	6	6.92	0.12	7.13	6.86	2.07	2.08	0.3	3.95	8.02	99.67

序号	CIPW 标准矿物($w_B/10^{-2}$)																
	Or	Ab	An	Di	Ol	Hy	Ap	Il	Mt	Wo	En	Fo	Fa	Fs	Q	C	Ne
1	2.28	34.4	7.93	0.55		7.87	0.223	0.77	2.99	0.29	5.73			2.14	42.98		
2	11.69	29.78	5.86			17.0	0.32	1.82	1.30		11.49			5.5	29.3	2.93	
3	13.62	26.7	18.4			19.3	0.295	1.69	1.75		11.97			7.32	17.97	0.26	
4	22.28	23.8	19.8			16.6	0.603	2.56	4.71		13.44			3.17	7.98	1.62	
5	4.19	35.63	23.33	9.08		18.72	0.41	2.06	4.9	4.75	14.5			4.22	1.66		
6	12.25	31.83	22.56		4.72	24.0	0.40	2.9	1.63		10.87	2.03	2.70	13.13		1.17	
7	1.38	30.3	32.8	0.86		26.9	0.51	2.5	4.33	0.45	21.3			5.6	0.39		
8	0.88	37.79	20.84		13.19	7.44	0.42	2.71	5.29		7.44	13.19				2.12	
9	6.84	28.19	17.34	21.83			0.44	2.96	2.47	11.33		6.76	2.91				10.24
10	10.77	6.5	27.5	17.9		28.7	0.63	5.56	2.14	9.17	17.6			11.08	0.27		
11	14.05	20.0	21.7	12.04	13.73	3.86	0.75	7.31	6.97	6.25	2.5	8.57	5.16	1.36			

CIPW 标准矿物显示，玄武岩多数属正常类型，有两类标准矿物组合分别为 Or＋Ab＋An＋Di＋Hy＋Ol 和 Or＋Ab＋An＋Di＋Hy＋Q，Q 含量极低，而且个别岩石中出现了 Ne 分子，反映岩石中 SiO_2 不饱和。玄武安山岩和酸性岩类多数属铝过饱和类型，多数岩石中出现 C 分子，反映出高铝的特征。

SiO_2 变化范围宽，为 $40.24\times10^{-2}\sim75.01\times10^{-2}$，随 SiO_2 含量的增加，TiO_2、TFeO、MgO、CaO 含量降低，K_2O 总体递增，全碱含量变化不大，显示向贫钛铁镁钙富硅钾方向演化的特点。Na_2O 普遍大于 K_2O，K_2O 含量偏低，为 $0.22\times10^{-2}\sim3.55\times10^{-2}$，集中于 $0.68\times10^{-2}\sim2.22\times10^{-2}$，$TiO_2$ 含量较

低，集中于 $0.86\times10^{-2}\sim1.43\times10^{-2}$，与岛弧火山岩的特征相似。在硅碱图中（图 3-123）多数属亚碱性系列，在 AFM 图解（图 3-124）多数落在钙碱性系列区内，在 SiO_2-K_2O 图中（图 3-125）均属于中-高钾钙碱性岩石。

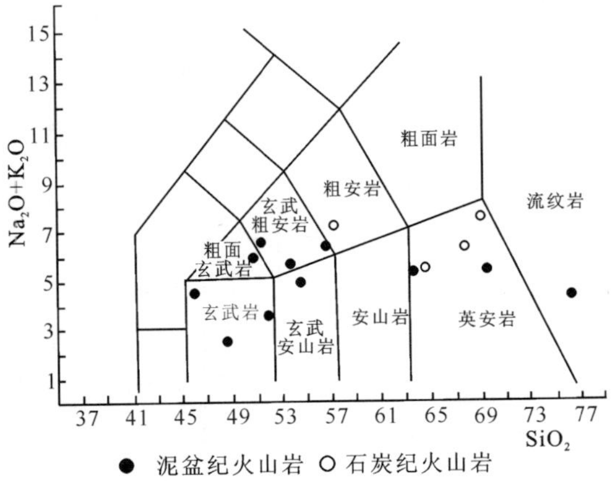

图 3-122　火山岩 TAS 图解

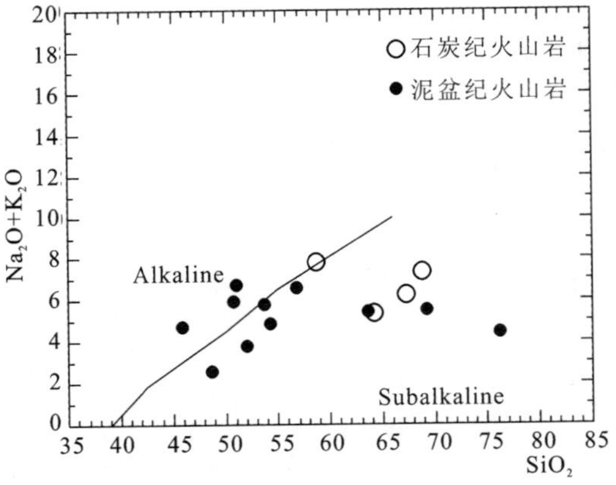

图 3-123　火山岩硅碱图

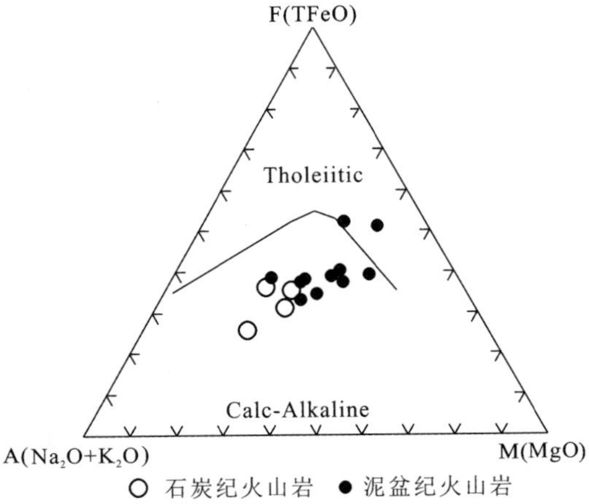

图 3-124　火山岩 AFM 图解

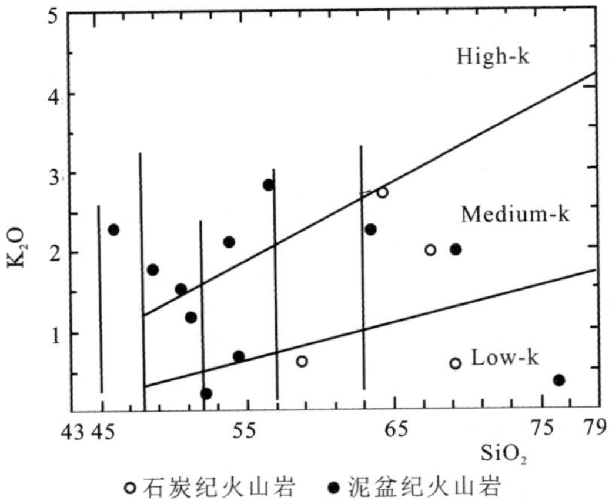

图 3-125　火山岩 SiO_2-K_2O 图解

2）稀土元素

如表 3-46 所示，稀土总量中等，$\sum REE=75.62\times10^{-6}\sim177\times10^{-6}$，集中于 $102.26\times10^{-6}\sim177\times10^{-6}$，介于上、下地壳平均值之间。从基性到酸性稀土总量趋于增高，具晚期富集特征。LREE/REE＝0.8～0.91，轻稀土强烈富集。$(La/Yb)_N=2.5\sim15.5$，$\delta Eu=1.2\sim0.57$，稀土配分模式均为向右陡倾的富集型曲线（图 3-126、图 3-127），均有程度不同的铕异常，显示出壳幔源的特点。并且从基性到酸性随 SiO_2 含量的增高，$(La/Yb)_N$ 趋于增大，δEu 趋于减小，曲线由缓变陡，从弱正铕异常渐变为弱—中等的负铕异常，互补特征明显，反映出明显的结晶分异特征，同时也表明有斜长石的早期晶出。各稀土曲线近于平行，反映为同源岩浆产物。

表 3-46　泥盆纪火山岩稀土元素特征表

序号	样号	岩性	稀土含量（$w_B/10^{-6}$）													
			La	Ce	Pr	Nd	Sm	Eu	Gd	Tb	Dy	Ho	Er	Tm	Yb	Lu
1	ⅡXT5102-2	流纹质凝灰岩	48.88	73.72	9.36	28.85	5.34	0.94	4.45	0.71	3.55	0.69	1.94	0.3	1.95	0.31
2	ⅡXT4217-3	英安质凝灰熔岩	25.69	58.3	6.61	22.07	3.95	1	3.38	0.56	2.94	0.6	1.78	0.28	1.79	0.29

续表 3-46

序号	样号	岩性	稀土含量($w_B/10^{-6}$)													
			La	Ce	Pr	Nd	Sm	Eu	Gd	Tb	Dy	Ho	Er	Tm	Yb	Lu
3	Ⅱ XT4218-2	英安质凝灰岩	23.83	52.64	6.1	21.75	4.18	1.12	3.94	0.67	3.58	0.72	2.14	0.33	2.14	0.33
4	Ⅱ XT4109[b]	玄武安山岩	20.05	41.14	5.62	21.3	4.86	1.42	4.99	0.8	4.97	0.98	2.85	0.45	2.7	0.41
5	Ⅱ XT4516-3	玄武安山岩	14.64	31.47	4.6	16.9	4.02	1.3	3.85	0.66	3.7	0.73	2.2	0.34	2.04	3.3
6	Ⅱ $4P_7$XT3-1	玄武安山岩	16.74	39.03	5.08	20.05	4.59	1.41	4.84	0.81	4.65	0.92	2.67	0.41	2.54	0.37
7	Ⅱ XT4516-4	玄武岩	15.49	34.23	4.87	19.72	4.64	1.54	4.68	0.8	4.65	0.87	2.62	0.41	2.42	0.36
8	Ⅱ XT4130-2	玄武岩	8.93	25.83	3.62	16.1	3.91	1.47	4.22	0.73	4.29	0.9	2.52	0.37	2.38	0.35
9	Ⅱ XT4217-2	玄武岩	15.91	36.63	4.96	19.52	4.69	2.03	5.42	0.91	5.07	0.99	2.83	0.41	2.51	0.38
10	Ⅱ $4P_5$XT27-1	玄武岩	31.07	61.55	7.48	28.32	5.76	1.97	5.41	0.83	4.16	0.8	2.13	0.32	1.77	0.25
11	Ⅱ $4P_5$XT26-1	玄武岩	24.92	54.54	7.43	28.15	6.05	1.96	5.78	0.89	4.55	0.82	2.1	0.31	1.64	0.22

序号	主要参数					
	ΣREE	LREE	HREE	LREE/REE	δEu	$(La/Yb)_N$
1	177	163.1	13.9	0.91	0.57	15.5
2	129.24	117.62	11.62	0.91	0.82	9.7
3	123.77	109.92	13.85	0.89	0.83	7.5
4	112.54	94.39	18.15	0.84	0.87	5
5	86.75	72.93	13.82	0.84	1	4.8
6	104.11	86.9	17.21	0.83	0.91	4.4
7	97.3	80.49	16.81	0.83	1	4.3
8	75.62	59.86	15.76	0.8	1.1	2.5
9	102.26	83.74	18.52	0.82	1.2	4.3
10	151.82	136.15	15.67	0.9	1.1	11.8
11	139.36	123.05	16.31	0.88	1	10.2

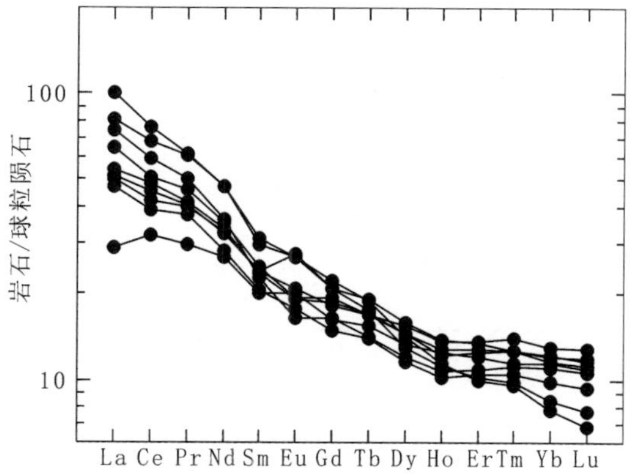

图 3-126 泥盆纪玄武岩—玄武安山岩稀土配分模式

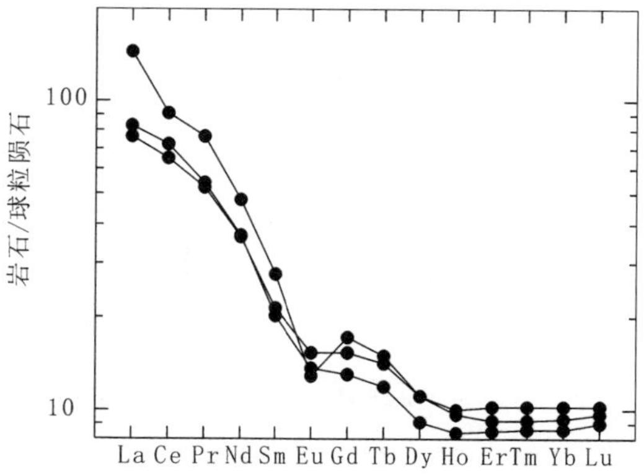

图 3-127 泥盆纪英安岩—流纹岩稀土配分模式

3）微量元素

如表 3-47 所示，与世界同类岩石相比（维氏，1962），玄武岩、玄武安山岩，Sr、Nb、Cr、Ni 偏低，Rb、Ba、Th、Zr、Hf、Sc 偏高；英安岩、流纹岩，Rb、Sr、Ba、Th、Ta、Nb、Zr 偏低，Hf、Sc、Cr、Ni 偏高。以 N-MORB 为标准的玄武岩（包括玄武安山岩）微量元素比值蛛网图（图 3-128）显示了较好的一致性，呈现单隆起模式。表现为强不相容元素 K、Rb、Ba、Th 强烈富集，中等不相容元素 Ta、Nb、Ce、P、Zr、Hf、Sm 等中等富集，弱不相容元素 Ti、Y、Yb、Sc、Cr 亏损，反映出活动大陆边缘的特征。同时 Th、Ce、Hf 具正异常，Ta、P、Ti 具负异常，高场强元素（Ta-Cr）丰度的急剧降低等特征都表明了典型的岛弧特征。

表 3-47　泥盆纪火山岩微量元素丰度（$w_B/10^{-6}$）

序号	样号	岩性	Rb	Sr	Ba	Th	Ta	Nb	Zr	Hf	Sc	Cr	Ni	V	Cu
1	ⅡDy5102-2	流纹质凝灰岩	11	157	584	10.8	0.6	11	182	4.6	9.2	100.6	36.8	85.9	148.3
2	ⅡDy4217-3	英安质凝灰熔岩	45	102	456	9.8	1.1	12.7	101	2.9	7.9	76.4	34	66.9	8.6
3	ⅡDy4218-2	英安质凝灰岩	102	271	720	9.3	1	15.2	142	4	17.7	145.1	55.2	140.3	28.1
4	ⅡDy4109[b]	玄武安山岩	150	107	698	5.5	0.5	11.7	196	4.8	24.2	123.5	48.4	167.5	133.2
5	ⅡDy4516-3	玄武安山岩	21	511	196	4.5	0.5	9.1	154	4	23.3	201.7	121.7	154.6	8.7
6	Ⅱ4P_7Dy3-1	玄武安山岩	70.8	389	732	6.1	0.6	12.2	144	5.2	18.6	161	85.7	181.1	42.8
7	ⅡDy4516-4	玄武岩	3	625	83	3.9	0.5	10.4	198	4.9	24.5	168.7	97.3	138.3	46.9
8	ⅡDy4130-2	玄武岩	17	564	168	2.3	0.5	7.3	144	4.5	23.5	94.3	75.8	157.2	16.2
9	ⅡDy4217-2	玄武岩	21	151	496	4.4	0.5	6.9	130	4.3	22.4	172.9	94.3	147.9	39.5
10	Ⅱ4P_5Dy27-1	玄武岩	82.5	160	596	3.4	5.5	47.2	137	5.6	24.6	445	166.9	308.1	49.7
11	Ⅱ4P_5Dy26-1	玄武岩	90.4	169	1052	2.5	4.9	44.3	136	6	28.5	314	141.8	386	44.1

4. 构造环境分析

泥盆纪火山岩岩石组合为玄武岩—玄武安山岩—安山岩—英安岩—流纹岩，以安山质岩石居多。在里特曼-戈蒂里构造判别图解中（图 3-129），投影点多数落在 B 区，反映出造山带环境下火山岩的特征。在 TFeO-MgO-Al_2O_3 判别图解中（图 3-130），$SiO_2<57\times10^{-2}$ 的玄武岩和玄武安山岩落在洋脊和造山带环境的交线附近，表明岩石的化学成分与过渡型陆壳相似。在 Th-Hf-Ta 构造判别图解中（图 3-131），玄武岩和玄武安山岩多数落在岛弧钙碱性玄武岩区。

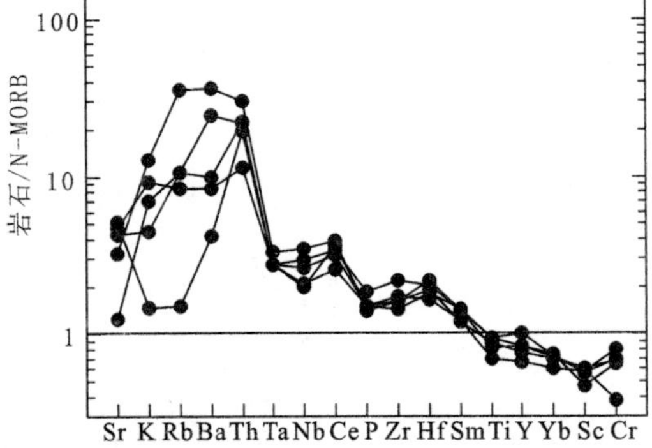

图 3-128　泥盆纪玄武岩微量元素比值蛛网图

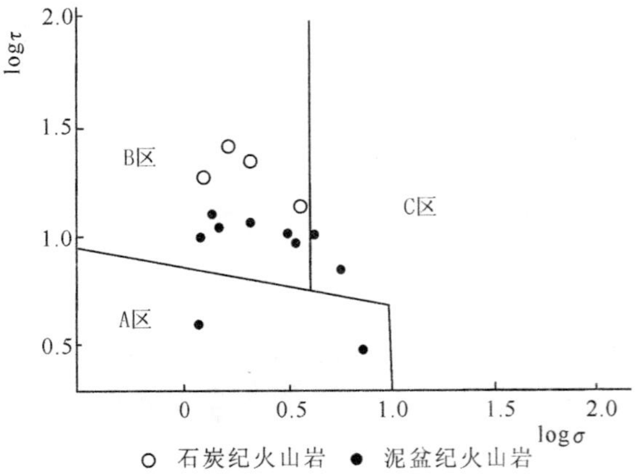

图 3-129　火山岩里特曼-戈蒂里图解

（据 Rittman，1973）

A 区：非造山带地区火山岩；B 区：造山带地区火山岩；

C 区：A 区、B 区派生的碱性富碱性岩

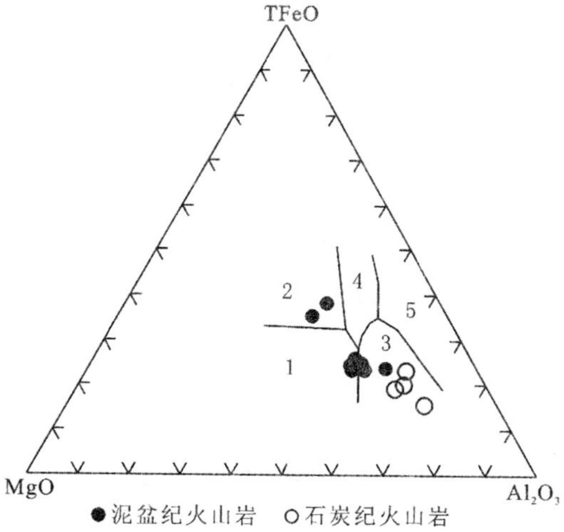

图 3-130　火山岩 TFeO-MgO-Al_2O_3 图解
（据 Pearce，1977）
1. 洋中脊及洋底；2. 大洋岛屿；3. 造山带；
4. 大陆板块内部；5. 扩张中心岛屿

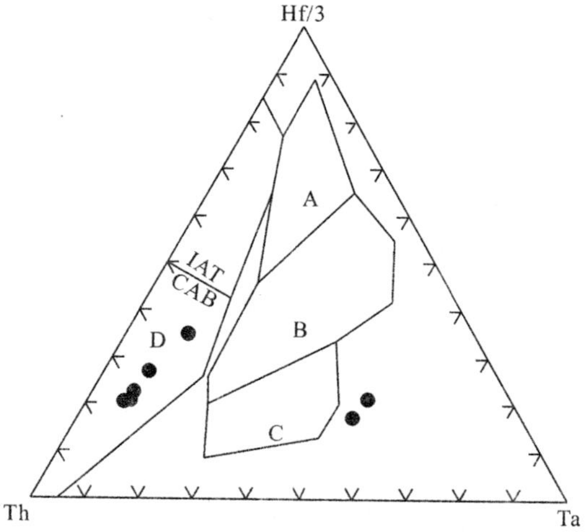

图 3-131　泥盆纪火山岩 Th-Hf-Ta 图解
A. N-MORB；B. P-MORB；C. 板内碱性玄武岩
及分异产物；D. 岛弧拉斑玄武岩系列及分异产物

综合岩石地球化学特征和构造判别图解的投影结果，并结合相伴产出的沉积岩特征以及区域地质特征，早—中泥盆世火山岩应形成于陆内造山环境，当时的陆壳成分及地壳结构导致该套火山岩在地球化学成分上具不成熟陆缘火山弧的特征。

三、石炭纪—二叠纪火山岩

1. 地质特征

石炭纪—二叠纪火山岩呈厚度不等的夹层状赋存于晚石炭世—早二叠世浩特洛哇组中。该套地层近东西向展布于测区中部哈夏·克里克·得亚至克其克孜苏南一线，依据岩性组合划分为上下两个岩性段，火山岩在两个岩性段中均有产出，以上段中火山岩最为发育。

下段分布于哈夏·克里克·得亚一带，其间共见三层火山岩，厚度大于 237m，岩性均为安山岩，从下到上具溢流—沉积的韵律性火山喷发特征；上段分布于克其克孜苏南一带，火山岩与碎屑岩、灰岩相间产出，似互层状，厚度为 1293m，岩石类型较为复杂，岩性主要有安山岩、英安岩、英安质凝灰熔岩及英安质晶屑、岩屑含角砾凝灰岩等。岩相组合为溢流相—喷溢相—爆发相组合，以溢流相为主。构成三个喷发韵律（图 3-132），从下到上分别为：溢流—沉积—喷发、喷溢—溢流—沉积、溢流—沉积，具明显的喷发—沉积的韵律性变化，显示出脉动式喷发的火山活动方式，呈现弱—强—弱的火山活动特征。

上述特征表明，火山岩主体为溢流相的熔岩，且地层结构为沉积型，反映出该时期火山活动总体处于一种弱势的状态。从早到晚岩浆由中性向酸性演化，构成了测区晚石炭世—早二叠世较为完整的火山喷发旋回——Ⅱ旋回。

本次调查中，在与火山岩相伴产出的灰岩中采获了大量的䗴、珊瑚等化石，经南京古生物地质研究所鉴定，时代为晚石炭世—早二叠世。

2. 岩石学特征

该时代火山岩岩石类型丰富，岩相较为单一，溢流相占主导，安山岩居多，由于后期蚀变较强，造成大部分岩石结构不甚明显。

安山岩：灰色、浅灰绿色，块状构造，斑状结构，基质为交织结构、显微粒状结构。斑晶含量 3%～44%，由斜长石、角闪石及少量石英组成，斜长石、角闪石多被绿泥石、绢云母、碳酸盐等交代，仅保留其原始的自形板状、柱粒状晶形假象，石英呈他形粒状，具熔蚀现象。基质含量 56%～97%，由微粒状斜长石、角闪石、

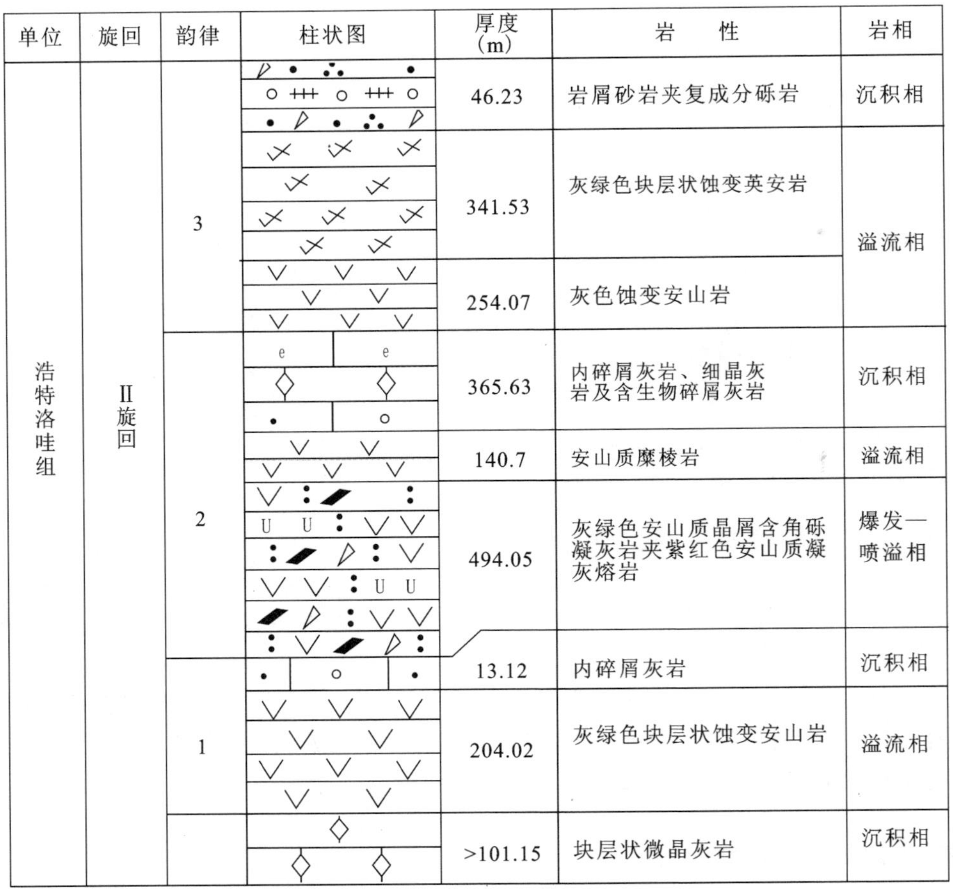

图 3-132　晚石炭世—早二叠世火山岩喷发韵律柱状图

（据Ⅱ$9P_1$剖面）

石英、绿泥石、磁铁矿等组成，个别岩石中含有少量白云石，其中斜长石、角闪石多被交代蚀变。

英安岩：灰色、灰绿色，块状构造，斑状结构，基质具微粒状结构。斑晶含量17%～42%，由斜长石、石英组成。斜长石为更长石（An=21～24），自形斑状晶，多被绢云母、高岭土交代；石英呈他形粒状，具熔蚀现象。基质含量58%～83%，由微粒状斜长石、石英、次生绿泥石以及金属矿物等组成。

英安质凝灰熔岩：紫红色，块状构造、流动构造，凝灰熔岩结构。熔岩由斑晶和基质两部分组成，斑晶含量15%，由斜长石、暗色矿物构成，斜长石自形板状，多具粘土化、绢云母化；暗色矿物具暗化边，强绿泥石化，可能为黑云母。基质含量61%，由隐晶状长英质及少量金属矿物组成。火山碎屑由晶屑、浆屑、岩屑组成，含量24%，其中晶屑主要为斜长石，呈不规则状、棱角状；浆屑呈条状、纺锤状，脱玻化后被绿泥石集合体取代；岩屑成分为中酸性熔岩，多遭熔蚀呈浑圆状、次圆状。

英安质晶、岩屑含角砾凝灰岩：灰绿色，含角砾凝灰结构，块状构造。岩石由火山碎屑和火山尘组成。火山碎屑含量67%，其中岩屑呈次圆—次棱角状，均为中酸性熔岩，按粒级可分为角砾级和凝灰级两部分。晶屑形态不规则，均为绿帘石化、绢云母化的斜长石。火山尘含量33%，由于蚀变现由绿泥石、绿帘石及长英质集合体组成。

3. 岩石地球化学特征

1）主量元素

火山岩岩石化学特征及参数列于表3-48中，在TAS火山岩化学分类图解中（图3-122），投影点分别落入粗安岩及英安岩区，与镜下定名略有偏差，其中镜下定名分布于克其克孜苏南的安山质岩石均修订为英安质岩石，分布于哈夏·克里克·得亚南的安山岩虽然投影点落入粗安岩区，但由于其蚀变强烈，可能影响其全碱含量，因此仍将其定为安山岩。岩石组合为安山岩—英安岩。

表 3-48　晚石炭世—早二叠世火山岩主量元素、稀土元素、微量元素特征表

序号	样号	岩性	氧化物含量($w_B/10^{-2}$)													
			SiO_2	TiO_2	Al_2O_3	Fe_2O_3	FeO	MnO	MgO	CaO	Na_2O	K_2O	P_2O_5	H_2O^+	LOS	Σ
1	Ⅱ$9P_1$Gs4-1	英安岩	67.37	0.43	15.42	0.4	3.22	0.04	3.14	0.52	6.63	0.5	0.09	2.15	0.05	99.96
2	Ⅱ$9P_1$Gs6-1	英安岩	64.53	0.37	13.88	0.5	4.1	0.1	4.02	2.25	4.06	1.86	0.09	2.87	1.23	99.86
3	Ⅱ$9P_1$Gs17-2	英安质凝灰熔岩	62.36	0.66	14.67	2.14	2.94	0.07	3.72	4.94	2.44	2.63	0.36	2.23	0.57	99.73
4	Ⅱ$5P_4$Gs8-1	安山岩	55.05	0.75	16.36	0	6.25	0.084	3.62	4.31	6.75	0.51	0.083	2.1	4.4	100.26

序号	CIPW 标准矿物($w_B/10^{-2}$)															
	Or	Ab	An	Di	Ol	Hy	Ap	Il	Mt	Wo	En	Fo	Fa	Fs	Q	C
1	3.02	57.39	2.04			13.06	0.201	0.84	0.59		8.0			5.06	19.54	3.32
2	11.48	35.88	11.05			17.44	0.21	0.73	0.76		10.46			6.99	21.08	1.37
3	16.03	21.3	21.99	0.70		11.98	0.81	1.29	3.20	0.37	9.3			2.68	22.65	
4	3.22	60.9	13.66	7.12	12.38	2.91	0.19	1.52		3.58	0.28	1.09	11.29	2.63		

序号	稀土元素丰度($w_B/10^{-6}$)													
	La	Ce	Pr	Nd	Sm	Eu	Gd	Tb	Dy	Ho	Er	Tm	Yb	Lu
1	8.29	16.33	2.24	8.91	2.11	0.54	2.57	0.52	3.84	0.82	2.45	0.4	2.45	0.38
2	14.8	25.78	2.91	9.47	1.9	0.63	1.86	0.32	1.96	0.39	1.13	0.18	1.23	0.2
3	48.19	96.89	11.71	40.46	6.81	1.77	5.25	0.75	3.73	0.72	1.72	0.25	1.53	0.23
4	18.14	37.97	4.94	18.32	3.54	0.83	3.08	0.53	2.92	0.59	1.75	0.27	1.69	0.25

序号	主要参数					
	ΣREE	LREE	HREE	LREE/REE	δEu	$(La/Yb)_N$
1	51.85	38.42	13.43	0.74	0.71	2.28
2	62.76	55.49	7.27	0.88	1.01	8.11
3	221	206.82	14.18	0.93	0.87	21.67
4	94.82	83.74	11.08	0.88	0.75	7.24

序号	微量元素丰度($w_B/10^{-6}$)												
	Rb	Sr	Ba	Th	Ta	Nb	Zr	Hf	Sc	Cr	Ni	V	Cu
1	5.3	83	105	4.8	1	9.6	160	5	12.5	6.8	4.4	55	5.9
2	31.9	119	454	6.6	0.9	7.3	92	5	18.8	104.4	18.4	115.4	28.4
3	62.8	655	1909	15.1	1.3	13.8	216	5	22	49.6	15.1	175.8	45.6
4	13.6	269	218	6.4	1	8	85	3.3	11.2	70	19.3	102.9	21.3

CIPW 标准矿物显示，安山岩属正常类型，标准矿物组合为 Or＋Ab＋An＋Di＋Hy＋Ol，未出现 Q 而出现了 Ol，反映其 SiO_2 不饱和基性程度较高；英安岩多数属铝过饱和类型，标准矿物组合为 Q＋Or＋Ab＋An＋C＋Hy，C 的出现反映出高铝的特征。

从早到晚各造岩氧化物与 SiO_2 呈现良好的线形演化关系，随 SiO_2 含量的增高，TiO_2、Al_2O_3、FeO、CaO、Na_2O、Na_2O+K_2O 含量降低，MgO 含量变化不大，只有 K_2O 增高，显示出向富硅富钾贫钙铁铝演化的特点。在硅碱图(图 3-123)中，均投入亚碱性系列区，在 AFM 图解(图 3-124)及 SiO_2-K_2O 图解

(图 3-125)中显示低-中钾钙碱性系列岩石，并且表现出由低钾向中钾的演化趋势。$Na_2O > K_2O$，里特曼指数 $\sigma = 1.282 \sim 3.815$，均为钙碱性岩，在 AR-$SiO_2$图解中，均落入钙碱性岩区(图 3-133)。分异指数 DI=59.98～79.95，普遍较高，并且随 SiO_2 含量的增高而增大，反映出较高的岩浆分异程度。

2) 稀土元素

如表 3-48 所示，火山岩稀土总量 ΣREE 偏低，为 $51.85 \times 10^{-6} \sim 94.82 \times 10^{-6}$，近于下地壳稀土总量平均值，反映岩浆来源较深，而且随 SiO_2 含量的增高 ΣREE 呈递减趋势。LREE/REE=0.74～0.88，LREE/HREE=2.86～7.63，$(La/Yb)_N = 2.28 \sim 8.11$ 轻稀土富集，并且轻重稀土分馏较明显。稀土配分模式均为右倾曲线(图 3-134)，具中等负铕异常—弱的正铕异常，$\delta Eu = 0.71 \sim 1.01$，且负铕异常随 SiO_2 含量的增高而趋于减弱。各曲线近于平行，指示同源，并且均表现出轻稀土分馏强而重稀土分馏弱的特点。

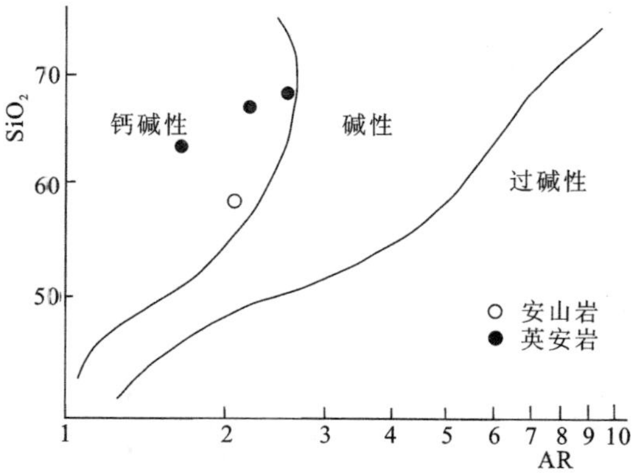

图 3-133　火山岩 AR-SiO_2图解

(据 Wright，1969)

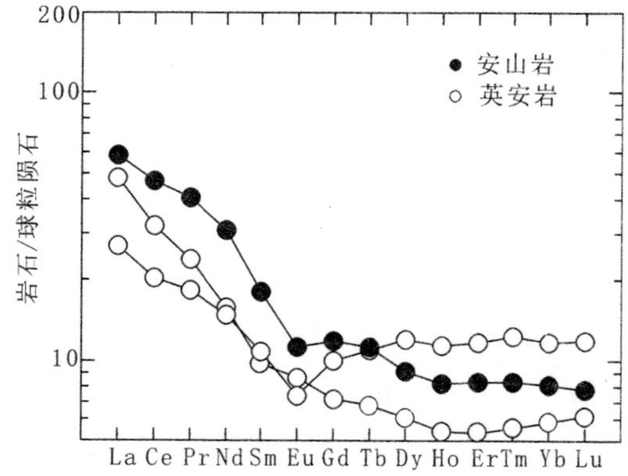

图 3-134　晚石炭世—早二叠世火山岩稀土配分模式

上述稀土的分配形式表现出与一般岩浆演化不一样的特点，但与岩石化学所表现出的随 SiO_2 含量的增高、K_2O 增高而全碱含量降低的特征不谋而合。从早到晚 $Na_2O + K_2O$ 与 SiO_2 的此消彼长导致岩浆碱度的降低，造成亲碱的稀土元素晚期贫化。同时也暗示结晶分异作用并非是该套火山岩岩浆成分变化的主导岩浆作用过程，岩浆混合作用、部分熔融作用可能更具有意义。

3) 微量元素

如表 3-48 所示，与地壳丰度值(Taylor，1972)相比，两类岩石均以低 Rb、Sr、Ba、Nb、Ta、Zr、Co、Ni、V、Cr 等元素为特征，表现出相似的地球化学特性。随 SiO_2 含量的增高，不相容元素 Rb、Ba、Nb、Zr 丰度递增，相容元素 Co、Ni、Cr 递减，反映经历过结晶分异的过程。以原始地幔为标准的微量元素比值蛛网图呈强不相容元素和中等不相容元素总体富集，弱不相容元素强亏损的右倾型(图 3-135)，并且 Ti、P、Nb 等高场强元素(HFSE)具强烈的负异常，低场强元素(LFS) Th 呈正异常，表现出与洋壳俯冲有关的弧火山岩的特征。Rb/Sr=0.05～0.26，介于上地幔与地壳平均值之间，反映源自壳幔混合源的特点。

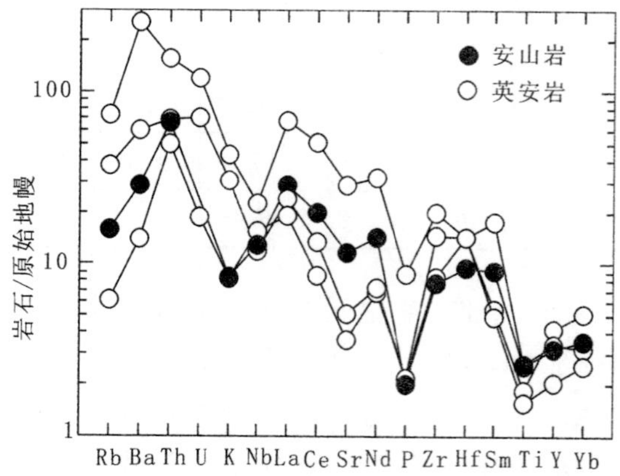

图 3-135　晚石炭世—早二叠世火山岩微量元素比值蛛网图

4. 构造环境分析

上述岩石地球化学特征显示，石炭纪火山岩为安山岩—英安岩组合，属低-中钾钙碱性系列岩石，具向富硅钾演化的特点。稀土总量偏低，微量元素反映具弧火山岩的特性，源自于壳幔混合源区。在里特曼-戈蒂里图解上(图 3-129)中均落入

B区，在 TFeO-MgO-Al_2O_3 判别图解中(图 3-130)，均落在造山带环境区内，在 Sc/Ni-La/Yb 判别图解中(图 3-136)，落在大陆边缘弧区及其附近，在 Th-La/Yb 图解中(图 3-136)均落在大陆边缘弧范围内，总体反映出安底斯型大陆边缘弧的环境特征。区域地质特征显示，浩特洛哇组在构造位置上是测区内所有晚古生代地层最北缘地质体，以北则是由古老变质基底(金水口岩群)和早期造山旋回物质(纳赤台群)组成的陆壳，其活动大陆边缘环境的构造属性一目了然，应是古特提斯洋俯冲消减初期形成的火山-沉积建造。该套地层体时代及构造属性的确定对于恢复东昆仑造山带西段的构造演化和明确东昆仑造山带东西段差异提供了重要依据。

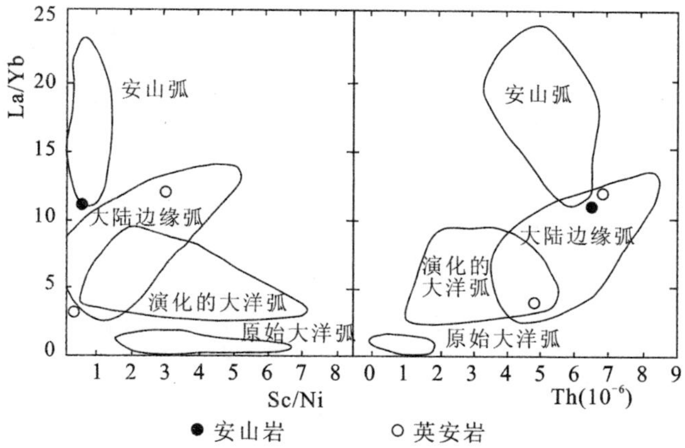

图 3-136　晚石炭世—早二叠世火山岩构造环境判别图解

(据 Condie，1986)

四、二叠纪火山岩

1. 地质特征

火山岩赋存于二叠系马尔争组地层中，该套地层变质变形弱，沉积构造发育，层序较为清楚，总体为一套浅—深海复理石相的浊流沉积。其下部为一套碎屑岩、碳酸盐碎屑流夹玄武岩的地层；中部由一套砂板岩系复理石组成；上部为一套含生物碎屑灰岩、含内碎屑灰岩、砾屑灰岩夹少量细粒长石砂岩的沉积体。

火山岩主要出露于该套地层的下部，多呈夹层状、透镜状产出。岩性比较单一，岩石类型主要有玄武岩、角斑岩两种，其中角斑岩仅见于苏鲁·彼得勒克·得亚北，共见两层，均呈夹层状产出，厚度分别为 7.4m、3.3m。玄武岩占绝对优势，横向变化较大，由西向东厚度逐渐变薄。在西部苏鲁·彼得勒克·得亚一带出露规模巨大，呈一长 20km，宽 1～3km 的透镜状产出，两侧与围岩呈断层接触。玄武岩枕状构造极为发育，岩枕大小不等，一般(100～150)cm×(30～50)cm，最大可见 200cm×50cm，具 1～2cm 的冷凝边外壳，横断面上放射状裂隙发育(图 3-137)。各岩枕接触的空隙中，多由角砾状玄武岩充填。向东在伯拉克拉克里至克其克孜苏一带，玄武岩出露规模变小，呈厚度不等的夹层状产出与围岩整合接触，偶见枕状构造。

部分玄武岩强烈细碧岩化，与角斑岩一起构成细碧—角斑岩组合，为该套火山岩形成的动力学背景以及赋存地层的沉积环境提供了依据。

项目组在西部苏鲁·彼得勒克·得亚一带产出规模较大的玄武岩中，等间距采集了 7 块 Sm-Nd 等时线测试样品，经天津地质矿产研究所测定，取得了较为满意的结果(表 3-49、图 3-138)。其中 Ⅱ4P_1JD4-5、Ⅱ4P_1JD4-6 两个样品的模式年龄分别为

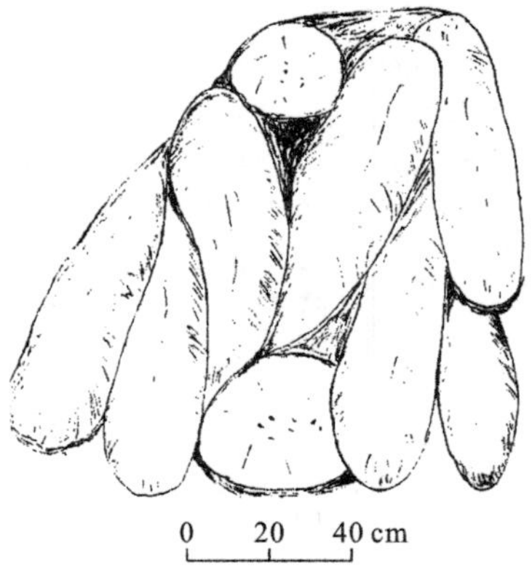

图 3-137　二叠纪玄武岩枕状构造素描

2417Ma、468Ma，可能受到地壳物质的混染，而其余 5 个样品则构成了一条较好的直线，获得的等时线年龄为 267±53Ma。同时对该玄武岩还采用全岩 Ar-Ar 法测年，也获得了较好的结果，坪年龄为 267.2±3.4Ma，等时线年龄为 270.57±4.21Ma(图 3-139)，与 Sm-Nd 等时线法所获结果一致，均为中二叠世。

表 3-49　二叠纪玄武岩钐-钕法同位素地质年龄测定结果

样号	岩性	含量($w_B/10^{-6}$)		同位素原子比率		误差
		Sm	Nd	$^{147}Sm/^{144}Nd$	$^{143}Nd/^{144}Nd$	2σ
Ⅱ$4P_1$JD4-3	枕状玄武岩	3.6841	10.9454	0.2035	0.513 132	5
Ⅱ$4P_1$JD4-4		4.0399	11.0516	0.2210	0.513 163	7
Ⅱ$4P_1$JD4-5		3.7946	11.7642	0.1950	0.512 852	4
Ⅱ$4P_1$JD4-6		3.3135	10.1462	0.1974	0.513 100	2
Ⅱ$4P_1$JD4-7		3.2386	9.9602	0.1966	0.513 121	4
Ⅱ$4P_1$JD4-8		3.1780	9.7173	0.1977	0.513 122	5
Ⅱ$4P_1$JD4-9		3.0567	9.4142	0.1963	0.513 120	6
等时线年龄	267±53Ma		Nd 初始比值	0.512 77	εNd	9.5

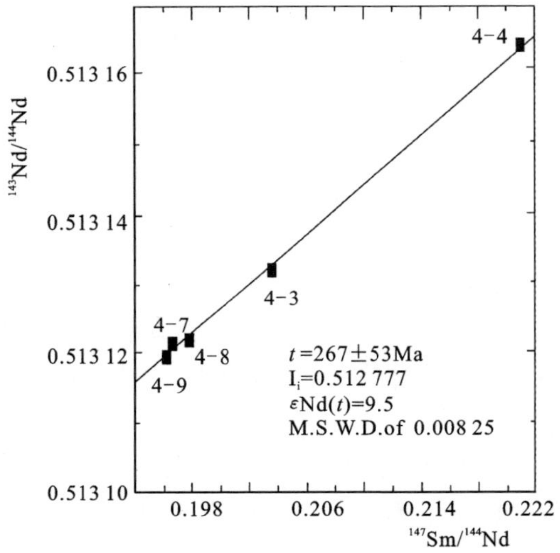

图 3-138　玄武岩 Sm-Nd 等时线图

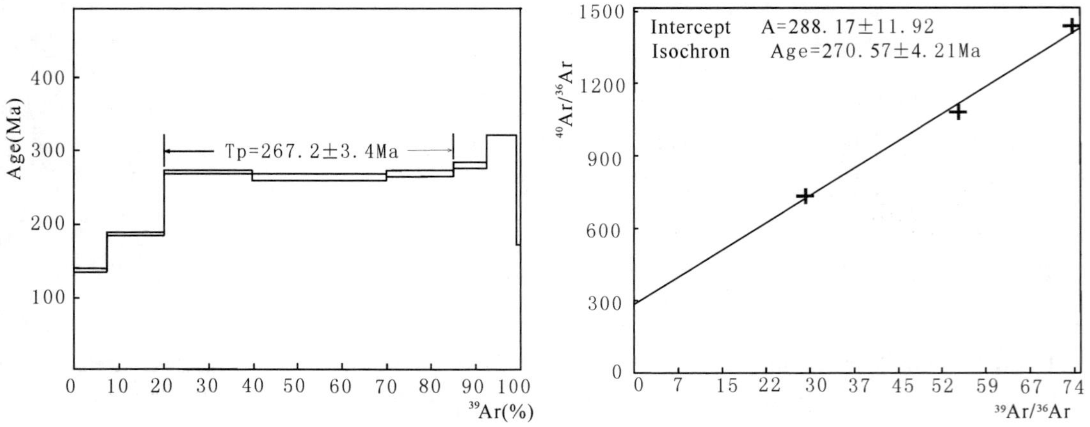

图 3-139　二叠纪玄武岩 Ar-Ar 法同位素测年坪谱图及等时线图

另外在赋存该玄武岩的地层中采集到了众多的古生物化石，主要有䗴、海绵等，经南京古生物地质研究所张遴信等鉴定，属二叠纪茅口期。

以上三种结果，相互验证，高度吻合，为该套玄武岩及所赋存地层提供了准确的时代依据。

2. 岩石学特征

玄武岩：灰绿色，枕状构造，部分为块状构造，斑状结构，基质间粒结构、填间结构，个别为球颗结构。主要矿物组成为斜长石、普通辉石、绿泥石、绿帘石，少量磁铁矿、石英等。斜长石斑晶多呈自形板状，大多已遭受强钠长石化、绿泥石化、绿帘石化等蚀变，仅保留晶体假象，主要为基性斜长石，部分为更长石，含量为2%～4%；辉石斑晶呈自形柱状，常蚀变为绿泥石、绿帘石等，也多为假象，含量为1%±。基质由斜长石、辉石、绿泥石、绿帘石及少量石英、磁铁矿等组成。斜长石呈半自形细长柱状晶体交叉排列，格架分布，辉石绿泥石充填其中，斜长石多具蚀变，含量47%～78%。辉石多为粒状，含量16%～42%。

另外，个别岩石中斜长石均以钠长石化，同时伴有强烈的绿泥石化，显示细碧岩特征。

角斑岩：灰—灰绿色，块状构造，斑状结构，基质为微晶结构、交织结构、霏细结构。斑晶含量2%～10%，由钠长石和少量角闪石构成，钠长石呈自形板状晶，An=5～10，可见钠长双晶和肖钠双晶，具碳酸盐化、粘土化；角闪石呈自形柱粒状，具窄的暗化边，均为碳酸盐和绿泥石集合体取代，仅保留假象。基质含量90%～98%，由钠长石、绿泥石、方解石、金属矿物组成，其中钠长石多呈针状、柱状晶体，部分呈微粒状，半平行排列，含量65%～90%。绿泥石集合体或方解石呈不规则状充填在钠长石间隙中，部分团块中含有针状钠长石微晶。

3. 岩石地球化学特征

1）主量元素

主量元素在青海省岩矿中心实验室分析，分析精度满足要求。岩石化学分析数据及参数列于表3-50中。在TAS火山岩化学分类图解上（图3-140），玄武岩除一个样品属玄武安山岩外，其余均落在玄武岩区内，角斑岩则分别落在粗面岩和英安岩区内。

表3-50 二叠纪火山岩岩石化学特征表

序号	样号	岩性	氧化物含量($w_B/10^{-2}$)												
			SiO_2	TiO_2	Al_2O_3	Fe_2O_3	FeO	MnO	MgO	CaO	Na_2O	K_2O	P_2O_5	H_2O^+	LOS	Σ
1	ⅡGs4115	玄武岩	48.59	1.37	14.13	4.03	5.52	0.14	4.71	14.57	0.76	0.49	0.12	2.26	2.64	99.33
2	ⅡGs4204		46.78	1.39	16.36	6.76	4	0.16	4.85	11.74	3.08	0.48	0.11	2.48	1.37	99.56
3	ⅡGs4208-1		48.48	1.36	14.79	2.08	7.95	0.14	7.49	7.79	4.48	0.11	0.086	2.68	2.11	99.55
4	ⅡGs4210-1		49.34	1.64	14.68	2.75	7.82	0.12	7.97	6.83	3.6	0.16	0.12	4.06	0.23	99.32
5	ⅡGs5612-1		48.44	1.56	14.73	5.84	5.7	0.15	6.48	9.02	3.34	0.42	0.14	1.64	2.43	99.89
6	Ⅱ4P_1Gs2-1		48.3	1.63	15.72	0.33	9.72	0.099	5.23	5.49	3.44	0.7	0.13	3.84	4.76	99.39
7	Ⅱ4P_1Gs3-1		47.2	1.23	13.86	1.2	8.38	0.17	5.7	11.15	2.37	0.14	0.12	3.7	3.99	99.21
8	Ⅱ4P_1Gs4-9		48.5	1.14	14.93	3.14	5.68	0.14	6.54	10.81	3.4	0.7	0.082	2.71	2.33	100.1
9	Ⅱ4P_2Gs18-1	角斑岩	61.54	0.39	15.48	0.99	3.22	0.055	0.85	5.66	2.8	2.62	0.11	1.12	5.85	100.69
10	Ⅱ4P_2Gs19-1		56.44	0.72	18	1.04	4.92	0.098	1.51	3.98	6	1.58	0.12	2.2	3.37	99.98

序号	CIPW标准矿物($w_B/10^{-2}$)															
	Or	Ab	An	Di	Ol	Hy	Ap	Il	Mt	Wo	En	Fo	Fa	Fs	Q	Ne
1	3.07	6.82	35.73	32.72		4.66	0.28	2.76	4.37	16.74	2.81			1.85	9.57	
2	2.97	27.03	30.82	24.04			0.25	2.77	5.47	12.31		3.83	2.65			0.15

续表 3-50

序号	CIPW 标准矿物($w_B/10^{-2}$)															
	Or	Ab	An	Di	Ol	Hy	Ap	Il	Mt	Wo	En	Fo	Fa	Fs	Q	Ne
3	0.69	38.74	21.03	15.59			0.20	2.73	3.18	8.0		10.44	6.72			0.69
4	0.99	32.06	24.65	8.24		25.15	0.28	3.28	4.20		14.24	1.05	0.88	10.9		
5	2.59	29.55	25.05	16.81		15.65	0.32	3.1	6.13	8.68	8.87	0.69	0.58	6.77		
6	4.56	32.06	27.96	0.92		32.85	0.312	3.41	0.53	0.46	3.08	0.07	0.76			
7	0.90	21.92	29.24	25.01		17.03	0.29	2.55	1.9	12.67	9.0			8.03	1.14	
8	4.35	30.27	24.63	25.11		0.094	0.19	2.28	4.79	13.04	0.061	5.35	3.17	0.033		
9	16.52	25.59	23.4	4.93		4.62	0.26	0.79	1.53	2.42	1.47			3.15	22.66	
10	9.89	53.78	18.55	1.30		10.92	0.28	1.45	1.60	0.64	3.76			7.16	2.23	

玄武岩 SiO_2 含量为 $46.78\times10^{-2}\sim49.34\times10^{-2}$，均为基性岩，$TiO_2$ 含量中等，为 $1.14\times10^{-2}\sim1.64\times10^{-2}$，平均 1.42×10^{-2}，接近 N-MORB。除个别样品外，Na_2O 含量高且 $Na_2O\gg K_2O$，$K_2O=0.11\times10^{-2}\sim0.7\times10^{-2}$，高于现代大洋拉斑玄武岩的平均值($0.24\times10^{-2}$)。$P_2O_5=0.082\times10^{-2}\sim0.14\times10^{-2}$，平均 0.11×10^{-2}，与 N-MORB 近于一致。高 FeO、低 MgO 也是该玄武岩的一大特点。角斑岩分属中性岩和酸性岩，TiO_2 含量较低分别为 0.39×10^{-2}、0.72×10^{-2}，反映出与洋陆俯冲有关系的火山岩特点，K_2O 含量较高，$K_2O=1.58\times10^{-2}\sim2.62\times10^{-2}$，$Na_2O>K_2O$。在硅碱图中(图 3-141)落在亚碱性系列区内，AFM 图解中(图 3-142)样品点均分布于拉斑玄武岩系列与钙碱性系列分界线附近，玄武岩接近 FM 线分布，显示出高铁镁低碱的特点；角斑岩则接近 AF 线分布，显示高碱而低铁镁的特点。

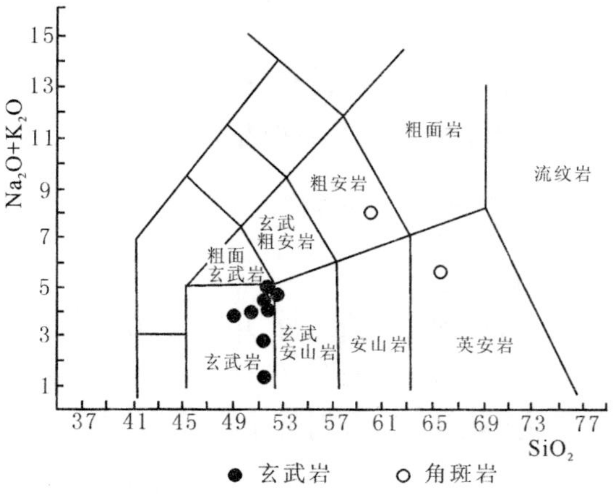

图 3-140　二叠纪火山岩 TAS 图解

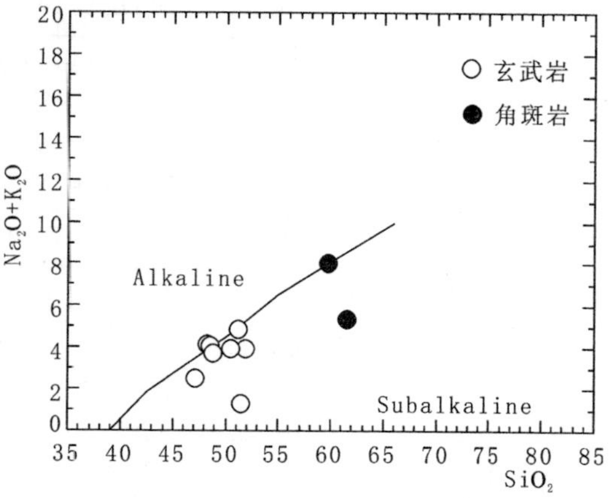

图 3-141　二叠纪火山岩硅碱图

(据 Irvine 等，1971)

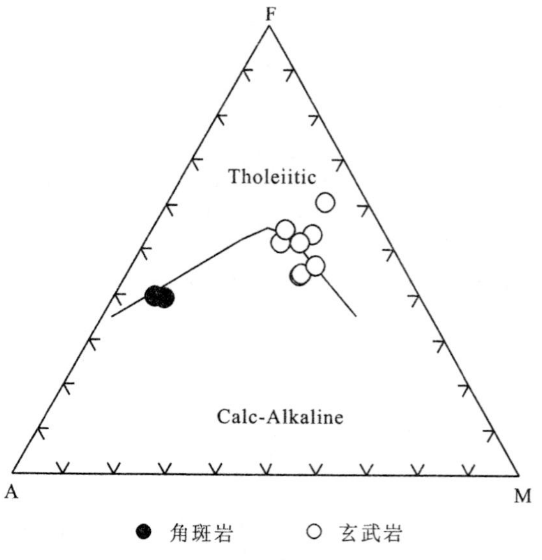

图 3-142　二叠纪火山岩 AFM 图解

(据 Irvine 等，1971)

以上种种特征表明，玄武岩兼有岛弧拉斑玄武岩和洋中脊拉斑玄武岩的岩石化学特征；角斑岩则显示出与洋陆俯冲背景有关的成因特征。

2）稀土元素

如表 3-51 所示。玄武岩稀土含量较低，$\sum$REE=51.1×10^{-6}～74.54×10^{-6}，LREE/REE=0.66～0.7，LREE/HREE=1.9～2.3，$(La/Yb)_N$=1.1～1.6，轻稀土富集，轻重稀土分馏不明显。具略向右倾近乎平坦的稀土配分曲线(图 3-143)，有弱的负铕异常，反映经历了一定的结晶分异作用。除个别样品外，多数样品 δEu=0.9～0.98，反映出 T-MORB 特点。所有样品的稀土分布形式近乎一致，表明它们具有相同的成因、来源和演化历史。角斑岩稀土含量较玄武岩略高，$\sum$REE=95.3×10^{-6}～126.45×10^{-6}，介于上、下地壳平均值之间，LREE/REE=0.81～0.92，LREE/HREE=4.3～10.9，$(La/Yb)_N$=3.4～13.6，轻稀土富集，轻重稀土分馏程度较高。具向右陡倾的稀土配分曲线(图 3-144)，有较强的负铕异常，δEu=0.66～0.72。显示出壳幔混合型火成岩的特征。

表 3-51　二叠纪火山岩稀土元素特征

序号	样号	岩性	稀土含量($w_B/10^{-6}$)													
			La	Ce	Pr	Nd	Sm	Eu	Gd	Tb	Dy	Ho	Er	Tm	Yb	Lu
1	ⅡXT4115	玄武岩	6.97	20.17	3.01	13.86	3.87	1.32	5.06	0.93	5.73	1.17	3.67	0.55	3.64	0.55
2	ⅡXT4204		6.33	17.01	2.57	11.58	3.77	1.29	5.11	0.88	5.53	1.21	3.65	0.55	3.73	0.58
3	ⅡXT4208-1		8.63	14	2.51	10.22	3.44	1.22	4.69	0.86	5.63	1.17	3.66	0.58	3.63	0.54
4	ⅡXT4210-1		8.77	19.32	3.08	13.77	4.23	1.47	5.56	1.02	6.48	1.34	4.16	0.64	4.05	0.59
5	ⅡXT5612-1		6.08	14.04	2.3	11.03	3.43	1.24	4.36	0.81	5.07	1.05	3.25	0.51	3.12	0.47
6	Ⅱ4P_1Xt2-1		8.01	18.37	2.8	12.52	3.69	1.07	4.72	0.88	5.35	1.15	3.63	0.55	3.5	0.53
7	Ⅱ4P_1Xt3-1		6.97	16.83	2.59	12.64	3.71	1.55	4.82	0.94	5.75	1.25	3.73	0.58	3.52	0.52
8	Ⅱ4P_1Xt4-9		5.53	13.39	2.09	9.39	2.92	1.06	3.84	0.68	4.72	0.94	2.86	0.45	2.81	0.41
9	Ⅱ4P_2Xt18-1	角斑岩	24.25	55.68	6.78	23.44	4.61	1.02	3.81	0.53	2.84	0.53	1.38	0.2	1.2	0.18
10	Ⅱ4P_2Xt19-1		16.09	34.54	4.62	17.27	3.99	0.9	4.25	0.74	4.8	0.97	3.02	0.48	3.17	0.49

序号	主要参数					
	$\sum$REE	LREE	HREE	LREE/REE	δEu	$(La/Yb)_N$
1	70.5	49.2	21.3	0.7	0.91	1.3
2	63.82	42.55	21.27	0.67	0.9	1.1
3	60.78	40.02	20.76	0.66	0.93	1.6
4	74.48	50.64	23.84	0.68	0.93	1.5
5	56.76	38.12	18.64	0.67	0.98	1.3
6	66.77	46.46	20.31	0.7	0.78	1.5
7	65.4	44.29	21.11	0.68	1.12	1.3
8	51.09	34.38	16.71	0.67	0.97	1.3
9	126.45	115.78	10.67	0.92	0.72	13.6
10	95.33	77.41	17.92	0.81	0.66	3.4

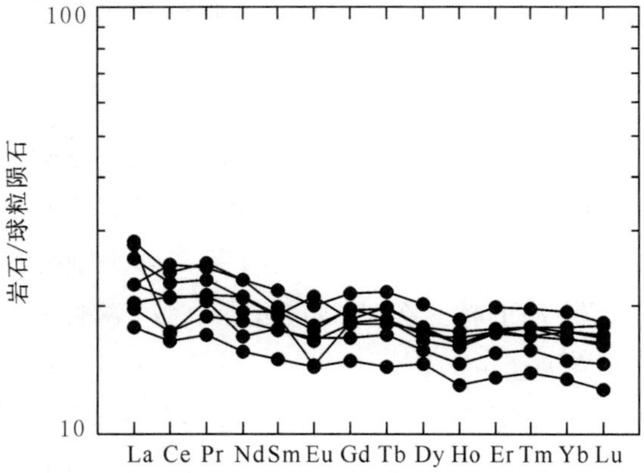

图 3-143　二叠纪玄武岩稀土配分模式

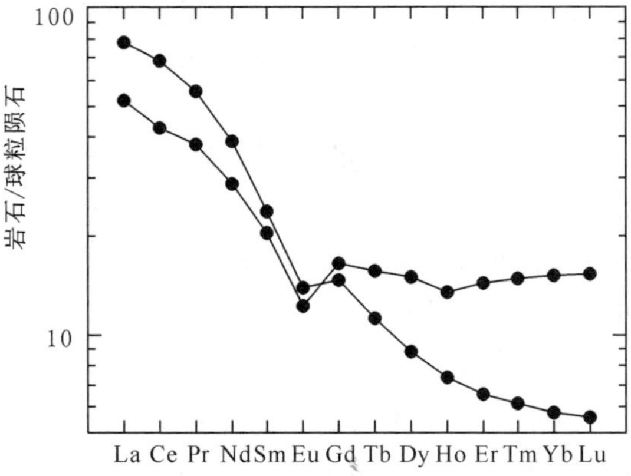

图 3-144　二叠纪角斑岩稀土配分模式

3）微量元素

如表 3-52 所示，以 MORB 为标准的玄武岩微量元素比值蛛网图呈“单隆起”的分布形态（图 3-145），Sr、Rb、Ba、Th、Ta 等元素不同程度的富集，这可能与后期次生作用影响有关，而从 Nb 到 Sc 的所有元素（HFS）表现为接近于 1 的平坦型分布，这不仅与岛弧拉斑玄武岩的特征相似，同时又类似于 N-MORB。岩石中 MgO 含量较低，在蛛网图上高场强元素（HFS）Nb 具有明显的负异常，这些都表明了较为典型的岛弧特征。因此从微量元素的组成特征看，该套玄武岩具有岛弧拉斑玄武岩和 N-MORB 的双重地球化学特征。角斑岩的微量元素比值蛛网图（图 3-146）总体也呈“单隆起”的分布形态，但与玄武岩有一定的差别，表现为 K、Rb、Ba、Th、Ta、Nb、Ce 等元素不同程度的富集，从 Ce 到 Cr 各元素丰度急剧降低，呈亏损型，同时大离子亲石元素 Rb、Th 具明显的正异常，而高场强元素（HFS）Nb、P、Ti 具明显的负异常，反映出活动大陆边缘火山岩的特征（Pearce，1984）。

表 3-52　二叠纪火山岩微量元素丰度（$w_B/10^{-6}$）

序号	样号	岩性	Rb	Sr	Ba	Th	Ta	Nb	Zr	Hf	Y	Sc	Cr	Ni	V	Cu
1	ⅡDy4115	玄武岩	3	62	54	2.6	0.5	5.1	111	4.3	33.38	33.4	205.2	87.7	265.2	70.3
2	ⅡDy4204		35	232	92	2.3	0.5	3.1	99	3.1	33.88	35.3	238.1	78.9	219.4	49
3	ⅡDy4208-1		3	100	38	1.3	0.5	2.5	97	2.9	32.99	40.6	249.6	78	250.3	46.3
4	ⅡDy4210-1		5	146	45	2.4	0.5	4.2	127	3.6	37.73	39.9	136.3	47.4	262.9	87.9
5	ⅡDy5612-1		3	90	80	0.9	0.5	5.7	90	2.6	29.21	42.2	94.7	55.5	240.1	69.6
6	Ⅱ4P_1Dy2-1		3	150	63	0.4	0.5	4.6	109	3.7	31.75	37.3	59	41.8	281.8	61.2
7	Ⅱ4P_1Dy3-1		3	184	51	0.3	0.5	4.5	105	3.4	31.85	37.2	37	35.3	255.2	51.5
8	Ⅱ4P_1Dy4-9		3	112	54		0.5	3.2	75	2.9	25.7	31.6	229	66.8	209.3	54.8
9	Ⅱ4P_2Dy18-1	角斑岩	116	139	291	6.6	1.5	9	182	5.2	15.33	4.5	4	6.7	22.4	13.9
10	Ⅱ4P_2Dy19-1		25	217	158	4.9	0.9	6.9	141	4.2	28.3	9.4	6	7.6	32.7	20.8

两类岩石的微量元素特征表明：共有的活动大陆边缘特性和特殊的玄武岩（细碧岩）—角斑岩组合反映该套火山岩可能是弧后（或弧间）盆地扩张作用的产物。

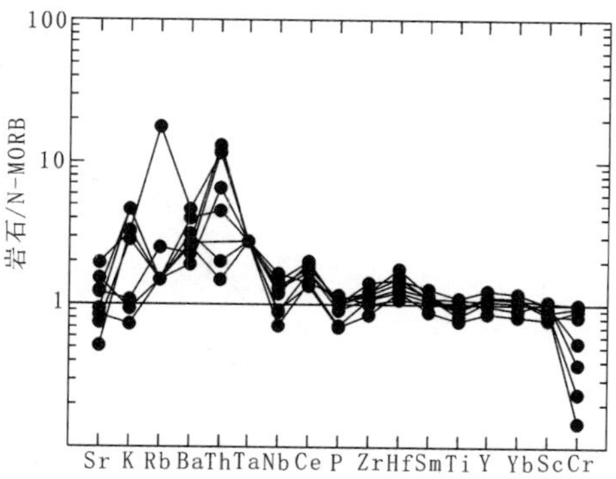

图 3-145　二叠纪玄武岩微量元素比值蛛网图

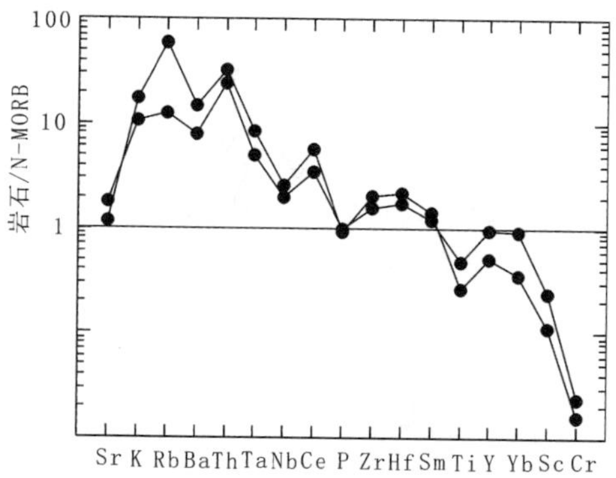

图3-146　二叠纪角斑岩微量元素比值蛛网图

4) Sr、Nd、Pb 同位素

如表 3-53 所示，其中 Sr 初始比值是根据公式：$(^{87}Sr/^{86}Sr)p=(^{87}Sr/^{86}Sr)i+^{87}Rb/^{86}Sr(e^{\lambda t}-1)$计算得来，$\lambda=1.42\times10^{-11}a^{-1}$，$t$ 采用玄武岩 Sm-Nd 等时线年龄 267Ma。

玄武岩 Sr 初始比值为 0.7044，处于上地幔锶的范围之内，接近岛弧玄武岩的平均值(0.704 37)。$^{143}Nd/^{144}Nd$值相对较高，为 0.512 852～0.513 163，均在大洋中脊玄武岩$^{143}Nd/^{144}Nd$ 的范围内(0.5128～0.5131)，εNd(t)为 9.5，表明其来源于较亏损的地幔源区。$^{208}Pb/^{204}Pb$ -$^{207}Pb/^{204}Pb$ 相关图中(图略)，投影点均落在 MORB 区内，反映出其亏损地幔源的特征，并且未受到壳源物质的混染。

表 3-53　二叠纪玄武岩的 Sr、Pb 同位素分析

样　号	含量($w_B/10^{-6}$)		同位素原子比率		误差	Sr 初始比值	同位素原子比率		
	Rb	Sr	$^{87}Rb/^{86}Sr$	$^{87}Sr/^{86}Sr$	2σ		$^{206}Pb/^{204}Pb$	$^{207}Pb/^{204}Pb$	$^{208}Pb/^{204}Pb$
Ⅱ4P_1SZ4-7	21.91	138.9	0.4547	0.706 14	10	0.7044	17.811±0.003	15.497±0.003	37.980±0.008
Ⅱ4P_1SZ4-9	18.86	106	0.5127	0.706 34	20	0.7044	17.632±0.002	15.498±0.002	37.802±0.003

4. 构造环境判别

由于目前判别玄武岩构造环境的图解很多，并且各图解均有其特定的使用范围，因此针对二叠纪玄武岩具有岛弧拉斑玄武岩和 N-MORB 的双重地球化学特征的特点，选用了以下 4 个图解，对其构造环境进行判别。

在图 3-147 中，投影点分布于洋脊区和造山带区的结点处；在图 3-148 中，分布于 MORB 和 IAT 的分界线上；在 Th-Hf-Ta 图解中(图 3-149)中，玄武岩分别落在 N-MORB 和岛弧拉斑玄武岩及分异产物区内；在 Zr/Y-Zr 判别图解中(图 3-150)中则分别落入 MORB 区和 MORB 与 IAB 的重叠区内。4 个图解的投影结果一致，均反映出了一个结论：玄武岩具有岛弧玄武岩和洋脊玄武岩的双重特征。

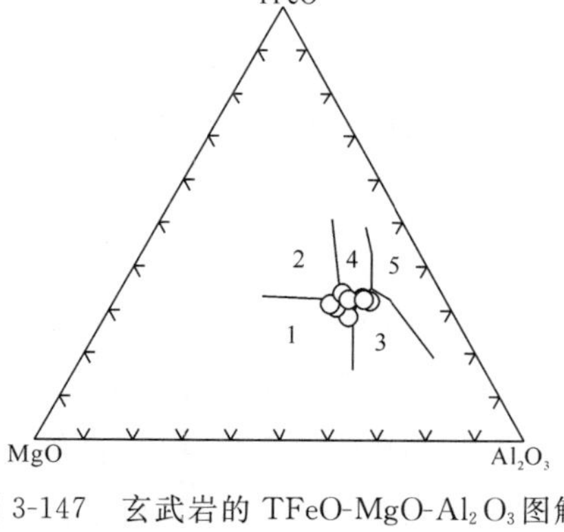

图 3-147　玄武岩的 TFeO-MgO-Al_2O_3图解

(据 Pearce，1977)

1.洋中脊及洋底；2.大洋岛屿；3.造山带；

4.大陆板块内部；5.扩张中心岛屿(冰岛)

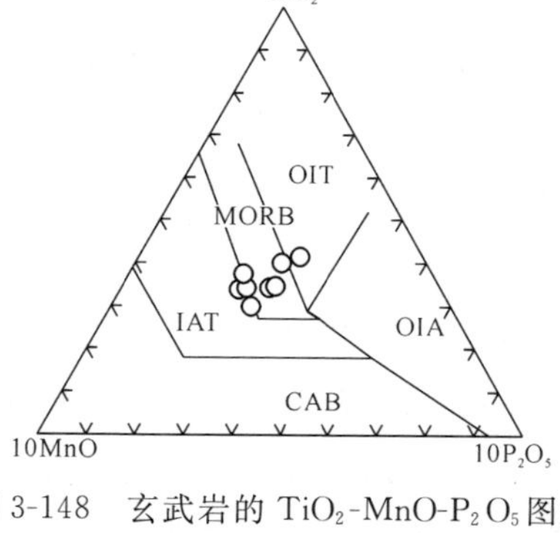

图 3-148　玄武岩的 TiO_2-MnO-P_2O_5图解

(据 Mullen，1983)

OIT：大洋岛屿拉斑玄武岩；OIA：大洋岛屿碱性玄武岩；

MORB：洋中脊玄武岩；IAT：岛弧拉斑玄武岩；CAB：钙碱性玄武岩

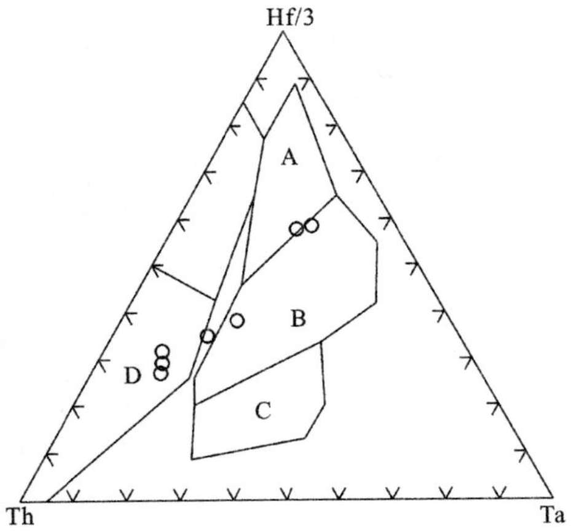

图 3-149 玄武岩的 Th-Hf-Ta 判别图解
(据 Wood,1979)
A. N-MORB;B. P-MORB;C. 板内碱性玄武岩及分异产物;D. 岛弧拉斑玄武岩及分异产物

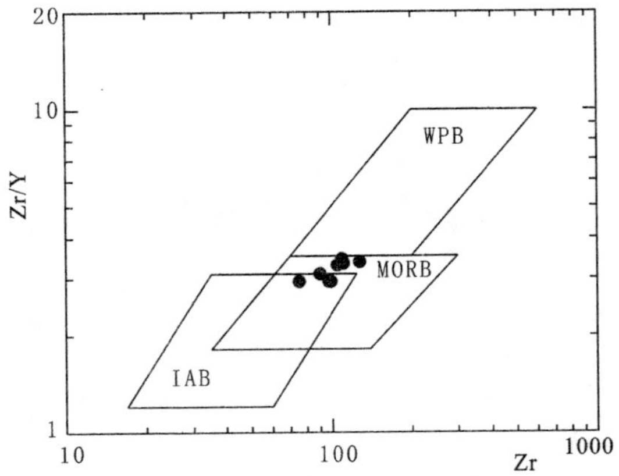

图 3-150 玄武岩的 Zr/Y-Zr 判别图解
(据 Pearce,1982)
WPB:板内玄武岩;MORB:洋中脊玄武岩;IAB:火山弧玄武岩

从上面 4 个判别图解的判别结果可以知道,二叠纪玄武岩属于岛弧拉斑玄武岩和洋脊玄武岩的过渡类型,这与常量元素、微量元素、稀土元素以及同位素所反映的特征一致,同时角斑岩的岛弧型特点和玄武岩(细碧岩)—角斑岩组合也提供了其构造背景的明确依据。另外,玄武岩与浊积岩相沉积地层密切共生(整合),产出规模大小不等,具一定的延展性,具有一致的岩石地球化学组成。与东昆仑造山带东部布青山、阿尼玛卿山及西部的木孜塔格北坡、黑顶山等地产出的玄武岩在地质产状、构造位置、岩石组合及岩石地球化学特征等方面存在一定的差异。因此,可以确定布喀达坂峰地区二叠纪玄武岩—角斑岩组合形成于弧后(或弧间)盆地扩张的环境之中。

五、晚三叠世火山岩

1. 地质特征

晚三叠世火山活动强烈,火山岩较为发育,岩石类型丰富,岩相多样,从基性到酸性,从熔岩到火山碎屑岩均有不同程度的出露,均为陆相火山喷发的产物。火山岩以不同形式分别赋存于鄂拉山组和八宝山组中,在空间分布上具明显的分区性特点,并且表现出北强南弱的火山活动特征。

2. 火山活动旋回及喷发韵律划分

鉴于晚三叠世火山岩在空间上具有分区性,在时间上具有等时性,在火山活动上具有不平衡性以及火山活动产物的差异性等特征,并与赋存地层相对应,将晚三叠世火山活动划分为两个旋回,分别为那陵格勒旋回、吐木勒克旋回。

1) 那陵格勒旋回

与本旋回相对应的火山地层为鄂拉山组,以火山岩为主体,以不含沉积夹层为特征,属火山型地层结构,厚度大于 455m。火山岩岩石组合较为简单,主要岩石类型有英安质凝灰熔岩、流纹质凝灰岩、流纹质熔结凝灰岩,底部见少量玄武质凝灰熔岩。空间上分布于测区北部那陵格勒河两岸,在最北部克其克库木库勒湖一带也有少量出露,以区域性角度不整合面状覆于古元古界金水口岩群和泥盆纪侵入体之上,总体呈北西向断续展布。在图区内出露较少,或以“残山”形式产出于谷地中,或以“帽状”漂浮于高山之巅。

本旋回火山地层产状平缓，柱状节理发育，常形成陡壁地貌(图 3-151)。岩石中气孔构造、石泡构造极为发育。气孔多被拉长呈条状并定向排列，石泡构造表现为直径 5～20cm 的空洞，多呈圆形、椭圆形，在岩石中不均匀分布。

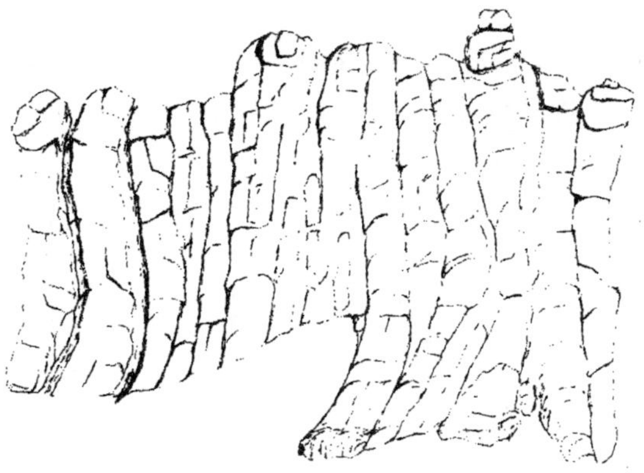

图 3-151 鄂拉山组火山岩柱状节理素描

(据照片)

岩相简单，以爆发相为主，约占 56%，次为喷发溢流相，约占 44%，反映火山喷发强度大。根据卡而却卡北剖面(Ⅱ $3P_6$)，火山活动具明显的韵律性特点(图 3-152)，从下到上构成 4 个喷发韵律，每个韵律均由喷发溢流相的凝灰熔岩—爆发相的凝灰岩组成，反映出由喷发、溢流并举到爆发的脉动式火山喷发特点。从下到上岩石中所含岩屑粒度有小变大，由角砾—集块，显示出火山活动由弱至强。另外在上部出现厚度巨大的火山碎屑流相的流纹质熔结凝灰岩(大于 199.88m)，反映火山喷发强度达到高潮。同时岩浆由基性向酸性演化，构成那陵格勒火山喷发旋回。

单位	旋回	韵律	柱状图	厚度(m)	岩性	岩相
鄂拉山组	那陵格勒旋回	4		>199.88	含角砾流纹质晶屑玻屑熔结凝灰岩	爆发
				25.1	气孔状英安质玻屑晶屑凝灰熔岩	喷溢
		3		15.06	含角砾集块流纹质晶屑凝灰岩	爆发
				10.08	气孔状英安质玻屑晶屑凝灰熔岩	喷溢
		2		3.87	含角砾流纹质晶屑玻屑熔结凝灰岩	爆发
				73.56	气孔状英安质玻屑晶屑凝灰熔岩	喷溢
		1		35.95	含角砾晶屑岩屑凝灰岩	爆发
				92.33	玄武质晶屑凝灰熔岩	喷溢
金水口岩群					眼球状二云更长片麻岩	

图 3-152 那陵格勒火山旋回韵律柱状图

测区北邻 1∶25 万库朗米其提幅的项目组在喀雅克登塔格以北以及克其克库木库勒以北的鄂拉山组火山岩中，采用 Rb-Sr 等时线法测年，获得了 204.6±2.6Ma、209.2±1.8Ma 等年龄值，时代归属晚三叠世晚期。

2）吐木勒克旋回

与本旋回相对应的火山地层为八宝山组，主体由喷发-沉积相沉凝灰岩、凝灰质砾岩组成，中间夹溢流相的玄武安山岩和爆发相的中基性凝灰岩、英安质-流纹质凝灰岩，并见少量煤线产出，下部见沉积相的复成分砾岩，上部为长石砂岩。图区内出露厚度大于 1322.8m，其中火山岩总厚度不超过 120m，属沉积型地层结构。

八宝山组在图区内出露残缺不全，空间上沿昆中断裂带近东西向断续展布，受昆中断裂长期活动影响，与周围地质体多呈断层接触，局部保留有区域性角度不整合界面。在该套地层的沉凝灰岩中产有植物化石(陕西舌叶)，时代归属晚三叠世。

本旋回火山地层以喷发-沉积相为主，约占 76%，次为沉积相，约占 14%，爆发相约为 8%，溢流相约为 2%。根据吐木勒克一带剖面（Ⅱ$2P_1$），火山具韵律性喷发特征，从下到上由爆发—溢流—沉积、爆发—沉积，构成4个喷发韵律（图 3-153），反映间断性、韵律性多次喷发的火山活动方式。爆发相产物由下到上逐渐增多，火山活动强度趋于增强，同时岩浆由中基性—中性—酸性演化，构成较完整的吐木勒克火山喷发旋回。

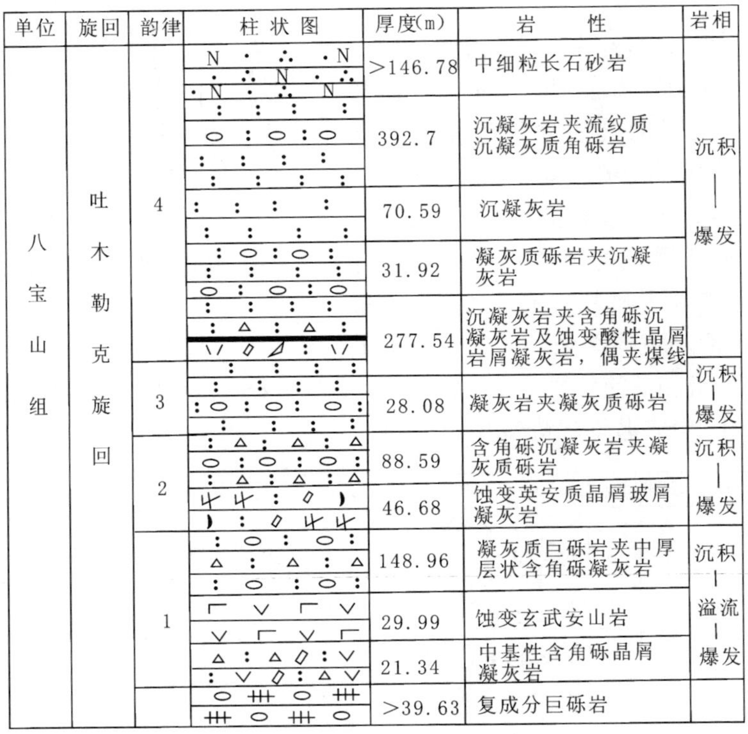

图 3-153　吐木勒克火山旋回韵律柱状图

3. 岩石学特征

1）那陵格勒旋回

本旋回火山岩以酸性凝灰岩为主，少量基性凝灰熔岩，缺乏中性岩石。

玄武质含角砾晶屑凝灰熔岩：深灰绿色，块状构造，凝灰熔岩结构，基质具斑状结构。火山碎屑含量48%±，其中晶屑为中长石（An=33～37）、角闪石，呈阶梯状、棱角状，角闪石被黑云母交代。岩屑成分为安山岩，呈棱角状。熔岩胶结物含量 52%±，基质由斜长石微晶和少量黑云母构成，斑晶为中长石和阳起石化黑云母化角闪石组成，中长石发育环带结构。

英安质玻屑晶屑凝灰熔岩：灰色，块状构造，凝灰熔岩结构，基质具斑状结构。火山碎屑含量 38%±，其中晶屑由石英、更长石、黑云母和少量钾长石组成，呈棱角状、不规则状，黑云母被绿泥石交代；岩屑含量 10%±，主要成分为中酸性熔岩、安山岩，呈次圆状。熔岩胶结物含量 62%±，其中基质由显微隐晶质的长英质和绿泥石组成，斑晶由石英、斜长石组成，石英具熔蚀现象。

含角砾（集块）流纹质岩屑晶屑凝灰岩：深灰色，块状构造，凝灰质结构。晶屑含量 69%±，由石英、更长石、钾长石及少量黑云母组成，分别呈棱角状、阶梯状、不规则状，石英有熔蚀现象，更长石发育聚片双晶，晶带细密。岩屑呈棱角状，主要成分为凝灰岩、基性熔岩，含量 2%±。角砾呈次圆状、圆状，由花岗岩、硅质岩、蚀变岩构成，含量 9%±。胶结物为火山尘，被隐晶状长英质和绿泥石、绢云母交代，含量 20%±。

含角砾流纹质玻屑晶屑熔结凝灰岩：紫红色、深灰色，玻屑晶屑塑变结构，假流纹构造。主要组成为晶屑、玻屑、角砾及磁铁矿、锆石等。晶屑含量 57%±，其中石英呈棱角状，裂纹发育，具熔蚀现象，定向排列；更长石（An=24）、钾长石呈阶梯状、不规则状，多蚀变为绢云母、高龄土，具定向排列；黑云母呈不规则状，多被白云母、铁质交代。玻屑含量 35%±，呈弧面棱角状，塑性程度较高，紧密平行排列，形成假流纹构造，脱玻化成隐晶状长英质集合体。角砾含量8%±，大小相近，呈棱角状、次圆状，主要成分为花岗岩。

2）吐木勒克旋回

本旋回中大量产出沉凝灰岩、凝灰质砾岩，在此不作过多描述。真正意义上的火山岩产出较少，主要岩石类型有以下几种。

中基性含角砾玻屑晶屑凝灰岩：灰黑色，凝灰结构，块状构造。晶屑含量60%±，主要为基性斜长石，少量辉石、角闪石、黑云母、石英，多呈不规则状，具蚀变。玻屑含量10%±，呈弧面棱角状，脱玻化后被绢云母交代。角砾成分为玄武岩、粉砂岩、花岗岩等，呈棱角状、次圆状，含量5%±。胶结物为火山尘，含量25%±。

安山岩：灰色，斑状结构，基质具玻基交织结构，块状构造、杏仁状构造。斑晶含量45%±，由中-拉长石(An=46)、普通辉石、石英组成，其中中-拉长石呈自形板状晶，发育聚片双晶，具环带结构，含量39%±；普通辉石呈自形柱状，多被绿泥石交代，含量5%±；石英呈他形粒状，裂纹发育，有熔蚀现象含量1%±。基质含量55%±，其中中-拉长石呈细长柱状，杂乱—半平行排列，火山玻璃和少量辉石、磁铁矿不均匀充填在其空隙中。杏仁体呈云朵状，其间被绿泥石充填，含量少。

英安质(岩屑)晶屑玻屑凝灰岩：灰绿色，凝灰质结构，块状构造，流动构造。晶屑含量38%±，主要为更长石、石英、钾长石、黑云母，多呈不规则状外形，定向排列，具蚀变，其中石英有熔蚀现象。玻屑含量37%±，呈弧面棱角状，被长英质和绿泥石交代。岩屑和角砾含量少，主要成分为流纹岩、千枚岩、凝灰岩。胶结物为火山尘，呈浅褐色质点状集合体，含量12%±。

4. 岩石地球化学特征

1）主量元素

如表3-54所示，在TAS图解中(图3-154)鄂拉山组火山岩分别落在玄武岩、流纹岩区；八宝山组火山岩分别落在粗安岩和流纹岩区，与镜下定名一致。

CIPW标准矿物显示，鄂拉山组和八宝山组火山岩早期岩石(玄武岩和安山岩)均属正常类型，标准

表3-54　晚三叠世火山岩岩石化学特征表

序号	单位	样号	岩性	氧化物含量($w_B/10^{-2}$)													
				SiO_2	TiO_2	Al_2O_3	Fe_2O_3	FeO	MnO	MgO	CaO	Na_2O	K_2O	P_2O_5	H_2O^+	LOS	Σ
1	鄂拉山组	Ⅱ $3P_6Gs3$-1	流纹质岩石	74.25	0.23	13.43	1.47	0.88	0.088	0.36	1.6	2.54	4.09	0.073	0.77	0.28	100.06
2		Ⅱ Gs2608-1	流纹质岩石	68.73	0.35	14.63	1.85	1.73	0.14	0.72	1.84	3.28	4.92	0.056	1.22	0.56	100.03
3		Ⅱ $3P_2Gs6$-1	玄武质岩石	49.22	1.69	14.8	4.61	9.25	0.18	6.6	9.08	2.24	0.41	0.089	0.24	1.15	99.56
4	八宝山组	Ⅱ $2P_1Gs8$-1	英安质岩石	70.83	0.26	13.96	0.47	1.61	0.068	0.63	1.75	3.72	4.41	0.088	1.31	0.71	99.82
5		Ⅱ$2P_1Gs10$-1	安山岩	57.53	0.88	17.96	2.99	3.24	0.2	2.36	5.29	4.72	1.26	0.22	2.21	0.68	99.54

序号	CIPW标准矿物($w_B/10^{-2}$)															
	Or	Ab	An	Di	Ol	Hy	Ap	Il	Mt	Wo	En	Fo	Fa	Fs	Q	C
1	24.42	21.72	7.53			1.7	0.16	0.44	1.80		0.91			0.79	40.11	2.11
2	29.59	28.26	8.92			3.18	0.125	0.68	2.73		1.83			1.35	25.81	0.71
3	2.47	19.31	29.66	12.76		21.44	0.20	3.27	6.81	6.53	12.98			8.46	4.08	
4	26.65	32.19	8.29			3.92	0.197	0.51	0.70		1.60			2.32	27.45	0.099
5	7.71	41.34	24.94	0.60		8.89	0.50	1.73	4.13	0.31	5.89			3.0	10.15	

矿物组合为 Q+Or+Ab+An+Di+Hy，晚期岩石（流纹质岩石）均属铝过饱和类型，标准矿物组合为 Q+Or+Ab+An+C+Hy，显示出相似的演化特征。晚期岩石中均有标准分子 C 的出现，反映出高铝的特征；但八宝山组较之鄂拉山组 C 的含量明显偏低。

鄂拉山组火山岩 SiO_2 变化范围宽，为 $49.22\times10^{-2}\sim74.25\times10^{-2}$，分属基性岩和酸性岩，从早到晚从基性到酸性各造岩氧化物与 SiO_2 呈现良好的线性演化关系，随 SiO_2 含量的增高，TiO_2、Al_2O_3、TFeO、MgO、CaO、P_2O_5 的含量递减，成负相关，K_2O、Na_2O 递增，成正相关，具岩浆演化的一般规律，显示向贫钛铝铁镁钙而富硅碱富钾方向的演化特点，里特曼指数 $\sigma=1.02\sim2.59$，属钙碱性岩。

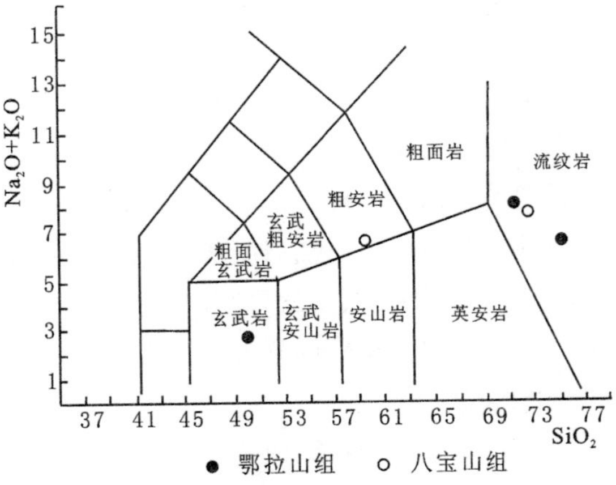

图 3-154 晚三叠世火山岩 TAS 图解

八宝山组火山岩 SiO_2 变化于 $57.53\times10^{-2}\sim70.83\times10^{-2}$，分属中性岩和酸性岩，从早到晚从中性到酸性各造岩氧化物与 SiO_2 呈现出与鄂拉山组火山岩相似的演化特点，随 SiO_2 含量的增高，TiO_2、Al_2O_3、TFeO、MgO、CaO、P_2O_5、Na_2O 递减，K_2O 和全碱增高，显示向贫钛铝铁镁钙富硅碱富钾方向的演化特征。里特曼指数 $\sigma=2.32\sim2.34$，属钙碱性岩。

两旋回火山岩各造岩氧化物与 SiO_2 之间良好的线性演化关系表明岩石成分的变化主要受控于分离结晶作用。

在硅碱图上（图 3-155），两旋回火山岩均落在亚碱性系列区内，在 AFM 图解中（图 3-156），鄂拉山组玄武岩属拉斑玄武岩系列，流纹质岩石属钙碱性系列，并沿 AF 线分布显示贫铁镁富碱的特征；八宝山组均属钙碱性系列，同样显示贫铁镁富碱的特征。在硅钾图中（图略），两旋回火山岩均为中-高钾岩石。

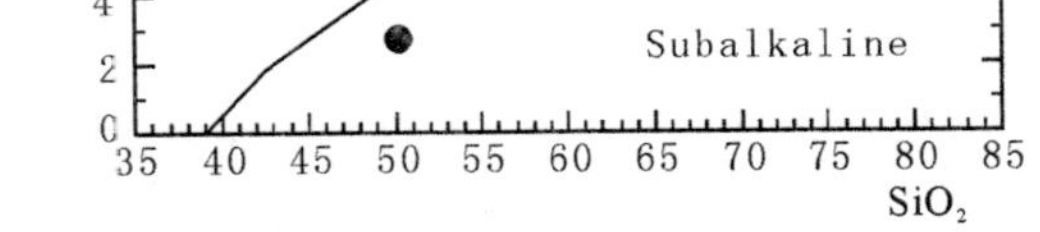

图 3-155 晚三叠世火山岩硅碱图

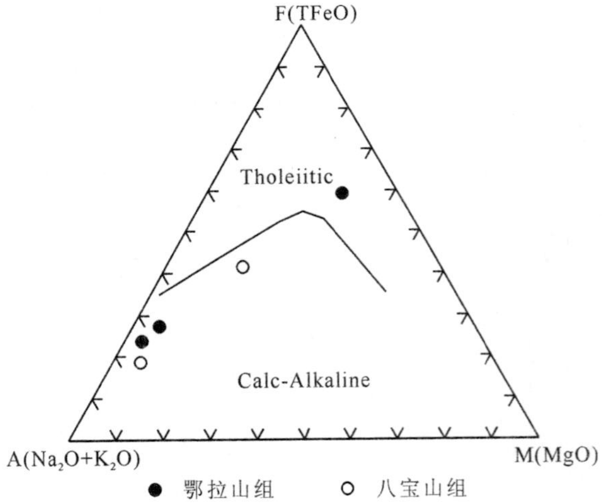

图 3-156 晚三叠世火山岩 AFM 图解

2）稀土元素

如表 3-55 所示，鄂拉山组火山岩稀土总量变化较大，$\sum REE=56.1\times10^{-6}\sim309.54\times10^{-6}$，稀土总量明显趋向晚期富集，LREE/REE=0.73～0.93，从基性到酸性轻稀土由富集—强烈富集，$(La/Yb)_N=2.16\sim18.4$，$\delta Eu=1.15\sim0.35$，稀土配分曲线均为右倾（图 3-157），其中玄武岩呈缓倾型曲线，有弱的正铀异常，流纹质岩石曲线陡倾，具强的负铀异常，二者互补，表明早期有斜长石的结晶分离。

表 3-55 晚三叠世火山岩稀土元素特征表

序号	单位	样号	岩性	稀土含量($w_B/10^{-6}$)													
				La	Ce	Pr	Nd	Sm	Eu	Gd	Tb	Dy	Ho	Er	Tm	Yb	Lu
1	鄂拉山组	Ⅱ3P_6XT3-1	流纹质岩石	40.33	70.29	8.18	26.55	4.51	0.75	3.53	0.54	2.85	0.59	1.56	0.25	1.48	0.22
2	鄂拉山组	ⅡXT2608-1	流纹质岩石	68.51	126.6	16.18	57.13	10.35	1.13	8.85	1.42	7.93	1.61	4.2	0.67	4.32	0.64
3	鄂拉山组	Ⅱ3P_2XT6-1	玄武质岩石	6.17	15.24	2.49	12.11	3.54	1.46	4.24	0.75	4.38	0.88	2.31	0.33	1.93	0.27
4	八宝山组	Ⅱ2P_1XT8-1	英安质岩石	40.57	76.94	8.61	28.16	4.99	0.83	4.18	0.69	3.87	0.8	2.23	0.37	2.4	0.36
5	八宝山组	Ⅱ2P_1XT10-1	安山岩	23.17	48.82	6.04	23.16	4.42	1.53	3.9	0.56	2.93	0.58	1.38	0.21	1.26	0.19

序号	主要参数					
	ΣREE	LREE	HREE	LREE/REE	δEu	$(La/Yb)_N$
1	161.63	150.61	11.02	0.93	0.56	18.4
2	309.54	279.9	29.64	0.9	0.35	10.7
3	56.1	41.01	15.09	0.73	1.15	2.16
4	175	160.1	14.9	0.91	0.54	11.4
5	118.15	107.14	11.01	0.91	1.1	12.4

序号	微量元素丰度($w_B/10^{-6}$)												
	Rb	Sr	Ba	Th	Ta	Nb	Zr	Hf	Y	Sc	Cr	Ni	Cu
1	133	153	1033	20.3	0.86	10.4	152	3.94	14.43	3.1	14.9	7.82	8.64
2	178	112	609	24.2	1.13	20.9	452	10.9	39.25	8.03	16.4	14.6	48.6
3	217.7	281	326	7.9	0.7	10.9	161	5.4	21.66	16.3	19	12.6	44.6
4	179	279	1210	23.5	0.85	14	176	4.8	20.59	3.2	6.8	4.77	7.71
5	41.6	506	386	4.21	0.61	9	186	4.51	13.74	9.49	56.8	14.8	20.4

八宝山组火山岩ΣREE$=118.15\times10^{-6}\sim175\times10^{-6}$，介于上、下地壳平均值之间，稀土总量趋向于晚期富集。LREE/REE=0.91，轻稀土富集，从中性到酸性$(La/Yb)_N=12.4\sim11.4$，δEu=1.1～0.54。稀土配分模式均为向右陡倾的富集型曲线(图 3-158)，安山质岩石具弱的正铀异常，流纹质岩石具强的负铀异常，反映有斜长石的早期晶出。两曲线近于平行，表明为同源岩浆产物。

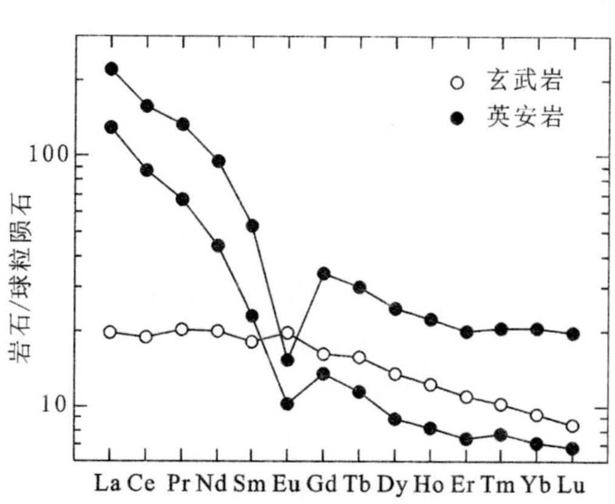

图 3-157 鄂拉山组火山岩稀土配分模式

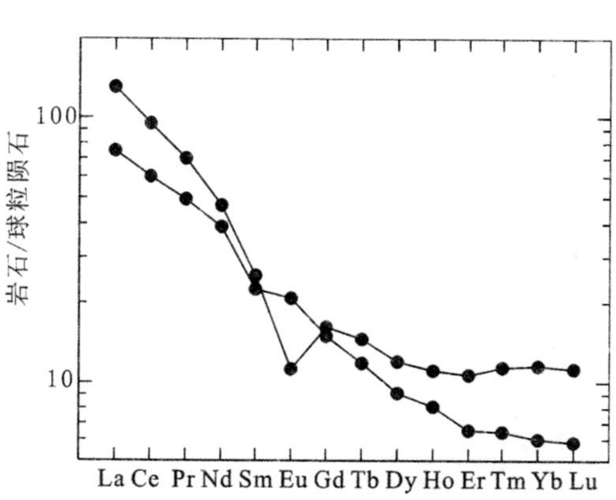

图 3-158 八宝山组火山岩稀土配分模式

两旋回火山岩的稀土特征反映其来源于中下地壳的部分熔融，并且明显受结晶分异作用控制。二者相似的稀土特征也表明它们产出于相同的构造背景之下。

3）微量元素

如表 3-55 所示，与世界同类岩石相比，鄂拉山组玄武质岩石，Rb、Ba、Th、Ta、Hf、Zr、Sc 等元素偏高，Sr、Ni、Cr、Nb 等偏低；流纹质岩石，Ba、Th、Hf、Zr、Sc 等元素偏高，Rb、Sr、Ta、Cr、Nb 等偏低。随 SiO_2 的增高，Ba、Th、Ta、、Nb、Hf、Zr 等元素含量增高，Rb、Sr、Cr 含量降低。Rb/ Sr＝0.77～1.5，反映来源于地壳物质的部分熔融。

与世界同类岩石相比，八宝山组安山岩，Hf、Cr、Sc 偏高，Rb、Sr、Ba、Ta、Nb、Th、Zr、Ni 偏低；流纹质岩石，Ba、Hf、Th、Sc 偏高，Rb、Sr、Ta、Nb、Zr、Ni、Cr 偏低。从中性到酸性 Rb、Ba、Sr、Ta、Nb、Th 增高，Zr、Ni、Sc、Cr、Th 降低，Hf 变化不大，明显表现出强不相容元素和中等不相容元素晚期富集的特征。Rb/Sr＝0.082～0.64，反映源自中下地壳的部分熔融。

5. 构造环境分析

在里特曼-戈蒂里构造判别图解上（图 3-159），两旋回火山岩均落在 B 区，显示出活动陆缘火山岩的特征，这与火山岩岩石地球化学特征相吻合。但是资料显示测区晚二叠世碰撞型花岗岩以及区域上具有磨拉石性质的格曲组的产出，表明测区乃至整个东昆仑造山带在三叠纪初已进入陆内造山阶段，这显然与晚三叠世末鄂拉山组、八宝山组火山岩具活动陆缘的背景不符。近年来的研究成果表明，印支末期东昆仑造山带处于造山后伸展崩塌阶段，岩石圈减薄，软流圈物质上涌，造成大规模幔源岩浆底侵作用的发生，区内晚三叠世环斑花岗岩、那陵格勒超单元以及祁漫塔格基性岩墙正是这一时期不同演化阶段的产物。同样，同期产出的鄂拉山组、八宝山组火山岩也是这一过程的结果。底侵作用的发生，造成下地壳物质熔融或形成壳幔混合岩浆是导致火山岩在地球化学特征上具有活动陆缘特点的主要原因。

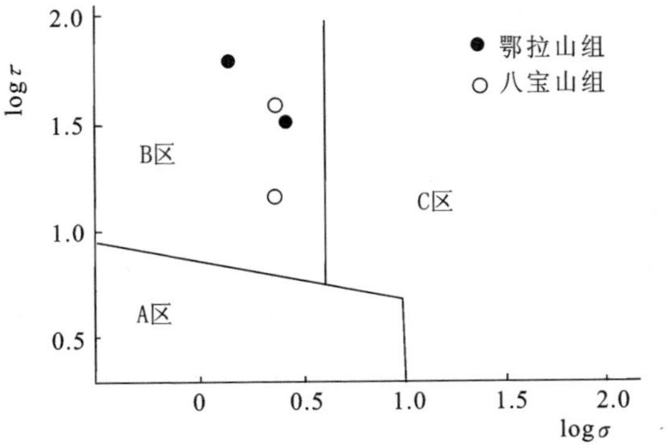

图 3-159　晚三叠世火山岩里特曼-戈蒂里图解
（据 Rittman，1973）
A 区：非造山带地区火山岩；B 区：造山带地区火山岩；C 区：A 区、B 区派生的碱性富碱性岩

结合区域资料，鄂拉山组、八宝山组分别沿那陵格勒断裂和昆中断裂条带状近东西向展布，明显具有火山盆地的特征，其形成机制可能是造山带崩塌浅部卸载均衡伸展调整的结果。

六、古近纪—新近纪火山岩

1. 地质特征

古近纪—新近纪火山岩断续分布于测区南部平台山—布喀达坂峰一线，总体呈北西西向展布，是可可西里新生代火山岩带最北部露头。区域上将该套火山岩系称为查保马组，地层结构属火山型，是测区最晚一期火山活动产物。火山岩产状平缓，总体东南倾，倾角 10°～20°，以角度不整合面状覆盖于二叠系马尔争组之上，为陆相火山喷发产物。火山地貌特征明显，由火山熔岩及次火山岩分别构成形态不规则的熔岩台地和次火山岩岩丘。其中熔岩台地地貌在平台山最具特色，其顶部较为平坦，四周陡峭，形如桌状（图 3-160）；次火山岩岩丘主体分布于阿尔格山南坡至布喀达坂峰一带，与围岩马尔争组、沱沱河组呈侵入关系，受差异风化影响多呈圆状、椭圆状分散耸立于山顶或独立于地表之上。

该套火山岩系岩相单一，岩石类型简单，主体为溢流相熔岩，次为次火山岩相的流纹斑岩。岩石类型主要有粗面岩、流纹岩和流纹斑岩三种，偶见同生角砾状熔岩。岩石中气孔状、杏仁状构造极为发育，尤其在粗面岩中。杏仁体多由暗紫色石英构成，气孔大小不一，形态各异，既有孔径多为 1～3cm 的气孔、杏仁

图 3-160　古近纪—新近纪火山岩构成平台山地貌
（据照片）

状构造，也见有孔径 5～20cm 的石泡构造。从下到上气孔、杏仁构造逐渐增多，在火山地层下部气孔少，以圆状为主；中部气孔发育且多被拉长定向呈条状而形成流动构造，流线方向 50°～60°（图 3-161），石泡构造主要发育在该段内；在地层上部气孔大量发育，含量约占 10%～30%，形成至少宽约 2～4m 的灰褐—灰黑色气孔带，由于气孔的大量发育，带内岩石形成泡沫状熔岩，气孔多呈圆状、椭圆状、云朵状、不规则状。

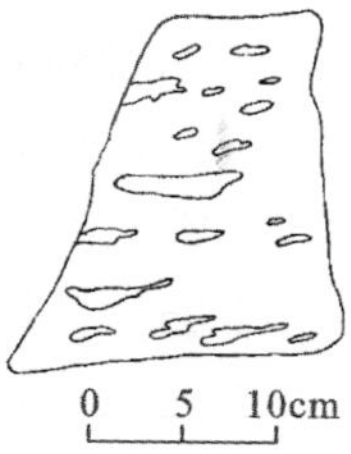

图 3-161　火山岩中的气孔构造

区内该套火山岩系在平台山出露较全，厚度最大，厚度大于 343.34m。根据剖面及路线资料，主体由两类火山岩组成，底部为厚度较大的灰白色流纹岩直接不整合于二叠系马尔争组之上，向上为深灰色—紫红色的粗面岩。底部流纹岩斑晶含量高（51%±），粒径较大，斑晶的主要组成为高温透长石（23%±）、石英（18%±）、更长石（10%±），岩石外貌似具全晶质结构，少有气孔；上部粗面岩以气孔、杏仁状构造发育为特征，与下部流纹岩相比岩石致密，斑晶含量明显减少（5%～14%），透长石只少量或微量出现。深灰色与紫红色粗面岩交互产出，构成两个“红顶灰底”现象。

从分布上看，底部流纹岩分布于平台山及其以西一带，平台山以东未见出露。在巍雪山南部，该流纹岩独立产出，现海拔高度为 4900m 左右；上部粗面岩分布于平台山及其以东一带，现海拔高度为 5000～5200m，在平台山东 10km 处亦有独立产出。

在平台山，由下到上火山岩构成三个喷发韵律，第一韵律由底部灰白色流纹岩组成，第二、三韵律分别由深灰色含少量气孔的粗面岩和紫红色气孔发育的粗面岩组成（图 3-162）。

时代	单位	旋回	韵律	柱状图	厚度(m)	岩　　性	岩相
N_1	查保马组	平台山旋回	3		>19.14	暗紫色气孔状粗面岩	溢流相
					12.03	深灰色块状粗面岩	
			2		50.32	紫红色气孔状粗面岩	
					145.38	深灰色块状、气孔状粗面岩	
			1		116.22	灰白色块状流纹岩	
P_2	马尔争组					片理化岩屑长石砂岩	

图 3-162　平台山旋回火山韵律柱状图
（据Ⅱ7P_3 剖面）

上述特征综合反映出测区古近纪—新近纪火山活动至少经历了三次火山喷发过程，喷发强度弱，均为宁静的溢流，显示出裂隙式喷发的特征。流纹岩为早期喷发的产物，随后又经历了粗面岩的两次喷发，最终表现为次火山岩侵入，构成测区古近纪—新近纪火山活动旋回——平台山旋回。

本次调查在底部流纹岩中采用全岩 K-Ar 法测年，获得了 8.86±1.2Ma 的年龄，时代归属中新世晚期。

2. 岩石学特征

粗面岩：深灰色、紫红色，斑状结构，基质具交织结构、玻晶交织结构，气孔状、杏仁状构造、流动构造。斑晶含量 5%～14%，由更长石（5%～9%）、石英（1%～3%）、透长石（1%±）及少量黑云母、辉石组成，黑云母和辉石均发育暗化边。基质含量 85%～95%，主要由半定向分布的斜长石微晶（37%～87%）、酸性火山玻璃（0～50%）及少量黑云母、辉石、金属矿物组成。气孔约为 4%～7%，部分气孔为紫色石英充填。

流纹岩：灰白色，斑状结构，基质为隐晶质结构，块状构造。斑晶含量高，为 51%±，由透长石（23%±）、石英（18%±）、更长石（10%±）及少量黑云母组成，其中石英和长石矿物中普遍发育自碎裂纹，黑云母具窄的暗化边。基质由隐晶状长英质及少量黑云母组成，含量 49%±。

流纹斑岩：浅灰色，斑状结构，基质为霏细结构，块状构造。斑晶由更长石（8%±）、透长石（10%±）、石英（2%±）组成，含量 20%±。基质由霏细状长英质、碳酸盐组成，含量 76%±。

3. 岩石地球化学特征

1）主量元素

如表 3-56 所示，在 TAS 图解中（图 3-163），样品点分别落在粗面岩区和流纹岩区，其中落入粗面岩区的两个样品其标准矿物 Q 大于 20%，为粗面岩无疑。

表 3-56　古近纪—新近纪火山岩岩石化学特征表

序号	样号	岩性	氧化物含量（$w_B/10^{-2}$）													
			SiO_2	TiO_2	Al_2O_3	Fe_2O_3	FeO	MnO	MgO	CaO	Na_2O	K_2O	P_2O_5	H_2O^+	LOS	Σ
1	Ⅱ Gs7214-1	流纹斑岩	72.02	0.16	14	0.79	1.04	0.03	0.34	1.63	3.19	4.66	0.28	0.75	0.7	99.59
2	Ⅱ Gs8306-1		71.95	0.28	14.4	1.31	0.7	0.02	0.41	0.99	2.92	5.37	0.3	0.89	0.2	99.74
3	Ⅱ $7P_3$Gs1-1	流纹岩	75.74	0.14	12.88	0.57	0.82	0.06	0.27	1.04	3.51	4.03	0.05	0.59	0.87	100.57
4	Ⅱ $7P_3$Gs2-1	粗面岩	67.31	0.67	14.55	2.41	1.3	0.06	1.44	3.28	3.33	4.45	0.46	0.4	0.68	100.34
5	Ⅱ $7P_3$Gs4-1		65.99	0.78	14.65	3.14	1.02	0.06	1.74	3.34	3.54	4.59	0.52	0.31	0.35	100.03

序号	CIPW 标准矿物（$w_B/10^{-2}$）												
	Or	Ab	An	Di	Hy	Ap	Il	Mt	Wo	En	Fs	Q	C
1	28.06	27.5	6.38		1.93	0.62	0.31	1.17		0.86	1.07	32.55	1.44
2	32.18	25.06	2.997		1.33	0.66	0.54	1.62		1.04	0.29	32.84	2.74
3	24.03	29.97	4.88		1.60	0.11	0.27	0.83		0.68	0.92	37.32	0.98
4	26.5	28.4	11.71	1.32	3.62	1.01	1.28	2.80	0.70	3.08	0.53	23.3	
5	27.32	30.18	10.61	2.11	3.97	1.15	1.49	3.12	1.11	3.49	0.48	20.0	

CIPW 标准矿物显示，粗面岩属正常类型，标准矿物组合为 Q+Or+Ab+An+Di+Hy；流纹岩及流纹斑岩属铝过饱和类型，标准矿物组合为 Q+Or+Ab+An+C+Hy。

SiO_2含量较高，为 65.31×10⁻²～75.74×10⁻²，早期流纹岩，Al_2O_3偏低，为 12.9×10⁻²，粗面岩及后期流纹斑岩 Al_2O_3含量相当，为 14.65×10⁻²～14×10⁻²。富碱富钾是该火山岩的重要特征，全碱含量变化于 7.61×10⁻²～8.41×10⁻²，K_2O 变化于 4.03×10⁻²～5.37×10⁻²，K_2O 均大于 Na_2O，且 $Na_2O-2<K_2O$，均属钾质类型。从早期流纹岩到晚期粗面岩和流纹斑岩，全碱及 K_2O 含量呈增高趋势。里特曼指数 σ=1.73～2.86，均为钙碱性岩石。

在硅碱图中(图 3-164)，所有样品均落在亚碱性系列区内，在 AFM 图解中(图 3-165)，均属钙碱性系列岩石，并且均沿 AF 线分布，显示出富碱贫铁镁的特征。在硅钾图中(图 3-166)均落入高钾系列区内。

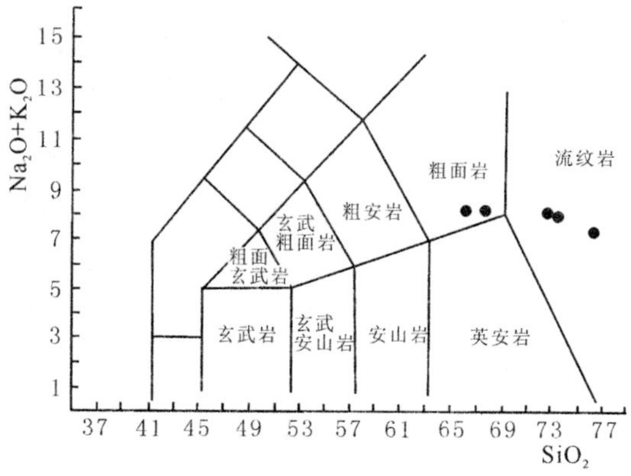

图 3-163　古近纪—新近纪火山岩 TAS 图解

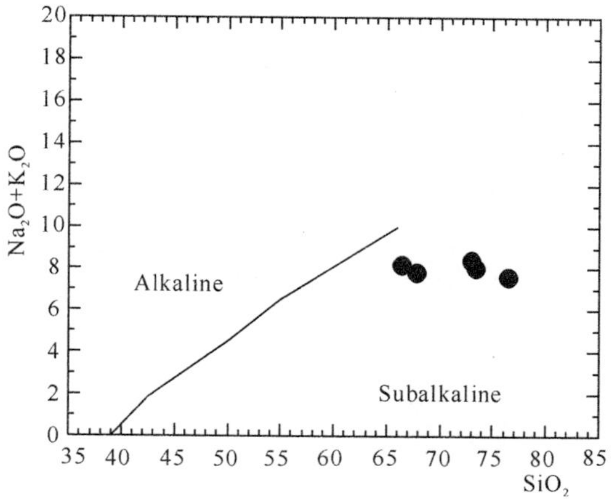

图 3-164　古近纪—新近纪火山岩硅碱图

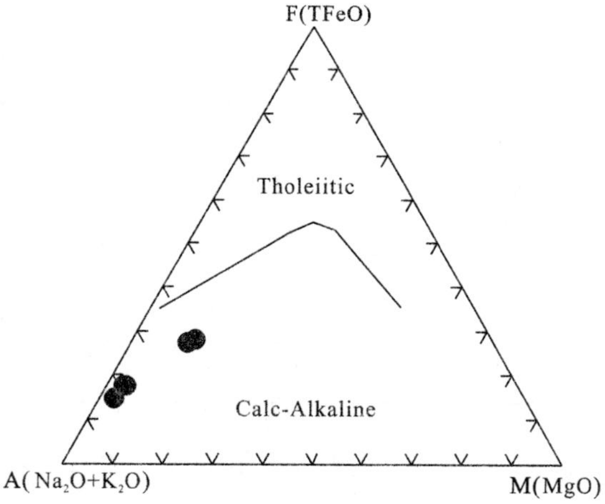

图 3-165　古近纪—新近纪火山岩 AFM 图解

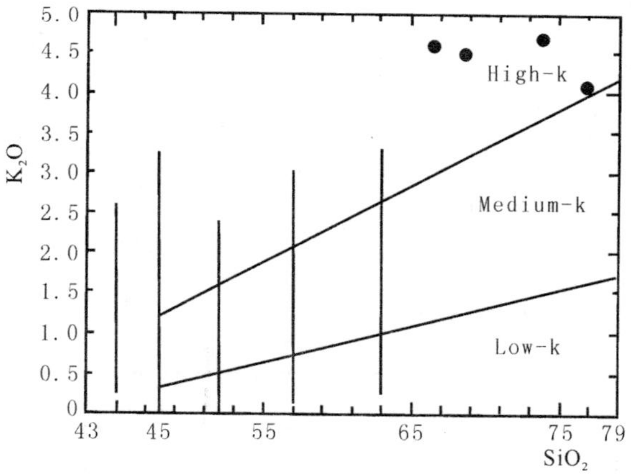

图 3-166　古近纪—新近纪火山岩硅钾图解

2）稀土元素

如表 3-57 所示，火山岩稀土含量中等—高，变化幅度较大，早期流纹岩 ∑REE=127.92×10⁻⁶；粗面岩 ∑REE=308.49×10⁻⁶～307.42×10⁻⁶；后期流纹斑岩 ∑REE=74.99×10⁻⁶～184.37×10⁻⁶。LREE/REE=0.86～0.96，轻稀土强烈富集，并且从早期到晚期富集程度趋于增强。早期流纹岩 $(La/Yb)_N$=5.2，粗面岩及后期流纹斑岩 $(La/Yb)_N$=22.4～66.6，集中于 50.97～66.6，δEu=0.24～0.72，稀土配分模式均为向右陡倾的富集型曲线(图 3-167)，早期流纹岩及后期流纹斑岩具强的负铕异常，粗面岩具弱的负铕异常，反

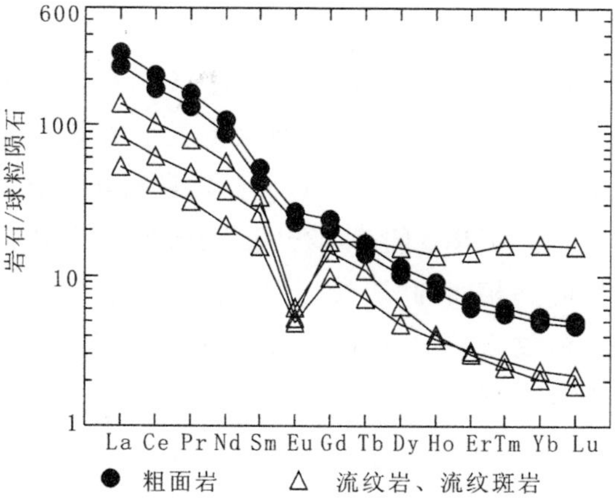

图 3-167　古近纪—新近纪火山岩稀土配分模式

映经历了结晶分异过程。各曲线近于平行，表明属同源岩浆产物。

表 3-57　古近纪—新近纪火山岩稀土元素及微量元素丰度表

序号	样号	岩性	稀土含量($w_B/10^{-6}$)													
			La	Ce	Pr	Nd	Sm	Eu	Gd	Tb	Dy	Ho	Er	Tm	Yb	Lu
1	Ⅱ XT7214-1	流纹斑岩	16.3	32.42	3.79	13.06	3.09	0.36	2.52	0.33	1.54	0.27	0.66	0.09	0.49	0.07
2	Ⅱ XT8306-1		42.48	83.42	9.82	33.87	6.53	0.45	3.74	0.51	2.04	0.29	0.64	0.08	0.43	0.06
3	Ⅱ $7P_3$XT1-1	流纹岩	26.08	49.78	5.86	22.2	5.12	0.38	4.35	0.79	4.97	0.98	2.99	0.52	3.39	0.51
4	Ⅱ $7P_3$XT2-1	粗面岩	76.36	140.9	16.14	52.85	8.23	1.65	5.25	0.67	3.26	0.56	1.28	0.18	1.01	0.15
5	Ⅱ $7P_3$XT4-1		92.63	173.6	19.58	64.43	10.01	1.96	6.15	0.78	3.68	0.65	1.46	0.2	1.13	0.16

序号	主要参数					
	ΣREE	LREE	HREE	LREE/REE	δEu	$(La/Yb)_N$
1	74.99	69.02	5.97	0.92	0.38	22.4
2	184.37	176.58	7.79	0.96	0.26	66.6
3	127.92	109.42	18.5	0.86	0.24	5.2
4	308.49	296.13	12.36	0.96	0.72	50.97
5	376.42	362.21	14.21	0.96	0.71	55.3

序号	微量元素丰度($w_B/10^{-6}$)													参数
	Rb	Sr	Ba	Th	Ta	Nb	Zr	Hf	Y	Sc	Cr	Ni	Cu	Rb/Sr
1	399.6	80	199	15.4	4.5	24.4	78	5	6.97	2.5	7	3.8	4.4	4.99
2	433.7	74	243	46.7	1.8	21.3	132	5	6.49	2.3	6.7	4.1	8.9	5.86
3	521.4	47	89	33	13.1	58.8	77	5	30.88	6.9	5.7	3.1	3.5	11.1
4	252	608	910	25.2	3.5	28	217	7.2	13.34	6.2	26.6	23.7	13.1	0.41
5	244.8	706	1052	27.2	2.8	28.8	262	8.2	14.87	6.8	35.5	25.6	14.9	0.35

在 La/Sm-La 相关图解中(图 3-168)，样品点沿部分熔融趋势线分布，反映区内不同成分的火山岩可能与源区岩石不同程度部分熔融作用有关。

3）微量元素

如表 3-57 所示，不同阶段火山岩微量元素丰度变化较大，从早期流纹岩到粗面岩到后期流纹斑岩出现三种变化态势：①Sr、Ba、Ce、Zr、Cr 由低—高—低；②Rb、Th 由高—低—高；③Ta、Nb、Y、Yb 由高—低，显示出明显的演化趋势。在以 MORB 为标准值的微量元素比值蛛网图上(图 3-169)，所有岩石 Sr—Sm 等大离子亲石元素富集—强烈富集，相对丰度为 MORB 的 1～300 倍，Ti-Cr 等元素亏损，为 MORB 的 0.03～0.5 倍，并且存在 Rb、Th、Ce 的峰值异常和 Ba、Nb、Zr、Ti 的四个亏损槽，呈现峰谷相间的“驼峰形”地球化学模式。所有岩石曲线相近或近于一致，表明来源于相同的岩浆源区。流纹岩的 Rb/Sr 为 11.1，粗面岩为 0.41～0.35，流纹斑岩为 5.86～4.99，均大于地壳值，显示出壳源的特征。

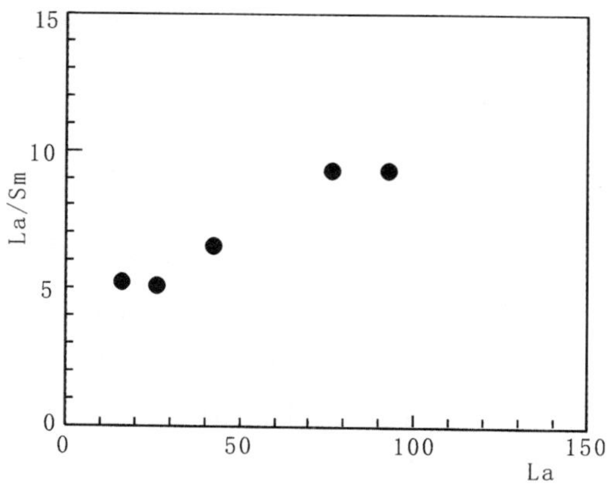

图 3-168 古近纪—新近纪火山岩 La/Sm-La 相关图

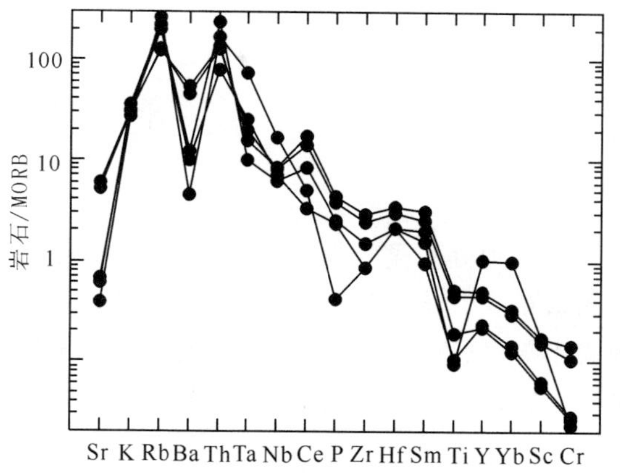

图 3-169 古近纪—新近纪火山岩微量元素比值蛛网图

4. 构造环境分析

测区火山岩形成于中新世晚期，区域地质演化显示，在始新世以后整个青藏高原都结束了洋的历史，因此可以确定区内火山岩是大陆板内环境下的产物。

在里特曼-戈蒂里图解中(图 3-170)，样品点均落在 B 区，反映形成于挤压环境的构造背景，同时也暗示其源区成分与活动大陆边缘弧类似，可能来自壳幔混合源区物质的部分熔融。在 Rb-(Y+Nb)相关图解中(图 3-171)，样品点分布于板内、火山弧、同碰撞三区的交接线附近，显示出与前述相似的特征。

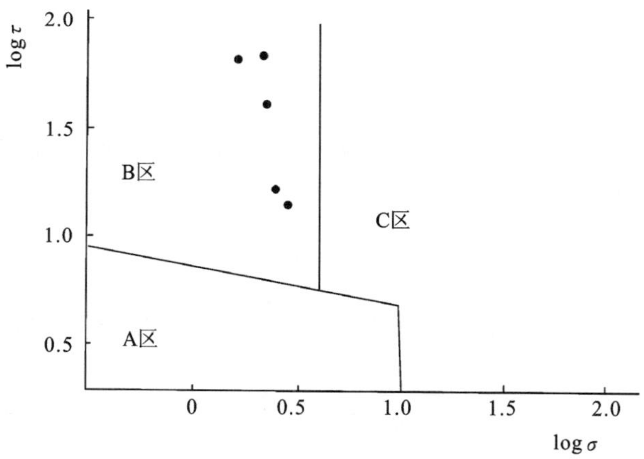

图 3-170 古近纪—新近纪火山岩里特曼-戈蒂里图解

(据 Rittman，1973)

A 区：非造山带地区火山岩；B 区：造山带地区火山岩；

C 区：A 区、B 区派生的碱性富碱性岩

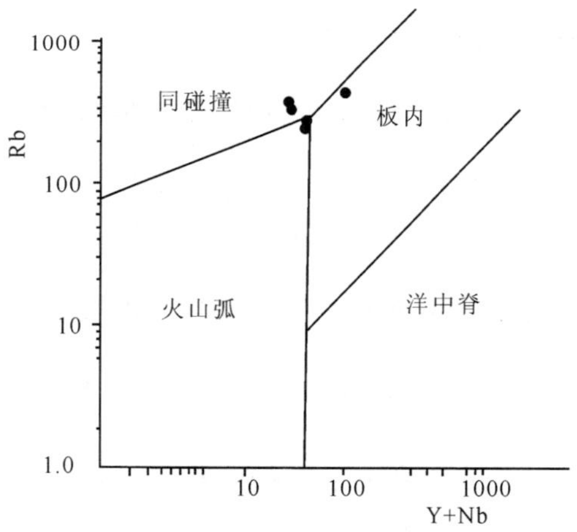

图 3-171 古近纪—新近纪火山岩 Rb-(Y+Nb)相关图

近几年来，随着众多学者对可可西里新生代火山岩的不断研究，火山岩形成的构造环境、岩浆来源、岩浆形成机制以及与高原隆升的关系等一系列问题被揭示，同时也产生了较多的观点和理论模型。结合本区新生代火山岩的喷出时代、产出位置、地球化学特征以及构造环境，“非继生性的陆内俯冲”(邓万明，1998)应是火山岩形成的主要机制。

第三节　构造岩浆演化

测区地处东昆仑造山带西端，北接祁漫塔格加里东造山带，南抵可可西里新生代盆地，南北跨越多个构造单元。构造复杂，变质变形强烈，岩浆活动频繁，尤以火成岩发育而成为测区的重要特色。各类规模不等、状态不一、成因各异、时空不同的“多种多样”的火成岩真实记录了测区多旋回造山演化史，提供了大陆动力学过程的有力证据和岩浆-构造、壳幔演化、大陆地壳生长等多方面的信息。

一、岩浆成因及动力学过程分析

测区岩浆活动最早可以追溯产出于基底岩系晚太古代—古元古代金水口岩群中的斜长角闪岩，具幔源岩浆特征，是早期地壳演化的产物。此后随着大陆地壳不同时期的裂解、离散、聚合以及地壳的不断增生演化，形成了不同来源、不同成因的各类火成岩，归结起来有以下三种类型：幔源型、壳幔型、壳源型，其中以壳幔型火成岩最为发育，并构成测区火成岩的主体。表明在十几亿年的地质演化中不同形式的壳幔交换过程，是岩石圈分异演化和大陆地壳生长的主要方式。

（一）幔源型火成岩

以不同形式产出于测区早古生代各地层单位中的玄武岩、辉绿岩，以及透镜状、夹层状产出于二叠纪马尔争组中的枕状玄武岩和发育于测区北部的中泥盆世巴音郭勒辉长岩、侏罗纪祁曼塔格基性岩墙，均属于幔源型火成岩。

1. 吐木勒克构造蛇绿混杂岩中的玄武岩、辉绿岩

均以规模不等的构造岩块形式产出，从岩石地球化学特征上明显可分为两类，分别是古昆中洋盆中洋岛和洋脊环境下的基性火成岩组合，并且蛇绿岩属 SSZ 型。

2. 纳赤台群哈拉巴依沟组中的玄武岩

以夹层状、透镜状产出于浊积岩系地层中，出露零星，属碱性玄武岩系列，具有初始裂谷环境下玄武岩的特点。

上述两期基性火成岩的产出表明了测区在早古生代俯冲背景下伸展的动力学过程，并且较完整地构筑了古昆中洋发展演化的历史。

3. 滩间山群中的玄武岩、辉绿岩

与碳酸盐岩、碎屑岩相伴产出，变质变形较强，属拉斑玄武岩系列，兼有 P-MORB 与岛弧拉斑玄武岩的双重特征，构造环境判别显示属伸展环境下的产物。它与前述两期基性火成岩分别产出于莫斯图构造岩浆岩亚带两侧，反映在早古生代测区可能有过多弧盆的构造格局。

4. 中泥盆世巴音郭勒辉长岩

以单一侵入体形式分布于测区东北部祁曼塔格山巴音郭勒一带，岩石类型复杂，具清楚的成分垂直分带，从下到上分别为：细粒苏长岩—中细粒橄长岩—细粒辉长岩，各岩性间均呈渐变过渡关系，属层状侵入体。岩石大陆拉斑玄武岩的特征，来源于较富集的地幔源区，是基性岩浆房原地结晶分异堆积作用的结果。

它的出现表明，加里东造山旋回主造山阶段已经结束，此时测区北部正处于造山后伸展向稳定化发

展的动力学过程之中。

5. 二叠纪马尔争组玄武岩

主要出露于马尔争组浊积岩系的下部，多呈夹层状、透镜状产出，枕状构造极为发育，横向变化较大。由西向东厚度逐渐变薄，在西部苏鲁·彼得勒克·得亚一带出露规模巨大，呈一长20km、宽1～3km的透镜状产出，向东在伯拉克拉克里至克其克孜苏一带，规模变小，呈厚度不等的夹层状产出。兼有岛弧拉斑玄武岩和洋中脊拉斑玄武岩双重地球化学特征，来源于较亏损的地幔源区。

玄武岩与同时产出的角斑岩共同构成细碧—角斑岩组合，反映出俯冲背景下弧间(或弧后)扩张的动力学过程。

6. 早侏罗世祁漫塔格基性岩墙

主体分布于测区北部祁漫塔格山喀雅克登一带，多以岩墙形式产出，部分呈脉状，在喀雅克登一带多呈群、呈带集中分布。属大陆拉斑玄武岩系列钙碱性岩，来源于较富集的地幔源区，代表了东昆仑造山带已进入造山后伸展崩塌演化阶段，是东昆仑造山带向稳定化发展过程中岩石圈地幔拆沉这一动力学过程的具体反映。

(二) 壳幔型火成岩

该类火成岩在测区最为发育，以泥盆纪、晚三叠世侵入岩最为典型。

1. 早泥盆世喀雅克登塔格超单元

以岩基形式产出于测区北部喀雅克登构造-岩浆岩亚带中，以石英闪长岩和似斑状二长花岗岩为主要组成，岩体中程度不一地发育暗色包体。属高钾钙碱性系列偏铝质-过铝质岩石，具S型、I型花岗岩的双重特征，来源于壳源物质的部分熔融。包体特征显示曾经有幔源物质的参与而经历了岩浆混合作用过程，但岩浆混合作用微弱，幔源组分参与较少。

综合分析判断，该超单元的形成应与幔源岩浆的底侵作用有关，是造山后造山带伸展崩塌初期阶段的产物。此时地壳较厚，幔源岩浆无法大规模上侵，在造成壳源物质熔融的同时少量掺入其中。

2. 晚泥盆世库鲁克彼捷里克超单元

以英云闪长岩、花岗闪长岩、二长花岗岩为主要组成，以巨大的岩基形式构成测区中部库鲁克彼捷里克塔格构造岩浆岩亚带的主体。不同形态、类型的暗色包体发育是其主要特征，并且包体多具有熔融状态下的流动变形特点，反映出岩石经历了岩浆混合作用过程。岩石属高钾钙碱性系列偏铝质-过铝质岩石，具S型、I型花岗岩的双重特征，岩石成因应属壳幔型花岗岩。

结合区域构造及该超单元的地质特征分析，晚泥盆世早古生代造山旋回进入造山带伸展崩塌阶段，岩石圈地幔的拆沉作用使软流圈物质上涌并与上地幔发生位置交换，造成大规模底侵作用的发生，形成的具岩浆混合性质的岩浆沿昆中断裂上升并不断拓展空间，同时发生了强烈的结晶分异作用，从而形成库鲁克彼捷里克超单元。

上述两个分布于测区不同构造部位的壳幔型花岗岩超单元的产出，均反映出早古生代造山旋回进入造山后造山带伸展崩塌阶段，岩石圈地幔拆沉，幔源岩浆底侵的动力学过程。同时也反映出该阶段在测区具有从北向南的构造迁移现象。

3. 晚石炭世—早二叠世浩特洛哇组火山岩

呈厚度不等的夹层状产出，安山质、英安质岩石为主要岩石组合，属低-中钾钙碱性系列岩石，源自于壳幔混合源区，是古特提斯洋俯冲消减初期阶段的产物。

4. 中二叠世伯拉克拉克里超单元

串珠状近东西向断续展布于测区中部喀尔瓦、伯拉克拉克里、克其克孜苏一线，均呈岩株状产出。岩石属中钾钙碱性系列偏铝质岩石，来自于壳幔混合源，是古特提斯洋俯冲消减的结果。

上述两类不同时期相同构造背景的火成岩，相伴产出于东昆南活动陆缘带内，构成横贯测区中部东西向展布的陆缘火山弧带，分别代表了古特提斯洋俯冲消减不同阶段的动力学过程和岩浆作用过程。

5. 晚三叠世那陵格勒超单元

分布于图区北部吐木勒克、求勉雷克塔格、楚拉克阿干、卡而却卡、莫斯图一带，以巨大的岩基形式北西西向展布，是莫斯图构造-岩浆岩带的主要组成部分。岩石类型丰富，主要有闪长岩、石英闪长岩、英云闪长岩、花岗闪长岩等，以成分演化为主。暗色包体发育是那陵格勒超单元的重要特征，并且多具熔融状态下流动变形特征，反映出强烈的岩浆混合作用过程。岩石属中-高钾钙碱性系列偏铝质岩石，具Ⅰ型花岗岩的特征，岩石成因属壳幔型花岗岩。是东昆仑海西-印支造山带进入造山后伸展垮塌阶段，大规模底侵作用的结果。

6. 晚三叠世火山岩

火山岩以不同形式分别赋存于鄂拉山组和八宝山组中，属中-高钾拉斑玄武岩系列—钙碱性系列岩石，具有与晚三叠世那陵格勒超单元相似的岩石地球化学特征，是东昆仑海西-印支造山带进入造山后伸展垮塌阶段，幔源岩浆底侵作用的结果。

它们与那陵格勒超单元相互呼应共同构成了东昆仑造山带造山后伸展垮塌阶段的岩浆建造。

（三）壳源型火成岩

该类火成岩在测区分布局限，出露较少，但均是不同造山旋回演化阶段具有构造指向意义的岩浆建造。

1. 新元古代阿克却哈眼球状二长片麻岩

零星散布于测区东昆中微陆块中，岩石经历了强烈的变质变形作用改造。岩石属强过铝质类型，高钾钙碱性系列，为S型花岗岩，形成于大陆碰撞造山环境，可能与古罗迪尼亚超大陆的聚合有关。

2. 早中泥盆世布拉克巴什组火山岩

夹层状、透镜状等形式赋存于布拉克巴什组中，岩石类型复杂，主要为玄武岩—玄武安山岩—英安岩—流纹岩组合。属于中-高钾钙碱性系列岩石，形成于陆内造山环境。

3. 晚泥盆世哈夏·克里克岩石组合

岩株状产出于库鲁克彼捷里克塔格构造-岩浆岩带西段，以二长花岗岩、花岗闪长岩为主要组成。属高钾钙碱性系列偏铝质岩石-过铝质岩石，具S型、Ⅰ型花岗岩的双重特点的特点。构造环境判别属造山后花岗岩(POG型)，是早古生代造山旋回造山后伸展崩塌阶段的产物。它的形成可能是晚泥盆世库鲁克彼捷里克超单元侵位时造成中上地壳物质部分熔融的结果。

4. 晚二叠世求勉雷克塔格超单元

岩基形式北西西向展布于图区北部东昆中微陆块内，与三叠纪岩体共同构成宗昆尔玛-莫斯图复式岩基，是莫斯图构造岩浆岩亚带的主要组成部分。以二长花岗岩、正长花岗岩为主要组成，岩石中普遍含有石榴石、白云母、夕线石等高铝矿物，属高钾钙碱性系列过铝质岩石，为S型花岗岩，构造环境判别显示同碰撞型环境，但其特征又非典型的碰撞型花岗岩。结合区域地质特征，求勉雷克塔格超单元应形成于弧-陆碰撞的动力学过程中。

它的出现代表了古特提斯洋的结束，测区进入陆内造山演化阶段。

5. 中三叠世楚拉克阿干超单元

岩株状断续产出于测区北部东中昆仑微陆块中，以花岗闪长岩、二长花岗岩为主要组成。岩石属高钾钙碱性系列偏铝质-过铝质岩石，具S型花岗岩的特点，岩石成因属壳源型花岗岩。

在化学成分上类似于大陆弧花岗岩类，在构造环境上又具有造山晚期花岗岩的特点，综合判断应属陆内俯冲阶段地壳物质部分熔融的产物，是陆内叠覆造山这一动力学过程的结果。

6. 早侏罗世侵入岩

岩株状零散分布于测区北部和南部，均属壳源型花岗岩，源区物质成分的不同造成岩石类型的不一样，同时不同地区侵入体空间展布特征反映其岩浆形成的动力学过程的不同。

坎皮北独立单元：局限于喀雅克登构造岩浆岩带中，岩石类型为中细粒正长花岗岩，属高钾钙碱性系列偏铝质岩石，来源于中上地壳物质较低程度的部分熔融，形成于造山后环境。是造山后伸展环境下热流值升高以及幔源岩浆上侵造成地壳岩石的熔融的结果。

阿尔喀独立单元和巍雪山二长花岗岩：分别产出于昆南断裂带两侧，岩石类型分别为石英闪长岩、二长花岗岩，分属中钾钙碱性系列偏铝质岩石和高钾钙碱性系列过铝质岩石，形成于造山后环境。

区域地质特征显示，早侏罗世测区进入造山后演化阶段，造山带核部伸展崩塌，边部则表现为剪切走滑。强烈的剪切走滑挤压，造成地壳物质的熔融，形成的岩浆沿北西西向断裂上升侵位，最终形成以小岩株形式串珠状展布的阿尔喀独立单元和巍雪山二长花岗岩。在构造成因上，二者均属走滑深熔型花岗岩。

7. 中新世查保马组火山岩

断续分布于测区南部平台山—布喀达坂峰一线，总体呈北西西向展布，是可可西里新生代火山岩带最北部露头。以粗面岩—流纹岩为主要岩石组合，属高钾钙碱性系列，是大陆板内挤压环境下的产物，非继生性的陆内俯冲是该套火山岩形成的主要动力学机制。

二、岩浆活动与构造演化

测区位于东昆仑造山带西端，是东昆仑造山带出露最宽处，南北跨越多个构造单元，构造运动强烈，岩浆活动频繁，从元古代到新生代岩浆活动此起彼伏，形成了测区岩石类型各异、时空不同、规模不等的各类侵入岩和喷出岩，造就了测区火成岩在空间上具成带性、时间上具多旋回性、构造成因上具多成因的特征，真实地记录东昆仑造山带多阶段、多样式、不同类型、不同体制复合造山的过程，是透视东昆仑造山带形成、演化、复合的地球动力学过程的窗口。

（一）晋宁期构造演化

新元古代阿克却哈眼球状二长片麻岩的出露，是测区曾经历了晋宁期碰撞造山过程的重要见证。相同类型的片麻岩体在东昆仑东段，被越来越多地发现，研究者们正试图把它们与泛非事件联系起来，认为可能是古罗迪尼亚超大陆聚合的产物。

（二）加里东期构造演化

（1）早奥陶世吐木勒克构造蛇绿混杂岩中以构造块体形式产出的玄武岩—辉绿岩组合，分属洋岛和洋壳残片，岩石地球化学特征显示具弧后盆地性质。有少量玄武岩产出的以大量浊积岩系为主的纳赤台群哈拉巴依沟组，具有弧前复理石楔的特征。二者相伴产出于昆中断裂带内，表明在早古生代沿昆中断裂发生了俯冲背景下的弧后伸展裂解，并形成规模不大的弧后洋盆和该洋盆向北俯冲消减等一系列构造过程。

同时以大型残留体形式漂浮于印支期岩浆中的滩间山群玄武岩、辉绿岩也表明了其伸展的构造背景，表明早古生代测区可能存在多弧盆的构造格局。

（2）产出于库鲁克彼捷里克塔格构造岩浆岩亚带东段的早泥盆世塔鹤托坂日超单元具有同碰撞花岗岩和大陆边缘弧花岗岩的双重特征，是陆内叠覆造山初期阶段的产物，同时具有磨拉石性质的早中泥盆世布拉克巴什组及赋存其间的火山岩。均表明在早泥盆世古昆中洋已经消减闭合，进入陆内造山阶段。

（3）构成库鲁克彼捷里克塔格构造岩浆岩亚带主体的晚泥盆世库鲁克彼捷里克超单元，属壳幔型花岗岩，经历了有幔源物质加入的岩浆混合作用。幔源岩浆的底侵作用是其巨量花岗岩形成的主要机制，同时也造成中上地壳物质的部分熔融，形成稍后侵位的晚泥盆世哈夏·克里克岩石组合。二者均属造山后花岗岩（POG），形成于造山带伸展崩塌阶段，岩石圈地幔的拆沉作用使软流圈物质上涌，造成大规模底侵作用的发生。它们的产生表明，在晚泥盆世加里东期造山旋回接近尾声，而此时的伸展作用可能是海西—印支期构造旋回开始的动因。

另外，产出于测区北部祁漫塔格山喀雅克登构造岩浆岩亚带中的早泥盆世喀雅克登塔格超单元以及中泥盆世巴音郭勒层状辉长岩体，均属造山后造山带伸展崩塌阶段幔源岩浆底侵作用下不同时期的产物，反映测区北部在早泥盆世即已进入造山后演化阶段。

南北两个构造岩浆岩带在时、空上的差异表明，泥盆纪测区存在着明显的由北向南的构造迁移过程，早古生代多弧盆体系的构造格局以及它们各自的演化历史可能是造成这种差异的主要原因。

（三）海西—印支期构造演化

（1）近东西向断续展布于测区中部克其克孜苏、伯拉克拉克里一线的晚石炭世—早二叠世浩特洛哇组火山-沉积建造中火山岩发育，具较典型的陆缘火山弧性质，反映古特提斯洋在晚石炭世就已进入俯冲消减阶段。中二叠世火山弧花岗岩伯拉克拉克里超单元的产出，表明俯冲消减持续到了中二叠世。

夹层状、透镜状产出于马尔争组复理石相地层中的规模不等的枕状玄武岩（267Ma），具有岛弧拉斑玄武岩和洋中脊拉斑玄武岩的双重地球化学特征，形成于弧间（或弧后）盆地扩张作用过程中，它的产出同样指示古特提斯洋向北俯冲消减的动力学过程。强烈持续的俯冲使弧间（或弧后）盆地规模不断扩大，但并未产生洋壳，两侧丰富物源的快速堆积以及俯冲抬升造成盆地迅速夭亡，从而较早地结束了演化历史。

（2）晚二叠世古特提斯洋闭合，测区开始进入碰撞造山阶段。建立在东昆中微陆块基础上的晚二叠世同碰撞花岗岩——求勉雷克塔格超单元是这一动力学过程的重要记录。持续的挤压应力和洋壳的拖曳造成强烈的陆内俯冲作用，随着陆壳的不断短缩增厚，大量的变形热、变质热、摩擦热以及压力的增高，造成中下地壳部分熔融，形成中二叠世楚拉克阿干超单元。

（3）强烈的陆内碰撞造山，使测区陆壳短缩增厚，至晚三叠世中晚期达到顶峰，此时深达地幔的岩石圈根已无法承载巨厚的山体，开始进行均衡调整，从此东昆仑造山带陆内碰撞造山阶段结束，以“去根作用”为动力学的后造山阶段开始。而哈拉达乌更长环斑花岗岩的出现正是这一应力转换时期的标志，它代表了东昆仑海西-印支造山带变形作用的结束，大陆地壳向稳定化发展的开始。

随着去根作用的进行，造山带伸展崩塌，深部表现为岩石圈地幔的拆沉作用，热的软流圈物质上涌造成大规模底侵作用的发生，它不但为岩浆混合的形成提供了物质条件，也为晚三叠世大规模岩浆的形成提供了强大的热源。随着岩石圈的不断伸展减薄，大规模具岩浆混合性质的岩浆上侵并经结晶分异，形成测区晚三叠世那陵格勒超单元。浅部表现为伸展断陷、走滑拉分，沿那陵格勒河和昆中断裂形成鄂拉山陆相火山盆地和八宝山陆相火山-沉积盆地，为壳幔混合岩浆的喷发提供了通道和空间，最终形成鄂拉山组火山岩和以夹层状产出的八宝山组火山岩。

进入早侏罗世，随着岩石圈的不断伸展减薄，地壳厚度趋于正常，使幔源岩浆得以快速上侵进入地壳浅部，形成祁漫塔格基性岩墙。

同时昆南断裂带表现为强烈的左行走滑，并沿该断裂带两侧形成走滑深熔型花岗岩——阿尔喀独立单元、巍雪山二长花岗岩。

（四）新生代板内演化阶段

新生代测区处于板内演化阶段，南部平台山一带出露的中新世查保马组火山岩是可可西里新生代火山岩带最北部的露头，以熔岩被形式出现，地质特征显示明显经历过三次喷发过程，是挤压应力下陆内俯冲作用的结果。虽然出露少量，但为新生代构造演化及高原隆升提供了翔实的资料。

第四章　变　质　岩

测区纵跨整个东昆仑造山带中西段，涉及柴达木和巴颜喀拉山两个变质地区，区域性昆中断裂和昆南断裂横贯测区，构造演化具多旋回特征，故变质岩极为发育，从前寒武纪至中生代地层均有产出。且早期变质岩石被后期变质作用不同程度改造。其中有吕梁期区域动力热流变质作用形成的角闪岩相变质岩系，有加里东—海西—印支期区域低温动力变质作用形成的绿片岩相变质岩系，还有晋宁期、加里东期、印支期不同构造层次动力变质作用形成的绿片岩相动力变质岩系，以及海西—印支期接触变质作用形成的最高达辉石角岩相的热接触变质岩及少量接触交代型变质岩石。晚三叠世至新生代沉积地层虽有一定变形，但未变质，或变质低级且不具普遍性，故无意义。从出露岩石来看，以区域变质岩分布最广，动力变质岩、热接触变质岩次之。各变质单位基本特征如表 4-1 所示。变质岩分布图如图 4-1 所示。

本章以变质作用类型和不同时代岩石或地层单位为基础分别叙述如下（文中变质矿物代号参照1∶50 000 国标图例 2000 年版）。

表 4-1　布喀达坂峰幅变质岩一览表

变质地区	构造单元	填图单位	地质时代	原岩建造	变质岩石组合	变质作用	变质期
柴达木变质地区	东昆中微陆块	白沙河岩组（Ar$_3$Pt$_1$*b*）	古元古代（1927Ma）	碎屑岩，夹基性火山岩及碳酸盐岩	斜长片麻岩、石英（或云母）片岩、斜长角闪岩、大理岩	低角闪岩相区域动力热流变质作用	吕梁期
		阿克却哈变质侵入体（Pt$_3$*gn*）	新元古代	似斑状二长花岗岩	黑云二长片麻岩、二云二长片麻岩	高绿片岩相区域动力变质作用	晋宁期
		滩间山群（OST）	晚奥陶—志留纪	基性火山岩—碳酸盐岩，夹碎屑岩	变质玄武岩、碳酸盐岩、变质碎屑岩；钙质糜棱岩；角岩及矽卡岩	低绿片岩相区域低温动力变质作用，叠加动力变质作用及接触变质作用	加里东—印支期
	东昆南活动陆缘带	白沙河岩组	同上	同上	片麻岩、角闪岩、大理岩及糜棱岩	低角闪岩相区域动力热流变质作用，叠加动力变质作用	吕梁期—印支期
		吐木勒克构造混杂岩（OS*tm*）	早古生代	中基性火山岩、碳酸盐岩为主体，夹辉绿岩、硅质岩、碎屑岩	变质火山岩、绿片岩、大理岩变质辉绿岩；基性质及钙质糜棱岩	低温高压绿片岩相区域动力变质作用；叠加动力变质作用	加里东—印支期
		哈拉巴依沟组（OS*h*）	晚奥陶—志留纪	复理石	变砂岩、千枚岩、板岩；长英质角岩、云母角岩	低绿片岩相区域低温动力变质作用，叠加角闪角岩相热接触变质作用	加里东—海西期
		布拉克巴什组（D*bl*）	早—中泥盆世	类复理石—海陆过渡碎屑岩	板岩、变砂岩、千枚岩、夹变质沉凝灰岩及变火山岩；少量糜棱岩	低绿片岩相区域低温动力变质作用，局部叠加区域性动力变质作用	海西期—印支期
		布青山群（PB）	二叠纪	碳酸盐岩、碎屑岩-复理石-台地碳酸盐岩沉积	变砂岩、板岩；碎屑质糜棱岩、千糜岩	低绿片岩相区域低温动力变质作用，局部叠加区域性动力变质作用	海西晚期—印支期
		浩特洛哇组（CP*ht*）	晚石炭—早二叠世	中酸-基性火山岩夹碳酸盐岩-碎屑岩	变砂岩、板岩、变质火山岩	低绿片岩相区域低温动力变质作用	海西期
巴颜喀拉变质地区	巴颜喀拉前陆盆地	巴颜喀拉山群（TB）	中三叠世	沉积复理石	变砂岩、板岩	低绿片岩相区域低温动力变质作用	印支期

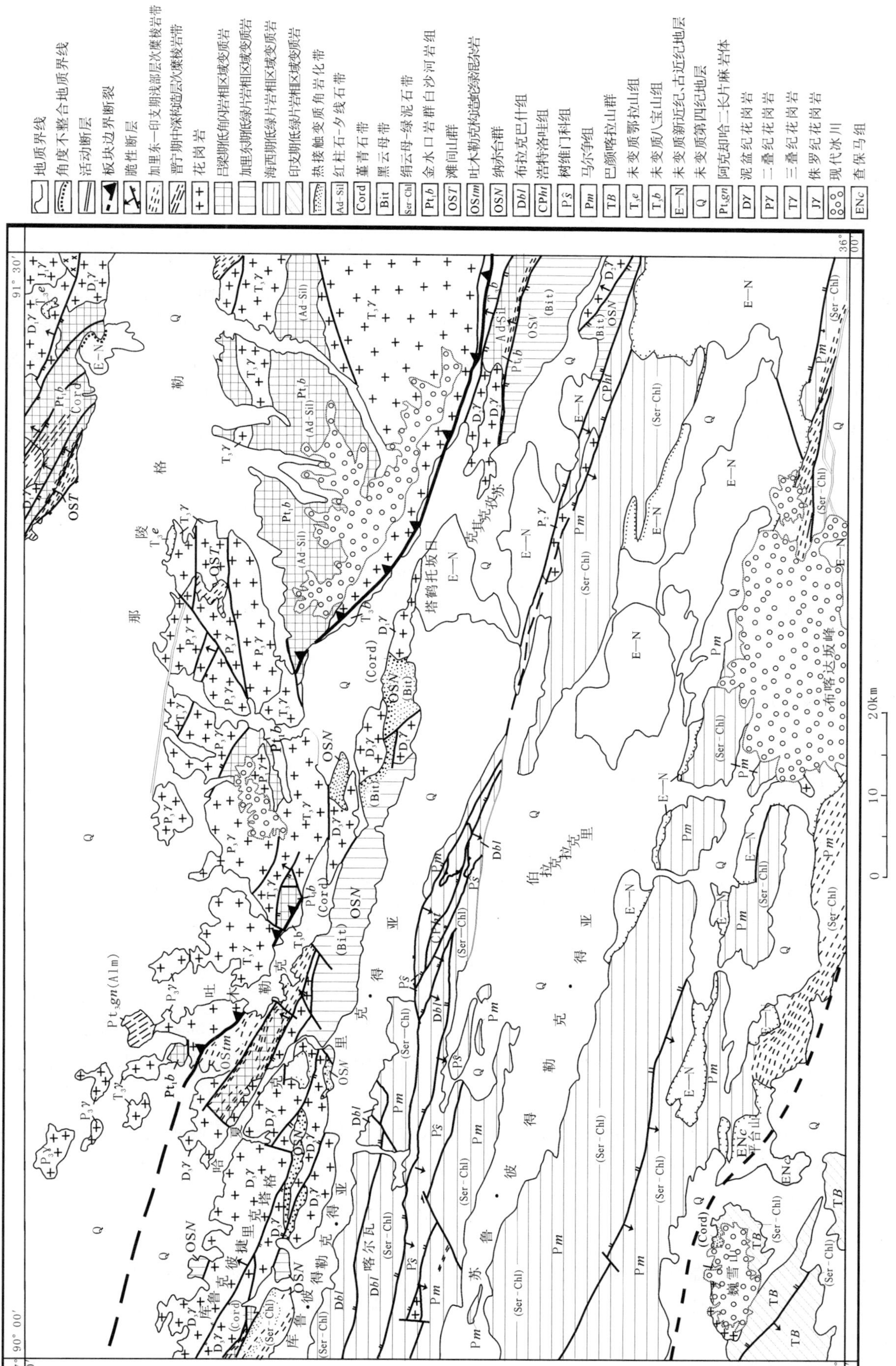

图 4-1 测区变质岩分布图

第一节　区域变质岩

一、前寒武纪区域变质岩

测区前寒武纪区域变质岩由古元古界金水口岩群白沙河岩组(Ar_3Pt_1b)老变质地层中中深变质岩系组成,区内主要分布于那陵格勒河北侧喀雅克登塔格山和河南侧莫斯图沟东西两侧地带,另外,自卡而却卡向西至吐木勒克、库鲁·彼得勒克河北侧以及测区东部额尔衮赛埃图河中上游一带有一些岩体中的零星顶盖体或较大的残留构造块体出露。由于后期多期次不同类型变质作用叠加改造,主期区域变质岩石除在那陵格勒河南、北两侧保留较好外,其他地方则多呈动力变质岩石中的残留构造透镜体状出露,一定程度上显示了强弱相间的变质变形分带性。变质岩石典型剖面见第二章地层中描述。

(一) 主要岩石及变质矿物特征

其主要岩石类型以黑云斜长片麻岩为主,部分黑云二长片麻岩、黑云钾长片麻岩及少量二云二长片麻岩,夹云母石英片岩、云母片岩、大理岩和斜长角闪(片)岩及角闪斜长片麻岩类,可分别归类为泥质长英质变质岩、钙质变质岩和镁铁质变质岩三类。岩性特征如下。

1. 泥质长英质变质岩

1) 片麻岩类

黑云斜长片麻岩:细粒—中细粒鳞片粒状变晶结构,片麻状构造。部分岩石中见包含变晶结构。主要矿物及含量:更长石28%~65%(最高73%)、石英11%~44%(最低5%)、黑云母10%~30%、白云母0%~5%,部分岩石有特征矿物夕线石(1%~15%)、堇青石(7%~15%)、红柱石(16%)及少量铁铝榴石,少部分岩石有微斜长石(2%~6%)。副矿物少—微,以锆石、磷灰石为主,见少量金属矿物。主要岩性以黑云更长片麻岩为主,部分为夕线黑云斜长片麻岩、堇青石黑云斜长片麻岩及含夕线石榴红柱石黑云斜长片麻岩。

黑云二长片麻岩:中细粒鳞片粒状变晶结构,片麻状构造,部分具条纹状构造。主要矿物及含量:微斜长石(12%~41%)、更长石(20%~38%)、石英(14%~38%)、黑云母(12%~20%),少部分岩石有白云母(3%)、铁铝榴石(1%~2%)。特征矿物为黑云母和铁铝榴石。主要岩石为黑云二长片麻岩、含石榴黑云二长片麻岩。

黑云钾长片麻岩:细粒—中细粒鳞片粒状变晶结构,片麻状构造,部分具条痕状构造。主要矿物及含量:更长石(5%~8%)、微斜长石(44%~48%)、石英(21%~38%)、黑云母(8%~22%);特征矿物为少量铁铝榴石、堇青石(1%~6%)。主要岩石为含堇青石黑云母钾长片麻岩,少部分为黑云钾长片麻岩。

二云二长片麻岩:中细粒鳞片粒状变晶结构,片麻状构造。主要矿物为微斜长石(24%~28%)、更长石(22%~30%)、黑云母(6%~8%)、白云母(3%~9%),副矿物磷灰石、锆石(少至微)。特征矿物为红褐色黑云母。

2) 片岩类

云母片岩类:细粒鳞片粒状变晶结构,片状构造。主要矿物:黑云母(49%~65%)、更长石(3%~

6%)、石英(15%～18%)、白云母(0～18%),特征矿物:铁铝榴石(少至8%)、黑云母片岩中红柱石(14%)及少量夕线石。主要岩石为石榴二云母片岩、含夕线红柱石黑云母片岩。

石英片岩类:中细一细粒鳞片粒状变晶结构,片状构造。主要矿物:石英(28%～65%)、斜长石(0～24%)、黑云母(20%～37%)、白云母(12%～37%);不同岩石有特征矿物铁铝榴石(10%)或少量夕线石。副矿物以磷灰石、锆石或磁铁矿为主,部分含少量黑电气石及不透明矿物。主要岩性有夕线更长二云母石英片岩、石榴二云石英片岩、白云母石英片岩及黑云母石英片岩等。

泥质泥砂质变质岩在后期(晋宁一加里东期)不同程度遭受了韧性变质变形作用叠加改造,在构造强带形成了一些条带状、条纹状或条痕状、眼球状片麻岩,弱构造带则以岩石中部分矿物发生较明显的构造变形为特征,但大部分岩石主期变质特征仍然保留。

2. 钙质变质岩

白云石大理岩:细中粒半自形或微细粒他形粒状变晶结构,块状构造。主要矿物为白云石(98%),部分岩石含镁橄榄石(1%)、透闪石(1%)及少量金云母,其中镁橄榄石具蛇纹石化,透闪石具滑石化,表明岩石后期遭受了轻微的气液交代蚀变。

方解石大理岩:细中粒或中细粒他形粒状变晶结构,块状构造。主要矿物为方解石(90%～99%),不同岩石含透闪石(1%～2%)、镁橄榄石(2%)、金云母(少至2%)或白云母(6%)、少量石英、少量钙铝榴石、磁铁矿(少至1%)。主要岩石为方解石大理岩、含白云母方解石大理岩。

钙质变质岩中主要特征变质矿物为镁橄榄石、透闪石及金云母。因该类岩石能干性较低,故普遍不同程度地遭受了后期韧性变质变形作用叠加改造,大部分岩石成为片状大理岩或条带状大理岩,少部分成为大理岩质糜棱岩,仅有少量区域变质岩在弱构造域保留。

3. 镁铁质变质岩

角闪(片)岩类:微细一中细粒半自形柱粒状变晶结构,片状构造,或中细粒鳞片柱粒状变晶结构、他形粒状变晶结构,块状构造。主要成分:斜长石(以中长石为主,部分为拉长石)(20%～43%)、普通角闪石(50%～76%)、石英(0～2%),副矿物主要有少至微量金属矿物、微至少量磷灰石、榍石。主要岩石为斜长角闪片岩和(含黑云母)斜长角闪岩两种。

角闪斜长片麻岩:中细粒半自形柱粒状变晶结构,片麻状构造,部分具条纹状构造。主要矿物:斜长石(有中长石,也有更长石)(55%～70%)、普通角闪石(27%～42%)及少量铁铝榴石,部分岩石有黑云母(2%)、少量石英;副矿物:金属矿物(1%～2%)、榍石(少至1%)、微量磷灰石。主要岩石为角闪斜长或角闪更长片麻岩。

镁铁质变质岩中特征矿物主要为普通角闪石、黑云母、铁铝榴石和中长石及拉长石。该类岩石后期亦遭受韧性变质变形作用改造,因能干性程度较高,故仅有少部分岩石形成了片状角闪岩类,极少部分岩石中有较明显的矿物变形特征。

(二)岩石化学、地球化学特征及原岩恢复

1. 岩石化学特征及原岩恢复

1)泥质、长英质变质岩岩石化学特征(表4-2)

从表4-2中可见,岩石的SiO_2含量为$60.06\times10^{-2}\sim75.78\times10^{-2}$之间;$Al_2O_3$为$10.72\times10^{-2}\sim17.28\times10^{-2}$;普遍$TiO_2$小于$1\times10^{-2}$,$K_2O>Na_2O$。其尼格里参数值$al>alk+c$,表明岩石均为铝过饱

表 4-2　白沙河岩组泥质长英质片麻岩片岩岩石化学特征表($w_B/10^{-2}$)

序号		1	2	3	4	5	6	7	8	9
样号		Gs1105-2	Gs2321-1	Gs2409-1	Gs6406-1	Gs3408-1	$3P_5$Gs13-1	$3P_5$Gs15-1	$3P_5$Gs16-2	Gs6104-2
SiO_2		65.88	71.13	69.58	75.78	68.73	71.34	75.7	74.55	60.06
TiO_2		0.81	0.56	1.13	0.75	0.89	0.37	0.12	0.59	0.85
Al_2O_3		13.98	12.52	13.02	10.72	14.0	13.82	12.33	11.93	17.28
Fe_2O_3		0.68	2.52	0.92	1.06	0.63	0.76	1.51	2.51	0.66
FeO		5.56	1.62	3.05	4.32	5.12	2.32	0.50	3.22	6.58
MnO		0.064	0.035	0.052	0.12	0.11	0.04	0.03	0.05	0.09
MgO		3.58	1.87	1.17	1.25	1.91	0.59	0.16	1.62	4.31
CaO		1.62	0.73	1.01	1.18	1.93	1.45	0.76	0.96	1.95
Na_2O		1.8	2.58	1.9	1.69	2.23	2.4	2.06	0.2	2.41
K_2O		3.28	4.32	6.4	2.33	2.11	5.46	5.38	2.81	3.23
P_2O_5		0.14	0.083	0.13	0.04	0.05	0.15	0.18	0.17	0.18
LOS		1.96	1.43	1.14	1.18	1.79	0.91	1.05	1.26	2.13
H_2O^+		1.04	0.84	0.76	0.76	1.13	0.75	0.56	1.55	1.5
总量		100.39	100.24	100.16	101.18	100.63	100.36	100.34	101.42	101.23
尼格里值	al	33.83	37.88	38.94	37.1	38.35	43.03	47.41	41.17	34.93
	fm	43.29	31.13	25.51	37.46	35.74	18.08	11.86	41.18	42.83
	c	7.13	4.01	5.49	7.42	9.61	8.21	5.31	6.02	7.16
	alk	15.75	26.98	30.06	18.02	16.3	30.68	35.41	11.63	15.07
	si	270.59	365.23	353.21	445.9	319.56	377.0	494.08	436.62	206.64
	mg	0.51	0.46	0.35	0.29	0.37	0.26	0.13	0.34	0.51
	t	10.95	6.88	3.39	11.66	12.44	4.14	6.69	23.52	12.69
	Qz	107.95	157.32	132.98	367.99	154.36	154.27	252.42	290.11	45.74
ACFM值	A	40.26	51.98	55.85	45.5	46.05	62.24	73.6	46.71	41.25
	C	8.48	5.51	7.88	9.09	11.54	11.87	8.25	6.84	8.46
	F	25.19	22.89	23.58	32.01	26.52	19.18	15.73	30.41	24.27
	M	26.07	19.63	12.69	13.4	15.89	6.72	2.42	16.04	26.01
类型		均为 al>alk+c								

注:样品由武汉综合岩矿测试中心测试。1、2 为(夕线)黑云斜长片麻岩;3 为黑云二长片麻岩;4 为堇青石黑云斜长片麻岩;5 为含夕线石。

和型；氧化铝数 t＝3.39～12.69，最高为 23.52；石英数 Qz 一般为 107.59～367.99，最低为 45.74，均属 SiO_2 过饱和的岩石。在[(al＋fm)－(c＋alk)]-Si 图解上(图 4-2)投图，除一个样落入火山岩区外，其余全部落入泥质及砂质沉积岩区；在 A-C-FM 图解中(图 4-3)大部分落入铁镁铝及正系列碱土硅酸盐岩亚组(粘土岩和亚杂砂岩区)，两个样落入正铝硅酸盐岩亚组(富铝的粘土岩及酸性火山岩)；在 AF 图解中(图 4-4)，大部分落入高粘土质及粘土质砂岩区；在图解 log(Na_2O/K_2O)-log(SiO_2/Al_2O_3)中(图 4-5)，大部分样落入岩屑砂屑岩和长石砂岩区，少量落入杂砂岩区。由此分析，白沙河岩组泥质长英质变质岩石的原岩主要为泥岩类及富泥质砂岩类为主。

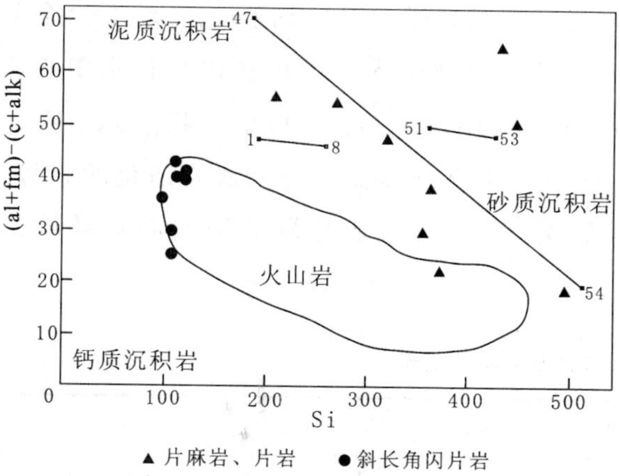

图 4-2 [(al＋fm)－(c＋alk)]-Si 图解

(据西蒙南，1953 简化)

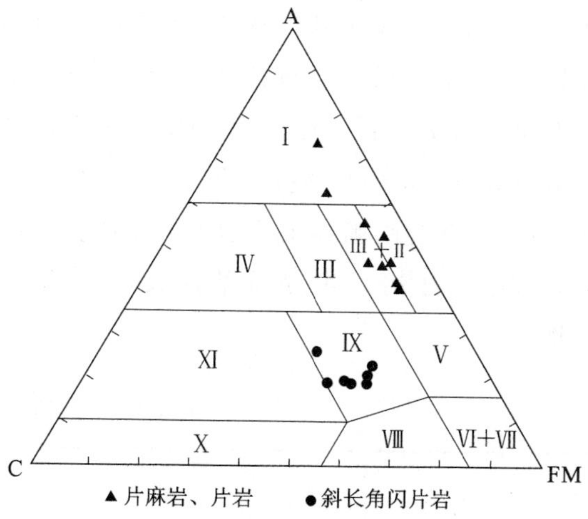

图 4-3 A-C-FM 图解

(据谢缅年科，1966)

Ⅰ.富铝粘土岩及酸性火山岩；Ⅱ.粘土岩及亚杂砂岩；Ⅲ.中性及碱性火山岩和杂砂岩；Ⅳ.长石砂岩；Ⅴ.凝灰质粉砂岩；Ⅵ.硅铁质沉积岩；Ⅶ＋Ⅷ.超基性岩；Ⅸ.基性火山岩及铁质白云岩；Ⅹ.钙质碳酸岩；Ⅺ.钙质碳酸盐岩及石英岩

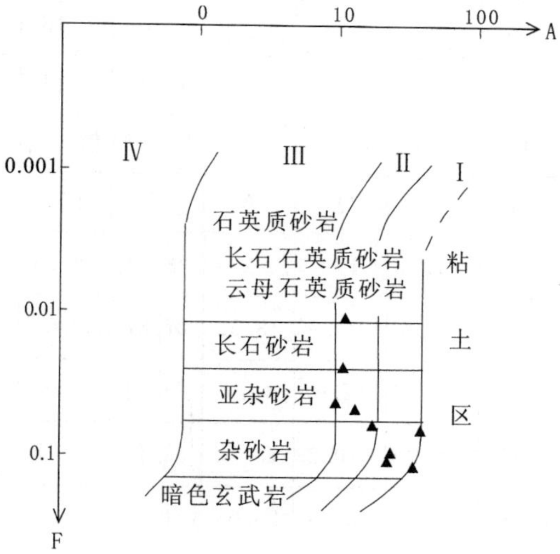

图 4-4 AF 图解

(据普多列夫斯基，1980)

Ⅰ.高粘土质岩石；Ⅱ.粘土质岩石；Ⅲ.低粘土质岩石；Ⅳ.向沉凝灰岩过渡的岩石和沉凝灰岩

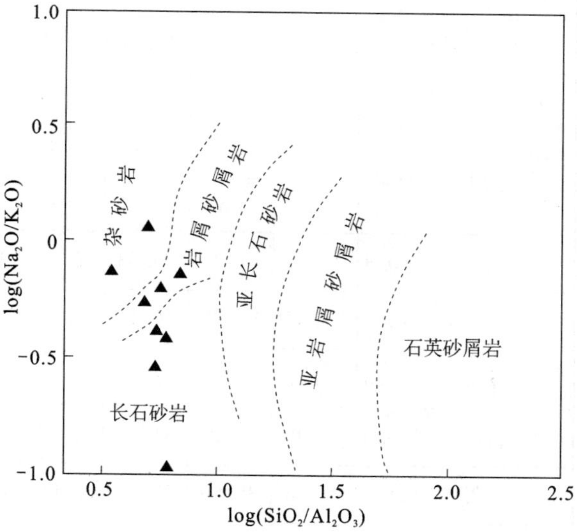

图 4-5 log(Na_2O/K_2O)-log(SiO_2/Al_2O_3)图解

(据佩蒂约翰等，1972 简化)

2）镁铁质变质岩岩石化学特征（表 4-3）

主要为斜长角闪片岩类。岩石的 SiO_2 为 $43.4\times10^{-2}\sim50.31\times10^{-2}$；$Al_2O_3$ 一般为 $12.38\times10^{-2}\sim14.93\times10^{-2}$，个别 16.97×10^{-2}；FeO 为 $7.78\times10^{-2}\sim12.44\times10^{-2}$；MgO 为 $4.17\times10^{-2}\sim8.62\times10^{-2}$；CaO 为 $8.12\times10^{-2}\sim13.34\times10^{-2}$；$Na_2O+K_2O=3.02\times10^{-2}\sim4.17\times10^{-2}$，最低 1.0×10^{-2}；TiO_2 为 $1.32\times10^{-2}\sim3.5\times10^{-2}$，以较高钛、碱为特征。尼格里参数 al<alk+c，均属正常类型岩石；氧化铝数 t=−7.12～−14.51，石英数 Qz=−5.07～−25.87，个别为 11.45，一半为 SiO_2 不饱和型，一半为饱和型岩石。岩石在[（al+fm）−（alk+c）]-Si 图解上（图 4-2），基本投入火山岩区靠近基性岩一端；在 A-C-FM 图解上（图 4-3）全部投入正系列碱土铝基性岩组（基性火山岩）；在硅碱图中（图 4-6）4 个样投入亚碱性系列，3 个样投入碱性系列；亚碱性系列样在 FAM 图解上（图 4-7）全部投入拉斑玄武岩区；在 TFeO-MgO-Al_2O_3 图解（图 4-8）上除一个样落入大陆板块内与扩张中心岛屿结合处外，基本上全投入了大洋岛屿区；在 TiO_2-MnO-P_2O_5 图解上（图 4-9）呈线状落入了大洋岛屿-洋中脊及岛弧拉斑玄武岩区，似乎具有从大洋岛屿→洋中脊→岛弧拉斑玄武岩演化的趋势。由此判断白沙河岩组变质基性火山岩原岩多为玄武岩类，应为活动陆缘海盆地或岛弧环境的产物。

表 4-3 白沙河岩组角闪（片）岩岩石化学特征表

序号	样号	氧化物含量（$w_B/10^{-2}$）											
		SiO_2	TiO_2	Al_2O_3	Fe_2O_3	FeO	MnO	MgO	CaO	Na_2O	K_2O	P_2O_5	H_2O^+
1	Gs1109-3	46.48	2.18	14.93	3.86	9.75	0.18	7.09	8.12	2.06	1.76	0.23	0.92
2	Gs2411	43.4	3.5	13.06	5.16	11.82	0.24	5.72	10.81	0.82	2.74	0.12	0.36
3	Gs2206-1	49.81	1.7	12.38	3.77	9.41	0.26	7.5	9.19	1.86	1.16	0.17	1.11
4	Gs3408-2	46.21	1.32	13.69	0.84	12.18	0.25	6.67	13.34	0.94	0.93	0.12	0.96
5	Gs3413	45.76	1.9	16.97	4.71	7.78	0.12	4.17	11.28	2.97	1.2	0.21	1.74
6	Gs1216-1	49.59	1.46	13.71	1.61	9.2	0.17	8.62	9.3	1.86	1.52	0.15	1.0
7	Gs6409-2	50.31	1.78	13.61	0.60	12.44	0.20	6.98	11.02	0.60	0.40	0.14	0.63

序号	LOS	总量	尼格里参数值								A C FM 值			类型
			al	fm	c	alk	si	mg	t	Qz	A	C	FM	
1	2.7	100.3	20.76	51.35	20.53	7.36	109.7	0.49	−7.12	−19.73	22.5	22.24	55.26	al<alk+c
2	2.3	100	17.37	50.75	26.14	5.74	98.0	0.38	−14.51	−24.96	18.52	27.87	53.61	
3	2.3	100.6	17.47	52.88	23.57	6.09	119.3	0.51	−12.19	−5.07	18.7	25.24	56.07	
4	3.0	100.5	18.0	46.75	31.89	3.36	103.1	0.47	−17.24	−10.29	18.72	33.16	48.13	
5	2.7	101.5	23.76	38.86	28.71	8.66	108.76	0.38	−13.61	−25.87	26.08	31.52	42.4	
6	2.2	100.3	18.92	51.25	23.33	6.49	116.0	0.59	−10.9	−9.95	20.31	25.04	54.65	
7	1.9	100.6	18.97	51.07	27.96	2.0	119.54	0.49	−10.99	11.54	19.44	28.65	51.9	

注：样品由武汉岩矿测试中心测试。1、7 为斜长角闪片岩；2 为含黑云母斜长角闪片岩；3 为片状斜长角闪岩；4 为斜长角闪岩；5 为角闪斜长片麻岩；6 为斜长角闪质糜棱岩。

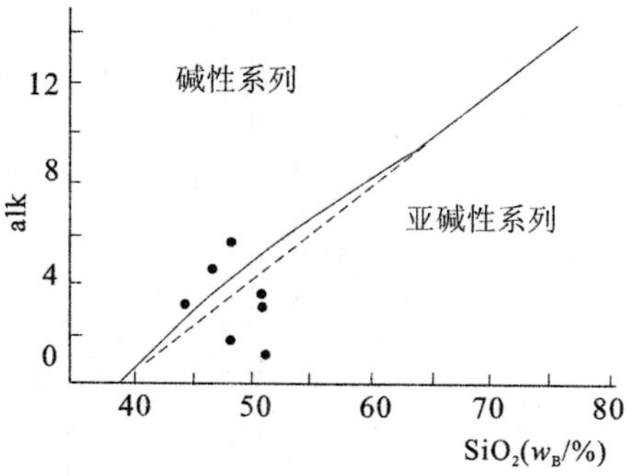

图 4-6 硅-碱图

（据 Irvine 等，1971）

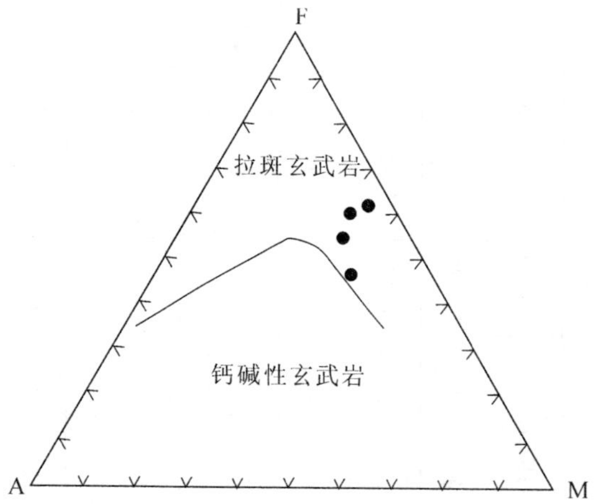

图 4-7 变质基性岩 FAM 图解

（据 Irvine 等，1971）

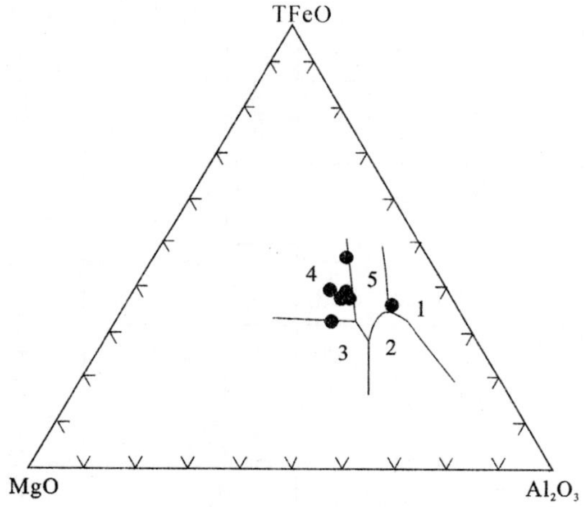

图 4-8 TFeO-MgO-Al_2O_3 图解

（据 Pearce，1977）

1. 扩张中心岛屿；2. 造山带；3. 洋中脊；

4. 大洋岛屿；5. 大陆板块内部

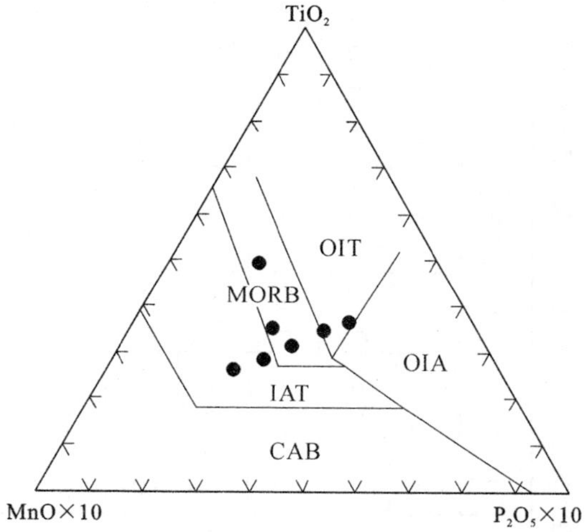

图 4-9 TiO_2-MnO-P_2O_5 图解

（据 Mullen，1983）

OIT：洋岛拉斑玄武岩；OIA：洋岛碱性玄武岩；

MORB：洋中脊玄武岩；IAT：岛弧拉斑玄武岩；

CAB：钙碱性玄武岩

2. 稀土元素特征

1）泥质长英质变质岩

由表 4-4 中 1—8 号样可知，稀土总量一般为 127.66×10^{-6}～298.78×10^{-6}，其中 6 号样稀土总量低，为 64.37×10^{-6}；轻重稀土比 LREE/HREE 最低为 3.84，一般为 5.55～9.69，$(La/Yb)_N=5.58$～12.57，反映轻重稀土间分馏较强，均显负 Eu 异常（$\delta Eu<0.68$，HREE 近于平坦[$(Tb/Lu)_N=1.17$～1.81]，除 6 号样轻稀土显示亏损外（$La_N=30.84$，$Sm/Nd=0.36$）其余均为 LREE 较强烈富集（$La_N=71.06$，$Sm/Nd<0.333$）。球粒陨石标准化配分模式图如 4-10 所示，总的特征与太古宙以后沉积岩的配分模式十分相近。

表 4-4　白沙河岩组泥质长英质变质岩石稀土特征表($w_B/10^{-6}$)

序号	样号	La	Ce	Pr	Nd	Sm	Eu	Gd	Tb	Dy	Ho	Er	Tm	Yb	Lu	总量	LREE/HREE	δEu	Sm/Nd	$(La/Yb)_N$	$(Tb/Lu)_N$
1	XT1105-2	34.25	71.91	9.02	34.29	6.71	1.42	5.8	0.94	5.14	0.98	2.86	0.45	2.84	0.43	177.02	8.12	0.68	0.196	8.13	1.49
2	XT2321-1	38.61	95.43	11.41	41.31	8.69	0.96	8.17	1.4	7.75	1.55	4.73	0.71	4.39	0.61	225.72	6.70	0.34	0.21	5.93	1.56
3	XT2409-1	44.84	96.88	12.82	46.39	9.47	1.58	8.46	1.48	8.4	1.64	5.0	0.79	4.9	0.71	243.36	6.76	0.53	0.20	6.17	1.42
4	XT3408-1	58.51	102.6	13.04	47.36	9.12	1.43	8.05	1.31	7.89	1.8	4.96	0.78	5.04	0.76	262.63	7.59	0.50	0.19	7.83	1.17
5	$3P_5$XT13-1	61.56	120.0	14.84	55.19	11.55	1.63	10.07	1.64	9.46	1.81	4.99	0.76	4.59	0.69	298.78	7.78	0.45	0.21	9.04	1.61
6	$3P_5$XT15-1	9.56	22.97	2.95	11.44	4.08	0.08	4.99	0.94	4.52	0.64	1.33	0.15	0.64	0.08	64.37	3.84	0.05	0.36	10.09	7.99
7	$3P_5$XT16-2	22.03	47.81	6.30	25.29	5.70	1.05	5.55	0.92	5.53	1.11	2.89	0.44	2.66	0.39	127.66	5.55	0.59	0.23	5.58	1.60
8	XT6104-2	43.44	81.23	10.04	36.08	6.85	1.37	5.93	0.88	5.05	1.01	2.57	0.38	2.33	0.33	197.5	9.69	0.64	0.19	12.57	1.81
镁铁质变质岩石稀土特征($w_B\times10^{-6}$)																					
9	XT6409-2	9.05	21.59	3.47	14.84	4.29	1.59	5.37	0.92	5.12	1.09	2.85	0.45	2.71	0.39	73.72	2.90	0.93	0.29	2.29	1.60
10	XT1109-3	17.65	45.23	6.02	25.16	5.77	1.71	6.44	1.07	6.16	1.31	3.55	0.53	3.38	0.51	124.51	4.42	0.85	0.23	3.52	1.42
11	XT2411	26.35	68.99	9.29	37.93	7.73	2.66	7.12	1.15	5.74	1.10	3.05	0.44	2.59	0.37	174.5	7.09	1.08	0.20	6.86	2.11
12	XT2206-1	16.55	38.12	5.27	21.04	5.73	1.54	6.39	1.13	6.86	1.26	3.7	0.56	3.21	0.47	111.83	3.74	0.78	0.27	3.48	1.63
13	XT3408-2	11.39	26.11	3.88	16.98	4.94	1.38	5.53	1.0	5.78	1.2	3.13	0.48	2.81	0.4	85.02	3.18	0.80	0.29	2.73	1.70
14	XT3413	12.03	25.52	3.98	17.97	4.84	1.86	5.99	1.05	6.12	1.29	3.5	0.55	3.39	0.5	88.6	2.96	1.06	0.27	2.39	1.43
15	XT1216-1	12.81	35.54	4.95	19.04	4.66	1.26	5.21	0.95	5.67	1.11	3.25	0.49	2.96	0.44	98.33	3.90	0.78	0.24	2.92	1.47

注:样品由武汉综合岩矿测试中心测试。岩性:1、2 为(夕线)黑云斜长片麻岩;3 为黑云二长片麻岩;4 为石榴红柱石黑云斜长片麻岩;5 为二云二长片麻岩;6 为白云钾长片麻岩;7 为石榴二云石英片岩;8 为红柱石黑云母片岩;9、10 为斜长角闪片岩;11、13 为斜长角闪岩;12 为片状斜长角闪岩;14 为角闪斜长片麻岩;15 为斜长角闪质糜棱岩。

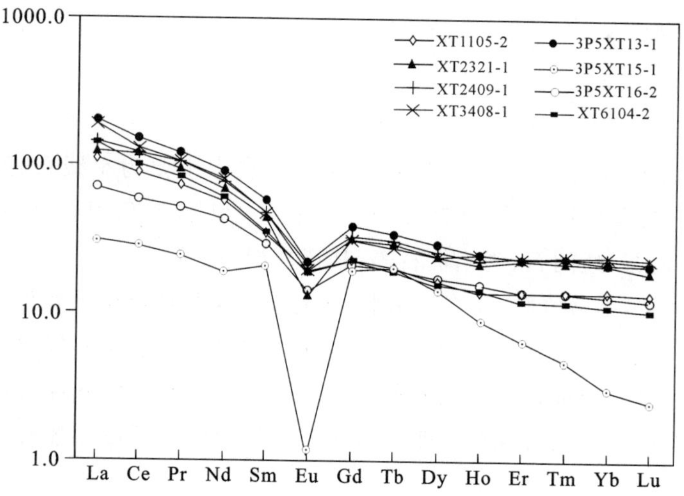

图 4-10 白沙河岩组泥质长英岩球粒陨石标准稀土配分图

2）镁铁质变质岩

见表 4-4 中 9—15 号样特征，稀土总量 REE 为 $73.72\times10^{-6}\sim174.5\times10^{-6}$，轻重稀土比值一般为 2.90～4.42，球粒陨石标准化的 REE 含量显示较弱的分异模式[$(La/Yb)_N=2.29\sim6.86$]、δEu 显示较弱的正异常或负异常、重稀土近于平坦[$(Tb/Lu)_N=1.42\sim2.11$]、轻稀土弱富集($La_N=36.74\sim56.94$，Sm/Nd<0.333)。球粒陨石标准化配分模式图如图 4-11 所示。

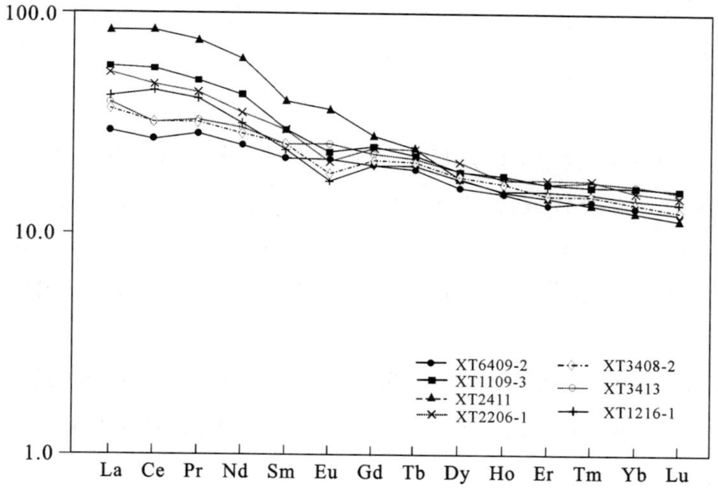

图 4-11 白沙河岩组镁铁质球粒陨石标准化稀土配分模式

3. 野外宏观及室内微观特征

白沙河岩组变质岩石达中深变质程度，原始面理 S_0 已被改造殆尽，现有面理多为 S_{n+1} 片麻理或 S_{n+2} 糜棱面理，故其上下岩层关系已不清。但片麻岩中到处可见透镜状或夹层状大理岩出现，特别是在那陵格勒河北侧，纵向上出露有较厚的大理岩与斜长角闪片岩互层的岩层，莫斯图沟两侧亦夹有较厚的大理岩层；横向上则因后期构造流失及岩浆侵吞而变化较大。从薄片来看，岩石中副矿物多以他形粒状磷灰石、锆石为主，显示了副变质碎屑岩的特征。

综上所述，金水口岩群区域变质岩石主体原岩类型主要为一套泥质-泥砂质沉积碎屑岩为主，夹有基性火山岩及碳酸盐岩的岩石组合。

（三）变质作用特征

1. 变质特征矿物

综合前述岩石中主要变质特征矿物，泥质长英质变质岩中主要为夕线石、红柱石、堇青石、铁铝榴石、棕红色或红褐色黑云母及更长石等；镁铁质变质岩中主要为普通角闪石、中长石、黄绿色黑云母；钙质变质岩中主要为镁橄榄石、透闪石、钙铝榴石等，其特征如下：

夕线石：以针柱状为主，部分纤状，集合体束状，无色透明，正偏光间干涉色一级紫红色，平行消光，正延长。一般多由黑云母转变而成（素描图 4-12），并与之伴生；部分常包含于更长石晶体中（素描图 4-13），或包含在石英、红柱石晶体内（素描图 4-14），并与之伴生。镜下观察该类夕线石大的轮廓与黑云母晶体相似，故此类包晶夕线石极有可能仍为该类矿物中的黑云母晶体经温度升高后的前进变质反应而形成。

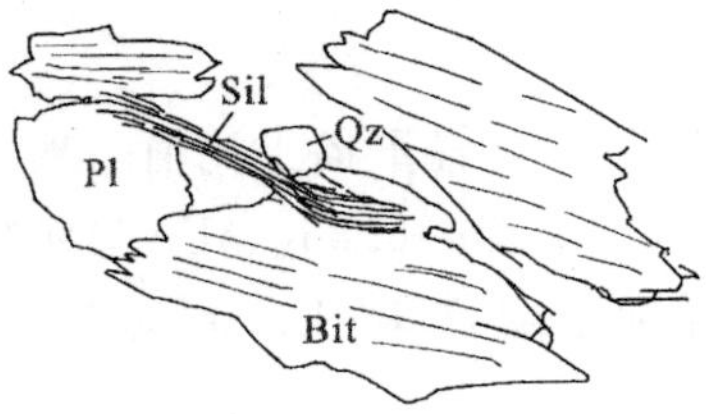

图 4-12　交代黑云母形成的毛发状纤维状夕线石（据 Bb1208-1）

图 4-13　更长石晶内的纤维状夕线石（据 Bb1208-1）

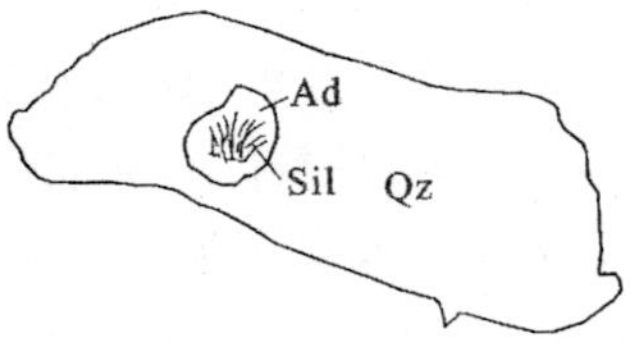

图 4-14　石英、红柱石及夕线石构成的包含变晶结构（据 Bb3408-1）

堇青石：呈不规则粒状或柱状晶，部分呈卵形状或圆状，粒径 0.092～0.589mm，长径平行片麻理定向排列。一般常被绢云母交代或绿泥石交代，或呈残留状或呈假象出现。在较大堇青石晶内包含有细小浑圆的石英、更长石及黑云母片，形成包含变晶结构（素描图 4-15），也即存在由（Pl）＋Bit＋Qz→Cord＋Kf＋H_2O 的前进变质作用（脱水反应），反映了较低温度下生成的矿物在温度升高后转变成了新的矿物组合。

红柱石：粒状或柱状晶，粒径＝0.47mm×0.68mm～0.73mm×1.17mm，具平行消光，负延长，晶体长轴顺片麻理或片理平行定向。晶内见有红褐色黑云母及石英包晶（素描图 4-16），实际上存在 Bit＋Qz→Ad 的前进变质反应。

铁铝榴石：紫红色或玫瑰红色，部分淡红色，他形粒状为主，部分呈半自形粒状或自形粒状晶，裂纹发育。一般粒径为 0.062～1.95mm，大者 3～5mm。局部见富集成条痕状，含量可达 10%以上。在石英片岩中见有由石英、金红石、黑云母包晶形成的包含变晶结构（素描图 4-17），并见晶内的石英变晶呈“U”形状变形，反映了两期变形特征。

黑云母：鳞片状，长径定向。泥质泥砂质变质岩中多为红褐色或棕红色，部分呈棕色，多色性显著，Ng′—红褐色或棕红色，Np′—淡黄色，或 Ng′—棕色，Nm—深棕色，Np′—浅黄色；镁铁质变质岩中多为黄绿色，部分红褐色，多色性 Ng′—黄绿色，Np′—淡黄色。常被绿泥石交代。

普通角闪石：不规则他形粒状，或柱状变晶，柱长 0.16～2.23mm。以绿色为主，部分黄绿色—深黄绿色，多色性 Ng′—绿色或黄绿色，Np′—黄绿色或浅黄绿色。角闪石多与中长石共生，并构成筛状变晶结构。

镁橄榄石：粒状晶形，粒径＝0.10～1.09mm，裂纹发育，常与透闪石共生。在印支期花岗岩外围局部岩石中见镁橄榄石具蛇纹石化，且透闪石具滑石化，反映有岩浆气液交代作用存在。

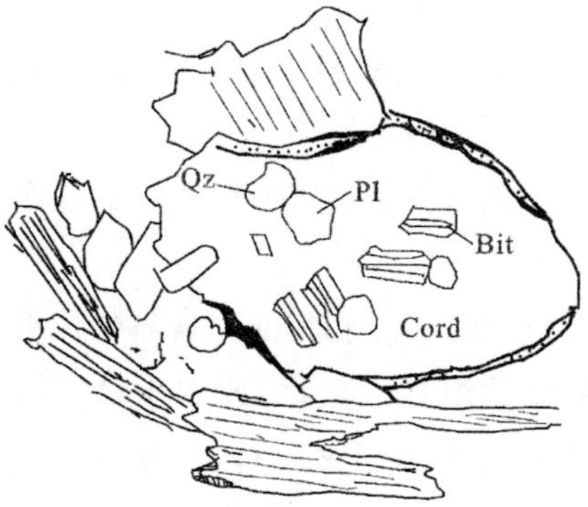

图 4-15 堇青石及包晶组成的包含变晶结构
（据 Bb1505-2）

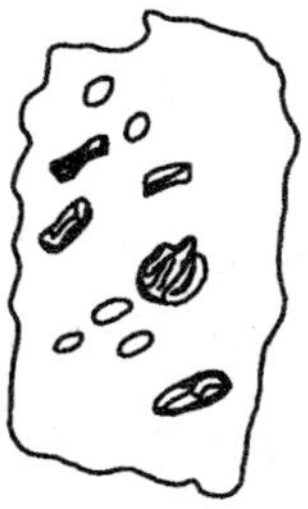

图 4-16 红柱石晶内的黑云母及石英组成的筛状变晶结构
（据 Bb3408-1）

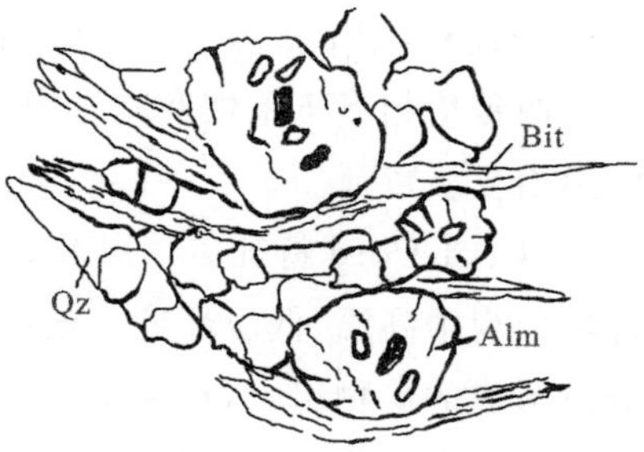

图 4-17 石榴石晶内的石英及黑云母包晶
（据 $3P_5$Bb16-2）

透闪石：粒状或柱状晶形，裂纹发育，多不均匀分布在方解石颗粒间。

钙铝榴石：在方解石大理岩中见少量。粒状晶，不均匀分布。

除上述主要特征矿物外，各岩石中的斜长石其种属也有所不同，其中泥质、含泥质长英质岩石中多以偏基性更长石为主，一般 An＝23～27.5，部分为 An＝20～23，个别为更中长石或中长石（An＝26～32 或 An＝34～38），常见钠长双晶及肖钠双晶（部分后期变形，具钠长机械双晶或肖钠机械双晶）；角闪质岩中多为中长石（An＝32～38），少量为拉长石（An＝58±），少部分见更长石（An＝20～30），可能与后期退变质取钙作用有关。

2. 主要矿物组合

泥质、泥砂质碎屑岩：

Pl＋Qz＋Bit＋Mu＋Sil；

Pl＋Qz＋Bit＋Mu＋Cord±Alm；

Pl＋Qz＋Bit＋Ad＋Sil＋Alm；

Pl(Ads)＋Qz＋Bit；

Pl＋Mic＋Qz＋Bit±Mu；

Pl＋Mic＋Qz＋Bit＋Mu＋Cord；

Pl＋Qz＋Bit＋Mu＋Alm

Qz＋Mu

Qz＋Bit＋Mu＋Alm±Pl

Pl＋Mic＋Qz＋Bit＋Alm

Pl＋Mic＋Qz＋Bit＋Cord±Alm

基性火山岩：

Ads＋Hb＋Bit±Qz；

Ld＋Hb＋Qz；

Ads＋Hb＋Alm

Pl＋Hb＋Bit＋Qz＋Alm

碳酸盐岩：

Do＋Fo＋Tr＋Phl；

Cal＋Tr

Cal＋Tr＋Mu＋Phl＋Qz

Cal＋Fo＋Gro＋Phl

3. 变质相带划分及变质相系分析

据上述各岩石中主要变质特征矿物及矿物组合，以泥质、泥砂质变质岩中的红柱石、堇青石，以及黑云母＋夕线石、红柱石＋夕线石＋铁铝榴石和堇青石＋铁铝榴石的矿物组合为代表，参照变质基性火山岩中普通角闪石＋中长石的矿物组合以及变质碳酸盐岩中方解石（或白云石）＋镁橄榄石＋透闪石的矿物组合，在未出现钾长石＋夕线石组合的实际情况下，可完全划归为低角闪岩相。在充分考虑不同地带矿物组合有差异的基础上，以泥质、泥砂质变质岩为代表，划分变质带如下：

(1) 那陵格勒河北喀雅克登一带、河南卡而却卡向西—库鲁·彼得勒克河北侧一带，以出现 Sil、

Cord 矿物或 Cord+Alm 组合为代表，均可划为堇青石带(或堇青石-夕线石带)。

(2) 那陵格勒河南莫斯图沟两侧及向南一额尔衮赛埃图河中上游一带，以典型矿物组合 Ad+Sil+Alm 为代表，划为红柱石带(或红柱石-夕线石带)。

两带均相当于基性变质岩中的斜长石+普通角闪石带。整体上由南往北、由东往西具有不甚明显的递增变质特征。

以 Ad、Cord 特征矿物以及 Ad+Sil+Alm 和 Cord+Alm 的矿物组合为代表，其变质岩石形成温压环境应为中高温、低压环境。据都城秋穗(1976)总结，Ad+Sil+Alm 的组合，应为泥质岩中最高温部分时形成的矿物组合，在未出现夕线石+钾长石组合的情况下，该带相当于第一夕线石带，亦即为低角闪岩相的高温阶段。实际上岩石中出现 Bit→Sil 的转变或 Bit+Qz→Ad 或 Bit+Qz→Cord+Kf+H_2O 的转变反应，反映了在低压环境、一定温度区域内，由相对较低温条件下形成的矿物在温度升高后生成了新的矿物，表现了前进变质作用的特征，并且先生成矿物与后生成矿物共生。据都城秋穗介绍(1976)，Al_2SiO_5 多形体(例如 Ad、Cord、Sil)之间的自由能的差异是很小的，一种多形体准稳定地在转化温度附近形成之后，就会在另一种多形体稳定存在的 P-T 区域里继续存在，也即共生，甚至三种多形体也存在共生。另外，钙质变质岩中 Do+Fo+Tr+Phl 的矿物组合，也明显具有低压区域变质作用的特征，部分岩石出现 Gro+Fo 的组合也反映了温度升高后的前进变质作用特征。

根据卡尔(1963)资料，Ad+Qz 的组合，其形成温度在 500～540℃，压力为 1～3kb；据格古来(1972)实验资料，由堇青石分解为 Alm+Sil+Qz 的组合，其温度在 700～825℃，压力 2～4kb。因此，测区白沙河岩组主期变质作用的相系，其温度下限为 400～500℃左右，最高上限为 800℃左右，压力应小于 4kb。

(四) 变质时期

区域上金水口岩群白沙河岩组中多获得有大于 1900Ma 的 Sm-Nd 及 U-Pb 年龄值，测区额尔衮赛埃图斜长角闪岩中获得有 1927±34Ma 的 Sm-Nd 全岩等时线成岩年龄值，与其相近，由此结合变质作用条件推测，该地层主期变质时期应当为 19 亿年左右的吕梁期，这与区域变质期是一致的。

(五) 变质变形作用演化分析

根据该岩组产状及岩石组合、变形特征分析，岩组至少经历了四期变质作用演化。

(1) 早期：从白沙河岩组获得 1927±34Ma 的 Sm-Nd 等时线年龄值，可知区内前寒武纪结晶基底形成于古元古代(或更早一些)，吕梁运动使古元古代火山-沉积岩系发生了角闪岩相高温低压变质作用，并伴随强烈的伸展体制下的水平分层韧性剪切变形，形成固态流变构造形迹群的高级变质地层，统一的或具相似特征的基底形成。其变质岩石以片麻岩、片岩、角闪岩、大理岩为主要组合；变形面理为 S_{n+1} 片麻理及片理，总体南倾。以泥砂质变质岩石中形成的典型矿物组合 Bit+Ad+Sil 和 Bit+Cord+Alm 为代表，可划为红柱石-夕线石带及堇青石带低角闪岩相。基性质变质岩和钙质变质岩中也出现相应矿物组合，具有低压相系变质环境特征。

(2) 第二期：即晋宁期区域动力变质作用，岩石组合主要为条带状糜棱片麻岩、片岩、片状角闪岩、条带状大理岩。发育长英质分异条带、条痕、平卧褶皱、不协调褶皱、无根褶皱、粘滞性石香肠等；形成 S_{n+2} 新生糜棱面理和 L_{n+2} 矿物拉伸线理，面理置换以"N-I"型为主。多种特征显示，该期变质作用发生于中深构造层次下的固态流变作用。变质岩石以承袭原岩矿物组合发生韧性变形和长英质矿物的重结晶为特征，此外，黑云母和角闪石具退变降色特征，并有角闪石被绿帘石、绿泥石交代现象。变形及重结晶矿物组合以片麻岩中的 Qz+Og+Mic+Bit 为代表，变质环境为高绿片岩相。因此该期变质作用为低角闪岩相的退变质阶段。同期阿克却哈二长花岗岩侵入，并同构造期发生高绿片岩相变质及变形。

(3) 第三期：即加里东末期动力变质作用，区内形迹特征微弱，仅从部分钙质糜棱岩和局部的挤压性叠加褶皱判断出，而主要记录发育于与之相邻的滩间山群中。从钙质糜棱岩和其内方解石明显的塑性变形特征，结合片麻岩、片岩等强能干性岩石变质变形不明显的特征来看，该期变质作用发生于较浅部构造层次的挤压性韧性剪切，变质环境为低绿片岩相。

(4) 第四期：印支期区域性动力变质作用，是在浅部构造层次伸展机制下发生的动力变质作用。主要形迹以吐木勒克北西西向韧性剪切糜棱岩带(南亚带)为代表。岩石组合为眼球状糜棱岩、角闪质糜棱岩和钙质糜棱岩，局部残留片麻岩刚性透镜体。岩石中发育"σ"型碎斑，长英质矿物亚颗粒结构、波状消光变形常见，长石具边缘粒化。S_{n+4}糜棱面理总体北倾。新生矿物组合以 Qz＋Mu±Chl、Qz＋Bit±Ser 为主，变质环境为低绿片岩相，具退变质特征。其内早古生代侵入的变质辉绿岩中所获得的 Ar-Ar 法 232.12Ma 年龄值可确定变质期为中晚三叠世。昆中断裂以北则表现为韧脆性断裂活动，变质不明显。

二、早古生代区域变质岩

区内主要包括了奥陶纪—志留纪滩间山群和纳赤台群以及吐木勒克构造蛇绿混杂岩三套岩石地层单位的区域低温动力变质岩石。从调查资料分析，以纳赤台群区域变质碎屑岩出露及保留最好，滩间山群中变质火山岩相对较好，而其变质碳酸盐岩和吐木勒克构造蛇绿混杂岩中的区域变质岩则因后期较强的动力变质作用以及热接触变质作用改造，岩石保留甚少。

(一) 滩间山群区域变质岩

包括其基性火山岩岩组(OST^a)和碳酸盐岩岩组(OST^b)两部分中岩石。面上零星分布于那陵格勒河北侧和河南侧的卡而却卡、亚门涛鲁埃三个地方。由于后期强烈的热接触变质作用及动力变质作用叠加，区域变质岩石大部分被改造，仅有少量在糜棱岩及角岩中之弱构造域中呈构造透镜块或刚性块体形态残留出露。其主要变余岩石类型可分为变质玄武岩、变质碳酸盐岩、少量变质碎屑岩三类，另外，其内部发育同构造期侵入的蚀变辉绿岩。

1. 岩石学特征

(1) 变质玄武岩：主要为阳起石化玄武岩及纤闪石化玄武岩。具纤状柱状变晶结构或变斑状结构、基质纤状变晶结构，块状构造。主要变质矿物：阳起石(73%～83%)、钠长石(0～8%)、纤闪石(44%～62%)、微粒石英(2%～18%)、黑云母(0～2%)。岩石中原生基性斜长石、辉石等有少量保留。

(2) 变质碳酸盐岩：主要为中粒—中细粒大理岩、少量结晶灰岩及白云岩。岩石具他形中粒—中细粒变晶结构或镶嵌粒状变晶结构，块状构造。主要变质矿物：方解石(99%～100%)(他形粒状，粒径 0.154～2.89mm)或白云石(99%)，部分岩石含石英(1%)、少量磁铁矿及微量透闪石(柱状或自形粒状晶)。部分岩石受后期动力变质作用影响，方解石具机械双晶和波状消光。

(3) 变质长英质碎屑岩：主要为黝帘白云母石英岩。具鳞片粒状变晶结构，块状构造。主要变质矿物：石英(87%)、白云母(7%)、斜黝帘石(6%)。

(4) 变质辉绿岩：主要岩性为阳起石化辉绿岩及蚀变辉长辉绿岩两种，具变余辉绿结构及变余嵌晶含长结构。主要变质矿物：阳起石(60%～68%)、黑云母(1%～4%)。

2. 原岩特征及岩石化学、地球化学特征简述

上述岩石，从野外宏观产出来看，基性火成岩和碳酸盐岩二者相对各自较为集中出露，局部玄武岩中混杂有一些碳酸盐岩透镜体；长英质变质碎屑岩则多和碳酸盐岩相夹产出。虽然角岩化及糜棱岩化较为严重，但原生组构特征尚有保留，又因变质作用方式仅以重结晶作用为主，原生矿物的退变质次之，故而原岩特征基本明显，其原岩主要为一套玄武岩、含泥质灰岩夹长英质沉积碎屑岩的岩石组合。

斜长角闪岩岩石化学特征(表 2-3)显示岩石高铁、镁、钙而低碱，SiO_2＝49.15％，同拉斑玄武岩一致；在 A-C-FM 三角图解中(图 4-18)及[(al＋fm)－(c＋alk)]-Si 图解中(图 4-19)投点皆落入基性火山岩区；又在 FAM 火山岩三角图解(图 4-20)中投点落入拉斑玄武岩区，据此，可确定该岩石原岩为拉斑玄武岩。其稀土特征如表 4-5 所示，总量较低，∑REE＝55.25×10^{-6}，稀土配分曲线(图 4-21)为右略缓倾斜型，δEu＝1.07，略具正铕异常；微量元素显示高 Rb、Ba 而低 Zr、Sm、Y。总体上具有岛弧拉斑玄武岩的特征。

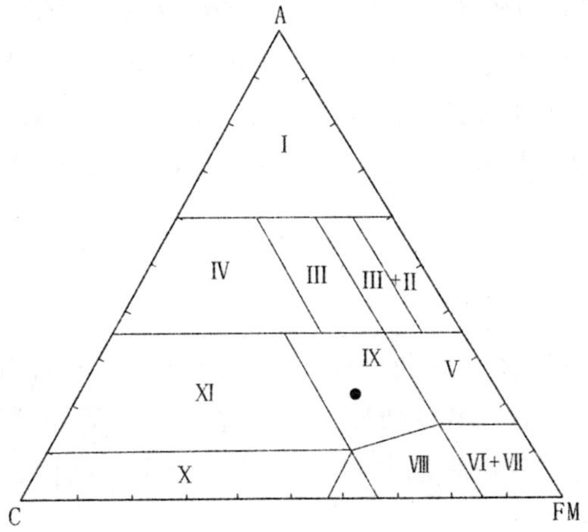

图 4-18　A-C-FM 图解

(据谢缅年科，1966)

Ⅰ.富铝粘土岩及酸性火山岩；Ⅱ.粘土岩及亚杂砂岩；Ⅲ.中性及碱性火山岩和杂砂岩；Ⅳ.长石砂岩；Ⅴ.凝灰质粉砂岩；Ⅵ.硅铁质沉积岩；Ⅶ＋Ⅷ.超基性岩；Ⅸ.基性火山岩及铁质白云岩；Ⅹ.钙质碳酸岩；Ⅺ.钙质碳酸盐岩及石英岩

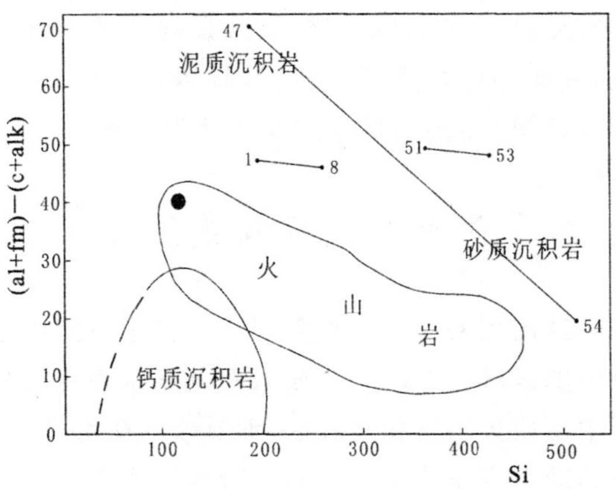

图 4-19　[(al＋fm)－(c＋alk)]-Si 图解

(据西蒙南，1953)

表 4-5　滩间山群斜长角闪岩稀土特征表($w_B/10^{-6}$)

La	Ce	Pr	Nd	Sm	Eu	Gd	Tb	Dy	Ho	Er
6.03	15.15	2.53	11.97	3.5	1.34	4.15	0.73	4.26	0.85	2.24
Tm	Yb	Lu	∑REE	LREE	HREE	LREE/HREE	δEu	$(La/Yb)_N$	Eu/Sm	Sm/Nd
0.33	1.91	0.26	55.25	40.52	14.73	2.75	1.07	2.13	0.38	0.29

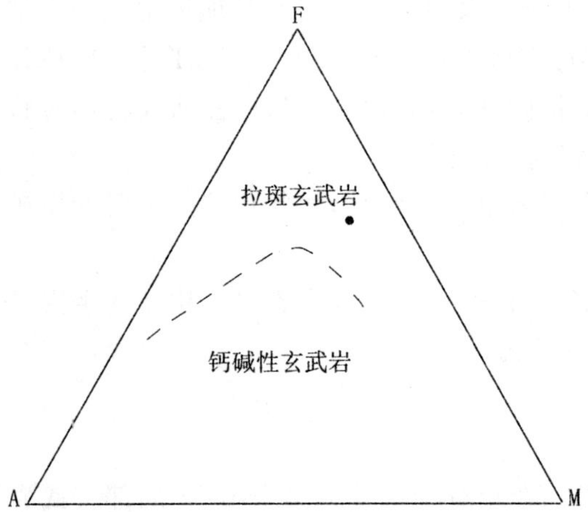

图 4-20　滩间山群变质基性岩 F-A-M 图解

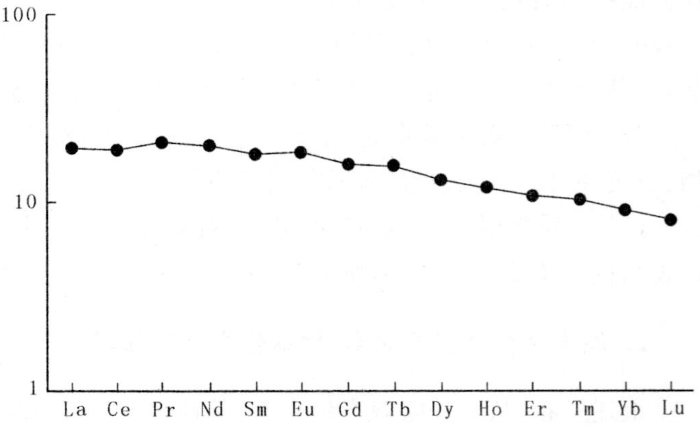

图 4-21　滩间山群斜长角闪岩球粒陨石标准稀土配分图

3. 变质作用特征及时期

前述岩石主要变质矿物特征如下：

阳起石：针柱状或柱状、纤维状，集合体放射状或束禾状，为原岩中基性矿物退变而来。

钠长石：微粒状，由原斜长石退变而来。

纤闪石：纤维状、束状和放射状集合体形态，交代基性斜长石或辉石退变而来。

黑云母：棕红色或黄褐色鳞片状，分布在纤闪石边缘或交代斜长石而成。

透闪石：柱状或自形粒状晶，长轴定向。

由上述主要变质特征矿物来看，该单位区域变质岩石可统划归为钠长石-阳起石带，相当于碎屑岩中的黑云母带，属低绿片岩相。因岩石出露不成系统或不成规模，故面上变质相带难以圈定。其主要变质矿物组合如下：

玄武岩：Act±Ab; Bit+Qz+Url±Ab

辉绿岩：Act+Bit

石灰岩：Cal+Tr;Cal±Qz

长英质砂岩：Qz+Mu+Cz

由于变质基性岩中与阳起石同时出现黑云母，而在变质碎屑岩中则未出现黑云母，因此，根据都城秋穗(1979)总结，该变质作用相当于低温中压相系环境；根据温克勒(1976)变质作用相的划分，其温度应为 300～400℃。变质时期依地层时代后推，应为中晚志留世，亦即加里东中晚期。

4. 滩间山群变质变形作用演化

从岩石产状、岩石组合及矿物共生组合分析，滩间山群主要经过了四期变质作用演化：

早期：为区域变质作用的发生期。变余残留岩石见三种，其一，变质碳酸盐岩，变质矿物组合为 Cal+Tr、Do+Qz；其二，变质基性火山岩，主要变质矿物组合为 Act±Ab、Url+Bit+Qz；其三，长英质碎屑岩，变质矿物组合为 Qz+Mu+Cz。变质相为低绿片岩相，变质作用方式以重结晶作用为主，先存矿物的退变质次之。S_1 面理行迹可能与原始沉积面理一致。主变质期应为中晚志留世。

第二期：主要一期之一。与浅部构造层次糜棱岩化变质作用有关，以近东西或北西西走向斜冲韧性剪切带为主要构造行迹。内部发育构造透镜体（主要为大理岩刚性块）、石香肠等构造；岩石（以碳酸盐岩、碎屑岩为主）中发育条纹、条带状构造及 S_2 糜棱面理，部分钙硅角岩中残留有条带状构造以及眼球状单晶石英，反映了构造期发生于热变质作用之前；而玄武岩以及其内同生辉绿岩变形则以劈理化为主。主要变质矿物组合为 Cal+Chl+Ve+Qz 和 Cal+Qz。变质环境为低绿片岩相，变质期应当为加里东末期，与区域上柴南缘多岛小洋盆或裂谷于加里东末期闭合有关。

第三期：为一期与海西期花岗岩浆有关的热接触或交代变质作用，故变质仅局限于接近岩体的接触带部位。形成热接触变质岩可分三类：a. 基性角岩：其矿物组合为 Hb+Pl+Qz+Bit, Hb+Pl+Qz; b. 钙硅角岩：矿物组合为 Qz+Di+Wl+Pl+Cal±Ep, Cal+Di±Phl, Qz+Di+Wl+Gro+Cal; c. 长英质角岩：主要矿物组合为 Qz+Pl+Ep+Cal, Cord+Qz+Pl±Bit, Qz+Pl+Ad+Ru, Qz+Di+Or+Wl+Gro+Bit；接触交代矽卡岩主要为钙铁榴石矽卡岩，矿物组合为 Anr+Hb+Cal。面上外接触带具有进变质特征，变质相从角闪角岩相上升至辉石角相，直至靠近岩体形成矽卡岩。其原岩分别为玄武岩、含镁质（或泥质）灰岩和含泥质长英砂岩、砾岩类。该期变质作用使闪长玢岩脉也强角岩化。属高温低压变质相系。变质时期与花岗岩侵入时间相同，卡而却卡内接触带花岗岩 Ar-Ar 法成岩年龄为 254.1Ma，故变质期为晚二叠世。

第四期：表现也较明显，主要与浅表层次韧脆性动力变质作用有关，尤以碎裂岩化作用更为突出。大的构造形迹以北西向韧脆性断裂为代表，次生形迹则以碎裂隙、S_4 强密集劈理、小型韧性剪切带以及矿物的再变形为特征（如石英、硅灰石、方解石的波状消光、机械双晶、单矿物透镜体或细粒化等）。变质作用方式以糜棱岩化、碎裂岩化为主，动态重结晶作用次之。新生或重结晶矿物组合为 Cal+Qz+Ser,

Cal+Di+Qz,Qz+Bit+Mu+Pl,Cal+Chl+Ve+Qz。变质相为低—高绿片岩相。变质时期与印支期造山活动有关,故变质期应为印支中晚期。

(二)吐木勒克构造蛇绿混杂岩区域变质岩

该单元出露于测区西北吐木勒克西南地带,是昆中构造混杂带在测区的残留部分,故变质作用相对较为复杂。从项目组调查所获资料来看,岩石至少经过了加里东期和印支期两期大的变质变形作用,其中加里东期具有早期低温高压—晚期低中温中压变质作用的演化,并相伴生了较为明显的变形作用。事实上,在俯冲带地壳快速或较快速增厚加压的情况下,埋深岩石在发生高压变质及后期减压增温变质作用过程中,往往会伴生较为强烈的变形作用,这与区域上是一致的。或许俯冲深度较浅,或许俯冲达到一定深度后由于构造抬升地质体又相应折返,因而岩石中并未发现较多典型的高压变质矿物及其组合,而大量出现的低绿片岩相矿物及组合则代表了增温减压环境下的变质作用。不论怎样,该单元中较高压低温矿物的出现,显示了该套岩石经过特殊环境下的区域低温高压变质变形作用的信息。

1. 岩石类型及岩石学特征

该套混杂岩岩石组合较为复杂,其中以洋岛喷发玄武岩为主体,部分为洋脊玄武岩,混杂有大量可能为生物化学建隆成因(或海盆沉积)的碳酸盐岩及同构造期浅成蚀变辉绿岩、少量硅质岩及变质沉积碎屑岩等。岩石多不同程度变质变形,其中基性火山岩或火山碎屑岩石部分形成了片岩类,灰岩多大理岩化。许多岩石因印支期构造作用叠加而变为糜棱岩类。

1)强蚀变玄武岩

岩石具变余斑状结构,基质具变余填间或间粒结构,或变余玻璃质至隐晶质结构,略具定向构造。露头上呈块状构造、枕状构造。原生矿物辉石及基性斜长石除少数保留外,大部分被交代或仅保留假象,其中辉石多具不规则波状消光或块状消光变形结构。主要变质矿物有绿泥石(最高含量50%)、绿帘石(或帘石,3%~35%)、阳起石(最高20%)、方解石(最高10%)、绢云母(最高40%)。同生副矿物以榍石为主。主要岩石有绿泥石化帘石化玄武岩、帘石化绿泥石化玻质玄武岩、绿泥石化绢云母化玄武岩等。

2)蚀变辉绿岩

变余嵌晶含长结构,或辉绿结构,或辉绿结构与次辉绿结构共存,块状构造。原生普通辉石、基性斜长石多被绿泥石、黝帘石或绢云母、钠长石、方解石等交代,其中绿泥石含量最高达43%、黝帘石最高达46%、方解石达40%。主要岩性有绿泥石化钠长石化辉绿岩、黝帘石化绿泥石化辉绿岩、强绿泥石化辉绿岩、钠黝帘石化辉绿岩,部分为全蚀变黝帘石方解石绿泥石岩。

3)变质碳酸盐岩

他形或半自形粒状变晶结构或纤状粒状变晶结构,定向或略具定向构造。主要变质矿物为:方解石,一般含量76%~99%,不规则他形粒状或半自形自形粒状晶。不同岩性伴生有同期变质矿物:透闪石(20%,呈柱状晶,具波状扇状消光)、白云石(55%,半自形及自形菱形状晶)、石英(25%)、黑云母(1%~5%,褐色鳞片状,定向)。从不同岩石中矿物包含变晶结构反映的矿物变质顺序有:方解石→白云石→石英;方解石+铁→白云石+绢云母+石英。主要岩石有(片状)微晶大理岩、白云石化粉晶(或微晶)灰岩、透闪石大理岩等。岩石遭印支期变形作用,部分变为糜棱岩或糜棱大理岩。

4)片岩类

露头上多呈构造夹层状或呈薄层的透镜状夹于玄武岩和大理岩中产出。横向上极不连续,变化较大,长轴与片理多受北西西向韧性剪切面理和断裂控制。其中大部分多为低绿片岩相的绿片岩类。蓝闪石类片岩与其相伴生,露头上与薄片中可见多以类似“成分层”的形态或细长条带状与绿片岩相间产出。局部具有韧形变形特征,与玄武岩或大理岩围岩相比,变形明显具差异性,说明该类片岩应为构造成因的产物。

(1) 绿片岩相片岩类:灰色为主,鳞片粒状变晶结构或粒状鳞片变晶结构,片状构造、条带状构造。主要组成矿物:方解石含量为30%～66%,呈半自形粒状或矩形状,部分拉长状,长轴定向,集合体聚集成条带状;钠长石含量为10%～18%;绿泥石含量为10%～40%,部分富集与钠长石聚集成条带状。不同岩石伴生有绿帘石(1%或20%)、褐色黑云母雏晶(少至2%)。此些矿物多相伴生并聚集成不同程度的条纹或条带状相间定向分布。原岩为基性火山岩或含钙质火山碎屑岩类。另见少量泥质岩变质而成千枚岩:由绢云母(78%)、绿泥石(18%)及少量石英(4%)组成,矿物聚集定向形成十分发育的千枚理。主要片岩类有条带状钠长绿帘方解石片岩、条带状含钠长绿泥石方解石片岩、钠长方解石片岩、绢云方解绿泥片岩、钠长方解绿泥石片岩和绿泥绢云千枚岩等。

(2) 蓝闪绿片岩相片岩类:夹于上述片岩中,露头上多不易辨认。主要有两种岩性,其一为方解石钠长片岩,微粒他形粒状变晶结构,定向构造。主要矿物为钠长石(47%)、方解石(40%)、绿泥石(8%)、绿纤石(2%)。其二为含蓝闪石类片岩,纤状他形粒状变晶结构或显微鳞片粒状变晶结构,片状构造。其中方解石含量为70%～88%(不规则他形粒状或半自形粒状晶,颗粒间平直或不平直接触,定向);闪石类以铁蓝闪石和蓝透闪石为主,含量为2%～10%,薄片中呈稀疏星点状分布在方解石为主的富集矿物条带或"成分层"中,与绿泥石及不透明矿物伴生,部分具阳起石化。

2. 变质矿物特征描述

综合上述各岩石中矿物,主要为绿泥石、钠长石、透闪石、黝帘石、绿帘石、阳起石及黑云母等,其中蓝闪片岩中主要为绿纤石和角闪石类,其特征如下。

绿泥石:变质基性岩中多呈他形粒状晶,或呈原生矿物的假象,与其他矿物聚集成条痕状或条带状平行定向分布;片岩中多呈细小鳞片状,较均匀或不均匀分布,或富集呈条纹状,长轴平行定向。

钠长石:隐晶他形粒状晶或半自形粒状晶,集合体不规则状,局部测得牌号为An=5或An=5～9。片岩中常与绿泥石、绿帘石等聚集成暗色条带状定向。蓝片岩中钠长石电子探针测得其化学成分见表4-6,其Al_2O_3、Na_2O、SiO_2明显高于其他矿物,而MnO和TiO_2值偏低。

表 4-6 蓝闪片岩中钠长石化学成分特征($w_B/10^{-2}$)

点号	SiO_2	TiO_2	Al_2O_3	ΣFeO	MnO	MgO	CaO	Na_2O	K_2O	Σ
1	68.59	0.00	18.9	0.11	0.0	0.12	0.23	11.05	0.06	99.06
2	69.04	0.00	19.47	0.16	0.0	0.15	0.16	11.20	0.03	100.21
3	68.78	0.00	19.02	0.13	0.02	0.21	0.18	11.28	0.01	99.63

透闪石:仅在大理岩中出现。具两种晶形,其一呈柱状,具波状扇形消光;其二纤维状,半定向及交织状排列,见柱状晶在其中呈残留状赋存,反映了二期变质幕的特征。

黝帘石:主要见于蚀变辉绿岩中。呈显微粒状及半自形柱状,多与绿泥石、绢云母共生。

阳起石:多出现在玄武岩中。纤维状定向。蓝闪片岩中见钠角闪石、钠钙角闪石具阳起石化。

绿帘石:细小粒状,多与钠长石、绿泥石和方解石聚集在一起出现。

黑云母:大理岩中呈褐色小鳞片状,集合体呈细线状定向分布于方解石颗粒之间;片岩中呈褐色雏晶状出现。

绿纤石:细小柱状晶,突起较高,具平行消光,多色性淡黄绿色或浅褐黄色。

角闪石:含蓝闪石片岩中角闪石经一个样品15个点电子探针测试结果,再以23个O为基础计算出其阳离子系数(其中Fe^{3+}由Si+Al+Ti+Fe+Mg+Mn+Cr=13进行配分确定),按照"国际矿物学会新矿物及矿物命名委员会角闪石专业委员会的报告(2001年)"中最新分类方案划分(IMA-CNMMN,2001)(以NaB<0.50和NaB≥1.50的划分原则),并投图(图4-22),反映其中1个样点为钠角闪石—铁蓝闪石;12个点为钠-钙角闪石—蓝透闪石或铁蓝透闪石;2个点为钙角闪石—阳起石。其化学成分特征如表4-7所示。

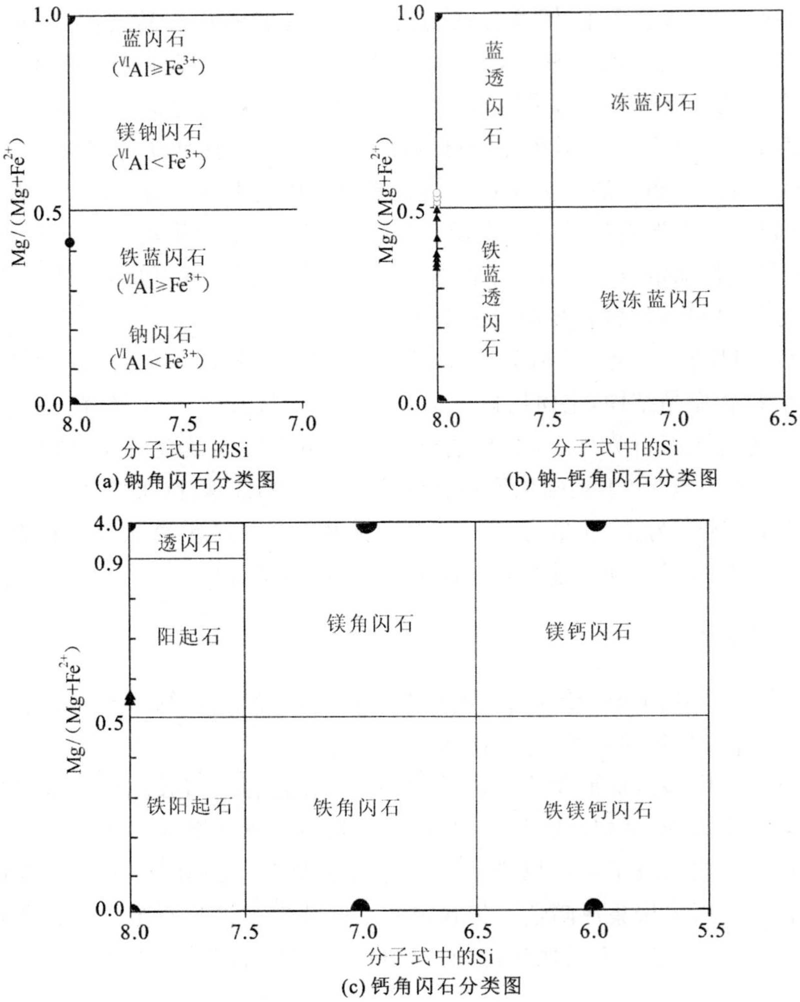

图 4-22　角闪石分类图

表 4-7　吐木勒克蓝片岩角闪石类化学成分特征

样号	角闪石电子探针氧化物数据($w_B/10^{-2}$)及阳离子数值										
	SiO_2	TiO_2	Al_2O_3	Cr_2O_3	ΣFeO	MnO	MgO	CaO	Na_2O	K_2O	Total	类型
D1	55.45	0.07	0.93	0.06	18.31	0.01	10.39	7.57	3.22	0.21	96.22	蓝透闪石
D2	55.83	0.12	1.42	0.06	20.76	0.00	9.12	3.93	5.19	0.10	96.53	铁蓝透闪石
D3	54.93	0.00	0.83	0.00	22.79	0.33	7.48	7.25	3.20	0.35	97.16	铁蓝透闪石
D4	55.58	0.05	1.23	0.05	17.95	0.13	10.33	7.83	3.29	0.07	96.51	蓝透闪石
D5	55.62	0.04	1.06	0.00	17.27	0.00	10.8	8.72	2.76	0.12	96.39	蓝透闪石
D6	54.83	0.00	1.27	0.02	18.31	0.00	9.75	7.62	3.48	0.18	95.46	铁蓝透闪石
D7	54.71	0.04	0.91	0.03	24.61	0.33	7.02	5.52	3.81	0.17	97.15	铁蓝透闪石
D8	55.27	0.10	0.59	0.01	24.37	0.30	7.17	7.12	3.69	0.23	98.85	铁蓝透闪石
D9	54.41	0.13	0.50	0.07	22.62	0.33	7.83	9.30	2.53	0.21	97.93	铁蓝透闪石
D10	56.11	0.12	1.73	0.01	22.12	0.01	7.77	2.46	6.25	0.18	96.76	铁蓝闪石
D11	53.83	0.19	2.03	0.08	23.47	0.10	7.67	3.08	4.88	0.95	96.28	铁蓝透闪石
D12	56.98	0.02	1.19	0.02	18.90	0.24	10.18	7.27	3.61	0.14	98.55	铁蓝透闪石
D13	55.62	0.00	0.95	0.00	16.62	0.06	10.96	10.41	2.19	0.17	96.98	阳起石
D14	55.41	0.03	0.96	0.03	16.36	0.01	11.46	9.63	2.17	0.17	96.23	阳起石
D15	55.73	0.01	0.95	0.00	17.64	0.16	10.63	7.62	3.28	0.13	96.15	蓝透闪石

续表 4-7

样号	T		C							B				A	
	Si	Al^{IV}	Al^{VI}	Ti	Fe^{3+}	Fe^{2+}	Mg	Mn^{3+}	Cr	Na	Ca	Mn^{2+}	Fe^{2+}	K	Na
D1	8.237	0	0.163	0.008	0.009	2.275	2.301	0.001	0.006	0.795	1.205	0.00	0.000	0.040	0.132
D2	8.249	0	0.246	0.013	0.208	2.268	2.009	0.00	0.006	1.372	0.628	0.000	0.000	0.019	0.115
D3	8.262	0	0.147	0.00	0.005	2.867	1.677	0.042	0.000	0.832	1.168	0.00	0.00	0.067	0.102
D4	8.218	0	0.214	0.006	0.044	2.220	2.277	0.016	0.005	0.760	1.240	0.000	0.000	0.013	0.184
D5	8.210	0	0.184	0.004	0.093	2.132	2.377	0.000	0.000	0.621	1.379	0.00	0.000	0.023	0.169
D6	8.221	0	0.224	0.000	0.078	2.296	2.179	0.00	0.002	0.776	1.224	0.000	0.000	0.034	0.236
D7	8.216	0	0.161	0.005	0.216	2.785	1.572	0.042	0.003	1.109	0.888	0.000	0.000	0.033	0.00
D8	8.229	0	0.104	0.011	0.015	3.011	1.591	0.038	0.001	0.864	1.136	0.000	0.000	0.044	0.201
D9	8.162	0	0.088	0.015	0.097	2.838	1.751	0.042	0.007	0.505	1.495	0.000	0.000	0.040	0.231
D10	8.309	0	0.302	0.013	0.201	2.456	1.715	0.001	0.001	1.610	0.390	0.000	0.000	0.034	0.185
D11	8.088	0	0.359	0.021	0.420	0.373	1.718	0.000	0.008	1.422	0.496	0.013	0.048	0.182	0.000
D12	8.260	0	0.203	0.002	0.013	2.291	2.200	0.029	0.002	0.871	1.129	0.000	0.000	0.026	0.144
D13	8.169	0	0.164	0.00	0.219	2.041	2.400	0.009	0.000	0.362	1.638	0.000	0.000	0.032	0.262
D14	8.176	0	0.167	0.003	0.110	2.019	2.521	0.001	0.003	0.477	1.523	0.000	0.000	0.032	0.143
D15	8.253	0	0.166	0.001	0.028	2.185	2.347	0.020	0.000	0.791	1.209	0.000	0.000	0.025	0.151

注:氧化物含量由中国地质科学院矿产资源研究所分析。

(1) 钠角闪石:即铁蓝闪石。呈纤维状,切面柱状,长径 0.062～0.154mm,个别达 0.32mm。多色性明显,Ng′—蓝色或紫蓝色,Np′—极淡的黄绿色或浅褐紫色;正延长,排列不显方向性。化学成分显示 $SiO_2=56.11\times10^{-2}$;Al_2O_3 含量低,为 1.73×10^{-2},其中 $Al^{VI}=0.302$;$\sum FeO=20.12\times10^{-2}$,其中 $Fe^{3+}=0.201$;$Fe^{2+}=2.456$;$MgO=7.77\times10^{-2}$;Na_2O 较高,为 6.25×10^{-2};矿物环带不明显。

(2) 钠-钙角闪石:其中 4 个点为蓝透闪石,8 个点为铁蓝透闪石。镜下与铁蓝闪石不易区分。其 Al_2O_3 更低,为 0.50×10^{-2}～1.73×10^{-2},$Al^{VI}=0.088$～0.247,个别为 0.359;$\sum FeO$ 平均含量较低,为 17.27×10^{-2}～24.61×10^{-2};$MgO=7.02\times10^{-2}$～10.80×10^{-2},$CaO=3.08\times10^{-2}$～9.30×10^{-2},二者均高于铁蓝闪石;$Na_2O=3.2\times10^{-2}$～3.69×10^{-2},低于铁蓝闪石。

(3) 钙角闪石:即阳起石。其 $Al_2O_3=0.95\times10^{-2}$～$0.96\times10^{-2}$,$Al^{VI}=0.164$～0.167,平均低于上述两矿物;$\sum FeO$ 和 Na_2O 均明显低于上述两矿物,而 MgO 和 CaO 高于上述矿物。

3. 变质作用特征及演化分析

吐木勒克构造蛇绿混杂岩变质岩石中主要以广泛出现的低绿片岩相矿物为主,并出现阳起石和少量黑云母,含钠闪石片岩类仅在绿片岩中以长条状夹层或断续透镜状形态产出,出露局限,且其中没有出现典型低温高压矿物,如纯蓝闪石、硬玉、硬柱石等矿物,亦无极低温条件下稳定的浊沸石、葡萄石等矿物出现。不论野外露头还是薄片上,含铁蓝闪石片岩与低绿片岩均显示具有过渡的关系特征,因此说明该单元中变质作用具有退化变质的特征,而且主期蓝闪绿片岩相变质作用由于遭晚期绿片岩相作用叠加及后期韧性变质作用改造,使峰期前进变质作用及其矿物组合保留很少。其变形强度和变质作用强度呈正相关,变形弱处(如玄武岩、大理岩等片岩的围岩),岩石中的各种变余构造及部分原生矿物及组合得以保存,变质矿物也相对较为简单。由此,也反映了该单元变质作用与构造成因关系的密切性,总体上具有"变质俯冲杂岩"残片的特征。

铁蓝闪石片岩类矿物组合为:Cal+Ab+Chl+Pum(绿纤石);Cal+Ab+Gl(铁蓝闪石);Cal+Chl

＋Gl＋Qz。

变质基性岩类主要矿物组合为：

辉绿岩：Chl＋Ep＋Ab＋Cal；Chl＋Ser＋帘石；Chl＋Zo＋Url；Chl＋Sau(钠黝帘石)；Chl＋Ep＋Act。

玄武岩：Chl＋Act＋Ser＋Cal±帘石；Chl＋Ep＋Ser＋Ab；Chl＋Ep±Act；Chl＋Ep＋Cal＋Cz；Chl＋Ab＋帘石。

变质基性火山岩及火山碎屑岩类：Chl＋Ser＋Cal＋Ab；Chl＋Cal＋Ab＋Qz；Chl＋Ep＋Ab＋Cal±Bit。

变泥质岩主要矿物组合：Ser＋Chl＋Qz。

变质碳酸盐岩类：Cal＋Bit；Cal＋Ser＋Qz；Do＋Ser＋Qz；Cal＋Tr。

据上述主要变质特征矿物及其组合，含铁蓝闪石片岩类可归为蓝闪绿片岩相；其他以钠长石、阳起石及首次出现黑云母为特征矿物，可划分为钠长石-阳起石带(相当于黑云母带)低绿片岩相。

3个点电探钠长石矿物成分与1个点铁蓝闪石和2个点蓝透闪石相对应，作钠长石-角闪石矿物对，在XcaHb-XcaPl图解(图略)上投点，得温度小于400℃，约在350℃；又将铁蓝闪石、蓝透闪石和阳起石投影在NaM4对Al^{IV}变异图(图4-23)上，其中铁蓝闪石压力条件为6.8kb；12个蓝透闪石形成压力范围为5～6.6kb；而2个阳起石形成于4～5kb范围内。

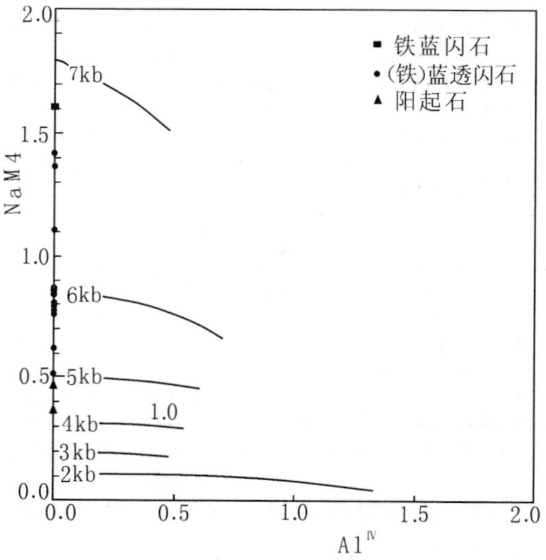

图4-23　角闪岩NaM4对Al^{IV}变异图

前以表述，测区蓝闪片岩中并未出现纯蓝闪石，而铁蓝闪石与绿泥石交生，反应了一个温度、压力较低的阶段部分，亦即该一阶段部分很可能为本区高压变质作用的峰期阶段。据吴汉文(1986)、Dobretsov(1987)、Chopim(1987)估算，蓝闪石＋方解石＋钠长石的矿物组合，其温压条件一般为25～500℃，0.6～1GPa，结合本区投点温压值，则该蓝闪绿片岩相的峰期变质作用温压条件应在350℃，0.6～0.7GPa范围内。由于蓝片岩出露局限，反映了大部分岩石因为发生增温变质作用多已转变成了绿片岩相岩石，也即岩石经历了温压连续变质的变质作用。据温克勒(1976)，其可能的退变质反应有：蓝闪石＋水＝绿泥石＋钠长石，其温压条件为350℃，0.7GPa，据此，结合本区蓝透闪石及阳起石投点温压值，测区蓝闪绿片岩相退变为低绿片岩相的转变温压条件应为400℃左右，压力小于0.6 GPa；而大面积发生低绿片岩相变质作用阶段(折返抬升、推覆就位阶段)，其温压条件应为400～450℃，0.4～0.52GPa范围内。

4. 原岩时代及变质时期分析

本次调查在吐木勒克玄武岩中用单颗粒锆石U-Pb法获得466±1.8Ma的同位素成岩年龄值，故该套混杂岩的主体岩石成岩年龄时代应当为早古生代。

变质作用时期应当与昆中断裂带于加里东期陆陆闭合俯冲期一致，测区内在与混杂岩紧密共生的糜棱岩化辉绿岩中，用变质角闪石类矿物$^{40}Ar/^{39}Ar$法测得一变质年龄值为444.5±1.5Ma，反映了晚奥陶世的构造热事件年龄，故变质时期为加里东中晚期—末期。另有一年龄为232.1±0.81Ma，表明印支期再次受构造改造。

5. 变质变形作用演化

经分析，上述岩石明显具有三期变质变形作用演化特征。

第一期：即为加里东期区域动力变质作用。早期，岩石经过特殊构造环境的低温高压变质作用，以局部出现的残留蓝闪石片岩为代表，变质环境为低温高压蓝闪绿片岩相，发育S_1片理；晚期，增温减压环境中使大部分岩石普遍叠加了低绿片岩相退变质，该阶段应为混杂岩形成的主要时间，大部分岩石发育片理化或韧性剪切变形。

第二期：为印支期动力变质作用，主要形迹为北西向韧性剪切带，使混杂岩内绝大部分岩石均受到不同程度的韧性剪切变质变形。整体上刚性较强的玄武岩类、辉绿岩类变形相对较弱，仅部分在构造强带处形成糜棱岩带，而大理岩、灰岩及少量的变质基性火山岩或火山碎屑岩形成了糜棱岩、千糜状等，发育 S_2 糜棱面理、紧闭褶皱、不协调剪切褶皱等变形构造。变质环境为低绿片岩相。变质期以 Ar-Ar 法测得的 232.12Ma 事件年龄为准，可确定为印支期。

第三期：为印支期以后的脆性构造作用，主要以北西西向、伴随北东向脆性逆冲断裂及同构造线背向斜褶皱为主要形迹，岩石发育密集劈理(S_3)带为特征，变质不明显。由此可看出，岩石可分辨的构造行迹具有三期变形。

（三）纳赤台群区域变质岩

该单位区域变质岩呈北西西向构造线分布于测区西部库鲁·彼得勒克河、中部哈夏·克里克河北岸和额尔衮赛埃图河中上游三个地带，地层单位属哈拉巴依沟组。从西至东都不同程度叠加有热接触变质以及动力变质作用。变质岩石组合主要为一套低级变质的陆源类复理石沉积碎屑岩和泥质岩，夹少量轻变质基性火山岩等。其变质岩石中绝大部分原始沉积组分、沉积构造、结构，如砂状结构、泥质结构、胶结方式、各种层理层面构造等皆较好或完全保留。泥质岩因能干性强度较低，故多形成了一些板岩及千枚岩类，其中部分原始沉积组分仍然保留；而中细碎屑岩能干性相对较高，仅以其中较易变质的杂基和胶结物发生重结晶作用而已，少部分形成千枚岩类，故而原岩特征极为明显。

1. 主要变质岩石类型

1）变质碎屑岩类

轻变质砂岩类：变余砂状结构，定向构造，部分具片状构造（片理化）。岩石中主要组分碎屑质完全保留其原始矿物成分和碎屑外形。由杂基和胶结物重结晶而成的新生变质矿物主要为绢云母（含量 7%～34%）、绿泥石（2%～14%）、石英（2%～10%）、方解石（1%～35%），部分岩石中出现褐色黑云母鳞片或雏晶（含量 1%～8%）。同生变形构造由鳞片状矿物集合体在原生碎屑颗粒间定向排列分布而成。主要岩石有变质长石岩屑（杂）砂岩、岩屑长石（杂）砂岩、长石杂砂岩及少量岩屑砂岩等。

变质粉砂岩类：变余粉砂状结构，片状（片理化）或板状构造。其中原始沉积粉砂屑仍然保留。变质矿物仍由杂基和胶结物重结晶而成，主要为鳞片状绢云母（9%～40%）、绿泥石（少至 34%）、微粒方解石（1%～7%），少部分岩石见褐色黑云母雏晶。同生片状或板状构造由绿泥石、绢云母集合体平行定向排列形成。主要岩石有变长石石英质粉砂岩、岩屑长石质粉砂岩。

千枚岩：微粒状鳞片粒状变晶结构，千枚状构造。变质矿物为等轴半自形及他形粒状石英（26%～30%）和钠长石（32%～34%）、微粒状方解石（10%～30%）、鳞片状绢云母（8%～30%）。新生矿物皆定向排列形成千枚理或与千枚理一致。主要岩石为方解石绢云母钠长石千枚岩和方解石钠长石千枚岩。出露少量。

2）变质（含砂质）泥岩类

板岩类：变余含粉砂泥质结构、鳞片变晶结构，板状构造。岩石中粉砂屑和大部分粘土矿物得以保留，仅部分粘土矿物重结晶形成鳞片状绢云母（23%～30%）和少量绿泥石（3%），见少量微粒方解石（2%～3%）。主要岩石为绢云母泥质板岩。

千枚岩类：鳞片变晶结构、显微粒状鳞片变晶结构，千枚状构造，少量岩石中仍见变余含粉砂结构。主要变质矿物为鳞片状绢云母（32%～99%）、绿泥石（4%～50%），部分岩石中见微粒方解石（1%～8%）或石英（2%～30%），个别岩石中见黑云母雏晶（5%）。主要岩石为绢云母千枚岩、绿泥石绢云母千枚岩及绢云母绿泥石千枚岩。

3）变质火山岩

主要为全蚀变玄武岩。变质矿物主要由原生辉石斑晶及基质中基性斜长石等矿物退变质形成，主要有绿帘石、纤闪石、石英及少量方解石等。岩石呈夹层状出露。

2. 变质作用特征

以上岩石变质作用方式主要以碎屑岩中杂基和胶结物以及泥质岩中粘土质矿物的重结晶作用为主，火山岩中表现为先存矿物的退变质为主，变质程度低级。其主要变质矿物组合如下：

砂岩类：Ser＋Chl＋Qz±Bit；Ser＋Chl＋Cal；Ser＋Qz＋Cal±Bit；Ser＋Chl＋Qz＋Cal±Bit；Ser＋Qz＋Ab＋Cal。

泥岩类：Ser＋Chl±Cal；Ser＋Chl±Qz；Ser＋Chl＋Cal＋Qz±Bit。

玄武岩：Ep＋Qz＋Cal＋Url；Ep＋Chl＋Cal。

上述矿物组合以泥砂质岩中普遍出现的 Ser＋Chl＋Qz 为代表，并以首次出现黑云母和钠长石为特征，变质相带可划为黑云母带、板岩-千枚岩级低绿片岩相。钠长石为低温矿物，其稳定平衡的温度下限为 200～300℃，而 Bit＋Chl＋Qz 的矿物组合一般小于 4～5kb，因此其变质相系应为低中压相系。根据该套地层成岩时代推测变质时期应为加里东中晚期。

3. 变质变形作用演化简析

综合砂岩段及千枚岩段岩石特征，表明该岩组至少经过四期变质变形作用叠加改造。

最早期：由低温动力区域变质作用形成变砂岩、板岩及千枚岩等低绿片岩相变质岩石，矿物组合以 Ser＋Chl＋Qz 为代表，并以首次出现黑云母和钠长石为特征，变质相可划为黑云母带、板岩-千枚岩级低绿片岩相。变形形迹为 S_1 板理及千枚理。变质期为加里东中晚期。

第二期：为不均一动力变质作用的叠加期，局部地段形成一些绿片岩相的碎屑质或泥质糜棱岩、千糜岩，变形形迹为 S_2 糜棱面理和局部的韧性剪切带，一般 S_1 平行于 S_2。变质时期同滩间山群加里东末期韧性再造阶段相同。

第三期：与海西期大规模碰撞型花岗岩侵入、发生热接触变质有关，该期变质叠加在早期区域变质岩石上，生成了相当于钠长石—绿帘石角岩相—角闪角岩相的具有递增变质的长英质角岩、堇青石角岩类；而叠加在前期韧性变形构造岩上，在继承其形变定向面理构造的基础上发生重结晶，则形成了相当于角闪岩相的一些片麻岩（S_3 片麻理片理）、片岩及石英岩类等较高级热变质岩。与哈拉巴依沟组角岩化带接触的花岗岩中共获得三个 Ar-Ar 法成岩年龄，由西至东分别为 362Ma、406.2Ma 和 379.6Ma，由此可见，变质时期应为早—晚泥盆世。

第四期：主要与印支期及以后的脆性变形有关，不甚明显，伴随脆性断裂发生碎裂岩化作用，仅以局部角闪角岩相岩石发生低绿片岩相退变质作用为特征，变形形迹主要为破劈理（S_4）。

三、晚古生代—中生代区域变质岩

测区内主要由泥盆系布拉克巴什组、石炭系—二叠系浩特洛哇组和二叠系布青山群及三叠系巴颜喀拉山群四套岩石地层区域变质岩石组成。由于变质作用强度（温压条件）低级，以及因岩石能干性强弱程度的不同，形成变质岩石较为简单。从岩石类型来讲，各地层中以夹层产出的泥质岩或含砂质泥岩类变质变形程度最高，多形成一些板岩类，少量千枚岩；次为泥质粉砂岩类和沉凝灰岩类变质也较为明显；再次为杂砂岩类，多数变质不明显，少部分也仅是部分粘土质杂基和钙质或硅质胶结物发生重结晶而已；最差为碳酸盐岩类，仅见少量泥灰岩具明显变质，而较纯灰岩或生物屑灰岩基本未变质。宏观上各地层层序基本清楚，其内生物化石保留较好，微观上大部分变质岩石中原始结构构造、颗粒胶结方式、原始矿物组分及形态或晶形保留完好，故而原岩特征明显，基本上反映了不同时期沉积盖层的较低级的区域低温动力变质作用特征。

（一）主要变质岩石特征

归纳四套地层变质岩石，主要有四种：其一为变质（含砂质）泥岩类；其二为轻变质碎屑岩类；其三为轻变质火山岩类；第四为轻变质碳酸盐岩。前两类岩石各地层都有，但以泥盆纪和三叠纪地层为主，第三类以泥盆纪和石炭纪—二叠纪地层为主，第四类则主要出露于二叠纪地层中。分述如下。

1. 变质（含砂质）泥岩类

板岩类：变余（含粉砂）泥质结构，板状构造、千枚状构造，另见变余钙泥质结构。岩石中原沉积砂屑和部分粘土矿物仍然保留。一部分粘土矿物重结晶成新生矿物，以绢云母为主（2%～45%），次为绿泥石（少至20%），部分出现微粒方解石（3%～15%，最高40%）。新生矿物一般皆定向排列形成板理，个别岩石中见新生矿物长轴与原砂屑排列长轴呈斜交（素描图4-24）。主要岩石以绢云母泥质板岩、绿泥石绢云母泥质板岩为主，绢云母板岩、绿泥石泥质板岩、绢云母绿泥石板岩次之，少量钙质泥质板岩。

图 4-24 绿泥石绢云母集合体与其中的砂屑排列方向斜交
（据 $7P_4Bb3$-1）

千枚岩：在泥盆纪地层中局部形成。呈微粒鳞片粒状变晶结构，千枚状构造。新生矿物为他形微粒石英（75%）、鳞片状绢云母（15%）、绿泥石（10%）。后二者集合体定向排列形成千枚理。

2. 轻变质碎屑岩类

变质粉砂岩类：主要出露于泥盆纪和二叠纪地层中。变余粉砂状结构，定向构造。由胶结物重结晶生成绢云母绿泥石集合体（15%～23%）、他形粒状方解石（1%～8%）。新生矿物与原始粉砂屑皆定向排列。主要变质岩石为长石质粉砂岩、长石石英质粉砂岩和少量石英质粉砂岩。

变砂岩类：原岩结构构造完全保留，部分出现定向构造。杂砂岩中仅部分杂基发生重结晶，净砂岩中大多数杂基重结晶。杂基重结晶物为绢云母（1%～16%）、绿泥石（2%～10%）；胶结物重结晶主要为微粒方解石（2%～20%，最高40%），次为微粒—隐晶状石英（小于5%）。主要岩石有轻变质长石岩屑（杂）砂岩、岩屑长石杂砂岩、变质岩屑砂岩，少量变长石砂岩、长石石英杂砂岩等。

变质沉凝灰岩：于泥盆纪地层中出露。变余沉凝灰结构。岩石中原始晶屑、岩屑及陆源碎屑完全保留，仅玻屑和胶结物发生重结晶。新生矿物有隐晶状石英（3%～79%）、绢云母（9%～17%），部分岩石中见微粒状白云石（10%）或鳞片状绿泥石（4%）和粒状方解石（10%），个别见少量白云母片。

3. 轻变质火山岩

变质火山碎屑岩：以泥盆纪地层中夹层为主，浩特洛哇组中见少量。原生组构及大部分火山碎屑完好保留，变质矿物主要由胶结物或火山尘重结晶而成，主要以绿泥石为主（6%～10%），见绿帘石（3%～4%）、隐晶状长英质（15%）或微粒石英（18%）。主要岩石为中基性、中性及中酸性凝灰岩类。

轻变质火山熔岩类：主要见于泥盆纪、石炭纪—二叠纪及二叠纪地层中。原岩结构构造基本保留，变质矿物主要由原生矿物的退化变质或次生蚀变而成。主要有绿泥石、绿帘石、绢云母、钠长石、微粒石英及少量黝帘石。主要岩石有全蚀变玄武岩、全蚀变玄武安山岩、蚀变英安岩、安山岩等。

（二）变质作用特征

1. 主要变质矿物组合

泥质岩类：Ser＋Cal；Ser＋Chl±Cal；Ser＋Chl＋Cal＋帘石

含泥质砂岩类：Ser＋Chl±Qz；Ser＋Cal±Qz；Ser＋Chl＋Cal±Qz；Ser＋Qz

泥钙质灰岩：Cal＋Chl；Cal＋Chl＋Ser

沉凝灰岩：Qz＋Ser；Qz＋Mu＋Do；Qz＋Cal＋Chl

火山碎屑岩：Chl＋Ab＋Qz；Chl＋Ep±Qz

火山熔岩类：Ser＋Chl＋Ab＋Qz；Ser＋Chl＋Ab＋Cal；Ser＋Chl＋Ep＋ Qz；Chl＋Ep＋Ab±Zo；Ser＋Chl±Ep

2. 变质相带划分

据上述变质岩石及主要矿物组合特征可见，该几套地层岩石变质程度轻微，大多以粘土质杂基的重结晶形成绿泥石、绢云母，以及少量钙质、硅质胶结物的重结晶作用形成微粒石英、方解石为主要变质特征矿物，矿物组合以 Ser＋Chl 为代表，故变质级别仅为绿泥石-绢云母级低绿片岩相（相当于变质火山岩中钠长石-绿泥石带）。属低压变质相系。

变质时期依地层时代后推，分别归至海西中期、海西晚期和印支期。

（三）变质变形作用演化分析

综合分析该四套地层变质变形岩石特征，表明主要经过三期变质变形作用演化：

最早期，也即为主期区域低温动力变质作用的发生期（各地层变质期次不一致），形成低绿片岩相板岩-千枚岩级轻变质岩石，变形形迹以 S_1 板理千枚理为主，且 S_1 平行于 S_0，局部见 S_1 与 S_0 斜交。

第二期，则与印支期浅部层次糜棱岩化动力变质作用有关，各地层中皆有稀疏的低绿片岩相级变质糜棱岩带分布，尤以布喀达坂糜棱岩带为代表，形成 S_2 糜棱面理。

第三期，则与印支期末及其以后时期中的表部层次动力变质作用有关，主要形迹为脆性断裂、褶皱以及 S_3 破劈理、折劈理构造，变质不明显。

第二节 动力变质岩

区内自前寒武纪—新生代岩石地层均有分布，依地层或岩石时代及与区域构造热事件对比，将其中区域性动力变质作用（糜棱岩化作用）变质期分别划分至三个主要构造期中，依次为晋宁期、加里东期和印支期；碎裂岩化作用形成构造岩遍及各时代岩石地层。分述如下。

一、晋宁期动力变质岩

由金水口岩群白沙河岩组（Ar_3Pt_1b）中构造岩石和晋宁期阿克却哈变质侵入体（Pt_3gn）二者构成。前者主要分布于那陵格勒河南北两侧的白沙河岩组中的强变形构造岩带中；后者则出露于吐木勒克河下游两侧和喀雅克登山北西图边，由三个变质侵入体组成。从面上分布来看，主要在喀雅克登山一地组成了较为规整的北西向带状韧性剪切构造岩带，而其他各地则被后期岩浆侵吞或肢解破坏，其剪切带已残缺不全，但零散状或残块状出露的构造岩石同样反映其经受了同性质韧性动力变质变形作用的改造。

（一）白沙河岩组构造岩石类型及特征

该单元岩石以条带状或条纹状片麻岩为主，少量眼球状糜棱片麻岩、糜棱片岩和一些片状大理岩、片状斜长角闪岩等。

1. 长英质构造岩类

（变余）鳞片粒状变晶结构，片麻状构造或条纹状、条带状构造，少量条痕状及眼球状构造。其浅色条纹或条带多由分异富集的微斜长石和石英组成，暗色条纹或条痕由黑云母与长英质矿物组成；少量较小的眼球体由微斜长石组成。各矿物塑性变形明显，其中微斜长石多呈条带状定向；更长石集合体多呈条带状或压扁的透镜状，单晶他形粒状或矩形状，晶内发育肖钠机械双晶，可见钠长机械双晶，有些波状消光显著；石英较大单晶多呈矩形状或拉长状，发育波状消光或带状及不规则块状消光，部分重结晶他形或半自形晶者常聚集成多晶石英丝带定向，并交代长石形成蠕英结构；黑云母多为褐色，常聚集成暗色条痕。岩石基本上以承袭原变质岩矿物发生韧性变形及重结晶为特点，重结晶矿物一般呈晶形较小的半自形或自形晶粒或集合体状，如石英、微斜长石、更长石等，并具有同构造期发生变形的特征。另外，新生矿物主要见绿色黑云母，由红褐色或褐色黑云母退变而成。从重结晶程度上来分析，多数岩石表现了变晶糜棱岩的特征，部分具有糜棱片麻岩的特征。主要岩石有条痕状黑云斜长片麻岩、黑云钾长片麻岩、条纹状或条带状黑云二长片麻岩、二云二长片麻岩，少量眼球状黑云钾长糜棱片麻岩和二云石英糜棱片岩等。

2. 角闪质构造岩类

变余中细粒鳞片柱粒状变晶结构、变余半自形柱粒状变晶结构，定向构造，少量条纹状构造。岩石中各矿物皆定向排列，变形明显，其中斜长石多具钠长机械双晶，部分具波状消光变形；石英普遍发育不规则镶嵌式波状消光或带状消光；普通角闪石部分也具波状消光。岩石以承袭原岩矿物发生定向性塑性变形为特征，除石英和部分长石外，其他矿物重结晶不甚明显，但具有较明显的退变质转化特征。主要表现在褐色普通角闪石向绿色普通角闪石转化和褐色黑云母向黄绿色过渡的特征上，部分岩石中见普通角闪石被绿帘石和绿泥石交代。主要岩石为片状斜长角闪岩或角闪斜长糜棱片岩，少量条纹状角闪斜长片麻岩。

露头上该类岩石多呈夹层状或透镜状产出，由于能干性较强（或吉布斯函数较高）的缘故，在韧性变质变形过程中其主要特征仅表现在先存矿物发生较明显的变形或定向构造上，而岩石变质转变不彻底，实际上呈现了准稳状态的构造退变残留体特征。

3. 碳酸盐岩类构造岩

岩石具变晶结构，条带状构造或条纹条带状构造、定向构造。岩石中方解石颗粒呈拉长状、压扁状，集合体成条带状定向，并见条带内方解石晶体排列方向与条带呈小角度斜交构成 S-C 组构（素描图 4-25）。单晶内发育波状消光及机械双晶，有些双晶具膝折及弯曲。大部分方解石颗粒（包括原生残留及动态重结晶）间多为镶嵌式接触；少部分方解石颗粒间为平直接触，长轴定向性良好，具有静态重结晶特征。部分岩石中所含的镁橄榄石呈似眼球状或似拉长状，并具波状消光。重结晶矿物主要为方解石、少量透闪石及石英。主要岩石为（条纹）条带状大理岩、片状大理岩。

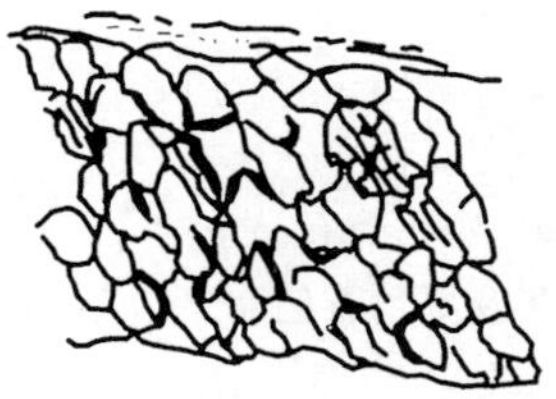

图 4-25 由方解石条带和单晶方解石组成的 S-C 组构
（据 Bb3414-2）

（二）阿克却哈变质侵入体构造片麻岩

岩石较单一，主要由黑云二长糜棱片麻岩和二云二长糜棱片麻岩两种组成。岩石具鳞片粒状变晶结构，发育条纹状、条痕状或条带状构造、眼球状构造。部分岩石具变余糜棱结构。岩石中各矿物韧性变形明显，其中眼球体多由较大的微斜长石单晶构成，一部分由单晶碎裂集合体组成，个别岩石中见由变余花岗质岩块构成眼球体；细小微斜长石呈拉长状或粒状，集合体多与石英一起构成长英质条带或条痕；更长石部分单晶呈拉长状或距形状，一般呈他形或半自形粒状，或与石英云母聚集成浅暗色相间条纹构造；石英多聚集成多晶条带，发育镶嵌式波状消光或带状、块状消光；云母常聚集成暗色条痕或条纹断续定向。此外，见由微斜长石组成核幔构造（素描图 4-26）和由石英组成的 S-C 组构（素描图 4-27）。发育石英交代长石形成的蠕虫状结构及穿孔结构（素描图 4-28）。

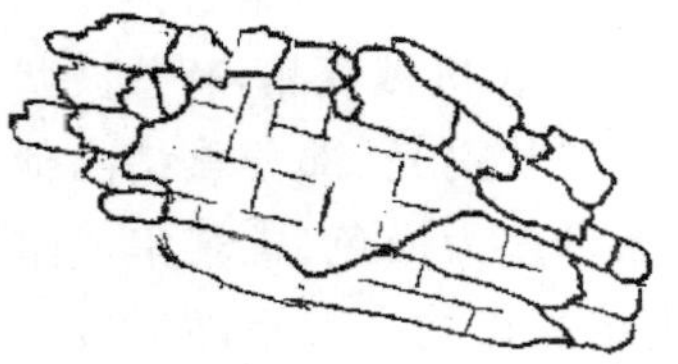

图 4-26　由微斜长石构成的核幔构造

（据 $3P_5$Bb8-1）

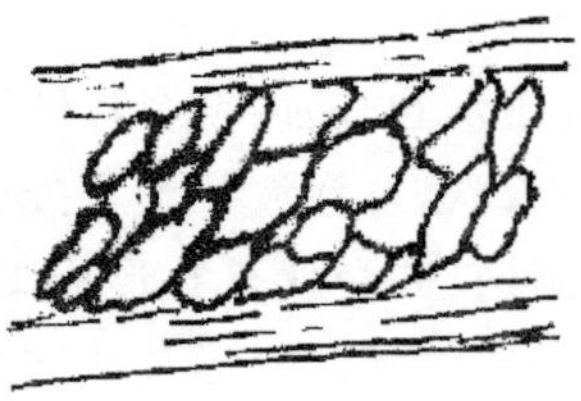

图 4-27　多晶石英条带构成的 S-C 组构

（据 $3P_5$Bb3-1）

图 4-28　更长石被石英交代形成的穿孔及蠕虫状结构

（据 $3P_5$Bb3-1）

岩石重结晶或变质特征显著，并存在两个世代的矿物及矿物组合：其一，由较为发育的重结晶微斜长石、更长石、石英及黑云母类矿物组成一个世代，并出现少量铁铝榴石（含量小于 1%）；其二，由部分岩石中新生的白云母、绿泥石、绿帘石、绿色黑云母及微量钙铝榴石组成一个世代。由此研究，反映阿克却哈片麻岩存在着较为明显的两期变质幕，主期（峰期）以重结晶变质作用为特点，新生矿物主要为自形—半自形粒状铁铝榴石（呈包含变晶结构出现，素描图 4-29），代表性矿物组合为 Mic＋Og＋Qz＋Bit（褐色）＋Mu±Alm，达高绿片岩相变质程度；晚期变质幕，则以交代早期矿物形成新生矿物为特征，主要由红棕色或褐色黑云母被白云母和绿泥石交代（素描图 4-30）或被绿泥石、绿帘石交代，黑云母仅呈假象；铁铝榴石被绿色黑云母集合体交代（素描图 4-31），仅呈假象；另外出现新生更长石变晶和钙铝榴石。代表性矿物组合为 Qz＋Chl＋Mu＋Ep、Og＋Qz＋Bit（绿色）、Mu＋Chl＋Gro。变质程度仍可划为高绿片岩相，但具有向低绿片岩临界的特征，故而具有退变质性质，但该期变质不具普遍性，仅在少量岩石中有反应。同期变形较明显。

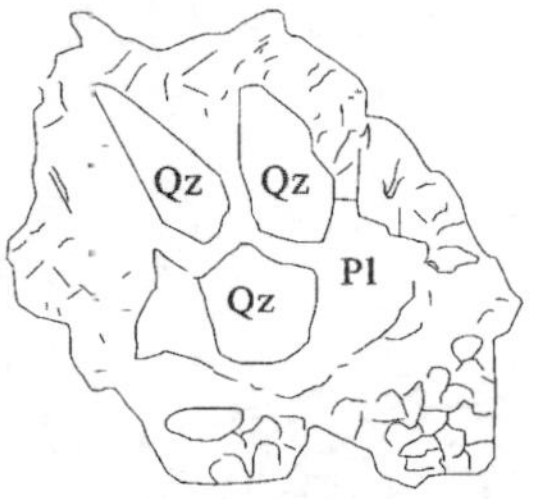

图 4-29　铁铝榴石晶中的石英及更长石包晶

（据 $3P_5$Bb5-1）

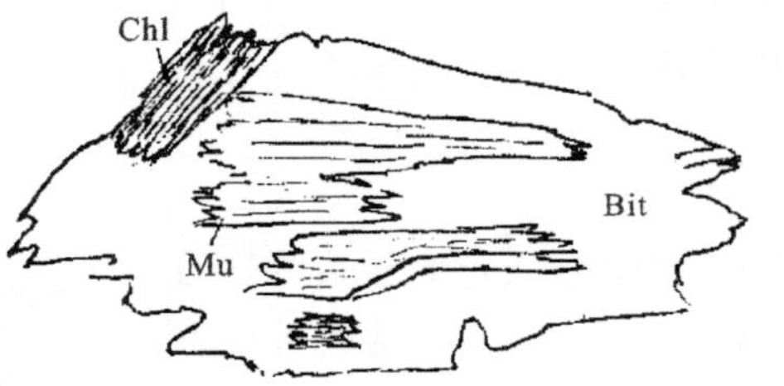

图 4-30　黑云母被白云母及绿泥石交代

（据 Bb3101-1）

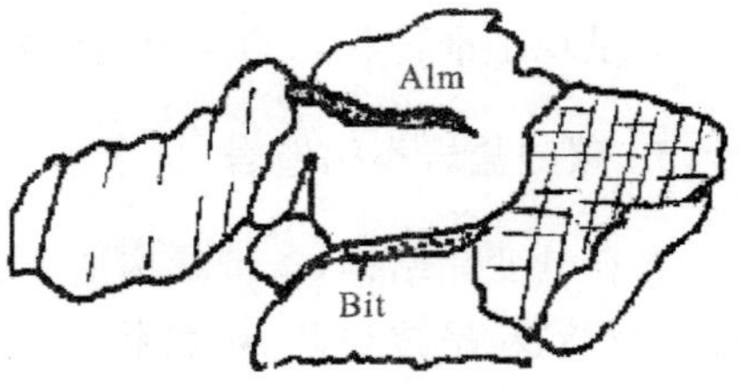

图 4-31　石榴石裂纹中交代形成的绿色黑云母集合体

（据 Bb1315）

综合分析，两期变质幕主要反映了在同构造期韧性变质变形作用过程中，由峰期较高温压条件下形成的矿物及组合在晚期温压降低后发生退变质转化的变质反应特征。

（三）原岩分析

白沙河岩组构造岩石是在其低角闪岩相区域变质岩石基础上叠加变质变形而成，原岩为泥砂质碎屑岩类夹基性火山岩及碳酸岩盐，区域变质岩一节中已有表述。阿克却哈构造片麻岩则为一套似斑状二长花岗岩类，岩石化学特征见岩浆岩章节，宏微观证据有如下几方面。

（1）岩石色泽单调，以灰色、灰红色为主；岩性单一，无特殊夹层。

（2）眼球状片麻岩中的眼球体多由较粗大的微斜长石单晶组成，并见有板状晶形的眼球体，具有变余残留岩浆斑晶的特征。少量岩石中并见有由花岗岩块组成的眼球体及拉长状透镜体。

（3）在微斜长石眼球体中见到半自形粒状的更长石晶体。

（4）由微斜长石眼球体和同成分细粒晶组成的核幔构造，同时显示了较明显的双峰式粒度差特征，反映了眼球体是由原本更为粗大的原岩浆长石斑晶变形而成，经碎粒化后而组成核幔构造或双峰式粒度差。

（四）变质作用特征简析

根据前述构造岩石中重结晶或新生矿物（阿克却哈片麻岩以峰期变质矿物为主）微斜长石、更长石、绿色黑云母、少量铁铝榴石、绿色普通角闪石、方解石等，综合岩石中定向的指向矿物组合分析，该期次动力变质构造岩带变质相带应当划为铁铝榴石带高绿片岩相。根据其原岩矿物组合或变质程度，该期变质具有退变质特征。构造岩主要矿物组合如下。

1. 白沙河岩组构造岩矿物组合

长英质岩石：Qz＋Og＋Mic＋Bit±Mu；Qz＋Og＋Mic＋Bit＋Mu±Alm；Qz＋Og＋Bit＋Mu
碳酸盐岩：Cal＋Tr＋Mu＋Qz；Cal＋Qz±Phl；Cal＋Chl＋Fo
火山岩为：Hb＋Ads＋Bit（黄绿色）；Hb（绿色）＋Ads±Gr；Hb＋Pl＋Ep＋Chl＋Cal；Hb＋Pl＋Qz

2. 阿克却哈片麻岩

主期矿物组合：Mic＋Qz＋Og＋Bit＋Mu±Alm
晚期矿物组合：Qz＋Chl＋Mu＋Ep；Og＋Qz＋Bit；Mu＋Chl＋Gro

据岩石中发育大量的韧性变形构造行迹及矿物形变特征，如长英质粘滞性石香肠构造、平卧褶皱、无根褶皱、不协调顶厚褶皱、眼球状构造以及变质分异富集长英质条带条纹及条痕构造等，应属中深构造层次固态流变作用所致。可与区域上柴达木南缘及东昆仑普遍发育的晋宁期构造热事件相对比，故变质期应当为距今 9 亿年左右的晋宁期。

二、加里东期动力变质岩

区内以那陵格勒糜棱岩带为代表。此外，纳赤台群部分岩石也卷入了变质变形，但未形成规模。岩带特征见构造章节。

（一）那陵格勒糜棱岩带

卷入该岩带的岩石地层单位主要为下古生界滩间山群，故而岩带整体性较差，呈零散状出露于那陵格勒河两岸。从河北侧前寒武纪白沙河岩组中的部分大理岩质糜棱岩及其中局部发育的挤压性叠加褶皱判断该岩组亦被卷入，但因构造作用较弱，以及变质原岩能干性强弱的差异性，片麻岩中该期次变质及变形并不明显。对于滩间山群变质岩石而言，其内玄武岩以及与其同生的辉绿岩的变形也较弱，再加后期较强的热变质作用改造，现存岩石仅有一些钙质糜棱岩或大理岩质糜棱岩和一些热变质岩石中变余的变形结构反映出其特征。综合白沙河岩组及滩间山岩群构造岩，其主要特征如下：

（条带状）大理岩质糜棱岩：（变余）糜棱结构，透镜状、条带状构造。碎斑小于 30%，由大理岩岩块或较粗的原岩残留方解石晶粒组成，部分呈眼球状或矩形状，晶体内发育波状消光、机械双晶，偶见膝折双晶。晶体长轴排列良好。基质大于 70%，大多由自形—半自形粒状的重结晶方解石组成，颗粒间平直镶嵌状接触，集合体定向排列成条带状，无明显变形结构。

初糜棱及糜棱岩化大理岩：岩石主要特征为部分方解石晶体具边缘粒化或呈眼球状、压扁拉长状变形，波状消光和机械双晶发育。大部分方解石和其他矿物无变质及变形迹象，但定向性明显。

除上述两种岩石外，另在硅灰石透辉石角岩中发现了残留的条带状构造，其内多数矿物已被透辉石和钙铝榴石取代，部分残留石英则呈眼球状，并发育显微裂纹、亚颗粒结构及波状消光变形，说明热变质前岩石经受过韧性变形。

上述岩石主要变质矿物为重结晶方解石，其他矿物除明显定向外无变质现象，故而矿物组合以定向的指向矿物组合为主，主要为：Cal＋Chl＋Ve＋Qz；Cal＋Qz＋Mu；Cal＋Phl±Tr。

变质程度相当于绿泥石级低绿片岩相，与前期区域变质相对比，具轻微退变质特征。从方解石单晶呈矩形状或眼球状、发育波状消光、机械双晶及膝折、集合体多塑性变形成拉长条带状或透镜状，以及钙硅角岩中发现了变余的条带构造以及眼球状单晶石英等，这些特征表明该糜棱岩带形成于浅部构造层次。变质变形时期推测为加里东末期。与区域上加里东末期昆中构造带的活动有关。

（二）其他

前已表述，加里东期动力变质岩除上述糜棱岩带之外，纳赤台群哈拉巴依沟组也卷入了变形。从调查资料研究，仅其上部砂岩段中靠近昆中构造带的北侧部分碎屑岩发生过浅部构造层次的糜棱岩化作用叠加。但大部分岩石被后期岩浆侵吞或被后期热接触变质作用改造，面上仅有少量零星散布的碎屑质糜棱岩和千糜岩反映了其变质变形特征。

主要岩石有砂岩质糜棱岩、长英绢云质千糜岩和绿泥绢云母千糜岩。同构造期新生矿物组合为：Ser＋Bit（褐色雏晶）＋Qz；Ser＋Qz＋Ab；Ser＋Qz＋Chl＋Ab。

长石石英碎斑具碎粒化，具眼球状、透镜状及压力影；新生或重结晶长英质多具隐晶状。变质程度仅为黑云母带低绿片岩相。变质期同上。

三、印支期动力变质岩

该期次变质作用为区内最晚一期糜棱岩化变质作用。较为发育，涉及地层单位广泛，自前寒武纪—中生代地层岩石均有不同程度表现，尤以吐木勒克糜棱岩带和晚古生代碎屑岩为主体构成的布喀达坂韧性糜棱岩带最具规模。其他地段，则多以韧-脆性变形为主，形成糜棱岩类也多零散分布，不成系统。由此，也反映了该期变质作用主要与昆南断裂带的活动有关。

（一）吐木勒克糜棱岩带

出露于测区西北部昆中断裂南侧。卷入岩石地层单位主要有两套，其一为前寒武纪白沙河岩组裂解构造块，其二为吐木勒克构造混杂岩（OS*tm*）。另外有部分海西—印支期侵入岩也发生变质变形。不同单位地质体间多为断层接触关系，整体上构成一北西走向的挤压型韧性剪切带。岩带具有中部较强、两侧较弱的变质变形特征，其间仍有较多弱变形刚性透镜块残存。主要构造岩石以糜棱岩为主，千糜岩次之，少量为初糜棱岩、糜棱岩化岩及糜棱片岩类。综合岩性有如下几种。

1. 糜棱岩类

白沙河岩组中以长英质糜棱岩及花岗质糜棱岩为主，夹斜长角闪质糜棱岩和石英钠长阳起石质糜棱岩；混杂岩中以基性质（玄武质）糜棱岩、钙质糜棱岩为主。

（1）长英质、花岗质糜棱岩：糜棱结构，眼球状构造，部分具条带状构造。碎斑17%～45%，形态呈眼球状，大小为0.78mm×0.6mm～5.85mm×2.57mm，其成分以钾长石、石英或斜长石为主，其中前二者多发育波状或带状消光，石英多具亚颗粒结构及核幔构造。常见碎斑形成“σ”型，少部分构成“δ”型碎斑。基质55%～83%，主要由重结晶石英、白云母或绢云母及碎粒长石组成，个别岩石中出现红褐色黑云母。基质集合体沿碎斑间或围绕碎斑定向形成糜棱面理。

（2）钙质糜棱岩：以大理岩质糜棱岩或方解石质糜棱岩为主。具糜棱结构，定向构造。碎斑40%，由大理岩块及单晶方解石组成，前者透镜状及拉长状，后者机械双晶、波状或缎带状消光发育，并具核幔构造；基质60%，由重结晶方解石和碎粒化方解石组成。

（3）基性质糜棱岩：主要见玄武岩质糜棱岩、少量斜长角闪质糜棱岩、绿帘绿泥石方解石糜棱岩等。糜棱结构，眼球状、条带状构造，或变余斑状结构，定向构造。碎斑30%，由方解石或玄武岩块组成，前者呈眼球状，发育波状消光、机械双晶，并具碎粒化，后者呈透镜状；基质70%，由方解石、绢云母绿泥石、绿帘石等组成。

2. 糜棱片岩

少量见有绿帘绿泥石质糜棱片岩、绢云方解绿泥石糜棱片岩及石英钠长阳起石质糜棱片岩三种(主要分布于混杂岩中,下同)。变余糜棱结构、纤柱状粒状变晶结构或粒状鳞片变晶结构,片状构造。基质0~8%,眼球状或呈"σ"形态,不同岩性由角闪石、辉石等组成,发育波状消光或块状消光及亚颗粒结构;基质92%~100%,由重结晶成绿泥石、方解石、绿帘石、绢云母或阳起石、石英+钠长石及绿色黑云母等组成。

3. 千糜岩

见有绿泥绢云母千糜岩、方解绿泥石质千糜岩两种。粒状鳞片变晶结构或鳞片变晶结构,千枚状构造、定向构造。主要变质矿物有绿泥石(少至50%),鳞片状,集合体长轴平行定向;方解石39%,粒状,发育机械双晶和波状消光,集合体呈透镜状,平行片理断续定向;绢云母78%,细小鳞片状。

4. 初糜棱岩

见有玄武质、辉长质、花岗质及大理岩质初糜棱岩。糜棱结构,透镜状构造、眼球状构造或平行定向构造。碎斑60%~70%,由玄武质岩块或长石、黑云母等组成,多呈眼球状或透镜状,其中原岩矿物如辉石发育波状消光;基质30%~40%,皆为重结晶矿物,不同岩性有方解石、绢云母、绿泥石、阳起石、绿帘石、石英等组成。皆平行定向构成糜棱面理。

5. 糜棱岩化岩

见有糜棱岩化——英云闪长岩、辉长岩、辉绿岩及大理岩等。岩石原岩结构呈变余状残存,具平行定向构造。原岩矿物中,斜长石多具碎粒化,晶内微裂隙发育,强绢云母化或帘石化;辉石不规则波状消光,或被阳起石交代,仅保留假象;石英具拉长,有动态重结晶现象;黑云母呈碎片状,常被绿泥石及绿帘石交代。另外在大理岩中见同构造新生纤维状透闪石(其中有原生柱状透闪石残留)。

上述岩石中主要变质特征矿物以绿泥石、绿帘石、钠长石、阳起石及黑云母等为主,以低中压低温变质矿物为特征。从面上出露岩石及其矿物组合分析,变质具不均匀性,岩石变质矿物多以相当钠长石-绿泥石带的组合为主,最高为相当钠长石-阳起石带(或黑云母带)的组合,故而以高峰期矿物组合为主划分变质带:将以白沙河岩组为主体的构造块按其主要矿物组合(Qz+Bit+Ser)可划分为黑云母带;以吐木勒克混杂岩为主体的构造块按主要矿物组合(Chl+Cal+Ser+Act,Act+Ab+Ep+Qz+Bit)可划分为钠长石-阳起石带。统归至低绿片岩相。同构造期新生矿物组合主要为:

长英质、花岗质岩石:Qz +Mu±Chl;Qz+Bit±Ser;Qz+Ser;Cal+Chl+Ab±Ser

碳酸盐岩:Cal+Qz;Cal+Tr

基性火成岩及中基性火山碎屑岩:Chl+Ep+Ab±Ser;Chl+Cal+Ser+Act;Cal+Chl+Ser+帘石;Chl+Ep+Ser;Act+Ab+Ep+Qz+Bit;Chl+Ser+Qz

岩石中发育条纹条带构造及眼球状构造,矿物韧性变形明显;岩带中弱能干性岩石如大理岩多呈构造透镜体或石香肠状,而强能干性岩石如玄武岩则变形相对较弱。以上变形特征及变质程度显示该糜棱岩带形成于浅部构造层次。在蚀变辉绿岩中获得的232.12±0.81Ma变质年龄值,表明了印支期构造热事件年龄。

(二)布喀达坂糜棱岩带

呈北西或近东西走向出露于测区南部布喀达坂峰东西两侧地带。卷入地层主要为二叠系马尔争组下段碎屑岩(Pm^1)。东段北界见与该组低级区域变质碎屑岩呈过渡关系;带内间加有弱变形变质砂岩构造透镜体,由此可看出原岩特征基本明确。

构造岩石以碎屑质糜棱岩为主，夹千糜岩，少量为糜棱岩化岩石。岩性特征如下。

1. 千糜岩类

千糜状结构或糜棱结构，千枚状构造。其中碎斑3%～14%，由原岩残留砂屑组成，成分以石英、长石为主，少量白云母或岩屑。长英质矿物多呈眼球状或透镜状，矿物显微裂纹发育，部分呈"σ"型碎斑状，白云母构成云母鱼，石英波状或带状消光发育。基质86%～97%，由残留碎粒化石英、长石和重结晶绢云母(25%～78%)、石英(19%～28%)或绿泥石(0～39%)及少量方解石等组成。绢云母和绿泥石多聚集成条痕状或条纹状定向，石英聚集成多晶石英条带。露头可见石英分异富集成0.5～1.5cm宽的条痕或2cm×5.5cm大小的透镜状平行糜棱面理定向。主要岩石为绢云母千糜岩、石英绢云母千糜岩、(石英)绢云绿泥石千糜岩。

2. 糜棱岩

糜棱结构，眼球状构造。碎斑19%～45%，由原岩残留碎屑构成，碎斑成分及变形特征与千枚岩中相同，并见少量碎斑保留次棱角状砂屑形态；基质55%～81%，多由重结晶绢云母(2%～40%)、绿泥石(0～22%)、隐晶状石英(6%～40%)组成，部分岩石见方解石(2%～28%)，另外部分岩石中还有一定量碎粒化长石、石英砂屑。绢云母和绿泥石多聚集成条痕状或断续状定向，石英聚集成多晶石英条带，说明为同构造期重结晶矿物。主要岩石为砂岩质糜棱岩。

3. 糜棱岩化岩

变余砂状结构，定向构造。岩石由残留砂屑和重结晶矿物组成，砂屑保留原沉积形态及其成分，但定向性排列明显；重结晶物以绢云母和隐晶状长英质为主，集合体在砂屑间定向分布构成糜棱面理。主要岩石为糜棱岩化砂岩。

上述岩石动态重结晶或新生指相矿物组合主要为：

千糜岩(原岩为泥质岩或含砂质泥岩类)：Ser＋Qz±Cal；Ser＋Chl＋Qz±Cal

砂质糜棱岩(原岩为砂岩)：Ser＋Chl＋Qz±Ab；Ser＋Chl＋Cal；Ser＋Cal＋Qz

特征矿物主要为绿泥石、绢云母及钠长石，故岩带变质相可归为绢云母-绿泥石级低绿片岩相。原砂屑矿物多成碎斑或碎粒化，且塑性变形显著；新生绢云母、绿泥石定向明显。另外，岩带中发育构造分异石英条带或长英质碎粒集合体条纹构造，见不协调褶皱。这特征表明该岩带形成于地壳浅部层次的较低温低压相系条件下(温度300℃±，压力0.2MPa±)的韧性变质变形。在该岩带中获得两个绢云母bo值，均为0.8982A，证明为低压环境。

根据南侧邻幅同一岩带中所获两组绢云母^{39}Ar-^{40}Ar法坪年龄：tp1＝237.30±0.25Ma，tp2＝234.50＋0.42Ma(青海省地质调查院，2002)，变质期应为中三叠世晚期。

（三）其他

印支期变质变形作用除形成上述主要糜棱岩岩带之外，在早古生界滩间山群及纳赤台群、晚古生代泥盆纪以及中生代三叠纪地层中均有显露，但皆未成规模出露。主要岩性有如下几种：

(1) 条纹条带状透辉石方解石糜棱岩、条带状石英堇青石质糜棱岩：见于滩间山群中，系在早期热接触变质钙硅角岩和长英质角岩基础上叠加变质而成。原岩为富镁质碳酸盐岩和富铝质砂泥质沉积岩。早期变质矿物透辉石呈碎粒状；堇青石以拉长的条带状或眼球状定向碎斑或碎粒化基质出现。动态重结晶以及同构造期新生矿物组合为：Cal＋Di＋Qz和Bit＋Mu＋Pl＋Qz。据此，可划为高绿片岩相。相对与早期辉石角岩相具有轻微退变质。

(2) 碎屑质糜棱岩：主要见于泥盆纪地层。见有绢云绿泥石质千糜岩、绢云长英质糜棱岩、岩屑长石砂岩质初糜棱岩、硅质初糜棱岩等。原岩分别为泥岩、砾岩和砂岩类。变质定向性新生矿物组合主要为：Ser＋Chl＋Qz；Ser＋Chl＋Ep＋Qz；Ser＋Chl＋Ab。据此，可划分为绢云母-绿泥石级低绿片岩相。

第三节　接触变质岩

测区内主要分布于昆中断裂以南、库鲁·彼得勒克河—哈夏·克里克河北部一带以及昆中断裂以北卡而却卡等地海西—印支期花岗岩周边外接触带围岩中。前者呈北西西向零星或较宽的带状出露，后者则依地层单位集中出露，受变质地层分别为纳赤台群和滩间山群。另外，于求勉雷克塔格雪峰北东、北西局部岩体外围和布喀达坂峰西北二叠纪地层中零星花岗岩株外围有少量岩石出露。综合各地(带)岩石类型，绝大多数为热接触变质作用形成的角岩类，接触交代型矽卡岩仅在局部发育。分述如下。

一、热接触变质角岩类

按岩石类型主要可分为长英质角岩、云母角岩、钙硅角岩和少量基性角岩类。主要发育于库鲁·彼得里克河—哈夏·克里克河北部泥盆纪库鲁克彼捷里克塔格超单元侵入体外接触带纳赤台群哈拉巴依沟组碎屑岩中，以及卡而却卡晚二叠世楚拉克单元—晚三叠世莫斯图单元侵入体外接触带滩间山群变质碎屑岩、碳酸岩盐及火山岩中。另外，于哈夏·克里克河上游北部与长英角岩及云母角岩处于同一构造带的哈夏克里克北单元二长花岗岩外接触带纳赤台群碎屑岩中见一些片麻岩、片岩及少量石英岩类特殊成因的角岩类。此外，于巍雪山北坡和阿尔喀山东段一带分别与侏罗纪巍雪山单元花岗岩和阿尔喀山单元花岗岩小岩株侵入有关的外接触带巴颜喀拉山群碎屑岩及马尔争组碎屑岩中见一些角岩化岩石发育，因出露范围小，不具代表性，本书对此类岩石不加表述。

(一) 岩石类型

1. 钙硅角岩类

主要发育于卡而却卡岩体外接触带碳酸盐岩中。主要岩石为含石榴硅灰石透辉石角岩、透辉斜长硅灰石角岩、绿帘硅灰石透辉石角岩、透辉石大理岩，局部见含橄榄石透辉石方解石大理岩。变质矿物以透辉石、硅灰石、钙铝榴石为主。主要矿物组合为：Cal＋Di；Cal＋Di＋Wl＋Gro＋Qz；Cal＋Di＋Wl＋Qz＋Pl±Ep；Cal＋Di＋Hb＋Fo＋Phl。

2. 长英角岩类

按不同原岩地层单位划分如下。

(1) 滩间山群长英角岩：主要有绿帘长英角岩、石英堇青石角岩、含红柱石石英角岩以及强角岩化复成分砾岩、角岩化石英砂岩等。变质特征矿物为堇青石、红柱石、黑云母、硅灰石、钙铝榴石等。其主要矿物组合为：Qz＋Pl＋Ep＋Cal；Qz＋Pl＋Cord±Bit；Qz＋Pl＋Ad＋Ru(金红石)；Qz＋Di＋Kf＋Wl＋Gro＋Bit。

(2) 纳赤台群长英角岩：主要为黑云母长英质角岩，少量堇青黑云长英质角岩及绿泥绢云母石英角岩。另外有一些变质较浅的角岩化岩石，如角岩化岩屑砂岩、角岩化石英砂岩、角岩化复成分砾岩等。变质特征矿物为黑云母、堇青石、钾长石、斜长石等。其主要矿物组合为：Qz＋Pl＋Kf＋Bit；Qz＋Pl＋Bit＋Mu；Qz＋Ser＋Chl＋Ep；Qz＋Pl＋Kf＋Bit＋Cord。

3. 云母角岩

见于纳赤台群围岩中。以黑云母堇青石角岩、堇青石角岩为主，少量角岩化绢云母千枚岩、斑点板岩等。特征矿物以堇青石、黑云母为主。主要矿物组合：Cord＋Bit＋Qz＋Mu＋Pl；Cord＋Bit＋Qz＋Pl＋Kf±Mu。

4. 基性角岩

见有斜长角闪角岩、片状斜长角闪岩、凝灰质角岩、角岩化中基性火山岩。前两者见于滩间山群；后两者见于纳赤台群。变质特征矿物为普通角闪石、阳起石、黑云母、钠长石等。其矿物组合分别为：Hb＋Pl＋Bit＋Qz；Hb＋Pl＋Qz；Ab＋Bit＋Qz＋Ep＋Vrl(纤闪石)；Act＋Bit＋Ep＋Qz。

5. 其他角岩

经分析，该类角岩系叠加在前期(加里东期为主)韧性变质变形构造岩石之上，在继承其形变定向面理构造基础上发生热变质重结晶而形成，且与底部隐伏岩体热液活动关系极大。其主要岩石有微细粒黑云更长片麻岩、堇青石黑云母更长片麻岩、黑云堇青石片岩及少量黑云母更长石英岩。主要矿物组合为：Qz＋Pl＋Kf＋Bit＋Mu；Qz＋Pl＋Bit＋Mu；Cord＋Bit＋Qz＋Mu＋Pl。

(二) 变质相带划分

以上岩石中变质特征矿物：钙硅角岩以透辉石、硅灰石、钙铝榴石为主；长英角岩以堇青石、红柱石、黑云母、绿帘石、钾长石、斜长石等为主；基性角岩以普通角闪石、阳起石、黑云母、钠长石为主。据此，在卡而却卡宽约1～1.2km的不规则状外接触带中可划分出由外部向内具递增变质的两个变质相：角闪角岩相和辉石角岩相；在哈夏·克里克中下游及中上游一带由南向北可划分出黑云母带钠长石角岩相和堇青石带角闪角岩相两个相带。

二、接触交代变质矽卡岩类

主要见于求勉雷克塔格雪峰北东、北西和卡而却卡三地的二叠纪岩体外接触带碳酸盐岩中。受变质岩石单位分别为白沙河岩组(Ar_3Pt_1b)和滩间山群碳酸盐岩岩组(OST^b)，规模甚小，图面不易表示。岩石类型主要为一套钙质矽卡岩。其岩性分别见有灰红色钙铝榴石矽卡岩、棕红色透辉石钙铝榴石矽卡岩和深灰—紫红色钙铁榴石矽卡岩、透辉石绿帘石矽卡岩四种。原岩为大理岩。

变质矿物组合为：Gro＋Cal＋Qz；Gro＋Di＋Qz＋Cal＋Ep；Anr＋Hb＋Cal；Di＋Ep。

根据变质特征矿物主要为自形、半自形钙铝榴石、钙铁榴石和透辉石以及石榴石具环带的特征，其变质温度应低于800℃。

三、变质时期确定

(1) 滩间山群及白沙河岩组角岩或矽卡岩所分布的内接触带二长花岗岩中获得了254.1Ma的Ar-Ar法成岩年龄，花岗岩侵入时期与热变质期相同，故变质期以254.1Ma为准，应当为晚二叠世。

(2) 纳赤台群哈拉巴依沟组角岩化带内接触带花岗岩中共获得三个Ar-Ar法成岩年龄，由西至东分别为362Ma、406.2Ma和379.6Ma，与早—晚泥盆世相对应，故变质时期为海西早期。

第四节 变质作用与构造演化

布喀达坂峰地区地处东昆仑中西段，由北至南纵跨东昆仑造山带，南北两端分别与松潘甘孜地块和柴达木地块西南缘接壤，具有复杂的物质组成和结构。其内各时代充填地层岩石均经历了较为复杂的构造演化历史，遭受了不同程度的变质变形作用改造，形成了类型及特征不同的各种变质岩石。通过对不同构造单元变质地质体变质变形序列的分析研究，与区域地质发展演化历史相结合，可初步确定该地区变质作用主要经历了吕梁期、晋宁期、加里东期、海西期和印支期五个阶段的区域变质作用演化，分述如下。

一、吕梁期变质结晶基底的形成

古元古代时期地壳处于活动状态，整个东昆仑沉积了呈东西向带状展布的以白沙河岩组为代表的泥砂质碎屑岩夹碳酸盐岩和中、基性火山岩的海相地层，原岩建造都反映出具有活动大陆边缘的构造环境特征。区内昆中断裂以北分布的白沙河岩组仅为其一部分，不论是碎屑岩还是火山岩，皆具有活动陆缘或板内玄武岩的特征。古元古代晚期（即吕梁期），来源于上地幔的热流或热能，使活动带岩石发生广泛的低角闪岩相变质，形成变质结晶基底，同时形成区域性片麻理和片理面理（S_{n+1}）。测区变质岩石中以出现较多红柱石、堇青石及夕线石为特征，表明该次区域动力热流变质作用温度较高，但压力较低，反映地质体埋藏较浅。昆中断裂以南的吐木勒克和额尔衮赛埃图出露的两构造块，其原岩建造、变质岩石组合及变质特征皆与昆北岩石相一致，因此，其块体成因的最大可能解释应为早期大陆边缘增生物质在后期扩张裂解机制过程中形成的物质记录和残存遗迹，即此块体的形成与昆中断裂的形成及活动关系密切。

二、晋宁期区域动力变质作用

新元古代，布喀达坂峰地区可能处于隆升剥蚀阶段，故而该区缺乏沉积建造，但有碰撞型花岗岩侵入记录（即阿克却哈变质侵入体），因此该阶段发生的区域动力变质作用，主要表现了对此时尚处于地壳中深部位花岗岩的变质改造和对早期结晶基底岩系的叠加改造，变质作用较为强烈。白沙河岩组表现为低角闪岩相向高绿片岩相过渡的退化变质，其中泥砂质岩石中塑性固态流动变形特征明显，而基性火山岩多以准稳状态的构造退变残留体形态出露，变质不甚明显；阿克却哈侵入体在此阶段发生变质及变形，形成条带状、眼球状构造片麻岩，并发育 S_1 透入性片麻理，变质矿物以重结晶长英质和新生铁铝榴石等矿物为特征，其环境为中压相系高绿片岩相。该次变质作用在晋宁中晚期达到高峰，晚期温压降低，存在明显的二期变质幕。变质活动带与区域构造线基本一致。

三、加里东期区域变质作用及韧性再造

加里东早期，随着昆中断裂带再次扩张裂解，不同阶段相继沉积了三套地层：昆北为滩间山群基性火山岩、碳酸盐岩，区域上有较多沉积碎屑岩；昆中带形成了吐木勒克裂谷式或多岛小洋盆式基性火山岩、碳酸盐岩及硅质岩等复杂组合喷发沉积；昆中以南则形成了纳赤台群弧后盆地沉积碎屑岩。至中晚期，随着昆中带逐渐闭合碰撞，区域低温动力变质作用发生，昆中带形成了以蓝闪石为特征矿物的低温高压变质岩石；而其两侧则形成了低温中低压环境的以黑云母、钠长石为特征矿物的低绿片岩相变质岩石组合。加里东晚—末期，随着昆南洋向北俯冲和昆中带碰撞的加剧，在一定深度岩石发生韧性变质变形作用，形成那陵格勒糜棱岩带和吐木勒克（北亚带）糜棱岩带。由此可见，该期变质作用经过了中晚期的区域低温动力变质作用和晚—末期的韧性再造两个阶段。

四、海西期区域变质作用及接触变质作用

该期变质作用较为普遍，但不强烈，就区内表现而言，基本上反映了不同阶段沉积盖层在不同时期的较低级的区域低温动力变质作用和由于碰撞型花岗岩侵入而引发的接触变质作用特征。主要表现在

早—中泥盆世地层和晚石炭世—二叠纪浩特洛哇组及布青山群沉积碎屑岩、火山岩中，形成了一系列变砂岩、板岩、千枚岩、变火山岩等，总体为一套绢云母-绿泥石级别的低绿片岩相变质岩。同期形成 S_1 片理及板理。其变质期次也分为两个阶段：

早期，可能为加里东构造期的延续，因为早—中泥盆世地层代表了昆中带南侧多岛洋盆聚敛闭合的磨拉石盆地沉积，因此该套地层的变质和昆中带俯冲造山活动有关。同期，库鲁克彼捷勒克塔格碰撞型岩浆弧侵入，在纳赤台群围岩中形成了钠长石角岩相和角闪角岩相的递增热接触变质角岩带。

中晚期，随着昆南断裂扩张形成的昆南洋向北俯冲，形成了浩特洛哇组岛弧沉积和马尔争组岛弧、弧后盆地沉积碎屑岩、火山岩，至晚期俯冲加剧而引发的区域性低温动力变质作用致使这些地层发生不均匀的低级变质。同期碰撞型花岗岩侵入，于昆北滩间山群中发生热接触变质及接触交代变质，形成角闪角岩相及辉石角岩相角岩带及矽卡岩带。

由此可见，早期变质作用与昆中断裂带的聚敛碰撞有关，而晚期则与昆南断裂带以及南侧羌塘地块与北侧柴达木地块的陆-陆碰撞造山有关。

五、印支期区域变质作用

印支期是东昆仑造山带演化中最后一期碰撞造山变质作用的发生期，由此引发的区域低温动力变质作用主要使区内昆南断裂南侧的巴颜喀拉前陆盆地沉积的中三叠世地层形成了绢云母-绿泥石级别的单相低绿片岩相变质，广泛发育的变砂岩、板岩同样发育片理(化)、板理及平行 S_0 面理的劈理。该一阶段应当为印支中晚期。陆内俯冲造山演化至后期转变为伸展垮塌阶段，在主要构造带，尤其是昆南断裂带和昆中断裂带则形成了浅部层次伸展机制下的韧性剪切糜棱岩带。区内昆南以布喀达坂糜棱岩带为代表，昆中以那陵格勒南岸糜棱岩带和吐木勒克糜棱岩带南亚带为代表，为一期绿片岩相的退化变质时期，同期形成 S_2 糜棱面理。该阶段变质作用的发生代表了印支期造山旋回的最末期变质时期，标志着印支期大规模造山活动的结束。

第五章 构造地质

第一节 区域地球物理特征

区域和测区航磁资料(图 5-1)特征显示,以昆中韧性剪切带为界,断裂以北航磁异常为正负相间的条带状磁异常,异常范围为－150～130nT,异常正值最高达 177nT,三个正异常条带分别是喀雅克登塔格正异常条带,沿喀雅克登塔格主脊北西向展布;莫斯图正异常条带,北西向沿莫斯图构造岩浆岩带的北侧展布;吐木勒克正异常条带,是本区正异常值最高的地区,在吐木勒克及其以西地区显示了一定的规律性,高值区不与相对高磁性的吐木勒克构造蛇绿混杂岩相吻合,而是分布在其北部,说明本区吐木勒克构造蛇绿混杂岩呈北倾的的岩片状产出。第二个特点是高异常条带北西向展布,在测区西北部宗昆尔玛一带形成本区最高的异常区,说明蛇绿混杂岩向西北方向规模变大,但这些地区被新生代沉积盆地覆盖,使蛇绿混杂岩带隐伏了。两个负异常条带分别是那陵格勒负异常条带及求勉雷克塔格-塔鹤托

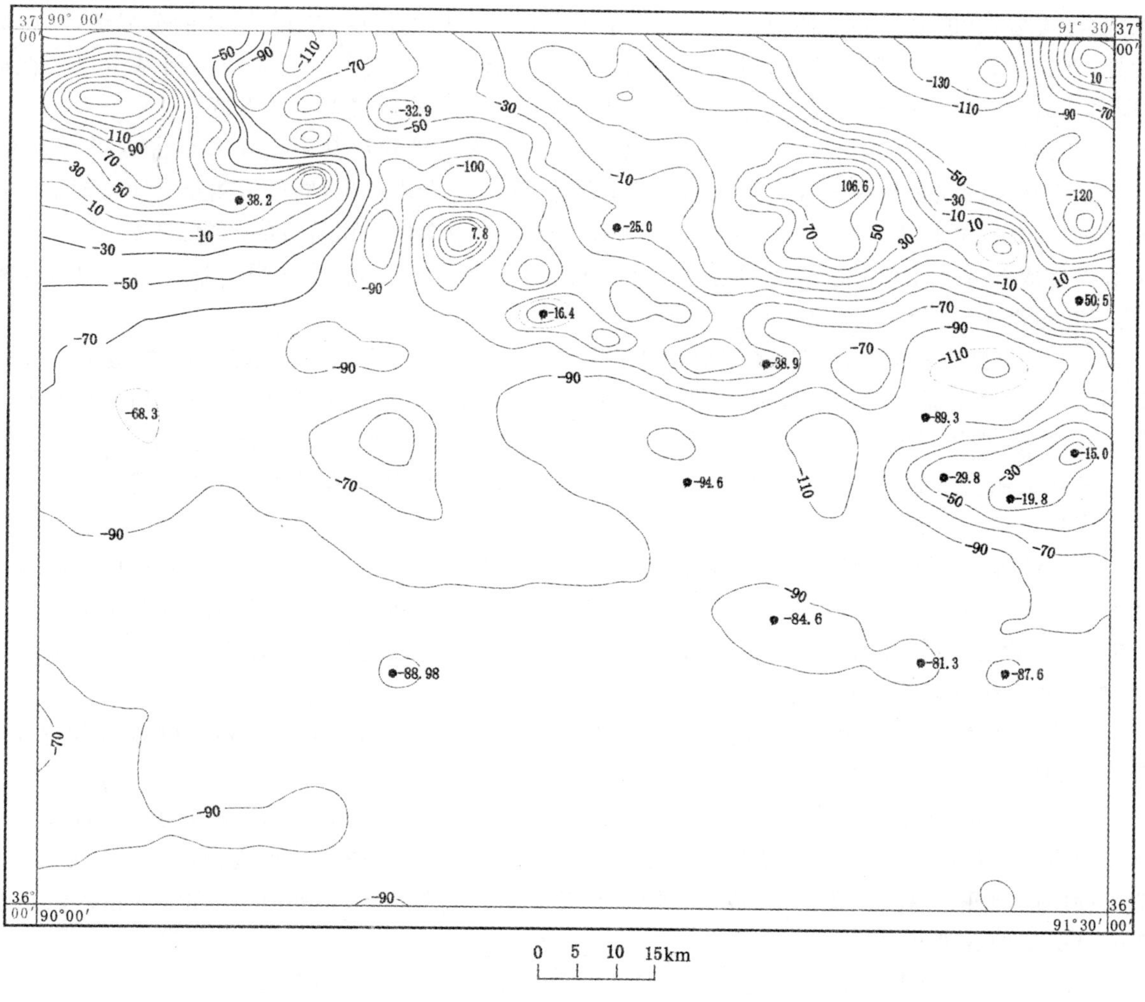

图 5-1 航磁异常平面图(单位:nT)

坂日负异常条带，前者分布在那陵格勒河北喀雅克登塔格山脉以南地区，反映了新生代沉积盆地的展布特点。昆中韧性剪切带以南地区为平缓的负异常区，异常值一般为－50～100nT，沿昆南断裂带并没有产出类似于西邻幅黑顶山缝合带那样的串珠状正磁异常条带，暗示本地区沿昆南断裂带无论是地表还是深部均缺乏镁铁-超镁铁质岩。

区域重力异常也有明显的显示，以克其克孜苏断裂（区域昆中断裂）为界，重力布格异常也表现为明显的近东西向展布的重力梯级带，北部重力高，为近东西向线状相间的大梯度正异常，南部重力低，表现为大面积分布的宽缓异常。

第二节　大地构造位置及构造单元划分

一、区域构造格架及构造单位划分

测区横跨整个东昆仑造山带西段的各个构造单元，地壳结构复杂，建造组成丰富，构造演化具多旋回复合叠加的特点。东昆仑造山带早期的地质研究中，构造-地层格架的讨论主要围绕昆中断裂、昆南断裂展开，地层系统的建立及划分完全建立在它们的基础之上，如岩石地层清理。昆中及昆南断裂均曾被作为板块缝合带来划分华南板块与华北板块，观点之一强调昆中断裂以北为古老的变质结晶基底，之南存在昆南型的软基底（万宝沟群），并认为昆中断裂构成了华南板块与华北板块的结合部，时限为加里东末期（姜春发，1992）；另外一种观点则认为昆南断裂构成了华南板块与华北板块的分界线，其时限为海西期（任纪舜，1999）。虽有争议，但东昆仑造山带被上述两个断裂分为三个单元的基本格架似成共识，即昆北、昆南、巴颜喀拉。通过调查，项目组认为测区的基本构造格架有如下特点：

（1）昆中断裂产出有吐木勒克构造蛇绿混杂岩，同位素测年确定其中存在有早古生代洋壳残片。而区内昆南断裂带仅表现为一规模巨大的韧性剪切带，未见混杂岩产出，同位素测年表明其形成时代为中晚三叠世，是松潘甘孜地块与东昆中微陆块碰撞及陆内叠覆造山作用阶段的产物，早期（二叠纪）俯冲造山阶段形成的构造蛇绿混杂岩带的组分在这一地区未能保存下来，整个东昆仑造山带均具有这种特点，构造蛇绿混杂岩沿昆南断裂并不连续产出。

（2）先前有昆中断裂与昆南断裂意义的重大性之争，考虑到二者并非是同时期产物，这种争论的意义就不大了，尤其是通过项目组的调查，认为在两断裂之间找不到稳定的地块（地体），相反存在有一个复杂的弧盆系，部分出露的稳定沉积（树维门科组）可能仅为早期洋盆中残存的碳酸盐岩台地，不具代表性。这一复杂弧盆系的南界为昆南断裂，而昆中断裂并非其北界，因为在昆中断裂的北部存在有规模巨大的岩浆弧。

（3）相对而言，昆南断裂带在东昆仑造山带的划分意义更大一些，因为整个东昆仑造山带晚古生代洋陆转换及陆内叠覆造山过程中的记录占主导地位，早古生代洋陆转换的记录则随着东昆仑加里东造山带的崩塌和晚古生代洋盆的重新扩张而已经支离破碎，况且青藏高原北缘加里东期主大洋可能在其北部（如阿尔金山—祁连山）。

（4）早古生代阶段，东昆仑微陆块与柴达木陆块不相连，之间存在有祁漫塔格洋（弧后盆地?），早中泥盆世的碰撞造山作用使二者合为一体。

（5）东昆中微陆块内存在有巨量的侵入岩，它们连同昆中断裂南部一定区域内的侵入岩共同构成了巨大的岩浆弧带，这些侵入岩主要形成于加里东期、海西—印支期两期造山旋回，并分别记录了这两次造山旋回的俯冲、碰撞、叠覆造山、造山后伸展崩塌过程的全部；区内不同时期、类型的侵入岩在空间展布上具明显的成带性。

（6）印支运动在东昆仑造山带的演化中具有重要意义，是一个大的转折点。

据这些特点测区构造单元的初步划分方案如图5-2所示。

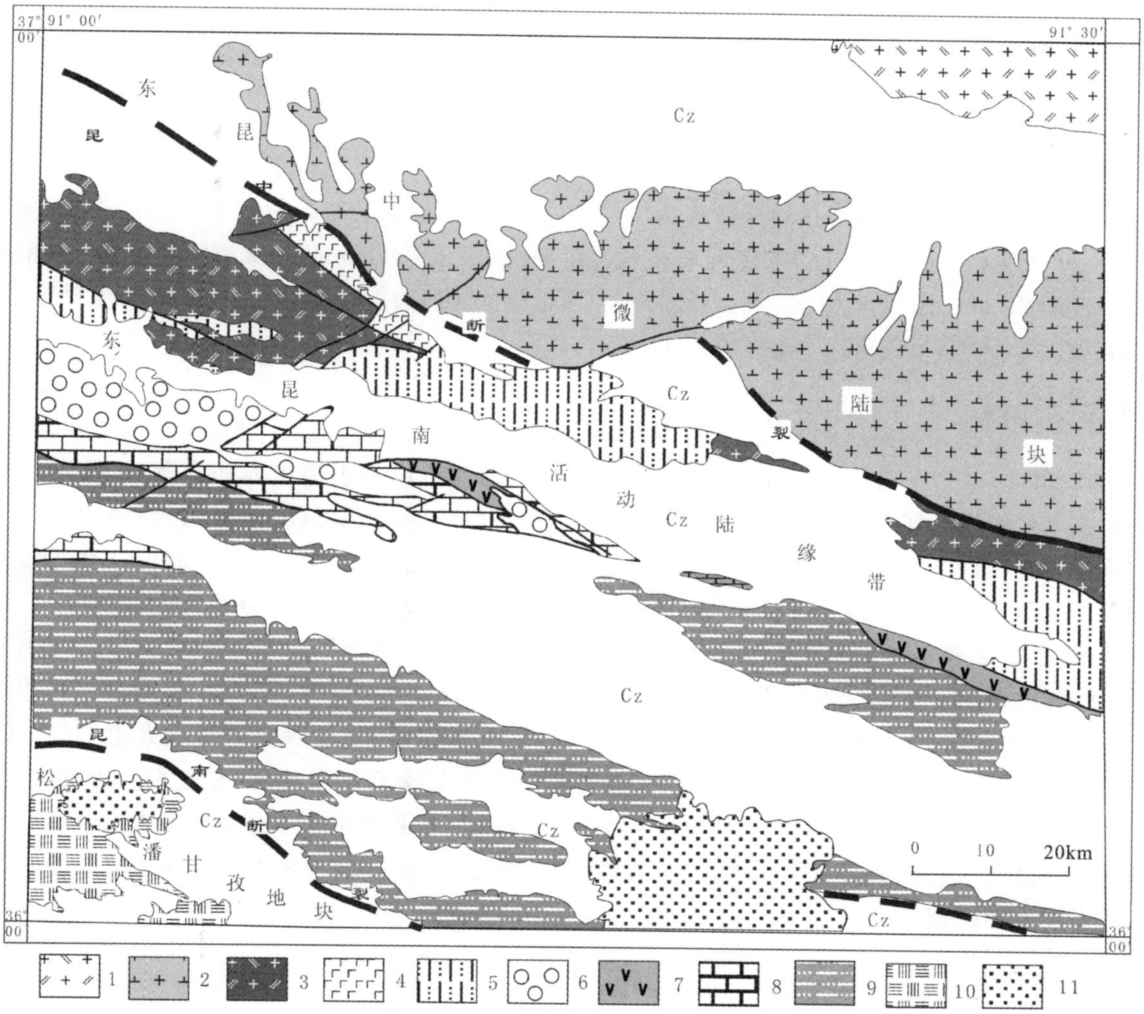

图 5-2　构造分区图

1. 喀雅克登塔格构造岩浆岩带；2. 莫斯图构造岩浆岩带；3. 库鲁克彼捷里克塔格构造岩浆岩带；4. 吐木勒克早古生代残余构造蛇绿混杂岩带；5. 克其克孜苏早古生代弧前盆地；6. 喀尔瓦早中泥盆世磨拉石盆地；7. 伯拉克拉克里二叠纪岛弧带；8. 喀尔瓦碳酸盐岩裂解块体；9. 苏鲁·彼得勒克·得亚二叠纪弧间盆地；10. 巴颜喀拉前陆盆地；11. 现代冰川；Cz. 新生代盆地

Ⅰ—东昆中微陆块

　$Ⅰ_1$—喀雅克登塔格构造岩浆岩带

　$Ⅰ_2$—莫斯图构造岩浆岩带

Ⅱ—东昆南活动陆缘带

　$Ⅱ_1$—吐木勒克早古生代残余构造蛇绿混杂岩带

　$Ⅱ_2$—库鲁克彼捷里克塔格构造岩浆岩带

　$Ⅱ_3$—克其克孜苏早古生代弧前陆地

　$Ⅱ_4$—喀尔瓦早中泥盆世磨拉石盆地

　$Ⅱ_5$—伯拉克拉克里二叠纪岛弧带

　$Ⅱ_6$—喀尔瓦碳酸盐岩裂解块体

　$Ⅱ_7$—苏鲁·彼得勒克·得亚二叠纪弧间盆地

Ⅲ—松潘-甘孜地块

　$Ⅲ_1$—巴颜喀拉前陆盆地

二、构造单元基本特征

（一）东昆中微陆块

区内东昆中微陆块由喀雅克登塔格构造岩浆岩带、莫斯图构造岩浆岩带两个二级构造单元组成。此单元分布于测区北部，南与吐木勒克早古生代残留构造蛇绿混杂岩带接触，北部顺延出图。该单元以大量发育多时代的中酸性侵入岩和具有相对古老、固结程度较高的基底岩系（金水口岩群）为特征，区域上曾称为中昆仑隆起带或柴达木南缘岩浆弧。

1. 沉积建造

古元古代结晶岩系的广泛分布是本单元的一个显著特点，指示了该单元陆壳基底的存在，从而证明了该单元的构造属性。基底建造为古元古界金水口群白沙河岩组，岩性有黑云斜长片麻岩、黑云二长片麻岩、石榴二云或白云石英片岩、构造片麻岩、变粒岩和斜长角闪岩、大理岩等，在喀雅克登塔格和莫斯图一带被加里东及海西—印支期中酸性侵入岩破坏，出露面积仍然较大，而在求勉雷克塔格以西，全都呈残留体和顶垂体分布于晚古生代花岗岩中，盖层沉积建造有下古生界滩间山群和上三叠统鄂拉山组。下古生界滩间山群呈构造岩片或花岗岩中的顶垂体产出，零星出露于那陵格勒河两岸，滩间山群岩性组合为变质碳酸盐岩（大理岩、钙质糜棱岩）和强蚀变中基性火山岩（玄武岩）为主，夹少量变质沉积碎屑岩。鄂拉山组分布于测区东北部那陵格勒河两侧，岩性组合为安山岩、安山质晶屑凝灰熔岩、英安岩、流纹质含角砾凝灰熔岩、流纹质玻屑晶屑凝灰熔岩，为陆相中酸性火山建造。那陵格勒河谷地带为库木库里新生代盆地的东端，发育有古近系狮子沟组陆相碎屑岩建造及第四系不同类型沉积。

2. 岩浆活动

强烈的岩浆侵入作用是该单元的另一个显著特点，以那陵格勒河为界岩浆岩的时空分布具有明显的规律性，因此东昆中微陆块又进一步划分为两个二级构造单元。

1）喀雅克登塔格构造岩浆岩带（I_1）

分布于那陵格勒河以北地区，主体北延出图。除前述变质建造、沉积建造外，本单元的一个主要特征是泥盆纪侵入岩的发育，包括早泥盆世喀雅克登超单元，由阿克楚克赛石英闪长岩单元（锆石离子探针测年值为407.7±7.5Ma）、伯喀里克北似斑状二长花岗岩单元（锆石离子探针测年值为408.3±5.3Ma）组成，该超单元属高钾钙碱性系列偏铝质-过铝质岩石，来源于壳源物质的部分熔融，包体特征显示曾经有幔源物质的参与而经历了岩浆混合作用过程，从稀土及微量元素特征可以反映出岩浆混合作用微弱，具S型、I型花岗岩的双重特征，因此其成因应属壳幔型花岗岩，岩浆的形成与幔源岩浆的底侵作用有关，但幔源成分加入较少，这些特点表明该超单元形成于造山后造山带伸展崩塌的初期阶段，此时地壳较厚，幔源岩浆无法大规模上侵，在造成壳源物质熔融的同时少量掺入其中。中泥盆世巴音郭勒辉长岩为一较典型的层状侵入体，现位岩体在垂向上具有苏长岩—橄长岩—辉长岩（锆石离子探针测年值为386.9±2.6Ma）等不同成分的韵律性变化，推测下部仍有其他成分的岩石未被剥露，是岩浆房原地结晶分异堆积作用的结果，岩石具富集地幔源的特征，是幔源岩浆上涌堆积作用的产物。侏罗纪侵入岩分布遍及全区，但各个构造区特征不同，喀雅克登塔格构造岩浆岩带中侵入岩主要有祁漫塔格基性岩墙、坎皮北独立单元。祁漫塔格基性岩墙岩石类型以辉绿岩为主，次为辉长岩，辉长辉绿岩中单颗粒锆石U-Pb法测年值为193±0.9Ma，祁漫塔格基性岩墙属大陆拉斑玄武岩系列，来源于较富集的地幔源区，明显是伸展环境下岩浆作用的产物，进一步说明此时测区陆壳明显伸展减薄，幔源岩浆得以快速上升就位；坎皮北独立单元岩性为正长花岗岩，属高钾钙碱性系列偏铝质岩石，来源于中上地壳物质较低程度的部分熔融，岩石成因属壳型花岗岩。

喀雅克登塔格构造岩浆岩带位于祁漫塔格山脉南部，其岩浆动力学过程反映了北部祁漫塔格洋的信息，据北邻幅的资料，祁漫塔格洋于顶志留世消减完毕，东昆中微陆块与柴达木陆块开始碰撞，则其后的幔源岩浆作用的产物与造山后造山带崩塌及幔源岩浆的底侵作用有关，早泥盆世喀雅克登超单元是这个阶段初期的产物，随着地壳的减薄，使幔源基性岩浆得以顺利抵达地壳中深部，在一种趋于稳定的环境下完成结晶分异过程，形成巴音郭勒层状辉长岩体。

东昆仑造山带的造山后伸展崩塌作用在北部祁漫塔格一带始于早中泥盆世，早于东昆仑造山带南部的晚泥盆世。

2）莫斯图构造岩浆岩带（I_2）

与喀雅克登塔格构造岩浆岩带不同，莫斯图构造岩浆岩带海西—印支期侵入岩极为发育，其中又以印支期占有优势。

海西期侵入岩主要是晚二叠世求勉雷克塔格超单元，由吐木勒克浅肉红色中细粒含石榴石二长花岗岩单元（黑云母 Ar-Ar 法年龄值为 247.6±1.5Ma，锆石 U-Pb 法测年值为 247±2.0Ma）、楚拉克浅肉红色中粗粒似斑状二长花岗岩单元（黑云母 Ar-Ar 法测年值为 254.1±1.5Ma）、索阿克塞灰白色中细粒正长花岗岩单元组成。岩石化学特征显示求勉雷克塔格超单元为过铝质类型，高钾钙碱性系列，岩石中普遍含有白云母、夕线石、石榴石等高铝矿物，属 S 型花岗岩，特征类似于 Barbarin（1990）划分的 MPG 花岗岩（含白云母过铝花岗岩类），为碰撞型花岗岩组合，这一碰撞组合无疑是昆南洋俯冲消减完毕、碰撞造山作用开始的标志。

印支期侵入岩在本单元中分布最为广泛，成因类型极为复杂多样，这可能也是整个东昆仑造山带侵入岩的特点之一。其中，早中三叠世侵入岩不发育，仅有中三叠世楚拉克阿干超单元，由楚拉克阿干东灰白色中细粒花岗闪长岩单元（黑云母 Ar-Ar 法测年值为 239.9±1.3Ma）、卡而却卡北肉红色中细粒二长花岗岩单元（黑云母 Ar-Ar 法测年值为 240.6±1.6Ma）组成。楚拉克阿干超单元属高钾钙碱性系列偏铝质-过铝质岩石，具 S 型花岗岩的特点，岩石成因属壳型花岗岩，为陆内叠覆造山作用阶段的产物，该时期东昆仑造山带陆壳迅速加厚，岩浆作用相对比较微弱。晚三叠世早期哈拉达乌更长环斑花岗岩具有高钾过铝质岩石类型以及 A 型花岗岩与 S 型花岗岩过渡类型的特点，岩浆起源于具有正常水含量的长英质下地壳的部分熔融，反映哈拉达乌更长环斑花岗岩形成的物化环境、岩浆演化过程、源区性质等方面与典型碱性花岗岩或 A 型花岗岩有较大的差别，但伸展的地球动力学背景是一致的；哈拉达乌更长环斑花岗岩的产出为一个重要的构造转换点，它是造山带挤压增厚阶段向造山后造山带伸展崩塌阶段转折时期的标志性建造。晚三叠世中晚期那陵格勒超单元出露面积最大，它由卡而却卡深灰色中细粒闪长岩单元、长平山深灰色中细粒石英闪长岩单元、喀尔洞灰色中细粒英云闪长岩单元、莫斯图灰色中细粒花岗闪长岩单元（全岩 K-Ar 测年值为 219.16±10Ma）组成；那陵格勒超单元属中-高钾钙碱性系列偏铝质岩石，岩石地球化学面貌及包体特征显示壳源岩浆中有幔源物质的参与而经历了岩浆混合作用过程，具 I 型花岗岩的特征，岩石成因应属壳幔型花岗岩。这些特征结合其他方面的资料说明晚三叠世中晚期东昆仑海西-印支造山带进入造山后伸展垮塌阶段，深部表现为岩石圈地幔的拆沉作用，热的软流圈物质上涌造成大规模底侵作用的发生，它不但为岩浆混合的形成提供了物质条件，也为晚三叠世大规模岩浆的形成提供了强大的热源。

3. 火山作用

东昆中微陆块火山作用主要集中于晚三叠世，晚三叠世火山岩构成了鄂拉山组的主体，火山岩断续沿那陵格勒河谷分布，主体部分西北方向顺延出图，结合北邻幅的资料可以证明，祁漫塔格山脉南缘存在一规模较大的晚三叠世陆相火山岩盆地，这次火山作用的形成时间可能延续到早侏罗世。鄂拉山组火山岩岩石地球化学面貌显示出活动陆缘火山岩的特征，这也是大多数研究者的意见，但结合区内及区外其他方面的资料分析，其成因并非如此简单，尤其是以下几个方面的证据值得深入讨论。

(1) 晚二叠世昆南洋的俯冲作用已结束，东昆仑造山带碰撞及陆内叠覆造山作用开始，区内晚二叠世碰撞型花岗岩的发现及东昆仑东段晚二叠世磨拉石(格曲组)的存在很容易说明这一点。

(2) 区内广泛发育的晚三叠世侵入岩的特征说明，晚三叠世区内东昆仑造山带处于造山后伸展崩塌阶段，岩石圈减薄，软流圈物质上涌，造成大规模幔源岩浆底侵作用的发生，幔源岩浆底侵作用造成的下地壳物质熔融也可以形成在地球化学特征上类似于活动陆缘环境特点的火山岩。

(3) 区内构造变形特点的研究证明，中三叠世晚期区内进入强烈的走滑变形体制，这一过程可能持续到了早侏罗世。

由这些特点分析，这一陆相火山岩盆地的成因受深部岩石圈伸展崩塌、中浅部强烈走滑拉分双重动力学作用制约。由于鄂拉山组在区内出露甚少，此问题的研究无法深入展开。

4. 变质特征

本单元涉及的变质地层有古元古界金水口岩群和下古生界滩间山群，金水口岩群主要为一套中深变质片麻岩岩系，变质矿物组合为 Qz＋Pl＋Mit＋Alm，Cal＋Tr，Hb＋Ads，显示低压中高温区域动力变质作用的特点，变质程度达到角闪岩相，并明显被后期多期不同变质作用特别是动力变质作用叠加改造，其原岩恢复系一套陆源沉积含泥质碎屑岩为主，夹碳酸盐岩及基性火山岩建造。滩间山群主要为一套变质碳酸盐岩和变质中基性火山熔岩，变质矿物组合为 Cal＋Tr，Do＋Qz，Act＋Ab，变质作用主要为区域低温动力变质作用，变质程度仅达低绿片岩相，后期叠加动力变质作用，形成中浅层次的韧性剪切带。

5. 小结

上述特点还说明东昆中微陆块不同于华北板块那样的稳定克拉通，整个古—中生代其始终处于强烈活化改造过程中，尤其是，它的南北两侧均存在性质不同的洋盆(祁漫塔格洋、古昆中洋)，因此它又具有弧的特点，在不同的造山旋回中始终具安底斯陆缘弧的特点，且泥盆纪、晚三叠世两次岩石圈去根作用形成的巨量底侵岩浆岩是它的另一个重要特点。

(二) 东昆南活动陆缘带

指分布于昆中断裂及昆南断裂之间的构造带，区内昆中断裂带内产有构造蛇绿混杂岩，而区内昆南断裂带仅表现为一规模巨大的韧性变形带，西邻幅木孜塔格北坡及黑顶山一带产有典型的构造蛇绿混杂岩，可与该带相对应。

1. 吐木勒克早古生代残余构造蛇绿混杂岩带($Ⅱ_1$)

吐木勒克早古生代残余构造蛇绿混杂岩带分布在测区吐木勒克一带，呈北西西-南东东向展布，是昆中断裂带的组成部分。主要由吐木勒克构造蛇绿混杂岩组成，岩性有玄武岩、辉绿岩、碳酸盐岩、碎屑岩、硅质岩等，构造混杂岩中各岩性层(或岩块)间皆以断层或韧性剪切构造界面接触，变形不均一。碳酸盐岩呈构造透镜体产出，规模大小不等，相差悬殊，大者长达 8km，宽达 1.5km，小者宽度仅 1～2m，在横向上常呈串珠状，辉绿岩、玄武岩大多变形较弱，呈刚性构造透镜体产于剪切带中；碎屑岩、碳酸盐岩和少量玄武岩则变形较强，呈糜棱片岩、千糜岩等；碳酸盐岩和玄武岩二者相互包容，即玄武岩中有碳酸盐岩，碳酸盐岩中有玄武岩，充分显示了构造混杂的特点，后期不同时代脆性断裂的强烈叠加改造又进一步使之无序化。

吐木勒克早古生代残余构造混杂岩带是昆中断裂的主要组成部分，区域上此带中产有蛇绿混杂岩，它们受后期构造作用改造强烈，多已被肢解、破碎，带中始终未发现典型完整的蛇绿岩剖面，被确认出的蛇绿岩残片时代认为是新元古代或早古生代。从区内的特点来看，该混杂岩也不是圣弗兰西斯科那样典型的蛇绿混杂岩，其中所含的基性火成岩可能有一小部分属洋脊残片，多数部分则为大洋板内洋岛残片，混杂岩中大量产出的碳酸盐岩为洋岛的顶部端元。测区吐木勒克构造蛇绿混杂岩玄武岩中获得了单颗粒锆石 U-Pb 法测年值为 466±1.8Ma，指示洋壳形成于奥陶纪早期，糜棱岩化辉长辉绿岩中韧性剪切变质变形成因的角闪石类矿物的 Ar-Ar 法测年值为 444.5±1.5Ma，这些进一步指明，加里东期昆中洋在奥陶纪末期开始俯冲消减。值得注意的是，混杂岩中产出有蓝闪钠长片岩，进一步确定了俯冲带变质作用的存在。

上三叠统八宝山组沿昆中断裂南侧零星分布，为一套陆相碎屑为主夹火山岩的沉积地层，岩性主要为含砾不等粒长石岩屑砂岩夹砾岩、粉砂岩，英安质晶屑凝灰岩，含砾晶屑安山质凝灰熔岩，夹少量煤线。该火山沉积盆地形成时代与鄂拉山组一致，构造背景颇为相似，同为晚三叠世东昆仑造山带伸展垮塌作用的产物之一。

2. 库鲁克彼捷里克塔格构造岩浆岩带（$Ⅱ_2$）

主体分布于库鲁克彼捷里克塔格一带，东至克其克孜苏下游出图，以吐木勒克早古生代残余构造蛇绿混杂岩带（$Ⅱ_1$）为界与莫斯图岩浆弧（$Ⅰ_2$）相邻。该构造单元主体由泥盆纪侵入岩组成，从岩浆作用的特点来看，它与喀雅克登塔格岩浆岩带具有很大的相似性。侵入岩单位主要有早泥盆世塔鹤托坂日超单元，由塔鹤托坂日灰色中细粒片麻状花岗闪长岩单元、哈夏·克里克北灰白色中细粒似斑状二长花岗岩单元（黑云母 Ar-Ar 法测年值为 406.2±2.6Ma）组成，属高钾钙碱性系列偏铝质-过铝质岩石，兼有 S 型、I 型花岗岩的双重特征，有同碰撞花岗岩的特征，又具有活动大陆边缘弧型花岗岩的特点，结合其地质特征及区域构造综合判断应是陆内叠覆造山初期阶段的产物。它的产出说明加里东期昆中洋于早泥盆世消减完毕，碰撞作用开始，这与其南部早中泥盆世磨拉石盆地的发现是一致的。晚泥盆世库鲁克彼捷里克塔格超单元，由喀尔瓦北山中细粒英云闪长岩单元（黑云母 Ar-Ar 法测年值为 362±2Ma）、库鲁克灰色中粒黑云母花岗闪长岩单元、库勒灰白色中粗粒似斑状花岗闪长岩单元、阿尔音塞灰白色中粗粒似斑状二长花岗岩单元组成；晚泥盆世哈夏·克里克超单元，由哈夏肉红色细粒二长花岗岩单元、库鲁灰白色细粒正长花岗岩单元组成。库鲁克彼捷里克超单元属高钾钙碱性系列偏铝质-过铝质岩石，具重熔型花岗岩的特点，包体特征显示曾经有幔源物质的参与而经历了岩浆混合作用过程，具 S 型、I 型花岗岩的双重特征，岩石成因应属壳幔型花岗岩，总体化学成分均与 Maniar 等划分的 POG（造山后花岗岩）型花岗岩类相似。哈夏单元属高钾钙碱性系列偏铝质岩石，具 S 型、I 型花岗岩的双重特点；库鲁单元属高钾钙碱性系列过铝质岩石，具 S 型花岗岩的特点，综合成因判别二者均属壳型花岗岩，总体岩石地球化学特点与 Maniar 等划分的 POG 型花岗岩一致。

库鲁克彼捷里克塔格构造岩浆岩带中的晚泥盆世侵入岩与喀雅克登塔格构造岩浆岩带中的早中泥盆世侵入岩具有相似的成因特点，均为东昆仑加里东造山带造山后伸展崩塌阶段幔源岩浆底侵作用过程中形成的具岩浆混合特点的侵入岩，但二者在时间上有一定的差异性，似反映了东昆仑加里东造山带的崩塌具由北向南迁移的特点。

该单元中小规模出露一些前寒武纪结晶基底岩系，多呈规模不等的构造块体，区域上曾将位于昆中断裂以南的前寒武纪中深变质岩系称为苦海群（或苦海杂岩），以与昆北的金水口岩群相区别（或对应），通过项目组调查认为区内二者并无本质区别，所谓不同点在于，昆中断裂以南的这些结晶岩系后期韧性剪切变质变形作用的叠加更为强烈一些。

该构造单元的存在说明了早古生代洋陆转换的各类产物受后期岩浆侵入作用的破坏极为强烈，同时指出，昆中断裂虽在海西—印支期造山作用中仍强烈活动，但它在这一阶段已不构成重要的构造界面。

3. 克其克孜苏早古生代弧前盆地（Ⅱ$_3$）

该构造带位于测区中部，北以哈夏克·勒克断裂（图 5-3 中 F_3）为界与吐木勒克早古生代残余构造蛇绿混杂岩带（Ⅱ$_1$）相邻，南以库鲁·彼得勒克断裂（图 5-3 中 F_4）与喀尔瓦早中泥盆世磨拉石盆地和伯拉克拉克里二叠纪岛弧带相接，北西西向断续分布，受后期岩浆侵入作用强烈破坏而支离破碎。

该单元出露的地层主要为下古生界纳赤台群哈拉巴依沟组，为一套厚度较大的类复理石建造，其岩性组合为浅灰—灰色变砂岩、泥质粉砂质板岩、千枚岩为主，局部夹中基性火山岩和硅质岩。哈拉巴依沟组中虽有火山活动，但很微弱，呈薄的夹层或透镜状产出，岩性为玄武岩，厚度最大不超过 20m，全都为溢流相的产物，少量的化学资料反映其源于富集地幔，似具有板内玄武岩的特点。

哈拉巴依沟组在加里东中晚期发生区域低温动力变质作用，使岩石发生低绿片岩相变质，之后动力变质作用加强，中浅构造层次韧性剪切变质变形作用叠加强烈；泥盆纪大量岩浆侵入，岩石发生大规模强烈接触变质作用，形成不同类型接触变质岩。

克其克孜苏早古生代弧前盆地与吐木勒克构造蛇绿混杂岩紧密共生，其物源与岛弧关系密切，因此其成因可能有两种，一种可能是组成哈拉巴依沟组巨厚的、相对弱变形的复理石地层为弧前复理石增生楔（蛇绿混杂岩的基质），另一种可能是弧前盆地。考虑到本区哈拉巴依沟组变形相对较弱，与通常是强烈变形的弧前复理石增生楔具有一定的区别，因此将此构造单元属性确定为弧前盆地，但这个证据不是很充分，这就需要相邻图幅更多资料的证实。

4. 喀尔瓦早中泥盆世磨拉石盆地（Ⅱ$_4$）

此单元仅出露于喀尔瓦一带，向西延伸入邻幅，向东在伯拉克拉克里湖以北地区呈飞来峰逆冲推覆于南部二叠纪地层之上，测区内东西向延伸约 50km，北以库鲁·彼得勒克断裂与克其克孜苏早古生代弧前盆地（Ⅱ$_3$）相接，南以喀尔瓦断裂与喀尔瓦晚古生代碳酸盐岩裂解块体（Ⅱ$_6$）相邻。

本单元的沉积建造为下中泥盆统布拉克巴什组，均呈不同规模构造岩片产出。布拉克巴什组下岩段下部以硅质岩为主，杂色碎屑岩次之，夹火山碎屑岩，少量泥质板岩，上部主要为杂色复成分砾岩、碎屑岩，夹薄层或透镜状灰岩、深灰色变泥质岩、中基—基性火山岩，局部夹较厚硅质岩；上岩段上部主要为杂色碎屑岩，硅质砾岩次之，夹灰岩透镜体和玄武岩透镜体，上岩段下部主要以灰紫色碎屑岩为主，底部出现泥质岩，近顶部出现复成分砾岩。布拉克巴什组总体具下细上粗的进积型层序特征，尤其是其顶部为厚度较大的杂色砂砾岩层，这些特征显示了比较典型的磨拉石盆地的层序特点。

布拉克巴什组火山岩岩石组合为玄武岩—玄武安山岩—安山岩—英安岩—流纹岩，以安山质岩石居多。岩石总体化学成分与过渡型陆壳相似，具有不成熟陆缘火山弧之特点。布拉克巴什组中这些火山岩的产出与其磨拉石盆地的构造成因背景似不协调，可能暗示东昆仑造山带西段早中泥盆世的碰撞作用发生于陆块与岛弧之间，即弧陆碰撞作用形成的过渡型陆壳成分制约着其火山岩的岩石地球化学特点，这也与库鲁克彼捷里克塔格构造岩浆岩带中的早泥盆世侵入岩具有相似的特点。

5. 伯拉克拉克里二叠纪岛弧带（Ⅱ$_5$）

此构造单元位于伯拉克拉克里以东一带，呈宽度小于 3km 的狭长条带近东西向展布，东延伸出图，在伯拉克拉克里以北，由于喀尔瓦逆冲推覆体的覆盖，呈不规则状出露。该带在空间上与喀尔瓦早中泥盆世岛弧带（Ⅱ$_4$）有重叠的趋势。

晚石炭世—早二叠世的浩特洛哇组为该构造单元的主要组成，上段为砂砾岩夹灰岩、火山岩段；下段为火山岩、灰岩段。强烈的中酸性火山活动是其最显著的标志，明显区别于其他同时代地层体，从其建造层序分析及火山岩构造成因判别，测区浩特洛哇组为较典型岛弧（或陆缘弧）环境下形成的建造体，其中的火山岩为安山岩—英安岩组合，属低-中钾钙碱性系列岩石，具向富硅钾演化的特点，化学组成显示其源自于壳幔混合源区，构造成因属岛弧（或陆缘弧无疑）。

该构造单元中侵入岩主要为中二叠世伯拉克拉克里超单元，岩性为英云闪长岩和石英闪长岩，属中钾钙碱性系列偏铝质岩石，来源于壳幔混合源，具俯冲背景下火山弧花岗岩的特点，成因属壳幔型花岗岩，为典型的俯冲型花岗岩组合，这种火山岩与侵入岩的上铺下垫作用构成了该列岛弧。

此构造单元变质变形作用较弱，变形以发育顺层劈理和脆性变形为特征，其他变形构造不发育。

6. 喀尔瓦碳酸盐岩裂解块体（II_6）

此构造单元位于喀尔瓦以南，苏鲁·彼得勒克·得亚以北一带，其沉积建造为上古生界二叠系布青山群树维门科组及马尔争组上岩段（灰岩段），为一大套稳定沉积的碳酸盐岩。岩性组合为亮晶、微晶生物碎屑灰岩、亮晶核形石灰岩、微晶生物灰岩及少量内碎屑灰岩。此套岩石以产有丰富的生物化石为特点。

昆南活动陆缘带内的二叠纪地层具有两种类型，即活动型和稳定性，活动型已确定为二叠纪岛弧、二叠纪弧后盆地，稳定型主体为树维门科组，同一构造区内同时代的稳定型沉积与活动型沉积的并存是东昆仑南坡的一个重要特点，构造古地理上往往较难解释。早中二叠世岛弧及弧间盆地的存在已证明这一时期，东昆仑南坡已转换为活动大陆边缘，因此稳定型沉积可能代表了曾经存在于昆南洋或弧间盆地中的碳酸盐岩裂解块体（微地块、碳酸盐岩台地等）的残片，大面积稳性型沉积中陆源碎屑岩的缺乏是证据之一；其二是，本区弧后盆地下部的沉积序列中发育有一个重要的沉积单元——碳酸盐岩震积岩、碎屑流，其物源即为树维门科组，灰岩砾石中产有树维门科组的典型化石——单通道䗴便是主要证据之一。

本区树维门科组中产有 *Monodiexodina* 属（单通道䗴）为主的栖霞期冷温动物群，䗴是该构造单元的另一个特征。这一特征似暗示了东昆仑造山带东西具有差异性，冷温动物群的发现很容易联系到冈瓦纳。冈瓦纳相的主要标志是冰海相沉积、冷水动物群及舌羊齿植物群，仅以冷水动物的发现作为冈瓦纳相的判据是不充分的，尤其是冷水动物在生物区系的分析方面具有不确定性，但冷水动物的发现并非毫无意义，它至少可以说明这个裂解块体（树维门科组）中的一些动物与冈瓦纳本部的冷温水动物群是有联系的，应属冈瓦纳大陆北部边缘海，从这个意义上讲该裂解块体是亲冈瓦纳（或是羌塘）的。

马尔争组上岩段同样由大套灰岩组成，面貌与树维门科组相似，两者均是东昆仑南缘活动陆缘带内的稳定沉积建造类型，明显有别于该构造带内同时期其他类型的活动型沉积建造，因此马尔争组上岩段与树维门科组可能共同构成了裂解块体。该地层体以产 *Neoschwagerina* sp.，*Polydiexodina* sp. 等茅口期特提斯型暖水动物群为特征。由此可见裂解块体在栖霞期以前亲冈瓦纳，处于南半球中纬度地区，向北漂移，至茅口期到达低纬度（或赤道附近），成为古特提斯洋中的地块；另外一种可能的情况是马尔争组上岩段可能代表了苏鲁·彼得勒克·得亚晚古生代弧间盆地闭合时的残余海盆地。

7. 苏鲁·彼得勒克·得亚晚古生代弧间盆地（II_7）

该构造单元分布于测区中南部阿尔格山、博卡雷克塔格山主脊两侧，是测区内出露面积最大的一个二级构造单元。北与伯拉克拉克里二叠纪岛弧带、喀尔瓦裂解块体相接，南以昆南断裂为界与巴颜喀拉前陆盆地相邻。

本单元沉积建造主体为上古生界布青山群马尔争组中下岩段；马尔争组下段最下部为一套以发育鲍马序列 a、b 段为主的粗粒碎屑岩，夹有大小不等的灰岩透镜体及砾屑灰岩，为快速扩张作用下形成的震积岩、碳酸盐碎屑流沉积，规模较大的灰岩块体中含有丰富的䗴科化石，面貌与树维门科组相似，指示时代多为早中二叠世；下段上部碎屑岩夹基性熔岩，为一套砂板岩系，具复理石沉积特征，火山岩为岩性单一的枕状玄武岩，具岛弧拉斑玄武岩的特点，地层序列中由下到上基性熔岩喷发强度有增大的趋势，大规模的枕状玄武岩的产出是该地层体的一个重要的、特征性的标志之一，枕状玄武岩在测区西部苏鲁·彼得勒克河两岸分布规模最大，呈岩性单一的玄武岩岩片产出，与围岩均呈断层接触，其中取得了267±53Ma 的 Sm-Nd 等时线年龄值和 267.2±3.4Ma 的 Ar-Ar 法坪年龄值，指示时代无疑为中二叠世早期，测区东部玄武岩呈不稳定的夹层或透镜体产出于浊积岩相沉积地层中，东西两侧玄武岩具有一致的岩石地球化学组成。中段是砂板岩组成浊积岩相地层，岩性单一，产有典型深水相遗迹化石，对微体化石及孢粉的研究确定其为二叠纪中晚期。

大规模枕状玄武岩的出现容易联系到大洋中脊，在东昆仑东段布青山及阿尼玛卿山带和西部的木孜塔格北坡、黑顶山等地存在有这样的玄武岩，但该区的枕状玄武岩与它们在地质产状、岩石组合及岩石地球化学特征等方面有诸多的不同点，它们与浊积岩相沉积地层密切共生(整合)，缺乏其他相关蛇绿岩的组分，结合其他方面的证据可以初步确定其形成于并未扩张出洋中脊的弧(后)间盆地之中。

从上述建造层序特征分析，马尔争组下段为弧间盆地扩张阶段，岛弧拉斑玄武岩强烈喷发，但扩张并未形成洋壳便已停止，盆地被马尔争组中段巨厚的复理石地层充填，弧间盆地闭合。

本单元零星产出的侵入岩为早侏罗世阿尔喀单元，岩性为石英闪长岩，其中获得了 199.9±1.8Ma 的黑云母 Ar-Ar 法测年值。该单元属中钾钙碱性系列偏铝质岩石，来源于偏基性地壳物质的部分熔融，具有 I 型花岗岩的特征，岩石成因属壳型花岗岩，为早侏罗世昆南断裂强烈左行走滑背景下形成的剪切深熔型花岗岩组合。

(三) 松潘甘孜地块

区内该单元仅由一个二级构造单元构成，即巴颜喀拉前陆盆地($Ⅲ_1$)。此单元位于测区最南部，北以布喀达坂断裂(昆南断裂)与苏鲁·彼得勒克·得亚晚古生代弧后盆地接触。

本构造单元的沉积建造主要为上三叠统巴颜喀拉山群，为一套复理石建造，其岩性组合为灰、灰绿色变岩屑长石砂岩，粉砂岩，粉砂质板岩和碳质板岩，岩性较为单一，为一套较典型的浊积岩相复理石地层，砂岩的化学组成反映其物源来自于火山-岩浆弧。该带的一个重要特点是产出有中新世陆相火山岩，呈酸性熔岩被产出。在山间盆地发育有新近纪陆相碎屑岩建造。该区变质程度微弱，上三叠统巴颜喀拉山群仅达到低绿片岩相。构造变形较强烈，褶皱发育，断裂主要为脆性。

第三节 构造变形特征

一、主要断裂构造

(一) 昆南韧性剪切带(F_1)

以布喀达坂峰为界，分为东西两个条带(图 5-3)，两个条带在展布方向、出露宽度等方面具有不协调性。布喀达坂峰东部被北东向平移断层错开，总体沿 100°方向展布，南以昆南活动断裂(F_{115})为界与第四纪、古近纪—新近纪地层接触，北部渐变过渡为马尔争组中段砂板岩为主的地层体，剪切带出露宽度小于 2km；布喀达坂峰以西地区沿 310°方向展布，向西被第四纪松散堆积物及新生代火山岩覆盖而尖灭于巍雪山以东，剪切带出露较宽，达 8km。

1. 剪切带组成

昆南韧性剪切带的组成较为单一，为一套强烈韧性剪切变质、变形的碎屑岩，以Ⅱ8P_2 剖面(图 5-4)为代表，该剖面位于布喀达坂峰西部，选择了昆南韧性剪切带在该地区出露最宽的部位测制。剖面起点坐标：东经 90°37′03″，北纬 35°59′17″；终点坐标：东经 90°39′30″，北纬 36°02′23″。

青海省治多县布喀达坂峰西昆南韧性剪切带实测地质剖面，其层序描述如下：

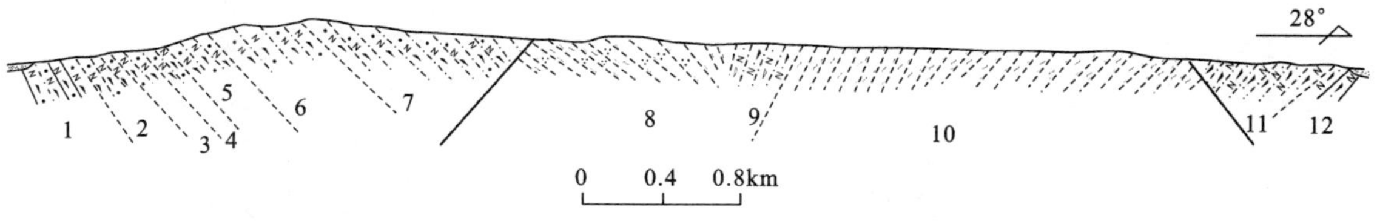

图 5-4　昆南构造变形带实测地质构造剖面图

晚更新世冲洪积砂砾石层

12. 浅灰绿色强劈理化变质不等粒岩屑长石砂岩夹板岩
11. 灰白色、青灰色眼球状砂岩质糜棱岩夹灰色千糜岩
10. 青灰色绿泥绢云母千糜岩夹浅灰绿色岩屑长石砂岩
9. 灰色眼球状砂岩质糜棱岩夹灰色石英绢云母千糜岩
8. 浅灰绿色石英绢云绿泥石千糜岩
7. 青灰色砂岩质糜棱岩夹浅灰绿色石英绢云绿泥石千糜岩、灰色含绿泥石绢云母千糜岩
6. 糜棱岩化岩屑长石砂岩夹含绿泥石绢云母千糜岩
5. 青灰色强劈理化变质不等粒长石岩屑杂砂岩夹深灰色薄层状粉砂质板岩
4. 浅灰绿色眼球状砂岩质糜棱岩
3. 灰绿色条纹条带状糜棱岩化岩屑长石砂岩夹灰色绢云千糜岩
2. 浅灰绿色砂岩质糜棱岩
1. 青灰色糜棱岩化中细粒岩屑长石砂岩夹绢云母千糜岩

该剖面主体岩性为一套中浅构造层次构造岩，夹弱变形的砂岩剪切透镜体。岩石可大致分为两类，一类为砂岩质构造岩，另一类为千糜岩，从残余的变余沉积组构分析原岩为一套以砂板岩为主的深水浊积岩系。

2. 构造变形

布喀达坂峰以东地区剪切面理总体南倾，产状为 190°～220°∠40°～60°，矿物拉伸线理产状为 305°∠40°；布喀达坂峰以西地区剪切面理展布具有规律性，以横切构造带的Ⅱ8P_2 剖面为代表(图 5-4)，即剪切带北部南西倾，产状为 175°～220°∠37°～80°，南部北东倾，产状为 20°～50°∠40°～60°，剖面上构成了一个“向形”构造，面理倾向北东时矿物拉伸线产状为 105°～155°∠2°～60°，平均值(6 个)为 128°∠21°，面理南西倾时矿物拉伸线理产状为 120°～178°∠30°～48°，平均值为 151°∠33°。

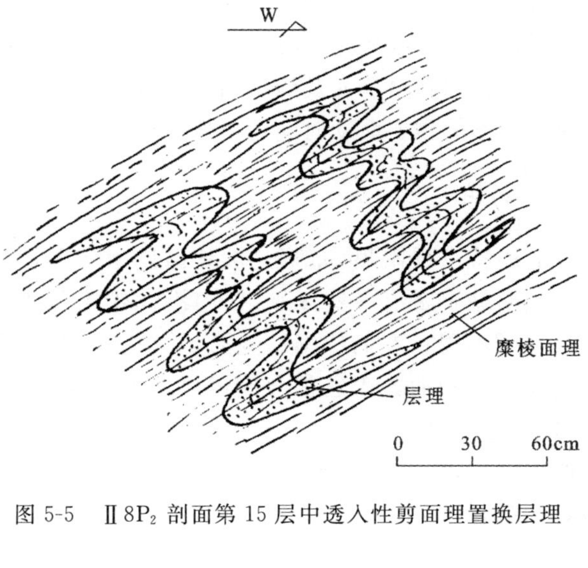

图 5-5　Ⅱ8P_2 剖面第 15 层中透入性剪面理置换层理

昆南韧性剪切带由于强烈的透入性面理置换作用，早期构造特征在其中难以识别，所收集到的形迹资料主要反映了两次变形事件的产物：

1）透入性剪切面理形成阶段(主期变形)

主期变形形成透入性剪切面理 S_1(图 5-5)，

这些面理构造、线理构造及变形组构在露头域、显微域均较易识别(图 5-6、图 5-7),这些特征反映出剪切方向为逆-左行平移。

从剪切带新生矿物组合(第四章)分析,本次变形是在低绿片岩相条件下发生的。

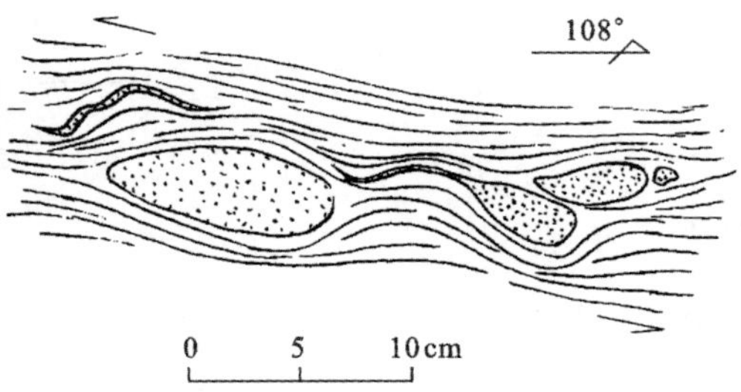

图 5-6　剪切带中"σ"型碎斑及剪切褶皱
(据 8408 点照片素描 XZ 面)

图 5-7　剪切带中的剪切褶皱
(据 8108 点 X′Z′面)

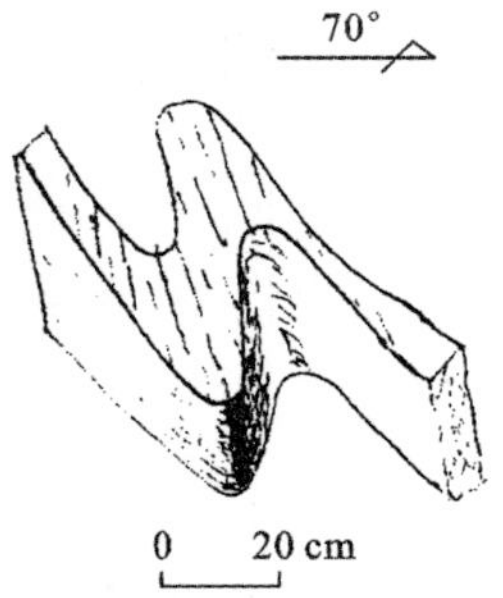

图 5-8　昆南韧性剪切带中的顶厚褶皱
(据布喀达坂峰西照片素描)

2) 以 S_1 为变形面的左行走滑

昆南韧性剪切带内十分发育一组以剪切面理 S_1 为变形面的小规模层间滑动褶皱构造,褶皱形态如图 5-8 所示,构造要素具规律性,面理北东倾时,枢纽产状为:300°～340°∠25°～40°,平均值(8 个)320°∠36°,面理南西倾时,枢纽产状为:260°～285°∠18°～40°,平均值(5 个)269°∠30°。这些特征反映这次变形同样为逆-左行平移。

本次变形的运动学特点与第一次变形是一致的,不同点在于构造层次变浅,这说明昆南韧性剪切带的这两次变形可能为一连续过程,即同一动力学背景下在地壳抬升过程中的递进变形。

3. 变形时代

1∶25 万可可西里湖幅区调在布喀达坂峰西部(与本区接壤地带)昆南韧性剪切带进行构造热年代学研究时,分别在千糜岩和绢云(构造)千枚岩中测年,测年对象均为绢云母,绢云母是昆南韧性剪切带中较易获得的同构造新生变质矿物,在千糜岩中获得的绢云母 ^{39}Ar-^{40}Ar 坪年龄为 237.30±0.25Ma,在绢云(构造)千枚岩中获得的绢云母 ^{39}Ar-^{40}Ar 坪年龄为 234.50±0.42 Ma,因此区内昆南韧性剪切带的主期活动时间是中三叠世晚期;从产出于昆南韧性剪切带内及其附近的早侏罗世阿尔喀单元及巍雪山单元剪切深熔型花岗岩组合的产出可间接判断出昆南韧性剪切带第二次递进变形的主要活动时间为早侏罗世。

4. 讨论

上述特点反映出,布喀达坂地区昆南变形带与其西部木孜塔格北坡黑顶山缝合带及东部布青山等地昆南缝合带有一些区别,区内沿此带未见蛇绿岩等洋陆转换的残迹,这一现象并不构成该地区"昆南洋"不曾存在的依据。地质历史时期内,地质作用的产物不可能被完全保存下来,后期的构造耗损及沉积物的覆盖通常会掩盖早期的地质遗迹,昆南缝合带就具有这种特点,在大部分地区它表现出了"隐伏"缝合带的特点,所保留的多是后期构造作用的痕迹,尤其是印支期碰撞及陆内叠覆造山作用的痕迹。但该带却构成了松潘-甘孜地块与东昆南活动陆缘带的分界线,因此也可将其称之为隐伏缝合带。

（二）昆中韧性剪切带（F_2）

昆中韧性剪切带是昆中断裂带的主体，昆中断裂带内后期叠加脆性断裂十分发育，并在东昆仑造山带的一些地区成为该断裂带的主体，但从区域构造上考虑，昆中韧性剪切带更具意义，尤其是包含有蛇绿岩组分（或镁铁-超镁铁质岩）的规模巨大的韧性变形带应当是真正区域意义上的昆中断裂（板块分界断裂的地表露头），尽管后期大量脆性断层的叠加改造、沉积物的覆盖、岩浆的吞噬，经常使之支离破碎、面目全非；甚至是围限昆中韧性剪切带的脆性断裂经常在某一地区构成板块分界断裂，如本区 F_{35}、F_{30}、F_{58}脆性断层共同构成了东昆中微陆块的南部边界，但它们并不代表区域意义的深大断裂，这一部分断裂构造将在后面部分作介绍。

昆中韧性剪切带区内西起库勒布颜·萨依，南西西方向经吐木勒克后被第四系覆盖或被后期侵入岩吞噬，至克其克孜苏一带呈狭窄带状近东西向展布。为便于讨论，本书分为东西两段分析。

1. 西部吐木勒克一带

吐木勒克地区出露最宽，北部以 F_{32}断裂与晚二叠世求勉雷克塔格超单元接触，南部以 F_{37}断裂与晚泥盆世库鲁克彼捷里克塔格超单元接触。以 F_{35}断裂为界，剪切带南北两侧的特点有一定不同之处，分别讨论。

1）北亚带（即构造蛇绿混杂岩带）

以Ⅱ$1P_1$ 剖面为代表（图 2-6），混杂岩岩性成分有玄武岩、辉绿岩、硅质岩等，变形不均一，作为蛇绿岩组分的辉绿岩、玄武岩大多变形较弱，呈刚性构造块产于剪切带中，而作为基质的碎屑岩、碳酸盐岩和少量玄武岩则变形较强，变质变形为糜棱岩、糜棱片岩、千糜岩等；碳酸盐岩呈构造透镜体产出，规模大小不等，相差悬殊，在横向上常呈串珠状。

剪切面理总体走向北西向，倾向以北东为主，倾角较陡，为 50°～85°，部分地段南西倾；剪切面理产状的变化可能与岩石组合有关，混杂岩主体成分为相对易于韧性流变的灰岩及能干性相对较强、韧性变形能力相对较弱的基性火成岩组成，强变形的钙质糜棱岩总是围绕不同规模的基性岩块流动，造成面理展布规律在平面上形似网结状，剖面上面理倾向有时缺乏明显的极性，另外后期断裂及褶皱作用的叠加也进一步造成了该剪切带面理时空展布的复杂化。从露头域（图 5-9）、显微域（图 5-10）收集到的变形组构分析为右行平移-逆韧性剪切带。从构造岩中变质变形矿物特征分析，韧性剪切变质程度为低绿片岩相，项目组在混杂岩中发现了蓝闪钠长方解石片岩等高压低温变质环境中形成的蓝闪绿片岩相变质岩石，说明该韧性剪切带具有俯冲带型变质作用的特点，因此该剪切带代表古俯冲带。

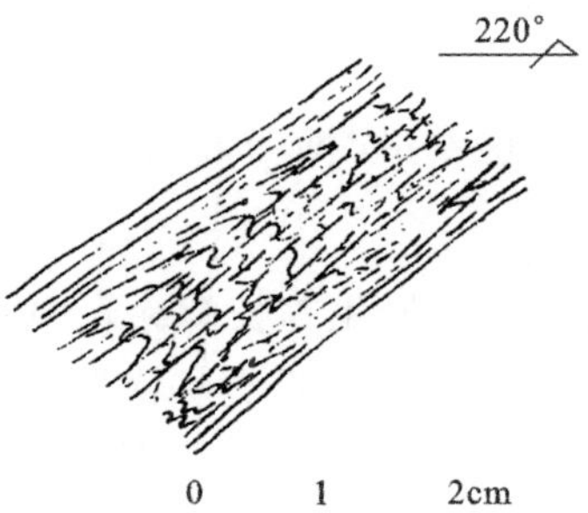

图 5-9　1114 点糜棱岩中的剪切褶皱

（枢纽产状：90°∠24°）

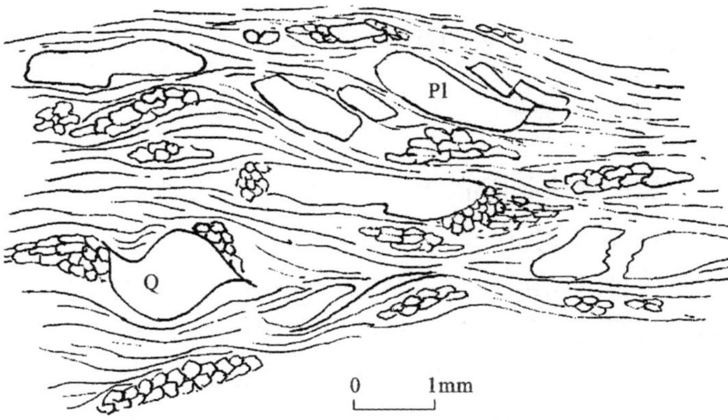

图 5-10　显微镜下碎斑系及旋转应变 XZ 面

（Ⅱ$1P_1$ 剖面第 5 层显微素描，面理：55°∠50°，线理：150°∠35°）

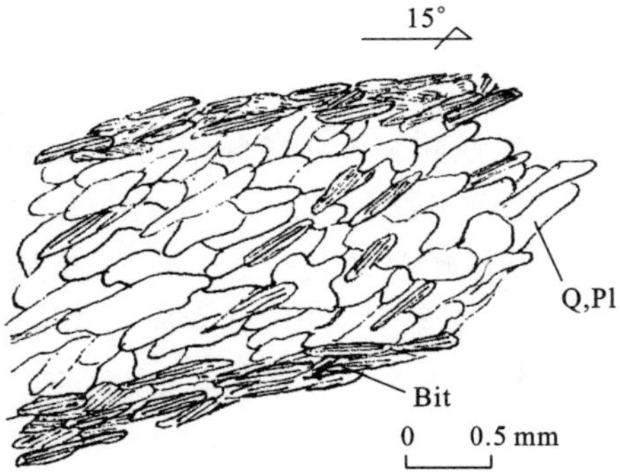

图 5-11　1109 点糜棱岩中的显微 S-C 组构（XZ 面）

2）南亚带

岩石组合以白沙河岩组（剪切透镜体）中深变质岩、长英质糜棱岩为主，次含有少量辉长岩、辉长辉绿岩（剪切透镜体），该带中的白沙河岩组为俯冲碰撞造山作用中卷入到昆中韧性变形带内的结晶基底岩块。南亚带的变形过程较为复杂，可以认别出两期。

（1）高绿片岩相韧性剪切变质变形：由变晶糜棱岩系组成，糜棱面理产状为 200°～260°∠55°～70°，拉伸线理产状 200°∠65°，显微构造特点为 XZ 切面定向性十分明显，指向韧性组构（图 5-11）显示为逆冲的特点；YZ 面上定向性不明显。该类构造岩石动态重结晶十分强烈，矿物颗粒相对粗一些，定向变质矿物（主动矿物）组合主要有 Bit＋Pl＋Q、Hb＋Pl（?）等，显示了中高绿片岩相变质变形的环境。

（2）低绿片岩相韧性剪切带：叠加于高绿片岩相韧性剪切带之上，为南亚带的主体，由不同类型糜棱岩组成，剪切面理走向总体为北东-南西向，倾向北东为主，倾角较陡，一般为 60°左右；少量为南西倾，拉伸线理倾伏向为 90°～130°，倾角 23°～55°。显微构造特点为 XZ 面上定向性十分明显，具明显的指向组构造（图 5-12、图 5-13），YZ 南上定向性不明显，实际剪切方向为逆-右行平移。

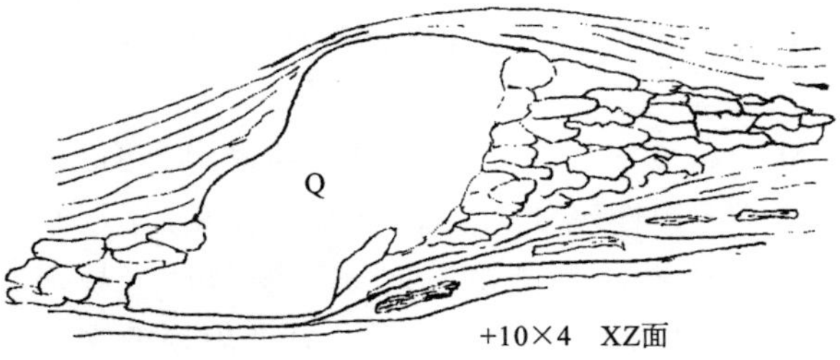

图 5-12　糜棱岩中的“σ”型碎斑

（1109 点显微素描，面理：75°∠60°，线理：130°∠40°）

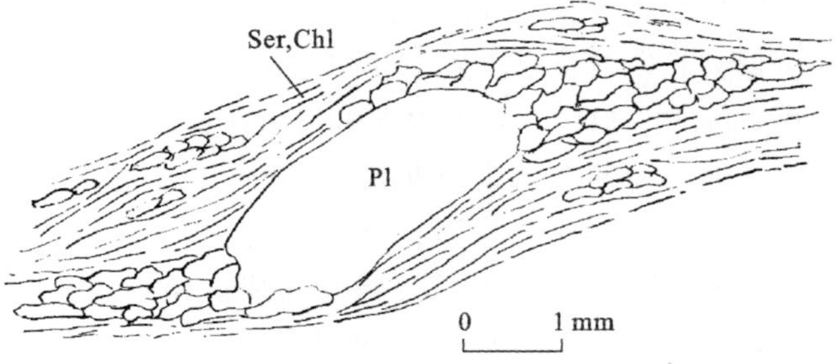

图 5-13　糜棱岩中的“σ”型碎斑 XZ 面

（1109 点显微素描，面理：150°∠55°，线理：90°∠35°）

2. 东部克其克孜苏一带

剪切带在克其克孜苏东部一带构成了库鲁克彼捷里克塔格构造岩浆岩带与早古生代克其克孜苏弧前盆地的分界线，剪切面理产状为 15°∠50°。

3. 变形时代

昆中韧性剪切带经历了复杂的构造变形史，本区已有的资料显示其至少经历了两期重要的变形。

1）晚奥陶世

项目组在昆中韧性剪切带南亚带中进行构造热年代学研究工作，选取糜棱岩化辉长辉绿岩中的辉石作为测试对象。辉石已完全变质为次闪石等角闪石类矿物，呈假象存在，这些角闪石类矿物为韧性剪切变质变形的新生矿物，Ar-Ar 法测试成果如图 5-14 所示。年龄图谱中显示了两个坪，一个是 444.5±1.5Ma，说明昆中韧性剪切带的主期变质变形时期为晚奥陶世，这次韧性剪切变形性质具逆冲特点，运动学方向总体上是由南向北的俯冲。在昆中韧性剪切带北亚带吐木勒克构造蛇绿混杂岩带中发现了青铝闪石等高压变质矿物痕迹，显示了俯冲带变质作用的存在，因此该年龄值同时直接证明了古昆中洋于晚奥陶世即已开始强烈俯冲消减。

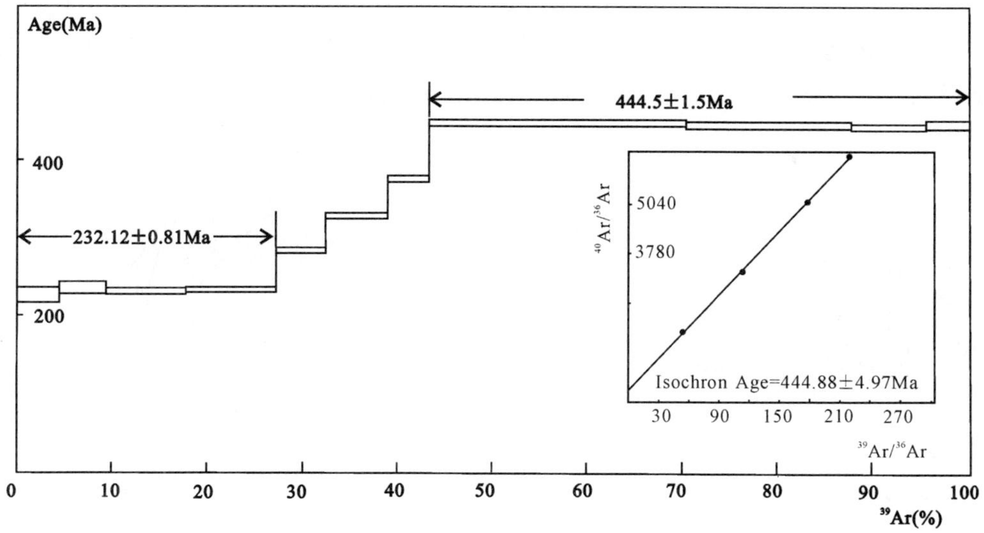

图 5-14 辉长辉绿岩角闪岩 Ar-Ar 坪年龄和等时线年龄

2）中三叠世晚期

图 5-14 中，相对低温的坪年龄值是 232.12±0.81Ma，说明昆中韧性剪切带在中三叠世晚期又一次强烈活动，从前述韧性变形组构分析，该期韧性变形发生于低绿片岩相条件下，运动学方向为逆-右行平移。

在东部克其克孜苏一带剪切带切割了晚二叠世求勉雷克塔格超单元，这也是昆中韧性剪切带在印支期活动的一个证据，这些地区昆中韧性剪切带仅代表其中三叠世晚期的活动，早期的特征没有保存下来。

（三）库鲁·彼得勒克·得亚韧性剪切带（F_3）

剪切带分布于库鲁·彼得勒克·得亚北部，北西西向展布，区内出露最大宽度为 5000m，延伸长度为 10 000m。卷入该剪切带的地质体主要为哈拉巴依沟组，其次为白沙河岩组及晚泥盆世库鲁克彼捷里克塔格超单元。

1. 构造变形

该剪切带的变质变形过程十分复杂，所收集到的韧性变形资料主要代表末期构造变形的特点，从镜下矿物的生长及其与面理的关系，大致可以判断该剪切带经历了以下几次构造热事件。

1）韧性变形

形迹保留甚少，见于Ⅱ$1P_2$ 剖面的个别薄片中，如图 5-15 所示，在强烈的热接触变质作用前，存在一期韧性剪切变质变形事件，代表该期变质残余的变质矿物共组合为：Bit＋Pl＋Q，反映出了绿片岩相的变形环境，该期韧性变形作用的运动学特点已无法确定。

2）热接触变质

十分强烈，变质作用程度可达角闪角岩相，先期韧性剪切变形形迹已被吞噬殆尽。图 5-15 反映出具筛状变晶结构的角岩中堇青石生长过程中吞噬了早期剪切面理及定向矿物。

图 5-15 堇青石二云母片岩堇青石、黑云母变斑晶生长以前存在的韧性变形组构
（据Ⅱ$1P_2$ 剖面第 22 层显微素描）

3）韧性变形

代表该剪切带的主期变形，显微域所显示的证据证明早期热接触变质作用形成的角岩类变质岩石进一步强烈韧性剪切

变形（图 5-16），代表该期变形的主要变质矿物组合为 Mus＋Pl＋Chl＋Q，反映其变形环境为低绿片岩相。该期变形剪切面理走向为北北西向，总体倾向北东，倾角较陡，为 50°～80°，从图 5-17 显示的剪切褶皱的特征，结合面理、线理产状特点分析该期变形所显示剪切运动方向为右行平移-逆韧性剪切。

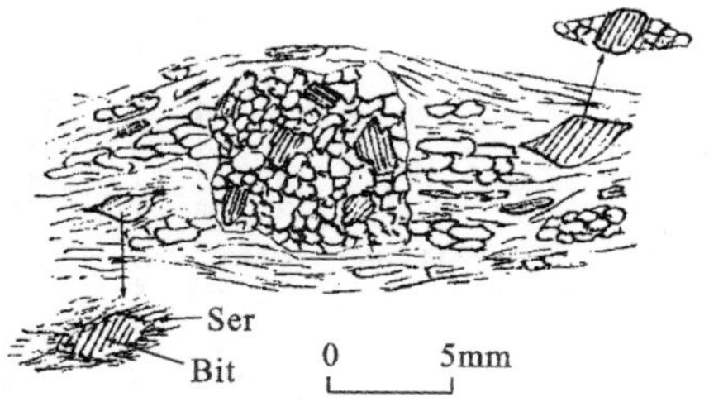

图 5-16 糜棱片岩中角岩残斑
（据Ⅱ1P₂ 剖面第 22 层显微素描）

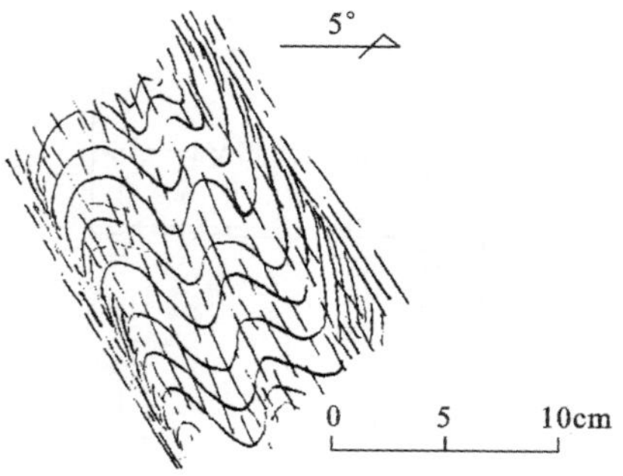

图 5-17 剪切褶皱
（据Ⅱ1P₂ 剖面照片素描；
枢纽：318°∠25°；轴面：55°∠40°）

2. 变形期次

以卷入到剪切带中的晚泥盆世库鲁克彼捷里克塔格超单元为指针，不难大致确定出这三次构造热事件的时代，分别为：

（1）加里东期末，韧性剪切变质变形，可与昆中韧性剪切带内的第一期变形相对应。

（2）早海西期，热接触变质作用。

（3）晚海西—早印支期，北北东倾向逆韧性剪切变质变形。

（四）那陵格勒韧性剪带（F_4）

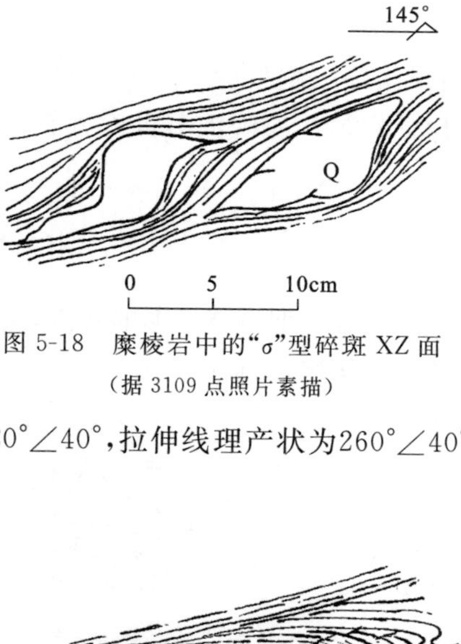

图 5-18 糜棱岩中的“σ”型碎斑 XZ 面
（据 3109 点照片素描）

分布于那陵格勒河两岸，空间展布上可以分为两支，北支分布于喀雅克登塔格西南缘，北西侧出图，南东方向大部分被新生代沉积物覆盖，至那陵格勒河南部亚门涛鲁埃一带再度出露，东延出图，总体呈一北西-南东向延伸的条带状，最大出露宽度约 2km，区内延伸长度约 45km。卷入剪切带的地层体为滩间山群碳酸盐岩组，岩性为片状灰岩、糜棱岩化大理岩。喀雅克登塔格西南缘剪切面理产状为 230°～240°∠30°～60°，矿物拉伸线理产状为 150°∠34°，韧性剪切变形形迹群特征（图 5-18、图 5-19）显示右行平移的特点。亚门涛鲁埃北侧条带状钙质糜棱岩剪切面理产状为 220°∠40°，拉伸线理产状为260°∠40°，剖面上韧性变形组构（图 5-20）特征显示了正滑的特点。

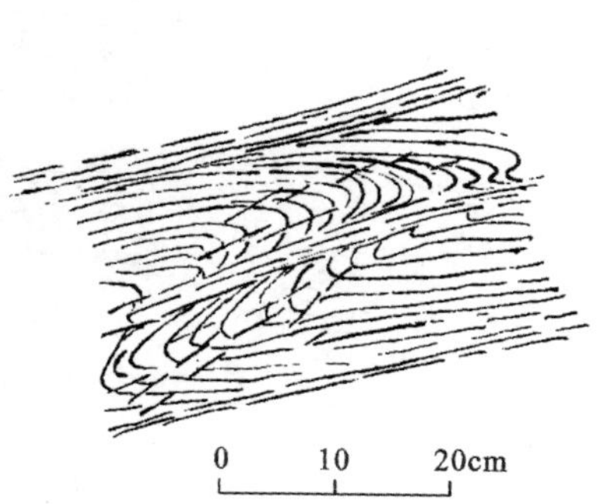

图 5-19 3109 点钙质糜棱岩中的剪切褶皱
（枢纽：146°∠60°；轴面：55°∠70°；
面理：75°∠70°）

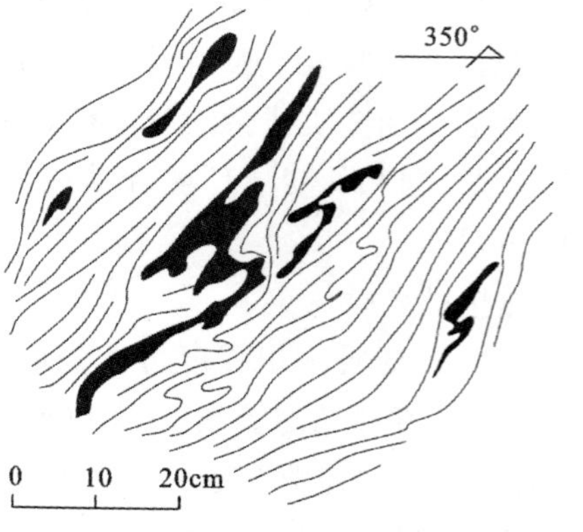

图 5-20 3105 点钙质糜棱岩中的剪切褶皱
（据照片素描）

南支出露于卡而却卡一带，受后期岩浆作用的改造，剪切带及其卷入其中的地层体(滩间山群)呈不规则的块状体产出于海西—印支期花岗岩中，韧性剪切变形作用并未波及围岩，剪切面理的走向与北带不同，走向一般为 130°～160°，北东倾，倾角为 50°～70°，从韧性剪切形迹群分析(图 5-21、图 5-22)，剪切带显示右行平移的特点。

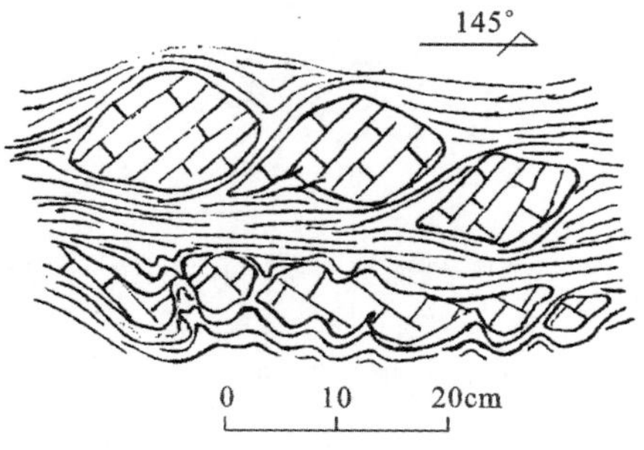

图 5-21　钙质糜棱岩中的石香肠及多米诺骨牌
(据Ⅱ3P_1 剖面第 5 层素描)

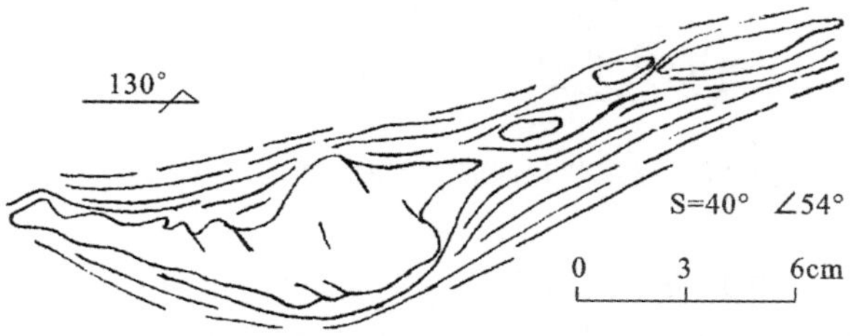

图 5-22　钙质糜棱岩中的旋转碎斑系
(据Ⅱ3P_3 剖面第 8 层照片素描)

综合分析，那陵格勒韧性剪切带实际剪切方向为正-右行平移韧性剪切带。

海西—印支期花岗岩广泛侵入于那陵格勒韧性剪切带中，因此那陵格勒韧性剪切带形成的时代无疑为加里东期末期。

剪切带内构造岩中同构造变质矿物主要是绢云母、绿泥石、动态重结晶石英等，因此那陵格勒韧性剪切变质作用程度为低绿片岩相，即中浅部构造层次。

那陵格勒韧性剪切带在空间上似构成祁漫塔格山脉与南部昆仑山的分界线，其中含有一些镁铁质岩石，可能为扩张环境的产物，但该套地质体在区内分布极其稀少，区域上延伸情况及地质特点尚不清楚，因此其区域构造意义尚无法明确定论。该剪切带具正-右行平移韧性变形的特点，似说明加里东末期，本区存在一次较强烈的伸展构造。

(五) 喀雅克登塔格韧性剪切带(F_{116})

分布于喀雅克登塔格山脉西南坡，北西-南东向延伸，多被后期岩浆侵入及断层改造。该剪切带产出具有专属性，即仅发育于前寒武纪地质体中，涉及地层单位为白沙河岩组、阿克却哈眼球状片麻岩体；相似的剪切带在吐木勒克等地也有少量发现，但那些地区前寒武纪地质体分布更为零星、破碎，剪切带出露规模小，且构造面向、运动学特征无规律可循，所收集到的变形资料无明确地质意义，故不详述。

1. 剪切带组成

剪切带主要由各种变晶糜棱岩系构造岩组成，原岩主要为阿克却哈眼球状片麻岩体的二长片麻岩及金水口岩群中的各类变质岩组成，以前者为主。

2. 变形特征及变形环境

从Ⅱ3P_5 剖面(图 2-1)收集到的韧性变形资料分析，剪切面理倾向为 220°～235°，由微斜长石、石英等组成的矿物拉伸及生长线理倾伏向为 175°～190°，倾伏角为 30°～35°，剪切带内韧性变形组构发育，主要有旋转碎斑(图 5-23)、剪切褶皱(图 5-24)等，结合剪切面理及矿物生长线理、拉伸线理的产状特征，不难分析出实际剪切方向为右行-逆韧性剪切变形。

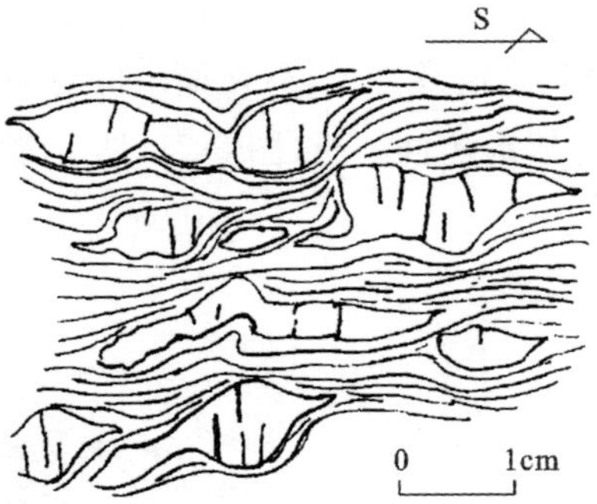

图 5-23 眼球状片麻岩中钾长岩的变形特点

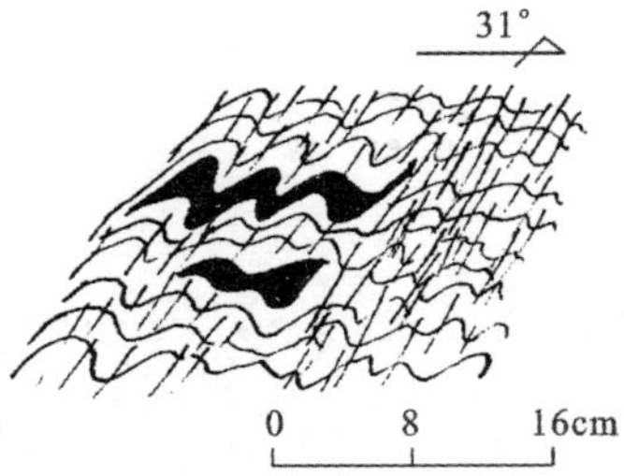

图 5-24 Ⅱ3P_5 剖面第 5 层片麻岩中的剪切褶皱

该剪切带构造岩均由变晶糜棱岩系组成，显微镜下的动态重结晶作用非常强烈，压碎粒化作用与动态重结晶作用同时进行，变余糜棱结构的基质部分已明显动态重结晶长大，总体上粒度较粗。岩石特征与低级变质环境中构造岩的特征明显不同，而与区域变质岩接近，区别标志主要是强的面理化及变余韧性变形组构，动态重结晶矿物通常为矩形状、云朵状或长条状透镜状多晶条带，变质重结晶矿物主要有斜长石、石英、黑云母及少量角闪石，反映其变形环境至少为高绿片岩相。

3. 时代分析

韧性剪切带切割的最新地质体为新元古代阿克却哈眼球状片麻岩体，新元古代之后测区地质体变质程度均在高绿片岩条件下，因此可推断该次韧性剪切变质变形时代在新元古代末期。

喀雅克登塔格韧性剪切带是晋宁期构造作用产物，其运动学特点说明该时期测区可能存在一次由南西向北东方向的逆冲构造事件。

二、其他断裂构造

（一）喀雅克登塔格北西西向断裂组

断裂组位于图幅东北部喀雅克登塔格山脉南部、那陵格勒河北部一带，发育在东昆中微陆块北部喀雅克登塔格构造岩浆岩带内，切割地质体主要为早泥盆世喀雅克登塔格超单元、中泥盆世巴音郭勒辉长岩、早侏罗世坎皮北单元、滩间山群等；由 F_5—F_{11} 6 条平行的北西西向断层组成（表 5-1），倾向北北东，且均为逆断层，其中 F_{10} 构成山前边界断层，证明该组断裂部分在新生代复活，构成新生代控盆断裂，从断层切割地质体的情况来看，该组断层主期活动时期可能为海西—印支期，新生代阶段部分断层复活（F_{10}）。

表 5-1 喀雅克登塔格断裂组特征一览表

编号	走向	倾向	倾角	长度(km)	断层特征
F_5	110°	20°	45°～50°	19	切割早泥盆世喀雅克登塔格超单元、中泥盆世巴音郭勒辉长岩、金水口岩群，破碎带宽约 20～50m，产碎裂岩、断层泥等，擦痕线理发育，产状：10°∠47°，构造透镜体最大扁平面产状：60°∠30°，断层性质为右行平移-逆断层，脆性
F_6	105°	198°	40°	16	切割金水口岩群，早侏罗世坎皮北单元，破碎带宽约 30～50m，产碎裂岩、断层泥等，擦痕线理产状：220°∠41°，断层性质为逆断层，脆性
F_7	140°	50°	37°	13	切割早泥盆世喀雅克登塔格超单元，金水口岩群等，破碎带宽约 10～20km，产碎裂岩、断层泥等，发育石英脉，局部具轻度铜矿化，断层性质为逆断层，脆性

续表 5-1

编号	走向	倾向	倾角	长度(km)	断层特征
F_8	120°	30°	55°～60°	17	切割早泥盆世喀雅克登塔格超单元、早侏罗世坎皮北单元及白沙河岩组，产碎裂岩、断层泥等，逆断层，脆性
F_9	120°	30°	38°	15	切割早侏罗世坎皮北单元，构成白沙河岩组与滩间山群的分界线，并叠加于那陵格勒韧性剪切带(F_4)之上，产碎裂岩、断层泥等，逆断层，脆性
F_{10}	130°	40°		9	控制了基岩与山前冲洪积扇的界线，影像及地貌标志清楚，逆断层，脆性
F_{11}	320°	40°		3	两端被 F_8、F_9 切断，为二者的次级断层，逆断层，脆性

（二）求勉雷克塔格北西西向断裂组

断裂组位于那陵格勒河谷南部及库鲁·彼得勒克·得亚河谷以北地区。该断裂组发育在东昆仑微陆块南部莫斯图构造岩浆岩带、东昆南活动陆缘带中的库鲁克彼捷里克塔格构造岩浆岩带、克其克孜苏弧前盆地、并叠加于昆中韧性剪切带之上；北西西走向为主，断面倾向以北北东向为主，该组断裂被北东走向平移断层切割，与喀雅克登塔格断裂组的区别是该组断裂明显具有多期活动的特点。各断裂特征列于表 5-2 中，可以看出，昆中韧性剪切带(昆中构造蛇绿混杂岩带)被该组断裂强烈改造，使其成为被后期脆性断裂切割或围限的构造残块，其中 F_{30}、F_{32}、F_{58} 构成昆中断裂带的北界断层，并以此作为一级构造单元的划分性断层，即东昆中微陆块的南部边界断层，F_{37} 构成该断裂带的南部边界断裂。从地质体的相互接触关系及其同位素测年资料，可初步判断该组断裂的主要活动期有以下几期。

表 5-2 求勉雷克塔格北西西向断裂组断层特征一览表

编号	走向	倾向	倾角	长度(km)	断层特征
F_{13}	105°	25°	65°	18	切割晚三叠世那陵格勒超单元、晚二叠世求勉雷克塔格超单元，被 F_{19} 左行平移断层切割，破碎带内产绢英岩、碎裂岩，逆断层，脆性
F_{14}	290°	200°	60°～70°	13.7	构成晚三叠世那陵格勒超单元、晚二叠世求勉雷克塔格超单元的分界线，东端被 F_{22} 脆性断层切割，破碎带宽约 10m，产碎裂岩，南盘花岗岩中发育密集的间隔劈理，产状：210°∠80°，镜面产状：217°∠73°，擦痕线理近水平，左行平移断层，脆性
F_{15}	125°	35°	50°～60°	12.5	切割晚二叠世求勉雷克塔格超单元，东端被 F_{22} 左行平移断层截切，破碎带宽约 200～300m，产碎裂岩，逆断层，脆性
F_{16}	295°	15°	35°～45°	7.6	切割晚二叠世求勉雷克塔格超单元，东端被 F_{19} 左行平移断层截切，破碎带内产碎裂岩，右行平移断层，脆性
F_{17}	320°	50°	40°	4.3	叠加于那陵格勒韧性剪切带之上，北西方向穿过那陵格勒河谷地区可能与 F_8 相连，破碎带内产角砾岩、碎裂岩并产出一铁矿点
F_{18}	280°	10°	40°～50°	17.5	切割晚三叠世那陵格勒超单元、白沙河岩组，破碎带宽约 5～10m，产角砾岩、碎裂岩，附近花岗岩中发育间隔性劈理，产状：5°∠18°，逆断层
F_{23}	310°	220°	65°	9.5	东端被左行平移断层截切，破碎带内产碎裂岩，断层性质不明
F_{28}	140°	50°	40°	16.3	切割晚三叠世那陵格勒超单元，破碎带宽约 30～40m，产角砾岩等，具褐铁矿化，两侧花岗岩中产 50m 的劈理化带，产状：50°∠30°，脆性，逆断层

续表 5-2

编号	走向	倾向	倾角	长度(km)	断层特征
F_{29}	110°	200°		12	构成晚三叠世那陵格勒超单元与白沙河岩组分界线,东段被一组北东向走滑断层切割,破碎带宽约 5～10m,产角砾岩、碎裂岩、断层泥,逆断层,脆性
F_{30}	123°	33°	60°	6.3	构成白沙河岩组与八宝山组的界线,破碎带宽约 4m,产碎裂岩、断层泥,下盘砂岩中具 70m 宽的间隔性劈理化带,劈理产状为 33°∠60°,断层向西可能与 F_{32} 相连
F_{32}	140°	50°	60°	8.5	构成吐木勒克构造蛇绿混杂岩的北界断裂,因此作为东昆中微陆块的南界断层,破碎带宽约 5～10m,产碎裂岩,擦痕线理产状 320°∠25°,北侧二长花岗岩具韧性变形特征,产糜棱岩化二长花岗岩,逆断层,韧脆性
F_{33}	115°	25°	49°	3.8	发育于昆中韧性剪切带内的一条断层,破碎带宽约 5～10m,产碎裂岩,具强的褐铁矿化、帘石化,两侧岩石发育密集间隔劈理,右行平移-逆断层,脆性
F_{34}	140°	50°	50°	6.3	发育于昆中韧性剪切带内的一条断层,破碎带宽约 5m,影像及地貌标志清楚,产糜棱岩、碎裂岩,镜面产状:200°∠50°,擦痕线理近水平,阶步示左行,左行平移-逆断层,韧脆性
F_{35}	130°	40°	35°	16.3	吐木勒克构造蛇绿混杂岩的南界断层,叠加于韧性剪切带之上,糜棱岩碎裂岩化,逆断层,脆性
F_{36}	130°	40°	50°	7	叠加于昆中韧性剪切带内的一条次级断裂,影像及地貌标志明显,右行平移-逆断层,韧脆性
F_{37}	118°	28°	42°	16.3	昆中韧性剪切带的南界断层,破碎带宽 30m,产碎粒岩、碎斑岩、断层泥、断层角砾岩,南侧花岗岩中发育密集的间隔性劈理,产状:25°∠60°,擦痕线理及阶步显示逆冲的特点,逆断层,脆性
F_{41}	30C°	30°	50°	25	切割库鲁克彼捷里克塔格超单元及哈拉巴依沟组,破碎带宽约 200m,产角砾岩、碎裂岩,具高岭土化、褐铁矿化,逆断层,脆性
F_{42}	300°	30°	50°	28	切割库鲁克彼捷里克塔格超单元及哈拉巴依沟组,破碎带宽约 20m,产碎裂岩、角砾岩,具钾化、绿泥石化,镜面产状:25°∠68°,擦痕线理产状:50°∠50°,下盘花岗岩中见一组北东倾向的间隔劈理,逆断层,脆性
F_{43}	98°	8°	65°	11.3	影像及地貌标志清楚,下盘岩体中发育一组间隔性劈理,产状:20°∠65°,逆断层,脆性,是 F_{42} 的次级断层
F_{44}	110°	20°	50°	10	破碎带宽 100m,产碎裂岩、角砾岩等,擦痕线理产状为 97°∠36°,左行平移-逆断层,韧脆性
F_{45}	300°	30°	60°～70°	30	切割库鲁·彼得勒克·得亚韧性剪切带,破碎带宽约 20m,见角砾岩、碎裂岩、断层泥,具褐铁矿化、发育石英脉,断层镜面产状:30°～40°∠60°～70°,沿断层带产出铜矿化点一个,右行平移-逆断层,脆性
F_{46}	130°	40°	65°	6.3	影像及地貌标志清楚,破碎带约 50m,由碎裂花岗质岩石构成,钾化强烈,逆断层,脆性
F_{47}	130°	40°	55°～65°	12.5	八宝山组覆盖其上,沿破碎带有钾长细晶岩脉贯入,性质及产状不明
F_{48}	115°	25°	48°	3.8	北侧上盘闪长岩发育密集的间隔劈理,产状:5°∠48°,破碎带宽约 10m,产碎粒岩、断层泥、碎斑岩,逆断层,脆性
F_{49}	106°	16°	60°	38.8	切割库鲁克彼捷里克塔格超单元及哈拉巴依沟组,见宽约 5～10m 的断层破碎带,产断层泥、角砾岩,具褐铁矿化,断层被一系列北东向左行平移断层错断,逆断层,脆性

续表 5-2

编号	走向	倾向	倾角	长度(km)	断层特征
F_{53}	115°	25°	60°	31.3	切割哈拉巴依沟组及早泥盆世塔鹤托坂日组合，破碎带宽约60m，由断层泥、碎裂岩等组成，断裂南部产金矿化点一个，地貌及影像特征清楚，覆盖大，其他特征不详，逆断层，脆性
F_{54}	118°	28°	40°	6.3	破碎带宽约10m，产碎裂岩，擦痕线理产状:25°∠40°，逆断层，脆性
F_{55}	135°	45°	60°	10.5	破碎带宽约2～5m，产碎裂岩，沿断层水系具规律性拐弯，逆断层，脆性
F_{58}	115°	25°	50°～60°	60	东昆中微陆块的南界断层，同时构成八宝山组的北界断层，为向南凸起的弧形断裂，形成一系列南东东向延伸的断层三角面，河流规律性肘状拐弯，破碎带宽约20～50m，产碎裂岩、角砾岩，左行平移-逆断层，脆性
F_{59}	290°	20°	50°	22.5	构成八宝山组的南部边界，北侧上部片麻岩中发育一组密集的间隔劈理，逆断层，脆性

1. 海西期—晚印支期(P_3—T_2)

断面北北东倾向为主，主要为逆断层，以脆性为主，部分为韧脆性；求勉雷克塔格北北西向断裂组的这次活动具有重要意义，晚二叠世—中三叠世时期，它与北部的喀雅克登塔格北西西向断裂组强烈影响和制约着东昆仑造山的地质演化，因为它的存在说明东昆仑造山带的核部在该时期存在一次向南的强烈逆掩过程。

2. 燕山期(J_2—K)

断面北北东倾向为主，以逆断层为主，部分略具右行平移的特点，从塔鹤托坂日一带狭长带状展布的八宝山盆地的特点来看，本次断裂作用所反映出来的地壳缩短量是非常大的，所以该组断裂在本时期的继承性活动一方面使区内两个伸展型晚三叠世(可能延续到早侏罗世)盆地结束沉积并强烈褶皱，另一方面使东昆仑造山带在中侏罗世—晚白垩世晚期处于持续的隆升剥蚀期。

3. 喜马拉雅期Ⅰ幕

该组断裂部分复活，与北东向平移断层共同构成新生代三角形拉分盆地的边界断层，并控制着新近纪—古近纪红色盆地。

4. 喜马拉雅期Ⅲ幕

复活的断层组在近南北向持续挤压应力的作用下均转变为压性逆断层，新生代沉积盆地收缩变形。

(三) 苏鲁·彼得勒克·得亚北北西向断裂组

分布于库鲁·彼得勒克·得亚南部地区，北北西向延伸，南倾为主(表5-3)。该组断裂发育于东昆南活动陆缘带，切割的地层体主要是不同类型的石炭纪—二叠纪地层。北部喀尔瓦一带多呈低角度逆冲断层，平面上构成向北凸起的弧形，这组断层也切割了喀尔瓦逆冲推覆构造；南部发育在二叠纪砂板岩中，与这一地区发育的线性褶皱组共同构成褶断式构造组合，这与前述的各断裂组有一定的区别，它们构成了断夹片式的构造组合样式，这主要与岩石组合密切相关，即北部以花岗岩为主的均质体及以块层状灰岩为主的地层体中褶皱构造不发育，应力的释放及南北向的缩短量是通过逆断层实现，而苏鲁·彼得勒克·得亚南部地区则是通过褶断式的组合样式实现的。该组断裂的主要活动期有以下两期。

表 5-3　苏鲁·彼得勒克·得亚北北西向断裂组特征一览表

编号	走向	倾向	倾角	长度(km)	断层特征
F_{50}	290°	200°	50°	32	切割马尔争组与布拉克巴什组，东端被 F_{51}、F_{52} 北东向平移断层截切，见宽约 20m 的断层破碎带，产碎裂岩、角砾岩，具粘土化、褐铁矿化、黄铁矿化，轻度的孔雀石化，并有闪长岩脉及闪长玢岩体产出，镜面、擦痕发育，逆断层，脆性
F_{61}	280°	190°	30°～50°	28.3	构成布拉克巴什组上下两个段的分界线，略呈弧形展布，发育 10m 宽的断层破碎带，产碎裂岩、角砾岩，黄铁矿化、褐铁矿化较强烈，东端被 F_{51} 平移断层切割，逆断层，脆性
F_{62}	280°	10°	40°	26.5	产于布拉克巴什组中，见 20～30m 的断层破碎带，产碎粒岩、糜棱岩化岩石，具褐铁矿化，发育石英脉、方解石脉，软弱岩层具韧性流变变形的特点，沿断层产出树维门科组灰岩构造岩片，逆断层，韧脆性
F_{63}	105°	15°	20°～45°	55.5°	断层构成布拉克巴什组与树维门科组的分界线，走向上呈不规则的波状，该断层影像标志十分清楚，在地貌上南部灰白色的灰岩明显叠覆于北侧杂色的砂砾岩之上，断面产状较缓，发育 20～40m 的断层破碎带，带内产碎裂岩等，具褐铁矿化，断层镜面产状总体南倾，倾角为 30°～40°，擦痕线理产状总体南倾，倾角为 20°～40°；部分地段具韧性变形特点，由此反映了两期变形的特点，早期韧性变形组构反映了由北向南正滑的特点，晚期脆性变形则显示了由南向北的逆冲
F_{65}	110°	20°	50°～60°	28	发育于布青山群中，部分地段构成马尔争组与树维门科组的界线，破碎带宽 10～30m，产断层角砾岩、断层泥、碎裂岩及糜棱岩化岩石，带内相对软弱的泥质岩层具有韧性流变的特点，逆断层，韧脆性
F_{66}	110°	200°	60°～65°	33.3	发育于布青山群，部分地段构成马尔争组与树维门科组的分界线，破碎宽约 10m，产碎裂岩，被北西向平移断层错开，逆断层，脆性
F_{67}	115°	25°	60°	9.3	被近南北向走滑断层错断，破碎带宽约 10m，产碎裂岩等，北侧花岗岩中产一组间隔性劈理，产状：355°∠50°，逆断层，脆性
F_{71}	110°	200°	50°～60°	25	断层在东侧分为两支，构成马尔争组上段与下段之间的分界线，破碎带宽约 10～50m，产碎裂岩、碎粒岩等，部分地段泥质岩层具韧性流变的特点，断层北侧变形带的波及范围大，发育糜棱岩及层内滑动褶皱、剪切褶皱，逆断层，韧脆性
F_{72}	120°	210°	38°	10	断层带构成马尔争上段与下段的分界线，断层破碎带宽约 20m，产碎裂岩、断层泥，北侧玄武岩中发育一组密集的间隔性劈理，次级滑动面擦痕线理产状 230°∠10°，逆断层，脆性
F_{74}	80°	170°	35°～46°	20	主要发育于树维门科组中，影像及地貌标志清楚，逆断层，脆性
F_{75}	280°	100°	39°～45°	28.8	构成布拉克巴什组与马尔争组的分界断层，平面上呈向北凸起的弧形断层，具 10m 的断层破碎带，产断层泥、碎裂岩，南侧上覆老地层明显压覆于北侧新地层之上，两侧地层间隔性劈理及牵引褶皱发育，逆断层，脆性
F_{76}	290°	200°	42°～65°	33.5	为一北东方向凸起的弧形断层，见 5～10m 的断层破碎带，由碎裂岩、断层泥组成，断层在西段构成了雅西措组与早更新世地层分界线，东部截切了逆冲推覆构造，逆断层，脆性
F_{77}	115°	193	60°	10	断层破碎带宽约 10～100m，带内见断层泥、碎裂岩，切割了推覆体，逆断层，脆性

续表 5-3

编号	走向	倾向	倾角	长度(km)	断层特征
F_{78}	300°	210°	20°～35°	20	为一北东向凸起的弧形断层,弧形影像特征清楚,逆断层,脆性
F_{79}	300°	210°	20°～35°	19	为一低角度逆冲断层,形成宽约 10m 的断层破碎带,产碎裂岩、千糜岩,地貌上南部浅色灰岩压盖于北侧泥灰岩之上,沿断层软弱岩层具韧性变形的特征,逆断层,脆性
F_{85}	105°	195°	50°～65°	51	断层构成浩特洛哇组与哈拉巴依沟组及雅西措组的分界线,破碎带宽约 5～10m,产碎裂岩、角砾岩,直线状线性影像及负地貌十分清楚,逆断层,脆性
F_{86}	315°	45°	70°	12.5	影像标志清楚,形成宽约 20m 的破碎带,产碎裂岩等,南侧砂板岩中形成牵引褶皱,逆断层,脆性
F_{87}	105°	195°		29.5	构成马尔争组与浩特哇洛组的分界线,带内产碎裂岩、角砾岩、部分地段具韧性变形的特点,产糜棱岩,雅西措组角度不整合压盖其上,沿断层形成一规模较大的铜矿化带,产一批铜矿化点,显示与 F_{86} 的不同点;破碎带宽约 10～100m,碎裂岩、角砾岩、糜棱岩等,北侧地层发育一组密集的间隔劈理,产状:200°∠50°,逆断层,韧脆性
F_{88}	270°	360°	40°～55°	17.5	构成马尔争组中、上段的分界线,形成宽约 10m 的破碎带,具脆韧性变形的特点,逆断层,韧脆性
F_{89}	275°	5°	46°～50°	25	发育于马尔争组中段中,略呈向北凸起的弧形,形成宽 5～10m 的破碎带,由碎裂岩、断层泥等组成,两侧地层中发育间隔性劈理,逆断层,脆性
F_{90}	300°	210°	46°	41.5	发育于马尔争组中段,形成 30～50m 的断层破碎带,产碎裂岩、断层泥等,有石英脉穿插其中,沿断层产出早侏罗世阿尔喀单元,逆断层,脆性
F_{91}	104°		60°～70°	15	发育于马尔争组中段,并切割沱沱河组,见 15～30m 宽的断层破碎带,间隔性劈理发育,岩层被牵引,断层面上发育水平擦痕线理,阶步示右行,沿断层产出早侏罗世阿尔喀单元,右行平移,脆性
F_{93}	295°	225°	40°	41	发育于马尔争组碎屑岩中,被 F_{94} 左行平移断层错开,形成 10～20m 的断层破碎带,产碎裂岩、断层泥,局部可见擦痕线理,产状:200°∠41°,逆断层,脆性
F_{96}	290°	200°	40°～50°	32	发育于马尔争组中,带内可见 20～30m 的破碎带,产角砾岩、碎裂岩,上盘砂岩中发育较密集的间隔性劈理,产状:200°∠50°,擦痕线理产状:214°∠40°,阶步示逆冲,逆断层,脆性
F_{97}	290°	20°	50°	36	发育于马尔争组中段,见 50～100m 宽的破碎带,产碎裂岩等,线性地貌及影像清楚,逆断层,脆性
F_{98}	290°	200°	35°～40°	22.5	发育于马尔争组中段,并切割沱沱河组,沿断层串珠状侵入流纹斑岩
F_{99}	290°	200°	30°～40°	8.5	构成马尔争组中段与沱沱河的分界线,见碎裂岩等,间隔性劈理发育,逆断层,脆性
F_{100}	285°	195°	42°	17	发育于马尔争组中,形成宽约 30～40m 的破碎带,产角砾岩、碎裂岩等,擦痕线理产状:197°∠42°,逆断层,脆性
F_{101}	136°	226°	40°～50°	13.5	发育于巴颜喀拉山群中,见 5～30m 的破碎带,产角砾岩、碎裂岩,褐铁矿化强烈,网状石英脉极发育,两侧砂板岩中的牵引褶皱显示逆冲的特点,逆断层,脆性
F_{103}	120°	210°		4.5	叠加于昆南变形带之上,见 10m 的断层破碎带,产碎裂岩,逆断层,脆性
F_{104}	125°	210°	43°	5.5	特征同 F_{103}

续表 5-3

编号	走向	倾向	倾角	长度(km)	断层特征
F_{106}	285°	15°	40°～60°	25.3	发育于沱沱河组中，破碎带宽约 30～50m，产断层泥、断层角砾岩等，南盘发育一系列北倾断层三角面，并见牵引褶皱，逆断层，脆性
F_{111}	280°	190°	50°～70°	6	构成马尔争组与沱沱河组的界线，具宽约 20～30m 的破碎带，产断层泥、碎裂岩，逆断层，脆性
F_{112}	110°	200°	40°	8.5	发育在马尔争组中，局部切割马尔争组与沱沱河组的角度不整合界线，断层南侧砂板岩中形成牵引褶皱，其枢纽产状：130°∠60°，轴面产状：200°∠60°
F_{113}	105°	190°	40°～50°	8.5	主要发育于马尔争组中，局部切割马尔争组与沱沱河组的角度不整合界线及昆南韧性变形带，下盘地层受牵引形成一向斜构造，南侧灰色砂板岩明显压盖于北侧红色砾岩之上，逆断层，脆性
F_{114}	100°	190°	40°～50°	20	构成沱沱河组与马尔争组的界线，并切割昆南变形带，见宽约 30～50m 的破碎带，镜面产状为 210°∠48°，擦痕线理产状为 210°∠48°，阶步示逆冲

1. 晚印支—燕山期

断层面以南倾为主，在阿尔格山北坡为北倾（如 F_{88}、F_{89}），均为逆层，以脆性为主，部分具韧脆性变形的特点，该类断层以 F_{88}、F_{66}、F_{87} 等断层为典型代表，构造形迹群反映的逆冲式变形特征非常明显，古近纪沉积地层压盖于该组断层之上（如 F_{87}）；另外克其克孜苏铜矿化带也是受该组断裂的控制，早侏罗世阿尔喀单元也是在该时期沿该组断裂就位的；该断裂组在本时期的活动显示东昆仑造山带南部石炭纪—二叠纪地层在这段时间总体上具由南向北的逆掩特征。

2. 喜马拉雅期

部分断层复活，区内构成古生代地层与新生代地层的分界线，如在克其克孜苏南浩特洛哇组以 F_{85} 断层为界向北逆掩到雅西措组之上，在伯拉克拉克里地区断层呈向北凸起的弧形断层（F_{76}），使二叠纪地层向北逆掩到早更新世地层之上。

（四）北东东向断裂组

布喀达坂峰地区北东东向平移断层（表 5-4）的广泛发育是这一地区不同于东昆仑造山带中东段的一个重要特征，这一地区北东东向平移断层的发育与阿尔金断层在新生代阶段的发展与演化关系极为密切。

表 5-4 北东东向断裂组特征一览表

编号	走向	倾向	倾角	长度(km)	断层特征
F_{19}	60°	330°	80°	40	破碎带宽约 20m，产碎裂岩，逆-左行平移
F_{20}	80°	350°			破碎带宽 5～10m，由碎裂岩等组成，产一个磁铁矿
F_{21}	70°	340°	65°	8	沿断裂河流规律性弯转，发育 10m 宽的断层破碎带，产碎裂岩，左行平移，脆性
F_{22}	40°	130°	75°	6	影像及地貌标志清楚，两侧花岗岩中发育密集间隔劈理，产状：130°∠75°，带内产碎裂岩，左行平移断层，脆性
F_{24}	60°	35°	65°	3.8	形成 10m 宽的断层破碎带，附近花岗岩中发育密集的间隔性劈理，产状：305°∠65°，逆断层，脆性

续表 5-4

编号	走向	倾向	倾角	长度(km)	断层特征
F_{25}	260°	350°	40°	6.8	构成八宝山组的北界断层,形成 10m 宽的断层破碎带,产碎裂岩,断层泥,具褐铁矿化,逆-左行平移,脆性
F_{26}	250°	340°	60°	16.3	构成八宝山组的南部边界,形成宽约 10m 的断层破碎带,产断层碎裂岩,该断层切割北北西向断层组,左行平移断层,脆性
F_{27}	30°	300°	65°	10.3	破碎带宽约 6m,产碎裂岩、角砾岩,具钾化,擦痕线理近水平,阶步示左行,左行平移,脆性
F_{31}	80°	350°		25	吐木勒克构造蛇绿混杂岩及昆中韧性剪切带的西界断层,破碎带宽约 100m,产碎裂岩、断层泥,具粘土化、褐铁矿化,逆-左行平移断层
F_{38}	10°	100°	60°	10.5	地貌及影像标志清楚,见角砾岩,发育断层镜面,产状:100°∠60°,擦痕线理近水平,左行平移-逆断层,脆性
F_{39}	35°	125°	80°	4	断层截切 F_{37} 断层,两侧岩石发育密集的间隔性劈理,左行平移,脆性
F_{40}	50°	32°	45°	8.3	岩石破碎,产大量碎裂岩,发育擦痕线理,产状:60°∠15°,断层通过处山脊呈现左行错位,两侧花岗岩中形成密集的间隔劈理,左行平移,脆性
F_{50}	50°			4	破碎带中产角砾岩、断层泥,被切割山体、水系拐弯均具右行滑移的特点,并将北北西向逆断层错断,右行平移,脆性
F_{51}	235°			15	岩石破碎,哈拉巴依沟组地层体被左行错开,水系肘状拐弯,山脊被明显错开,左行平移,脆性
F_{52}	235			52	破碎带宽约 10m,产碎裂岩,具褐铁矿化,左行平移,脆性
F_{56}	50°	140°	48°	5	破碎带宽约 5m,产碎裂岩、角砾岩等,擦痕线理近水平,阶步示左行,左行平移,脆性
F_{57}	255°	345°	50°	16.8	破碎带宽约 10m,产碎裂岩,北侧花岗岩中发育一组密集的间隔劈理,产状:345°∠50°,逆断层,脆性
F_{64}	30°	直立	90°	14	影像及地貌标志明显,见近直立的断层镜面,擦痕线理近水平,阶步示左行,破碎带内见断层泥、碎裂岩,左行平移
F_{68}	186°	96°	60°	3.5	见宽约 5m 的断层破碎带,产碎裂岩等,山体被错断,左行平移,脆性
F_{69}	65°			11.3	地貌及影像标志清楚,山体明显被左行错断,左行平移,脆性
F_{70}	85°	175°	60°	15	沿走向略呈弧形弯曲,见宽约 5～40m 的断层破碎带,产碎裂岩等,西端将玄武岩在走向上左行错开,擦痕线理及阶步示左行,左行平移,脆性
F_{73}	50°	320°	70°	51.3	影像及地貌标志明显,形成宽约 2m 的破碎带,产碎裂岩、断层泥等,左行平移,脆性
F_{81}	28°		118°	4	线性影像标志明显,形成宽约 5m 的破碎带,产碎裂岩、断层泥等,构成雅西措组与浩特洛哇组的界线,左行平移
F_{82}	68°	158°	65°	9.5	线性负地貌及影像特征清楚,山脊被错断,左行平移
F_{83}	75°	165°	40°	6.3	见宽约 10m 的断层破碎带,灰岩中见一组密集的间隔性劈理,产状:160°∠45°,右行平移
F_{92}	40°	138°	55°	7	发育于马尔争组中,见宽约 5m 的断层破碎带,产碎裂岩、角砾岩,围岩发育密集的间隔性劈理,产状:140°∠55°,左行平移,脆性

续表 5-4

编号	走向	倾向	倾角	长度(km)	断层特征
F_{94}	50°			6.3	发育于马尔争组碎屑岩中，切割北西向断层，见 5～10m 破碎带，产碎裂岩、角砾岩等，两侧岩层发育一系列牵引褶皱，左行平移，脆性
F_{95}	50°	320°	65°	6.3	发育于马尔争组中，沿断层形成一串直线状排列的断层三角面，破碎带中产角砾岩、碎裂岩，正断层，脆性
F_{102}	260°	170°	82°	12	切割昆南变形带，岩石破碎，产状紊乱，产角砾岩、碎裂岩，镜面产状：175°∠82°，擦痕线理产状：265°∠70°，左行平移，脆性
F_{105}	350°	80°		10.5	对布喀达坂峰冰川的西端边界具控制作用，切割沱沱河组，逆断层，脆性
F_{107}	60°			7	发育在沱沱河组中，地貌及影像特征清楚，左行平移，脆性
F_{109}	40°	130°	60°	6.3	特征同 F_{107}，为同一组断层
F_{110}	75°	直立		17	发育在沱沱河组中，见 5m 的破碎带，擦痕线理近水平，阶步示左行，左行平移，脆性

如图 5-3 所示，本区北东东向断层主要集中分布于塔鹤托坂日西部一带构成一相对密集的平移断层带，这一断层带构成了克其克孜苏三角形拉分盆地的西北部边界，克其克孜苏新生代盆地的形态与布喀达坂峰北部克其克库木库里新生代盆地及至柴达木盆地的形态是极为相似的，两者均与阿尔金断裂在新生代阶段强烈的左行平移机制下的拉分有关。区内已知的北东东向平移断层均为左行平移断层，从新生代沉积盆地分析该组断层的形成时代为新近纪早期。

三、褶皱构造

（一）前寒武纪褶皱构造

前寒武纪地层主要分布于那陵格勒河两岸，受后期构造作用、岩浆作用的干扰，褶皱构造的恢复及序列的建立十分困难，可以识别的褶皱构造主要有两期。

1. 柔流褶皱

受后期构造影响，该类褶皱在区域上的展布规律及几何特征难以恢复，仅从露头域上所观察到的大量的从属褶皱可确定该次褶皱作用的存在。褶皱构造以被动褶皱为主(图 5-25)，次为弯曲流动褶皱(图 5-26、图 5-27)，此类褶皱在露头域往往被同构造韧性剪切带分割且与之共生，这类褶皱作用广泛发育的同时伴随着面理置换作用，发育于白沙河岩组中的面理构造，各类透入性间隔劈理(片理、片麻理)是该期变形的产物。

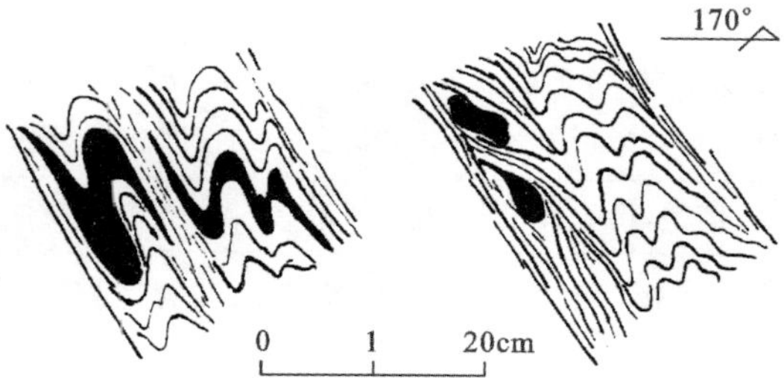

图 5-25　白沙河岩组片麻岩中的褶皱构造（3113 点南）

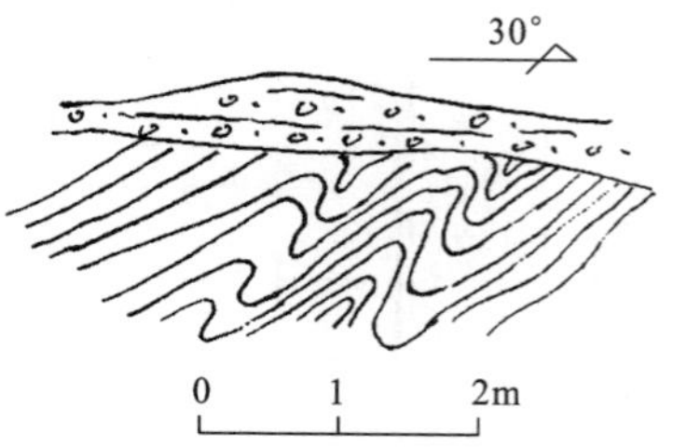

图 5-26　白沙河岩组大理岩层中的褶皱构造(3103 点)

从变质作用特征看，白沙河岩组中含有红柱石等典型低压高温变质矿物，反映其主期变质作用类型为低压高温区域动力热流变质作用，变质作用程度为角闪岩相，这类变质作用发生的地球动力学背景通常是伸展体制，因为只有在伸展体制下，区域地温梯度才能异常变高，才能导致低压高温区域动力热流变质作用的发生；广泛发育于白沙河岩组中的柔流褶皱及其同构造分层韧性剪切带共同构成了这种伸展体制下中高温变质环境中的构造群落。

区内未获得这次变质变形作用形成的直接时代依据，从区域资料推测这次褶皱作用发生的时代同白沙河岩组的主期变质是同步的，即吕梁期，其中一个主要的众所周知的证据是柴达木盆地周边浅变质的长城系、蓟县系角度不整合于白沙河岩组之上。

2. 纵弯褶皱

这类褶皱轴迹与区域主构造线方向一致，即北西西向，均为线性褶皱，从两翼产状的统计结果可知，翼间角为 95°，为开阔褶皱，此类褶皱叠加于早期柔流褶皱之上，图 5-28 中显示了这种褶皱叠加作用在露头域中的一个证据。从褶皱类型及要素特征来看，白沙河岩组的这次褶皱作用发生于中浅构造层次，其形成时代难以确定，因为测区自新元古代以来经历了多次陆块开合作用，相似的褶皱作用可以形成于多个阶段。仅从海西—印支期侵入岩侵入并破坏本期褶皱构造的特点分析，形成时代在海西期以前。

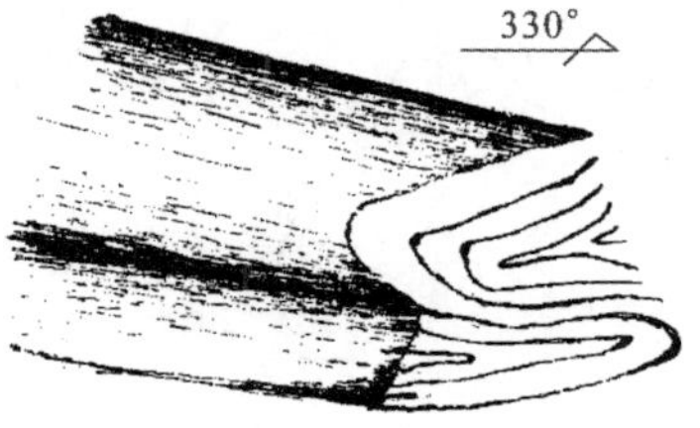

图 5-27　黑云石英片岩中的柔流褶皱

（据 1208 点照片素描；枢纽产状：328°∠25°）

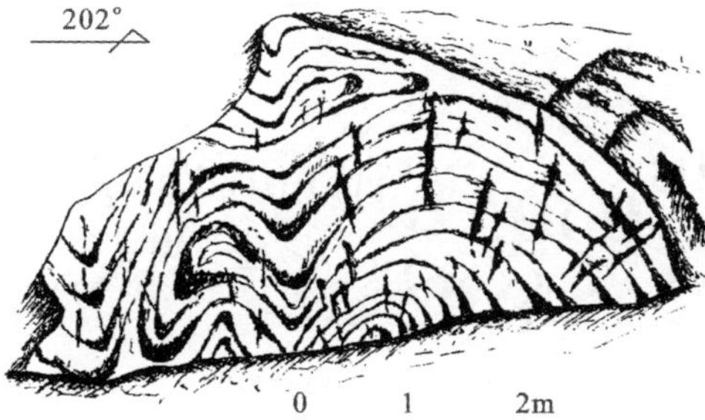

图 5-28　白沙河岩组大理岩层中的叠加褶皱

（据 3414 点照片素描）

（二）早古生代地层的褶皱构造

以昆中断裂为界，北部早古生代地层——滩间山群主要呈支离破碎的残块产出，变形以强烈的韧性剪切变形及与之共生的剪切褶皱为主，其他类型的褶皱构造没有保留下来。

南部早古生代地层——纳赤台群哈拉巴依沟组，呈北西西向狭窄带状展布，主要为北北东倾的单斜构造，褶皱构造保留不完整，仅在Ⅱ$5P_4$ 剖面中见一组褶皱构造，为轴面近直立、中等开阔的对称等厚褶皱构造，翼间角为 89°。从少量保存的褶皱构造及其相伴生从属褶皱分析，这期褶皱作用仍显示为北北东向挤压的纵弯褶皱，这期褶皱作用同时也形成了哈拉巴依沟组的区域性面理构造板理、千枚理等；这次褶皱作用形成的环境为中部构造层次，时代可能在加里东末期，即古昆中洋俯冲消减-陆陆碰撞阶段。

（三）二叠纪地层的褶皱构造

二叠纪地层在区内分布最为广泛，其构造变形与昆南断裂的活动密切相关，所以区内二叠纪地层的变形特点也间接反映出昆南断裂演化的一个片断。

二叠纪地层褶皱构造的发育具有一定的规律性，即浩特洛哇组、树维门科组及马尔争组上段以灰岩（部分为中酸性火山岩）为主的地层体褶皱构造不发育，其构造组合样式主要为断夹片式的构造岩片的堆叠；褶皱构造主要发育于马尔争组中下段以砂板岩为主的地层体，与北西西走向南西倾的逆断层组构成褶断式构造组合样式。马尔争组中下岩段中褶皱构造可识别出三期。

1. 线性褶皱

如图 5-3 所示，区内阿尔格山—克其克孜苏南部发育一组密集的线型褶皱，区内找不到理想的地段测制横切该构造-地层带的剖面，加之后期构造作用叠加强烈，因此其变形的空间规律只能用不同地段的资料分别描述。由南向北大致可以划分出两个带。

1）南带

即紧邻昆南断裂带的少数地区，以布喀达坂峰东较为典型，向西因冰川及新生代地层的覆盖显得不太明显，褶皱以等斜或紧闭为主，如图 5-29、图 5-30 所示，轴迹线走向为 90°～110°，轴面以南倾为主，倾角较大，一般为 60°～85°。该类褶皱的面理置换作用非常明显，轴面劈理 S_1 置换了原生层理 S_0，并且这种面理置换作用是透入性的。

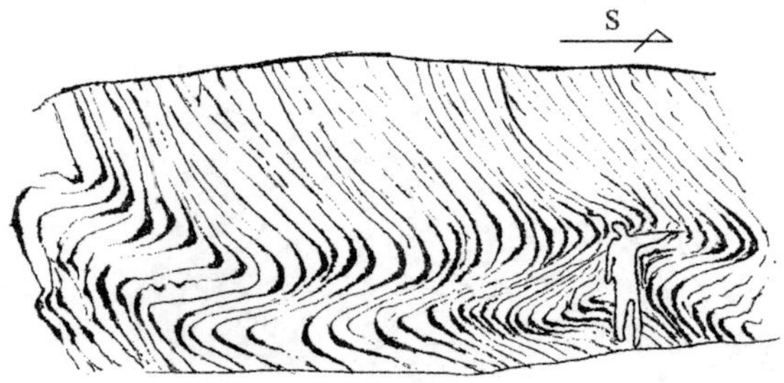

图 5-29　马尔争组等斜褶皱构造

（据 9110 点照片素描）

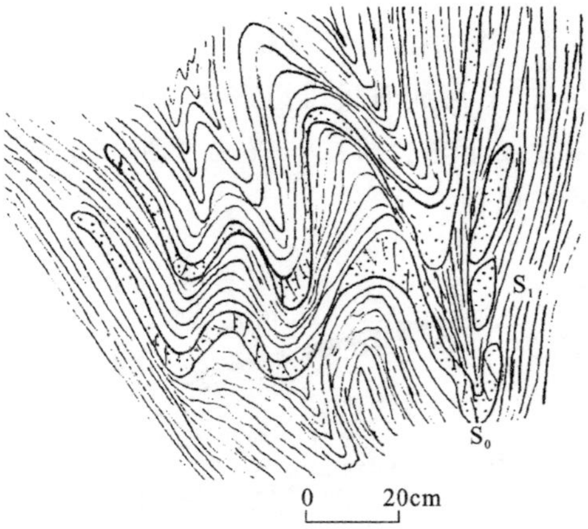

图 5-30　砂板岩中紧闭褶皱核部特征

（据 9110 点照片素描，枢纽：130°∠10°，轴面：200°∠60°）

2）北带

分布于昆南韧性变形带以北的广大地区，以中常或紧闭褶皱类型为主。区内二叠纪地层以大面积发育这类相对密集的线性褶皱为特点，以布喀达坂峰西北的 $8P_1$ 剖面为代表（图 5-31），剖面上反映自南向北翼间角是逐渐增大的，南部翼间角为 27°～55°，平均值（6 个）为 52°，主要为闭合褶皱，北部翼间角为 66°～97°，平均值（8 个）为 82°，主要为相对紧闭的开阔褶皱，这一规律反映自南向北构造变形强度有减缓之势，或者说二叠纪地层在接近昆南韧性剪切带时变形明显是增强的。另外，该期褶皱与苏鲁·彼得勒克·得亚断裂组密切共生，构成了断褶式的构造组合样式。

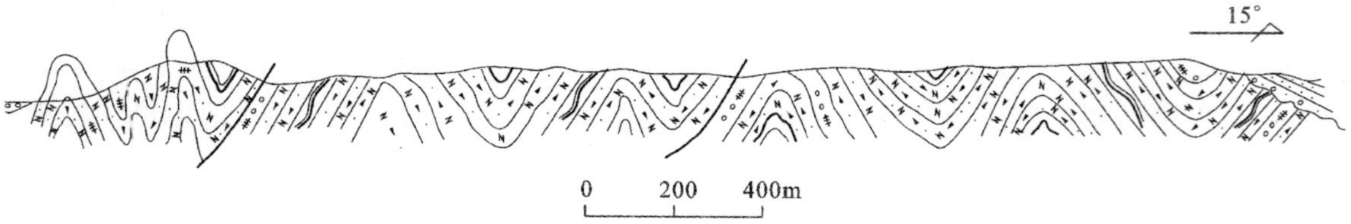

图 5-31　$8P_1$ 剖面马尔争组实测构造地层剖面

这次褶皱作用及其相伴生的层间滑动同样造成了该地层体区域性的、透入性的面理置换作用（图 5-32、图 5-33），即原生层理（S_0）被透入性连续劈理（主要为板理 S_1）置换。

本次褶皱作用与昆南韧性剪切带主期变形为同一期构造变形期内的不同构造样式，并且它们与昆南韧性剪切带构成同一构造组合。

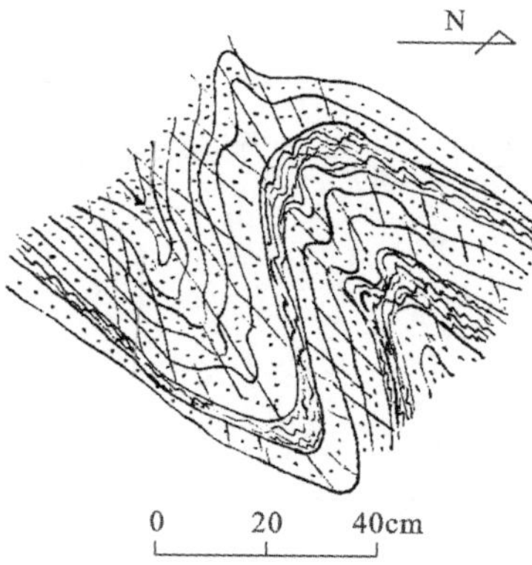

图 5-32 8104 点间砂板岩中层间滑动褶皱及面理置换
(轴面:30°∠70°;枢纽:295°∠40°)

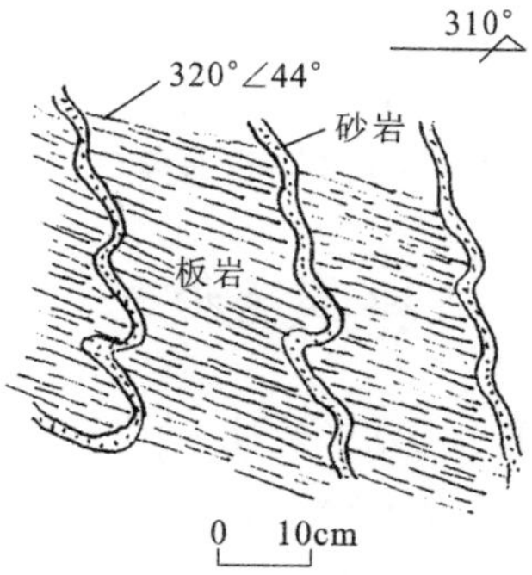

图 5-33 Ⅱ4P_2 剖面马尔争组中的面理置换现象

2. 倾竖褶皱

该类褶皱在区域尺度上未能填绘出来,但其从属褶皱在露头尺度上广泛存在,该期褶明显叠加于第一期褶皱之上,其特征如图 5-34 所示,以 S_1 为变形面形成倾竖褶皱,该类褶皱在平面似呈狭窄带状产出,构成较强的应变带,但未形成透入性面理构造,局部于转折端可见间隔劈理。

本次褶皱作用与昆南韧性剪切带的第二次变形可能为同一期。

(四) 三叠纪地层的褶皱

区内三叠纪地层主要有鄂拉山组、八宝山组及巴颜喀拉山群,鄂拉山组分布于那陵格勒河两岸,因其分布极为零星,故区内表现为单斜构造,褶皱不发育;八宝山组沿昆中断裂呈狭窄带状展布、断续零星出露,也表现为单斜构造,早期应当发育的褶皱构造未能保留下来;巴颜喀拉山群分布于测区西南角巍雪山一带,可以识别出两期褶皱类型。

1. 斜歪倾伏褶皱

区域尺度上未能填绘出来,从露头域从属褶皱形态特征分析可确定此类褶皱的存在,图 5-35 显示了一组发育于巴颜喀拉山群中的相似褶皱,轴面产状为 225°∠40°,枢纽产状为 170°∠40°,该组褶皱面理置换作用非常强烈,透入性轴面劈理 S_1 置换了原始沉积层理 S0,巴颜喀拉山群发育的区域性面理构造板理的形成可能是这次褶皱作用的产物,区域尺度上,S_0 与 S_1 是平行的,沿这种透入性的劈理面(或劈理域)形成的新生矿物为绢云母、绿泥石,其变质程度为低绿片岩相,这就证明了这种褶皱作用形成于中浅构造层次,变形温度比较高。从褶皱形态、构造要素上分析,褶皱的形成可能受左行走滑体制制约,与昆南韧性剪切带的主期变形机制具相似性,可能暗示巴颜喀拉前陆盆地北缘的变形与昆南韧性剪切带在中晚三叠世的变形密切相关。

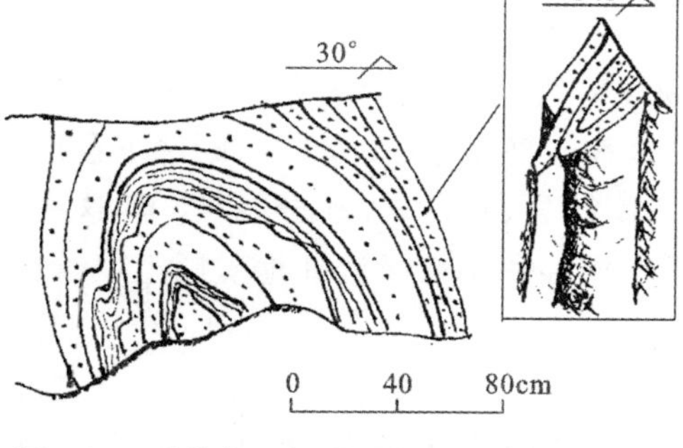

图 5-34 晚期倾竖褶皱叠加于早期闭合褶皱
(据 8104 点间照片素描)

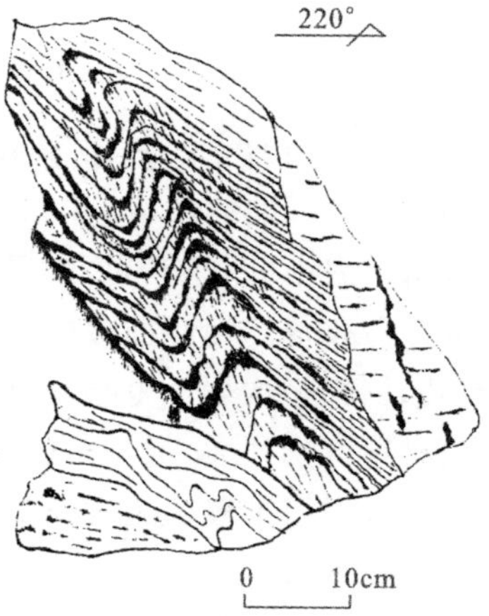

图 5-35 砂板岩中的褶皱
(据 7201 点间照片素描,轴面:225°∠40°;枢纽:170°∠40°)

2. 直立水平褶皱

如图 5-3 所示，分布于巍雪山南部巴颜喀拉山群中的这类褶皱基本上为线状褶皱，轴迹为北西向，翼间角为 75°～114°，平均值(9 个)约 90°，为开阔褶皱。

四、逆冲推覆构造

伯拉克拉克里逆冲-推覆构造分布于伯拉克拉克里湖北部，该构造在区内保存极不完整，受后期苏鲁·彼得勒克·得亚北西西走向南倾逆断层组及北东向走滑断裂组的强烈切割改造，面目全非；在伯拉克拉克里湖北保存相对完好一些，由两个推覆体构成(图 5-36、图 5-37)，布拉克巴什组呈飞来峰推覆于树维门科组之上，未见两者直接接触的推覆界面，但泥盆系杂色的碎屑岩压覆在二叠系灰—灰白色的灰岩之上的特征在野外十分明显，且经追索填图，二者界线呈弯曲环状，证明其断面是近于水平的。

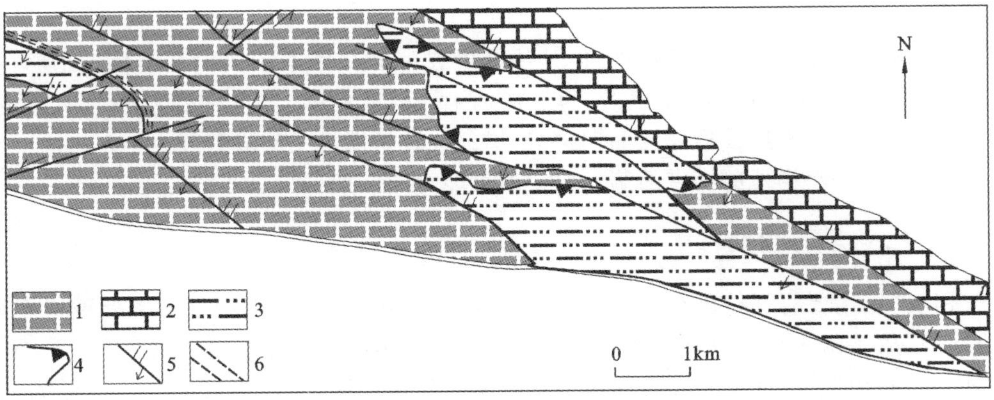

图 5-36　伯拉克拉克里推覆构造地质简图

1. 树维门科组；2. 马尔争组；3. 布拉克巴什组；4. 推覆断层；5. 逆断层；6. 韧性断层

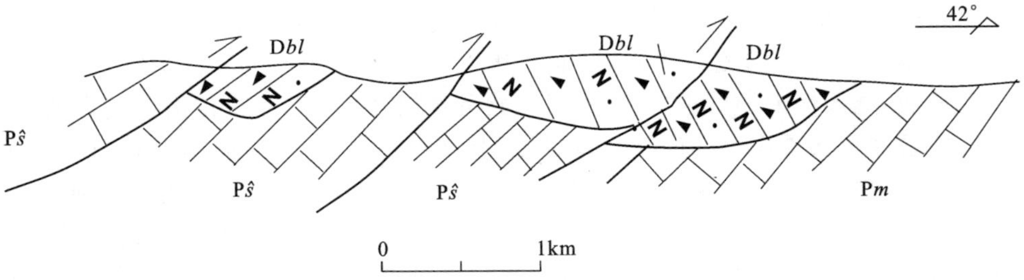

图 5-37　伯拉克拉克里推覆构造剖面地质图

(据 5102—5104 点路线剖面)

P ŝ：树维门科组；D*bl*：布拉克巴什组；P*m*：马尔争组

伯拉克拉克里湖西北部 F_{75} 南倾逆断层的研究可提供推覆构造运动学特征的一些证据，该断层是苏鲁·彼得勒克·得亚断层组中的一个，断层在西段构成了布拉克巴什组与树维门科组的界线，东部发育在树维门科组灰岩中(图 5-38)。断层下盘发育一较宽的韧性剪切带，通过分析认为此韧性剪切带是经脆性断裂改造后残留的韧性推覆界面，F_{75} 脆性断层切割了该韧性剪切带(图 5-38)，断层下盘出露宽约 200m 的糜棱岩带，带内岩性复杂，有碎屑质糜棱岩、玄武质糜棱岩、辉长岩、砂岩、板岩等，这些岩石组合与树维门科组区别很大，但与布拉克巴什组有相似性，因出露面积小而无法在地质图上填绘出来，但这一现象却可以说明推覆构造的一些特点。

剪切带中拉伸线理产状 195°∠30°，剪切面理产状为 204°∠35°，倾角较陡，可能与脆性断层的叠加有关。从糜棱岩的显微组构分析(图 5-39)，在 XZ 面上具有正滑的特点，显示运动方向为由北向南的逆掩。

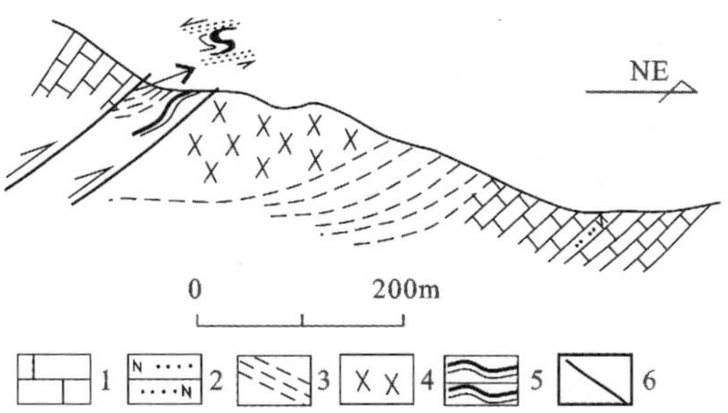

图 5-38 推覆断层剖面图($5P_3$ 剖面第 0—9 层)

1. 灰岩;2. 砂岩;3. 韧性剪切带;4. 辉长岩;5. 板岩;6. 脆性断层

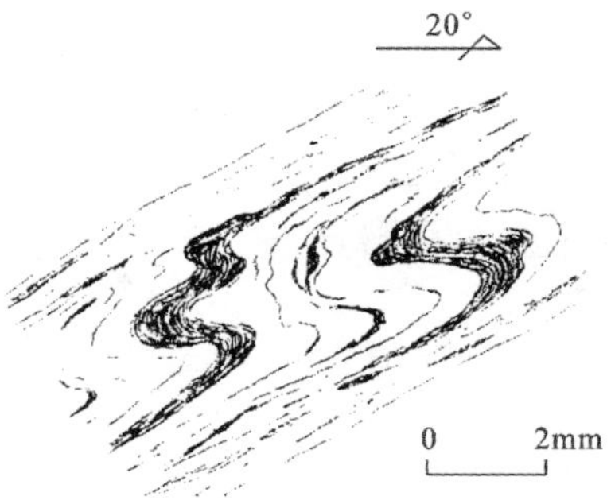

图 5-39 显微剪切褶皱

(据照片素描,XZ 面)

项目组在构造岩中进行 Ar-Ar 法构造热年代学研究,未获得理想的坪年龄值,从其他相关地质体特征分析推覆时限可能在晚二叠世—晚三叠世早期,依据有以下几点:

(1) 卷入该构造的最新地质体为中二叠世树维门科组。

(2) 区内晚古生代阶段碰撞事件及陆内叠覆造山时限为晚二叠世—中三叠世,测区莫斯图构造岩浆岩带内晚二叠世碰撞型花岗岩组合——求勉雷克塔格超单元、中三叠世陆内俯冲型花岗岩组合——楚拉克阿干超单元的确定是其直接证据;造山带内推覆构造通常是碰撞造山作用及陆内叠覆造山作用的产物。

(3) 测区南部巴颜喀拉前陆盆地是柴达木地块与松潘-甘孜地块碰撞、东昆仑造山带核部向南逆掩的背景下形成,造山带前陆的大规模逆掩推覆与盆地的形成关系密切。

五、构造组合及变形序列

从区内已识别出的各类构造形迹群的特征及相互截切关系等确定出测区中生代及其以前的构造形迹组合及变形序列。

(一) 吕梁期固态流变构造形迹群

角闪岩相高温低压区域动力热流变质作用环境中的固态流变构造变形,变形机制可能为水平分层韧性剪切变质变形,具高应变的同变质韧性剪切变形的构造片麻岩、构造片岩及相对弱应变的具不同类型柔流褶皱的变质岩层相互堆叠构成褶叠层,这是白沙河岩组的基本变质变形样式;红柱石型低压高温变质作用反映了地壳的高热流值环境,这通常是伸展体制下典型的变质作用特点,因此区内有记录的第一期变质变形构造形迹群为伸展体制下水平分层韧性剪切变质变形作用形成的固态流变构造形迹群,该期变质变形时代为吕梁期。

(二) 晋宁期逆冲构造组合

区内记录的构造形迹仅为喀雅克登塔格韧性剪切带,其运动学特点说明该时期测区可能存在一次由南西向北东方向的逆冲构造事件。

(三) 加里东期构造组合

区内记录的形迹为库鲁·彼得勒克·得亚韧性剪切带及保留在昆中韧性剪切带内的第一次韧性剪切变形,均表现为北东倾向的逆韧性剪切变形,变形时代为晚奥陶世,这次变形代表了加里东期昆中洋向北的俯冲,因此区内所记录的加里东期构造组合为洋陆俯冲体制下的俯冲型韧性剪切带。

（四）早海西伸展型构造组合(?)

保存不完整。区内仅发现有那陵格勒韧性剪切带(F_4)，为一正-右行平移型韧性剪切带，似具南倾“剥离断层”的特点，这一构造的存在暗示测区早海西期可能存在一次重要的伸展构造事件。

（五）晚海西—印支期碰撞型构造组合

区内该时期形成的主要构造有喀雅克登塔格北西向断裂组、求勉雷克塔格北北西向断裂组及伯拉克拉里逆冲推覆构造、库鲁·彼得勒克·得亚韧性剪切带，它们构成了由北向南的规模巨大的逆冲推覆构造体系，即东昆中微陆块及南部一定范围的地质体发育北北东倾为主的逆冲断层系统，南部伯拉克拉克里湖北部地区发育伯拉克拉克里逆冲推覆构造，该构造体系代表了晚古生代昆南洋俯冲消减完毕，柴达木陆块与松潘-甘孜地块碰撞过程中碰撞造山带主体向南的逆掩，这一碰撞及持续的陆内叠覆造山过程自晚二叠世一直延续到中三叠世晚期，在形成大量的晚二叠世碰撞花岗岩的同时也为巴颜喀拉前陆盆地的成盆提供了动力基础及丰富的物源。

（六）晚印支—早燕山走滑构造组合

这是测区东昆南活动陆缘带最主要的变形样式，这次构造变形强烈地改造了东昆仑造山带已有的构造面貌，由垂直造山带的收缩转为平行造山带的走滑及造山带物质的侧向逃逸，在东昆仑造山带的地质演化中具有十分重要的意义。其构造组成由昆南左行平移型韧性剪切带，昆中韧性剪切带的第二次变形（右行平移型韧性剪切）及夹于两者之间的构造面向以南倾为主的褶断型构造地层组合构成，昆中、昆南两韧性剪切带的构造热年代学研究已证明两者的主要变形期为中晚三叠世之间，其间的二叠纪地层的变形也应在晚二叠世之后，因此这一复杂构造组合的厘定是非常可靠的；以昆南韧性剪切带为核心，在强烈左行走滑的同时北侧大面积出露的二叠纪地层向北反向逆冲，这一向北反向逆冲的褶断型逆冲型构造地层组合带向北扩展至昆中韧性剪切带停止，说明相对刚性的东昆中微陆块在这一变形过程中起了明显的阻挡作用，同时由于昆中韧性剪切带强烈的右行平移，也就导致了昆中、昆南断裂之间物质向西逃逸（图 5-40）。

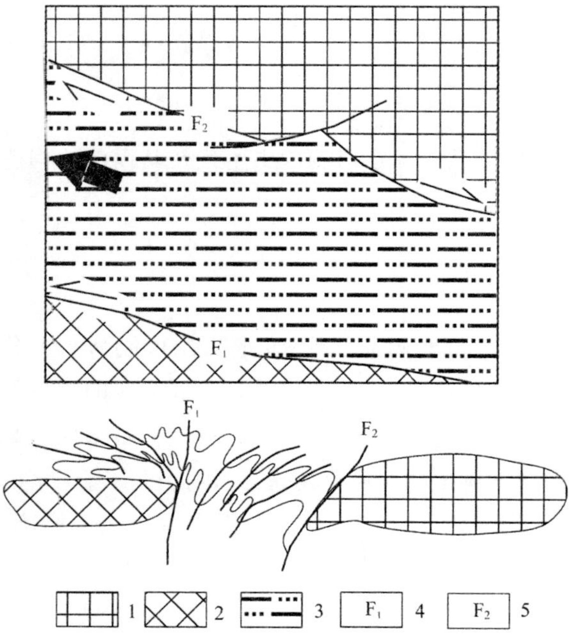

图 5-40　晚印支—早燕山期构造组合平面及剖面示意图
1.东昆中微陆块；2.松潘-甘孜地块；3.东昆南活动陆缘；4.昆南韧性剪切带；5.昆中韧性剪切带

东昆仑造山带中下地壳及岩石圈地幔已进入去根拆沉阶段，深部的拆沉去根与中浅部的强烈走滑构成了东昆仑造山带该阶段复杂的地球动力学过程。

第四节 新构造运动

一、新生代构造分区

根据本区不同地段新构造运动的性质、升降幅度、地貌特征、第四纪沉积物的厚度和分布，可以划分出以下几个新构造单元区。

（一）祁漫塔格隆起区

位于那陵格勒河隐伏活动断裂以北的隆起山地，呈近北西向展布，区域构造处于东昆中微陆块北部喀雅克登塔格构造岩浆带；主要出露新太古—古元古界金水口岩群、下古生界滩间山群、中生界鄂拉山组及大量泥盆纪、侏罗纪侵入岩。

新生代缺失古近纪地层，只有新近系狮子沟组零星出露，由于构造活动加强，祁漫塔格山整体隆升，沟谷下切，古夷平面解体，沟谷多呈深切的 V 型谷；中更新世早期山体隆升至冰川发育的高度进入冰冻圈，在山前形成以冰碛-冰水堆积为混合成因的冰水台地。

（二）那陵格勒断陷区

位于那陵格勒河谷，呈近东西向延展，呈喇叭状西宽东窄，自上新世中、晚期开始断陷，山前沉积了一套冲洪积相的砂砾石层，由于后期破坏，新生代已发现最老的地层为新近系狮子沟组，厚度较薄；中更新世早期山体隆升至冰川发育的高度进入冰冻圈，造成中更新世冰碛及冰水堆积混合物覆盖其上，在那陵格勒河两侧形成以冰碛-冰水堆积为混合成因的冰水台地。后期由于阶段性抬升运动，在那陵格勒河两侧形成多级阶地。

（三）塔鹤托坂日隆起区

北为那陵格勒活动断裂，南缘为塔鹤托坂日活动断裂，主要由新太古—古元古界金水口岩群、下古生界滩间山群及海西—印支期花岗岩组成，呈近北东向展布，未见古生代地层出露，只有在塔鹤托坂日活动断裂两侧附近零星出露三叠纪的八宝山组。说明自中生代以后，一直处于隆起状态，其剥蚀产物为附近堆积的新生代巨厚巨砾石层。第四纪以来，由于受近南北向断裂影响，出现差异性抬升，夷平面高度不同。

（四）克其克孜苏—伯拉克拉克里断陷区

该区又分为克其克孜苏断陷区、克其克孜苏隆起区，伯拉克拉克里断陷区。

1. 克其克孜苏断陷区

呈近东西向延展，新生代地层出露较全，从古新世—上新世地层都有零星出露，多为山麓河湖相产物，反映自新生代以来，隆起速度并不是很快，一直处于一种缓慢抬升过程，雅西措组地层中泥晶灰岩交替出现就是有利的证据。第四纪以来，早更新世构造活动并不强烈，仍以山麓河湖相产物为主；中更新世以后，构造活动加强，阶段性抬升加剧，在额尔衮赛埃图沟口形成了五级阶地。

2. 克其克孜苏隆起区

主要由古生代的灰岩、火山岩以及糜棱岩化的碎屑岩组成，说明自中生代以后，一直处于隆起状态，地势上西陡东缓，由于准平原作用，高山多被夷平。第四纪以来，受断裂影响，出现差异性抬升，夷平面被破坏，不同地段高度出现差异。

3. 伯拉克拉克里断陷区

在此区中古近系—新近系地层与老地层呈断层接触，盆地周围还保留着零星古近系—新近系红层；砾石成分多以附近基岩为主，属山麓冲洪积、河湖相产物，说明自古近纪—新近纪以来，有过快速抬升的历史，随后进入缓慢阶段性抬升过程。第四纪中更新世以来，进入快速隆起阶段，测区进入冰冻圈，主要发育冰碛、冰水堆积物。

（五）博卡雷克塔格隆起区

布喀达坂峰活动断裂沿山前经过，山前不仅有温泉群，还有新生代火山岩，同位素测年资料表明火山活动主要是在中新世。该隆起区主体为二叠系马尔争组，其上为雅西措组的红色碎屑岩，红层之上发育更新世冰水扇。由于受断裂影响，博卡雷克塔格山整体隆升，沟谷下切，形成青海第一高峰。

（六）库水浣断陷区

位于库水浣（即太阳湖）谷地，北缘为布喀达坂峰活动断裂，南缘为马兰山山前活动断裂。地势北高南低，呈近东西向展布，北侧基岩为二叠纪糜棱岩化砂板岩，南侧为三叠纪砂板岩；其上为雅西措组的红色碎屑岩，红层之上为更新世冰水扇、冲洪积扇。

二、新生代构造变形

测区内新构造运动表现强烈，形式多样，断裂活动、褶皱作用、地壳间歇性抬升和掀斜以及火山活动等十分显著。新构造运动是造成现代地形基本特征的主要构造作用。

（一）水平运动

1. 活动断裂

测区内活动断裂多为老断裂的复活；根据现代地震及航片、卫星图像的解译说明，多数近代变形以走向滑移断裂为主，局部地区有正断层分布，北西方向和北东方向的走向滑移运动反映了高原北部的某种南北向的缩短作用，测区及周边地区可靠的地震面解译资料均表明逆断式冲断裂的分量较小，航卫片所解译出的具有褶皱式冲断裂性质的构造均被新的走向滑移断裂所切割，表明新近纪以来测区的变形体制已被走向滑移断裂所取代。

据前人资料及踏勘成果，测区活动断裂主要有 4 条，由北至南依次分述如下。

1）那陵格勒河活动断裂（F_{12}）

呈北西-南东向延伸，规模较大，为不同地貌单元的分界断裂。该断裂造成那陵格勒河呈直线状延伸，南岸呈刀切状，并控制了晚更新世冲洪积扇的发育。东延至格尔木附近与格尔木盆缘隐伏断裂相交，并见到那陵格勒河诸支流水系均与主流河谷直角相交，且沿河谷西延所见的克其克库木库勒湖呈长条状分布，同时对全新世风成砂的堆积也起了控制作用，使其在地貌上呈狭长丘陵出现，那陵格勒河南侧阶地比北侧高约 10m。航磁异常清晰，断裂北侧为低缓变化的负异常区，以南为昆仑山高磁异常区。

由于断裂位于山谷、沙漠附近，多被现代冲洪积、风成沙所覆盖，实地调查效果不理想。

2）塔鹤托坂日断裂（F_{58}）

规模宏大，西延经过求勉雷克塔格南坡，至库勒布彦·萨依后迹象变得模糊不清；东经大干沟至鄂拉山，区域长度大于 1000km。测区此断裂早期具逆冲性质，走向北西-南东，被后期北东-南西向走滑断裂所错断，造成地质体呈菱形透镜体；断面南倾，倾角陡立，形成几十米至几百米的挤压破碎带。在求勉雷克塔格南坡，古近纪—新近纪地层明显受断裂控制。航、卫片显示断裂两侧地貌反差巨大，水系发生同步偏转。地球物理资料显示，莫霍面沿断裂出现一高达 7～10km 的陡坎或台阶。

3）克其克孜苏活动断裂（F_{84}）

横亘测区，规模较大，其东西延伸出图。断裂具走滑性质。卫片上反映清晰，断裂两侧地质、地貌有明显差异，北侧为险峻高山，南侧为低缓的平原或台地。断裂东段见有断裂破碎带，断面南倾，倾角较陡，此断裂控制了古近纪—新近纪断拗盆地的沉积形态。沿着断裂带附近分布一系列地震鼓包、地震裂缝，走向近东西；在 4609 点形成 2m 高陡坎，南高北低，延伸较远；在古泉华形成的地震鼓包取样，ESR 法测年值为 136.9ka。在有些地段使冰水扇发生偏转，说明晚更新世后，该断裂还在活动。

4）布喀达坂峰活动断裂（昆南）（F_{115}）

该断裂是一条东昆仑南缘的规模宏大的活动断裂，断裂经布喀达坂峰的冰川西端延伸出测区，向东沿洪水河上游谷地北侧以走向 100°方向经库赛湖北岸、昆仑山口南坡后，走向逐渐向南偏转至 130°。在地貌上，断层南侧的布喀达坂峰山脉海拔一般为 6000m 左右，而断裂北侧，海拔仅为 4800～5000m，相对高差大于 1000m，反映出断裂活动强度是非常大的。断裂带宽约 2～4km，是一条继承性活动断裂。新生代以来，断裂活动的特点发生了变化，由以垂直运动为主逐渐转为以水平运动为主。断层西端巍雪山在新生代有火山活动，布喀达坂峰冰舌发生偏转，以及发生在 1980 年 1 月 2 日（3.0 级）、1996 年 11 月 21 日（4.1 级）的地震，2001 年 11 月 14 日 8.1 级强烈地震均反映该断裂具长期活动性。2001 年 11 月 14 日发生 8.1 级强烈地震，经项目组实地勘测该断裂具走滑性质，兼具垂向抬升。通过项目组对断裂追踪踏勘，该断裂带总体走向 110°，呈两组地裂缝，时分时和；断裂带总体北盘比南盘抬高 50cm 或更高；沿着断裂走向发育压扭性地震鼓包；在 9321 点间发现断裂二侧发育大量张裂隙，次级裂隙走向为 0°～35°，缝隙宽约 40cm；更次一级走向为 100°～140°，缝隙更窄。在 9321 点间发现断裂使山前冲沟向左发生错移，其错距达 2m。

其间还有北东-南西向的断裂，主要受阿尔金大型走滑断裂系影响，根据盆地沉积地层分析形成时代应在中新世以后，甚至可能更新一些；其断裂斜切地层，以左行走滑为主，地貌上错断山脊，并使山脊因牵引发生弯转；并在此基础上形成拉张盆地边缘。

2. 地震

作为青藏高原现代构造运动的表现形式之一，自 1920 年有记录以来，测区及外围地震发生频繁，是青海省地震的主要发育场所之一，但由于测区处于人迹罕至之处，地震资料仅靠周围观测点提供，小地震资料很不全面。据不完全统计（表 5-5），4 级左右地震已有 5 次。进入 20 世纪 80 年代后，该区的地震活动进入了一个活跃期，地震活动的频次和强度都较过去有明显增加。据最新资料，2001 年 11 月 14 日测区发生了 8.1 级强烈地震，地表上产生长达 350km 的地震破碎带，由雁列分布的北东东向张扭性地表断裂和 100°～140°走向的剪切破裂所构成。

表 5-5 测区及周围地区地震资料统计表

时间	震级	纬度	经度
1974-2-12	4.8	36°01′	91°49′
1979-9-18	4.7	35°54′	90°49′
1979-11-29	4.8	36°13′	91°24′
1980-1-2	3.0	36°38′	90°04′
1980-3-5	3.8	36°21′	90°20′
1980-3-7	5.9	36°06′	91°54′
1980-3-7	3.3	36°22′	91°34′
1982-6-20	3.7	37°13′	91°43′
1982-6-22	4.0	36°46′	91°50′
1983-12-25	4.7	37°01′	91°13′
1984-1-15	3.9	36°58′	91°08′
1989-5-17	5.0	35°50′	91°20′
1992-2-9	2.0	36°32′	90°00′
1993-4-5	3.6	37°22′	91°40′
	2.8	37°26′	91°41′
	3.2	37°26′	91°39′
1993-6-2	3.7	36°51′	91°28′
1994-9-22	3.4	37°05′	91°52′
	3.1	37°22′	91°53′
1994-9-27	3.7	37°10′	91°52′
1995-10-27	4.7	37°11′	91°58′
1996-11-21	4.1	36°01′	90°34′

注：截止于 2000 年，资料来源于青海省地震局。

3. 褶皱

1）古近纪—新近纪地层的褶皱构造

测区古近纪—新近纪地层的褶皱构造多为开阔-平缓的短轴褶皱构造，轴迹北西西-南东东向，两翼对称，轴面直立，翼间角一般为 105°。

受昆南左行平移型活动断裂的影响，在其北部部分区域尚可以见到强烈的左行平移断层的牵引作用形成的倾竖褶皱叠加于较早形成的短轴褶皱构造之上。

2）第四纪地层的褶皱构造

褶皱基本上存在着两种形成方式：一是借助断陷、断坳盆地中基底起伏造成的原始沉积“背、向”斜构造，在新构造运动时期的区域性挤压下进一步弯滑变形，成为现今所见到的构造盆地和穹隆构造；二是由断层活动造成，或为断层牵引褶皱，或为两相邻断裂活动造成之间的断块受挤而成，形成的褶皱成短轴状，但两翼产状往往较陡，轴迹弧形弯曲。测区内第四纪冲洪积扇中发育的褶皱就是这种类型。

（二）垂直上升运动

1. 夷平面

区内地貌保持三层结构特征(图 5-41)。最高的为山顶面，由处在同一水平面的冰峰构成，保留着最老的一级夷平面特征；中间一层为山原面，即二级夷平面，它保存最好，整个测区均有显示；最低的加积面由现代发育的湖泊面构成。

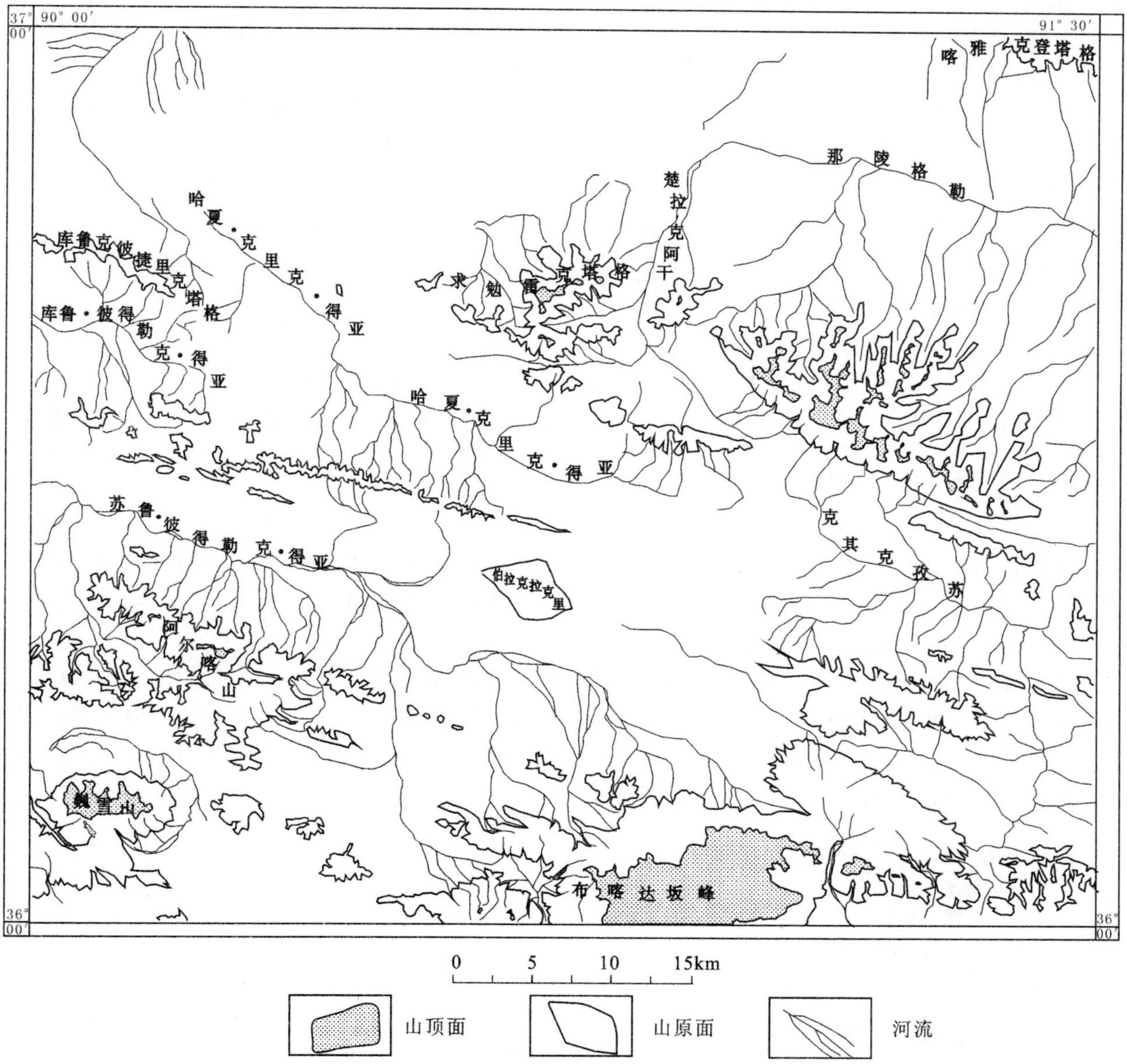

图 5-41　布喀达坂峰幅夷平面分布图

1) Ⅰ级夷平面

亦称山顶面，由布喀达坂峰、巍雪山、塔鹤托坂日、阿尔喀山等高大山系组成，都是区内冰川发育的山峰，它们的峰岭线基本处在同一高度上，平均海拔 5500m 左右，局部高点在 6500m 之上。顺峰岭线延伸方向常覆盖较大规模的冰帽，使整个山岭呈平顶岗状，代表测区最高的一级夷平面。从地貌特征分析，该级夷平面为最老的一级夷平面，剥蚀对象为古近纪—新近纪以前及古—始新世的所有地质体。在克其克孜苏山间盆地底部内堆积的古近纪(残积)河湖相磨拉石建造、含膏盐层建造应为该级夷平面的相关沉积。

结合区域资料分析，推测区内Ⅰ级夷平面形成于渐新世—中新世早期；区域资料显示渐新世—中新世雅西措组中沉积记录反映了夷平面形成时为干旱炎热气候，结合塔鹤托坂日山体的裂变径迹证据分析，形成时海拔高度大于500m；而现在却被抬升至5500m，可见新构造运动对高原抬升影响巨大。

2）Ⅱ级夷平面

又称山原面，该级夷平面保存最好，由一系列处于同一高度相对山顶面为低的突出山梁构成。一些区段表现为谷坡平整形成的平坦面或平坦开阔的谷地，这些地方又往往是更新世冰川堆积的场所。它们平均海拔在5100m以上，顶面由古近纪—新近纪红色碎屑岩覆盖，遭受剥蚀常形成起伏较小的平坦面。此夷平面与区内中新世河湖相沉积是同时进行的。后期地面抬升使中新世沉积面稍低于上述夷平面，但中新世火山活动造成的熔岩被“加积”在中新世沉积物面上，使其高度和山原面接近。现今遭受强烈风化剥蚀后出现熔岩台地，台面高度代表着这级夷平面的高度。

该级夷平面形成过程中，剥蚀的最新地层为古近纪—新近纪地层及Ⅰ级夷平面的相关沉积物。它们的相关沉积物为中—上新世河湖相沉积。其曲果组的陆相红层中大量出现的泥质粉砂岩、泥晶灰岩反映了测区此时构造活动处于一种稳定时期，原有地形起伏趋于消失，开始出现准平原化；结束于喜马拉雅运动之前。区域资料表明该级夷平面形成时期，测区处于干燥炎热气候，海拔高度大于1000m；受喜马拉雅运动影响，现今已抬升至5100m，表明新构造运动幅度之大、速率之快。中更新世广泛发育的冰碛也是其较为重要的相关沉积之一。

3）加积面

主要分布于伯拉克拉克里湖、库水浣、克其克库木库勒湖周围，由现代发育的湖面构成。

上述二级夷平面可以说明区内间歇性抬升的地壳运动是显著的，是构造运动的主要表现形式之一。

2. 阶地、冲洪积扇、镶嵌谷、分水岭

1）阶地、冲洪积扇

新构造断裂活动造成的地貌变化十分显著，布喀达坂峰断裂和那陵格勒河断裂不仅使二级夷平面发生差异性升降，形成比高较大的深陷谷，而且沿谷地发育的河流间歇性下切，两岸出现不对称的各级阶地或高悬在阶地之上的古洪积扇。

在那陵格勒河两侧，中更新世发育冰水扇、洪积扇，后期晚更新世新扇嵌入老的扇体之中。以后由于后期阶段性抬升形成四级阶地（图5-42）。Ⅳ级阶地阶面高出河平面46m，位置距现代河流较远，其主要为扇体前缘；Ⅲ级阶地阶面高出河平面40m；Ⅱ级阶地高出河平面25m。河北侧只发育二级阶地；反映了由南向北的掀斜运动造成两岸不对称抬升。

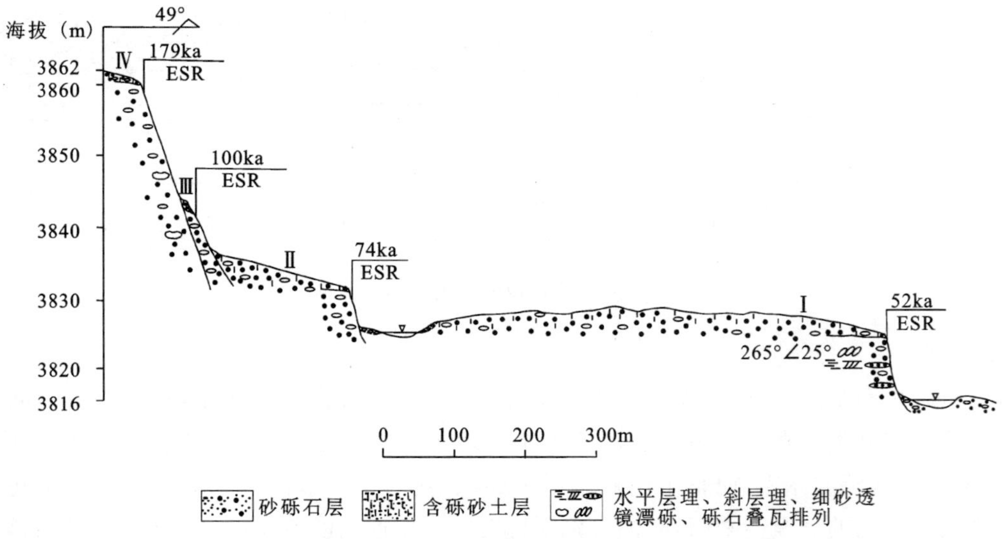

图5-42 青海省盲崖行政委员会那陵格勒河第四纪河流阶地铺面（Ⅱ3P_4）

在洪水河河谷一带，晚更新世构成山前洪积扇及河流三级阶地。冲洪积扇由于后期大幅度抬升，扇前因河流强烈下切，形成前缘高度平均在10m的洪积扇阶地，而洪水河谷是较典型的地堑式谷地，阶地发育并较稳定而且明显受构造控制，主要有三级阶地，最高一级阶地占据谷底的2/3，平整规则，纵向延伸十分稳定。由于谷地两侧断裂活动，两侧阶地发育呈不对称状，一侧发育，另一侧处于侵蚀状态而形成陡壁，陡壁高度和最高的阶地面高度等高。阶地级数随地而异，反映新构造运动的规则性及差异性的不同。

在额尔衮赛埃图河南岸，其与克其克孜苏河下游河流汇合处，剖面主要为中更新世发育冰水扇、洪积扇的砂砾石层组成。由于此地区对构造活动极其敏感，振荡性抬升形成了多级阶地(图5-43)，它是昆黄运动、共和运动在测区的具体表现。由于阶段性抬升形成五级阶地，Ⅴ级阶地阶面高出河平面172m，Ⅳ级阶地阶面高出河平面123m，Ⅲ级阶地阶面高出河平面108m，Ⅱ级阶地高出河平面104m，Ⅰ级阶地为河流基座阶地，高度达86m，测得年龄为51ka。反映出自51ka以后，该地区进入一个快速隆升时期，至少被抬升了86m。河北侧断续发育二级阶地。河南北两侧阶地发育的差异反映了克其克孜苏河地区新构造运动的差异性抬升。

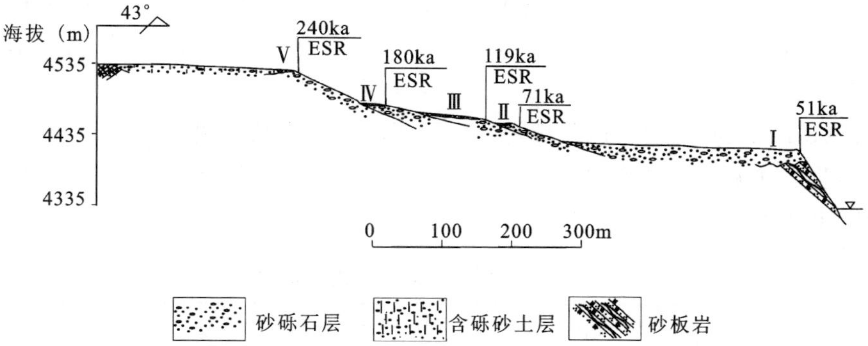

图5-43　青海省盲崖行政委员会额尔衮赛埃图第四纪河流阶地铺面(Ⅱ9P_2)

从阶地相位图(图5-44)，可以看出同一时期克其克孜苏河地区比那陵格勒河地区抬升幅度要大很多；而在克其克孜苏河地区不同时期的抬升幅度也有很大差异，其中以51ka以后这段时期抬升最为强烈。

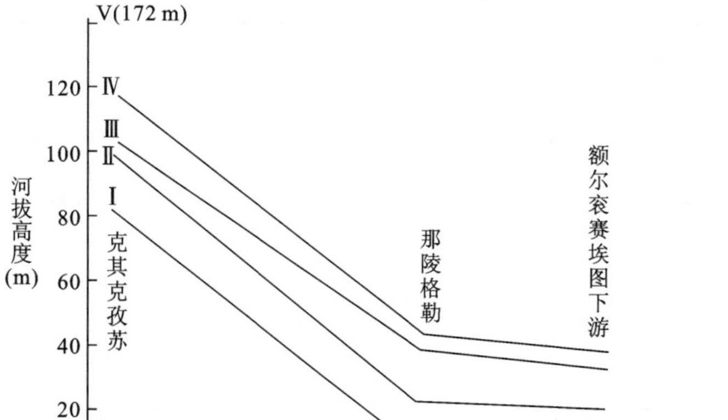

图5-44　那陵格勒地区阶地相位图

(额尔衮赛埃图下游资料来源于1:20万塔鹤托坂日幅区域水文地质调查报告，其他为实例)

2）镶嵌谷

多发育于塔鹤托坂日等高山中的镶嵌谷较为典型，均系地壳间歇性隆升、河流下切所致。这些镶嵌谷深度一般为5～30m，谷壁直立，呈“U”形。它们是隆升的直接证据。

3）分水岭

指因地壳抬升，河流向源侵蚀，分水岭直抵博克雷克塔格，这也是新构造运动有利证据之一。分水岭迁移主要表现于那陵格勒河支流额尔衮赛埃图河切穿塔鹤托坂日，袭夺克其克孜苏河，分水岭迁移至克其克孜苏河北山一带；其切穿塔鹤托坂日时间应在240ka±，因为形成克其克孜苏河最高一级阶地的时间为240ka。自此以后河流继续向源侵蚀，切穿克其克孜苏河北山，在80ka以后直达博克雷克塔格；在克其克孜苏河南支流上游（红金台一带）只形成二级阶地，与克其克孜苏河二级阶地对比分析，其切穿克其克孜苏河北山应在80ka±。根据地貌发展来看，有可能进一步袭夺洪水河，切穿博克雷克塔格，不远的将来会贯通整个昆仑山脉。

3. 塔鹤托坂日山体抬升的裂变径迹证据

1）地质背景及样品特征

为了研究测区是从何时开始隆升，其年代信息如何，本次调查中专门在塔鹤托坂日一带系统采集了6件磷灰石裂变径迹样品。除一件没有测试结果外，其他样品都获得了比较好的数据。样品采集于塔鹤托坂日北坡海拔4900m以上的灰白色似斑状二长花岗岩岩体，岩体^{40}Ar-^{39}Ar法同位素年龄为254.1±1.5Ma，为晚二叠世产物。样地附近为冰川作用的大起伏高山，四周冰斗、冰槽谷发育，下部为寒冻风化岩屑坡，样品附近为裸岩，无断裂影响。

2）实验方法与结果

送检样品所测试的矿物为磷灰石，单矿物分选采用流程和重液分离技术。裂变径迹测试采用外探测器方法，其他实验条件见万景林等(2000)。Zeta标准采用国际标准样Burango磷灰石及SRM612铀标准玻璃，分析结果如表5-6和图5-45所示。

表5-6　磷灰石裂变径迹分析

样号	海拔高度/m	颗粒数	$\rho_s/(10^6 cm^{-2})$	N_s	$\rho_i/(10^6 cm^{-2})$	N_i	γ	T/Ma	$L/\mu m(N)$
APQ-6	4447	21	4.473	662	2.12	3137	0.836	42.3±5.6	12.71±0.19(61)
APQ-5	4548	20	5.333	528	1.931	1912	0.789	61.8±6.7	12.75±0.13(100)
APQ-3	4648	21	6.495	682	1.686	1781	0.915	87.2±8.3	12.32±0.16(101)
APQ-1	4959	15	5.595	853	9.904	1510	0.768	128.4±13.5	12.96±0.22(81)

注：ρ_s为矿物中^{238}U的自发裂变径迹密度；ρ_i为矿物中^{235}U诱发裂变径迹密度；γ为相关系数；L为径迹长度；N_i及N_s为所测的径迹数；N为参与长度统计的径迹数。

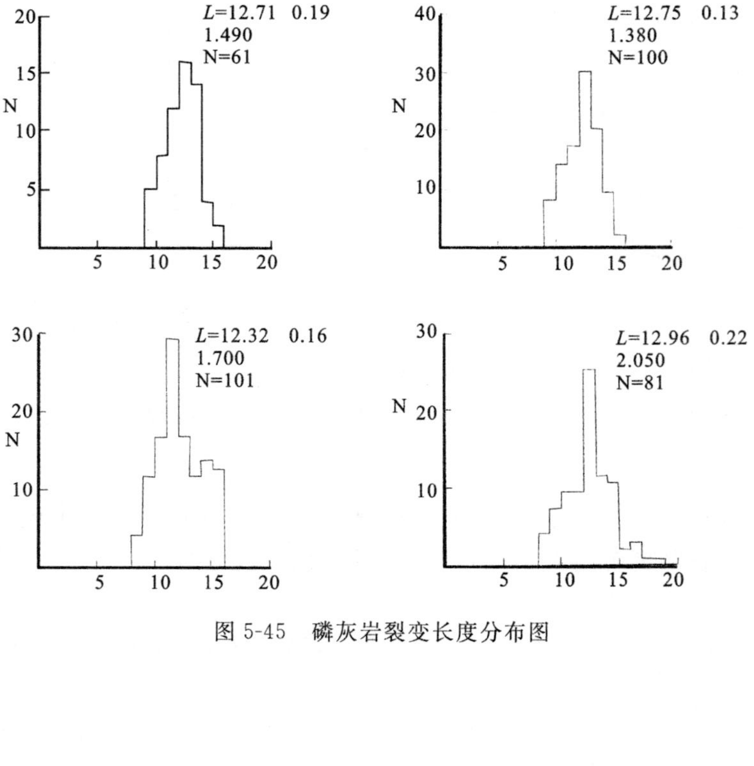

图5-45　磷灰岩裂变长度分布图

本文磷灰石裂变径迹的封闭温度采用110±10℃，年龄误差±2Q。所测的塔鹤托坂日剖面样品，磷灰石年龄(取中心年龄)由高至低减，依次为128.4±13.5Ma、87.2±8.3Ma、61.8±6.7Ma和42.3±5.6Ma。

3）结果讨论

由上述结果可见，本剖面样品磷灰石裂变径迹年龄位于128.4—42.3Ma的年龄范围，对应样品径迹长度及单颗粒配分表现为单峰分布(其中1件出现了双峰分布，可能受到其他热事件的干扰，故剔除)，表明以上样品所处位置通过110±10℃磷灰石封闭温度带后，至今未受到其他热事件的影响。128.4—42.3Ma时间段可代表样品所在位置较早时间的抬升(图5-46)。其所含年代信息在后期的构造抬升或改造中除有进一步的时间累计外，并没有发生退火事件。受采样点下部寒冻风化岩屑异地转石覆盖，向下无法连续采集样品，故期后期可能的抬升无法揭示。

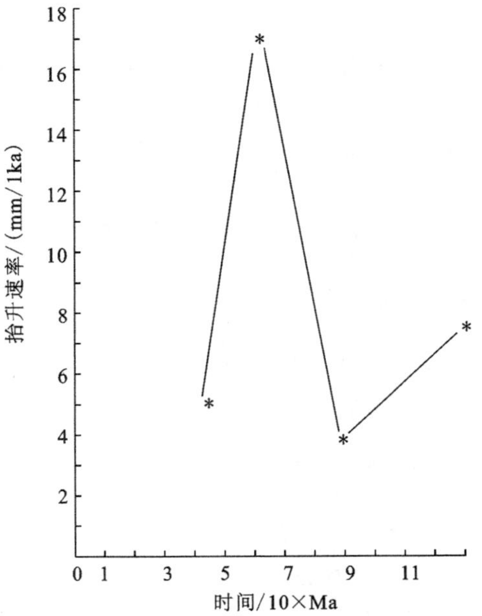

图5-46 塔鹤托坂日岩体台升速率与时间关系

综上所述，所采海拔为4447—4959m的4件样品磷灰石裂变经迹年龄基本代表了塔鹤托坂日地区128.4—42.3Ma的抬升过程。128—87Ma期间为一缓慢抬升过程，其间山体被不断剥蚀、夷平；87—61Ma期间为一快速抬升过程，反映为速率不断加快，而61—42.3Ma期间速率减慢，反映为剥蚀速率大于抬升速率。自此塔鹤托坂日一带，一直处于缓慢抬升之中，长期保持在地形上为本期抬升之冠军，并被历次冰期冰川作用所剥蚀。

4. 冰蚀地貌

主要发育于各大山谷之间，类型有古冰斗、冰川悬谷、冰碛垄、冰蚀槽谷等。在伯拉克拉克里北山谷间发育有古冰斗，海拔高度为5000m。求勉雷克塔格、布喀达坂峰发育多期冰碛垄。喀尔瓦见有冰川悬谷，海拔高度为5100m。各大山系发育不同程度寒冻风化碎石流、冰蚀槽谷。

5. 岩溶地貌

主要发育在喀尔瓦山北侧可溶性碳酸盐岩之中，碳酸盐岩呈孤峰、峰丛，厚度巨大，走向近北东，溶洞较为发育。溶洞同阶地一样，是新构造运动相对稳定条件下沿地下水水平面形成的，随新构造运动间歇抬升形成成层溶洞，上下层溶洞的海拔高度分别为5000m、4800m。

三、地貌

（一）山地

1. 大起伏极高山

主要分布于测区各大高山冰雪覆盖区。海拔5700m以上，最高点6886m，山势陡峭，受大型活动断裂影响，与周边地区相对高差1500m以上。据调查分析，地层岩性以古近系—新近系砂砾岩、二叠系砂板岩为主。

2. 大起伏高山

主要分布于测区中部高山地区。海拔4500～5800m，起伏高度1000～1500m，山势陡峭，基岩裸露，山体大体呈北西西向展布，与区域构造线一致。岩性主要有元古宇变砂岩、奥陶系灰岩和海西期、印支期侵入岩组成。海拔4800m以上寒冻风化碎石流发育，部分地区(北坡5100m以上，南坡5350m以上)

为现代冰雪覆盖。局部终碛垄、冰斗角峰、刃脊等冰川地貌发育，主脊北坡及巍雪山西南坡冰槽发育。山顶多呈浑圆状，峡谷、"V"型谷发育。

3. 中起伏高山

主要分布于测区阿尔喀山，塔鹤托坂日。海拔4000～5800m以内，起伏高度500～800m。地层岩性以各期侵入岩和元古宇变质岩、奥陶系砂板岩为主。测区西南角冰雪广泛覆盖，断层三角面发育。基岩裸露，山坡较缓，4350m以上的地区多年片状冻土发育，断层三角面发育。山间沟谷普遍呈窄谷、落水陡坎、一线天及中小河谷地貌，冻融泥流、冻胀土丘、冻融滑坡等冰缘地貌发育，海拔4800m以上寒冻风化强烈，表层岩石破碎或裂隙发育，局部为石海、石川地貌。

4. 小起伏高山

主要分布于高山地区。海拔4500～5400m，起伏高度200～500m，山势陡峭，基岩裸露，山体大体呈北西西向展布。

5. 高海拔剥蚀丘陵

主要分布于测区中部克其克孜苏，海拔4500～5200m，起伏高度50～200m，岩性主要为古近纪—新近纪红层，局部冰蚀(热融)湖塘发育，河谷两岸存在冻融泥流、滑坡、崩塌、淋蚀现象，其间沟谷流程较短，细小水系发育。

6. 高海拔堆积丘陵

主要分布于测区那陵格勒河谷，海拔4500～5200m，起伏高度50～200m，主要为风成沙区。

(二) 盆地

可分为堆积台地、堆积平原等。

1. 堆积台地

主要分布于哈夏·克里克·得亚等几个大支流源头地区。海拔高度4700～5000m，地形切割变化较大，岩性主要为新生代沉积物，表层多为冰水堆积物所覆盖。地面较平坦，微向河谷倾斜。冻土现象发育。

2. 堆积平原

主要分布于那陵格勒河谷及几大支流流经地区，海拔4800～5000m，起伏高度较小。岩性主要为晚更新世以来的堆积物，其成分主要为砂砾石。地形开阔、平坦，微向河床倾斜，冲沟发育，其局部冲洪积扇发育。

四、新生代盆地

测区新生代盆地较发育，这些盆地雏形形成于不同地质时代，但新生代都有"活化"，长期接受沉积。新生代以来的沉陷过程受到高原隆起的影响，沉积物特征在一定程度上反映了青藏高原隆起时沉积盆地形成的影响。

古近纪之前，受新特提斯洋闭合以及印度板块与欧亚板块的接合碰撞等影响，测区早期断裂继承性再次活动，陆内发生断块差异性升降，求勉雷克塔格等高山隆升加快，造成山体周围堆积大量出现粗碎屑物，形成多个断陷、断坳盆地。该时期各断裂在南北向的挤压下发生由南向北的右旋斜冲，沿活动断裂形成一系列断坳盆地，各盆地东西向延伸稳定。新近纪以后即新构造运动时期，构造运动又进一步加强，地壳强烈抬升，老断裂进一步复活，其性质发生改变，新生断裂及褶皱形成并有一定规模的火山活动。

古新统—始新统沱沱河组地层以砖红色、紫红色、灰紫色复成分砾岩为主夹紫红色岩屑砂岩、岩屑长石砂岩等的一套陆相碎屑岩建造。下部具明显的旋回性韵律特征，即由砾岩—含砾粗砂岩—砂岩—粉砂岩构成的自旋回性沉积，砂岩层则发育平行层理，水平层理，交错层理。反映了盆地已经初始拉张，周围山体开始隆起，盆地雏形形成；盆地周围山体带来的碎屑快速堆积在盆地边缘。砾岩中叠瓦状构造较发育，砾石成分复杂，磨圆较好，多呈次圆状—次棱角状，钙质基底式胶结，反映水动力较强，是近地陆源物快速堆积的产物，属气候较干旱环境下形成的山麓河流相沉积。上部层序特征为粗砂岩与细砂岩、粉砂岩构成向上变细的沉积韵律，发育平行层理、水平层理及交错层理。而在布喀达坂峰西侧一带见有泥岩夹石膏薄层，而泥岩中发育水平层理、波痕及泥裂，显示出盆地周围山体隆起较高，盆地水深加大；显示为一滨浅湖环境下形成的细碎屑岩沉积，而湖水曾一度干涸。该地层总体呈近东西向展布于山间坳陷或断陷盆地中，为干旱炎热气候环境下沉积的一套以山麓冲积相为主兼河湖相的碎屑岩沉积。

测区始新统—渐新统雅西措组其岩石组合特征在不同沉积盆地存在着明显差异，主要岩性由紫红色灰绿色岩屑砂岩、紫红色灰绿色泥岩、粉砂岩夹砂质微晶灰岩、泥晶灰岩及石膏层。灰紫色细砂岩、粉砂岩，厚度巨大，发育水平层理、小型交错层理、缓波状层理以及对称为主型的浪成波痕，包括叠加作用而形成的干涉波痕，具有强氧化条件下的浅湖相环境特征。自此以后，地体强烈抬升。此后构造运动减弱；到了上新世曲果组，早期形成的盆地挤压成型，盆地开始收缩，构造运动形式由南北向挤压转向东西向伸展；出现大量的砂砾石层。该套地层以灰褐色、紫红色复成分砾岩为主夹灰褐色、灰黄色、紫红色含砾岩屑长石砂岩及不等粒长石岩屑砂岩，反映该时期构造活动减弱。砂岩中见平行层理及交错层理；砾岩中砾石成分复杂，磨圆较好，多呈次圆状，分选较好，基底-孔隙式胶结。从碎屑物分选差、成熟度低、杂基含量低、基底-孔隙式胶结等特征分析，沉积物来自近源，反映堆积物为河流相，为气候较干旱环境下形成的山麓河流相沉积。测区处于一个相对稳定的温暖潮湿的气候环境。上新世后，构造活动逐渐增强，出现灰色、褐黄色砂砾岩、砾岩夹砂岩等山麓河流相堆积，气候频繁波动，以寒冷潮湿气候为主。

晚上新世以来青藏高原隆升幅度加快，据张青松等(1998)研究，早更新世青藏高原才逐步隆升至3000m，并和全球降温事件相耦合。区内早更新世地层来看，早期为河湖相粉砂质泥岩沉积，见有陆相腹足类化石，反映构造活动较弱，为一个温暖潮湿的气候环境；晚期为山麓冲洪积堆积，范围广，反映气候演变为湿冷气候，显示出山间盆地封闭；区内处于阶段性隆升阶段。中更新世早期山体隆升至冰川发育的高度进入，冰冻圈，出现倒三冰期。盆地周围山体出现大量冰川；冰川周围出现大量的冰碛、冰水堆积物，因后期侵蚀而保存不全，仅残存在现代冰舌末端，海拔高于5000m，岩性为泥砂质砾石层。中更新世后期，由于气候转暖，冰川融化，在各大高山山前形成由冰水扇、冲洪积扇组成的冰水平原。

晚更新世受共和运动影响，由于塔里木地块的阻挡，盆地边缘走滑断裂活动加剧，受到周围块体的挤压，测区山体进一步隆升，冰川范围进一步扩大，进入倒二冰期。倒二冰期在测区表现为晚更新世冰水堆积物、冰碛物形成由冰水扇、冲洪积扇构成的冰水平原，其范围较广；山间和山前盆地出现大面积砂砾石层的冲洪积扇、冰水扇，河流溯源侵蚀作用加强，形成高阶地。盆地砂砾石层中出现了牵引褶皱。

在晚更新世后构造活动更加强烈，频繁的构造抬升，使河流阶地发育；由于降水的减少，冰川大面积退缩至山间出现。晚更新世—全新世早期，现代地貌格局基本形成，测区出现多类型、多成因沉积物。

五、新生代火山活动

中新世以后，测区库水浣以北—巍雪山发生强烈的陆相火山活动——查保马组，岩相单一，岩石类型简单，主体为溢流相熔岩，次为次火山岩相的流纹斑岩；岩石类型主要有粗面岩、流纹岩和流纹斑岩三种；本次调查在底部流纹岩中采用全岩 K-Ar 法测年，获得了 8.86±1.2Ma 的年龄，时代归属中新世晚期。区内新生代陆相火山活动成因为“非继生性的陆内俯冲”机制。

六、新构造运动与气候环境的耦合关系

青藏高原隆升及其对周围环境的影响历来都是各科学家关注研究的热点。自 20 世纪 60 年代起，

很多中、外学者对青藏高原开展了大规模、多学科的科考，青藏高原在古近纪—新近纪末强烈隆升的观点，得到大多数学者的认可。尤其是在"八五"攀登计划青藏项目的执行过程中，从天然剖面、湖的岩芯、冰芯以及地貌、新构造、冰川等方面进行详细地质记录的提取，并对古环境进行恢复，从而揭示出晚新生代以来高原隆升的历程。经初步归纳，青藏高原晚新生代以来主要地质事件分述如下。

（一）青藏高原隆升事件

传统地质学多以造山运动、断裂活动和岩浆活动为主要特征的新生代构造运动——喜马拉雅运动研究青藏高原隆升，并将喜马拉雅运动划分为三期：第一期喜马拉雅运动，发生在始新世（54—38Ma BP），导因为印度板块与欧亚板块的碰撞，至 20Ma BP 前后山顶面形成时青藏高原海拔高度仅有几百米；第二期喜马拉雅运动，发生于中新世中期（20Ma BP），使青藏高原周边及内部发生强烈的构造变动和岩浆活动，整体隆升中又出现差异升降运动，到 3.4Ma BP，高原平均海拔可能接近 1000m；第三期喜马拉雅运动（3.4Ma BP—Rec）是青藏高原进入大幅度分阶段强烈隆起的新时期，分为三幕，即青藏运动（3.4—1.7Ma BP）、昆仑-黄河（昆黄）运动（1.1—0.6Ma BP）和共和运动（0.15Ma BP—Rec）。

1. 青藏运动（3.4—1.7Ma BP）

由李吉均等（1998）创立，并分为 A、B、C 三幕。发生于 3.4Ma BP 的构造运动为 A 幕，B 幕和 C 幕分别发生于 2.5Ma BP 和 1.7Ma BP。相应提出 37—3.4Ma BP，青藏高原地区经过两次隆升与两次夷平的假说。第一次隆升时的高原高度可达 2000m 左右，夷平终止时高原低于 1000m，第二级夷平面发育于 19—7Ma BP，结束于 3.4Ma BP。

测区表现为早期盆地开始收缩，古近纪—新近纪红层强烈褶皱并被断层推挤碾压，上新统曲果组地层与下伏地层出现角度不整合，高原主夷平面开始解体。由于受到塔里木地块的阻挡，以及阿尔金断裂大规模左行走滑影响，测区构造性质由南北向挤压转变为东西向伸展，沿布喀达坂峰断裂带火山活动强烈；该次运动导致古气候、古环境和古地理格局发生重大变化。早更新世河湖相地层的出现是这次构造运动的结果，经此次运动，研究区整体轮廓、构造-沉积格局等基本形成，其后随高原进一步阶段性隆升。

2. 昆仑-黄河（昆黄）运动（1.1—0.6Ma BP）

由崔之久、伍永秋等（1998）作系统总结，其基本含义是指距今由 1.1Ma 开始至 0.7Ma 前后发生的一次先是大面积抬升，后是突发性断块隆升与沉陷的构造运动。这次构造运动具有发生突然、抬升幅度大的特点，青藏高原由此上升到临界高度 3000m 以上，导致高原第四纪以来最大冰期的发生，并且这次抬升还可能是我国中更新世初的构造-气候旋回中环境发生剧烈变化的驱动因素。受该次构造运动的影响，测区山地抬升，分布的早更新世河湖相地层快速消失。高原环境也发生了重大变化，测区普遍进入冰冻圈，在此时形成青藏高原最大冰期。而冰川面积迅速扩大的结果，引起大气环流改变，冬季风盛行；造成测区内大小河流干枯，河床暴露，风积沙及黄土堆积普遍；致使气候于中更新世时期出现重大改变并向变干方向迅速发展。

3. 共和运动（0.15Ma BP—Rec）

大约发生于 0.15Ma BP 的共和运动对本区地质环境演变影响巨大。区域上这一运动使共和盆地中的共和组发生变形，黄河切穿龙羊峡溯源侵蚀。受该次构造运动影响，测区新构造运动以挤压向后转变为左旋运动为主。但仍发育 2～3 期洪积扇和多级河流阶地，反映山脉仍有显著抬升。山区小河流切割老洪积扇深度为 20～30m；河流袭夺，溯源侵蚀现象普遍，那陵格勒河主流和支流不断向南侵蚀，越过昆仑山，进一步袭夺洪水河，不远的将来会贯通整个昆仑山脉。由于隆起及干旱化导致区内许多湖泊封闭，气候波动频繁，内陆水系形成等地质环境的变异。整个青藏高原出现隆者更高、坳者更低的构造地貌景观。

（二）高原隆升与环境变化

测区地质特点具有整个青藏高原的共性，也有其特殊构造部位所具有的特性，燕山运动导致本区进入陆内盆地发展阶段。陆相三叠系八宝山群不整合于前期地层之上，而构造运动导致昆仑山雏形的形成，自始新世青藏高原全部脱离海侵（特提斯海消失）。喜马拉雅运动A幕在各大盆地边缘造成巨厚的砾岩沉积，在高原内部昆仑山中也有反应。古新统—始新统沱沱河组地层以砖红色、紫红色、灰紫色复成分砾岩为主夹紫红色岩屑砂岩、岩屑长石砂岩等的一套陆相碎屑岩建造。下部具明显的旋回性韵律特征，即由砾岩—含砾粗砂岩—砂岩—粉砂岩构成的自旋回性沉积，砂岩层则发育平行层理，水平层理，交错层理。反映了盆地已经初始拉张，周围山体开始隆起，盆地雏形形成；盆地周围山体带来的碎屑快速堆积在盆地边缘。砾岩中叠瓦状构造较发育，砾石成分复杂，磨圆较好，多呈次圆状—次棱角状，钙质基底式胶结，反映水动力较强，是近地陆源物快速堆积的产物，属气候较干旱环境下形成的山麓河流相沉积。

渐新统—中新统雅西措组中，前人在额尔衮赛埃图中游路线（32BH380-1）中采获的孢粉经青海省第二区调队冀六祥鉴定，孢粉组合中裸子植物花粉占总含量的54.75%，包括：*Pinuspollenites* sp.（1.90%），*Abietineaepollenites* sp.（9.06%），*Piceaepollenites* sp.（3.44%），*Podocarpidites* sp.（2.81%），*Keteleeriaepollenites* sp.（4.62%），*Cedripites* sp.（9.50%），*Abiespollenites* sp.，*Taxodiacaeaepollenites* sp.，*Tsugaepollenites* sp.，Pinaceae（2.17%），*Ephedripites* spp.（20.58%）；蕨类植物孢子占6.79%，*Pterisisporites* sp.（3.53%），*P. undulates* Sung et Zheng（1.81%），*Multinodisporites* sp.（0.45%），*Lycopodiumsporites* sp.，*Polypodiaceaesporites* sp.；被子植物花粉占38.4%，包括：*Rhoipites* sp.（29.28%），*R. pseudocingalum*（Pot）Potonie，*R. dolium*（Pot）Potonie，*Meliaceoidites* sp.（3.17%），*Niterariadites* sp.（4.35%），*Retitricolporites* sp.，*Elaeagnacites* sp.，*Alnipollenites* sp.，*Tricolporopollenites* sp.等。认为该孢粉组合特征与柴达木盆地渐新统下干柴沟组相似。该套地层总体为一套陆相碎屑岩，碳酸盐岩沉积。自下而上构成粒度由粗变细的沉积韵律。在泥灰岩中采获腹足化石：*Galba* sp.，*Gyraulus* cf. *laevis* Alder，Ⅱ9P_3剖面泥岩中采获的孢粉组合以松科花粉（松粉、雪松粉、云杉粉和冷杉粉）占绝对优势，旱生植物蒺篱科（青海粉和拟白刺粉）较多为特征反映当时为干凉的气候，其植被主要为针叶林。克其克孜路线泥岩中采获孢粉：*Pinuspollenites*（49粒），*Magnolipollis*（2粒），*Lonicerapollis*，？*Tsugaepollenites*（2粒），*Polypodiaceaesporites*（2粒），*Nitririadites*（1粒），*Ephedripites*(D)（1粒）。前人剖面采获的孢粉经王若珊、高爱莉鉴定认为属松科—麻黄科—楝科组合，其特点是裸子植物花粉占第一位，花粉中以松科花粉最多，其次麻黄科、柏科和杉科，占总组合的50%～80%。被子植物花粉主要为楝科、栎科及未定科的三孔、三孔沟类花粉，占总数的10%～40%。蕨类孢子很少，不到10%。以上组合与柴达木盆地，西藏伦坡拉盆地中新统的孢粉组合很近似。这两个盆地中新世孢粉组合均以松柏类植物为主，次为被子植物花粉楝、栎粉属。

砂岩中发育平行层理及斜层理，粉砂岩中发育交错层理、对称波痕，泥岩中不明显的水平层理，灰岩以微晶灰岩、粉晶灰岩、泥晶灰岩为主，普遍见有石英、长石、岩屑等陆源碎屑混入。反映为一种滨浅湖相沉积环境。大量石膏层得出现，反映气候干旱炎热。总体该地层属典型的“红层“沉积，生物匮乏，具大陆性燥热气候特点。晚新生代多次构造应力体系的转换导致测区新构造作用的阶段性和多样性。

新近纪沉积，主要分布于山间盆地，为一套砾岩、砂砾岩、粉砂岩、泥岩、泥灰岩组合而成的山前河流相及滨湖相沉积（中新世），该阶段为青藏高原主夷平面和古岩溶发育期，推测中新世—上新世地面高程大约为1000m，属亚热带干旱炎热的古气候环境向寒冷潮湿气候环境转变阶段。

上新统曲果组地层显示，早期形成的盆地挤压成型，盆地开始收缩，构造运动形式以南北向挤压转向东西向伸展；出现大量的砂砾石层。该套地层以灰褐色、紫红色复成分砾岩为主夹灰褐色、灰黄色、紫红色含砾岩屑长石砂岩，不等粒长石岩屑砂岩；砾岩中砾石成分复杂，磨圆较好，多呈次圆状，分选较好，基底-孔隙式胶结。从碎屑物分选差、成熟度低、杂基含量低、基底-孔隙式胶结等特征分析，沉积物来自近源，反映堆积物为河流相，为气候较干旱环境下形成的山麓河流相沉积。测区处于一个相对稳定的温暖潮湿的气候环境。上新世后，构造活动逐渐增强，出现灰色、褐黄色砂砾岩、砾岩夹砂岩等山麓河流相堆积，气候频繁波动以寒冷潮湿气候为主。

上新世末—早更新世末昆仑山山间盆地中发育湖积，反映出此段时期，青藏高原虽已整体抬升，但并没有突出于高原面之上，尚未明显影响地球大气环境变化。通过对剖面的分析研究，Ⅱ5P_2剖面第1—3层为早期沉积(1217.7ka ESR)，属于滨湖相—湖沼相。在1.2Ma这个时期，该地区还残存有少量淡水湖泊，其中含有许多腹足类 *Gyraulus sibiricus*(Dunker)(西伯利亚小旋螺)、*Galba* sp.(土蜗)。孢粉含量较多(338粒)(表5-7)，发育大量木本植物(82.8%)，以针叶植物花粉为主(60.7%)，其中松属(*Pinus*)35.8%，云杉属(*Pibea*)33.7%，另外还有冷杉属(*Aibea*)0.9%，柏科(Pressaceae)0.3%。落叶阔叶林占12.1%，有桦属(*Betula*)6.5%，榆属(*Ulmus*)0.9%，漆树属(*Rhus*)2.4%，榛属(*Corylus*)1.2%，柳属(*Salix*)0.6%；而灌木植物仅见麻黄属(0.6%)；草本植物为16.6%，包括蒿类(*Artemisia*)0.9%，藜科(Chenopodiaceae)1.8%，禾本科(Granmineae)8.3%，豆科(Leguminosae)0.6%，律草属(*Hunulus*)0.9%，唇形科(Labiatae)0.3%，忍冬科(Caprifoliaceae)0.3%，莎草科(Cyperaceae)3.6%；蕨类植物水龙骨科(Polypodiaceae)仅为0.6%。木本植物大量出现，而旱生植物如蒿类，麻黄属含量极少，说明气候温暖湿润。但木本植物中以针叶植物花粉为主，反映出该地区在1.2Ma时期已抬升至一定高度(1500～2000m)，从岩性上反映出该地区湖水较浅，曾经出现过沼泽堆积。

表5-7 剖面孢粉统计表

	Ⅱ5P_1BH4-1	Ⅱ5P_1BH7-1	Ⅱ5P_1BH9-1	Ⅱ5P_1BH10-1	Ⅱ5P_1BH20-1	Ⅱ5P_1BH24-1	Ⅱ5P_2BH17-1
孢粉总数	13	10	7	14	13	19	338
木本植物总数%	0	0	0	21.4	0	26.3	82.8
草本植物总数%	100	100	100	78.6	100	73.7	16.6
蕨类植物总数%	0	0	0	0	0	0	0.6
柏科	0	0	0	0	0	0	0.3
冷杉属	0	0	0	0	0	0	33.7
云杉属	0	0	0	0	0	0	33.7
松属	0	0	0	14.3	0	10.5	35.8
桦属	0	0	0	7.1	0	5.3	6.5
榆属	0	0	0	0	0	0	0.9
漆树属	0	0	0	0	0	5.3	2.4
柳属	0	0	0	0	0	0	0.6
麻黄属	0	0	0	0	0	5.3	0.6
菊科	0	0	14.3	0	0	0	0
蒿属	53.8	50	42.9	14.3	61.5	31.6	0.9
藜科	23.1	10	14.3	28.6	7.7	10.5	1.8
禾本科	15.4	30	14.3	21.4	30.8	26.3	8.3
毛茛科	0	0	0	7.1	0	0	0
茄科	7.7	0	0	0	0	5.3	0
豆科	0	0	14.3	7.1	0	0	0.6
绿草属	0	0	0	0	0	0	0.9
唇形科	0	0	0	0	0	0	0.3
忍冬科	0	0	0	0	0	0	0.3
莎草科	0	0	0	0	0	0	3.6
水龙骨科	0	0	0	0	0	0	0.6

Ⅱ5P_2 剖面第 4—15 层及Ⅱ5P_1 剖面第 1—19 层，属于浅湖—三角洲相，湖水进退频繁，形成多个以底部为粗碎屑物质，顶部为泥晶灰岩的韵律层。粗碎屑物质有规律的出现反映了青藏高原的阶段性隆升，亦反映出当时气候开始变干，水源补充较为充分。孢粉资料显示从下到上植被分布密度下降很大，木本植物逐渐减少。木本植物中落叶阔叶林先消失，针叶植物逐渐消逝，草本植物逐渐增多，干旱类植物逐渐占有优势，反映气候由温暖湿润型向干旱寒冷型转变。泥晶灰岩中发现较多陆相腹足类化石，与柴达木盆地相近似。以陆相腹足类为代表的软体动物属于演化相对缓慢的类群，但在生存适宜的情况下却能迅速扩散，占领相同的生态环境。因此，早更新世时本地区和柴达木盆地的演化和发展具有一定的成因联系。

从以上分析可知该地区在 1217.7ka 以后，生态环境由森林草原→疏树草原→草原→荒漠草原过渡；气候由温暖湿润型向干旱寒冷型转变。反映在昆黄运动早期测区阶段性抬升加强，气候变化频繁，并开始有恶化趋势。区域资料显示，在昆仑山垭口盆地中上新世—早更新世为一套连续沉积，测区二者间未见直接接触。测区东部断续出现的上新世沉积普遍以角度不整合覆于其以前地层之上，这是青藏运动的构造显示。通过对上新世沉积的分析表明，青藏运动之后，测区由大面积的湖相沉积向河流相沉积演化，反映湖水面积萎缩，气候逐渐变干。而测区内范围有限的早更新世地层应为残留湖的沉积，因此推测其与上新世地层也应为连续沉积。从上述分析反映该套沉积应属青藏高原阶段性缓慢抬升与快速隆升之间转换时期的产物。

进入更新世高原进一步快速隆升，早更新世后期，1.1—0.6Ma BP 的昆黄运动，使得本区早更新世之前形成湖泊消亡或大幅度萎缩，并使昆仑山抬升到雪线以上。随着气候转冷，测区进入最大冰期。此时青藏高原已达到近 3000m 的临界高度，大气环境发生明显变化，高原季风形成。由于此时期喜马拉雅山还未能成为印度洋季风北上的屏障，季风带来的降水使冰川范围扩大。中更新世晚期 0.15Ma BP 的共和运动，促使测区又经历一次较强烈的构造抬升，山盆之间出现强烈的差异构造运动，冲断褶皱构造与阶地状正断层组合成的垒堑构造交替发育。气候更加强烈波动，经历了冰期—间冰期；随着进一步抬升，高原达到 4000m 左右的新高度，巨大的屏障作用，极大削弱了西南季风的影响，水气来源减少，气候日趋干燥；冰川活动范围不断缩小，仅局限于布喀达坂等高大山峰的周围，间隙性的构造抬升致使山间河流两侧形成多级阶地。全新世早期（10—7.5ka BP），气候转暖，湖相地层沉积于末次冰期的冰碛物之上。进入全新世中期（7.5—3.5ka BP），青藏高原为大暖期，气候温暖湿润。约 3.2ka BP 前后，全新世存在突发降温事件，温度和湿度迅速下降，冷湿与湿干频繁波动，此时测区大部分地区处于海拔 4800m 以上，虽然没有大规模的冰川活动，但仍处于干、冷的冰缘环境，形成各山峰的冰帽和洪积物，现今地貌格局形成。

（三）测区构造-气候旋回划分

测区从海拔约 1000m 亚热带干旱炎热的古气候到如今海拔 5000m 以上冰雪覆盖下的高原干寒荒漠环境，其间经历几次重大的构造变动，相应产生不同的环境效应（表 5-8）。

1. 新近纪以前的气候渐变阶段（亚热带干旱炎热—温暖潮湿）

45—38Ma 青藏高原在印度板块俯冲-碰撞作用下，强烈而持续地由南向北挤压，深部物质的不断收缩加厚，岩浆物质上侵定位和喷发，而受制于柴达木、塔里木地块的强烈阻抗，使测区挤压收缩、垂向隆升；使高原形成多阶段不同特点隆起形式。整体强烈隆起，整个高原及周边山地环境发生了巨大的改变。喜马拉雅运动 A 幕造成“老”断裂的活化，由于柴达木、塔里木地块的强烈阻抗，青藏高原内部沿活化的“老”断裂开始裂陷成盆；山间和山前盆地中堆积了沱沱河组、雅西措组砂砾岩组合为特色的山前河流相沉积与滨湖相沉积。说明此阶段处于开始快速堆积，然后是一个持续缓慢的沉积阶段，而两侧山体处于隆升运动中。古新统—始新统沱沱河组地层以砖红色、紫红色、灰紫色复成分砾

表 5-8　测区晚新生代以来的气候环境与构造事件及冰期一览表

时代	构造事件		冰期年代/ka BP	珠峰地区	测区/ka BP	沉积事件/ka BP	气候环境
全新世	共和运动 0.15Ma	抬升间具走滑	冰后期			河流支流低阶地形成	荒漠干旱化气候
			新冰期,3	绒布德小冰期	冰川前缘小终积垄		
			温暖期	温暖期			
晚更新世		先挤压形成褶皱后快速抬升造成侵蚀面	晚冰期,13		求勉雷克塔格山前终碛垄(9.63ka TL)	1 级阶地,52—51 2 级阶地,74—71 3 级阶地,119—100	气候剧烈动荡,冰期气候湿冷,高山呈冰碛,山间为冰水积;间冰期气候温暖,冰川融化,出现冲洪积
			末次大,20	绒布寺冰期	阿尔格山北坡(17.09、15.173ka TL)		
			间冰阶	间冰阶	山间湖盆发育水生植物(25.35ka ^{14}C)		
			末次早期,60—40	基龙寺冰期	求勉雷克塔格山前侧碛垄(38.63ka TL)		
			末次间冰期	末次间冰期			
中更新世		剧烈隆升,盆缘断裂发生走滑	垭口冰期,300—200		塔鹤托坂日冰碛台地(181ka ESR)	4 级阶地,180—179 5 级阶地,240 大量冰碛及冰水堆积物组成的冰水平原	测区全面进入冰冻圈,气候干旱、寒冷,出现风成砂
			大间冰期	大间冰期	克其克孜苏北山冰水台地(577.7ka ESR)		
			望昆冰期,700—600	聂拉木冰期			
早更新世	昆黄运动 1.2—0.6Ma	走滑伸展早期断陷盆地收缩,阶段性抬升	冰前期	第一间冰期		测区出现粗碎屑与泥晶灰岩互层(Ⅱ5P_2 的第 4—15 层)	气候温凉、潮湿
				希夏邦马冰期			
		构造相对稳定阶段				山间出现河湖相沉积(Ⅱ5P_2 的第 1—3 层)	气候温暖、潮湿,有软体动物及阔叶植物
上新世	青藏运动 3.6—1.7Ma	南北向挤压导致测区断块抬升				曲果组红色砂砾石岩出现	气候干旱炎热
		构造稳定阶段,主夷平面发育时期					

岩为主夹紫红色岩屑砂岩、岩屑长石砂岩等的一套陆相碎屑岩建造；沉积物颜色多为强氧化条件下的砖红、橘红色，揭示出新近纪以前为干旱、炎热的亚热带气候环境。雅西措组为一套砾岩、砂砾岩、粉砂岩、泥岩、泥灰岩组合而成的山前河流相及滨湖相沉积(中新世)；在泥灰岩中采获腹足化石：*Galba* sp.，*Gyraulus* cf. *laevis* Alder。Ⅱ9P_3 剖面泥岩中采获的孢粉组合以松科花粉(松粉、雪松粉、云杉粉和冷杉粉)占绝对优势，旱生植物蒺篱科(青海粉和拟白刺粉)较多为特征反映当时为干凉的气候，其植被主要为针叶林。前人剖面采获的孢粉经王若珊、高爱莉鉴定认为属松科—麻黄科—楝科组合，花粉中以松科花粉最多，其次麻黄科、柏科和杉科，占总组合的50%～80%；被子植物花粉主要为楝科、栎科及未定科的三孔、三孔沟类花粉，占总数的10%～40%；蕨类孢子很少，不到10%。以上组合均以松柏类植物为主，次为被子植物花粉栋、栎粉属；其中楝科、栎科阔叶类孢粉的出现该阶段已开始变得较为潮湿；为青藏高原主夷平面和古岩溶发育期；表现为一种较湿热条件下的森林-草原植物类型；推测中新世—上新世地面高程大约为1000m。沱沱河组、雅西措组持续缓慢沉积的含膏盐层显示构造抬升的稳定性。

2. 上新世—早更新世初的河湖相沉积及气候温凉期

而青藏运动之后，造成上新统曲果组地层与下伏地层出现角度不整合。高原主夷平面开始解体。上新世曲果组地层显示，早期形成的盆地挤压成型，盆地开始收缩，构造运动形式南北向挤压转向东西向伸展；在3.3Ma(Ⅱ4P_4ESR1-1)，山间和山前盆地中堆积了曲果组砂砾岩组合为特色的山前河流相沉积，显示测区处于又开始快速堆积，而两侧山体处于整体强烈隆升；而青藏运动后期(1.2Ma，Ⅱ5P_2ESR18-1)测区处于一个相对稳定气候的环境。该时期构造相对稳定，在拉张断陷盆地的基础上沉积一套厚层灰黄色、青灰色泥晶灰岩及灰色砂砾石层，显示了该时期气候处于温暖潮湿。

作为Ⅱ5P_1 剖面的补充，Ⅱ5P_2 剖面第1—3层岩性组成为大于10m的青灰色泥晶灰岩，其单层厚5cm，泥岩中夹有薄层生物碎屑堆积层；青灰色泥晶灰岩中见有铁钙质晶体氧化后形成的同心圆，反映了一种浅湖—滨湖环境，构造活动相对平静；其中青灰色泥岩中见有植物根茎。

在此时期以后，Ⅱ5P_2 剖面第4—15层及Ⅱ5P_1 剖面第1—19层，出现多层粗碎屑物质，属于浅湖—三角洲相。粗碎屑物质有规律的出现反映了青藏高原的阶段性隆升，山地快速抬升，盆地快速沉降，亦反映出当时气候较为湿润，水源补充较为充分。从粗碎屑物磨圆、分选较差来看，说明搬运距离较近或沉积速率较快；其间出现的泥晶灰岩的韵律层代表了相对静水沉积，发育有纹层理或微层理，其厚度一般能达到1m以上，泥晶灰岩上部出现粗碎屑物质的砂、砾石层，并且发育斜层理、交错层理和水平纹层理，厚度上也变为薄层状—厚层状，说明沉积速率较快，有利于下部的易溶岩类的封存。此段沉积结束后，剖面顶部未发育沼泽层，显示出湖泊迅速失去湖水而消亡。

3. 早更新世晚期—中更新世早期强烈隆升及寒冷气候环境

早更新世晚期—中更新世早期，高原山地抬升，进入冰冻圈。测区表现为围绕现代冰川外围呈弧形展布的垄坎，大部分已被后期流水所改造，呈现冰水沉积特征。较低山地中更新世冰川作用痕迹呈被后期流水所破坏，冰碛和冰水积混合物的冰水平原或冰水台地分布于各大极高山前，这意味着古冰川和现代冰川的末端所抵位置变化较大，说明在当时极大陆性气候条件下的冰川范围较现在面积大很多，体现了该时期寒冷气候环境。

4. 中更新世晚期—晚更新世走滑隆起及气候剧烈波动期

中更新世晚期—晚更新世气候环境波动，高原内部干旱化。本区沉积为冰水堆积、冲洪积，为间冰期沉积，气候相对转暖，降雨相对充沛，广泛发育冲洪积物。晚更新世晚期，一般在北半球将 75—10ka BP 划入末次冰期，本次勘查分别在测区各大极高山前冰碛物取样（在布喀达坂峰冰川前蛇行丘取得 24ka ESR，在阿尔格山冰川前沿终碛垄取得 17.09ka TL、15.17ka TL，在求勉雷克塔格山冰川前沿终碛垄取得 38.63ka TL、28.1ka TL），均表明这些冰碛物是末次冰盛期的产物。该时期主要为新仙木降温事件，气候波动大，沉积环境多样，沉积类型较为复杂，反映属干、冷的冰缘气候环境，有风沙活动（在求勉雷克塔格山前风成沙丘取得 18.16ka TL、在伯拉克拉克里湖岸北侧晚更新世地层中风成沙层取得 20.1ka TL）。测区发育了以冰水堆积为特征的冰水扇及冰水平原，其范围几乎波及整个测区，在山间盆地中有冰水湖的存在（泥岩中的水生植物碎片作^{14}C测年ⅡR-C4622-2 获得 25 350a 年龄值）。构造活动以间歇性垂直隆升为主间具走滑特征。

5. 全新世急速隆升与气候频繁波动期

约 0.15Ma BP 开始，青藏高原急剧上升，喜马拉雅达到或接近现代高度，阻碍了西南季风北上，高原内部变的干旱寒冷，伴随温度下降，季风降水也明显衰减，仅在高耸的山峰上有现代冰帽分布。由此测区湖泊普遍强烈退缩，湖面迅速下降。从伯拉克拉克里湖岸退缩形成的陡坎分析（图 5-47），该期湖面下降达十米左右。测区内大量风成沙的出现表明全新世大约在 3ka BP（在喀尔洞风成沙丘取热释光测年ⅡTL1608-1 获得 3.8±0.31ka 年龄值）以来出现干旱化趋势。

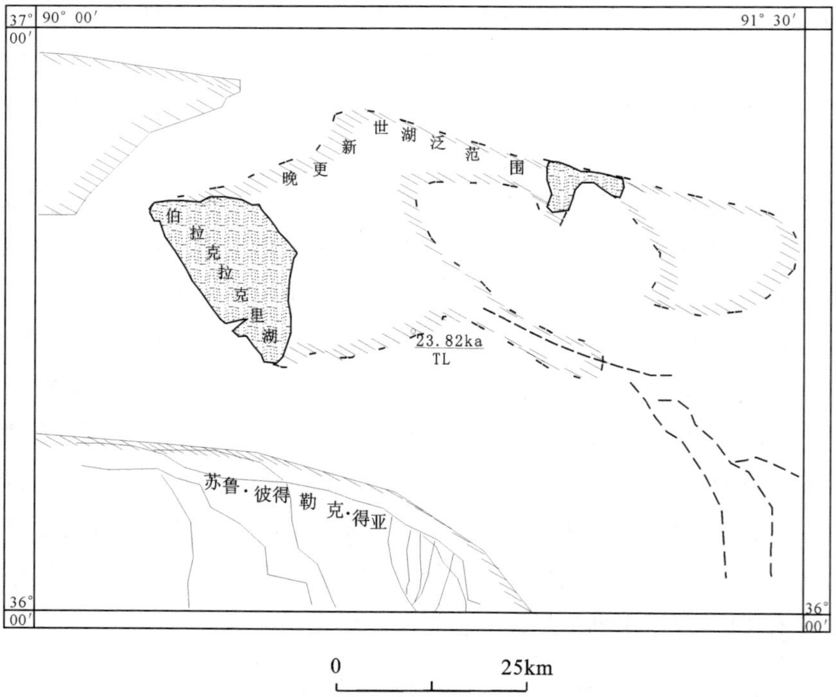

图 5-47　测区湖泊退缩示意图

第五节 构造演化

一、前寒武纪阶段

区内已有的地质记录尚无法阐明测区前寒武纪构造演化历程的细节，从白沙河岩组斜长角闪岩中获得有1927±34Ma的Sm-Nd等时线年龄值，可知区内前寒纪结晶基底形成于古元古代(或更早一些)。这些基底岩系可能为曾经存在过的太古宙陆核周缘的增生体，其形成环境类似于古生代活动陆缘环境，以昆中断裂为界，南北两侧的基底岩系并没有明显的区别，吕梁运动使古元古代火山-沉积岩系发生角闪岩相高温低压变质作用并伴随强烈的伸展体制下的水平分层韧性剪切变形，形成具固态流变构造形迹群的高级变质地层，统一的或具相似特征的结晶基底形成。

青白口纪阿克却哈片麻岩体的产出说明晋宁运动在区内有一次碰撞型岩浆作用事件，这一地质事件在整个东昆仑造山带均有显示，这也证明了晋宁运动的存在，晋宁运动在东昆仑造山带是否代表了一次地块的拼合事件尚不能肯定。从东昆仑山脉东部所取得的一些资料似证明长城—青白口纪经历了一次类似古生代板块体制的裂解与拼合；从喀雅克登塔格韧性剪切带的特点分析，区内该时期存在一次由南西向北东方向的逆冲构造事件，可能为晋宁运动在本区的具体体现。

二、加里东期造山阶段

(一) 早古生代昆中洋扩张形成阶段

早奥陶世(或更早一些)区内沿昆中断裂产生一系列小的洋盆(图5-48、图5-49)，形成产于吐木勒克构造蛇绿混杂岩带内的洋壳、洋岛残片；这些洋盆可能具弧后盆地性质，同时北部沿祁漫塔格中央断裂一带形成了一规模更大的早古生代洋盆——祁漫塔格洋，此时夹持于昆中洋与祁漫塔格洋之间的东昆中微陆块已从柴达木地块裂离出来开始了它自己的演化历程。昆中洋及祁漫塔格洋与其北部的阿尔金-祁连洋相比规模要小一些，因此它们仅是存在于青藏高原北缘早古生代多岛洋中的小洋盆或者是阿尔金-祁连洋俯冲消减过程中形成的一系列弧后盆地。

(二) 早古生代昆中洋俯冲消减阶段

昆中俯冲型韧性剪切带的构造热年代学研究表明晚奥陶世古昆中洋开始俯冲消减，俯冲作用是由南向北的，区内形成了吐木勒克构造蛇绿混杂岩并伴随有高压变质作用发生，俯冲消减的同时形成了克其克孜苏早古生代弧前盆地，沉积了厚度较大的以碎屑岩为主的复理石建造(纳赤台群哈拉巴依沟组)，盆地内火山活动是不发育的；项目组在俯冲带的北部并没有找到相应的活动陆缘建造，可能是后期的构造耗损及岩浆吞噬所致，但毫无疑问在东昆仑山脉的中东部奥陶纪—志留纪的俯冲型花岗岩建造是发育的。

(三) 早中泥盆世碰撞造山及陆内叠覆造山

早中泥盆世磨拉石建造(布拉克巴什组)的广泛发育标志着古昆中洋消减完毕，松潘-甘孜地块与东昆中微陆块的碰撞造山作用开始，侵入于早古生代弧前盆地的早泥盆世碰撞型花岗岩组合——塔鹤托坂日超单元的产出也进一步证明了碰撞造山作用始于早泥盆世，此时祁漫塔格洋也已消减完毕，因此至中泥盆世柴达木陆块、东昆中微陆块及松潘甘孜地块又重新焊接在一起，形成了统一的陆块，同时在柴达木陆块的南缘形成了规模宏大的东昆仑加里东期碰撞造山带。

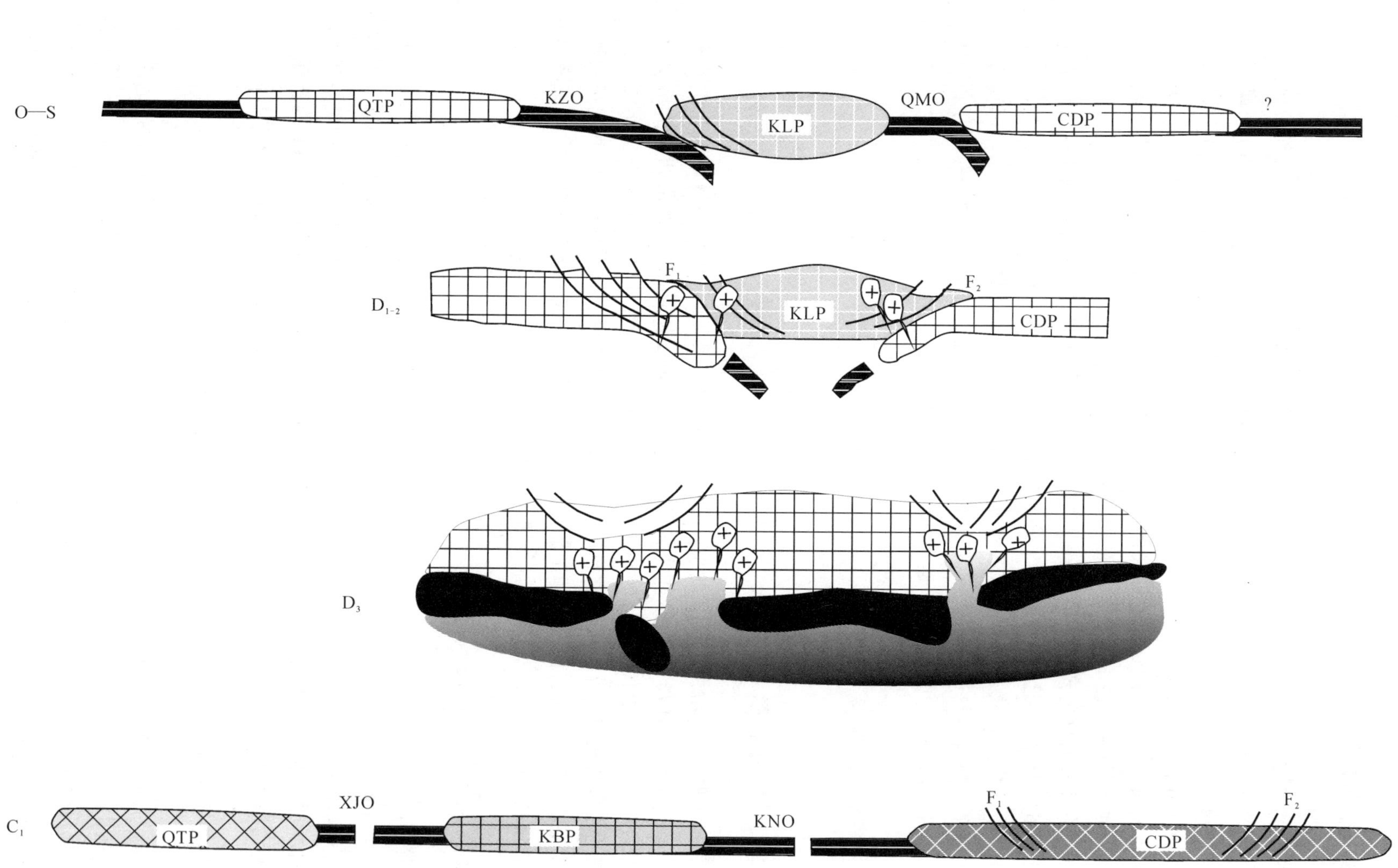

图 5-48 构造演化模式图（一）

QTP：羌塘地块；KLP：东昆中微陆块；KBP：可可西里-巴颜喀拉地块；CDP：柴达木地块；XJO：西金乌兰-金沙江洋；KZO：昆中洋；QMO：祁漫塔格洋；KNO：昆南洋；F_1：昆中断裂；F_2：祁漫塔格中央断裂；F_3：西金乌兰缝合带；F_4：昆南断裂

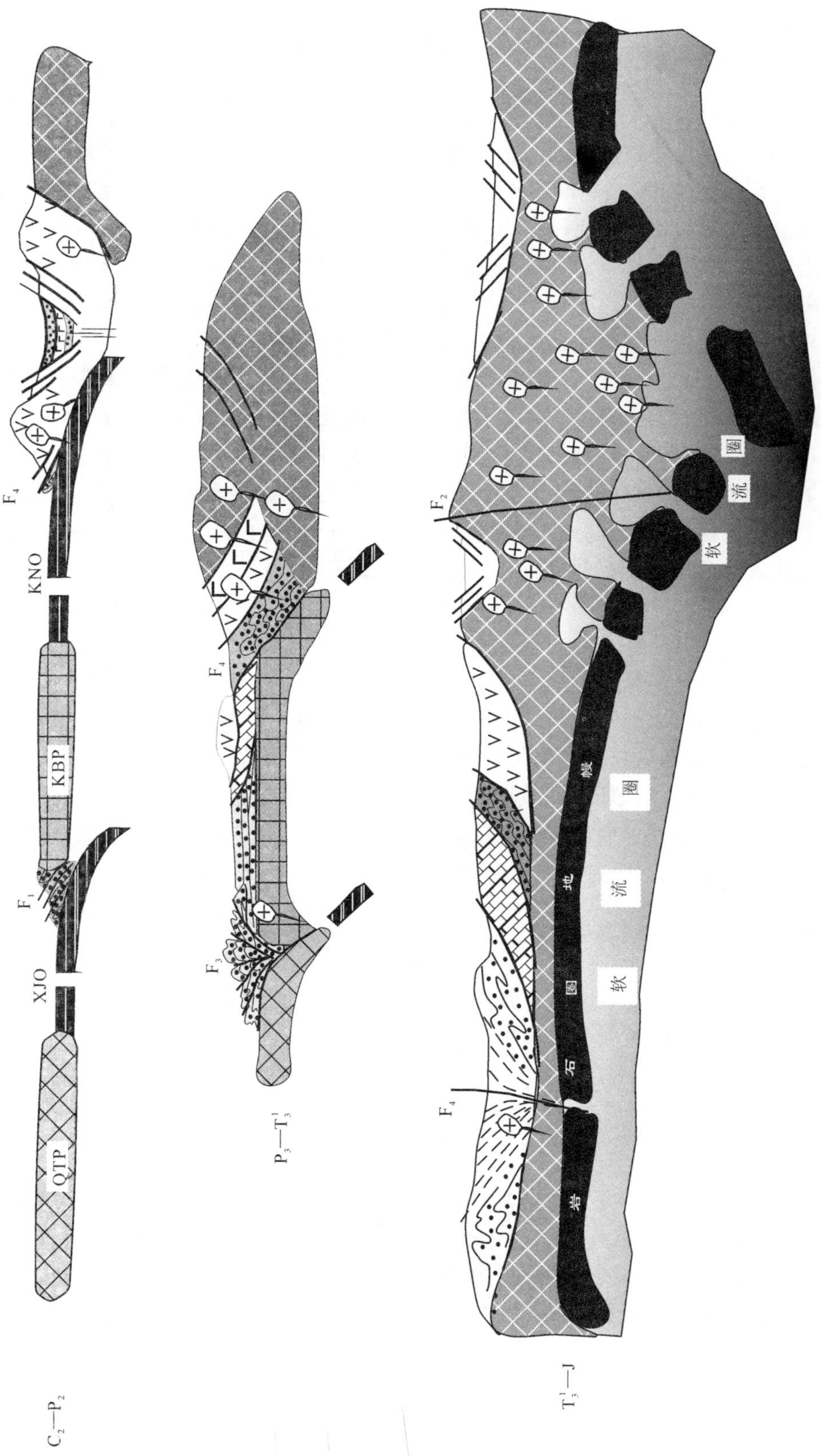

图 5-49　构造演化模式图（二）（图例同图5-48）

早中泥盆世磨拉石建造在东昆仑造山带的东部缺失，学者普遍认为在东部地区的上泥盆统牦牛山组是磨拉石建造，这似暗示东西部碰撞时间有差异，即碰撞作用由西部开始，自西向东呈剪刀状逐渐合拢。但问题远非如此简单，关键在于牦牛山组代表的究竟是碰撞的磨拉石盆地还是造山后伸展崩塌的裂谷盆地尚大有进一步研究的余地。

（四）晚泥盆世加里东碰撞造山带伸展崩塌阶段

构成了测区南部库鲁克彼捷里克塔格构造岩浆岩带主体的库鲁克彼捷里克塔格超单元和哈夏·克里克超单元的产出标志着东昆仑造山带的一个重要转折期，两个超单元深入的岩浆动力学研究证明这些岩石成因属壳幔型花岗岩，与 Maniar 等划分的 POG(造山后花岗岩)型花岗岩一致，为东昆仑加里东造山带造山后伸展崩塌阶段幔源岩浆底侵作用过程中形成的具岩浆混合特点的侵入岩。区内同位素地质测年准确的指出这一过程开始于早泥盆世，其他地区的一些资料表明这一过程可能持续到早石炭世。因此早中泥盆世碰撞及陆内叠覆造山作用下持续隆升的东昆仑造山带在晚泥盆世到达了它的极限，在晚泥盆世—早石炭世这一阶段伸展崩塌彻底结束了测区加里东造山带的演化历史。

喀雅克登塔格构造岩浆岩带的情况与其南部的库鲁克彼捷里克塔格构造岩浆岩带有时间上的差异性，该构造岩浆岩带位于祁漫塔格山脉南部，其岩浆动力学过程反映了北部祁漫塔格洋的信息，结合北邻幅的资料，祁漫塔格洋于顶志留世消减完毕，东昆中微陆块与柴达木陆块开始碰撞，其后泥盆纪的幔源岩浆作用则与造山后造山带崩塌及幔源岩浆的底侵作用有关，因此整个东昆仑造山带的造山后伸展崩塌作用北部始于早中泥盆世，而南部始于晚泥盆世，似有一个迁移过程。北部的崩塌形成了自晚泥盆世—二叠纪稳定的陆表海盆地，而南部的崩塌则可能孕育着新的板块格局的形成。

三、海西—印支造山阶段

东昆仑造山带是北方加里东构造域与南方海西—印支构造域的分割区，因此晚古生代昆南洋或者说是古特提斯洋是如何开启的，它与早古生代昆中洋或者说是和原特提斯洋之间有什么样的关系或有没有承生关系，是一个使项目组倍感困惑的问题。从时间顺序上看，区内的资料显示了东昆仑加里东造山带在晚泥盆世—早石炭世的伸展崩塌拉开了昆南洋扩张的序幕，但从地球动力学上考虑造山带的伸展崩塌是否可导致新一轮洋盆的扩张。

（一）早石炭世—中二叠世昆南洋扩张形成阶段

早石炭世—中二叠世沿昆南断裂重新扩张形成新的洋盆——昆南洋，区内无记录，沿昆南断裂向西至西邻幅木孜塔格北坡的昆南断裂带产蛇绿岩，并已发现有早石炭世杜内期放射虫，证明早石炭世昆南洋已开始扩张。

（二）晚石炭世—中二叠世俯冲造山、苏鲁·彼得勒克弧间盆地扩张

晚石炭世—早二叠世的浩特洛哇组为较典型的岛弧火山沉积建造序列，这就证明了昆南洋于晚石炭世—早二叠世开始向北俯冲消减，侵入于浩特洛哇组中具有典型俯冲型花岗岩组合特征的中二叠世伯拉克拉克里超单元的产出进一步说明俯冲作用持续到了中二叠世。

昆南洋向北俯冲的过程中在其北部形成苏鲁·彼得勒克·得亚弧间盆地，中二叠统马尔争组是其标志性建造组成，这套以巨厚的复理石为主的建造含有大量的枕状玄武岩，不同方法的同位素地质测年同时指出它们形成于中二叠世早期，指示了弧间扩张的鼎盛时期，弧后扩张作用并未形成新的洋壳便被稍后巨厚的复理石所充填，苏鲁·彼得勒克·得亚弧间盆地的演化就这样草草结束了。

在这样一个活动的演化过程中大规模出露了稳定的栖霞期碳酸盐岩沉积(树维门科组)、茅口期碳酸盐岩沉积(马尔争组上段)，形成了东昆仑造山带南部二叠纪活动型与稳定型沉积建造并存的格局，在

树维门科组中还发现了东昆仑造山带中东段没有的以单通道䗴为主的冷温水动物群，似说明其与南方冈瓦纳大陆具亲缘关系，因此昆南洋中可能存在一些规模较大的由上述地层组成的碳酸盐岩台地；从栖霞期至茅口期经历了亲冈瓦纳冷温动物群到特提斯型暖水动物群的演化，说明了它们由南方中高纬度向赤道漂移的过程，俯冲及碰撞作用使之拼贴至东昆南活动陆缘带中；上述解释仍然是很勉强的，这一疑题的解决需要更大范围、更多资料的支持。

（三）晚二叠世—晚三叠世早期碰撞造山、陆内叠覆阶段

同位素测年及侵入岩的调查研究指出区内东昆中微陆块南部莫斯图构造岩浆岩带中存在典型的晚二叠世—早三叠世碰撞型花岗岩组合——求勉雷克塔格超单元，这一发现证实了昆南洋于晚二叠世俯冲消减完毕，碰撞造山开始；在南方，晚二叠世汉台山群磨拉石的形成说明金沙江—西金乌兰洋此时也已消减完毕。因此晚二叠世羌塘陆块、松潘-甘孜地块、柴达木陆块重新联合，这一事件在整个东昆仑造山带是同步的，东昆仑造山带东部典型的晚二叠世磨拉石建造——格曲组的普遍发育很容易地证实了这一点。

北北东倾向的喀雅克登塔格断裂组、求勉雷克塔格断裂组的发育及伯拉克拉克里逆冲推覆构造的存在说明在晚二叠世—晚三叠世早期东昆仑造山带的核部向南大幅度逆掩，这一持续的构造加载作用在造山带南部形成了巴颜喀拉前陆盆地，这一阶段东昆仑造山带处于一个持续隆升、剥蚀的过程，这一规模宏大的剥蚀区提供的丰富物源迅速充填着这个规模巨大的压陷盆地；在东昆仑造山带的东部，碰撞之后在缝合带的北部形成规模较大的弧后前陆地——洪水川群，盆地的沉积持续到了晚三叠世中期，这些建造在区内是缺失的，说明了东昆仑造山带海西期碰撞造山过程中东西部在细节上仍有差异性。

同位素测年及侵入岩的调查证明了东昆中微陆块南部莫斯图构造岩浆岩带中仍有少量岩浆活动——楚拉克阿干超单元，但其强度远不如稍前的碰撞阶段及稍后的造山带崩塌阶段。

（四）晚三叠世晚期—早侏罗世造山带伸展崩塌阶段

莫斯图构造岩浆岩带内晚三叠世早期哈拉达乌更长环斑花岗岩的形成标志着造山带从挤压收缩向造山后伸展转换的开始，莫斯图构造岩浆岩带的主体——晚三叠世晚期那陵格勒超单元的产出进一步证明了晚三叠世东昆仑造山带这一重要转换时期的存在，东昆仑造山带自晚二叠世碰撞至晚三叠世中期，近 50 百万年的碰撞及叠覆造山使这里的陆壳增厚非常巨大，陆壳内的构造作用难以再产生如此巨量的花岗岩；那陵格勒超单元的研究证实它是壳源岩浆中幔源物质的参与而经历了岩浆混合作用过程形成的壳幔型花岗岩，热的软流圈物质上涌造成大规模底侵作用的发生，它不但为岩浆混合的形成提供了物质条件，也为晚三叠世大规模岩浆的形成提供了强大的热源。因此晚三叠世以来，东昆仑造山带经历了岩石圈地幔的拆沉作用，热的软流圈物质上涌造成大规模底侵作用的发生；该阶段末期随着岩石圈的伸展减薄，底侵玄武质岩浆快速上升侵位在那陵格勒河北部，形成早侏罗世祁漫塔格基性岩墙群。

同时期沿那陵格勒形成晚三叠世陆相火山盆地（鄂拉山组）及沿昆中断裂形成含煤碎屑岩——陆相火山岩盆地（八宝山组），均应是在造山带伸展崩塌过程中形成的，区内两种晚三叠世陆相盆地可能并非是单纯的伸展型裂谷盆地，下面的一些分析说明，东昆仑造山带伸展崩塌阶段所形成的盆地可能具有多样性，如走滑体制下的拉分盆地。

昆中及昆南韧性剪切带的构造测年表明这两条超壳深大断裂在 232.12—237.3Ma 间开始强烈走滑运动，从昆南韧性剪切带内及附近产出的早侏罗世阿尔喀单元及巍雪山单元剪切深熔型花岗岩组合说明，昆南韧性剪切在早侏罗世仍处于强烈的左行走滑变形中，可以说明本区东昆仑造山带在中三叠世晚期—早侏罗世处于一个走滑的变形环境中，中上地壳昆中—昆南之间的软弱层向西逃逸，而北部相对刚性的东昆仑微陆块及早古生代库鲁克彼捷里克塔格构造岩浆岩带则处于走滑拉分变形体制，形成具一定规模的走滑拉分盆地，岩石圈地幔断离沉入软流圈地幔，造成幔源玄武质岩浆底侵。因此东昆仑造山带晚三叠世—早侏罗世似存在“深部岩石圈拆沉—中浅部走滑拉分”这样一个造山带崩塌的模型。

四、新生代板内成山成盆及高原隆升阶段

喜马拉雅运动 A 幕，受新特提斯洋闭合及印度板块向北俯冲影响，青藏高原开始隆升；测区早期断裂再次活动，陆内地块发生差异性抬升，构造形式以南北向挤压为主，盆地开始断陷，盆地周围山地开始隆升，盆地边缘沉积了大量的古新统—渐新统沱沱河组山麓河流相粗碎屑岩盆地雏形形成。

喜马拉雅运动 B 幕，构造形式转变为走滑拉张，盆地边缘断裂性质转变为以走滑为主，盆地扩大，盆地中沉积了巨厚的雅西措组细碎屑岩沉积，构造活动趋于平静，主夷平面开始形成。距今 5Ma 以后测区构造形式再次以南北向挤压为主，盆地周围山体抬升，盆地收缩，早期沉积的"红层"发生褶皱变形，克其克孜苏断裂向北逆冲，二叠系马尔争组砂板岩覆盖于雅西措组地层之上；曲果组中出现了大量快速堆积的粗碎屑岩，曲果组与雅西措组之间呈角度不整合接触。后期构造活动趋缓，山间盆地中出现了河湖相沉积物。3.4Ma 的青藏运动使高原隆升至一个新的高度，构造活动形式由挤压收缩转化为东西伸展，由于塔里木地块的阻挡，出现掀斜运动，西部出现大量极高山；山间出现伸展沉陷。进入昆黄运动后，构造形式以走滑为主，兼之南北向的挤压，早更新世河湖相地层中占绝对优势的松柏分子的出现，显示出此时期测区已隆升至相当高度。共和运动以整体阶段性隆升为主，由于受塔木盆地的斜向挤压，盆地边缘断裂普遍以走滑为主，河流出现低阶地，溯源侵蚀加剧，现代地貌形成。

第六章　矿产及其他国土资源概况

第一节　矿 产 地 质

一、矿产资源概况

（一）金属矿产

据调查，测区现有矿种主要为铁、铜。铁主要集中在昆中断裂以北的东昆中微陆块范围内，只有一个矿点见于测区中部东昆南活动陆缘带的克其克孜苏早古生代残余弧后盆地，见矿点、矿化点共4处。

铜集中分布于测区东北部的东昆中微陆块及东昆南活动陆缘带部分地区，见矿点、矿化点共6处。东昆中微陆块见有2处，代表矿点为卡尔却卡（又名索拉吉尔）铜矿；东昆南活动陆缘带共有4处，以克其克孜苏铜矿点为代表，克其克孜苏地区的3个铜矿点共同组成北西—南东走向的铜矿化带。

（二）非金属矿产

测区非金属矿产主要有砷、芒硝、石膏及板材大理岩等，砷和芒硝只表现为小型矿点。石膏主要产在古近纪—新近纪地层，呈不纯的夹层状态，厚度小于1m，因此意义不大。

二、矿产分布规律

区内几处内生金属矿产的成矿时代主要是在印支期，如卡而却卡铜矿点、克其克孜苏铜矿点及几个铁矿点等，非金属矿产板材大理岩成矿则比较早，属新太古代—古元古代，砂金及盐类矿产则主要形成在新生代。

各矿种在区域上具有明显的分带性，分布范围主要以测区中部及北部为主，在一定区域内集中产出的现象比较明显，主要集中在两个条带，即北部卡而却卡地区和南部克其克孜苏地区，系属东昆仑北坡铁、铅锌（稀土、钨锡）成矿带和阿尼玛卿山铜、锌、钴、金、（钨、锡、汞）成矿带的一部分，如测区东北部喀雅克登塔格地区以铁、铅锌成矿为主，那陵格勒河谷地带以铁、铜成矿为主，中部克其克孜苏地区则以铁、铜、砂金、砷、芒硝等成矿为主；南部布喀达坂峰地区除盐类矿产外其他成矿不甚明显。

1. 铁

铁主要集中在测区北部昆中断裂以北的东昆中微陆块范围内，只有一个矿点见于测区中部东昆南活动陆缘带的克其克孜苏早古生代残余弧后盆地。

成因类型主要有接触交代型及沉积-淋滤改造型，主要受金水口岩群白沙河岩组、滩间山群碳酸盐岩组、纳赤台群哈拉巴依沟组和坎皮北单元肉红色中细粒正长花岗岩、卡而却卡北单元肉红色中细粒二长花岗岩以及断裂构造的控制，因此限定了其分布范围只局限在测区东北部一带，区域上有野马泉铁矿等与其同属一个成矿带，总的特征是含铁品位都不太高，规模也不大，只以矿点、矿化点形式产出，因此远景不大。

2. 铜

铜集中分布于测区东北部的东昆中微陆块及东昆南活动陆缘带部分地区，见矿点、矿化点共6处，其中有已经开采的矿点1处，即卡而却卡铜矿，因此是测区内的主要矿种，成因类型主要是接触交代型(矽卡岩型)。

内生金属矿产的形成与复杂的地质构造、频繁的岩浆及热液活动和沉积地层的岩石性质有着密不可分的关系，构造格架和岩浆活动对区内金属矿产的成矿起着重要的主导作用，如卡而却卡铜矿点严格受滩间山群碳酸盐岩组和楚拉克阿干单元似斑状二长花岗岩的控制。克其克孜苏地区的铜矿点则受喀尔瓦单元花岗闪长岩及石炭系—二叠系浩特洛哇组火山岩地层和断裂构造的控制。

3. 铅锌

只在测区北部喀雅克登塔格地区见到一处，为一矿化点，规模不大，为热液型成因，它的形成与莫斯图单元灰色中细粒花岗闪长岩及断裂构造关系密切，区域上属于野马泉—都兰铁、铅锌、锡(金、银)成矿带范围。

三、远景区圈定

测区内圈定成矿远景区5个(图6-1)，其中铁、铅锌一级成矿远景区1处；铁、铜三级成矿远景区1处；金、铜二级成矿远景区1处；铜、铁、砷三级成矿远景区1处，金、铜、铅锌、膏盐、芒硝一级成矿远景区1处。

1. 喀雅克登塔格铁、铅锌一级成矿远景区

位于测区东北部，向北东方向延伸到邻幅，图内面积约300km^2。出露地层主要为新太古界—古元古界金水口岩群白沙河岩组变质岩，局部有奥陶系—志留系滩间山群碳酸盐岩组及三叠系鄂拉山组零星分布。侵入岩主要为喀雅克登塔格超单元、坎皮北单元及少量超基性岩，为喀雅克登塔格构造岩浆岩带。区域上属柴达木成矿区野马泉—都兰铁、铅锌、锡(金、银)成矿带。

区内已发现有铁、铅锌矿化点和大理岩矿点产出，并有白钨矿重砂异常1处。区域上也有成矿事实。

2. 卡而却卡铁、铜三级成矿远景区

位于测区东北部那陵格勒河南岸，向东延至邻幅，图内面积约650km^2。出露地层简单，主要为新太古界—古元古界金水口岩群白沙河岩组变质岩、奥陶系—志留系滩间山群及三叠系鄂拉山组，且分布面积较小，仅占远景区面积的20%。岩浆岩发育，主要有那陵格勒超单元、求勉雷克塔格超单元、库鲁克彼捷里克超单元等，属于莫斯图构造岩浆岩带。区域上属东昆仑北坡铁、铅锌、(稀土、钨锡)成矿带。

区内有测区最大的卡而却卡铜矿点及铁矿化点2处，东侧图边有白钨矿重砂异常1处。2003年青海省地质调查院矿产分队进行矿产调查时，发现了新的野拉赛铜矿化点。区域上东侧邻幅也有成矿事实。

3. 哈夏·克里克·得亚金、铜二级成矿远景区

位于测区中部，呈一宽约15km的狭长条带状近东西向延伸至东西侧邻幅，主体为测区中部的哈夏·克里克·得亚河谷，与西侧的库鲁·彼得勒克·得亚河谷和东侧的克其克孜苏河谷相连，图内面积可达2500km^2。出露地层以纳赤台群哈拉巴依沟组为主，零星分布有泥盆系布拉克巴什组，少量马尔争组等。岩浆岩较发育，主要为库鲁克彼捷里克超单元和塔鹤托坂日超单元，属库鲁克彼捷里克塔格构造岩浆岩带。区域上属巴颜喀拉成矿区阿尼玛卿山铜、锌、钴、金、(钨、锡、汞)成矿带的

西延部分。

测区闻名的砂金矿全部集中在这个区域，2002年项目组调查时发现库鲁克彼捷里克塔格铜矿化点1处，前人在克其克孜苏河谷发现砂金矿点1处。并有锆石重砂异常和As、Au化探异常分布。

4. 克其克孜苏铜、铁、砷三级成矿远景区

位于测区东南部克其克孜苏河谷南山梁，向东延至邻幅，图内面积约200km²。出露地层主要为石炭系—二叠系浩特洛哇组和二叠系马尔争组。岩浆岩主要是伯拉克拉克里超单元喀尔瓦单元英云闪长岩。区域上属于阿尼玛卿山铜、锌、钴、金、(钨、锡、汞)成矿带的一部分。

区内已发现铜矿化点1处、铁矿化点1处、砷矿点1处，2002年项目组进行调查时发现了克其克孜苏的另外2个铜矿点，并成带状连续分布。

5. 博卡雷克塔格金、铜、铅锌、膏盐、芒硝一级成矿远景区

位于布喀达坂峰东侧，测区东南角，南东向延至邻幅，图内面积约650km²。出露地层主要是古近系—新近系沱沱河组、雅西措组，下伏有二叠系马尔争组，岩浆岩不发育。

区内已发现芒硝矿点1处，金、铜、铅、锆石矿物重砂异常5处，Au、Hg、(Sb、W、Au)、Cu元素化探异常4处。

第二节 生态及灾害地质

一、生态地质

调查区自然生态状况已十分脆弱。由于受全球气温日趋变暖的影响，湖泊及冰川急剧退缩，荒漠化日益严重，使这里的生态环境日趋恶化。近年来人为的盗猎及采金活动对这里的自然生态环境造成了毁灭性的创伤，草甸被毁、河道堵塞、垃圾污染，特别是哈夏·克里克·得亚河谷地带更是满目疮痍，大型挖掘机械将所有的河谷翻了一遍，植被完全被毁，原有的动物群落被迫迁徙，严重破坏了这里的生态平衡。

2000年国家成立可可西里自然保护区之后，这种景况有所改观，盗猎活动有所减少，采金现象也有所遏制，但是并非完全绝迹，据调查仍然有偷猎、偷采的现象发生。完全控制这种现象将是对此地区环境保护的有效措施。

（一）自然地理

1. 地势

调查区属东昆仑山脉西段，地处高原腹地，平均海拔4900～5100m。总的地势是由西南向东北倾斜。调查区南部海拔6860m的布喀达坂峰是调查区内乃至青海省的最高点，东北部伯喀里克海拔3800m，是区内最低点。全区由四条相互平行的山系组成，自北东向南西依次为祁漫塔格山、塔鹤托坂日、喀尔瓦、阿尔格山，山体之间为谷地及沉降盆地等山间洼地。比高500～1000m，布喀达坂峰附近超过1000m。调查区西北部为现代沙漠，发育流动性新月形沙丘，是测区最大的风成砂地，周围分布有黄土层，其上发育细沟、浅沟、风蚀坎、穴柱、小洼地等地貌形态，为测区最明显的风蚀地貌分布区。塔鹤托坂日以南海拔急剧上升，为多年冻土发育地带，地貌形态多样，有冰川、岩溶、角峰、沼泽滩、丘陵等。

2. 水系

以求勉雷克塔格—布喀达坂峰为分水岭，将测区分为东西两大水域。东侧水域主要在青海境内，主要有那陵格勒河、克其克孜苏河，均以塔鹤托坂日冰川为水源补给区，最终汇于那陵格勒河，流向柴达木盆地。西侧水域属新疆境内，主要有哈夏·克里克·得亚、苏鲁·彼得勒克·得亚两大河流，均以布喀达坂峰北侧冰川为补给源，流向新疆鲸鱼湖。以上河流均为内陆河。其次还有玉浪河、库鲁·彼得勒克·得亚等小流域河流。湖泊主要有克其克库木库勒、伯拉克拉克里、库水浣，面积为40～70km²，均为咸水湖，据南邻图幅的调查，pH值为7.6～8.8，多为硫酸镁型及碳酸盐型咸水湖，湖水矿化度1.94～57.57g/L。

（二）气候

调查区属昆仑山主脊地区，为典型的高原干寒性大陆型气候，呈寒冷、干旱、多风、蒸发强烈的高原气候特征，全年没有无霜期，四季不分明，只有冷暖季之别，6—8月为暖季，9月至翌年5月为寒季，以西北风为主，一般风力4～7级，昼夜温差大，夏季也可见到降雪现象。据中国科学院可可西里地区科考资料，昆仑山以南地区，平均年气温在－10.1～－4.1℃，年降水量170.3～494.9mm，昆仑山北部综合老茫崖站及那陵格勒水文站资料，平均年气温为－3.4～1.2℃，年降雨量14～85.78mm，相对湿度29％。

在调查区的生物生长及物理过程中，太阳辐射是最主要的能源，其辐射量居全国之最，年总辐射量约为58.6～79.52亿焦/m²，辐射最高期为7月，最低期为12月。

调查区的暖湿气流主要来自西、南两个方向，随季风进入高原腹地，遇到高原寒冷气流后形成降水，结成冰川。

（三）生物

由于测区所处自然地理环境较特殊，生物分布面貌具有明显的高山高寒型生物群落特征，以垫状植物和喜寒型动物为主，属于青藏高原高山高寒型生物区系和群落的组成部分，是一种年轻的生物区系群落，它的形成和发展与青藏高原的强烈隆升有着紧密的联系，是在高原独特的以地理、温度、水分及其组合类型为主导的生态因子的综合制约下发生、发展以至成为现今的面貌的。

从古近纪—新近纪末至第四纪，青藏高原大幅度整体急剧抬升，高原气候强烈寒旱化，生态环境日加严酷，喜暖热湿润的亚热带、热带生物成分已不能适应高原环境，纷纷向海拔较低、气候较优越的高原东部和南部边缘峡谷区后撤，而高寒生物群落在隆升更高的诸多高山和广阔高原面上得到了迅速发展，并伴随着第四纪冰期与间冰期气候冷暖干湿的多次交替变化而发生着大幅度的升降、进退和剧变，并进一步优胜劣汰，逐步演化形成了现代高寒生物群落的面貌和分布格局。

1. 植物

测区植被分区处于青南高原西部草原区可可西里高寒荒漠草原地带（亚类）北缘及柴达木高原盆地荒漠区南缘的接合部位，植物种类贫乏，植被类型极为简单，就测区而言，60％～80％为基岩裸露带（植物绝迹带）。植物的分布在测区小范围内也大致有一定的分带性，即在湖盆、河谷、山地下部、山前洪积扇上分布着以沙生针茅为主的荒漠化草原植物群落。在复沙地上分布着固沙草群落，在干旱砾质相的山前洪积扇和低山地带局部有青藏蒿和沙生针茅共同形成的荒漠草原群落。垫状植物大面积分布，与高山流石坡稀疏植被相连，植被种类稀少，体态低矮。一般在5—6月开始回苗复活，7—8月开花，8月下旬至9月份便开始休眠，生长期极短。

经调查，常见植物有如下数种：蚤缀？（石竹科）*Arenaria serpyllifolia*？，棘豆（豆科）*Oxytropis* sp.，雪灵芝（石竹科）*Arenaria* sp.，猪毛菜（藜科）*Salsola* sp.，鸢尾（兰科）*Lris* sp.，麻黄 *Ephedra* sp.，金露梅 *Poteutilla* sp.，铁线莲 *Cleruatis* sp.，蒲公英 *Taraxaean* sp.，异叶青兰 *Dracocephalum* sp.，棘兰 *Oxytropis*，匍匐水柏枝 *Myricaria* sp.，喉毛花 *Comastama* sp.，红景天 *Rhodiola* sp.，大黄 *Rheum* sp.，虎耳草 *Saxifraga*，紫堇 *Viola*，垫状驼绒藜 *Ceratoides compaeta*，微孔草 *Iucroula*，马先蒿 *Pedicalaris*，风毛菊 *Saussurea* sp.，补血草 *Limonium aureum* 以及十字花科的糖芥、不知名的菊科植物、镰形棘豆、毛茛科植物、蒿类植物等。

2. 动物

《中国动物地理》(张荣祖，1999)一书中将青海省划分为蒙新和青藏两个区，又细分为三个亚区，即西部荒漠亚区、羌塘高原亚区和青海藏南亚区，测区处于西部荒漠亚区和羌塘高原亚区的接合部位。动物类型以高寒草甸与高寒草原动物群和高寒荒漠与荒漠草原动物群为主，分布具有一定的规律性，即海拔 3000m 以上以高原特有种为主，海拔 3000m 以下则以一些广布种为主要成分。特有种的迁徙范围较小，随季节变化作一定范围的迁徙。而广布种则有较大的迁徙范围，可达省际域、国际域乃至洲际域范围，如鸟类及个别昆虫类。

兽类分布较多，有野牦牛 *Bosmutus*，藏原羚 *Pantholops picticaudata*，藏羚 *Pantholops hodgsoni*，藏狐 *Vulpes ferrilata*，藏野驴 *Equus kiang*，喜马拉雅旱獭 *Marmota himalayana*，灰熊 *Ursus arctos*，棕熊 *Ursus arctos* Linnaeus，狼 *Canis lupus* 等。属广布种的鸟类有棕背雪雀 *Montifringilla blanfordi*，白腰雪雀 *Montifringilla taczanowskii*，燕鸥 *Sterna hirundo* 等，昆虫类有高海拔雄蜂 *Bombus* sp.，常见的苍蝇等。爬行类主要有青海砂蜥 *Phrynocephalus ulangalii*，测区北部零星可见有獾 *Meles*、岩鸽 *Columba rupestris* 等。

（四）土壤

在青海省土壤类型分布图上，测区处于“青南高原西北部高山草原土区”，由于自然环境的制约，分布的土壤类型主要有高山草原土、高山漠土、高山寒漠土及风成沙土等。

1. 高山草原土

主要分布于海拔相对较低(约 3600～4800m)的河谷地带及其两侧山坡，如楚拉克阿干及那陵格勒河谷地带、哈拉塞河、喀尔洞、额尔衮赛埃图上游以及其他几条河流的下游低洼地带，土壤中不同程度地分布有稀少的针茅植物和低矮灌林，是藏野驴和藏原羚的主要栖息区，冬季为藏野牦牛的活动区。其土壤特征是主要由上更新世冰碛堆积及冲洪积堆积组成，上覆 2～4m 不等的黄土、亚沙土，含 40%～60% 的砾质成分，约占测区面积的 20%～30%。

2. 高山漠土

主要分布在海拔 4000～5200m 的山谷低洼地带，土壤基地为新生代地层及中、上更新世冰碛、冲洪积砂砾石堆积，上覆很薄(小于等于 2m)的砂质黄土，为主要的冻土地带，含砾量为 80%左右。表面分布少量垫状植物如密缀、雪灵芝、点地梅、垫状驼绒藜等。为喜高山气候的食肉动物的主要栖息地，如棕熊、灰熊、狼、藏狐等，部分植被较发育地段为藏野牦牛的觅食范围。局部冰川水补给充沛，流通不畅的地带多形成湖泊及沼泽地，夏秋季节很难通行。

3. 高山寒漠土

分布在海拔 5000m 以上的山谷及山前冲积斜坡地带，主要为晚更新世及全新世冲洪积、残破积形成的沙砾堆积，上覆极少量砂质黄土、亚沙土，分布面积较大，为永久性冻土范围。基本无植被生长，极少量平地上见有垫状棘豆、针茅植物分布，因此除个别地区见有棕熊、灰熊活动外，已无动物分布，零星有野牛及藏羚出没，而测区南部一带侧有大批的藏羚羊活动。

4. 风成砂土

分布在较为开阔的山谷洼地地带，主要见于那陵格勒河上游、巍雪山北麓及克其克孜苏等地，为全新世风成砂组成，地貌特征特殊，砂质机械分选良好，完全无植被分布，也无动物活动，是现代荒漠化的主要表现，呈活动型沙丘。区内分布面积达 1300km^2。

5. 湿地、冻土

调查区湿地类型主要有冰川、雪被及湖泊、沼泽等，局部发育上升泉。冰川全区见有 5 处，总分布面积近 1000km^2，按平均厚度 60m 计算，储冰量可达 60 亿 m^3。湖泊有克其克库木库勒、伯拉克拉克里及库水浣三个，在冰川附近还可见到密集分布的小型冰蚀湖泊，总面积约达 70km^2，大多数为淡水湖。沼泽分布不多，总面积约 20km^2，主要分布在湖泊边缘。上升泉集中见于测区西北角的喀尔洞一带，为砂砾石层渗出泉，总涌水量约在 100m^3/s。它们共同组成了测区湿地群落。

冻土地带多分布在海拔 4800m 以上的冰川外围荒漠沼泽区，调查区内占总面积 70%的地区为常年冻土地带，蕴藏着丰富的水资源，是下游河流、湖泊的重要水源补给地带。

（五）人文历史

由于测区恶劣的自然地理因素，人类无法在此生存，因此人类的活动历史很短，仅能追溯到距今 70～80 年前，首先在测区东北部那陵格勒河谷地带开始有人放牧，多为游牧式活动，后来在 20 世纪 50 年代有少量地质工作者进行过调查工作。20 世纪 80 年代进行过大规模采金，少数不法分子也从这时起进行过盗猎活动，除此以外没有人类活动的遗迹，全区自然面貌原始，人类对环境的影响很小。

二、灾害地质

由于测区所处大地构造位置的特殊性，常见地质灾害较多，主要有地震、雪崩、冻土、荒漠化等，山势陡峭及剥蚀强烈地段也见有危岩体崩塌。这些灾害因为区内人员罕至、建筑稀少，危害性也较小，野生动物由于对环境具有一定的敏感性，也不会造成太大的伤害。

（一）地震

由于测区处于正在强烈抬升的青藏高原腹地，构造地块缝合带较多，活动性断裂十分发育，作为青藏高原现代构造运动的表现形式之一，地震是多发的地质灾害。

1920 年以来，测区及其外围地震发生频繁，是青海省地震多发地段之一，据不完全统计：4 级左右的地震已发生 5 次；进入 20 世纪 80 年代后，该区的地震活动又进入了一个活跃时期，地震活动的频次和强度都较过去有明显增加，如 1980 年 1 月 2 日发生的 3.0 级地震、1996 年 11 月 21 日发生的 4.1 级地震等，都发生于测区附近。2001 年 11 月 14 日发生于东昆仑地区的 8.1 级强烈地震，震中就位于区内布喀达坂峰南麓山脚下，地震造成大规模的地震裂缝和成串的热水上升泉。

（二）雪崩

区内极高山峰林立，冰川十分发育，每年 6—8 月气候最热的季节多有雪崩及冰川垮塌等现象，如布喀达坂峰、巍雪山、求勉雷克塔格、塔鹤托坂日等地，一般对人员危害较小，但如遇有登山运动等在冰川附近作业，必须注意此类危险，尤其布喀达坂峰附近多有环境保护志愿者等人员活动，对这种危害应该有所防备。夏季藏野牛、藏羚等珍稀野生动物多栖息于冰川附近，雪崩对它们有一定程度的危害，但由于动物的生态敏感性，不会造成毁灭性破坏。

（三）常年冻土

目前而言，由于人员活动较少，冻土及沼泽的危害性不算太大。但随着西部开发的不断深入，进入本地区的工作者和探险者日益增多，这种灾害也必须引起涉及者的注意。它造成的主要危害就是交通困难，如遇这种路段，没有足够的装备和经验，势必造成人力、物力、财力乃至时间上的过多消耗。这种地段多分布在海拔5000m以上的荒漠沼泽区，进入该地区的人员是无法避免的。

（四）荒漠化

荒漠化的直接危害就是对生态环境的破坏。荒漠化地区气候持续干旱，多发沙尘暴天气，植被严重毁坏，使生活在这里的野生动物减少栖息区域，由于缺少食物而逐渐减少生存数目，间接造成生态平衡的破坏。区内主要分布在西北哈拉赛河以东、巍雪山北侧及克其克孜苏一带，主要表现形式为活动性沙丘，且分布面积有逐年扩大之势。

（五）危岩体崩塌

危岩体崩塌分布不多，由于测区多数地区属于高山丘陵地形，只在极高山峰地区和剥蚀强烈的河谷地带有这种现象，引起原因是强烈的物理风化和水流剥蚀作用。在这种无人区，它的危害也不算太大。

三、可持续发展前景

（一）环境保护

进入21世纪，国家启动了西部大开发计划。自然条件独特的青藏高原地区由于受环境的影响，无法在工农业生产方面得到明显的突破，因此，国家赋予这个地区的主要任务是生态环境的保护，改善高原的生态平衡，进而加强本地区作为内地发达地区的自然屏障作用，使全国整体的发展保持稳定的增长趋势。

几年来，高原其他地区实施的退耕、还林、还草工程已取得明显效益，对调查区一带高海拔地区的工作则主要是加强保护生态环境，具体就是除自然因素外尽量减少人为因素对环境的破坏，即对目前的偷猎、偷采活动进行严格禁止，使高原环境保持它原有的面貌，进而使高原独特的生物群落得到应有的发展，生态状况得到有效平衡。

另外，在广义上还应保护高原湿地，包括冰川、湖泊、沼泽地等，使发源于该地区的江河保持充沛的水量资源，让高原真正成为中华水塔。这就要求全社会通过减少大气污染，逐步达到维护湿地的目的，使全国的经济达到长足发展。

（二）建立野生动、植物乐园

使本地区得到可持续发展，正确的途径就是建立一套完整的科学保护机制，划出一定的地理范围作为自然保护区，使这些区域在人类的保护下自然平衡地得到发展。最重要的是让近年来由于在人类活动的干扰下受到严重毁坏的植被系统和野生动物群落得到恢复和发展。

这一计划已从2000年开始实施，并已初步见效，在全社会和森林公安局工作人员的辛勤工作下，野生动物群落得到了一定程度的恢复，偷采沙金的活动也有所遏制，环境状况有了明显的改善。相信在不久的将来，这里将会成为野生动、植物的乐园。

第三节　旅游地质

随着国家西部开发的逐步深入,旅游事业已完全纳入正常的国民经济行列。昆仑山以它独特美丽的自然景观,吸引着越来越多的有志之士前来领略它的壮丽风采。本测区南跨可可西里国家级自然保护区,北接柴达木南缘的茫茫沙海,几乎囊括了高原所有的自然风景。

与高原其他几条旅游路线不同,该线从柴达木南缘进入昆仑山腹地,再从可可西里地区折返到五道梁回格尔木,沿途充满挑战色彩,惊而不险。尽管交通条件较差,但经过近几年人类的涉入进出,基本已确定了固定的道路,只要预备好物资食物,您将领略到高原众多的自然风采,如茫茫沙海、雪山冰峰、冰川湖泊、沼泽湿地、繁荣的高原动植物群落等自然景观和一些奇特的地质景观。来吧朋友,这里是大自然献给人类的净土,勇敢者的圣地。

一、自然景观

(一) 雪山及冰川——青海第一峰

雪山及冰峰,是区内最为亮丽的风景线。最壮观的为新青峰(布喀达坂峰或莫诺马哈峰,系青海省与新疆维吾尔自治区的分界线,海拔 6860m),次为巍雪山、求勉雷克塔格及塔鹤托坂日雪峰,博大雄伟的冰川让人心旷神怡。新青峰南侧即是著名的马兰山和太阳湖,蓝天白雪间映着绿色湖泊,景色十分迷人。

(二) 草原——丰富的高原动、植物群落

进入那陵格勒河谷,这里即没有沙漠的影子,也不是高山峻岭,一到夏季,郁郁葱葱,野花成片,牛马成群,但这不是家养的牲畜,而是地道的野生藏野牛和藏野驴在觅食寻欢。还可以不时地看到藏原羚(俗称黄羊)、獾和灰熊的影子。向南到新青峰时,便快要到达可可西里自然保护区,这里珍贵的藏羚羊成群出现,又是另一番景象。

(三) 荒漠——现代沙丘景观

在那陵格勒河谷进入新疆境内的地段,黄沙成丘,一望无际,随风移动,有的地段可见高大的沙山,沙漠边缘可见到布满芦苇的沙湖、沼泽景观。

(四) 湿地及湖泊——高原水塔

除冰川、雪峰以外,由于地势低洼形成的高原湖泊,大大小小辉映蓝天,还有雪山附近充水的砂石虚地。它们是高原湿地的组成部分,不断地给下游补给水分。

二、地质景观

(一) 丹霞地貌

由于新生代的沉积和高原隆升后的剥蚀作用,在新青峰东侧形成由紫红色砾岩构成的丹霞地貌,悬崖峭壁间夹着平坦的河流,壮观中夹杂着几分幽静,令人兴奋和恐怖。

（二）地震裂缝

新青峰南坡脚下即是2001年11月14日昆仑山大地震形成的东西长达426km的地壳裂缝和沿断裂带分布的热泉，泉水滚热灼手、白雾冲天，裂缝雄伟壮观，游人可以亲身领略大自然的鬼斧神凿之力。这里是近50年来我国大陆内部震级最大的一次地震留下的遗迹，它是迄今为止，中国唯一也是世界罕见且保存最完整、最新的地震遗址，是人类宝贵的自然遗产，因此备受中外科学界的关注，国家将在这里建设一座地震博物馆。

（三）新生代火山地貌

新青峰西侧不远便是新生代火山地貌，紫红色的火山岩形成平顶山，成岩以被状覆盖在下伏的岩层之上，当年火山爆发的景观即刻呈现在游人的眼前。

（四）冰川地貌

丰富的冰山雪峰铸造了特殊的地貌景观。巨大的冰舌推动前缘的巨砾砂石形成壮观的冰垄和冰蚀湖，这样的景色在高原以外是绝对无法领略到的。

第七章 结 束 语

1:250 000布喀达坂峰幅区调项目是中国地质调查局下达的实施项目“青藏高原北部空白区基础地质调查研究”的一个工作内容，该工作内容是南北向库郎米其提—乌兰乌拉湖地质走廊、东西向麻扎—于田县—布喀达坂峰通道的重要组成部分。三年来分队全体同志在生命禁区克服了无数常人难以想象的艰难险阻，收集了大量宝贵的第一手资料，不仅保证了该区1:250 000区域地质填图精度，同时也明显提高本区乃至东昆仑造山带的研究程度。

一、主要结论及进展

该区调项目任务书的核心是通过对区内盆地建造、岩浆作用、变质变形及盆山耦合关系研究，反演区域地质演化历史，建立构造模型。围绕这一主要目标从多个方面进行广泛深入的调查研究。

（1）确定了区内加里东造山带的存在，并提出测区加里东造山带的形成历经古昆中洋的扩张、俯冲造山、碰撞及陆内造山、造山带伸展崩塌几个重要的阶段。此方面调查取得主要依据有以下几方面。

① 确定了该区加里东期古缝合带的存在。测区西部吐木勒克一带发现了构造蛇绿混杂岩，吐木勒克构造蛇绿混杂岩由碳酸盐岩，玄武岩、辉长辉绿岩、硅质岩、碎屑岩等相互混杂而成，其中存在有典型洋脊组分，玄武岩中获得了单颗粒锆石U-Pb年龄值为466±1.8Ma。查明区内该缝合带的构造表现是一规模巨大的韧性剪切带(昆中韧性剪切带)，构造调查证明其主期(第一期)活动具由南向北俯冲的特点，产于其中的糜棱岩化辉长辉绿岩中变质成因角闪石类矿物的单矿物Ar-Ar法测年值为444.5±1.5Ma，证实了晚奥陶世俯冲造山作用开始。通过岩相学、矿物化学研究确定了吐木勒克构造蛇绿混杂岩中高压低温变质作用痕迹的存在。

② 确定了该区加里东期碰撞造山作用的存在。首次在本区发现含有 *Favosites* sp.，*Hemiaulacophyllum* sp. 及 *Neothecia* sp. 等珊瑚化石的早中泥盆世海陆交互相地层——布拉克巴什组，通过分析认为其主要由一套具进积型层序特征的杂色砂砾岩组成，含灰岩、硅质岩、中基性火山岩夹层，是一套较典型的磨拉石建造，这一发现确定了区内加里东碰撞造山作用始于早泥盆世。

③ 解体东昆仑岩浆弧，划分了加里东造山旋回构造岩浆岩带、海西—印支期造山旋回构造岩浆岩带，并进一步划分为5个构造岩浆岩亚带。

在库鲁克彼捷里克塔格构造岩浆岩亚带确定出早泥盆世碰撞型花岗岩组合——塔鹤托坂日超单元(似斑状二长花岗岩，黑云母Ar-Ar法测年值为406.2±2.6Ma)，从而进一步证明了测区早泥盆世碰撞造山作用的存在；确定该构造岩浆岩带的主体——库鲁克彼捷里克塔格超单元(英云闪长岩黑云母Ar-Ar法测年值为362±2Ma)为碰撞造山后幔源岩浆参与(底侵)的壳幔型花岗岩，并以此确定了东昆仑加里东造山带南部于晚泥盆世开始伸展，明确了加里东造山带的崩塌过程，并以此提出东昆仑加里东造山带南部于晚泥盆世的伸展、崩塌导致了新一轮石炭纪—二叠纪洋盆扩张的新观点。

在喀雅克登塔格构造岩浆岩亚带确定了早中泥盆世幔源岩浆作用的存在，早泥盆世喀雅克登塔格超单元(石英闪长岩锆石离子探针测年值407.7±7.5Ma，似斑状二长花岗岩锆石离子探针测年值408.3±5.3Ma)是典型的幔源岩浆参与的浆混花岗岩；中泥盆世巴音郭勒辉长岩(锆石离子探针测年值386.9±2.6Ma)则是幔源岩浆上涌形成的层状岩体。喀雅克登塔格构造岩浆岩带位于祁漫塔格山脉南部，其岩浆动力学过程反映了北部祁漫塔格洋的信息，据北邻幅的资料，祁漫塔格洋于顶志留世消减完毕，东昆中微陆块与柴达木陆块开始碰撞，其后的幔源岩浆作用的产物则与造山后造山带崩塌及幔源岩浆的底侵作用有关，因此整个东昆仑造山带的造山后伸展崩塌作用北部始于早中泥盆世，而南部始于晚泥盆世，似有一个迁移过程。北部的崩塌形成了自晚泥盆世—二叠纪稳定的陆表海盆地。

（2）理清了测区海西—印支造山阶段的构造古地理格局及造山过程。主要进展或认识有以下几方面。

① 在昆中断裂南部解体出一套含有丰富䗴、腕足类化石并含有大量中基性火山岩的活动型地层——浩特洛哇组，通过建造层序的分析及火山活动特点的研究确定其为典型的岛弧型火山-沉积建造，由此于昆中断裂之南、昆南断裂以北区域确定了晚石炭世—中二叠世古岛弧带的存在。

② 在该列岛弧之南发现了一套含有大量枕状拉斑玄武岩的深水相复理石地层（马尔争组中下段），从地层层序特征及玄武岩岩石地球化学研究可确定其形成于与俯冲消减作用有关的伸展型盆地，在玄武岩中获得 267±53Ma 的 Sm-Nd 等时线年龄及 267.2±3.4Ma 的全岩 Ar-Ar 法年龄值，在层序上部复理石中采获二叠纪孢粉化石的重要分子 *Lueckisporites*，*Hamiapollenites*，从而首次在昆南断裂北部确定了早中二叠世弧间盆地的存在。

③ 在同一地区确定了一套以灰岩为主的稳定台地型沉积（树维门科组、马尔争组上段），含丰富䗴、腕足类、珊瑚、双壳类等门类动物化石，䗴类可建 3 个组合带 *Neoschwagerina*—*Polydiexodina*，*Monodiexodina*—*Misellina*，*Darvasites*—*Schwagerina*，其中下部以 *Monodiexodina* 属为主的栖霞期冷温动物群在区内属首次发现，与其共生的还有冷温水习性的的腕足 *Globiella umariensis*（Reed），*Juresania rituensis* Sun，珊瑚 *Amplexocarinia* cf. *maralis* 等；而上部则为茅口期特提斯型暖水动物群，这一发现及其生物演化特点在东昆仑造山带地质研究中具有重要意义。另外这一特点也显示二叠纪测区东昆仑南缘活动陆缘带内稳定的碳酸盐岩台地（碳酸盐岩裂解块体）与活动的岛弧、弧后盆地并存的构造格局。

④ 在东昆中微陆块南缘莫斯图构造岩浆岩带中解体出了典型碰撞型花岗岩组合——求勉雷克塔格超单元，获得了一批同位素测年值 254.1±1.5Ma（似斑状二长花岗岩，黑云母，Ar-Ar 法）、247.6±1.5Ma（夕线石榴二长花岗岩，黑云母，Ar-Ar 法）、247±2.0Ma（夕线石榴二长花岗岩，锆石 U-Pb 法），确定了东昆仑造带晚二叠世碰撞造山作用的存在。

⑤ 首次在区内确定了晚三叠世—早侏罗世幔源岩浆作用的存在，主要由具岩浆混合性质的晚三叠世那陵格勒超单元、早侏罗世祁漫塔格基性岩墙群（单颗粒锆石 U-Pb 法测年值为 193±0.9Ma），并以此明确了东昆仑造山带晚三叠世—早侏罗世造山后伸展崩塌、岩石圈去根作用的存在。

⑥ 确定了喀尔瓦逆冲推覆构造的存在，以此证明测区在晚二叠世—中三叠世东昆仑造山带核部存在一次较大规模向南的逆冲推覆过程，此构造过程与巴颜喀拉前陆盆地的成盆密切相关。

⑦ 通过对昆南韧性剪切带（构造岩中绢云母 Ar-Ar 法测年值为 234.5±0.4Ma、237.3±0.25Ma）及昆中韧性剪切带（韧性剪切变形变质成因角闪石类矿物 Ar-Ar 法测年值为 232.12±0.81Ma）的变形特点及构造热年代学研究，确定了东昆仑造山带自晚三叠世—早侏罗世平行造山带走滑及侧向挤出构造系统的存在，以此提出了东昆仑造山带晚三叠世—早侏罗世“深部岩石圈拆沉—中浅部走滑拉分”的造山带崩塌模型，同时确定了测区八宝山组、鄂拉山组火山盆地的走滑拉分成因。

（3）新生代地质方面的进展包括以下几点。

① 在哈夏·克里克·得亚发现早更新世河湖相地层，反映出在区内昆仑山山间盆地中存在一期泛湖期，可与昆仑山垭口盆地对比。

② 通过对那陵格勒、额尔衮赛埃图两条阶地剖面的研究，首次在区内这两条主要水系获得了阶地剖面系统的电子自旋共振测年资料。

③ 对测区内各大冰川堆积物进行了系统研究和测年，初步认为测区内存在三期冰期，分别与崔之久等人建立的垭口冰期、末次最大冰期、全新世新冰期相当。

（4）其他方面。

① 在哈夏·克里克·得亚发现铜矿化点一处，见铜矿化脉两条，1 号脉宽约 0.8m，出露长 3～5m，连续拣块取样两件，品位分别为 1.78×10^{-2}、10.15×10^{-2}；2 号脉宽 0.15m，长 2m，连续拣块取样一件，品位为 1.8×10^{-2}。

② 塔鹤托坂日南二叠纪岛弧火山岩中新发现铜矿点 3 个，它们均严格受二叠纪岛弧火山岩及北西

西向南倾逆断层的控制，构成一南北向宽约 50m，东西向断续长约 5km 的铜矿化带，具进一步工作的价值。

③ 通过区内现代自然生态状况、主要动植物分布、岩土类型、地质灾害、旅游资源调查分析，编制了国土资源系列图件，拓宽了区调服务领域。

二、需待进一步研究的问题

受严峻自然条件限制，加上项目工作周期偏短等因素，一些地质问题没有很好地解决，留下了许多缺憾，提出这些问题希望在今后的工作中进一步去探索。

(1) 昆中断裂带中发现了高压变质作用存在的痕迹，尽管项目组对这一发现做了一些工作，但效果均不理想，使这一发现留下了很多疑问，如变质时代等。

(2) 变质结晶基底岩系的调查不甚理想，尤其是晋宁期构造热事件的特征仍不清楚，前寒武纪构造变形特点的分析及序列的建立十分粗糙。

(3) 那陵格勒韧性剪切带呈小的块体残存于后期侵入岩中，其中少量产出的变形地层——滩间山群可能也为扩张环境的产物，这使项目组一度产生了那陵格勒分枝洋(或夭折谷)的想法，为使这一问题明朗化，项目组深入到东图外 20 余千米的乌兰拜兴一带寻找前人在地质图所圈定的超基性岩及相关建造的残迹，收获甚微；因此如此零星的资料无法使项目组有一个明确的观点或认识。

(4) 两个晚三叠世盆地的构造类型需进一步调研，项目组虽然从构造角度讨论了区内的两个晚三叠世陆相火山盆地类型，但有限的露头无法使本书从盆地充填序列、火山活动规律及岩浆动力学过程等方面进一步深化这一问题的认识。

(5) 泥盆纪布拉克巴什组构造属性的确定值得商榷，是磨拉石盆地还是岛弧还需相临地区更多资料的支持。

主要参考文献

蔡土赐,孙巧缡,缪长泉,等.新疆维吾尔自治区岩石地层[M].武汉:中国地质大学出版社,1999.

都城秋穗.变质作用与变质带[M].周云生,译.北京:地质出版社,1979,492.

戴圣潜,邓晋福,吴宗絮,等.大别造山带燕山期造山作用的岩浆岩石学证据[J].中国地质,2003,30(2):159—165.

邓万明.青藏高原北部新生代板内火山岩[M].北京:地质出版社,1998.

冯增昭,王英华,刘焕杰,等.中国沉积学[M].北京:石油工业出版社,1994.

房立民,杨振升,李勤.变质岩区 1:5万区域地质填图方法指南[M].武汉:中国地质大学出版社,1991.

高秉璋,洪大卫,郑基俭,等.花岗岩区 1:5万区域地质填图方法指南[M].武汉:中国地质大学出版社,1991.

黄汲青,陈炳蔚.中国及邻区特提斯海的演化[M].北京:地质出版社,1987.

IMA-CNMMN 角闪石专业委员会.角闪石命名法——国际矿物学协会新矿物及矿物命名专业委员会的报告[J].王立本,译.岩石矿物学杂志,2001,20(1):84—100.

姜春发,杨经绥,冯秉贵,等.昆仑开合构造[M].北京:地质出版社,1992.

李吉均,方小敏.青藏高原隆起与环境变化[J].科学通报,1998,43(15):1569—1574.

刘宝珺,曾允孚.岩相古地理基础和工作方法[M].北京:地质出版社,1985.

罗照华,邓晋福,韩秀卿.太行山造山带岩浆活动及其造山过程反演[M].北京:地质出版社,1999.

李昌年.火成岩微量元素岩石学[M].武汉:中国地质大学出版社,1992.

卢欣祥,董有,常秋岭,等.秦岭印支期沙河湾奥长环斑花岗岩及其动力意义[J].中国科学(D辑),1996,26(3):244—248.

刘广才,周天祯,周光第,等.青海祁漫塔格晚古生代地层[M].成都:四川科学技术出版社,1987.

兰朝利,吴俊,李继亮,等.新疆东昆仑木孜塔格蛇绿混杂岩发现早石炭世放射虫[J].地质科学,2002,37(1):104—106,133—134.

龚一鸣,杜远生,冯庆来,等.造山带沉积地质与圈层耦合[M].武汉:中国地质大学出版社,1996.

门凤岐,赵祥麟.古生物学导论[M].北京:地质出版社,1984.

潘桂棠,陈智梁,李兴振,等.东特提斯地质构造形成演化[M].北京:地质出版社,1997.

青海省地质科学研究所,中国科学院南京地质古生物研究所.青海布尔汉布达山南坡石炭纪和三叠纪地层和古生物[M].合肥:安徽科学技术出版社,1986.

青海省地质矿产局.青海省区域地质志[M].北京:地质出版社,1991.

邱家骧,林景仟.岩石化学[M].北京:地质出版社,1991.

邱家骧.岩浆岩石学[M].北京:地质出版社,1985.

青海省第一区域地质调查大队.1:20万伯喀里克幅、那陵郭勒幅、乌图美仁幅(J-46-[26]、[27]、[28])区域地质调查报告[R].1985.

青海省区调综合地质大队.1:20万塔鹤托坂日幅(J-46-[32])、可可西里湖幅(I-46-[2])区域地质调查报告[R].1992.

任纪舜,王作勋,陈炳蔚,等.从全球看中国大地构造——中国及邻区大地构造图简要说明[M].北京:地质出版社,1999.

施雅风,李吉均,李廷栋,等.青藏高原晚新生代隆升与环境变化[M].广州:广东科技出版社,1998.

孙崇仁,陈国隆,李璋荣,等.青海省岩石地层[M].武汉:中国地质大学出版社,1997.

孙红烈,郑度.青藏高原形成演化与发展[M].广州:广东科技出版社,1999.

孙巧缡,马华东.新疆东昆仑木孜塔格一带首次发现单通道䗴(*Monodiexodina*)动物群[J].地质通报,2001,21(1):48.

温克勒.变质岩成因[M].张旗,周云生,译.北京:科学出版社,1976:100—105.

王云山,陈基娘.青海省及毗邻地区变质地带与变质作用[M].北京:地质出版社,1987.

魏家庸,卢重明,徐怀艾,等.沉积岩区 1:5万区域地质填图指南[M].武汉:中国地质大学出版社,1991.

王鸿祯,史晓颖,王训练,等.中国层序地层研究[M].广州:广东科技出版社,2000.

王秉璋,宋泰忠,王瑾,等.东昆仑布喀达坂峰地区发现二叠纪冷温动物群[J].地质通报,2002,21(7):411—414.

吴瑞棠,张守信,刘椿,等.现代地层学[M].武汉:中国地质大学出版社,1989.

肖庆辉,邓晋福,马大铨,等.花岗岩研究思维与方法[M].北京:地质出版社,2002.

新疆维吾尔自治区地质矿产局. 新疆维吾尔自治区区域地质志[M]. 北京:地质出版社,1993.

谢家莹,陶奎元,尹家衡,等. 中国东南大陆中生代火山地质及火山侵入杂岩[M]. 北京:地质出版社,1996.

许志琴,张建新,徐惠芬,等. 中国主要大陆山链韧性剪切带及动力学[M]. 北京:地质出版社,1997.

新疆地质矿产局区调大队三分队. 阿其克库勒地区 1:100 万区域地质调查报告[R]. 1982.

于庆文,李长安,安凤宝,等. 青藏高原东北缘新生代隆升-沉积-气候演化及其耦合[M]. 武汉:中国地质大学出版社,2001.

殷鸿福,张克信. 东昆仑造山带的一些特点[J]. 地球科学(中国地质大学学报),1997,22(4):329.

尹集祥. 青藏高原及邻区冈瓦纳相地层地质学[M]. 北京:地质出版社,1997.

张荣祖. 中国动物地理[M]. 北京:科学出版社,1999.

周廷儒,李华章,刘清泗,等. 泥河湾盆地新生代古地理研究[M]. 北京:科学出版社,1991.

中国科学院盐湖研究所. 青海柴达木盆地晚新生代地质环境演化[M]. 北京:科学出版社,1986.

张以茀,郑建康. 青海可可西里及邻区地质概论[M]. 北京:地震出版社,1994.

张海祥,孙大中. 庐山星子群变质基性火山岩的地球化学特征及大地构造意义[J]. 岩石学报, 1999,15(1):372—378.

张旗,周国庆. 中国蛇绿岩[M]. 北京:科学出版社,2001.

张克信,殷鸿福,王国灿,等. 造山带混杂岩区地质填图理论、方法与实践——以东昆仑造山带为例[M]. 武汉:中国地质大学出版社,2001.

Barbarin B. Granitoids:main petrogenetic classifications in relation to origin and tectonic setting[J]. The Journal of Geology,1990,25(2):227—238.

Condie K C. Plate-tectonics model for Proterozoic continental accretion in the southwestern United States[J]. Geology, 1982(10):3—42.

Irvine T N,Baragar W R A. A guide to the chemical classification of common vo lcanic rocks[J]. Canadian Journal of Earth Sciences,1971,8(5): 523—548.

Maniar P D,Piccoli P M. Tectonic discrimination of granitoids[J]. Geological Society of the America Bulletin,1989,101 (5):635—643 .

Pearce J A,Harris N B W, Tindle A G. Trace element discrimination diagrams for the tectonic inter-pretation of granitic rocks[J]. Journal of Petrology,1984,25(4):956—983.

Pearce J A. Trace element characteristics of lavas from destructive plate boundaries[M]. John Wily & Sons,Chichester, United Kingdom,1982:525—548.

Pearce T H,et al. The relationship betwee major element chemistry and tectonic environment of basic and intermediate vocanic rocks[J]. Earth and Planetary Science Letters,1977(36):121—132.

Taylor S R. Abundance of chemical elements in the continental crust;a new table[J]. Geochimica et Cosmochimica Acta, 1972,28:1273.

Turner S P,Foden J D,Morrison R S. Derivation of some a-type magmas by fractionation of basaltic magma:an example from the Padthaway Ridge,South Australia[J]. Lithos,1992,28(2):151—179.

图版说明及图版

图版Ⅰ

1. 八宝山组下部砾岩夹火山岩的层序特征
2. 沱沱河组砾岩层形成的丹霞地貌
3. 哈拉巴依沟组下段层序
4. 查保马组火山熔岩台地
5. 马尔争组中段砂板岩中鲍马层序 a、d 段
6. 马尔争组上段灰岩与砂岩构成的韵律性层序特征

图版Ⅱ

1. 马尔争组下段砂板岩中的灰岩掉块
2. 马尔争组下段砂板岩构成的韵律性层序特征
3. 哈拉达乌更长环斑花岗岩
4. 莫斯图花岗闪长岩单元中的闪长质包体
5. 莫斯图花岗闪长岩单元(左)超动于哈拉达乌更长环斑花岗岩(右)
6. 伯喀里克北单元中的冷凝边包体

图版Ⅲ

1. 莫斯图花岗闪长岩单元超动于卡而却卡二长花岗岩单元
2. 莫斯图花岗闪长岩单元超动于楚拉克似斑状二长花岗岩单元
3. 阿克却哈眼球状片麻岩体岩貌特征
4. 滩间山群基性火山岩岩组
5. 莫斯图花岗闪长岩单元超动于楚拉克似斑状二长花岗岩单元
6. 马尔争组下段中的枕状玄武岩

图版Ⅳ

1. 昆南韧性剪切带内的斜歪褶皱(右向:110°)
2. 马尔争组下段中的紧闭褶皱(右向:200°)
3. 昆南韧性剪切带中的剪切褶皱(右向:105°)
4. 马尔争组中段中的倾竖褶皱(右向:20°)
5. 昆南韧性剪切带内的斜歪褶皱(右向:50°)
6. 马尔争组中段中的紧闭褶皱(右向:20°)

图版Ⅴ

1. 马尔争组中段中的紧闭褶皱(右向:220°)
2. 那陵格勒韧性剪切带中的“σ”型碎斑(右向:100°)
3. 昆中韧性剪切带中的 “δ”型碎斑(右向:100°)
4. 昆中韧性剪切带中的“σ”型碎斑(右向:100°)

5. 白沙河岩组中的弯流褶皱(右向:20°)

6. 吐木勒克构造蛇绿混杂岩中的灰岩岩块

图版Ⅵ

1. 昆南活动断裂地震裂缝(右向:10°)

2. 库鲁克彼捷里克塔格中更新世冰碛

3. 那陵格勒河阶地

4. 伯拉克拉克里北山古岩溶(海拔 5000m)

5. 阿尔格山现代山岳冰川终碛垄

6. 哈夏·克里克得亚早更新世湖相地层

图版Ⅶ

1. 马尔争组与浩特洛哇组影像特征

2. 布喀达坂峰Ⅰ、Ⅱ级夷平面

3. 平台山新生代火山岩

4. 苏鲁·彼得勒克·得亚马尔争组玄武岩影像特征

图版Ⅰ

1

2

3

4

5

6

图版Ⅱ

1

2

3

4

5

6

图版Ⅲ

1

2

3

4

5

6

图版Ⅳ

1

2

3

4

5

6

图版Ⅴ

1

2

3

4

5

6

图版Ⅵ

1

2

3

4

5

6

图版Ⅶ

1

2

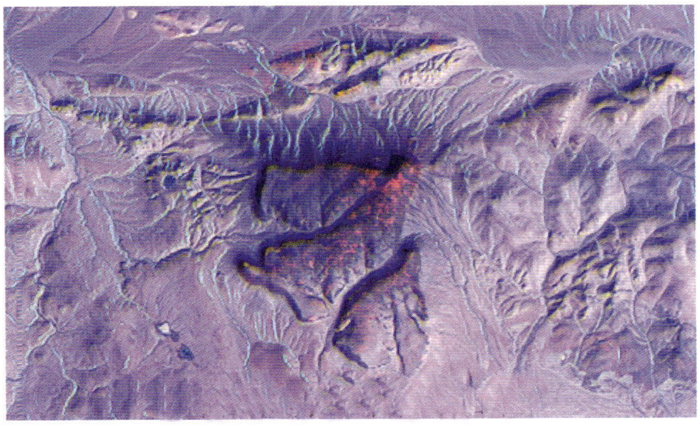

3

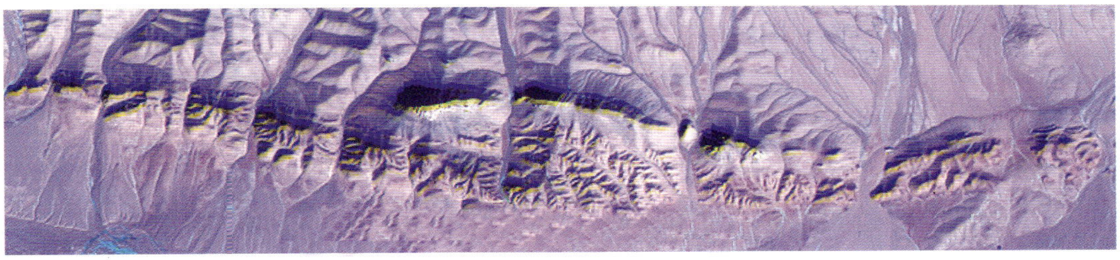

4